NEW WCDP 新文京開發出版股份有限公司
新世紀・新視野・新文京－精選教科書・考試用書・專業參考書

New Wun Ching Developmental Publishing Co., Ltd.
New Age · New Choice · The Best Selected Educational Publications — NEW WCDP

ANATOMY
解剖學

第 2 版
SECOND EDITION

賴明德 王耀賢 鄧志娟 吳惠敏
李建興 許淑芬 陳晴彤 李宜倖 編著

PREFACE

2 版序

ANATOMY

解剖學 (Anatomy) 是研究生物體形態和構造的科學，是一門重要的基礎醫學課程，但因其專有名詞冗長繁多，常令讀者望之卻步，本書針對人體架構以深入淺出、化繁為簡的編排方式將內容圖像化、表格化使之條理邏輯清楚，並將重點以黑體字及專有名詞以中英文標示讓讀者一目了然，學習成效事半功倍。本書共分為十八章，第一章由緒論揭序，引領讀者瞭解解剖學基本知識，再接著以第二章細胞、第三章組織將人體組成由小至大層遞論述，第四章開始由皮膚系統、骨骼系統、關節、肌肉系統、神經系統、感覺、血液、心臟血管系統、淋巴系統、呼吸系統、消化系統、泌尿系統、內分泌系統、生殖系統、發育解剖學介紹人體的各個系統發育、位置、結構及功能，讓讀者建構兼具深度與廣度的解剖學知識，各大單元皆穿插許多與內容相關的「臨床應用」，讓讀者在認識人體的同時，亦能串連學理與臨床實務，加強學習的效果及應用性，以備將來修習生理學和病理學或各科護理學時能具備形態構造的觀念，對病因可充分理解並進行更深一層的分析探討。在各章最後的「課後練習」部分，依各章相關內容精選出常見的國考試題，可作為自我測驗及複習之用。

此次改版除增補缺漏，亦新增不少精美彩圖、調整章節架構、將文字敘述整理成表格呈現，不但利於閱讀，更使之簡潔瞭然，大大提升學習效果。

编著者 謹識

賴明德

學歷：成功大學基礎醫學研究所博士
成功大學生理學研究所碩士

經歷：樹人醫護管理專科學校助理教授兼復健科主任
樹人醫護管理專科學校助理教授兼物理治療科主任

現職：樹人醫護管理專科學校物理治療科助理教授

王耀賢

學歷：成功大學基礎醫學研究所博士
陽明大學神經科學研究所碩士
大仁藥專藥學科

經歷：國立成功大學國際傷口修復與再生中心助理教授／產學組長
高雄醫學大學骨科學研究中心助理研究員
中華醫事科技大學生物科技系助理教授
成功大學生理學科博士後研究員

現職：瀧儀生醫科技股份公司董事長

鄧志娟

學歷：成功大學基礎醫學研究所博士
國防醫學大學解剖暨生物研究所解剖組碩士

現職：長庚科技大學護理系副教授

吳惠敏

學歷：陽明大學醫學院藥理所碩士

現職：輔英科技大學健康美容系專任助理教授

李建興

學歷：台灣大學藥理研究所博士

經歷：敏惠醫護管理專科學校護理科助理教授
台灣大學藥理研究所博士後研究員
成功大學附設醫院博士後研究員
高雄醫學大學附設中和紀念醫院博士後研究員
台灣汎生製藥廠學術藥師

現職：高雄醫學大學學士後醫學系藥理學科副教授

許淑芬

學歷：陽明大學生理學研究所博士

經歷：台南護理專科學校兼任講師
義大醫院博士後研究員
義守大學兼任助理教授

現職：樹人醫護管理專科學校護理科助理教授

陳晴彤

學歷：中山大學生物科學研究所博士
陽明大學解剖學暨細胞生物學研究所碩士

經歷：輔英科技大學保健營養系助理教授

李宜倖

學歷：成功大學細胞生物與解剖學研究所碩士

經歷：慈惠醫護管理專科學校護理科講師

現職：美國加州聖地牙哥 Scripps Health RN Case Manager

CONTENTS

目錄

Chapter 06 關 節

Chapter 07 肌肉系統

Chapter 08 神經系統

Chapter 09 感 覺

CONTENTS

Chapter 14 消化系統

Chapter 15 泌尿系統

Chapter 16 內分泌系統

CONTENTS

Chapter

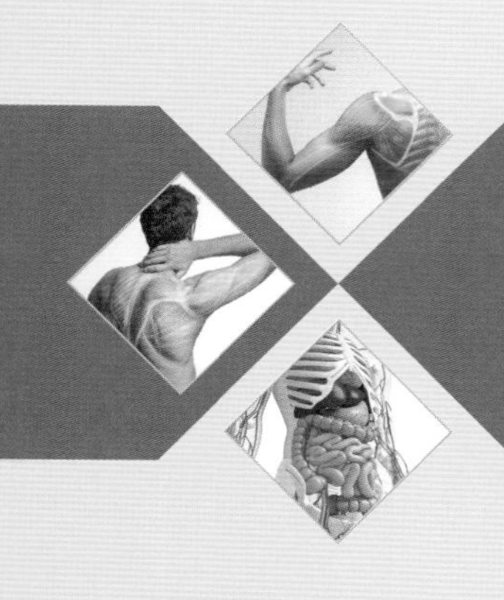

緒論 × 01

賴明德 編著

Introduction

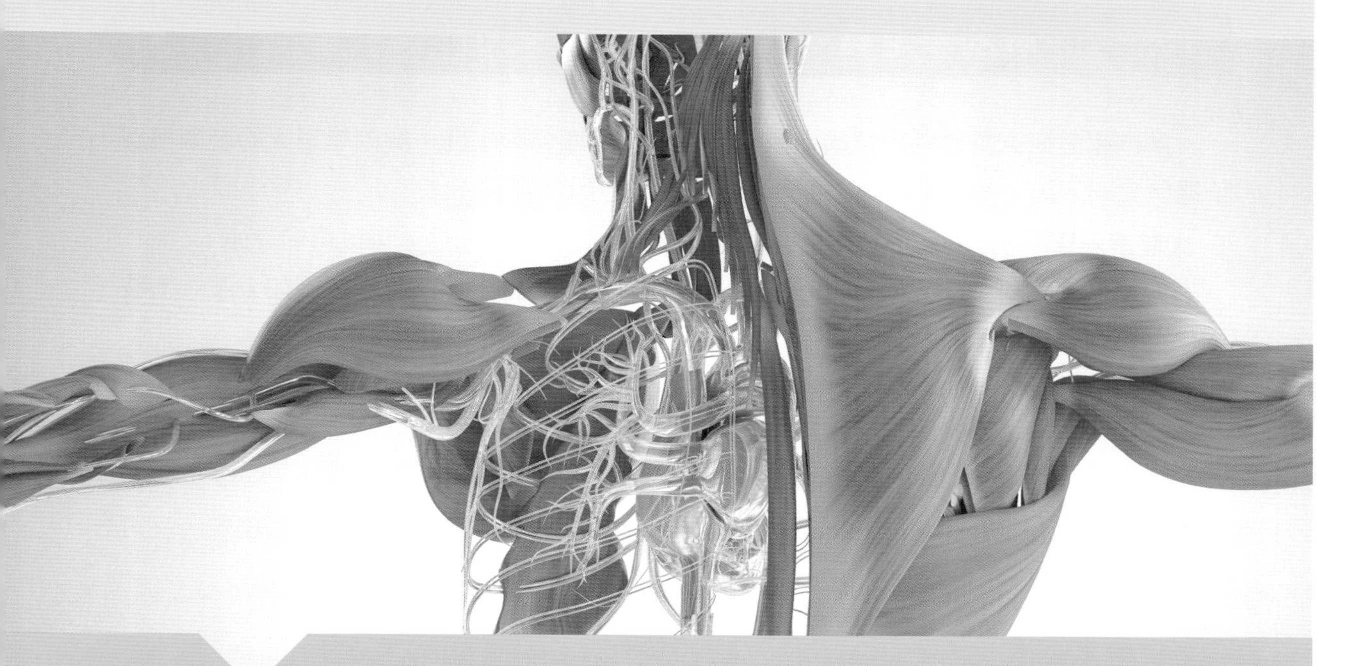

本章大綱

ANATOMY

前言

解剖學(anatomy)是屬於基礎醫學的學科之一，透過了解人體的構造和形態才能更進一步研究，當人體受到傷害和疾病發生的原因。本章將針對解剖學的定義、人體的組成、解剖學姿勢及方位術語等內容做說明。

1-1 解剖學定義

解剖學是研究身體內各個構造及構造之間相互關係的學問。解剖學研究的範圍很廣，依據研究的方法、內容和目的，可分成許多分支，簡介如下：

1. **大體解剖學**(gross anatomy)：主要利用肉眼來研究人體的構造。可以再細分成：
   (1) 區域解剖學(regional anatomy)：主要以研究人體特定部位為主，例如上肢、下肢、胸部或腹部。
   (2) 系統解剖學(systemic anatomy)：以人體的系統為研究範圍，如肌肉系統、骨骼系統等，一般以系統解剖學作為教學授課的內容。
   (3) 體表解剖學(surface anatomy)：以研究人體之形態和表面特徵為主。
2. **顯微解剖學**(microscopic anatomy)：利用顯微鏡來研究人體顯微構造之解剖學，又可分成：
   (1) 組織學(histology)：研究各種組織的顯微構造。
   (2) 細胞學(cytology)：以研究細胞的構造和功能為主。
3. **發育解剖學**(developmental anatomy)：研究人體從受精卵到出生前的發育過程。由此領域可衍生出胚胎學(embryology)，研究的範圍主要集中於受精卵至胚胎第8週在子宮內的發育過程。
4. **外科解剖學**(surgical anatomy)：主要研究在外科手術中重要的解剖特徵和構造。
5. **病理解剖學**(pathological anatomy)：主要在研究人體因疾病所導致的細胞、組織和器官等構造的變化。
6. **放射照相解剖學**(radiographic anatomy)：利用放射線技術或其他醫學影像技術來研究人體的構造。

1-2 人體組成之階層

人體的組成包含許多的階層，由簡單至複雜的階層依序為以下六個階層（圖1-1）。

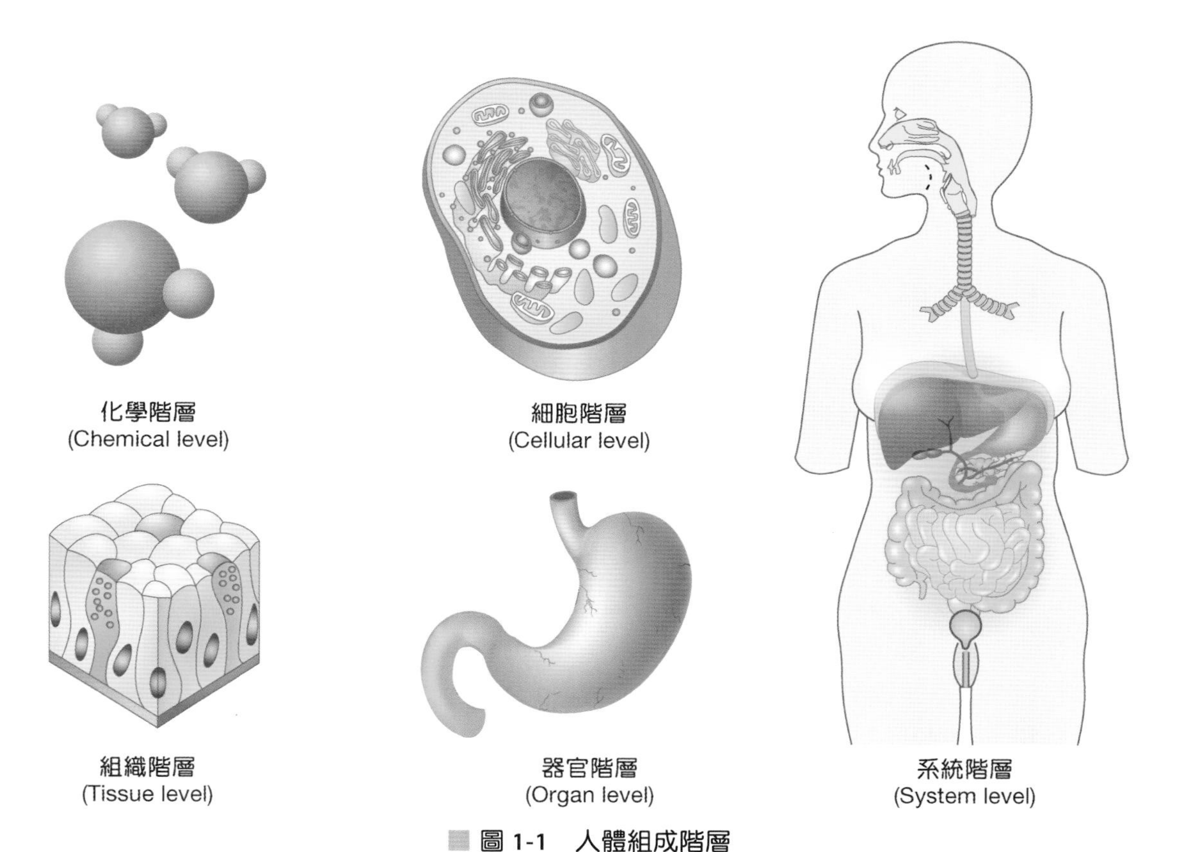

圖 1-1 人體組成階層

1. **化學階層**(chemical level)：為人體組成的最低階層，其組成單位是原子(atom)，體內維持生命的化學物質是由兩個或兩個以上的原子組合而成，如H_2O、O_2。
2. **細胞階層**(cellular level)：**細胞為人體構造及功能的基本單位**，由各種化學物質組成，如神經細胞、肌肉細胞、內皮細胞。
3. **組織階層**(tissue level)：由執行相同功能的細胞所組成，人體內主要有四種組織，分別為上皮組織、結締組織、肌肉組織、神經組織。
4. **器官階層**(organ level)：由兩種或兩種以上的組織形成具有特定形狀及功能的器官。

5. **系統階層**(system level)：由具有相同功能的器官所組成，來完成共同的生理功能，人體內共有十大系統，分別為（圖1-2）：
   (1) 皮膚系統(integumentary system)：由皮膚及附屬構造組成，如汗腺、皮脂腺、指甲、毛髮等，可體溫的調節並接受外在的刺激，如痛覺、溫覺、壓力等。
   (2) 骨骼系統(skeletal system)：由軟骨、硬骨、韌帶及關節組成，具有支持及保護體內臟器、造血、配合肌肉收縮產生運動等功能。
   (3) 肌肉系統(muscular system)：由骨骼肌、心肌、平滑肌組成，具有產生運動、維持姿勢及產熱的功能。
   (4) 神經系統(nervous system)：由腦、脊髓、神經組成，可接收外來的刺激，產生神經衝動調節身體各器官的反應。
   (5) 內分泌系統(endocrine system)：由腦下腺、甲狀腺、腎上腺等組成，利用內分腺體分泌的激素來調節體內各器官的生理功能。
   (6) 循環系統(cardiovascular system)：由心臟、血管、血液組成，利用心臟收縮將血液送出到血管，藉由血液運輸氧氣、營養物到細胞，同時將細胞所產生的二氧化碳及廢物移除。
   (7) 淋巴系統(lymphatic system)：由淋巴液、淋巴結、淋巴管、淋巴器官組成，具免疫作用，可抵抗病原體入侵、過濾血液、運輸脂肪等。
   (8) 呼吸系統(respiratory system)：由鼻、咽、喉、氣管、支氣管及肺組成，能與外界進行氧氣二氧化碳的交換作用，並調節體內酸鹼平衡。
   (9) 消化系統(digestive system)：由口腔、食道、胃、小腸、大腸、肝臟、胰臟、膽囊等組成，負責將食物分解、消化吸收後供細胞使用，無法利用的廢物則排出體外。
   (10) 泌尿系統(urinary system)：由腎臟、輸尿管、膀胱、尿道組成，與體內的水分及酸鹼平衡有關。
   (11) 生殖系統(reproductive system)：由睪丸、卵巢、子宮生殖器官、生殖細胞組成，與繁殖後代有關。
6. **生物體階層**(organismal level)：為人體最高階層，組成有生命的個體。

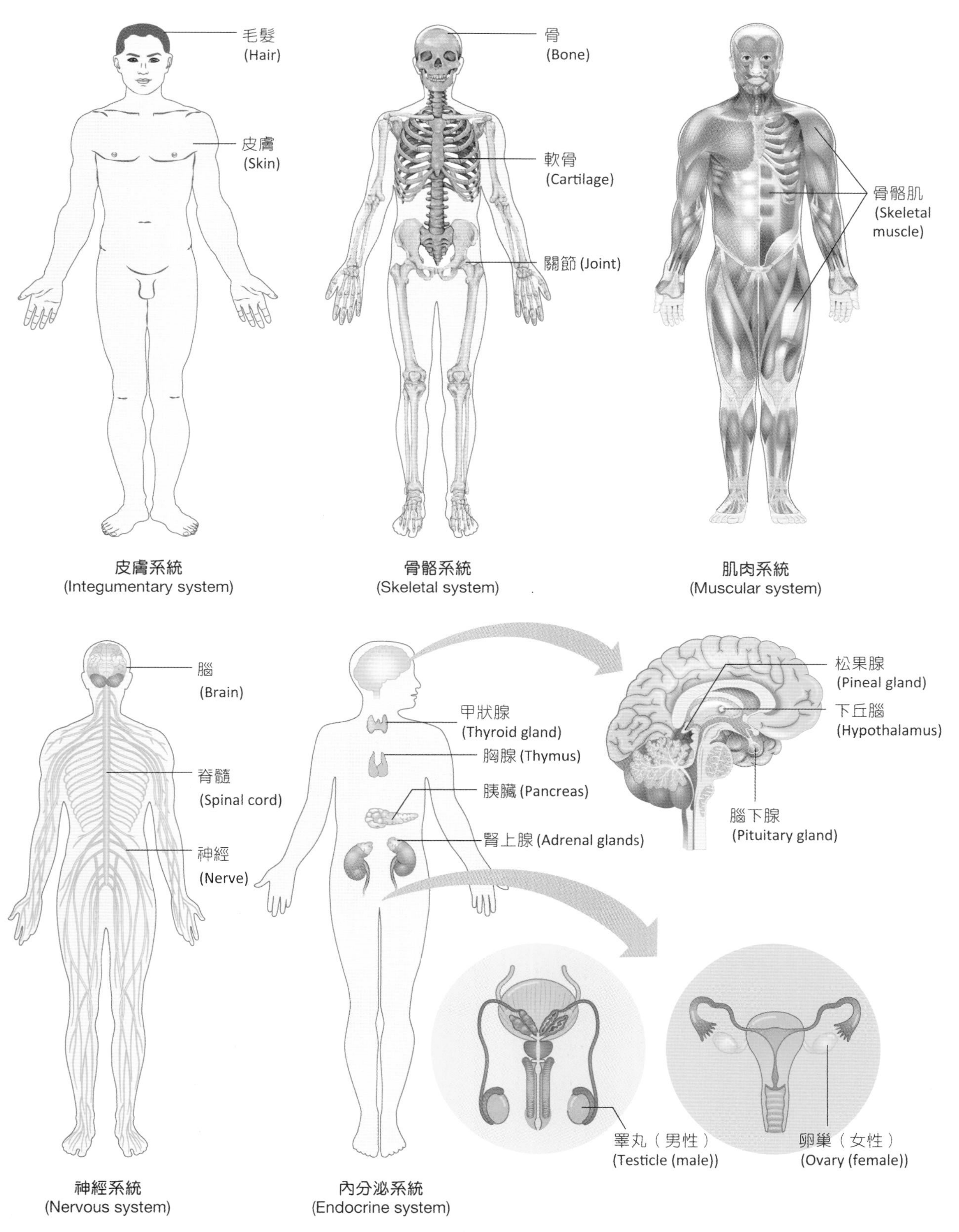
毛髮
(Hair)
皮膚
(Skin)
骨
(Bone)
軟骨
(Cartilage)
關節 (Joint)
骨骼肌
(Skeletal muscle)
皮膚系統
(Integumentary system)
骨骼系統
(Skeletal system)
肌肉系統
(Muscular system)
腦
(Brain)
脊髓
(Spinal cord)
神經
(Nerve)
甲狀腺
(Thyroid gland)
胸腺 (Thymus)
胰臟 (Pancreas)
腎上腺 (Adrenal glands)
松果腺
(Pineal gland)
下丘腦
(Hypothalamus)
腦下腺
(Pituitary gland)
睪丸（男性）
(Testicle (male))
卵巢（女性）
(Ovary (female))
神經系統
(Nervous system)
內分泌系統
(Endocrine system)

圖 1-2 人體的十大系統

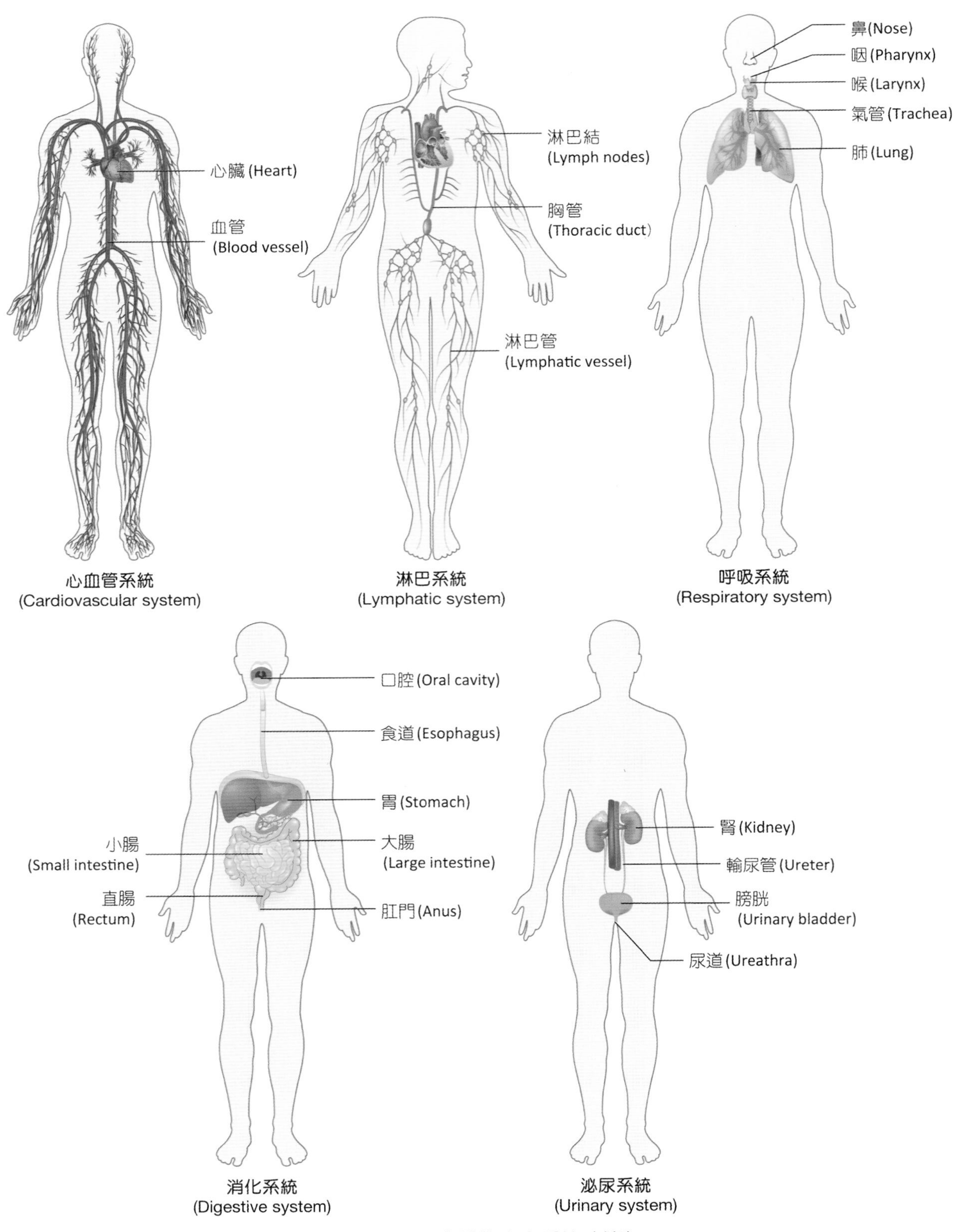

圖 1-2 人體的十大系統（續）

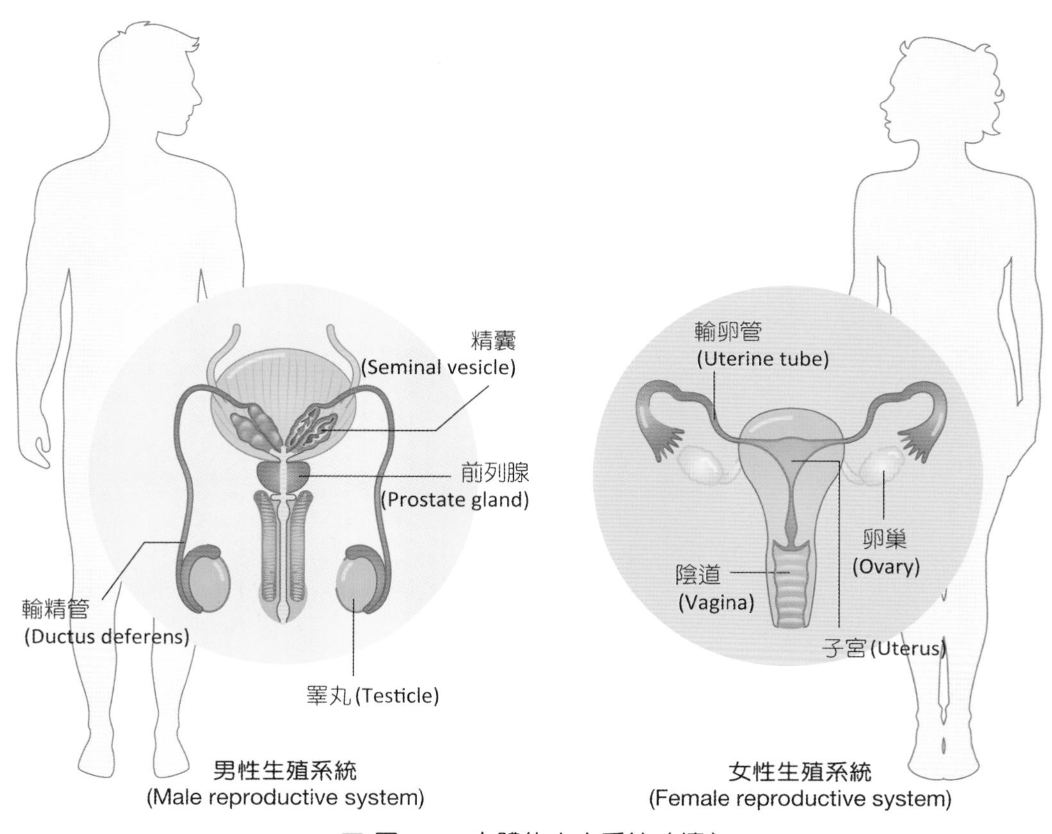

圖 1-2 人體的十大系統（續）

1-3 解剖學術語

解剖學姿勢

目前有關於解剖學的教科書和圖表，針對人體構造之每一特定部位或者區域之描述，均採用一特定的姿勢，即解剖學姿勢(anatomical position)，也因此才能將指示方位的術語清楚的表達出來。所謂的解剖學姿勢是指人體直立面對觀察者，兩手臂自然下垂於身體兩側，手掌面朝前的姿勢（圖1-3）。

解剖學方位

研究解剖學的學者為正確表示人體內各個構造間的相關位置，使用了指示方位的術語，在解剖姿勢下，描述人體器官結構之間的相對方位（圖1-4、表1-1）。

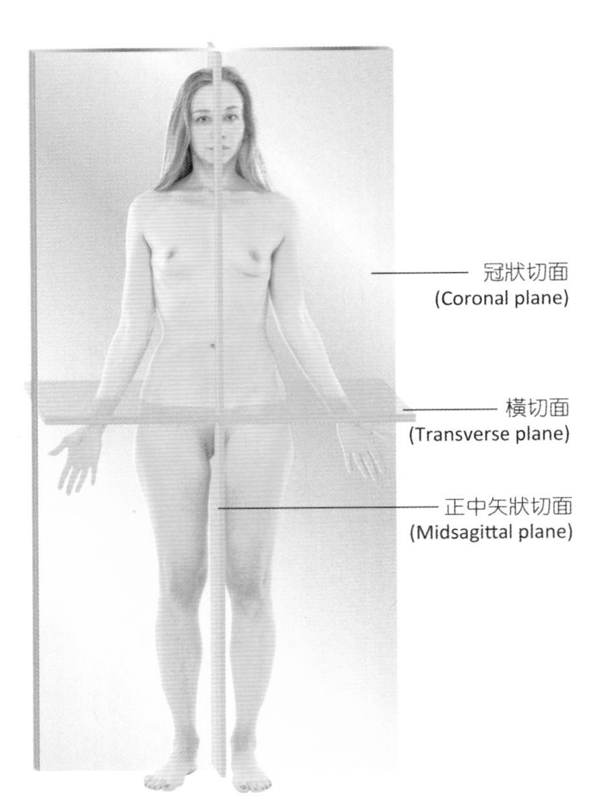

圖 1-3 解剖學姿勢及身體剖面

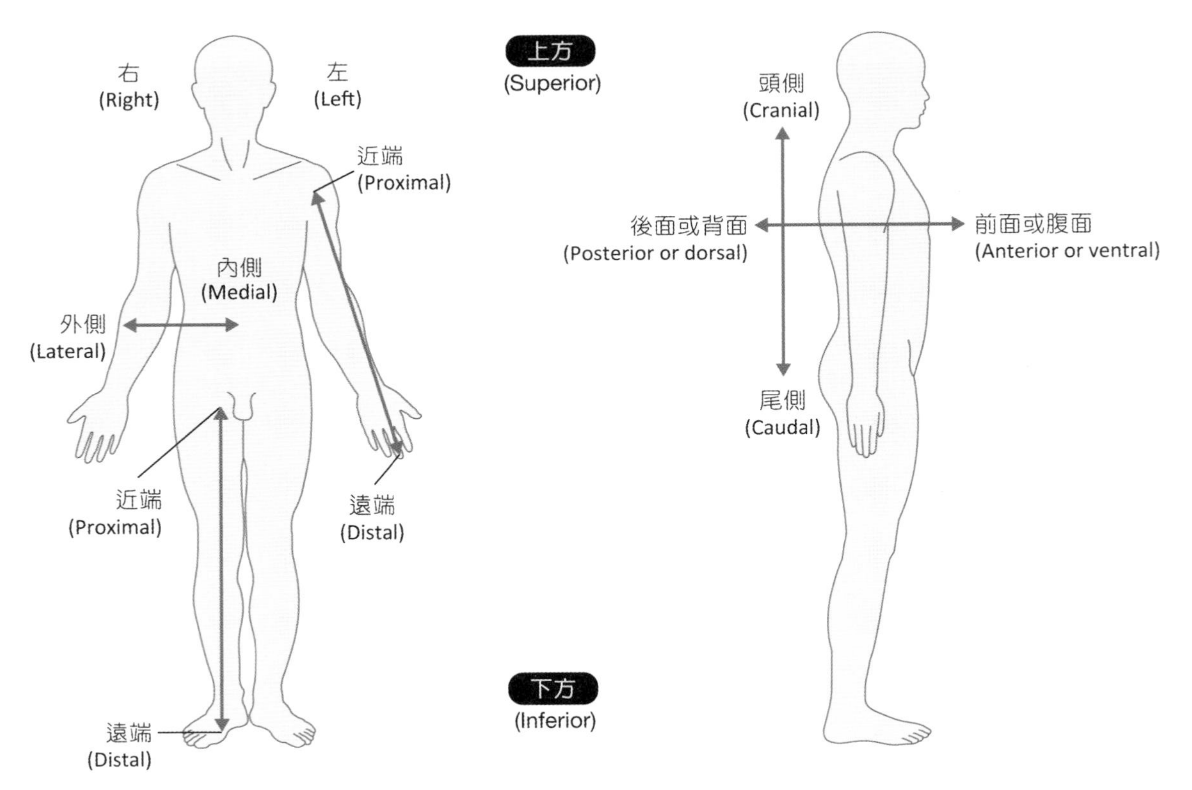

圖 1-4 解剖學方位

表1-1 方位術語

方向術語	定義	舉例
上方（又稱為頭側或顱側）[superior (cephalic or cranial)]	構造在另一個構造之上面或朝向頭部	胸腔在腹腔上方
下方（又稱為尾側）[inferior (caudal)]	構造在另一個構造之下或遠離頭部	前列腺在膀胱下方
前方（又稱為腹側）[anterior (ventral)]	靠近或者位於身體之前面	氣管在食道前方
後方（又稱為背側）[posterior (dorsal)]	靠近或者位於身體之後面	食道在氣管後方
內側(medial)	靠近身體或構造之中心線	尺骨在前臂內側
外側(lateral)	遠離身體或構造之中心線	拇指在小指外側
同側(ipsilateral)	位於身體之同側	左腎和脾臟為同側
對側(contralateral)	位於身體之不同側	右腎和脾臟為對側
近側(proximal)	靠近四肢附著於軀體之部位	股骨在脛骨近側
中間(intermediate)	位於外側構造和內側構造之間	食指在中指和拇指中間
遠側(distal)	遠離四肢附著於軀體之部位	脛骨在股骨的遠側
壁層(visceral)	體腔之外壁	心包膜壁層
臟層(parietal)	內臟之被膜	心包膜臟層
淺層或表層(superficial)	靠近或位於身體的體表	表皮在真皮的表層
深層(deep)	遠離身體的體表	肌肉在皮膚的深層

解剖學平面

為方便觀察人體內各種構造的排列和相關位置，可利用假想的剖面來深入研究人體。基本的身體剖面包含以下三種（圖1-3）：

1. **矢狀切面**(sagittal plane)：又稱為垂直切面（也稱為縱切面），是指將身體分成左右兩部分的切面。通過身體中線的垂直平面，會把身體分成相等的左右兩半，稱為**正中矢狀切面**(midsagittal plane)。不經過身體的正中線則稱為矢狀旁面(parasagittal plane)。
2. **冠狀切面**(coronal plane)：又稱為額切面(frontal plane)，是指將身體分成前後兩部分的切面。
3. **水平切面**(horizontal plane)：又稱為橫切面(transverse plane)，是指將身體或器官分成上下兩部分的切面。

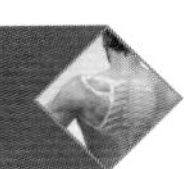

1-4 體腔(Body Cavities)

人體內有兩個封閉性的體腔，含有許多內臟器官，分別為背側體腔和腹側體腔（圖1-5）。

背側體腔(Dorsal Body Cavity)

背側體腔位在身體的背側，由骨性構造所組成，包括：

1. **顱腔**(cranial cavity)：由頭顱骨所形成的空腔，內含腦，可藉由脊椎骨的枕骨大孔和脊髓腔連通。
2. **脊髓腔**(spinal cavity)：脊髓腔又稱為椎管(vertebral canal)，內含脊髓及脊神經根。脊髓腔是由脊椎骨的椎孔連接而成的管腔。

腹側體腔(Ventral Body Cavity)

腹側體腔位在身體的腹側，包含有內臟(viscera)的器官，其腔壁由皮膚、肌肉、骨骼、漿膜和結締組織組成。腹側體腔被橫膈(diaphragm)隔開，分成為胸腔與腹盆腔。

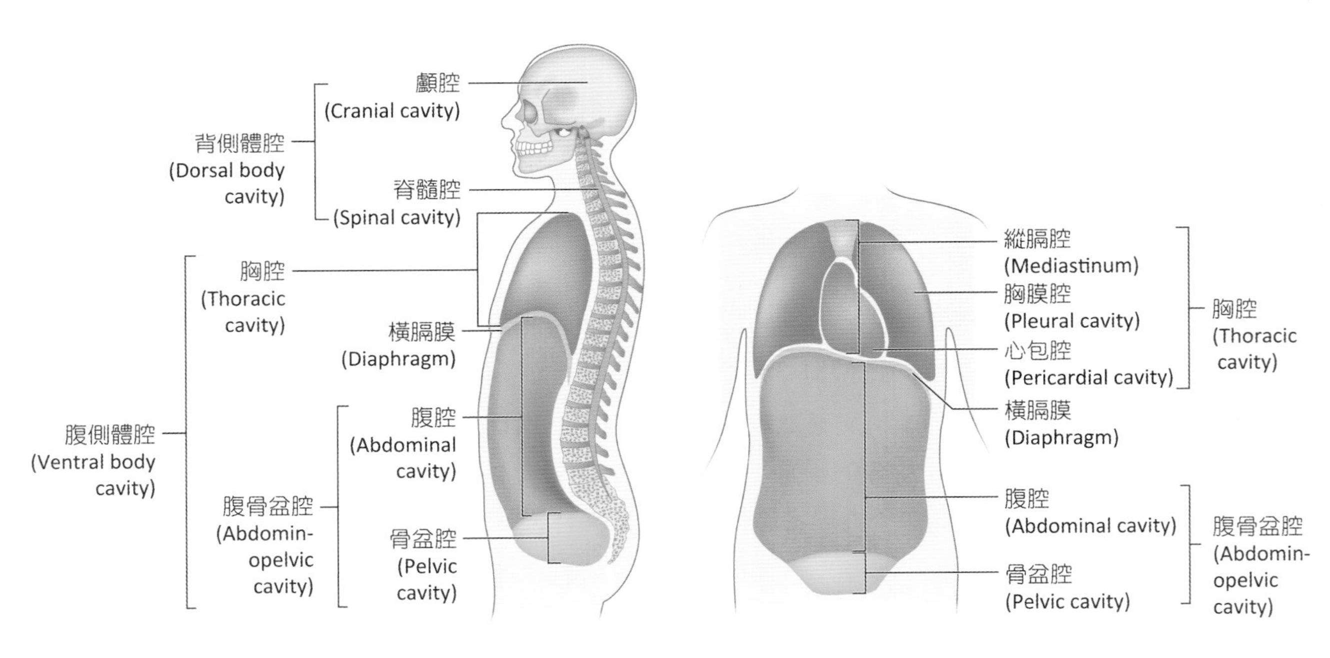

圖 1-5 體腔

一、胸腔 (Thoracic Cavity)

可分成好幾個空腔，內含臟器包括肺臟、心臟、食道、氣管、胸腺等。

1. **胸膜腔**(pleural cavity)：又稱為肋膜腔，是由胸膜(pleura)所形成的空腔，不含任何器官。胸膜腔有兩個，左右各一，胸膜臟層覆蓋在肺臟的表面，壁層則緊靠胸廓。胸膜腔內有胸膜液（由胸膜所分泌的漿液），具潤滑及減少摩擦的作用。
2. **縱膈腔**(mediastinum)：位在左右肺之間，由前面胸骨延伸到後面脊椎，**下至橫膈與腹腔分隔**。內含**主動脈弓**、胸腺、**氣管**、**食道**、迷走神經、上腔靜脈、頭臂靜脈、迷走神經等構造，但**不含肺臟**。
3. **心包腔**(pericardial cavity)：位於縱膈內，由心包膜(pericardium)構成，是存在於心臟外面的空腔，心包膜臟層覆蓋在心臟的表面，可分泌心包液於空腔內，減少心臟收縮跳動時的摩擦，有潤滑的作用。

二、腹骨盆腔 (Abdominopelvic Cavity)

橫膈以下的部位屬於腹骨盆腔。可以由恥骨聯合上緣至薦骨上緣（薦岬）畫出一條的假想線，將腹盆腔再區分為腹腔與骨盆腔。

1. **腹腔**(abdominal cavity)：以橫膈作為上面的分界，以薦骨和恥骨聯合作為和骨盆的分界。腹腔為人體最大的體腔，所含之器官有肝、脾、膽囊、胃、胰臟、腎臟、小腸、大腸及神經血管等構造。
2. **骨盆腔**(pelvic cavity)：位置在腹腔的下面和腹腔連通。骨盆腔內所包含的臟器有膀胱、男性生殖器官（如前列腺、精囊、輸精管）、女性生殖器官（如子宮、卵巢、輸卵管）乙狀結腸及直腸等。

腹骨盆腔所占的範圍很大，為能有效的描述器官所在的位置，一般在教學與基礎醫學的研究會採用九分法，而在臨床上則採用四象限區分法，作為腹部疼痛、腫瘤和其他病症的定位。

(一)九分法

腹骨盆腔的九分法主要以兩條水平線（上面一條水平線通過左、右肋骨下緣，和**下面一條水平線通過左、右髂骨結節**，也就是結節間連線）和兩條垂直線（分別通過髂前上棘與恥骨聯合連線的中點），將腹骨盆腔區分成九個區域（圖1-6，表1-2）。

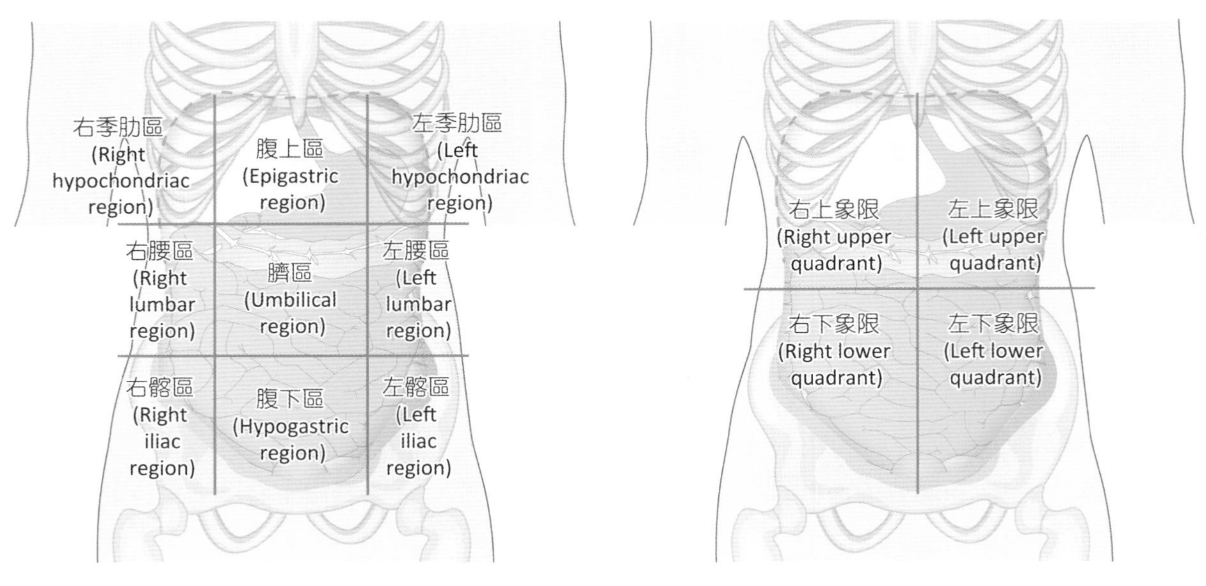

(a) 九分法　　(b) 四象限法

圖 1-6　腹部的分區

表1-2　九分法

右季肋區	腹上區	左季肋區
肝臟右葉、膽囊、右腎之上1/3、結腸右彎曲、十二指腸、右側腎上腺	肝臟左葉、胃小彎、胰臟頭部及體部、腎上腺、胃幽門部、十二指腸上部、左右腎上腺	胃體、胃底、胰臟尾部、**脾臟**、結腸左彎曲、左腎之上2/3、左側腎上腺
右腰區	**臍區**	**左腰區**
盲腸上半部、升結腸、結腸右彎曲、右腎下2/3、外側部分小腸	橫結腸中段、十二指腸下段、空腸、迴腸、腎門、腹主動脈、下腔靜脈、乙狀結腸	左腎下1/3、小腸、降結腸
右髂區	**腹下區**	**左髂區**
盲腸、**闌尾**、部分小腸、右精索、右側的子宮、卵巢、輸卵管	乙狀結腸、直腸下段、膀胱、輸尿管、子宮	部分小腸、降結腸、乙狀結腸與結腸交接處、左精索、左側的子宮、卵巢、輸卵管

(二)四象限法

以一條垂直線及水平線交會於肚臍，將腹部分成四個象限(quadrants)，包括右上象限(right upper quadrant, RUQ)、右下象限(right lower quadrant, RLQ)、左上象限(left upper quadrant, LUQ)及左下象限(left lower quadrant, LLQ)，**急性闌尾炎疼痛的位置在右下象限**（圖1-6）。

摘 要 · SUMMARY

人體階層	化學階層→細胞階層→組織階層→器官階層→系統→生物體階層
解剖學姿勢	人體直立面對觀察者，兩手臂自然下垂於身體兩側，手掌面朝前
解剖學平面	1. 矢狀切面：將身體分成左右兩部分的切面 2. 冠狀切面：將身體分成前後兩部分的切面 3. 水平切面：將身體或器官分成上下兩部分的切面
體腔	1. 腹骨盆腔：橫膈以下的部位。可以由恥骨聯合上緣至薦骨上畫出一條的假想線，將腹骨盆腔再區分為腹腔與骨盆腔 2. 四象限法：以一條垂直線及水平線交會於肚臍，將腹部分成四個象限，包括右上象限(RUQ)、右下象限(RLQ)、左上象限(LUQ)及左下象限(LLQ)

課後習題 · REVIEW ACTIVITIES

1. 下列何者具協調身體內各器官活動之功能？(A)骨骼系統　(B)肌肉系統　(C)循環系統　(D)神經系統
2. 氣管位於下列哪一個體腔中？(A)縱膈腔　(B)胸膜腔　(C)顱腔　(D)脊髓腔
3. 有關闌尾的敘述，下列何者錯誤？(A)位於左腹股溝區　(B)與盲腸相連　(C)是大腸的一部分　(D)屬於腹膜內器官
4. 下列何者可將人體分成上下兩半？(A)矢狀切面　(B)冠狀切面　(C)水平切面　(D)額狀切面
5. 在腹部的九分區中，膀胱主要位於哪一區內？(A)腹上區　(B)臍區　(C)腹下區　(D)右腹股溝區
6. 下列何者可將人體分成前後兩片？(A)矢狀切面　(B)冠狀切面　(C)水平切面　(D)橫切面
7. 在腹部的九分區中，胃的幽門部位於哪一區？(A)左季肋區　(B)右季肋區　(C)腹上區　(D)臍區
8. 在腹部的九分區中，膽囊主要位於：(A)右季肋區　(B)左季肋區　(C)右腰區　(D)左腰區
9. 左季肋區器官因肋骨刺入而大出血，下列何者最可能受損？ (A)左肺　(B)心臟　(C)胰臟　(D)脾臟
10. 在腹骨盆腔的九個區域中，大部分的胃位於：(A)右季肋區　(B)左季肋區　(C)腹上區　(D)臍區

答案：1.D　2.A　3.A　4.C　5.C　6.B　7.C　8.A　9.D　10.C

參考資料 · REFERENCES

林自勇、鄧志娟、陳瑩玲、蔡佳蘭(2003)．*解剖生理學*．全威。

馬青、王欽文、楊淑娟、徐淑君、鐘久昌、龔朝暉、胡蔭、郭俊明、李菊芬、林育興、邱亦涵、施承典、高婷育、張琪、溫小娟、廖美華、滿庭芳、蔡昀萍、顧雅真…許瑋怡(2022)．於王錫崗總校閱，*人體生理學*（6版）．新文京。

許世昌(2019)．*新編解剖學*（4版）．永大。

許家豪、張媛綺、唐善美、巴奈比比、蕭如玲、陳昀佑(2021)．*生理學*（4版）．新文京。

麥麗敏、陳智傑、廖美華、鍾麗琴、陳建瑋、祁業榮、黃玉琪、戴瑄、呂國昀(2015)．於王錫崗總校閱，*解剖生理學*（2版）．華杏。

馮琮涵、黃雍協、柯翠玲、廖智凱、胡明一、林自勇、鍾敦輝、周綉珠、陳瀅(2021)．*人體解剖學*．新文京。

游祥明、宋晏仁、古宏海、傅毓秀、林光華(2021)．*解剖學*（5版）．華杏。

廖美華、溫小娟、高婷玉、顏惠芷、林育興(2020)．於劉中和總校閱，*解剖學*（2版）．華杏。

Chapter

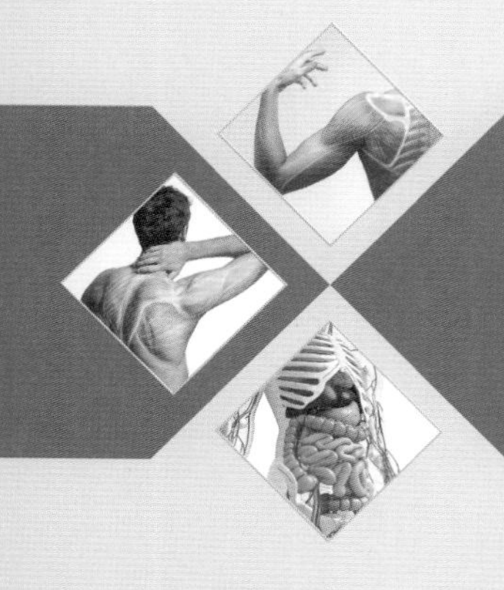

細 胞 × 02

賴明德 編著

Cells

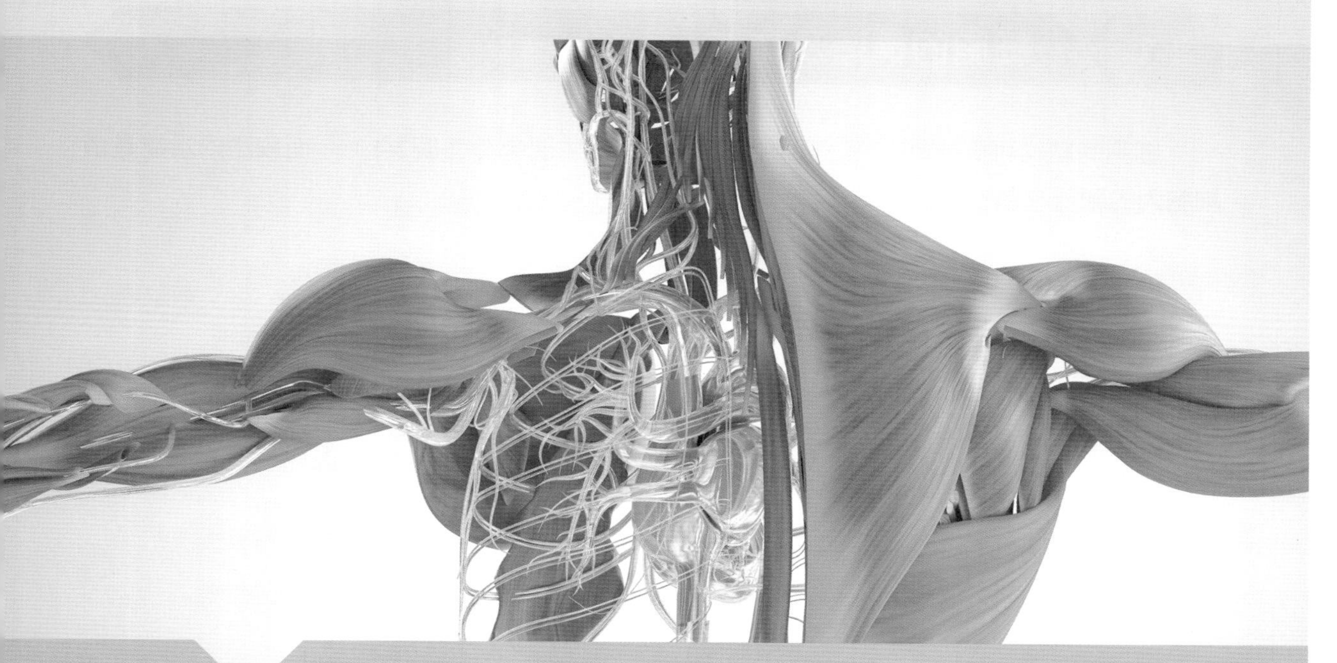

本章大綱

2-1 細胞的構造及功能
- 細胞膜
- 細胞質
- 胞器

2-2 細胞分裂
- 有絲分裂
- 減數分裂

前言

細胞是組成生物體構造及功能的基本單位，人體的各種細胞其形狀、大小及功能差異很大。體內的組織及器官分別由不同種類的細胞所構成，以便能執行不同的功能。研究細胞的構造及其功能的學問被稱為細胞學(cytology)。

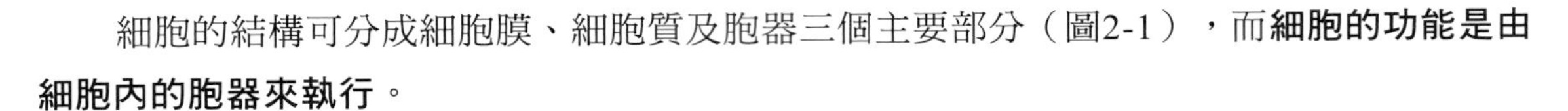

2-1 細胞的構造及功能

細胞的結構可分成細胞膜、細胞質及胞器三個主要部分（圖2-1），而**細胞的功能是由細胞內的胞器來執行**。

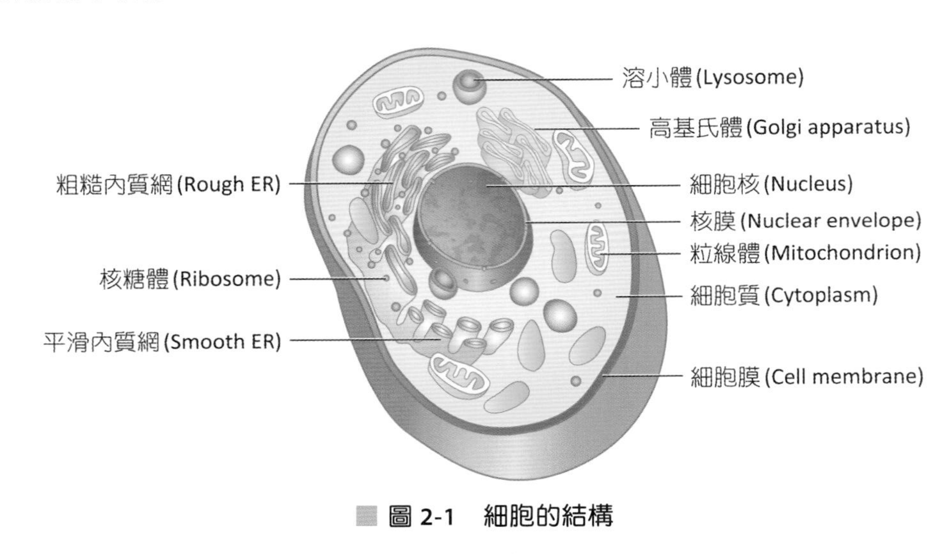

圖 2-1 細胞的結構

細胞膜(Cell Membrane)

細胞膜又稱為胞漿膜(plasma membrane)，其厚度大約在6~10 nm，形成細胞的外圍邊界，可隔離細胞內、外的環境，提供細胞的屏障與選擇性的讓某些物質進出細胞。細胞膜的成分主要是由磷脂質(phospholipids)、蛋白質、碳水化合物、醣脂質、水、離子及膽固醇所構成。其中**蛋白質含量最高**，為55%，磷脂質含量次之，為25%。

磷脂質含有磷酸根的極性端（親水性）與脂肪酸的非極性端（疏水性），細胞膜含有碳水化合物，主要以醣蛋白(glycoproteins)或醣脂質(glycolipids)的形式附著在細胞膜表面（圖2-2），可作為免疫系統辨識自我的重要成分，或當作荷爾蒙(hormones)的接受器(receptor)。人體細胞的**細胞膜含有膽固醇，可以增加細胞膜的穩定**。

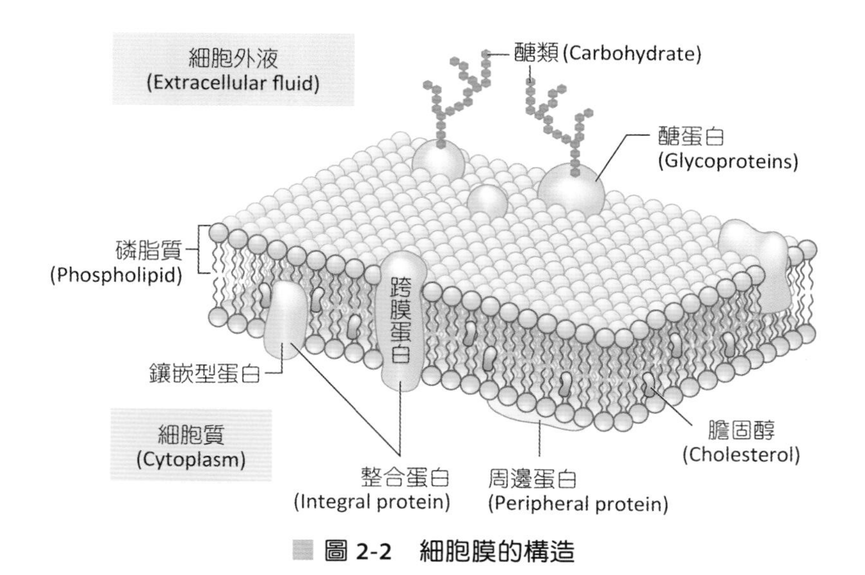

圖 2-2 細胞膜的構造

一、細胞膜的構造

關於細胞膜之構造，最早在1972年辛格(Singer)和尼可森(Nicholson)兩位學者提出**流體鑲嵌模型**(fluid-mosaic model)，主張構成細胞膜的蛋白質與磷脂質具有鑲嵌關係，可自由的在細胞膜上移動，因此細胞膜具有流動性，其流動性由膽固醇及磷脂質的比例決定。細胞膜由磷脂質排列成**雙層磷脂質**(phospholipid bilayer)結構，**親水性的磷脂質頭部**朝外排列，**疏水的脂肪酸尾部**朝內排列組合而成（圖2-3）。脂溶性分子（如氧、二氧化碳）很容易通過細胞膜的雙層結構，相反地水溶性分子（如蛋白質及核酸）則不易通過細胞膜。

蛋白質埋藏在雙層磷脂質內，某些蛋白質只有部分埋入雙層磷脂質，稱為**周邊蛋白**(peripheral protein)，具有酵素的作用，可催化細胞的化學反應；某些則從細胞膜延伸進入細胞質中，稱為**本體蛋白**(integral proteins)，又可分為鑲嵌蛋白與整合蛋白，本體蛋白的功能主要與運輸有關，可形成離子通道、當作載體、細胞膜表面的接受器。

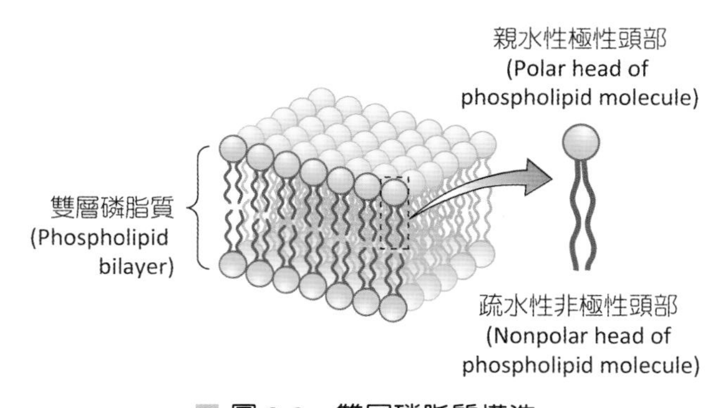

圖 2-3 雙層磷脂質構造

二、細胞膜的功能

1. **作為屏障**：將細胞內容物與外界環境阻隔避免造成混亂不清。
2. **控制物質的進出**：並非所有物質都可以自由進出細胞膜，稱為細胞膜選擇性通透性(selective permeability)。
3. **整合細胞訊息傳遞**(signal transduction)：細胞膜上有接受器可以和神經傳遞物及激素結合產生訊息傳遞而引發生理作用。
4. **組織結構的支持者**：經由細胞膜的特殊作用方式，使相鄰的細胞產生細胞接合(cell junction)形成穩定的構造。

細胞質(Cytoplasm)

細胞質是指細胞膜和細胞核之間的結構，包含胞液(intracellular fluid)、胞器及包涵體三部分。**細胞質是細胞內產生化學反應、製造及分解物質產生能量的地方**，胞液為黏稠的半透明液體，由水分(75~90%)、蛋白質、脂肪、醣類、電解質及無機鹽類所組成，以微小管、中間絲及微絲構成的細胞骨架，作為支持胞器及提供細胞的運動機制。

包涵體(inclusion)是指細胞內所儲存的化學物質，例如肝細胞及肌肉細胞內的葡萄糖轉換成肝醣，以肝醣包涵體之形式存在，或像是皮膚細胞的黑色素、紅血球中的血紅素等。脂質儲存在脂肪細胞，體內器官的內襯細胞所製造的黏液(mucus)可提供保護和潤滑作用，亦歸屬於包涵體。

胞器(Organelles)

胞器為細胞內的特化構造，與執行細胞的功能有關，**人體內依細胞的功能其所含胞器的種類及數目也不一樣**，敘述如下。

一、細胞核 (Nucleus)

細胞核內含有遺傳物質DNA，是細胞的控制中心，也是細胞內最大的胞器。大多數細胞僅有一個細胞核（成熟的紅血球無細胞核），而骨骼肌細胞則為多核。細胞核是細胞進行轉錄作用的地方，構造上可分成四個部分（圖2-4）：

1. **核膜**(nuclear envelope)：核膜為磷脂質雙層的構造，可用來區分核質與細胞質，核膜中有核孔(nuclear pore)，為物質進出細胞核的通道，可允許小分子自由進出核孔。
2. **核仁**(nucleolus)：由DNA、RNA及蛋白質組成，是**製造核糖體RNA** (ribosomal RNA, rRNA)及儲存RNA的地方。
3. **核質**(nucleoplasm)：細胞核內的膠狀物質，含有養分及鹽類等物質。

4. **染色質**(chromatin)：散布在核質中的遺傳物質，由組織蛋白(histones)及DNA構成。DNA上一段具功能性的片段稱為基因(gene)，是由核苷酸上不同的鹼基序列所組成特殊的遺傳密碼(genetic code)。DNA纏繞在8個組織蛋白上形成核體(nucleosome)，6個核體進一步形成螺旋管(solenoid)。當細胞分裂前，螺旋管會盤繞形成染色質環(loop domain)，濃縮成桿狀的染色體(chromosome)（圖2-5）。

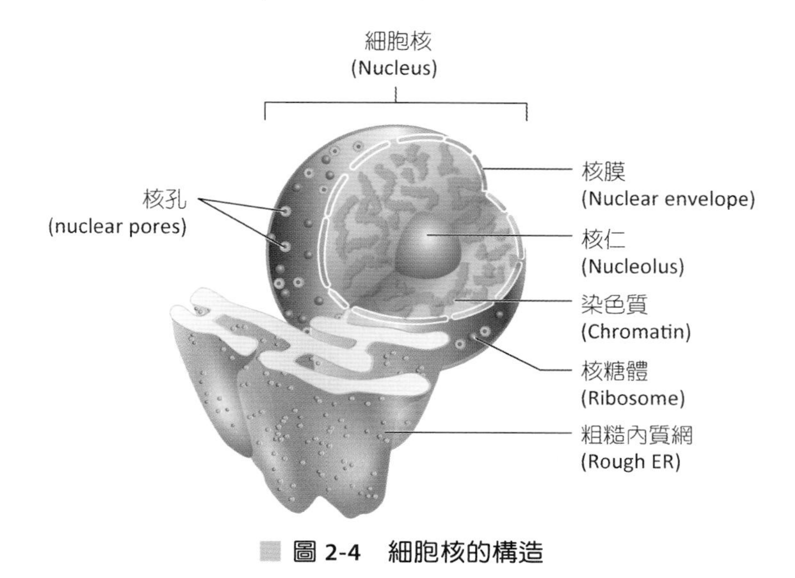

圖 2-4 細胞核的構造

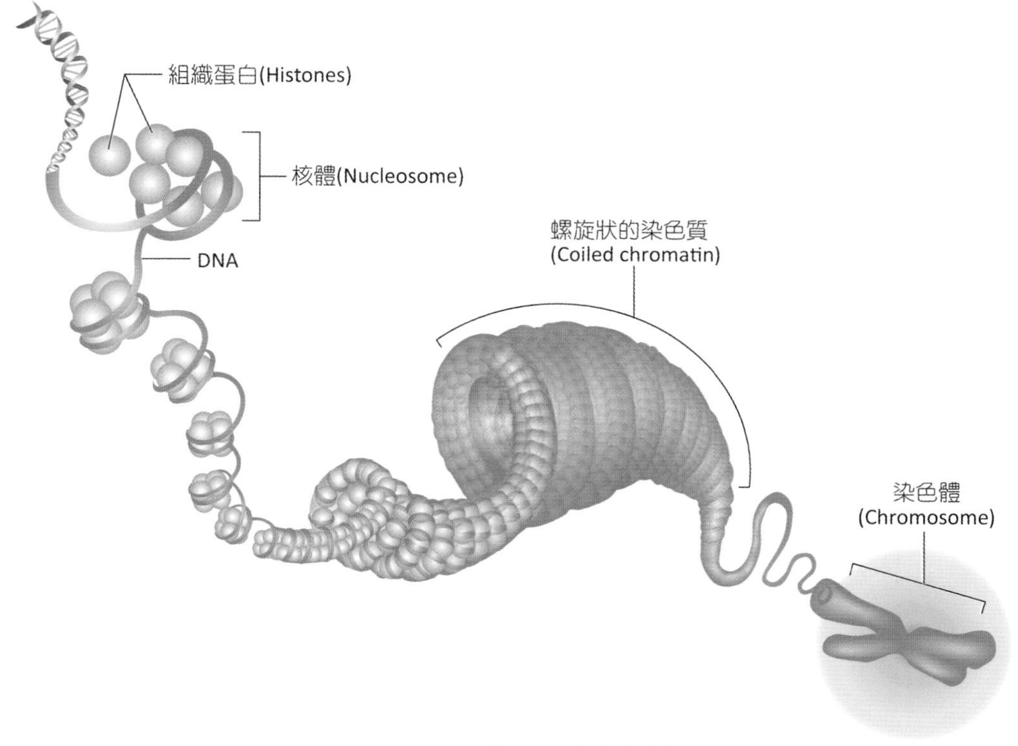

圖 2-5 染色質與染色體

二、核糖體 (Ribosome)

核糖體是由核糖體核酸(rRNA)及核糖蛋白所組成，包括大及小兩個次單元，與**轉譯mRNA合成細胞的蛋白質有關**。核糖體可依位置分布分為兩類（圖2-6）：

1. **固定性核糖體**(attached ribosome)：附著於內質網上，製造輸送到細胞外的蛋白質。
2. **游離性核糖體**(free ribosome)：散布於細胞質中，負責合成細胞內所使用的蛋白質。

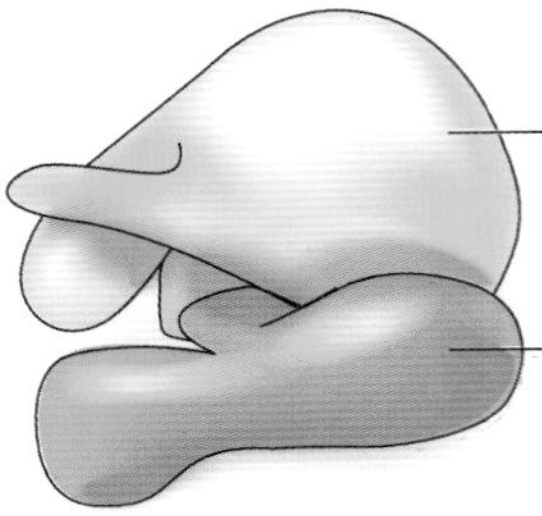

大次單元
(Large subunit)
小次單元
(Small subunit)

圖 2-6　核糖體

三、內質網 (Endoplasmic Reticulum, ER)

內質網為細胞質中兩層平行膜所形成的小管狀構造，可以和核膜相連（圖2-7）。物質可藉由內質網的網狀結構在細胞內運輸，形成細胞內運輸的管道，因此有**細胞內的循環系統**之稱。內質網可分為兩類：

1. **粗糙內質網**(rough ER)：又稱顆粒性內質網(granular ER)，內質網表面有核糖體附著，蛋白質合成後可儲存在此處。
2. **平滑內質網**(smooth ER)：又稱**無顆粒性內質網**(agranular ER)，內質網表面無核糖體，故不能合成蛋白質，但平滑內質網則和膽固醇製造、脂類物質合成有關。

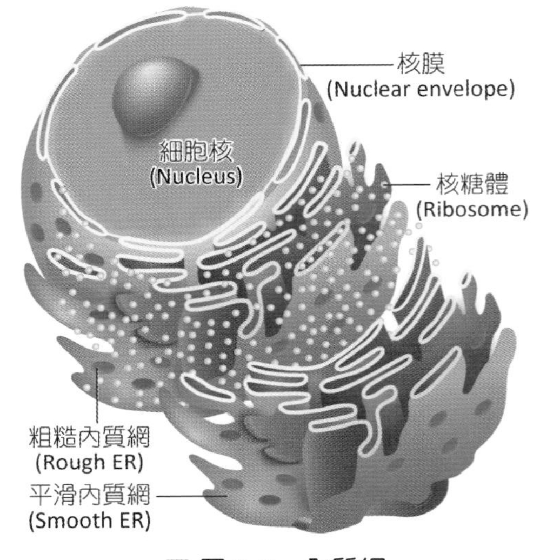

圖 2-7　內質網

不同細胞的內質網功用也不一樣，例如骨骼肌的平滑內質網（又稱為肌漿網）可儲存鈣離子，肝細胞的平滑內質網具有解毒的功能，而神經元內的尼氏體(Nissl body)可合成蛋白質，相當於顆粒性內質網的功能。

根據細胞的種類與活性不同，內質網的數量與種類也有所差異，例如製造消化酶的胰細胞，其粗糙內質網數量較平滑內質網多；但生殖系統中合成類固醇的細胞，平滑內質網數目就比較多。

四、高基氏體 (Golgi Apparatus)

高基氏體通常位於細胞核附近，由3~8層扁平彎曲囊袋所構成（圖2-8），與內質網有連繫，囊袋間連繫的通道稱為池(cisternae)。高基氏體的主要功能：

1. **蛋白質的醣化作用**(glycosylation)。
2. **包裝及分泌從內質網來的物質**：來自內質網蛋白質、醣蛋白、脂質送往高基氏體後，分類包裝成分泌小泡，釋放至細胞膜外，或在細胞內形成儲存顆粒，因此高基氏體有「細胞內的包裝部門」之稱。

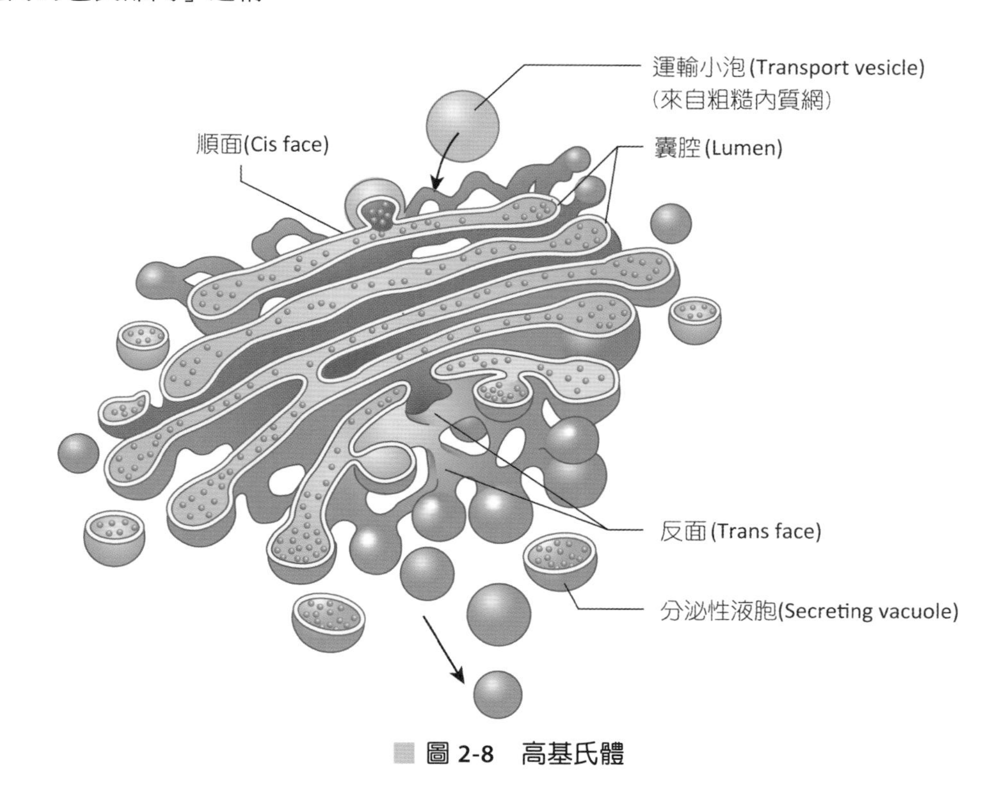

圖 2-8 高基氏體

五、溶酶體 (Lysosomes)

溶酶體是由高基氏體的分泌小泡所形成，為**單層膜的構造**。內含消化酶液泡，主要為水解酶，在內質網內形成後，由高基氏體處理，經由分泌小泡送至溶酶體（圖2-9）。**當細胞老化或受損時，溶酶體會將含有消化酶的液泡釋出分解細胞**，此過程稱為自體分解(autolysis)，故溶酶體有「自殺小袋」之稱。病原菌或大分子物質經由吞噬作用後，溶酶體會釋出消化酶分解病菌或大分子，因此溶酶體也被稱為是細胞內的消化工廠。體內某些細胞內含有大量的溶酶體，如蝕骨細胞(osteoclast)之溶酶體可分泌酵素，分解舊骨質使造骨細胞(osteoblast)重建新的骨質；具有吞噬作用的白血球可將細菌分解。

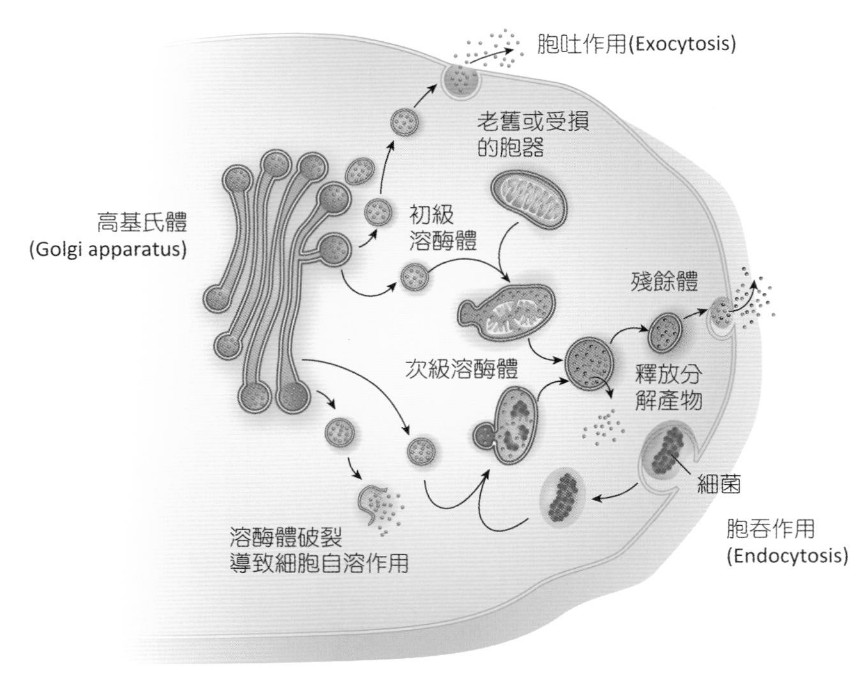

圖 2-9　溶酶體

細胞缺陷 Clinical Applications

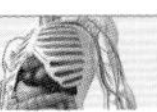

細胞內胞器若因遺傳病變產生缺陷，便容易導致疾病產生，例如人體無法產生足夠的溶酶體，導致細胞內肝醣和脂質無法分解而堆積，造成組織的傷害，形成泰－薩二氏症(Tay-Sach's disease)和高歇氏症(Gaucher's disease)。

六、粒線體 (Mitochondria)

粒線體為細胞內製造腺嘌呤核苷三磷酸(adenosine triphosphate, ATP)的場所，其功能與細胞內行氧化作用有關。粒線體具雙層膜，外膜包覆整個粒線體，內膜則有許多嵴(cristae) 可以增加化學反應的表面積，並含有大量催化ATP生成的酵素，有利於ATP之產生，**嵴之間的空隙為基質**(matrix)。ATP是生物能量的來源，因此粒線體又被稱為**「細胞的發電廠」**（圖2-10）。

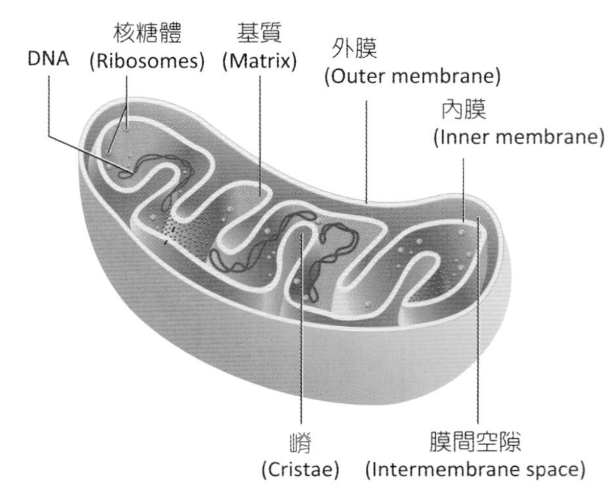

圖 2-10　粒線體

粒線體含有環狀DNA，可自我複製分裂，形成新的粒線體。肝臟、肌肉、腎小管等**消耗能量較大細胞，粒線體的數目也較多**。粒線體來自母親，因此母親的粒線體DNA若有缺陷，就可能造成遺傳疾病。

七、細胞骨架 (Cytoskeleton)

細胞骨架由微絲、中間絲及微小管組成，能提供細胞穩定的骨架，維持細胞形狀的完整性（圖2-11）。

1. **微絲**(microfilament)：直徑為3~12 nm，構成微絲的基本單位稱為肌動蛋白(actin)，或稱肌凝蛋白(myosin)，具有收縮的特性，能使肌肉細胞收縮，與胞吐與胞飲作用有關。
2. **微小管**(microtubule)：直徑為18~30 nm，是細胞骨骼中最顯著的成分，由微小管蛋白(tubulin)所組成，可形成**紡錘絲**、**中心粒**、**纖毛及鞭毛**等構造。功能包括：
   (1) 伴隨著纖毛及鞭毛的運動、細胞分裂時染色體的移動及細胞形態之改變。
   (2) 細胞內運輸系統如神經細胞內微小管輔助移動物質。
   (3) 作為支持性的構造，可幫助吞噬細胞產生偽足運動。
3. **中間絲**(intermediate filament)：直徑為7~11 nm，介於微絲與微小管之間。中間絲存在於皮膚、結締組織及器官的上皮細胞，能提供細胞構造機械式的支持。

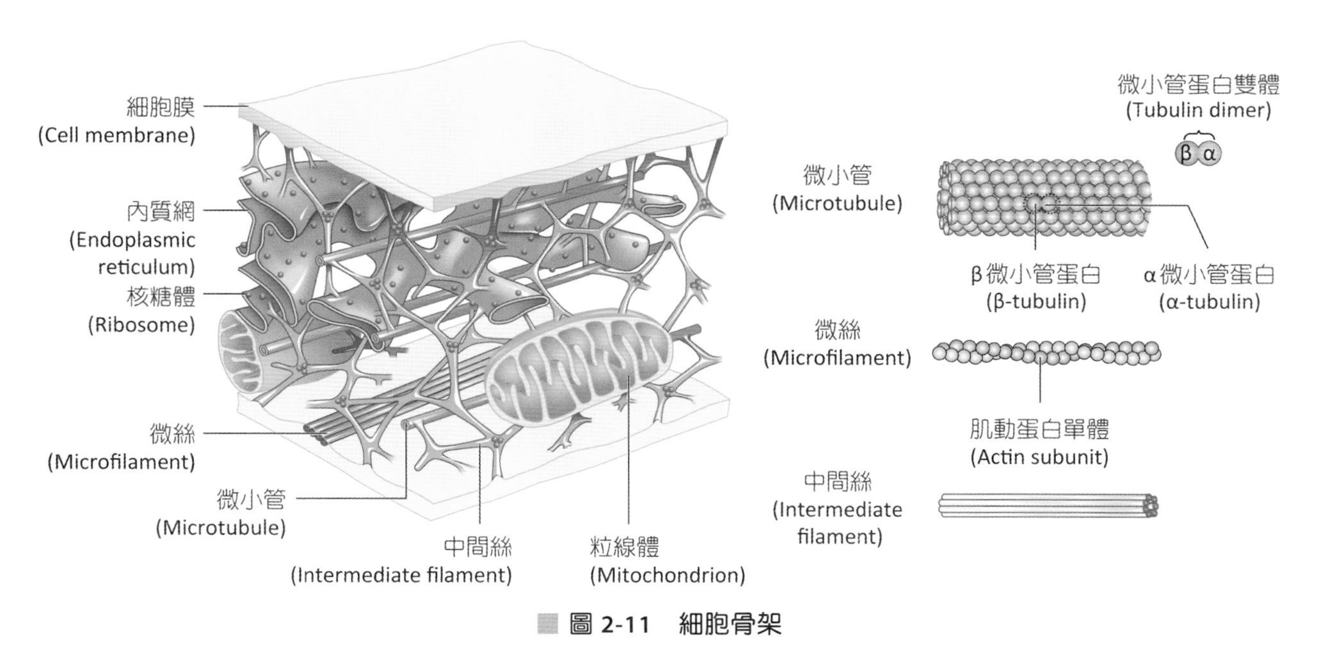

圖 2-11 細胞骨架

八、過氧化酶體 (Peroxisomes)

過氧化氫(H_2O_2)是體內許多代謝過程中之有毒物質，細胞可利用過氧化氫酶(catalase)將過氧化氫轉換成水及氧氣，體內的肝細胞與腎臟細胞過氧化酶體含量特別多，在特定化合物（如乙醇）之解毒作用上有非常重要之功能。

九、中心體與中心粒 (Centrosome and Centrioles)

中心體位於細胞核旁，由兩個中心粒組成，中心粒是9個微小管三元體所組成的環狀結構（圖2-12）。中心體主要與紡錘體的形成有關，牽涉到細胞分裂時染色體之移動。例如成熟的神經細胞不具有中心體，便無法再進行細胞分裂。

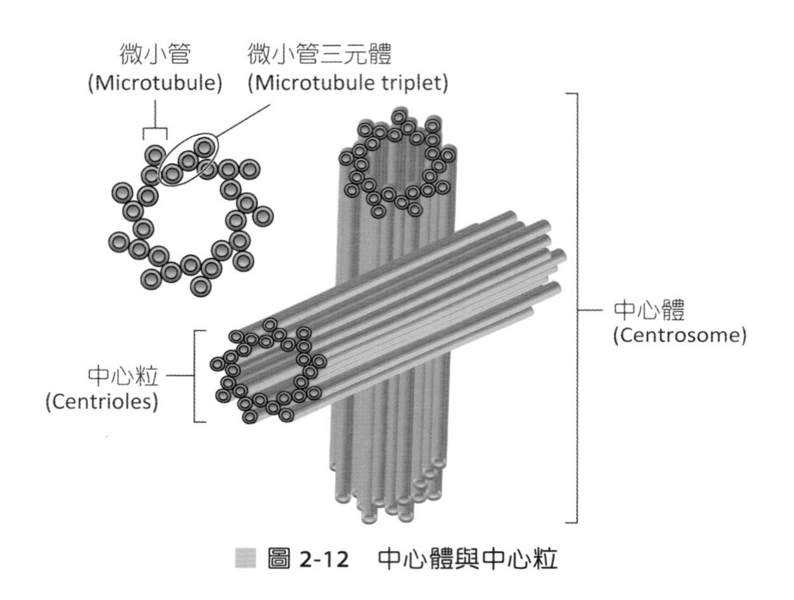

圖 2-12　中心體與中心粒

十、纖毛與鞭毛 (Cilia and Flagella)

鞭毛與纖毛是某些細胞的附屬物，細胞突起數量少而長的是鞭毛，數量多而短的是纖毛，多分布於人體管狀構造如**呼吸道**、輸卵管，以協助痰液、卵子的排出；人體唯一具有鞭毛的細胞是精子，可藉由消耗ATP進行運動。

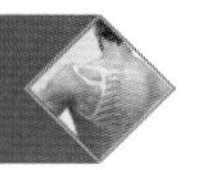

2-2 細胞分裂

身體的細胞會因衰老死亡等原因造成細胞數目減少，此時個體必須不斷地產生新細胞加以補充。細胞須經過完整的**細胞週期**(cell cycle)，並藉由細胞分裂的過程而產生新細胞，生殖細胞也必須經由細胞分裂的方式產生。

完整的細胞週期可分成間期(interphase)與有絲分裂(mitosis)兩個階段，間期又分成G_1期（gap 1 phase，生長期1）、S期（synthesis phase，合成期）、G_2期（gap 2 phase，生長期2）。間期的主要目的為合成細胞生長所需的蛋白質、DNA與胞器的建構。一旦細胞完成所需要的DNA、RNA與蛋白質，則進入有絲分裂（mitosis phase，M期）的階段（圖2-13、表2-1）。細胞分裂的過程包括細胞核分裂及細胞質分裂，細胞核分裂的型態可分成有絲分裂與減數分裂兩種。

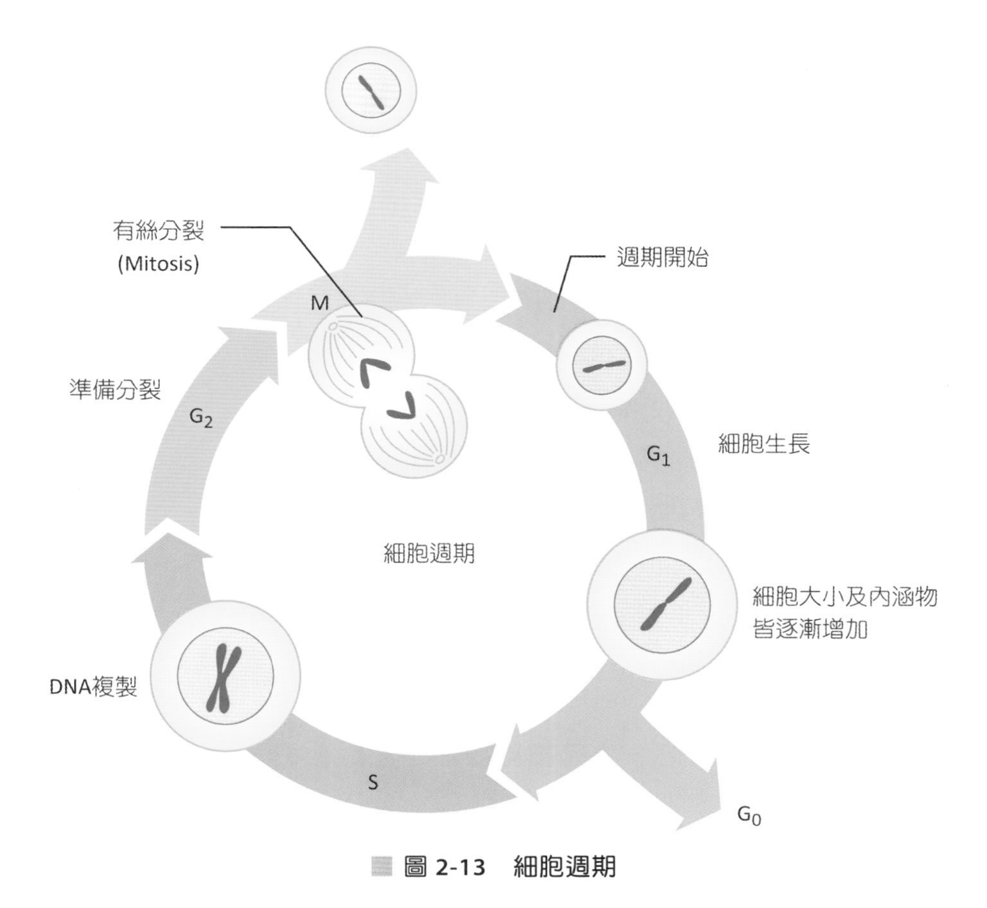

圖 2-13 細胞週期

表2-1 細胞週期之分期與特徵

分期		特徵
間期	G_1期	有絲分裂結束後到S期開始，DNA形成單股染色質、中心粒進行複製、RNA和蛋白質開始合成
	S期	DNA及兩個中心粒複製的階段
	G_2期	雙倍的染色體及中心粒複製完成
M期	前期	核仁、核膜消失，染色質變成染色體
	中期	染色體排列在赤道板上
	後期	染色體開始往細胞的兩極移動
	末期	染色體變為染色質，核仁、核膜重新出現
細胞質分裂		由分裂溝開始進行，產生兩個新的細胞

有絲分裂(Mitosis)

依細胞的種類不同，有絲分裂所需的時間也不一樣。一旦親代細胞DNA複製完成，細胞分裂即真正開始，有絲分裂發生在一般**體細胞**，染色體複製一次、分裂一次，分裂後染色體數目不變。有絲分裂的過程可分成四個階段，每一階段所需時間不同（圖2-14）。

1. **前期**(prophase)：需要的時間最久，約一至數小時，此時期核仁、核膜消失不見，染色質濃縮變成染色體。成對的中心粒分別往細胞的兩極移動，紡錘絲(spindle fiber)出現。
2. **中期**(metaphase)：染色體排列在赤道板上。
3. **後期**(anaphase)：時間最短約2~10分鐘，此時期染色體開始往細胞的兩極移動。
4. **末期**(telophase)：有絲分裂的最後階段，染色體變為染色質的型態、核仁重新出現，紡錘體消失，完成有絲分裂週期。

末期之後緊接著細胞質分裂(cytokinesis)，由分裂溝開始向內進行，細胞物質平均分布在兩個子細胞。

減數分裂(Meiosis)

動物或人體行有性生殖時，**生殖細胞**要經過減數分裂，產生單套染色體的配子(gamete)。減數分裂過程中，細胞染色體複製一次、分裂兩次（圖2-15、表2-2）。減數分裂後生殖細胞內染色體數目會減半。減數分裂的過程可分成減數分裂I與減數分裂II。

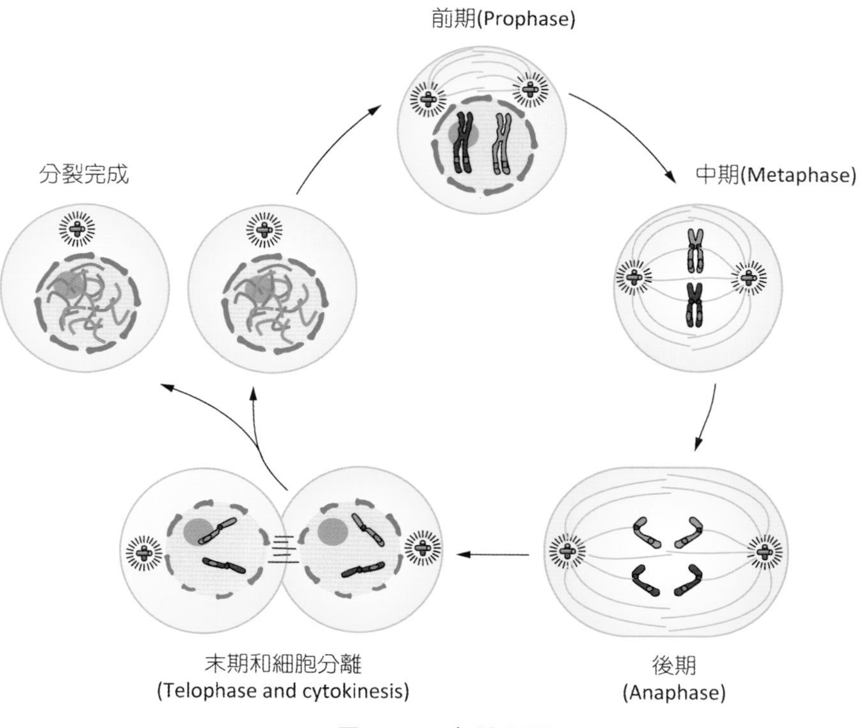

圖 2-14 有絲分裂

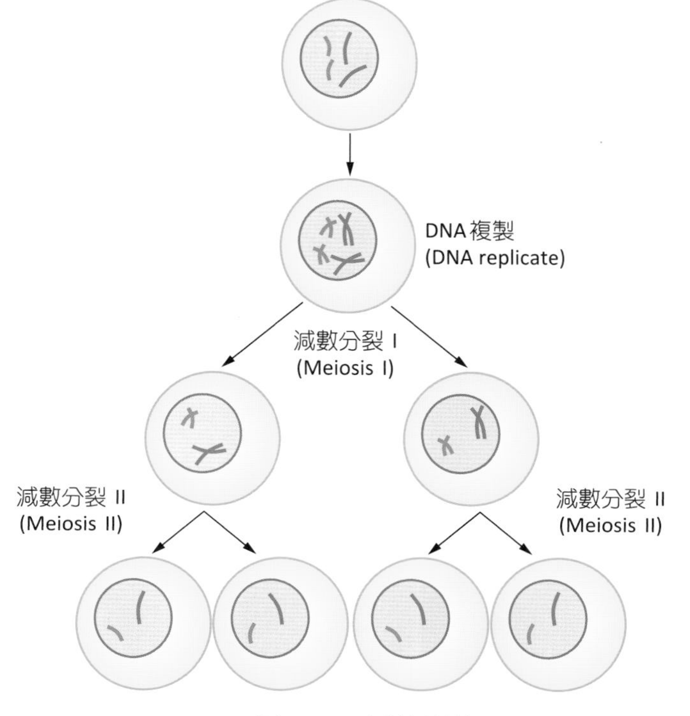

圖 2-15 減數分裂

表2-2 有絲分裂和減數分裂之比較

項目	有絲分裂	減數分裂
發生細胞	體細胞	生殖細胞
染色體複製次數	1次	1次
細胞分裂次數	1次	2次
染色體數目	不變（雙套）	減半（單套）
子細胞的數目	2個	4個

一、減數分裂 I (Meiosis I)

1. **前期I**：核仁、核膜消失，中心粒複製，紡錘體出現。同源染色體配對排列，形成**聯會**(synapsis)，此同源染色體的四個染色體絲，稱為四合體(tetrad)。四合體的染色體絲可進成交叉互換(crossing-over)，造成基因的互換，增加遺傳基因的變異性（圖2-16）。
2. **中期I**：成對的同源染色體排成在赤道板上。
3. **後期I**：成對的同源染色體互相分離往兩極移動。
4. **末期I**：核仁重新出現、紡錘體消失，兩個新細胞形成，第一次減數分裂完成。

二、減數分裂 II (Meiosis II)

減數分裂II的過程也包括前期II、中期II、後期II與末期II，這幾個時期與有絲分裂的過程均很類似。分裂的結果會造成每一個子細胞只含原來細胞染色體數目的一半。

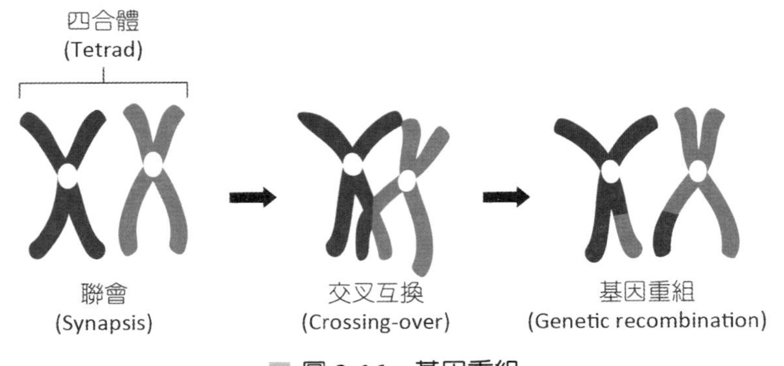

圖 2-16 基因重組

摘 要 · SUMMARY

細胞膜	1. 成分：由磷脂質、蛋白質、醣類及膽固醇所構成 2. 功能：控制物質的進出有選擇性通透性的特徵、整合細胞訊息傳遞、作為屏障、組織結構的支持者
細胞質	細胞內產生化學反應，製造及分解物質產生能量的地方。包含細胞液、胞器及包涵體三部分
細胞核	1. 核膜：磷脂雙層構造，核孔可允許小分子自由進出細胞核 2. 核仁：由DNA、RNA及蛋白質組成，進行製造核糖體RNA的場所 3. 核質 4. 染色質：由組織蛋白及DNA所構成，細胞分裂時染色質會濃縮成染色體 5. 核糖體與轉錄mRNA製造蛋白質有關
胞器	1. 內質網：粗糙內質網表面有核糖體附著，可合成蛋白質後儲存在此處；平滑內質網表面無核糖體，不能合成蛋白質，和脂質合成有關 2. 高基氏體：負責蛋白質的醣化作用，來自內質網的蛋白質、醣類、脂質送往高基氏體後，加以分類包裝成分泌小泡 3. 溶酶體：內含消化酶，當細胞老化或者受損時，溶酶體會釋放消化酶分解細胞，稱為自體分解 4. 粒線體：為細胞內製造能量ATP的場所。含有DNA可自我複製分裂 5. 中心體與中心粒：與紡錘體的形成有關，牽涉到細胞分裂時染色體之移動 6. 細胞骨架：由微小管、中間絲、微絲組成，可提供細胞構造機械式的支持 7. 過氧化酶體：將有毒的過氧化氫轉換成水及氧，肝細胞與腎臟細胞過氧化酶體含量特多
細胞分裂	1. 細胞週期可分成間期（G_1期、S期、G_2期）與有絲分裂期（M期）兩個階段。間期合成細胞生長所需的蛋白質、DNA與胞器的建構 2. 有絲分裂可分成前期、中期、後期及末期四個階段，分裂後體細胞內染色體數目不變 2. 生殖細胞經減數分裂產生單套染色體的配子，分裂後染色體數目減半

課後習題 · REVIEW ACTIVITIES

1. 磷脂質及膽固醇主要是在下列何處形成？(A)粗糙內質網 (B)平滑內質網 (C)高基氏體 (D)粒線體
2. 下列何種胞器為細胞內主要鈣離子貯存及釋放的場所？(A)粒線體 (B)高基氏體 (C)溶酶體 (D)內質網
3. 下列有關細胞膜之各項敘述中，何者錯誤？(A)主要由雙層之磷脂質分子所構成 (B)其內外兩面均屬親水性 (C)含有一些具特殊功能之蛋白質分子 (D)對大部分水溶性物質之通透性極佳
4. 下列何者相當於細胞的骨架？(A)核糖體 (B)內質網 (C)微小管 (D)粒線體
5. 下列何者富含溶小體？(A)表皮細胞 (B)心肌細胞 (C)蝕骨細胞 (D)杯狀細胞
6. 下列胞器中，何者負責製造ATP？(A)核糖體 (B)溶酶體 (C)高基氏體 (D)粒線體
7. 有關人體細胞分裂的敘述，下列何者正確？(A)減數分裂時染色體複製一次，再經連續兩次分裂 (B)有絲分裂只發生在生殖細胞 (C)有絲分裂時，同源染色體會配對出現聯會的現象 (D)減數分裂後會形成四個雙套染色體的細胞
8. 細胞分裂時，下列何者也會分裂，並形成紡錘體的兩極？(A)核糖體 (B)核仁 (C)中心體 (D)內質網
9. 多醣類合成主要在哪一胞器進行？(A)溶酶體 (B)粒線體 (C)高基氏體 (D)核糖體
10. 有絲分裂的哪一期，染色體明顯往兩極移動？(A)前期 (B)中期 (C)後期 (D)末期

答案：1.B 2.D 3.D 4.C 5.C 6.D 7.A 8.C 9.C 10.C

參考資料 · REFERENCES

林自勇、鄧志娟、陳瑩玲、蔡佳蘭(2003)．*解剖生理學*．全威。

馬青、王欽文、楊淑娟、徐淑君、鐘久昌、龔朝暉、胡蔭、郭俊明、李菊芬、林育興、邱亦涵、施承典、高婷育、張琪、溫小娟、廖美華、滿庭芳、蔡昀萍、顧雅真…許瑋怡(2022)．於王錫崗總校閱，*人體生理學*（6版）．新文京。

許世昌(2019)．*新編解剖學*（4版）．永大。

許家豪、張媛綺、唐善美、巴奈比比、蕭如玲、陳昀佑(2021)．*生理學*（4版）．新文京。

麥麗敏、陳智傑、廖美華、鍾麗琴、陳建瑋、祁業榮、黃玉琪、戴瑄、呂國昀(2015)．於王錫崗總校閱，*解剖生理學*（2版）．華杏。

馮琮涵、黃雍協、柯翠玲、廖智凱、胡明一、林自勇、鍾敦輝、周綉珠、陳瀅(2021)．*人體解剖學*．新文京。

游祥明、宋晏仁、古宏海、傅毓秀、林光華(2021)．*解剖學*（5版）．華杏。

廖美華、溫小娟、高婷玉、顏惠芷、林育興(2020)．於劉中和總校閱，*解剖學*（2版）．華杏。

Chapter

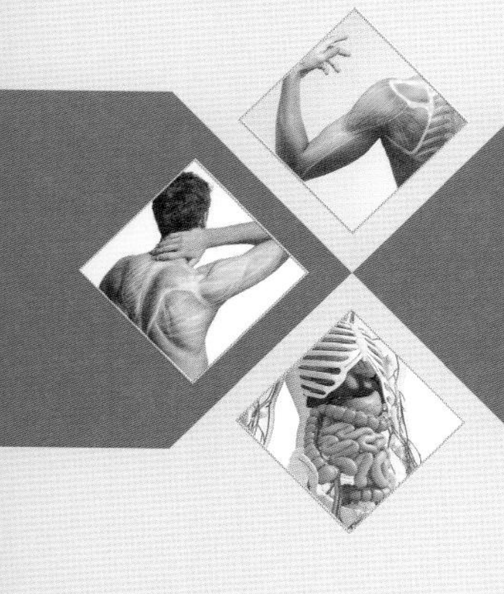

組織 × 03

賴明德 編著

Tissues

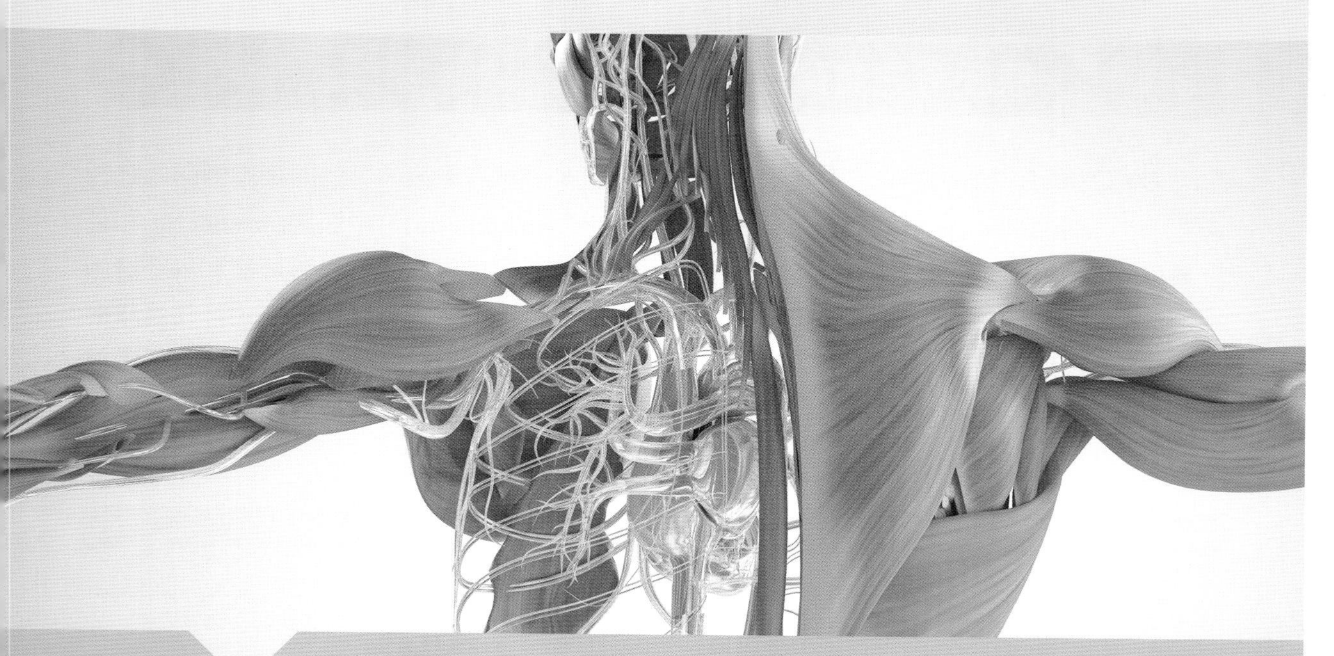

本章大綱

ANATOMY

前言

人體的構造與功能基本單位為細胞，執行相同功能的細胞形成所謂的組織。依據構造與功能的不同，人體的組織可分成四種分別為上皮組織、結締組織、肌肉組織和神經組織。而研究各種組織的學問稱為組織學(histology)。本章將針對上皮組織與結締組織進行說明，至於肌肉組織請詳見第7章肌肉系統，神經組織則見第8章神經系統。

3-1 原胚層之發育

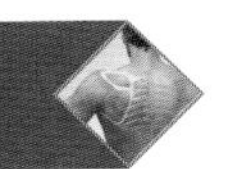

受精卵經由不斷的細胞分裂後形成囊胚，囊胚在子宮著床後，其內的細胞團開始進行分化，形成原胚層(primary germ layers)，包含內胚層(endoderm)、中胚層(mesoderm)和外胚層(ectoderm)等三個獨立胚層。胚層之間形成的順序不易確認，尤其是外胚層和內胚層兩者形成的時間幾乎是相同。人體所有的組織器官都是由這三種胚層發育而來，外胚層將形成皮膚、毛髮、指甲及神經系統等構造；內胚層將發育形成人體內的內在器官，如呼吸道和消化道的內襯，以及膀胱、尿道之內襯等組織之構造；中胚層則會形成結締組織、肌肉組織、血液等（表3-1）。

表3-1 組織的胚胎來源

胚層	形成組織
外胚層	腎上腺髓質、松果腺、神經組織、腦下垂體、眼球水晶體、內耳、皮膚表皮及衍生物
中胚層	腎上腺皮質、結締組織（硬骨、軟骨、血液）、肌肉組織、性腺、微小膠細胞、真皮、淋巴及淋巴結、腎、輸尿管
內胚層	消化道、呼吸道（含肺）、泌尿道、甲狀腺、副甲狀腺、胸腺、前列腺、陰道、尿道

3-2 上皮組織(Epithelium)

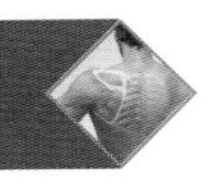

上皮組織由覆蓋於體表、管腔內襯的細胞所組成，具有保護、吸收、過濾及分泌等功能，可以分成兩種：(1)覆蓋與內襯上皮：可形成身體外表的蓋被與體內器官的內襯表皮；(2)腺體上皮：會**構成腺體的分泌部分**。

上皮組織的特徵與功能

一、上皮組織的特徵

上皮組織具有下列特徵（圖3-1）：

1. **細胞間排列緊密**：上皮組織由細胞所形成，細胞之間緊密相連，沒有細胞間隙存在，可限制物質移到某些細胞內，防止水分散失與異物入侵體內。
2. **特化的接觸**：上皮組織藉由特化的接觸(specialized contacts)而緊密的相連，例如緊密接合與胞橋小體等構造。
3. **極性(polarity)的特化結構**：上皮的游離面（頂面）與底面在構造有明顯的不同。上皮的游離面具有纖毛或微絨毛的構造。在消化道上皮的微絨毛可使消化道吸收的表面積增加。而呼吸道的纖毛上皮可撥動黏液，使其遠離肺部而往喉頭移動。
4. **缺乏血管的構造**：上皮具有神經分布但無血管(avascularity)，其養分乃透過結締組織內的血管擴散而來。
5. **與基底膜相連**：上皮組織位於基底層(basal lamina)的上方與底下的結締組織相鄰，基底層含有膠原蛋白與醣蛋白。結締組織細胞可分泌膠原纖維或網狀纖維之物質形成網狀層(reticular lamina)。基底層與網狀層合稱基底膜(basement membrane)。基底膜可固定上皮細胞，防止新增生的細胞往外任意移動而形成癌細胞。
6. **高度再生性**：上皮組織的細胞容易受傷或脫落，必須隨時更新，因此具有幹細胞(stem cell)能分裂增生，使上皮細胞擁有高度的再生能力。

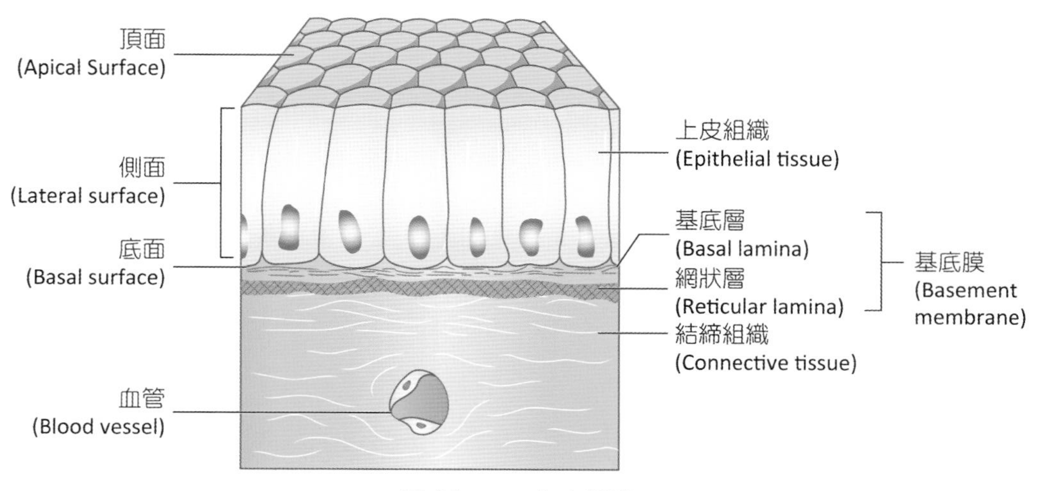

圖 3-1 上皮組織

二、細胞接合 (Cell Junction)

上皮細胞間的緊密接合可有效保護其他組織，相鄰上皮細胞間可經由不同形式的特殊構造而緊密接合，這些細胞間的接合可分成緊密接合、黏著接合、胞橋小體、間隙接合四種形式（圖3-2）。

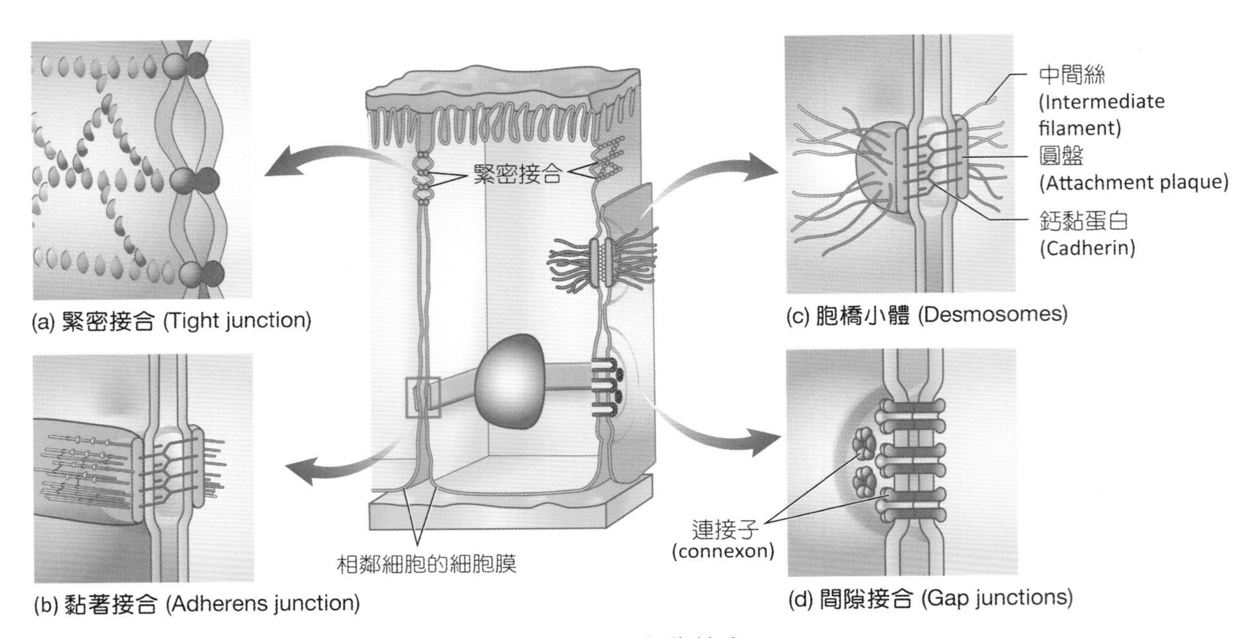

圖 3-2 細胞接合

(一) 緊密接合 (Tight Junction)

相鄰細胞的頂端藉由緊密接合的方式，將彼此間的細胞膜融合在一起，此種接合方式又稱為緊密小帶(zonula occludens)。由於此構造的關係，不論任何物質均無法通過此種細胞間的接合，例如消化道黏膜的上皮細胞以緊密結合而連接，消化後的分子只能通過細胞而進入血液中，又如腦部的血腦障壁(blood-brain barrier, BBB)及男性睪丸內的血睪障壁(blood-testis barrier)。

(二) 黏著接合 (Adhesion Junction)

黏著接合是加強細胞間結合力的輔助構造，可分成點狀結合(focal adhesion)和黏著帶(adhesion bet)兩種形式。黏著接合可透過絲狀醣蛋白將細胞互相連接，並與細胞骨架的中間絲相結合，強化細胞之間的結合和細胞骨架的穩定度。

(三) 胞橋小體 (Desmosome)

胞橋小體的功能使相鄰的細胞有機械性的連結，能夠形成牽扯力(stretch force)使細胞可抵抗拉扯的力量，此結構存在的位置例如心肌、皮膚。胞橋小體若只存在於上皮細胞的底層和基底膜相連的接面上，此時特稱為半胞橋小體(hemidesmosome)。半胞橋小體的作用在於加強上皮細胞和底部基底膜的結合，固定上皮細胞防止其脫落。同時能將具有持續分裂能力的上皮細胞固定住，避免其穿越基底膜而進入內部組織。

（四）間隙接合 (Gap Junction)

相鄰兩細胞間藉由6個連接子(connexon)構成之圓柱形通道，此構造即為間隙接合。間隙接合可作為物質（如離子、胺基酸）交換的直接通道，存於心肌細胞、消化道平滑肌細胞與分娩時子宮平滑肌的接合。間隙接合也能讓化學傳訊者(chemical messengers)在細胞間流通。相鄰細胞可因間隙接合而使訊息快速傳遞。心肌細胞或平滑肌可透過間隙接合，形成功能性合體細胞(functional syncytium)。

覆蓋與內襯上皮(Covering and Lining Epithelium)

上皮的分類是依據細胞的層次數目及其形狀。上皮組織依所含細胞層數的不同，可分成單層上皮和複層上皮。而依細胞形狀的不同可區分為扁平上皮、立方上皮、柱狀上皮和移形上皮。由以上之情況，將上皮組織加以分類（表3-2）。

一、單層上皮 (Simple Epithelium)

單層上皮存在的位置使構造越薄越好，方便物質快速通過達成物質交換之作用。例如：微血管內皮的物質交換、呼吸道上皮的氣體交換、消化道上皮的吸收作用、腎絲球的鮑氏囊過濾作用。

1. **單層扁平上皮**(simple squamous epithelium)：又稱為單層鱗狀上皮，通常具有擴散、滲透和過濾等功能，存在身體中比較不容易產生撕傷的部位。位於血管、淋巴管的內襯或形成微血管壁的上皮稱為內皮(endothelium)；位於心包膜、肋膜、腹膜的上皮層則稱為間皮(mesothelium)。
2. **單層立方上皮**(simple cuboidal epithelium)：具有吸收與分泌的功能，例如：甲狀腺濾泡細胞、腎小管上皮、視網膜的色素上皮。
3. **單層柱狀上皮**(simple columnar epithelium)：具有分泌、吸收、保護的作用，會因生理功能有特化的構造出現。例如小腸上皮具有微絨毛(microvilli)，能增加吸收的表面積；消化道的杯狀細胞(goblet cells)能分泌黏液，作為食物在消化道管壁內的潤滑劑；呼吸道與生殖道（如子宮與輸卵管）上皮則會出現纖毛(cilia)，能促使呼吸道黏液移動或使卵子及精子在生殖道內移動。

表3-2 上皮組織的分類

類型	特性	功能	分布	型態
單層上皮				
單層扁平上皮	細胞核位於細胞中央	過濾、擴散、滲透、吸收和分泌	肺泡、腎絲球、鮑氏囊、血管、淋巴管、心臟、漿膜、胸膜、心包膜、肋膜	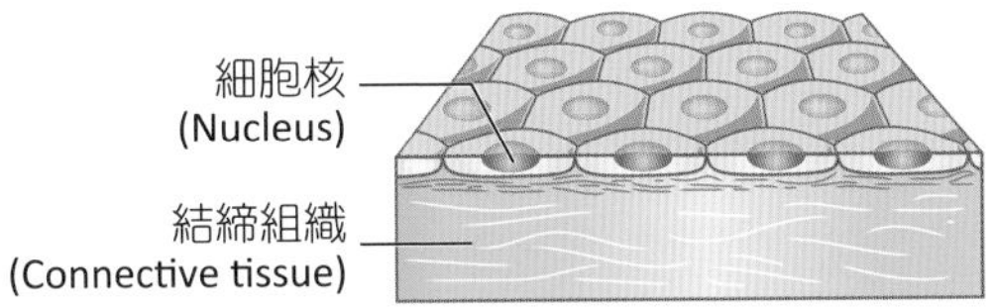 細胞核 (Nucleus) 結締組織 (Connective tissue)
單層立方上皮	細胞排列緊密，細胞核位於細胞中央	吸收、分泌	甲狀腺濾泡細胞、腎小管上皮、視網膜色素上皮	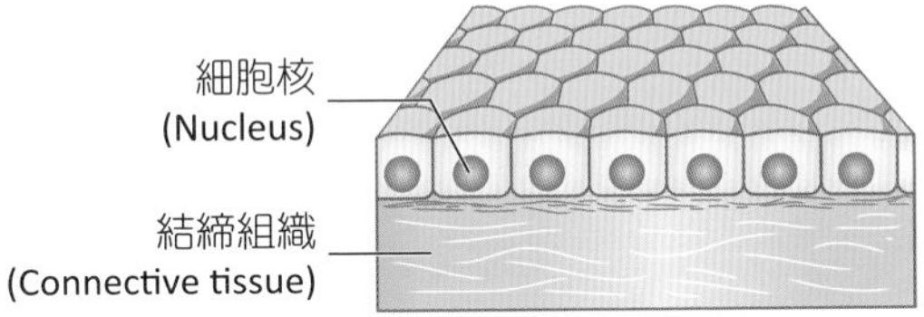 細胞核 (Nucleus) 結締組織 (Connective tissue)
單層柱狀上皮	常有特化構造，如杯狀細胞、**纖毛**、微絨毛	分泌、吸收、保護	**呼吸道**、**消化道**、小腸	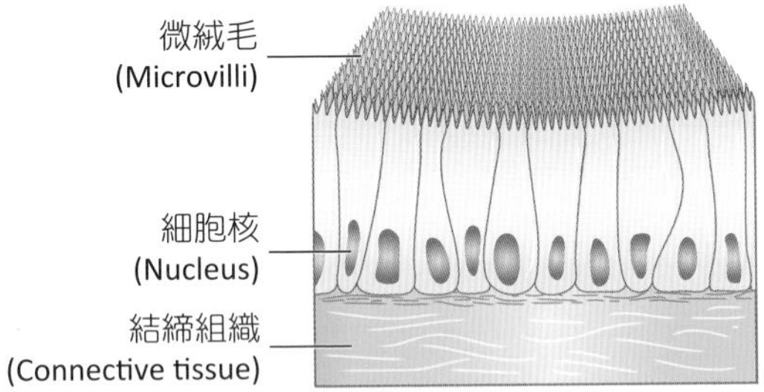 微絨毛 (Microvilli) 細胞核 (Nucleus) 結締組織 (Connective tissue)
偽複層柱狀上皮	看起來像複層，實際上為單層柱狀上皮	分泌、精子在生殖道移動	副睪、男性尿道	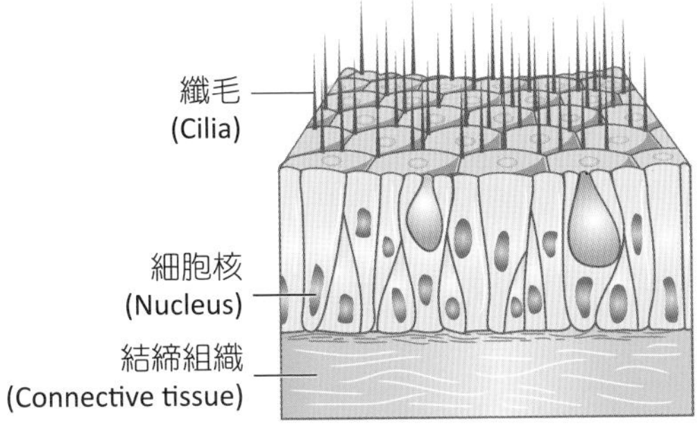 纖毛 (Cilia) 細胞核 (Nucleus) 結締組織 (Connective tissue)

表3-2 上皮組織的分類（續）

類型	特性	功能	分布	型態
複層上皮				
複層鱗狀上皮	分為非角質化複層鱗狀上皮、角質化複層鱗狀上皮	保護、抗摩擦	口腔、食道、肛門、陰道的內襯	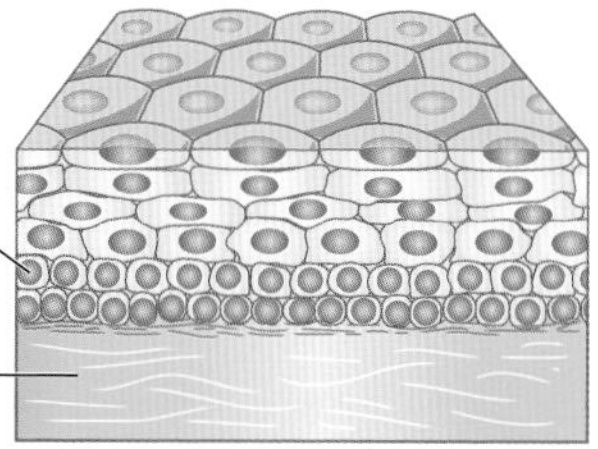 細胞核(Nucleus)；結締組織(Connective tissue)
複層立方上皮	由2層以上的立方上皮組成，較少見	保護	成人汗腺導管、眼角膜	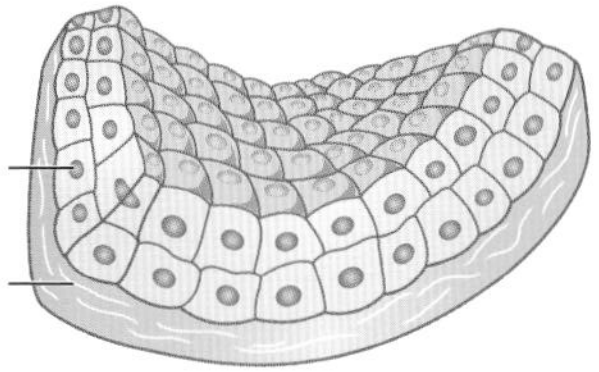 細胞核(Nucleus)；結締組織(Connective tissue)
複層柱狀上皮	表層為柱狀細胞，深層則為不規則狀	保護、分泌	乳腺、男性尿道、胃與食道交接處	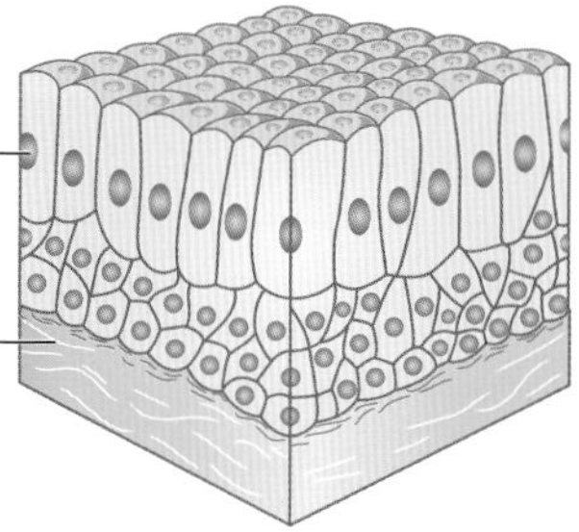 細胞核(Nucleus)；結締組織(Connective tissue)
移形上皮	細胞形狀不固定，會從立方狀變成扁平狀	隨張力大小改變形狀	腎盂、輸尿管、膀胱	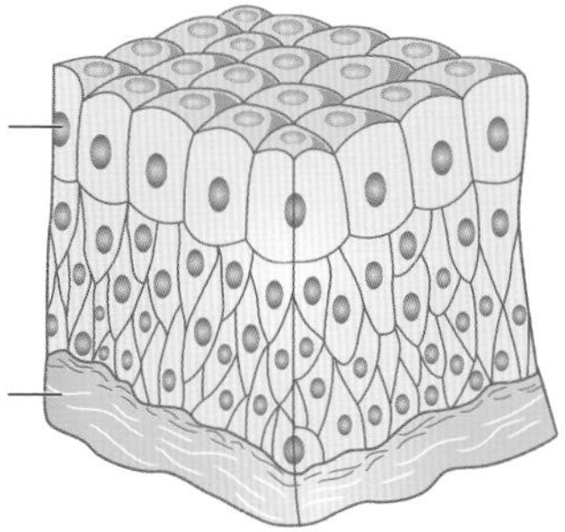 細胞核(Nucleus)；結締組織(Connective tissue)

4. **偽複層柱狀上皮**(pseudostratified columnar epithelium)：外觀看好像由多層柱狀細胞組成，實際上為單層柱狀上皮，起因於細胞間的相互排擠，造成細胞核的位置高低不同，而產生的誤導作用，故稱為偽複層柱狀上皮。此類上皮具有分泌和運輸作用，**大多位於呼吸道**，又稱為呼吸上皮（如氣管和支氣管），亦存在於部分男性尿道。

二、複層上皮 (Stratified Epithelium)

複層上皮的功用為保護，可分為複層鱗狀上皮、複層立方上皮及複層柱狀上皮。複層上皮細胞的層數越多保護的效果越好，其中以複層鱗狀上皮的保護作用最好。

1. **複層鱗狀上皮**(stratified squamous epithelium)：可以保護其下的組織，防止裂損，可分成兩類：
   (1) 非角質化複層鱗狀上皮(nonkeratinized stratified squamous epithelium)：存在容易發生摩擦、表面濕潤，同時無吸收功能的位置，如**口腔、食道、肛門與陰道的內襯**。
   (2) 角質化複層鱗狀上皮(keratinized stratified squamous epithelium)：含角蛋白(keratin)，可防水、抵抗病菌入侵及抗摩擦。
2. **複層立方上皮**(stratified cuboidal epithelium)：在身體較少見，主要進行保護作用，例如：唾液腺、食道腺、**成人汗腺**之導管及眼結膜。
3. **複層柱狀上皮**(stratified columnar epithelium)：在體內較少見，例如：食道與胃交接處的上皮屬於複層柱狀上皮，尿道海綿體及眼瞼結膜處的上皮。
4. **移形上皮**(transitional epithelium)：細胞形狀不固定，會因器官的生理功能而改變，因此又稱變形上皮。分布於泌尿道，例如輸尿管、**膀胱**、尿道，因此又稱為泌尿上皮。膀胱在儲存尿液時會因尿量的增加，造成上皮變薄，使形狀接近扁平狀；當膀胱尿量減少，上皮則變厚，呈現立方形。移形上皮**可承受張力拉扯**作用，防止器官的破損。

腺體上皮(Glandular Epithelium)

一、內分泌腺與外分泌腺

腺體上皮具有分泌功能，**可組成腺體**，共分成兩類：

1. **外分泌腺**(exocrine glands)：此類腺體的分泌物，可經由導管送到身體的皮膚表面或中空器官的空腔內又稱為**有管腺**，例如：汗腺、皮脂腺、唾液腺。
2. **內分泌腺**(endocrine glands)：此類腺體的分泌物，通常為激素或稱荷爾蒙，並無導管可運輸，而是藉由釋放到血液中運送至其作用的標的器官，因此內分泌腺也稱為**無管腺體**，例如：腦下腺、腎上腺等。詳細內容見內分泌系統之介紹。

二、外分泌腺之分類 (Classifying Exocrine Glands)

(一)依細胞數目分類

外分泌腺依細胞數目不同可分為單細胞腺體與多細胞腺體兩種類型，但大多是由多細胞組成。

1. **單細胞腺體**(unicellular glands)：導管沒有分支，由單一細胞構成，如在消化道、泌尿道或呼吸上皮的杯狀細胞。
2. **多細胞腺體**(multicellular glands)：具有導管(duct)與分泌部(secretory unit)，大多數腺體屬於此類，根據導管的數量腺體可分為：單式腺(simple gland)和複式腺(compound glands)。依腺體分泌部的形狀分為管狀腺(tubular gland)、泡狀腺(acinar glands)和管泡狀腺(tubuloacinar gland)（表3-3）。

表3-3 多細胞腺體依構造分類

導管部種類	分泌部種類	位 置
單式腺	單式管狀腺體	腸腺
	單式分支管狀腺體	胃腺、子宮腺
	單式螺旋管狀腺體	**汗腺**
	單式泡狀腺體	精囊腺
	單式分支泡狀腺體	**皮脂腺**
複式腺	複式管狀腺體	尿道球腺、肝臟
	複式泡狀腺體	舌下腺、下頷下腺
	複式管泡狀腺體	腮腺（耳下腺）、**泌乳期乳腺**、耳下腺、胰臟

(二)依分泌物分類

依腺體細胞分泌物的不同可分成：

1. **黏液腺**(mucous gland)：分泌物較黏稠，主要成分為黏蛋白(mucoproteins)，如胃腺和十二指腸腺。
2. **漿液腺**(serous gland)：分泌物較稀薄，成分為蛋白質的酶類，如腮腺、胰臟和前列腺。
3. **混合腺**(mixed gland)：由黏液腺和漿液腺共同組成，如舌下腺和下頷下腺。

（三）依腺體細胞分泌物釋放的方式

依分泌物釋放的方式可分成：

1. **全泌腺**(holocrine gland)：分泌物為油狀，死亡的細胞與分泌物一同釋放，同時藉由分泌部未分化的細胞迅速增生，來補充死亡的細胞，如皮膚的皮脂腺、乳暈腺。
2. **頂泌腺**(apocrine gland)：分泌物為漿液狀、含部分細胞質，分泌物先聚集在分泌細胞的頂部，隨細胞頂端部分脫落而將分泌物釋放出來，分泌後細胞會變小，常見於乳腺、耵聹腺、頂漿汗腺。
3. **局泌腺**(merocrine gland)：分泌物為水樣液，腺體將分泌物釋放到細胞外，細胞形態不變，如唾液腺、胰腺、排泄汗腺。

3-3 結締組織(Connective Tissue)

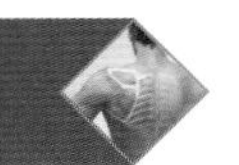

結締組織的組成

結締組織是由各種細胞、間質(matrix)所組成，間質含有基質與纖維。結締組織的功能包括：協助不同組織的固定連接、可提供體內構造上的支持作用、儲存能量（如脂肪組織）、運送物質（如血液）。以下將簡介結締組織中所含的纖維、基質及細胞。

一、纖維 (Fibers)

結締組織含有三種纖維：

1. **膠原纖維**(collagen fiber)：由膠原蛋白所構成，有很強的抗拉扯性質，因此很強韌、可抗拉力。膠原纖維常見於硬骨、軟骨、肌腱和韌帶。
2. **彈性纖維**(elastic fiber)：由彈性蛋白(elastin)組成，具伸展性及彈性，常見於皮膚、血管和肺臟。
3. **網狀纖維**(reticular fiber)：主要由膠原蛋白組成，出現於脾臟和淋巴結，其功能是提供支持與強固。

二、基質 (Ground Substance)

基質的成分是由多醣與蛋白質結合的複合物蛋白多醣(proteoglycan)所形成。此外基質還有玻尿酸(hyaluronic acid)、硫酸軟骨素(chondroitin sulfate)、硫酸皮膚素(dermatan sulfate)、硫酸角質素(keratan sulfate)等。

三、細胞 (Cells)

結締組織內所含有的細胞有以下幾種（圖3-3）：

1. **纖維母細胞**(fibroblast)：外型大而扁平，可分泌與合成蛋白、分泌玻尿酸使基質具黏性。此外纖維母細胞能製造膠原纖維、網狀纖維及彈性纖維等。
2. **脂肪細胞**(fat cell)：外型呈圓球或扁平狀，可合成和儲存脂肪。
3. **幹細胞**(stem cell)：可分化與增生成其他種類的結締組織細胞。
4. **巨噬細胞**(macrophage)：由單核球分化而來，可吞噬外來的病原菌與提供防禦功能。
5. **肥大細胞**(mast cell)：其分泌性顆粒內含肝素(heparin)、組織胺(histamine)、血清素(serotonin)、白三烯素(leukotriene)。其中肝素可防止血液凝固，組織胺與過敏反應有關，可使局部的血管擴張增加血流量。
6. **漿細胞**(plasma cell)：由B淋巴球發育而來，可產生抗體參與免疫反應提供防禦機轉。

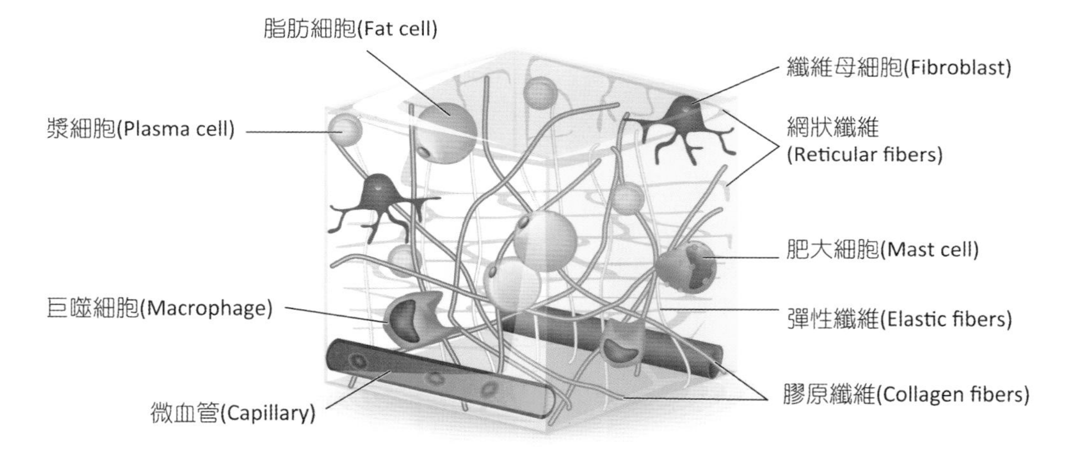

圖 3-3 結締組織內的細胞

結締組織的分類

結締組織依據細胞、基質的種類與含量可分為固有結締組織、軟骨、硬骨、血液。

一、固有結締組織 (Proper Connective Tissue)

固有結締組織可分為疏鬆性結締組織、緻密性結締組織、彈性結締組織、脂肪組織和網狀結締組織（表3-4）。

表3-4 固有結締組織分類

分類	特性	部位	型態
疏鬆結締組織	含量最多，細胞排列疏鬆	全身	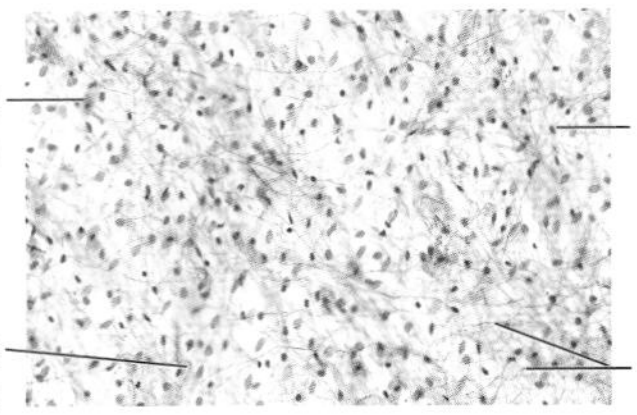 巨噬細胞 (Macrophages) 纖維母細胞 (Fibroblast) 膠原纖維 (Collagen fibers) 彈性纖維 (Elastic fibers)
緻密規則結締組織	膠原纖維平行排列緊密，出現在受力方向一致的位置	韌帶、肌腱和腱膜	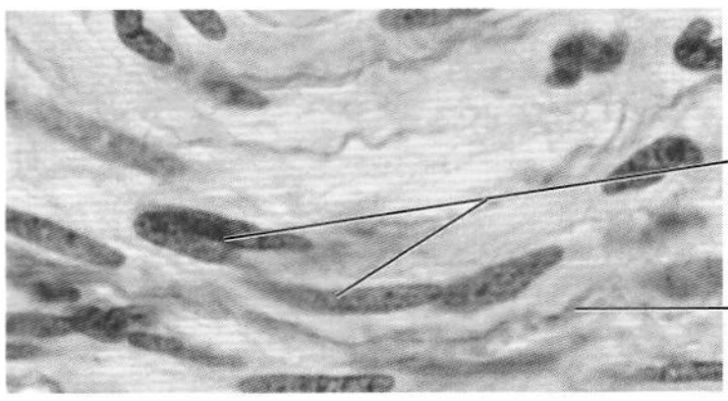 纖維母細胞 (Fibroblast) 膠原纖維 (Collagen fibers)
緻密不規則結締組織	膠原纖維排列緊密但不規則，可應付不同方向的拉扯力	真皮層、心臟瓣膜和軟骨外膜	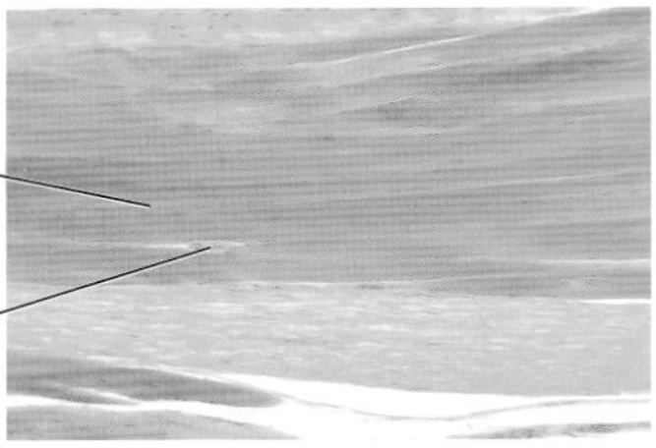 膠原纖維 (Collagen fibers) 纖維母細胞核 (Fibroblast)
彈性結締組織	彈性纖維組成，可提供彈性及強度	陰莖懸韌帶、真聲帶、項韌帶和脊椎的黃韌帶	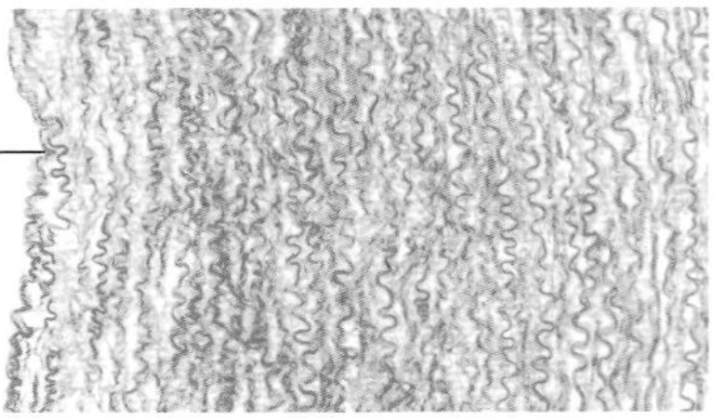 彈性纖維 (Elastic fibers)
脂肪組織	外耳的耳廓、陰莖、陰囊的皮下組織不含脂肪組織	皮下組織	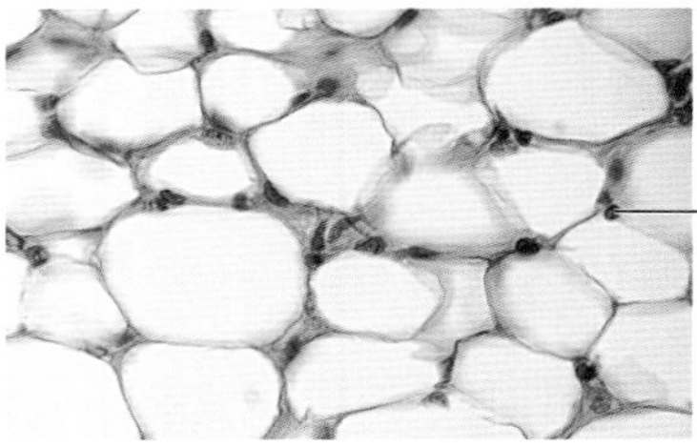 細胞核 (Nucleus)
網狀結締組織	網狀纖維呈交織狀	骨髓、肝臟、淋巴結和脾臟	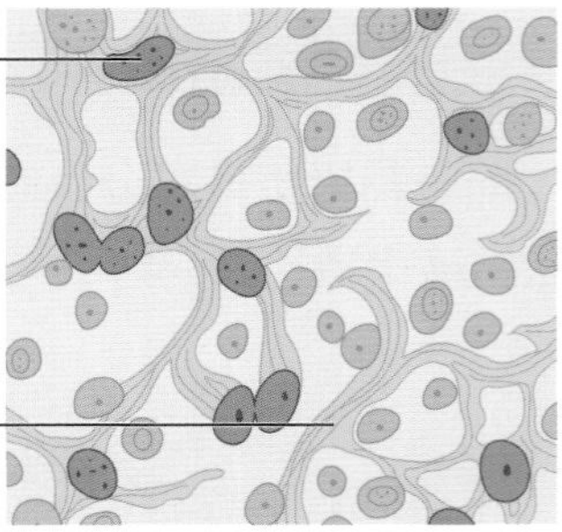 網狀細胞 (Reticular cell) 網狀纖維 (Reticular fiber)

(一) 疏鬆結締組織 (Loose Connective Tissue)

此類結締組織位於**皮下**，使皮膚與其他的構造相連接。纖維以膠原纖維為主及部分彈性纖維，細胞以纖維母細胞與巨噬細胞較常見。疏鬆性結締組織又稱為蜂窩組織(areolar tissue)，為含量最多的結締組織，此處發炎則稱為蜂窩組織炎(cellulitis)。

(二) 緻密結締組織 (Dense Connective Tissue)

此種結締組織含有大量的纖維，主要以膠原纖維為主。緻密結締組織依纖維排列的方向，可分為：

1. **緻密規則結締組織**(dense regular connective tissue)：其特徵是纖維平行排列緊密，出現在受力方向一致的位置，常見於韌帶、肌腱和腱膜，又稱為白色纖維組織。
2. **緻密不規則結締組織**(dense irregular connective tissue)：其纖維排列緊密但不規則，可應付不同方向的拉扯力，常見於皮膚之真皮層、心臟瓣膜和軟骨外膜。

(三) 彈性結締組織 (Elastic Connective Tissue)

彈性結締組織由彈性纖維組成，與膠原纖維不一樣的是彈性結締組織未染色時呈黃色。為**喉軟骨**、**氣管**、**支氣管**的組成成分，可提供彈性及強度，受拉扯後可恢復原狀。常見於陰莖懸韌帶、真聲帶、項韌帶和脊椎的黃韌帶。

(四) 脂肪組織 (Adipose Tissue)

能儲存脂肪，可減少人體熱量的流失，也是能量的主要來源。脂肪組織可分為兩種，棕色脂肪組織(brown adipose tissue)常見於新生兒，內有許多的小油滴；白色脂肪組織存在於成人體內，其脂肪細胞內可見單一的大油滴。脂肪組織在體內到處可見，尤其在皮下組織，但外耳的耳廓、陰莖、陰囊的皮下組織則不含脂肪組織。

(五) 網狀結締組織 (Reticular Connective Tissue)

網狀結締組織含有交織的網狀纖維，常存於骨髓、肝臟、淋巴結和脾臟等器官中。

二、軟骨 (Cartilage)

軟骨具有支持及保護的功能，但不含血管亦無神經，僅包含軟骨細胞，藉由擴散作用進行物質交換，因此軟骨的再生與受傷後的修復速度緩慢。胎兒時期的軟骨只有**透明軟骨**(hyaline cartilage)，出生後再轉變成**彈性軟骨**(elastic cartilage)與**纖維軟骨**(fibrocartilage)（表3-5）。

表3-5 軟骨

分類	特性	部位	型態
透明軟骨	體內最多的軟骨，可提供彈性與支持的作用	鼻中隔軟骨、關節軟骨及肋軟骨	軟骨細胞 (Chondrocyte) 骨隙 (Lacuna)
彈性軟骨	含有大量的彈性纖維可維持器官的形狀	會厭軟骨、外耳殼、耳咽管的形狀及支持聲帶	軟骨細胞 (Chondrocyte) 彈性纖維 (Elastic fibers)
纖維軟骨	含有大量的膠原纖維，具有強固與固定作用	恥骨聯合、椎間盤及膝蓋的關節盤	膠原纖維 (Collagen fibers) 骨隙 (Lacuna) 軟骨細胞 (Chondrocyte)

三、硬骨 (Bone)

軟骨與硬骨形成骨骼系統。硬骨的基質包含磷酸鈣、碳酸鈣及膠原纖維，可與骨骼肌一起產生運動、儲存鈣與磷及含有紅骨髓能製造血球（詳見第5章）。

四、血液 (Blood)

血液為非典型的結締組織，由定形成分（紅血球、白血球與血小板）與血漿（含有水、蛋白質及一些可溶物質性物質）所組成（詳見第10章）。

3-4 膜(Membranes)

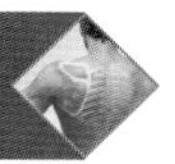

上皮膜(Epithelial Membrane)

上皮層與結締組織合併形成上皮膜，可分為黏膜、漿膜及皮膜等三種（表3-6）。

1. **黏膜**(mucous membrane)：內襯於體腔並與外界相連通之處，如：呼吸道、消化道、排泄道與生殖道。黏膜的上皮層在不同的位置有不同的組織類型，如在小腸為單層柱狀上皮，且能分泌黏液，消化道內的黏液能潤滑食物，在呼吸道則可捕捉塵埃。黏膜的結締組織稱為固有層(lamina propria)，有固定、保護、提供上皮層養分與氧氣的功能。
2. **漿膜**(serous membrane)：位於體腔但並不開口於體表，與外界不相通，如胸膜、心包膜和腹膜。**胸膜位於胸腔並包覆在肺臟**；心包膜位於心包腔內，同時覆蓋在心臟；**腹膜包覆腹腔器官及某些骨盆腔內器官**，是體內最大的漿膜。漿膜的上皮層能夠分泌水狀的漿液作為潤滑液，減少體內器官移動時的摩擦，具潤滑作用。
3. **皮膜**(cutaneous)：亦稱皮膚(skin)，構成體被系統（詳見第4章）。

滑液膜(Synovial Membranes)

滑液膜屬於另一種膜的形式，僅含結締組織，不含上皮，位於可動關節內，不開口於體表的組織。滑液膜可分泌滑液，減少關節運動所產生的摩擦力，同時提供營養給予關節軟骨。

表3-6 膜的比較

名稱	特徵	位置	功能
黏膜	襯於體腔並與外界相通，黏膜的結締組織稱為固有層	呼吸道、消化道、排泄道與生殖道	分泌黏液、固定、免疫系統的第一道防線，提供上皮層養分
漿膜	位於體腔與外界不相通。腹膜是體內最大的漿膜，由單層扁平上皮所構成	胸膜、心包膜和腹膜	分泌漿液以潤滑，減少器官移動的摩擦
滑液膜	滑液膜僅含結締組織，不含上皮，不開口於體表	可動關節內	分泌滑液，減少關節摩擦及營養關節軟骨

摘 要．SUMMARY

原胚層	人體組織器官由內胚層、中胚層和外胚層發育而成
上皮組織	1. 具有保護、吸收、過濾及分泌等功能，可分成覆蓋與內襯上皮、腺體上皮 2. 細胞接合分成緊密接合、黏著接合、胞橋小體、間隙接合四種形式 3. 上皮組織依所含細胞層數的不同，可分成單層上皮和複層上皮。而依細胞形狀的不同可區分為扁平上皮、立方上皮、柱狀上皮和移形上皮 4. 腺體上皮具有分泌的功能，可分成外分泌腺與內分泌腺。內分泌腺為無導腺，其分泌物藉由釋放到血液來輸送
結締組織	1. 組成： (1) 纖維：膠原纖維、彈性纖維、網狀纖維 (2) 細胞：纖維母細胞、脂肪細胞、幹細胞、巨噬細胞、肥大細胞、漿細胞 2. 固有結締組織： (1) 疏鬆結締組織：又稱為蜂窩組織，為含量最多的結締組織 (2) 緻密結締組織：分為緻密規則結締組織、緻密不規則結締組織 (3) 彈性結締組織：由彈性纖維組成 (4) 脂肪組織：能儲存脂肪，分布於皮下 (5) 網狀結締組織：呈交織狀，存在於骨髓、肝臟等器官 3. 軟骨可分為透明軟骨、彈性軟骨、纖維軟骨
膜	1. 上皮膜： (1) 黏膜：襯於體腔、與外界相連通之處，如呼吸道、消化道、排泄道與生殖道 (2) 漿膜：位於體腔但並不開口於體表，與外界不相通，如胸膜、心包膜和腹膜 (3) 皮膜：亦稱皮膚，構成體被系統 2. 滑液膜：含結締組織但不含上皮組織，位於可動關節內、不開口於體表的組織。滑液可減少關節運動摩擦力、提供營養給關節軟骨

課後習題 · REVIEW ACTIVITIES

1. 汗腺排管之上皮屬於：(A)單層柱狀上皮　(B)複層扁平上皮　(C)複層立方上皮　(D)偽複層柱狀上皮
2. 下列何者不含漿膜組成？(A)軟骨膜　(B)胸膜　(C)腹膜　(D)心包膜
3. 在組織中何種細胞可分泌組織胺並參與發炎作用？(A)漿細胞(plasma cell)　(B)巨噬細胞(macrophage)　(C)纖維母細胞(fibroblast)　(D)肥大細胞(mast cells)
4. 支撐及保護氣管的管徑暢通，主要靠著何種組織？(A)彈性軟骨　(B)透明軟骨　(C)纖維軟骨　(D)海綿骨
5. 上皮細胞的表面，含有下面哪一種特殊構造，以增加細胞膜的表面積？(A)基底膜　(B)微絨毛　(C)接合複合體　(D)鞭毛
6. 年輕成人之恥骨聯合(pubic symphysis)屬於下列何種組織？(A)硬骨　(B)纖維軟骨　(C)彈性軟骨　(D)透明軟骨
7. 下列何種結構常存在於上皮細胞間（例如消化道上皮細胞），以阻止物質由細胞間通過？(A)緊密接合　(B)胞橋小體　(C)間隙接合　(D)連接子
8. 耳殼的骨組織屬於下列何種？(A)硬骨　(B)纖維軟骨　(C)彈性軟骨　(D)透明軟骨
9. 下列何者的內襯屬於複層鱗狀上皮？(A)胃　(B)十二指腸　(C)結腸　(D)肛門
10. 下列何者由軟骨組成？(A)軟腭　(B)聲帶　(C)骨骺板　(D)心肌的間盤

答案：1.C　2.A　3.D　4.B　5.B　6.B　7.A　8.C　9.D　10.C

參考資料・REFERENCES

林自勇、鄧志娟、陳瑩玲、蔡佳蘭(2003)・*解剖生理學*・全威。

馬青、王欽文、楊淑娟、徐淑君、鐘久昌、龔朝暉、胡蔭、郭俊明、李菊芬、林育興、邱亦涵、施承典、高婷育、張琪、溫小娟、廖美華、滿庭芳、蔡昀萍、顧雅真…許瑋怡(2022)・於王錫崗總校閱，*人體生理學*（6版）・新文京。

許世昌(2019)・*新編解剖學*（4版）・永大。

許家豪、張媛綺、唐善美、巴奈比比、蕭如玲、陳昀佑(2021)・*生理學*（4版）・新文京。

麥麗敏、陳智傑、廖美華、鍾麗琴、陳建瑋、祁業榮、黃玉琪、戴瑄、呂國昀(2015)・於王錫崗總校閱，*解剖生理學*（2版）・華杏。

馮琮涵、黃雍協、柯翠玲、廖智凱、胡明一、林自勇、鍾敦輝、周綉珠、陳瀅(2021)・*人體解剖學*・新文京。

游祥明、宋晏仁、古宏海、傅毓秀、林光華(2021)・*解剖學*（5版）・華杏。

廖美華、溫小娟、高婷玉、顏惠芷、林育興(2020)・於劉中和總校閱，*解剖學*（2版）・華杏。

盧冠霖、胡明一、蔡宜容、黃慧貞、王玉文、王慈娟、陳昀佑、郭純琦、秦作威、張林松、林淑玟(2015)・*實用人體解剖學*（2版）・華格那。

Chapter

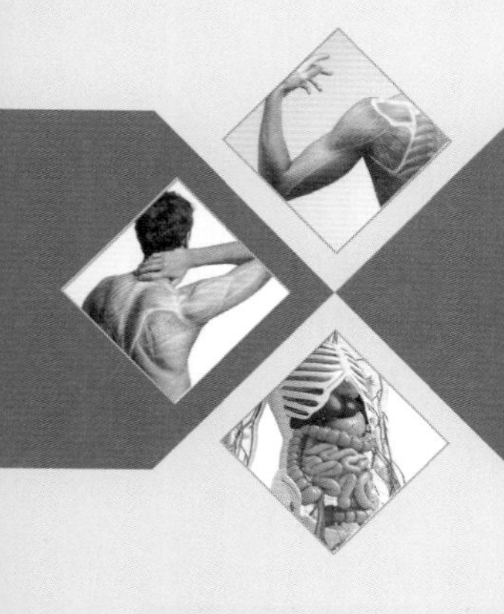

皮膚系統 04

王耀賢 編著

Integumentary System

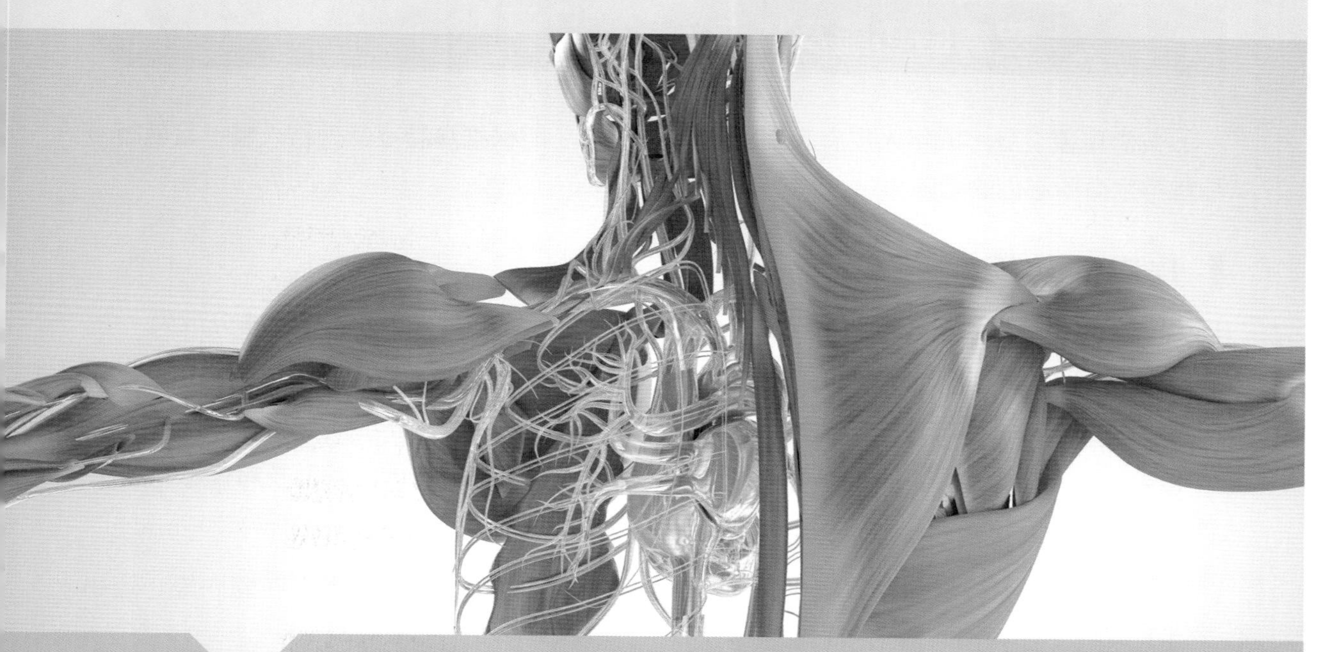

本章大綱

ANATOMY

前言

皮膚是人體最大且多功能性的器官，由內外兩層能執行特殊功能的組織所組成。而皮膚及其附屬構造（如：毛髮、腺體、指甲）均具有保護的功能，兩者共同構成人體的皮膚系統(integumentary system)。

4-1 皮膚的功能及構造

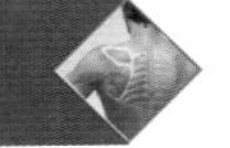

皮膚覆蓋全身，成年人皮膚表面積約19,355 m^2，能保護身體不受外務入侵，且執行多種維持生命所必備的功能。

皮膚的功能

1. **保護**：可阻擋生物（如細菌）物理（如輻射）及化學性的傷害，亦可防止水分散失。
2. **維持體溫**：除了可流汗幫助調節體溫外，皮下脂肪層亦能防止體內熱量散失，以助體內維持恆溫狀態，改變皮膚的血流量亦可調節體溫。
3. **接受外界刺激**：皮膚內含的接受器，能使人體感覺到觸覺、溫度、壓力及痛覺等刺激。
4. **排泄**：流汗可以幫助排泄水分、鹽類及其他許多有機化合物。
5. **合成維生素D**：皮膚內存有維生素D的前驅物，經紫外線波長照射後，在體內經一連串生化反應，而轉換成活化態的維生素D。
6. **免疫功能**：表皮的某些細胞能被誘發執行免疫的功能。

皮膚的構造

皮膚是由內、外兩個主要部分所組成。外層較薄，稱為表皮，是由上皮組織組成，在一般身體區域的厚度約為0.07~0.12 mm；內層稱為真皮，為較厚的結締組織組成，平均厚度約為1.0~2.0 mm（圖4-1）。

一、表皮 (Epidermis)

（一）表皮的分層

表皮依其所在部位不同，由4或5層細胞所組成，**無血管分布**。較深層的表皮細胞以基底膜(basement membrane)與真皮區隔，可從真皮處的血管獲得養分供應（圖4-2）。手掌及足底表皮有5層，其他部分則只有4層。這5層細胞名稱從最深層到表面依序為：

1. **基底層**(stratum basale)：為單層的立方或柱狀細胞，在表皮各層中，**唯一能進行細胞分裂(mitosis)的地方**，當細胞增殖時，他們向表面推擠且變成棘狀層的一部分。此層亦含有製造色素的黑色素細胞(melanocyte)。

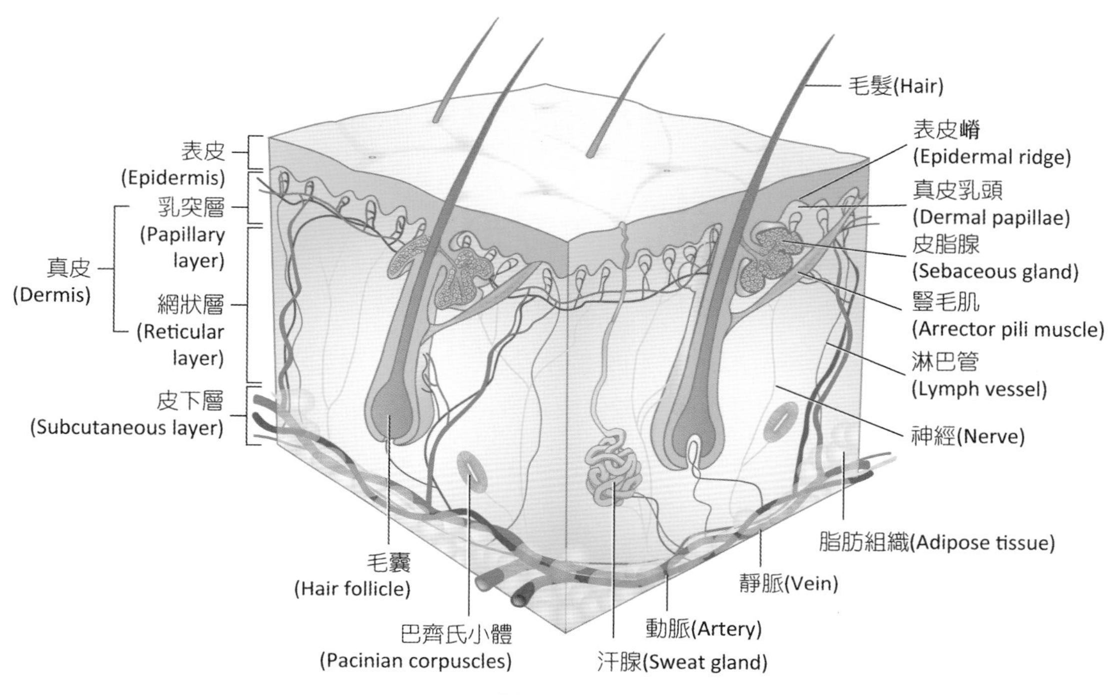

圖 4-1 皮膚

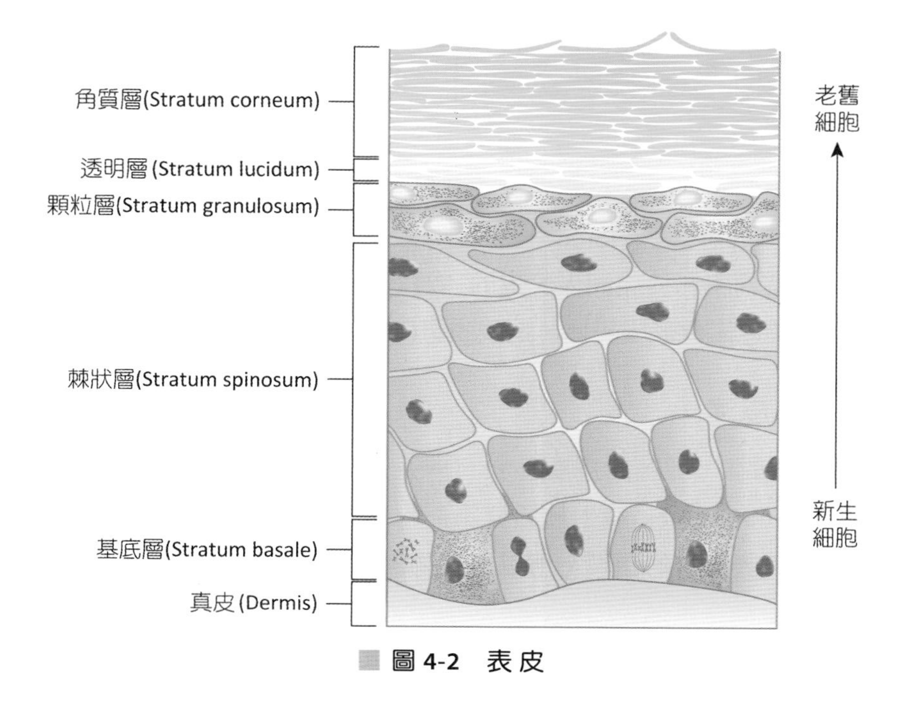

圖 4-2 表皮

2. **棘狀層**(stratum spinosum)：由數層多邊形細胞組成，含有位於細胞正中央巨大卵圓形的細胞核。在顯微鏡下可觀察到細胞表面有許多的棘狀突起。
3. **顆粒層**(stratum granulosum)：由3~5層含染色顆粒的扁平細胞組成，染色顆粒為透明角質(keratohyalin)，與角蛋白的形成有關。當顆粒層的細胞核破壞時，則細胞不能執行生命代謝而死亡。
4. **透明層**(stratum lucidum)：只存於手掌及足底的皮膚，由數排扁平透明細胞所組成，內含有油粒蛋白(eldiein)小滴。油粒蛋白由透明角質形成，最後轉變為角蛋白(keratin)，角蛋白為防水的蛋白質，位於表皮的頂層。
5. **角質層**(stratum corneum)：由多層含角蛋白化的扁平無細胞核的死亡上皮細胞所組成，此層細胞會不斷分離、脫落、被替代，並可作為抗光、熱、細菌及化學的有效屏障。

表皮上皮細胞在基底層形成，向表面堆擠、然後細胞核退化、上升、角質化，細胞死亡，最後這些細胞由表皮的頂層脫落，從生成到脫落大約需要兩週。

（二）膚色

表皮內的黑色素(melanin)、真皮內的胡蘿蔔素(carotene)及真皮微血管內之血液是決定膚色的主要因素。**黑色素主要存於基底層與棘狀層**，由位於基底層正下方或基底層細胞之間的黑色素細胞(melanocyte)所合成。黑色素細胞呈樹狀突起，延伸至表皮細胞間，內含酪胺酸酶(tyrosinase)，能利用酪胺酸製造黑色素，表皮細胞會利用吞噬作用攝入黑色素（圖4-3）；紫外線的照射會增加酪胺酸酶的活性，導致黑色素製造增加，以對抗紫外線保護身體。另外，由腦下腺前葉製造的黑色素細胞刺激素(melanocyte stimulating hormone, MSH)也會增加黑色素的合成。

黑色素的多寡會使膚色呈現不同的顏色，**人體的黑色素細胞數目幾乎相同**，但因**黑色素數量與分布情形不同，造成人種間膚色的差異**。因基因缺損而不能產生黑色素者則會導致白化症(albinism)，俗稱白子(albino)，各色人種或動物均會發生，病人的毛髮、眼睛及皮膚均缺乏色素。胡蘿蔔素存於亞洲人表皮的角質層及真皮的脂肪區，是造成皮膚呈黃色的主因。有些人體內黑色素會形成斑塊，造成雀斑(freckles)，特別容易發生於白人。

（三）表皮嵴及表皮溝

手掌、手指及腳掌、腳趾的皮膚外表有一系列的嵴和溝，呈現直線條或環紋及渦紋狀。表皮嵴(epidermal ridges)發生於胎兒第3、4個月時，其功能在於增加手、腳的摩擦力。因汗腺管開口於表皮嵴的頂端，所以碰觸物體就會留下指紋或腳紋。嵴的生成是由基因決定的，每個個體都有其獨特的紋路，除了增大外，終其一生均不會改變，因此指紋或腳紋可作為個人辨識鑑定的依據。

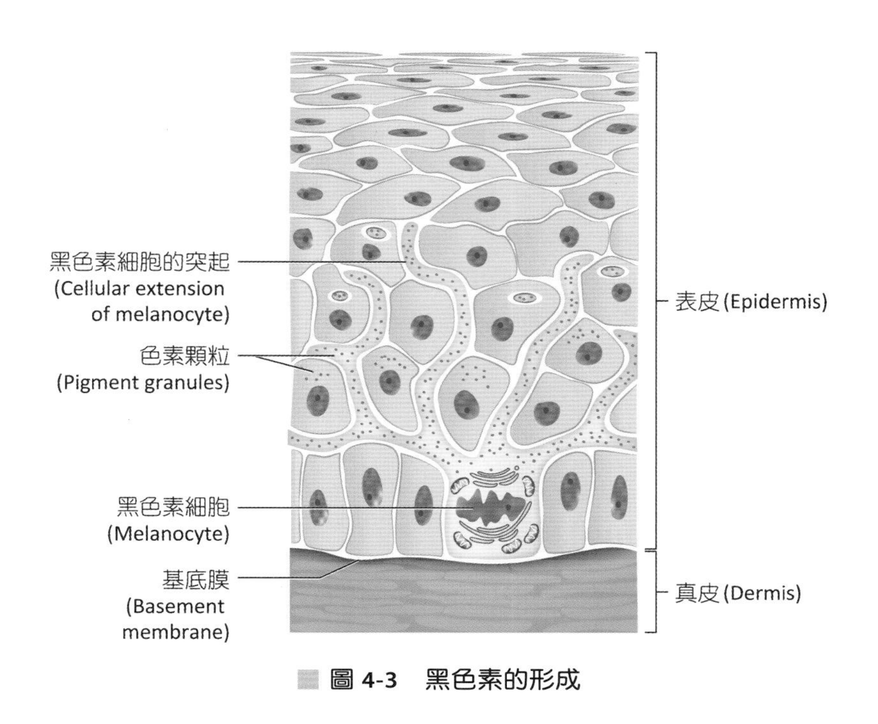

圖 4-3 黑色素的形成

表皮溝(epidermal grooves)將表皮劃分成許多菱形區域（如手背部分），毛髮在溝的交叉點上沒入皮膚。靠近關節的自由運動區，表皮溝的數目與深度皆增加。

二、真皮 (Dermis)

表皮與真皮間的分布並不均勻，表皮會形成嵴狀(ridges)結構深入真皮，而真皮則呈指狀乳頭結構交錯於表皮嵴狀結構間（圖4-1）。真皮是由含膠原纖維(collagen fibers)及彈性纖維(elastic fibers)的結締組織所組成。手掌及足底的真皮很厚，但眼瞼、陰莖及陰囊等處卻非常薄，體背的真皮較腹面厚，而四肢的外側則較內側厚。真皮可分成兩層：

1. **乳突層**(papillary layer)：為真皮的上層區域，由含細彈性纖維的疏鬆結締組織所組成，其表面因有真皮乳頭(dermal papillae)的指狀突起而增加很多面積。有些真皮乳頭內含**梅斯納氏小體**(Meissner's corpuscles)，此為觸覺敏感的神經末梢（詳見第9章）。
2. **網狀層**(reticular layer)：位於乳頭層下方，**由緻密不規則結締組織組成**，內含有互相交織的纖維和粗彈性纖維，藉著膠原纖維和彈性纖維，使皮膚具有強度、伸展性及彈性，並與皮下層及其下面的構造（如骨骼或肌肉）相接觸。這些纖維的空隙間被少量的脂肪組織、毛髮、神經、**皮脂腺**及汗腺導管所填充。毛囊及其他皮膚腺體則出現於真皮下深入皮下層(subcutaneous layer)。**網狀層厚度的不同是造成皮膚厚度不同的原因。**

真皮通常也含有肌纖維，在某些區域如陰囊真皮含有平滑肌細胞，肌肉細胞收縮時便造成表面皺摺。

▼ 手術後的疤痕

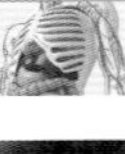

真皮層中的膠原纖維有各種走向，在身體某些區域卻有一定的走向，在體表形成張力線(tension lines)，尤以手指掌側特別明顯，依指頭長軸平行方向走。外科手術時，沿著膠原纖維平行方向切開的傷口，癒合時只會產生很細的疤痕，若刀口橫過張力線將膠原纖維切斷，傷口將會分開，而且癒合後會造成寬且厚的疤。

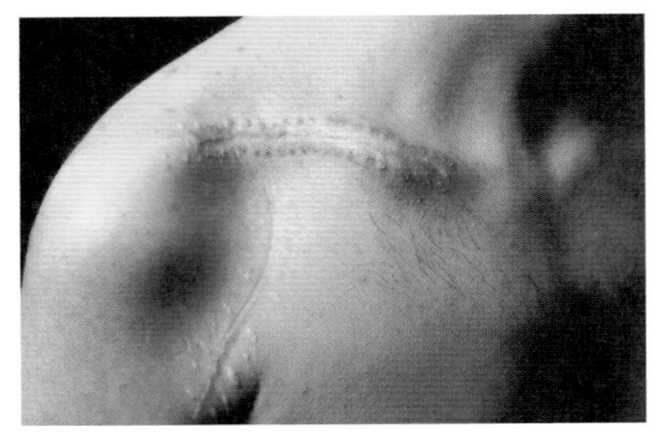

三、皮下層 (Subcutaneous Layer)

真皮的深層是皮下層，或稱淺筋膜(superficial fascia)，由大量疏鬆結締組織(loose connective tissue)及脂肪組織(adipose tissue)所組成。由表皮的纖維往下延伸至皮下層，並將皮膚固定到皮下層，皮下層則牢牢地附著到底下的組織及器官。

疏鬆結締組織的組成以膠原蛋白與彈力蛋白絲為主，其纖維走向與表面平行。脂肪組織則是個非常好的熱隔離層，可幫助體溫維持同時隔離外界氣溫的入侵；脂肪組織在全身皮下並不是均勻的分布，如腹部的皮下脂肪較其他部位厚，而眼瞼則幾乎無脂肪分布。皮下層含有豐富的血管，最主要是提供皮膚養分供應，血管的分支在真皮層與皮下層間形成網狀結構(rete cutaneum)。皮下層亦含有對壓力敏感的神經末梢巴齊氏小體(Pacinian's corpuscles)。

4-2 皮膚的附屬構造

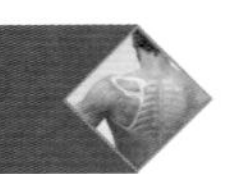

表皮的附屬構造包括毛髮、腺體、指甲，皆由外胚層發育而來。

毛髮(Hair)

除了手掌、足底、唇、乳頭及部分外生殖器（如龜頭、小陰唇），全身皮膚幾乎都有毛髮分布，其主要的功能是保護。如頭髮可以防止頭皮避免受陽光曬傷；眉毛與睫毛可防止異物進入眼睛。

皮膚表面外的是毛幹(shaft)，而位於皮膚表面之下，通過真皮層甚至進入皮下層的是毛根(root)，毛髮是由毛幹與毛根所組成。毛髮的中心部分稱為髓質(medulla)，由多角形細胞組成，內含有角母蛋白(eleidin)顆粒和空氣腔，周圍部分稱為皮質(cortex)，是形成毛幹的主體（圖4-4）。由一層外根鞘(external root sheath)及一層內根鞘(internal root sheath)細胞特化而成的毛囊(hair follicle)包著毛根，基部有一膨大的部位稱為毛球(hair bulb)。毛球內含有充滿疏鬆結締組織的毛乳突(dermal papilla)，內含很多血管，能提供毛髮生長之營養。毛球內亦含有一個發生層細胞區，稱為基質(matrix)；當老化的毛髮脫落時，基質細胞以細胞分裂的方式產生新毛髮，此種取代過程在同一毛囊內發生。髮色與皮膚顏色一樣，也是由黑色素細胞所產生的色素量來決定。

有一束平滑肌從皮膚的真皮延伸至毛囊邊，稱為**豎毛肌**(arrector pili muscle)（圖4-1）。平時，毛髮位置與皮膚表面呈一角度，當人覺得寒冷或受驚駭時，豎毛肌會收縮而使毛髮直立，而毛幹周邊的皮膚則形成隆起，即所謂雞皮疙瘩(goosebumps or gooseflesh)。

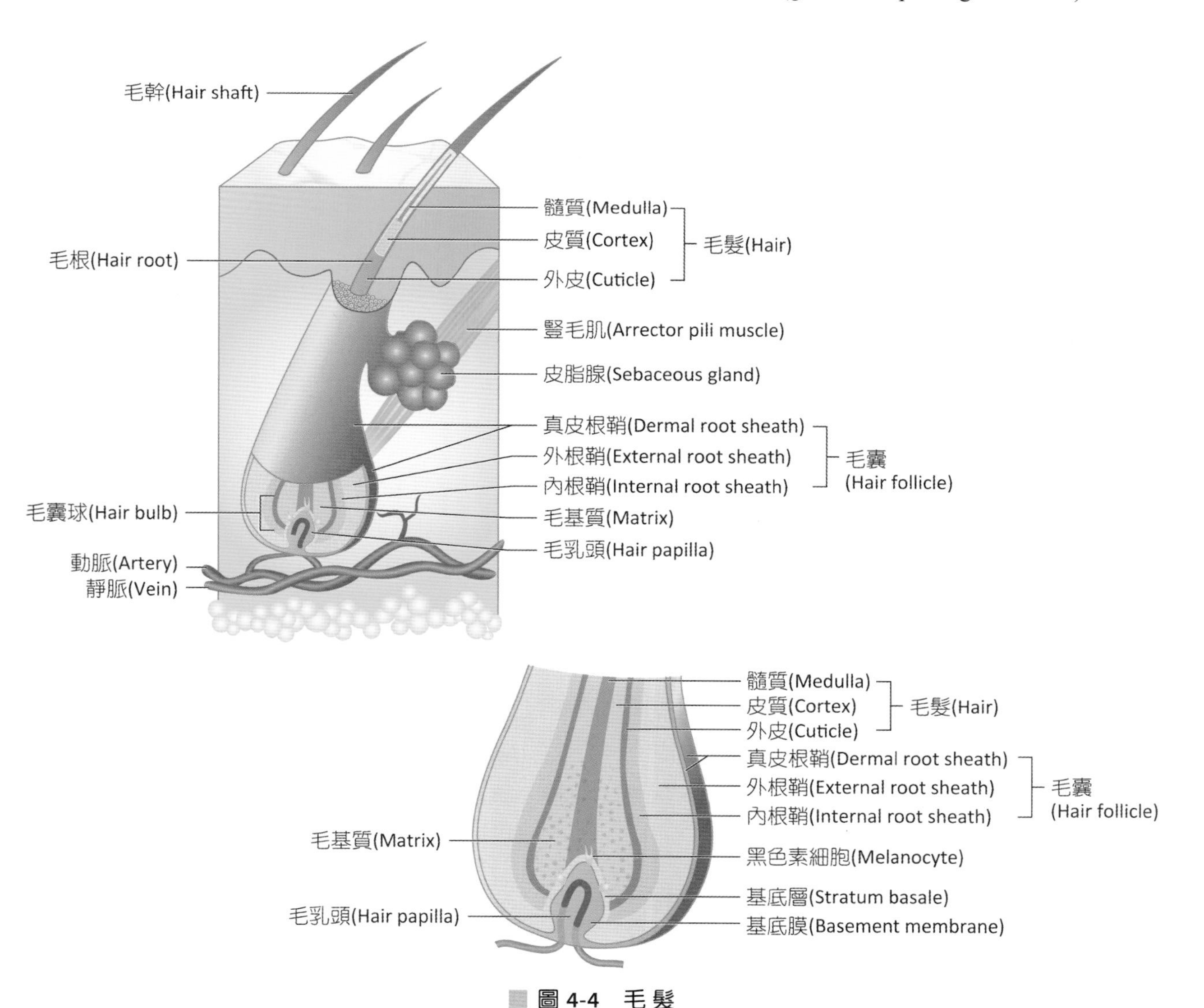

圖 4-4 毛髮

腺體(Glands)

皮膚的腺體包括皮脂腺、汗腺、耵聹腺等三種。

一、皮脂腺 (Sebaceous Glands)

皮脂腺或稱為油脂腺(oil glands)，含有一群特化的上皮細胞**連接於毛囊，腺體分泌部位於真皮**，開口於毛囊頸部（圖4-4）。皮脂腺會分泌皮脂(sebum)，成分包含脂肪、膽固醇、蛋白質和無機鹽，有滋潤毛髮、防止皮膚的水分過度蒸發、保持皮膚柔軟等功能。因荷爾蒙的影響，青春期時皮脂分泌增加，也因此臉部的皮脂腺常由於皮脂堆積而變大，造成黑頭粉刺(blackheads)。人類除了手掌與足底外，全身皆有皮脂腺分布。

▼ 粉刺(Acne) Clinical Applications 

又稱痤瘡，是皮脂腺發炎的現象，通常發生在青春期，因此又稱青春痘。尋常性痤瘡(acne vulgaris)大多發生在14~25歲，80%以上青少年均有之。某些女性在青春期時沒有，到了青春期過後反而長出粉刺來，這是因為化妝品的粉狀物質、油脂阻塞毛孔之故，因此稱為化妝品性痤瘡(acne cosmetica)。

青春期時，皮脂腺受到雄性素(androgen)的影響，產生大量皮脂，當皮脂腺因皮脂聚積過多而脹大時，氧化的油脂和黑色素便形成黑頭粉刺(blackheads)，由於皮脂能滋養細菌，毛囊、皮脂腺炎隨之發生。

二、汗腺 (Sudoriferous Glands)

汗腺分布於全身（圖4-1），依其構造與位置分為頂漿汗腺和排泄汗腺。

1. **頂漿汗腺**(apocrine sweat glands)：又稱為大汗腺，分泌部位於真皮，並開口於毛囊，主要**分布於腋下、陰部、乳暈**等處。受荷爾蒙影響，於青春期發育成熟，分泌物較為黏稠，含有蛋白質、脂質等成分，經細菌分解、發酵後會使身體產生異味。
2. **排泄汗腺**(eccrine sweat glands)：即普通汗腺或稱小汗腺，遍布於全身，尤以手掌及足底的含量最多，但唇緣、龜頭、陰蒂、小陰唇以及鼓膜沒有此汗腺分布。分泌部位於皮下層，導管往上經真皮而開口於表皮上。分泌物為澄清的汗液(sweat)，其組成99%為水分，其次為鹽類（主要為NaCl）、尿素、尿酸、氨、胺基酸、醣類、乳酸以及維生素C等。

三、耵聹腺 (Ceruminous Glands)

耵聹腺為頂漿汗腺的特化，存在於外耳道，又稱耳垢腺，為一螺旋管狀腺體。分泌部位於皮下層，開口於外耳道或進入皮脂腺導管。耵聹腺與皮脂聯合分泌耳垢(cerumen)，與外耳道上的微毛形成屏障，能阻擋異物、昆蟲進入。

四、指甲 (Nails)

指甲由角質化細胞構成，覆蓋於手指、腳趾末端，能幫助抓握、保護指腹（圖4-5）。

1. **指甲體**(nail body)：指甲外露可見的部分，下方含有微血管，因此呈粉紅色。
2. **游離緣**(free edge)：指甲體尖端超出指尖的部分，因下方無血管分布而呈白色。
3. **指甲根**(nail root)：埋於皮膚，不外露。
4. **指甲弧**(lunula)：指甲體根部白色半月形區域，因下方無血管組織而呈白色。
5. **指甲床**(nail bed)：指甲下方的皮膚。
6. **指甲基質**(nail matrix)：指甲根部下的上皮，基質表淺細胞增生、角化形成指甲，往指尖方向推進，不同部位指甲的生長速度不同，手指甲平均每星期生長1 mm，而腳趾甲只有0.5 mm。

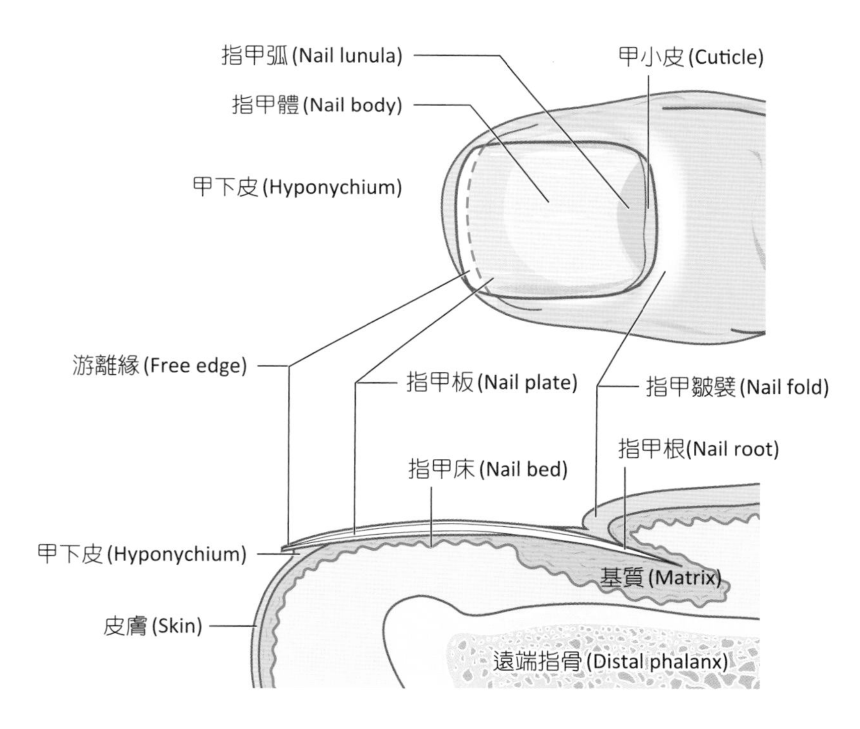

圖 4-5　指甲

▼ 燒傷(Burn)

Clinical Applications 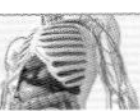

人體組織易受到熱、電、放射活性物和化學物質等因素的傷害，因而造成細胞損傷或死亡，這就是燒傷。燒傷可能擴及整層皮膚，或僅限於皮膚的某些層次而已。臨床上，根據燒傷部位的顏色、有無感覺或水泡、彈性是否消失，來決定燒傷的程度。

1. **一級燒傷**(first-degree burn)：輕微的疼痛和紅腫，只波及表淺的上皮，通常在2~3天內會痊癒，並會有脫皮或皮膚剝落等現象。曬傷就是典型的一級燒傷。
2. **二級燒傷**(second-degree burn)：波及表皮的深層或是真皮的上半部，出現發紅、水泡、水腫和疼痛等症狀，約3~4週可以痊癒，但會留下疤痕。
3. **三級燒傷**(third-degree burn)：波及所有表皮、真皮及表皮衍生物，燒傷的外觀不一，由乳白色到紅褐色以及到焦黑色的乾燥病灶，很少出現水腫，且由於神經末梢已遭破壞，傷口受到碰觸時也不會疼痛。傷口復原很慢，在上皮覆蓋上去之前會形成大量的肉芽組織，縱使立即施於皮膚移植手術，三級燒傷的部位仍會很快地發生攣縮及出現疤痕。

計算成人燒傷面積可使用「九的法則(rule of nine)」計算，頭部、頸部前後面燒傷占全身體比面積9%，每側肩部、上臂、前臂和手前後面占9%，軀幹前後面（包括臀部）占36%，每側大腿、小腿和腳前後面占18%，會陰部占1%。

摘要 · SUMMARY

表皮	1. 基底層：唯一能進行細胞分裂的地方，含黑色素細胞 2. 棘狀層：細胞具有許多棘狀突起，含黑色素細胞 3. 顆粒層：含透明角質，與角蛋白形成有關 4. 透明層：只存在於手掌、足底，含油粒小滴 5. 角質層：為角質化的無細胞核扁平細胞
真皮	1. 乳頭層：由疏鬆結締組織組成，含梅斯納氏小體 2. 網狀層：由緻密不規則結締組織組成，含巴齊氏小體
皮膚附屬器官	1. 毛髮：由毛幹與毛根所組成。毛髮的中心部分稱為髓質，由多角型細胞組成，內含有角母蛋白顆粒和空氣腔。周圍部分稱為皮質，是形成毛幹的主體 2. 腺體： (1) 皮脂腺：分泌皮脂，連接於毛囊，開口於毛囊頸部，可滋潤毛髮 (2) 汗腺：分為頂漿汗腺、排泄汗腺兩種。頂漿汗腺分布於腋下、陰部、乳暈，分泌物較黏稠；排泄汗腺除唇緣、龜頭、陰蒂、小陰唇外皆有分布，分泌物澄清水樣 (3) 耵聹腺：為特化的頂漿汗腺，存在於外耳道，與皮脂聯合分泌耳垢 3. 指甲：包含指甲體、游離緣、指甲根、指甲弧、指甲床、指甲基質

課後習題 · REVIEW ACTIVITIES

1. 下列何種表皮細胞具分裂能力？(A)角質層　(B)顆粒層　(C)基底層　(D)透明層
2. 下列有關皮脂腺的敘述，何者正確？(A)分泌物經由毛囊排至體表　(B)細胞分泌時本身並不損失，又稱為全泌腺　(C)分泌細胞分布於表皮和真皮　(D)耵聹腺和瞼板腺均屬特化的皮脂腺
3. 下列哪一種真皮內的構造，最靠近皮下組織？(A)皮脂腺(sebaceous gland)　(B)豎毛肌(arrector pili muscle)　(C)梅斯納氏小體(Meissner's corpuscle)　(D)毛囊(hair follicle)
4. 下列關於人體表皮的敘述，何者正確？(A)表皮層沒有微血管的構造，表皮細胞靠擴散作用得到養分　(B)指甲、毛髮以及豎毛肌皆為表皮細胞的衍生物　(C)黑色素細胞主要位於表皮的顆粒層　(D)表皮角質層的細胞具有旺盛的分裂能力
5. 下列有關汗腺的敘述，何者正確？(A)只分布於腋窩、乳暈及肛門周圍　(B)其分泌受交感和副交感神經調控　(C)分泌時，細胞會解體而與汗液一起排出　(D)導管穿越表皮層，直接開口於皮膚表面
6. 下列何者不是影響膚色之重要因素？(A)表皮層之角質蛋白(keratin)　(B)表皮層之黑色素(melanin)　(C)真皮層之胡蘿蔔素(carotene)　(D)微血管中之血紅素(hemoglobin)
7. 表皮內黑色素細胞的細胞突起最外可延伸至下列何處？(A)角質層　(B)顆粒層　(C)棘狀層　(D)生長層
8. 下列有關真皮的敘述，何者錯誤？(A)屬於疏鬆結締組織　(B)指紋與真皮乳頭的分布有關　(C)含觸覺、壓覺及痛覺等受器　(D)皮膚燒燙傷出現水泡表示已損害真皮層
9. 下列何者不是皮膚表皮(epidermis)的細胞層？(A)基底層(stratum basale)　(B)棘狀層(stratum spinosum)　(C)顆粒層(stratum granulosum)　(D)網狀層(reticular layer)
10. 有關表皮的敘述，下列何者錯誤？(A)由角質化複層 狀上皮組成　(B)黑色素細胞主要位於基底層　(C)可見到許多成纖維母細胞(fibroblasts)　(D)沒有血管分布

答案：1.C　2.A　3.D　4.A　5.D　6.A　7.C　8.A　9.D　10.C

參考資料 · REFERENCES

林自勇、鄧志娟、陳瑩玲、蔡佳蘭(2003)．*解剖生理學*．全威。

馬青、王欽文、楊淑娟、徐淑君、鐘久昌、龔朝暉、胡蔭、郭俊明、李菊芬、林育興、邱亦涵、施承典、高婷育、張琪、溫小娟、廖美華、滿庭芳、蔡昀萍、顧雅真…許瑋怡(2022)．於王錫崗總校閱，*人體生理學*（6版）．新文京。

許世昌(2019)．*新編解剖學*（4版）．永大。

許家豪、張媛綺、唐善美、巴奈比比、蕭如玲、陳昀佑(2021)．*生理學*（4版）．新文京。

麥麗敏、陳智傑、廖美華、鍾麗琴、陳建瑋、祁業榮、黃玉琪、戴瑄、呂國昀(2015)．於王錫崗總校閱，*解剖生理學*（2版）．華杏。

馮琮涵、黃雍協、柯翠玲、廖智凱、胡明一、林自勇、鍾敦輝、周綉珠、陳瀅(2021)．*人體解剖學*．新文京。

游祥明、宋晏仁、古宏海、傅毓秀、林光華(2021)．*解剖學*（5版）．華杏。

廖美華、溫小娟、高婷玉、顏惠芷、林育興(2020)．於劉中和總校閱，*解剖學*（2版）．華杏。

盧冠霖、胡明一、蔡宜容、黃慧貞、王玉文、王慈娟、陳昀佑、郭純琦、秦作威、張林松、林淑玟(2015)．*實用人體解剖學*（2版）．華格那。

Tamir, E. (2006)．*簡易解剖生理學：簡簡單單學解剖生理*（陳牧君譯）．合記。（原著出版於2002）

Tortora, G. J. (2016). *Principle of human anatomy* (14th ed.). Wiley.

Chapter

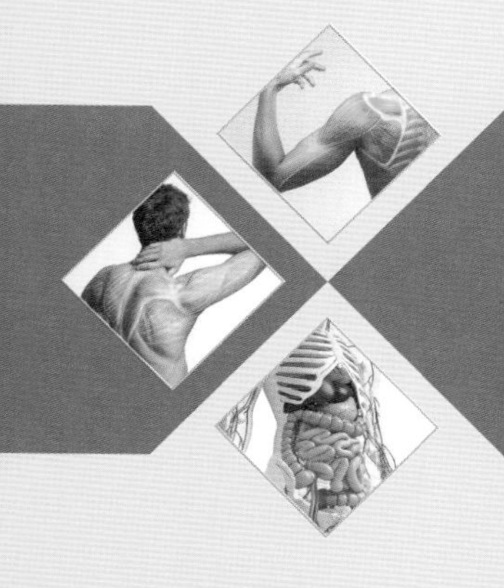

骨骼系統 × 05

鄧志娟 編著

The Skeleton System

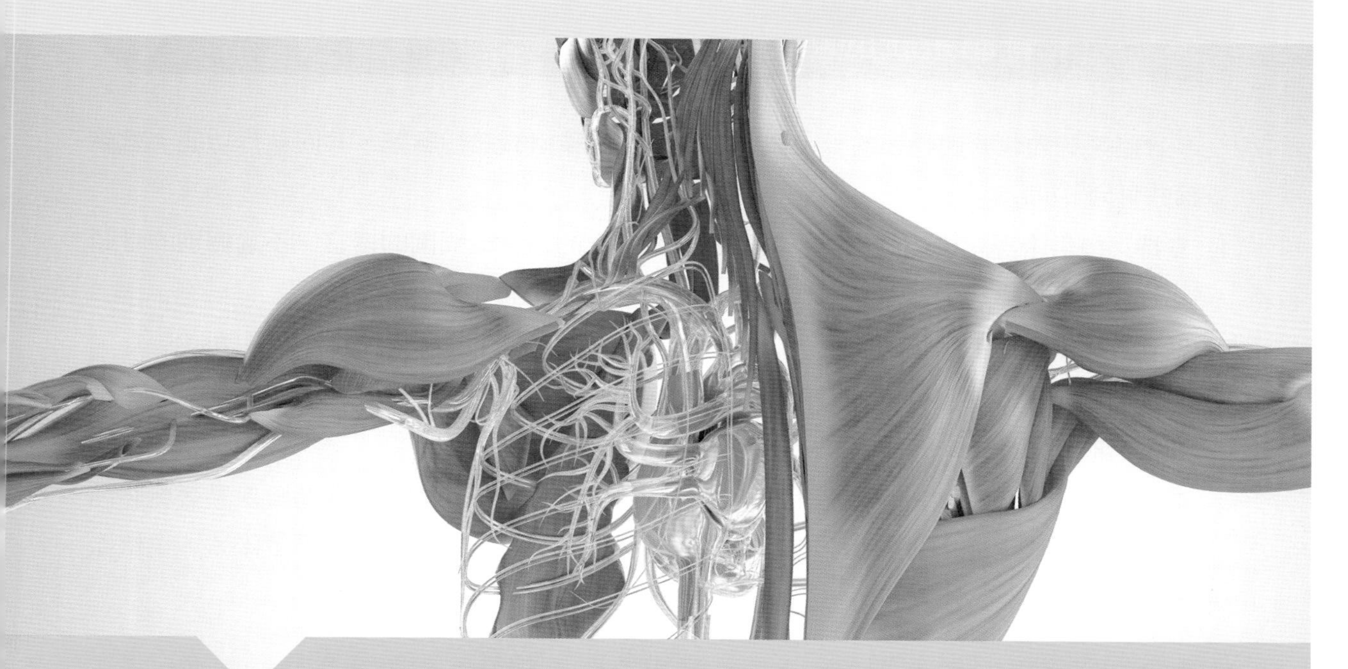

本章大綱

ANATOMY

前言

骨骼有許多功能，但最重要的功能是支撐體重。骨骼雖提供相當堅硬的支持但卻又出乎意料的輕。骨組織會隨著代謝的需求和身體活動的需求進行重塑作用，所以骨骼組織的狀態是非靜態發展的。骨頭會和肌肉合作，一起維持身體的姿勢和提供可受控制的活動。

5-1 骨骼系統的功能

骨骼系統內包含硬骨和軟骨，彼此間和其他結締組織進行聯繫，共同執行功能。骨骼系統共有5個功能：

1. **支持**：提供全身結構上的支持。針對附著於其上的組織或周圍的器官。不論個別的骨頭或骨頭群都可以提供一個穩固的架構。
2. **儲存**：提供體液中鈣和磷酸鹽一個可改變性的礦物質儲存槽。黃骨髓可儲存脂肪。
3. **製造血球**：一些骨頭的骨髓腔內儲存有紅骨髓，負責製造紅血球、白血球及其他血球，進行造血作用(hemopoiesis)。
4. **保護**：軟組織或許多器官是藉由包圍在外的骨骼系統提供保護。例如肋骨保護著胸腔內的心臟與肺臟、頭顱骨保護其內的腦、脊椎骨保護著脊髓和骨盆帶保護著泌尿、生殖器官。
5. **槓桿作用**：骨頭利用槓桿原理改變肌肉系統作用力的大小和方向。

5-2 骨骼的結構

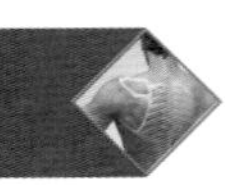

骨骼的類型

人類的骨骼依據其功能有不同的外型和大小。依據外型和發育的過程，可分為4種形狀（圖5-1）：

1. **長骨**(long bone)：長度較寬度大，具有長、圓柱形的骨幹和兩個尾端，四肢肢體的骨骼屬於長骨。長骨、短骨的外表面都由緻密骨構成，內側由海綿骨組成。
2. **短骨**(short bone)：長寬度大致相同，外表面由緻密骨包覆，內面存在著海綿骨，手腕、腳踝部分屬於短骨。有一些位於肌肉肌腱下方小塊、種子外型的小骨頭，稱為種子骨(sesamoid)，也被分類為短骨一族，**身體最大的種子骨為髕骨**(patella)。

3. **扁平骨**(flat bone)：外型上呈現相當薄和廣大的面，骨頭外表面是緻密骨和平行於內側的海綿骨，可提供肌肉廣大的附著面，並保護內側的軟組織。
4. **不規則骨**(irregular bone)：形狀不規律，如脊椎骨、篩骨和蝶骨。

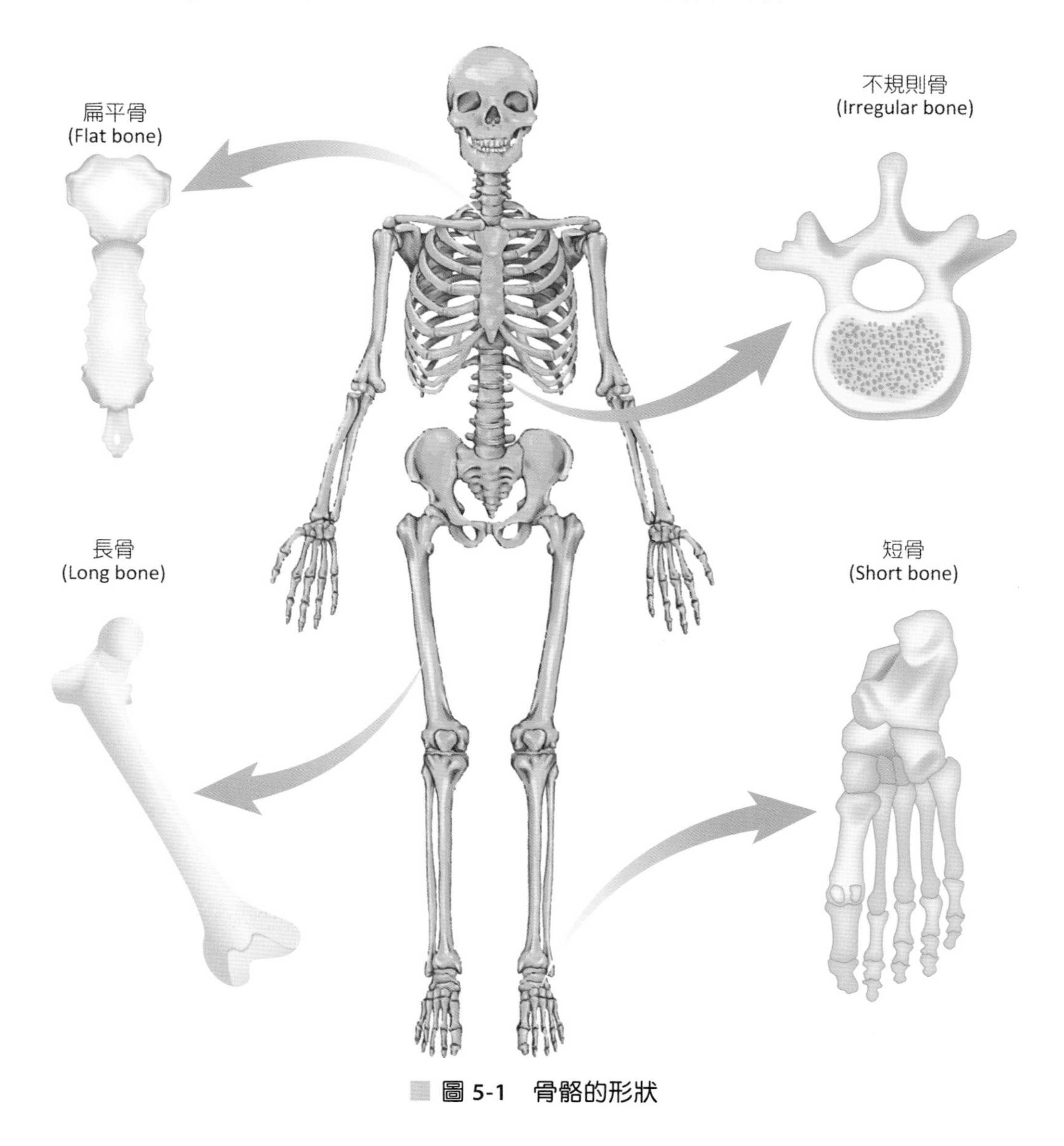

圖 5-1 骨骼的形狀

骨骼的組成

長骨為身體最常見骨骼，典型的長骨如肱骨（圖5-2），以此為例，常見構造如下：

1. **骨幹**(diaphysis)：長骨最主要的部分，其筆直的縱軸骨幹，可提供長骨的槓桿作用。
2. **骨髓腔**(marrow cavity)：成人骨髓腔內充滿著黃骨髓，骨髓腔表面存在著不連續的細胞膜，內含造骨細胞和蝕骨細胞。

3. **骨骺**(epiphysis)：骨幹兩端膨大的部分，被關節軟骨(articular cartilage)包覆，擴大的骨骺面提供肌腱和韌帶附著，強化關節的穩定性。骨骺的外圍是由緻密骨組成，內側充斥海綿骨。
4. **幹骺端**(metaphysis)：介於骨幹和骨骺之間，在許多未成熟的骨骼中內有**骨骺板**(epiphysis plate)，又稱生長板(growth plate)，包含一層由透明軟骨組成的生長板，提供骨骼持續性的縱向生長，隨著年紀增長，到了成人後，這層區域會變薄，最後變成**骨骺線**(epiphysis line)。
5. **骨外膜**(periosteum)：包覆在長骨最外面的一層不規則緻密結締細胞，分為外層纖維層和內層的細胞層兩層，主要的功能是分隔和保護骨骼和周邊結構，此處富含血管和神經，同時具有造骨細胞，提供骨骼的橫向生長和骨折的修復。

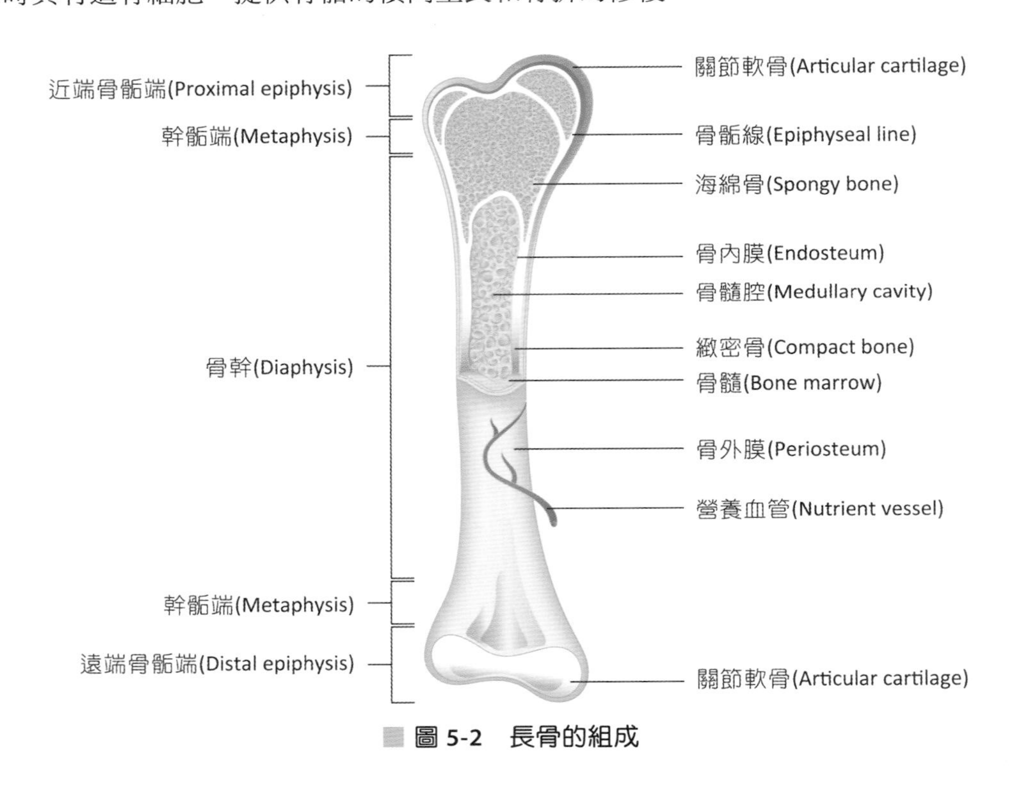

圖 5-2 長骨的組成

骨骼細胞

骨骼組織主要由骨細胞組成，但也包括其他細胞，如骨母細胞、蝕骨細胞和造骨細胞。

1. **骨母細胞**(osteoprogenitor cell)：由間質細胞所分化而來的幹細胞。骨母細胞可以分化出更多幹細胞，成熟後變成造骨細胞。這些幹細胞主要分布在骨外膜(periosteum)和骨內膜(endosteum)處。

2. **骨細胞**(osteocyte)：成熟的骨細胞存在於一個小的空間內，稱為骨隙(lacunae)，是造骨細胞被自己分泌的骨基質包覆後形成。骨細胞可以利用回收鈣離子來維持骨基質(bone matrix)的穩定，同時可以偵測施加在骨組織上的機械壓力，並且支援骨骼組織的修復。
3. **蝕骨細胞**(osteoclast)：一種巨大細胞，有50個甚至更多的細胞核。可以藉由分泌酸性物質或酵素來溶解骨基質，進行蝕骨作用(osteolysis)，使骨骼組織內的礦物質釋放進入血液中，並可幫助調節體液鈣和磷酸鹽離子濃度。
4. **造骨細胞**(osteoblast)：主要分泌類骨質(osteoid)進行成骨作用(osteogenesis)，合成新的骨基質、促進鈣離子的堆積。在正常的人體生理功能下，蝕骨細胞會持續性移除骨基質，造骨細胞則持續合成新的骨基質，此過程會是一種動態的平衡。一旦造骨細胞被周圍鈣化的骨基質包圍後，造骨細胞就會轉變成骨細胞。

▼ 骨質疏鬆症(Osteopororsis) Clinical Applications

骨質疏鬆症主要是因骨質再吸收速度增加、蝕骨細胞數量增加，造成骨質減少。此時骨骼中緻密骨會變薄且疏鬆、疏鬆骨中的骨小樑也會變少，最後骨骼會變的多孔且輕。骨質疏鬆症容易發生在老人身上，特別是停經後的婦女，因為動情素的減少會使得蝕骨細胞活性增加，造成女性骨質流失。老人則是因為活動量減少，導致骨骼受壓迫的機會下降，以致骨質流失。再者飲食中的蛋白質和鈣不足，也都會引起骨質的不足。骨質疏鬆症會發生在全身的骨骼上，尤其是脊椎骨，而有脊椎骨的骨折發生。

骨骼的組織構造

一、緻密骨 (Compact Bone)

緻密骨的基本功能單位是**骨元**(osteon)或稱**哈氏系統**(Haversian system)。骨細胞以同心圓的方式規律排列在中央管(central canal)或稱為**哈氏管**(Haversian canal)的周圍，與骨細胞縱軸平行。哈氏管內有血管和神經提供骨組織使用。每個層狀的構造中有膠原纖維呈相反方向排列，提供骨組織部分的強度和耐受性。相近的**骨板**(lamellae)間有成熟的骨細胞維持著骨基質。骨組織結締組織間延伸出的一條細小管子稱為骨小管(canaliculi)，提供骨細胞之間互相聯繫。另外，**佛氏管**(Volkmann canals)同樣擁有血管和神經在其內，與骨的縱軸垂直，提供中央管和骨膜、骨髓腔內血管的互相聯繫（圖5-3）。

二、海綿骨 (Spongy Bone)

海綿骨與緻密骨不同，沒有層狀排列也沒有骨元，取而代之的是棒狀或盤狀的**骨小樑**(trabeculae)**分支形成的開放網絡**，營養物質和廢物由骨小管擴散至骨小樑，在骨髓和骨細胞之間進行擴散交換（圖5-3）。

海綿骨通常出現在長骨骨骺端，骨小樑在骨組織內構成的網狀空間提供海綿骨抵抗關節處的非強大外力，除此之外還可保護紅骨髓中細胞。海綿骨較緻密骨為輕，能夠減輕骨頭的重量，方便肌肉系統更有效率的移動骨頭、動作身體。

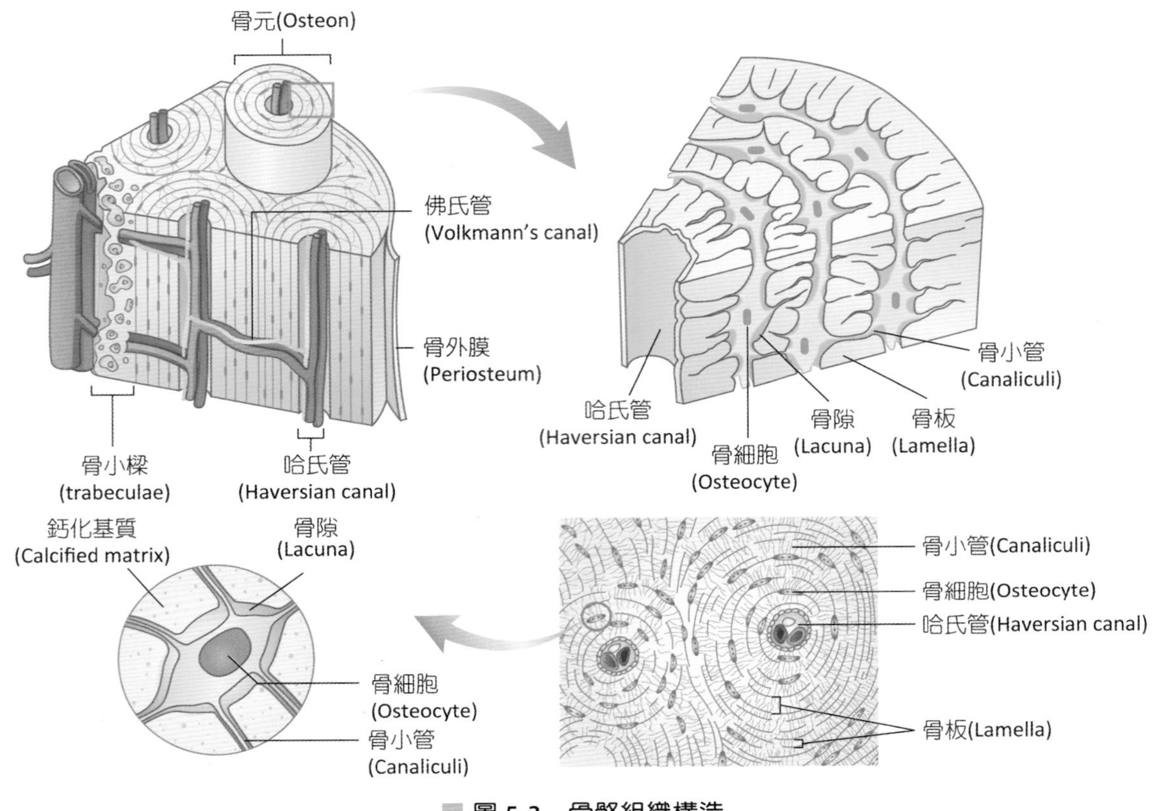

圖 5-3 骨骼組織構造

骨骼的血液供應與神經支配

骨骼的血液供應非常豐富，特別是具紅骨髓的骨骼。血管由骨外膜進入骨骼內，供應骨幹區域的骨細胞養分，再從骨幹延伸到整根骨骼直到骨骺端，提供骨骺板養分，同時延伸入骨元的中央管內。骨外膜周圍血管針對額外生成的骨幹提供緻密骨內表淺骨元養分，這些血管會延伸進入骨幹內，最後進入骨幹內的穿通管內。

神經一般會伴隨著血管，從營養孔進入骨骼內支配所有的骨組織，包括骨外膜、骨內膜和骨髓腔。這些感覺神經可以偵測骨骼受傷害的情形。

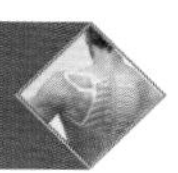

5-3 骨骼的發育

骨骼發育的過程中，軟骨細胞或結締組織最後常被硬骨組織所取代，此過程被稱為骨化作用(ossification)。骨化作用可分為：

骨化：骨骼的形成

一、膜內骨化 (Intramembranous Ossification)

由源自胚胎時期的結締組織，即間葉細胞(mesenchymal cell)所分化而成的造骨細胞開始（圖5-4）。

1. **形成骨化中心**(ossification center)：結締組織幹細胞分化成骨母細胞(osteoprogenitor cell)，再分化成造骨細胞分泌類骨質(osteoid)。隨著造骨細胞數目增加，位於深層中胚層的骨化中心也逐漸發展。
2. **鈣化類骨質**：第一個發生鈣化的地方被稱為骨化中心，隨著鈣化發生，新生骨頭向外延伸，有些造骨細胞會被包覆住，最後變成骨細胞。
3 **圍繞骨外膜的網狀骨生成**：新形成的骨結締組織是未成熟的，稱原始骨骼(primary bone)，原本包圍在原始骨骼的間質細胞開始變厚，形成骨外膜(periosteum)。

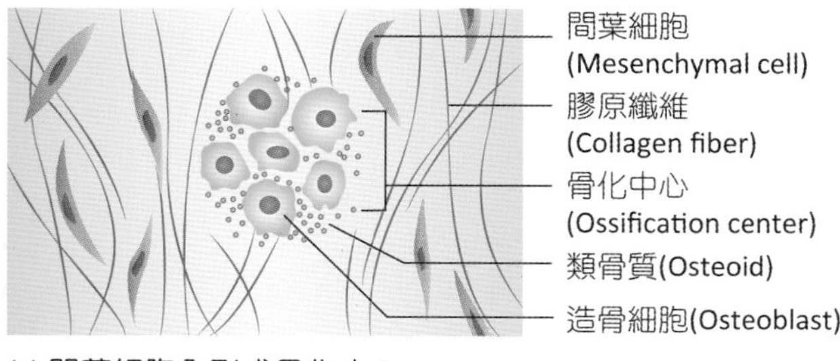

(a) 間葉細胞內形成骨化中心

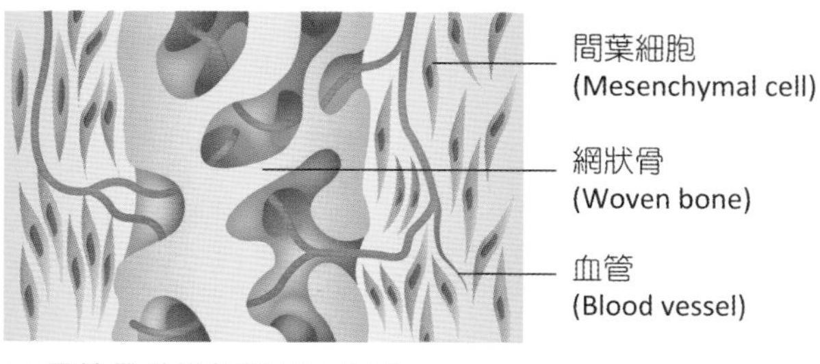

(c) 圍繞骨外膜的網狀骨生成

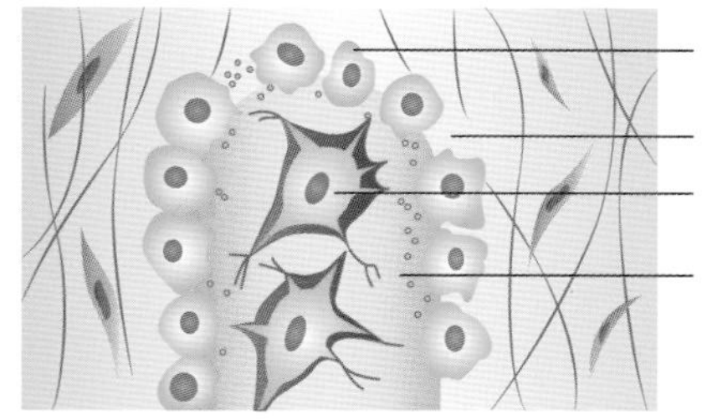

(b) 進行鈣化類骨質

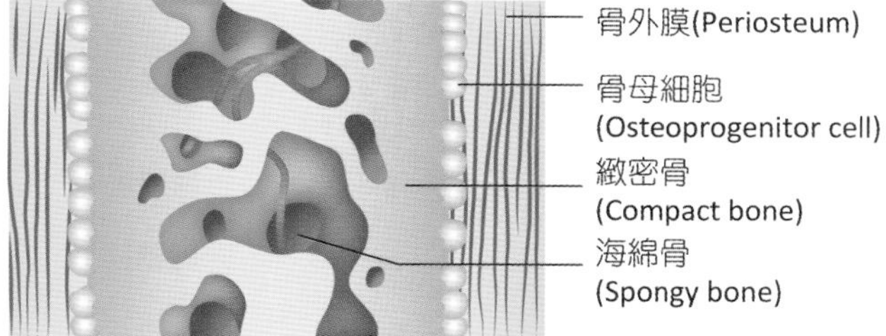

(d) 板狀骨取代原始骨骼，緻密骨和海綿骨生成

圖 5-4 膜內骨化

4. **板狀骨取代原始骨骼**：原始骨骼被板狀骨(lamellar bone)取代，成為次級骨骼(secondary bone)，新生成的造骨細胞被持續增生的骨基質包覆，新生的血管也分支進入此空間。

經由膜內骨化所新形成的骨組織類似於海綿骨，最後板狀骨取代原始骨骼中的骨小樑，形成緻密骨，扁平骨中的頭顱骨、下頜骨和鎖骨就是利用這種模式所形成。

二、軟骨內骨化 (Endochondral Ossification)

大部分的骨頭都是利用原本存在的透明軟骨(hyaline cartilage)進行軟骨內骨化方式生成（圖5-5）。

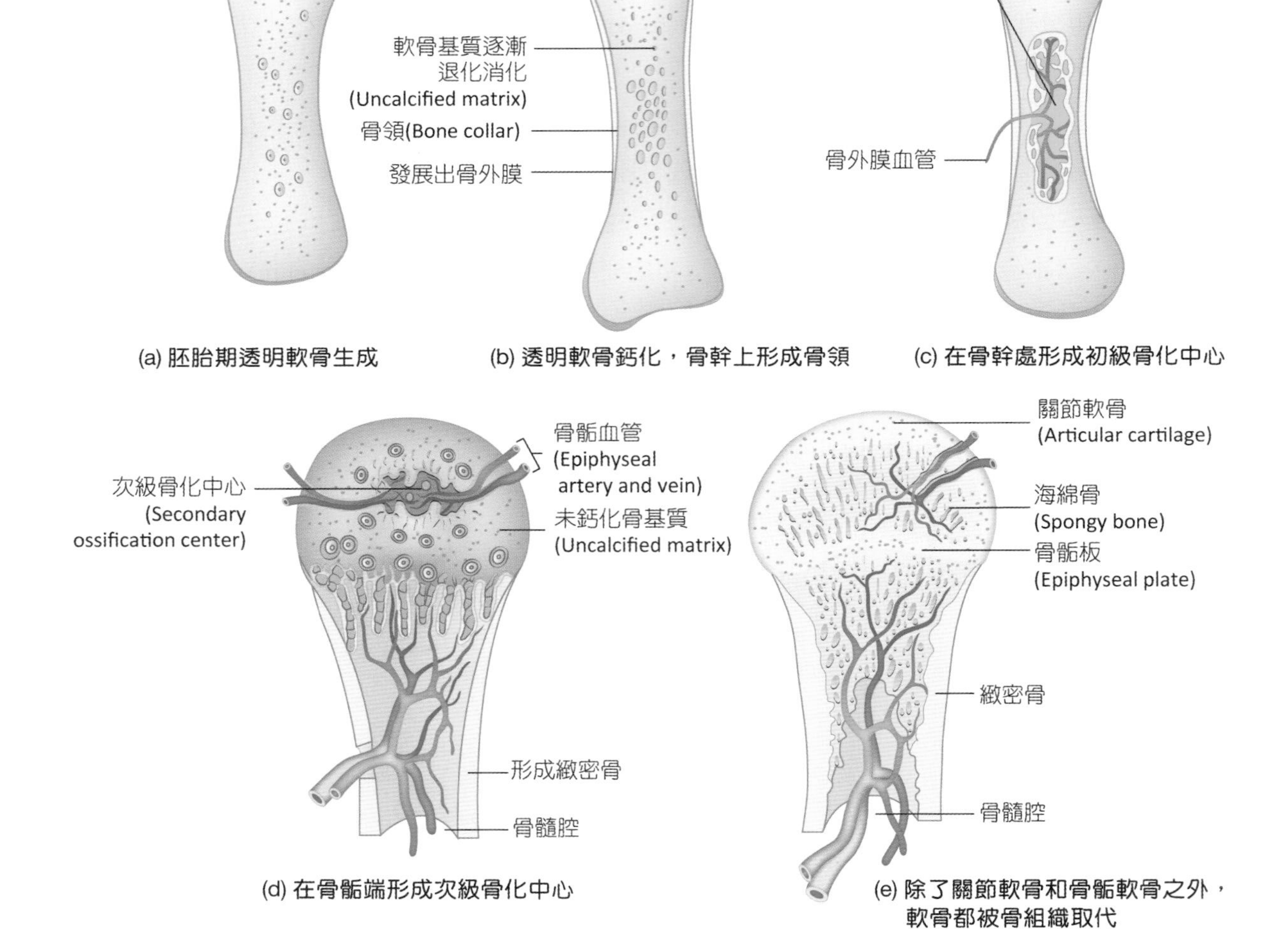

圖 5-5 軟骨內骨化

1. **透明軟骨生成**：胚胎在第8~12週時，軟骨母細胞分泌軟骨基質，生成透明軟骨，被包圍在骨隙內的軟骨母細胞變成軟骨細胞。
2. **透明軟骨鈣化**：軟骨細胞變大，營養無法擴散通過此區塊，使軟骨基質開始鈣化，血管穿過骨幹周圍軟骨膜，軟骨膜內的幹細胞也開始分化出造骨細胞，軟骨膜變成骨外膜。位於較內層骨外膜上的造骨細胞持續在鈣化骨幹上分泌骨質，最後在建立一層堅硬的骨領(bone collar)。
3. **形成初級骨化中心**(primary ossification center)：血管延伸進入軟骨區域和分化形成新的造骨細胞，骨幹處形成的海綿骨被稱為初級骨化中心。
4 **形成次級骨化中心**(secondary ossification center)：硬骨組織向兩端生成，由初級骨化中心向骨骺方向移動。位於骨骺處內的透明軟骨開始退化，血管和骨母細胞進入骨骺內，骨組織取代鈣化的軟骨形成次級骨化中心。
5. **硬骨組織取代透明軟骨**：在骨組織發育的後期，幾乎所有的透明軟骨都被硬骨組織取代，但在透明軟骨持續骨化的最兩端並沒有完全被硬骨組織取代，仍會在兩端存留下關節軟骨和骺軟骨，又稱為骨骺板，夾在骨骺和骨幹中間。直到成人，兩個骨骺板都會被鈣化，只剩下一條薄薄的線，稱為骨骺線。大部分骨骺板的癒合發生在10~25歲間。

三、骨骺板的型態

位於骨骺和骨幹中間的骨骺板，主要由透明軟骨組成，依其型態可分為5層（圖5-6）。

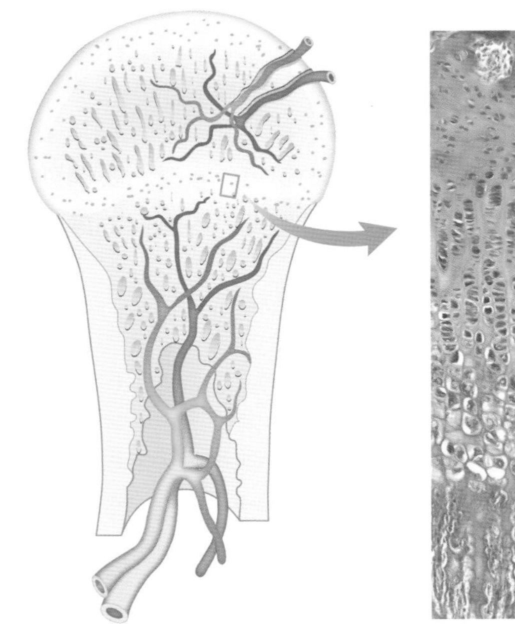
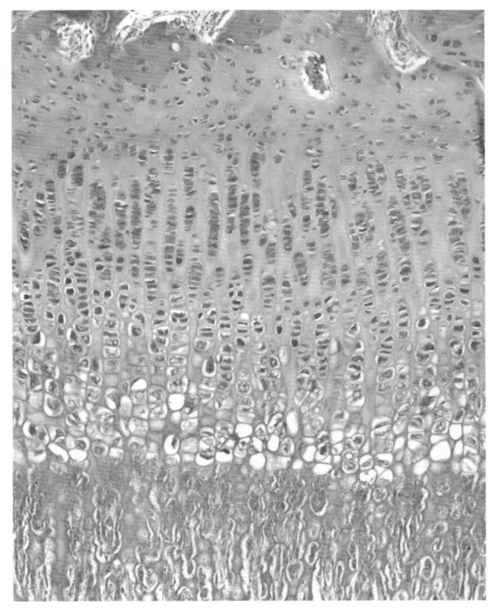

圖 5-6 骨骺板的組織型態

1. **保留區**(zone of resting)：最靠近骨骺端，由軟骨基質內的小型軟骨細胞組成，主要維護骨骺到骨骺板之間的安全。
2. **增殖區**(zone of proliferating)：軟骨細胞有絲分裂能力強，外型較大，呈柱狀形排列在扁平的空隙內。
3. **肥大區**(zone of hypertrophy)：軟骨細胞停止分裂，因為過度肥大而侵蝕周圍基質。
4. **鈣化區**(zone of calcify)：礦物質堆積在空隙間的基質內引起鈣化，最後造成軟骨細胞死亡。此時基質變的不透明，真正的軟骨細胞只剩下很窄的一部分。
5. **骨化區**(zone of ossification)：最靠近骨骺板的一區。空隙間的障壁破損，形成一個縱向的管道，血管和骨母細胞由骨髓腔內侵入，最後在鈣化的軟骨基質內形成新的骨組織基質。

骨骼的生長

一、長度的生長

骨骼的縱向生長稱為**間質性生長**(interstitial growth)，隨著青春期開始，性荷爾蒙的分泌增加，骨骺板內軟骨的生成變慢，但硬骨會以驚人的生長，結果造成硬骨兩端的骺軟骨的厚度越來越小，最後消失。此現象會將休息區的軟骨細胞推向骨骺處，也會促使骨組織在骨化區生成（圖5-5）。骨骺板的閉合會隨著不同的骨頭而有不同的時間性。例如，腳趾頭的骨化會在11歲的時候完成，但骨盆或手腕的骨頭則會持續到25歲。

二、寬度的生長

骨頭在縱向生長的同時，骨的外表面也持續性的變大，這種生長的過程稱為**添加性生長**(appositional growth)，主要發生在骨外膜處（圖5-7）。骨外膜最內側的造骨細胞以平行表面的方式分泌骨基質，形成的圓周骨板(circumferential lamellae)越來越多時，結構就越變越寬，新形成的骨骼會出現在周圍。隨著硬骨外表面基質的堆積生長，內側面的蝕骨細胞也會不斷進行蝕骨作用，造成骨髓腔的不斷擴大。

骨骼的塑造與重塑

骨骼的持續生長和翻新稱為重塑(remodeling)，這過程終其一生都在進行，即使骨骺板已經閉合，成人骨細胞會仍不斷的移動和置換鈣，動態性的維持骨基質。正常來說，造骨和蝕骨細胞的活性平衡，當一個骨元被生成的同時，蝕骨細胞也會破壞一個骨元。骨骼的

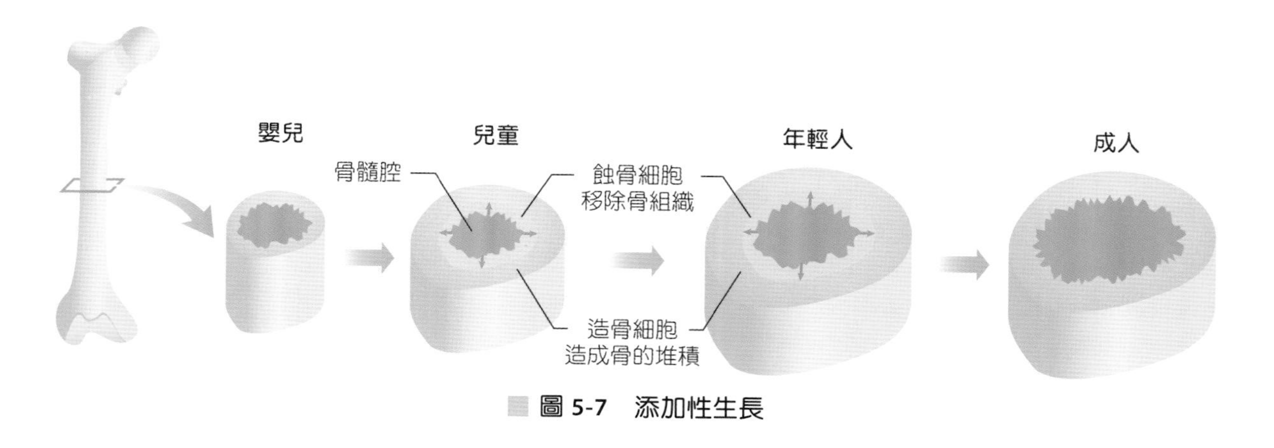

圖 5-7 添加性生長

置換非常快，但不是每個骨骼都有相同速率的重塑作用，舉例而言，股骨頭海綿骨的置換速度就是其他骨頭的2~3倍。

骨骼組織藉由重塑對體內的鈣和磷酸鹽進行調節，規律性的礦物質置換也提供骨骼適應新壓力的能力。較大的壓力會造成骨骼變得比較厚和強壯，且外觀會變得比較顯著，當持續一段時間沒有活動骨骼，骨量很快的會流失，若重新負重，骨量也會很快的回復。青春期骨的生成大於吸收，成人吸收和塑造的速度相當，邁入中老年後，骨的吸收速度會大於塑造。

5-4 骨骼表面標記(Bone Markings)

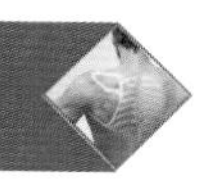

人類每一塊骨骼都有其獨特的外形，包含內在或外表面特殊的標記。舉例來說，骨骼會因為韌帶、肌腱的附著造成表面的隆起，或因為血管或神經的通過形成壓痕，這些標記就被稱為骨骼表面標記。了解骨骼上的特殊標記可幫助我們了解這塊骨骼。對犯罪學家、病理學家或人類學家來說，每個標記都是一段解剖學故事，每個標記都指出每一個軟組織和骨骼的關係，也與每個人的身高、年紀、性別或輪廓有關係。解剖學上，有特殊的用詞來描述這些標記（圖5-8，表5-1）。

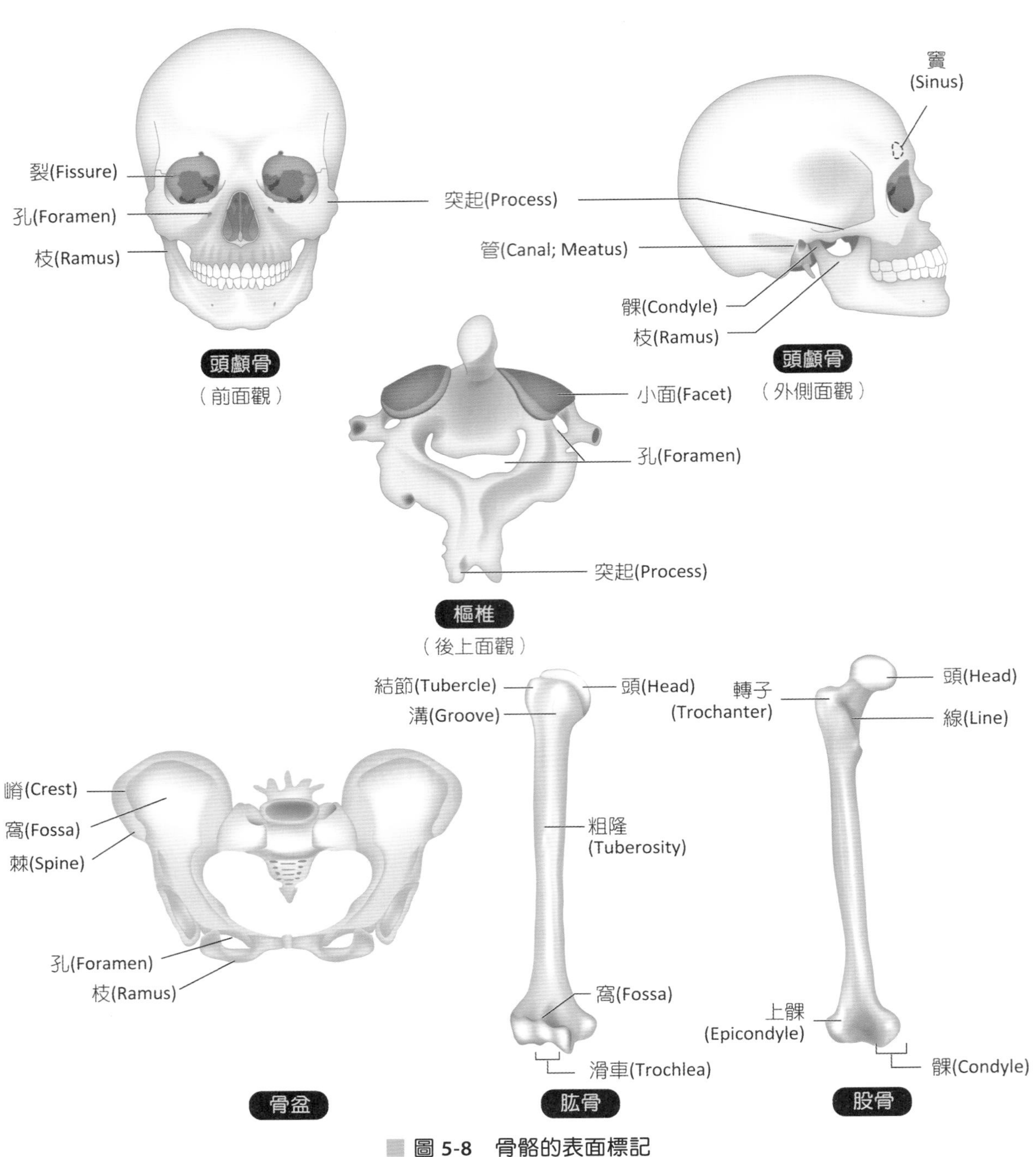

裂(Fissure)
孔(Foramen)
枝(Ramus)
突起(Process)
頭顱骨
（前面觀）
竇
(Sinus)
管(Canal; Meatus)
髁(Condyle)
枝(Ramus)
頭顱骨
（外側面觀）
小面(Facet)
孔(Foramen)
突起(Process)
樞椎
（後上面觀）
結節(Tubercle)
溝(Groove)
頭(Head)
轉子
(Trochanter)
頭(Head)
線(Line)
嵴(Crest)
窩(Fossa)
棘(Spine)
粗隆
(Tuberosity)
孔(Foramen)
枝(Ramus)
窩(Fossa)
上髁
(Epicondyle)
滑車(Trochlea)
髁(Condyle)
骨盆
肱骨
股骨

圖 5-8　骨骼的表面標記

表5-1 骨骼的表面標記

一般結構	解剖名詞	描述
有助於關節的構造	髁(condyle)	大、平滑、卵圓狀構造
	面(facet)	小、扁平、淺的表面
	頭(head)	突起、圓的骨骺
	轉子(trochlea)	平滑、滑輪狀的突起
凹面	窩(fossa)	平或淺的凹面
	溝(sulcus)	窄的溝
因為肌腱或韌帶附著所造成凸起	嵴(crest)	窄的、脊狀的突起
	上髁(epicondyle)	靠近髁的突起
	線(line)	小的嵴
	突起(process)	任何一個骨狀的明顯突起
	枝(ramus)	相較於其他結構，骨組織呈現角狀的突起
	棘(spine)	點狀或細的突起
	轉子(trochanter)	大的、粗糙性的突起，僅在股骨出現
	結節(tubercle)	小的、圓形的突起
	粗隆(tuberosity)	大的、粗糙性的突起
開口或空間	管(canal)	通過骨組織的通道
	裂(fissure)	通過骨組織窄的、狹縫性的開口
	孔(foramen)	通過骨組織圓形的開口
	竇(sinus)	骨組織上，類似穴或洞的空間

5-5 骨骼系統的區分

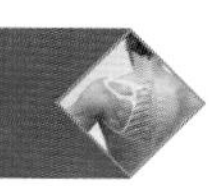

人類骨骼構成一個內在支持軟組織的系統，能保護器官、支持體重和幫助移動，若缺少了骨骼系統，我們可能變成沒有形狀的泥狀物。基本上來說，正常的成人共有206塊骨骼，大部分的骨骼在一出生就已經具備了，但部分骨骼會隨年紀增長而融合，使總數目有所增減（表5-2）。骨骼系統主要分為中軸骨骼和附肢骨骼兩個部分。

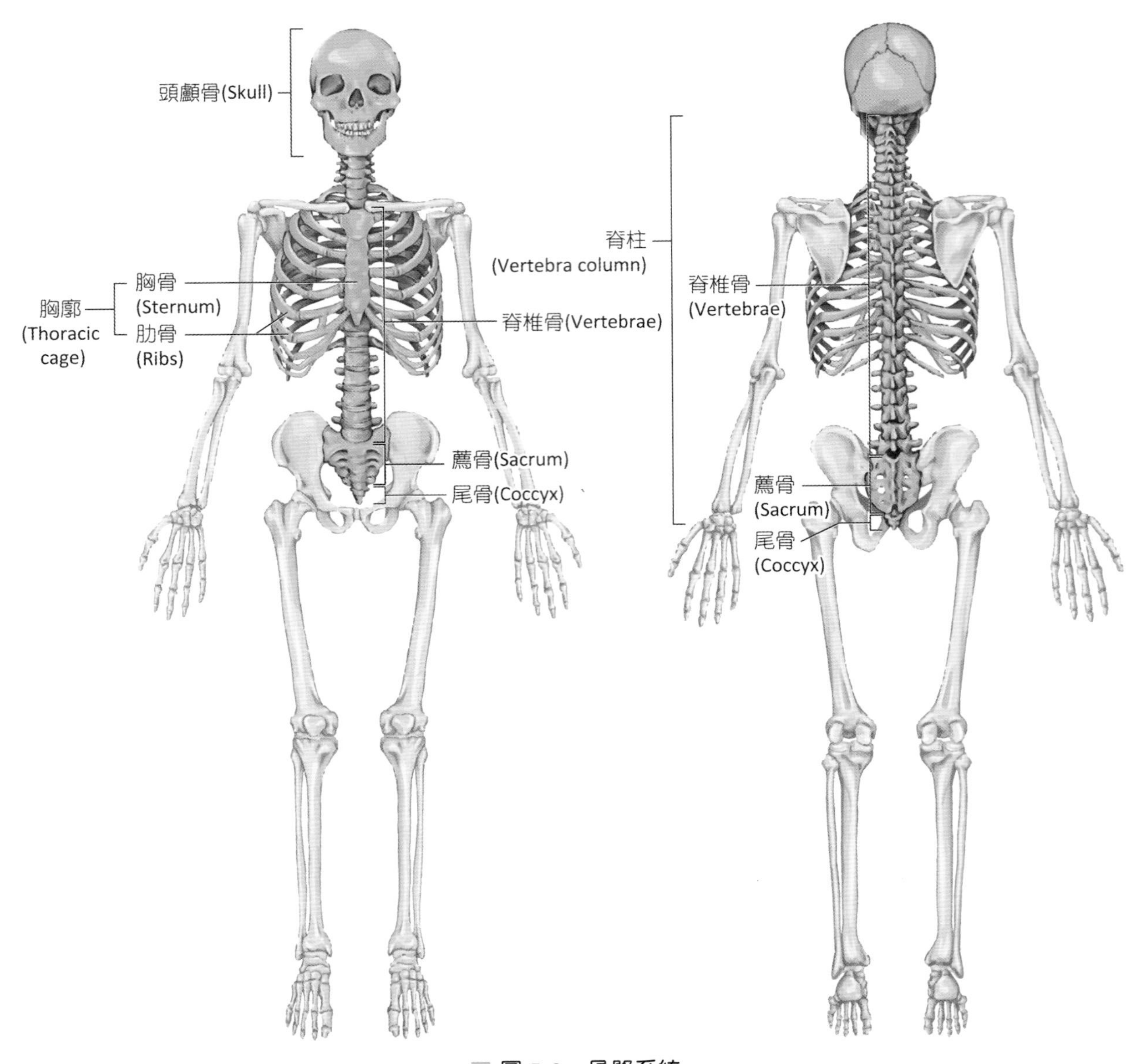

圖 5-9 骨骼系統

5-6 中軸骨骼(Axial Skeleton)

中軸骨骼多位於身體的中線，主要是建立一個骨架來保護內在的器官，甚至於提供特殊感覺器官所在和骨骼肌的附著處。除此之外，大部分中軸骨骼的海綿骨內都含有造血細胞，能提供血球的生成。中軸骨骼一般大致分為三個部分：頭顱骨、脊柱和胸廓。

表5-2 骨骼系統區分

中軸骨（80塊）		附肢骨（126塊）	
頭顱骨（22塊）	顱骨（8塊）、顏面骨（14塊）	胸帶（4塊）	鎖骨（2塊）、肩胛骨（2塊）
聽小骨（6塊）	鎚骨（2塊）、砧骨（2塊）、鐙骨（2塊）	上肢（60塊）	肱骨（2塊）、橈骨（2塊）、尺骨（2塊）、腕骨（16塊）、掌骨（10塊）、指骨（28塊）
舌骨（1塊）		骨盆帶（2塊）	髖骨（2塊）
脊柱（26塊）	頸椎（7塊）、胸椎（12塊）、腰椎（5塊）、薦骨（1塊）、尾骨（1塊）	下肢（60塊）	股骨（2塊）、髕骨（2塊）、脛骨（2塊）、腓骨（2塊）、跗骨（14塊）、蹠骨（10塊）、趾骨（28塊）
胸廓（25塊）	胸骨（1塊）、肋骨（24塊）		

頭顱骨(Skull)

頭顱骨主要由腦顱骨和顏面骨組成。頭顱骨內包含幾個主要的腔室，最大的顱腔(cranial cavity)，提供腦組織一個封閉、支持和緩衝的空間，大約1,300~1,500 cm^3。其他還包括小的腔室，如眼眶、鼻腔、口腔或副鼻竇。頭顱骨上有許多重要的孔洞，詳見表5-3。

表5-3 頭顱骨上的孔洞或裂縫

管、裂或孔	位 置	血管、神經或通過組織
頸動脈管	顳骨岩部	頸內動脈
篩孔	篩骨篩板	第1對腦神經
破裂孔	位於顳骨岩部、蝶骨和篩骨間	無特殊構造通過
枕骨大孔	枕骨	椎動脈、脊髓和副神經通過
圓孔	蝶骨大翼	第5對腦神經上頷枝通過
卵圓孔	蝶骨大翼	第5對腦神經下頷枝通過
棘孔	蝶骨大翼	中硬腦膜動脈
舌下神經管	枕骨髁的前內側面	第12對腦神經
眶下裂	上頷骨、蝶骨和顴骨交接處	第5對腦神經分支眶下神經通過
頸靜脈孔	介於顳骨和枕骨之間（頸動脈孔後方）	頸靜脈、第9、10和11對腦神經通過
視神經孔	在蝶骨小翼，眼眶的後內側方	第2對腦神經
莖乳突孔	莖突和乳突中間	第7對腦神經
眶上裂	蝶骨大翼和小翼中間，眼眶的後方	眼靜脈、第3、4、5眼枝和第6對腦神經通過

表5-3 頭顱骨上的孔洞或裂縫（續）

管、裂或孔	位置	血管、神經或通過組織
眶上切迹或框上孔	位於額骨，眼眶上緣處	眶上動脈、第5對腦神經眶上枝通過
大小腭孔	腭骨	第5對腦神經上下腭枝
眶下孔	上頷骨，眼眶下方	眶下動脈、第5對腦神經眶下枝
淚溝	淚骨	鼻淚管
下頷孔	下頷骨枝內側面	下齒槽血管、第5對腦神經下頷枝
頦孔	下頷骨前外側面、第二臼齒下方	頦血管、第5對腦神經頦枝

一、顱骨 (Cranial Bones)

顱骨構成一個圓形的腦顱，保護著內在的軟組織，還分別提供腭、頭部或頸部的肌肉附著處。主要由8塊骨骼組成。

(一)額骨 (Frontal Bone)

額骨構成部分顱蓋（圖5-10），形成前額和眼眶的正上方，額骨內有一對充滿空氣的**額竇**(frontal sinuses)，大約出現在6歲時。

1. **額鱗**(frontal squama)：為額骨上一塊垂直的平面，尾端是眶上緣。
2. **眉弓**(superciliary arch)：為於額鱗上方，亦稱眉嵴(brow ridges)。兩眉弓間的平坦除為眉間(glabella)和印堂。
3. **眶上切迹**(supraorbital notch)：額骨上的眼眶面相當平坦，眶上緣中間有一孔稱為眶上孔(supra orbital foramen)或眶上切迹。
4. **額嵴**(frontal crest)：額骨內側面的中線突起，提供大腦鐮附著，保護支持腦組織。

(二)頂骨 (Parietal Bones)

左右兩塊頂骨共同圍成腦顱的外側屋頂，並其他骨頭相連接（圖5-11）。在冠狀平面上利用冠狀縫與額骨相交接；外側面利用鱗狀縫與顳骨相連接；兩塊頂骨在顱頂中線以矢狀縫相互連接，最後利用人字縫在後方與枕骨相連接。在頂骨的內側面可以看見許多血管經過的壓溝痕。在頂骨後1/3處，靠近矢狀縫處有頂骨孔(parietal foramen)，提供連接頭皮內靜脈竇的小型連接靜脈通過。

額骨(Frontal bone)
頂骨(Parietal bone)
眉間(Glabella)
眶上切迹
(Supraorbital notch)
顳骨(Temporal bone)
蝶骨(Sphenoid bone)
篩骨(Ethmoid bone)
淚骨(Lacrimal bone)
鼻骨(Nasal bone)
眶下孔
(Infraorbital foramen)
上頷骨(Maxillary bone)
眉弓(Superciliary arch)
眶上緣(Supraorbital margins)
眶上切迹(Supraorbital notch)
眶上裂(Superior orbital fissure)
眶下裂(Inferior orbital fissure)
篩骨垂直板(Perpendicular plate of ethmoid bone)
犁骨(Vomer)
鼻中隔 (Nasal septum)
下鼻甲(Inferior nasal concha)
前鼻棘(Anterior nasal spine)
下頷骨(Mandible)
頦孔(mental foramen)
頦隆凸(Mental protuberance)

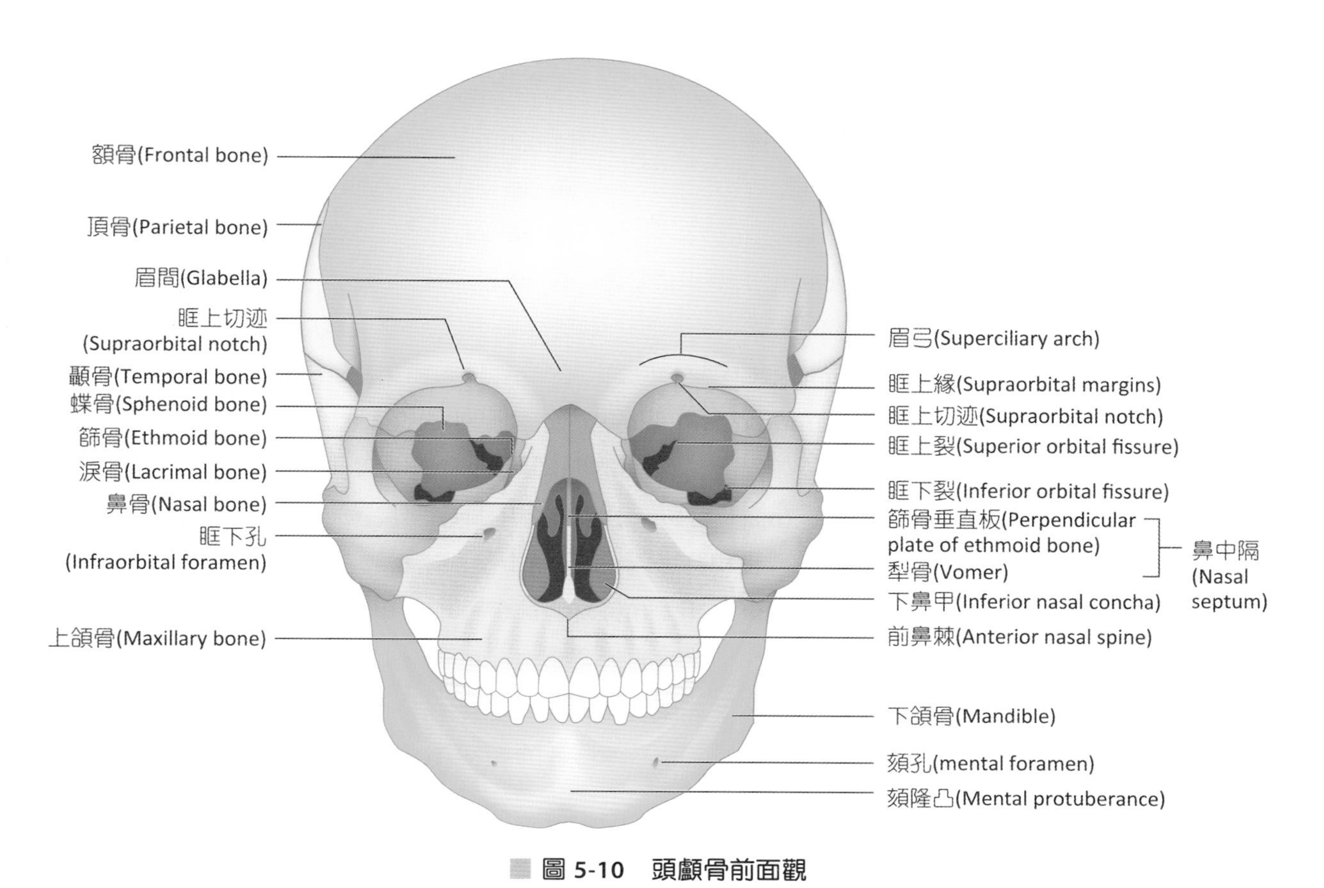

圖 5-10 頭顱骨前面觀

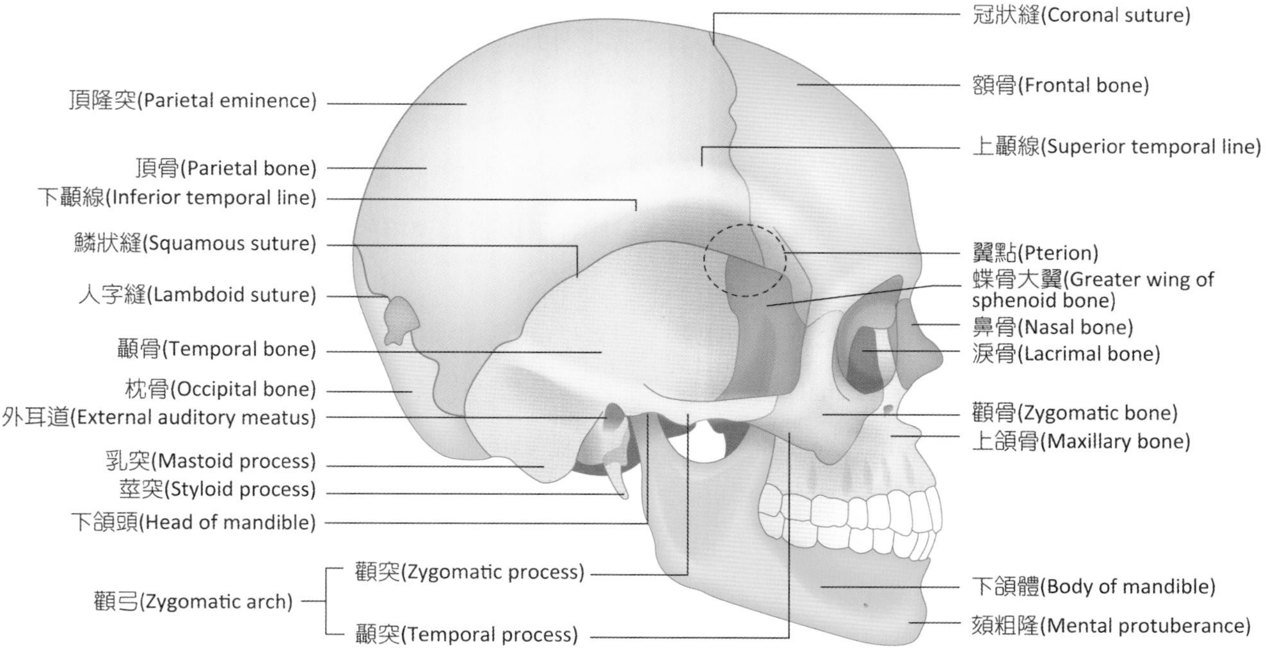

冠狀縫(Coronal suture)
額骨(Frontal bone)
上顳線(Superior temporal line)
頂隆突(Parietal eminence)
頂骨(Parietal bone)
下顳線(Inferior temporal line)
鱗狀縫(Squamous suture)
人字縫(Lambdoid suture)
顳骨(Temporal bone)
枕骨(Occipital bone)
外耳道(External auditory meatus)
乳突(Mastoid process)
莖突(Styloid process)
下頷頭(Head of mandible)
翼點(Pterion)
蝶骨大翼(Greater wing of sphenoid bone)
鼻骨(Nasal bone)
淚骨(Lacrimal bone)
顴骨(Zygomatic bone)
上頷骨(Maxillary bone)
顴弓(Zygomatic arch)
顴突(Zygomatic process)
顳突(Temporal process)
下頷體(Body of mandible)
頦粗隆(Mental protuberance)

圖 5-11 頭顱骨側面觀

（三）顳骨 (Temporal Bones)

一對顳骨圍繞在腦顱的下外側面和構成部分頭顱屋頂。每一個顳骨都包含有三個複雜的結構（圖5-11）：

1. **岩部**(petrous region)：
   (1) 內耳道(internal auditory canal)：提供血管和第7、8對腦神經進入內耳。
   (2) 乙狀竇溝(sigmoid sinus)：位於岩部下方，屬於靜脈竇，負責引流腦內血流。
   (3) 頸靜脈孔(jugular foramen)：提供頭部最大的內頸靜脈和第9、10、11對腦神經通過。正前方的頸動脈管(carotid canal)則提供內頸動脈通過進入顱腔。
   (4) 乳突(mastoid process)：位於顳骨外表面的明顯隆起，提供彎曲或轉動頸部肌肉附著，內側充滿許多乳突氣室(mastoid air cells)，與中耳相連接。
   (5) 莖突(styloid process)：提供舌骨和許多舌的肌肉附著。
   (6) 莖乳突孔(stylomastoid foramen)：介於莖突和乳突中間，顏面神經經由此孔延伸分支支配顏面肌肉。
2. **鱗部**(squamous region)：位於鱗狀縫下、顳骨外側面的廣大面積。
   (1) 顴突(zygomatic process)：向外、向前與**顴骨的顳突**(temporal process)**形成顴弓**(zygomatic arch)。
   (2) 下頜窩(mandibular fossa)：在顴突下方，與下頜骨形成可動的顳下頜關節(temporomandibular joint)。
3. **鼓室部**(tympanic region)：含三塊聽小骨，靠近外耳道，聲音由此進入內耳道。

（四）枕骨 (Occipital Bone)

主要構成腦顱的基底部分，利用鱗狀縫與顳骨的鱗狀部相關節（圖5-12、圖5-13）。

1. **枕骨大孔**(foramen magnum)：枕骨基部**由延腦往下與脊髓連接**的圓形開口，提供脊髓和脊椎動脈通過。
2. **枕髁**(occipital condyles)：位於外側兩翼，與寰椎(atlas)相關節，提供人體點頭的動作。
3. **舌下神經管**(hypoglossal canal)：在枕髁的前內側邊緣，提供舌下神經通過。
4. **枕外嵴**(external occipital crest)：結束在**枕外粗隆**(external occipital protuberance)，沿著枕外嵴向外延伸出上項線(superior nuchal line)和下項線(inferior nuchal line)，提供頸部肌肉和韌帶的附著。
5. **枕內嵴**(internal occipital crest)：提供小腦鐮附著，幫助支持小腦結構。

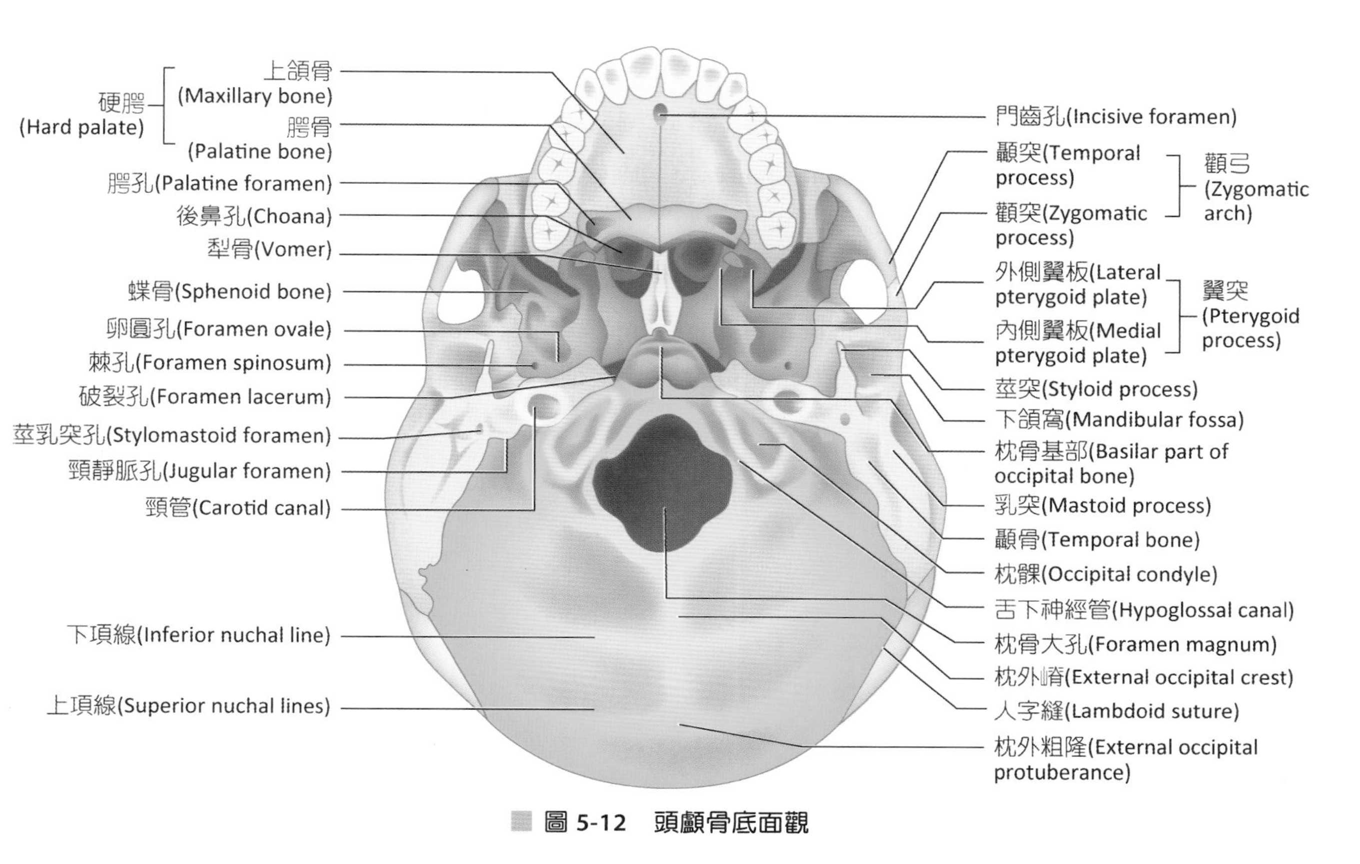

圖 5-12 頭顱骨底面觀

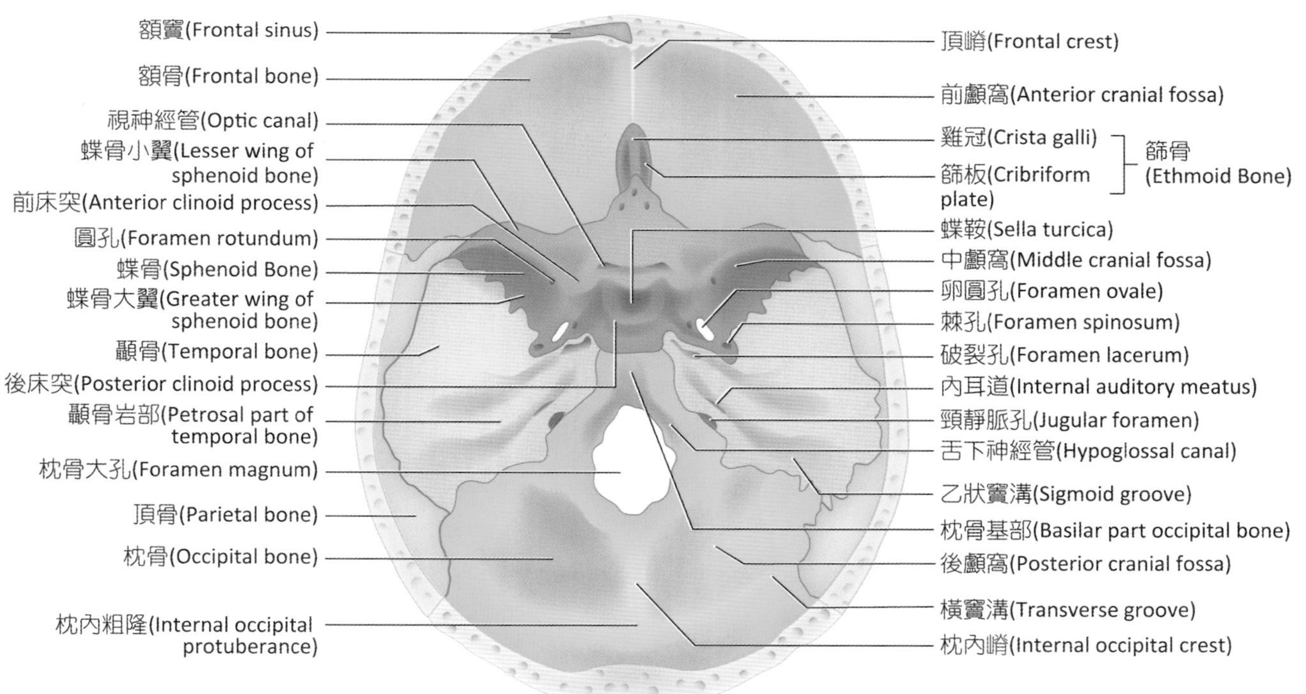

圖 5-13 頭顱骨水平切面

（五）蝶骨 (Sphenoid Bones)

蝶骨具有複雜的外形，形似蝴蝶命名（圖5-13、圖5-14）。

1. **蝶體**(body)：內含**蝶竇**(sphenoid sinuses)，向外延伸出大翼、小翼。
2. **蝶鞍**(sella turcica)：大小翼中間的鞍狀突起，上有一凹陷可容納腦下垂體，**稱腦下垂體窩**(hypophyseal fossa)。
3. **大翼**(greater wing)：有**圓孔**(foramen rotundum)、**卵圓孔**(foramen ovale)和**棘孔**(foramen spinosum)縱向排列，分別提供眼眶、臉部和下巴血管、神經通過。孔的最前方、**大翼與小翼中間有眶上裂**(superior orbital fissure)，提供許多控制眼球運動的第3、4、5、6對腦神經通過。
4. **小翼**(lesser wing)：蝶鞍前側有一橫向凹陷，稱為**視神經溝**(optic groove)，視神經管(optic canal)位於此處，提供視神經通過。

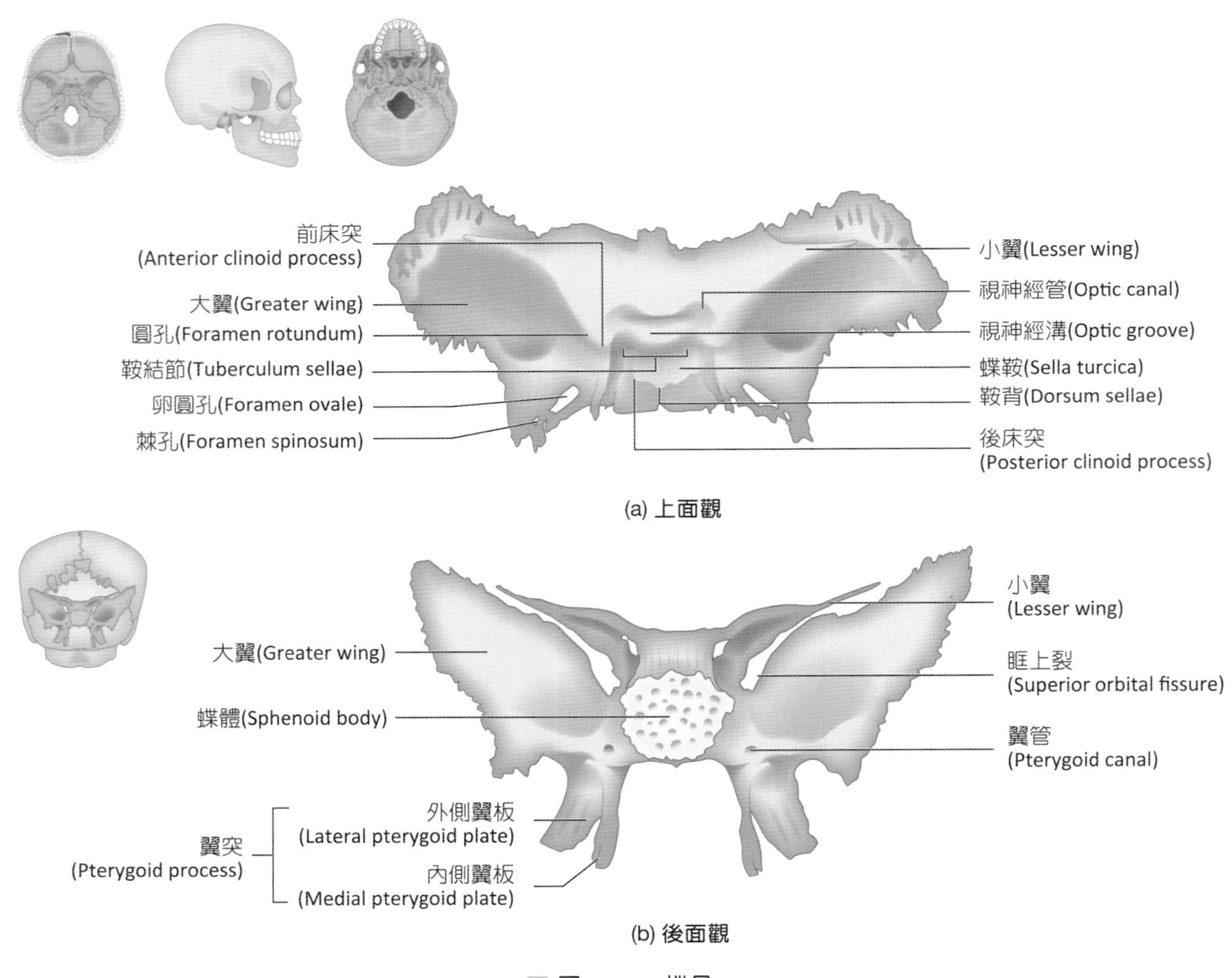

圖 5-14 蝶骨

5. **翼突**(pterygoid process)：在大小翼交接處縱向突起的翼突，形成一對內側和外側的翼板(pterygoid plates)，提供咀嚼動作時下腭的翼肌附著，以移動下巴或軟腭。

(六) 篩骨 (Ethmoid Bone)

篩骨主要位於兩眼眶中間，內含篩竇(ethmoidal sinuses)，形成腦顱腔的前內側面、鼻腔的屋頂、部分眼眶的側壁、鼻腔的部分隔膜（圖5-15、圖5-16）。

1. **雞冠**(crista galli)：篩骨的上方有正中矢狀突起，提供大腦鐮附著，支持大腦結構。
2. **水平板**(horizontal plate)：即篩板(cribriform plate)，位於雞冠兩側，上方的篩孔(cribriform foramina)提供嗅神經通過。
3. **垂直板**(perpendicular plate)：中央向下突起，形成鼻中隔的上半部。
4. **上、中鼻甲**(superior and middle nasal conchae)：突入鼻腔內，薄且呈現捲曲狀，可幫助過濾、濕潤空氣。

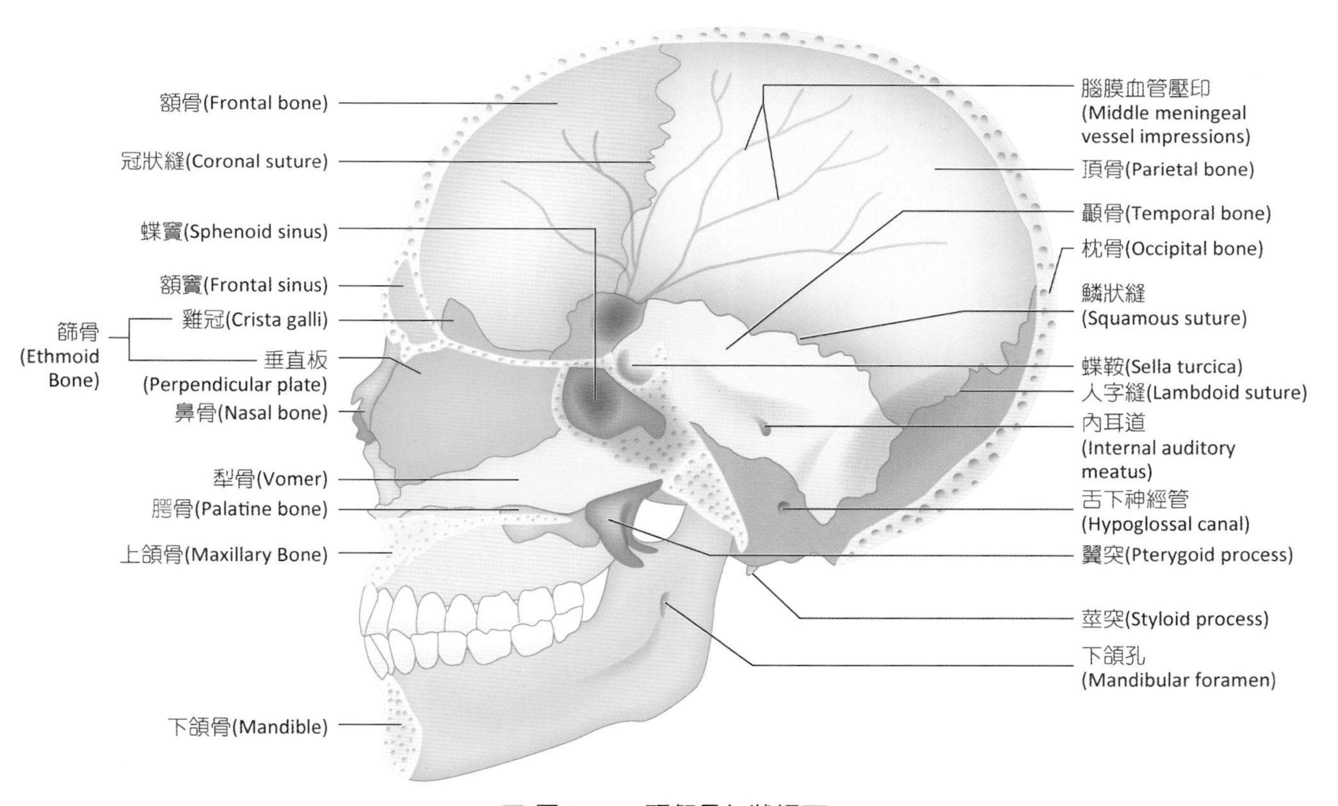

圖 5-15 頭顱骨矢狀切面

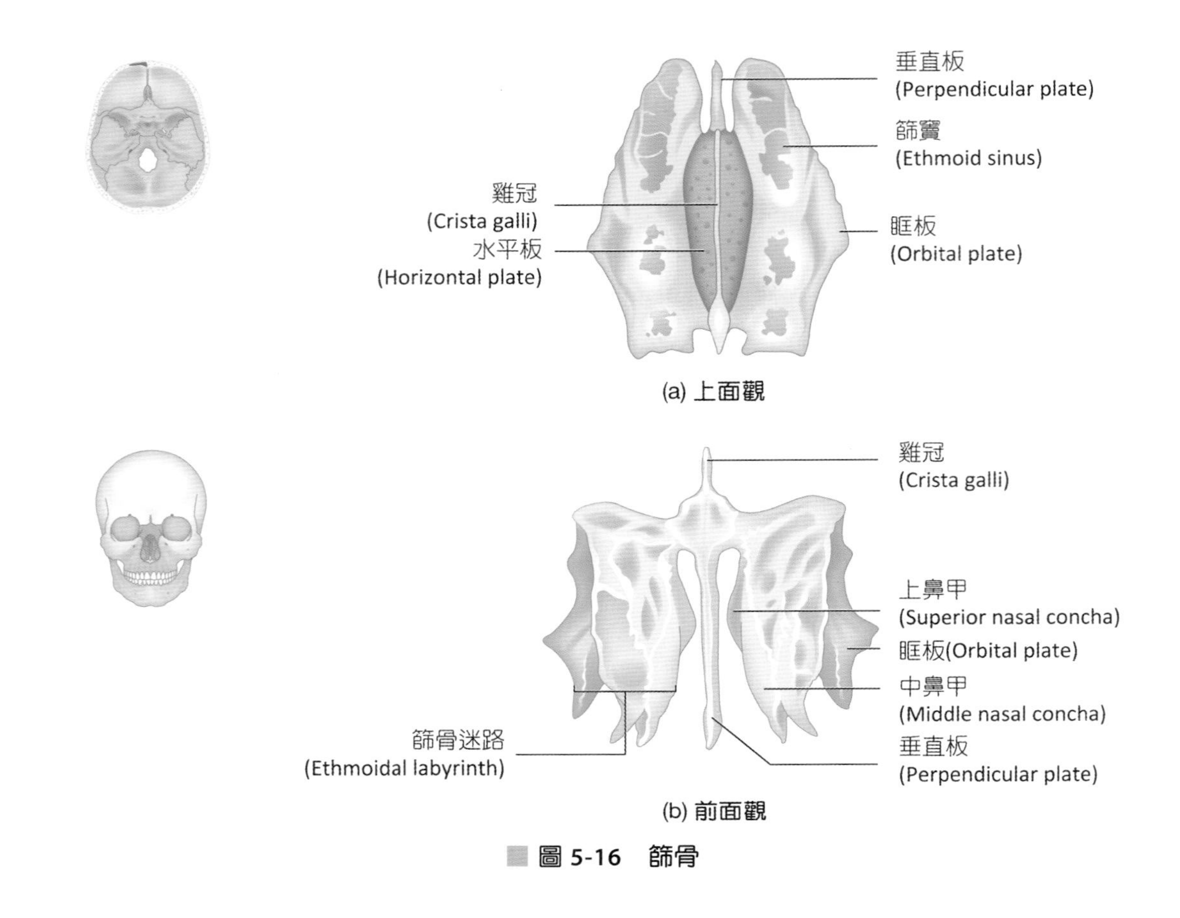

圖 5-16　篩骨

二、顏面骨 (Facial Bones)

顏面骨主要構成人的臉，保護著呼吸和消化道的入口，並提供顏面肌肉的附著處。顏面骨的外形非常個別化，構成部分眼眶和鼻腔、支持牙齒、提供臉部表情和咀嚼肌肉附著。共有14塊。

(一) 顴骨 (Zygomatic Bones)

顴骨主要構成眼眶外側面和臉頰部分（圖5-11）。顴骨顳突(temporal process)部分藉由與顳骨顴突相關節形成明顯的**顴弓**(zygomatic arch)，上頜突(maxillary process)和額突(frontal process)則分別與上頜骨和額骨相關節。

(二) 淚骨 (Lacrimal Bones)

頭顱骨內最小的一對骨骼，主要構成眼眶的內側壁。在淚骨上有一個向下延伸管道的開口，稱淚溝(lacrimal groove)，引流眼淚進入淚囊，最後經由鼻淚管流入下鼻道（圖5-10）。

（三）鼻骨 (Nasal Bones)

成對的鼻骨構成鼻的橋樑部分，外側面和上頜骨的內側面相關節。鼻子受到重擊時常造成鼻骨骨折。

（四）犁骨 (Vomer)

從外側面看來，外型上類似三角形犁狀的骨骼。沿著正中線分別與上頜骨和腭骨相關節。從前側看，犁骨和篩骨的垂直部分，共同構成骨性的鼻中隔（圖5-17）。

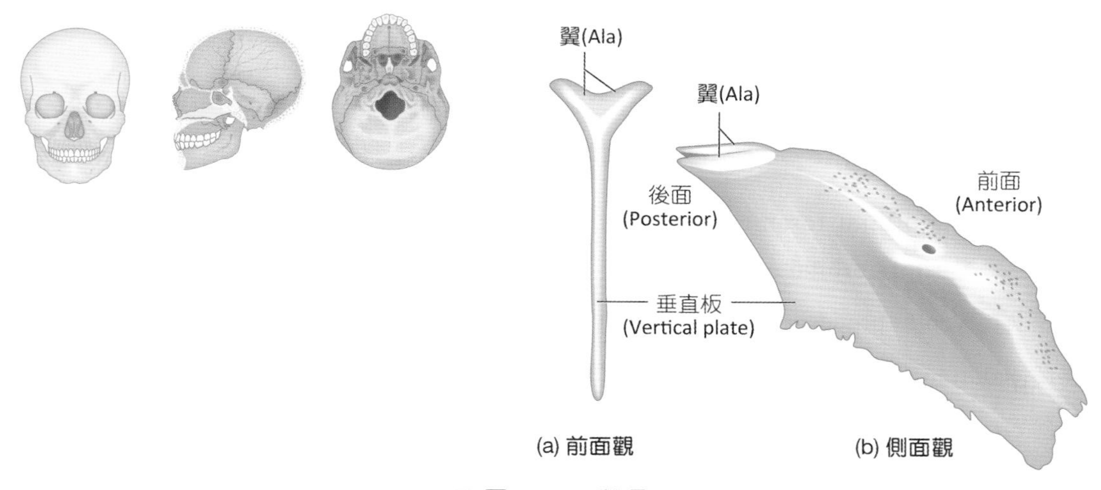

圖 5-17　犁骨

（五）下鼻甲 (Inferior Nasal Conchae)

位於鼻腔的外側壁，與篩骨的上、中鼻甲共同構成鼻腔的迷路構造。提供吸入的空氣在鼻腔內形成擾流，具有加溫、加濕空氣的功效。

（六）腭骨 (Palatine Bones)

外型L的一個小骨骼，形成部分的硬腭、鼻腔和眼眶的部分（圖5-18）。

1. **水平板**(horizontal plate)：與上頜骨的腭突相關節，構成硬腭的後部分。上方的大、小腭孔(palatine foramina)，提供支配腭和上排牙齒的神經通過。
2. **垂直板**(perpendicular plate)：構成鼻腔的外側壁，最上部分的眼眶突(orbital process)則構成眼眶部分的地板。

（七）上頜骨 (Maxillae)

成對的**上頜骨構成下眼眶緣**(infra orbital rim)（圖5-11）。左右上頜骨**構成口腔頂部的上腭**，中間處沿著鼻腔下表面明顯的前鼻棘(anterior nasal spine)**構成鼻腔底板與側壁**。

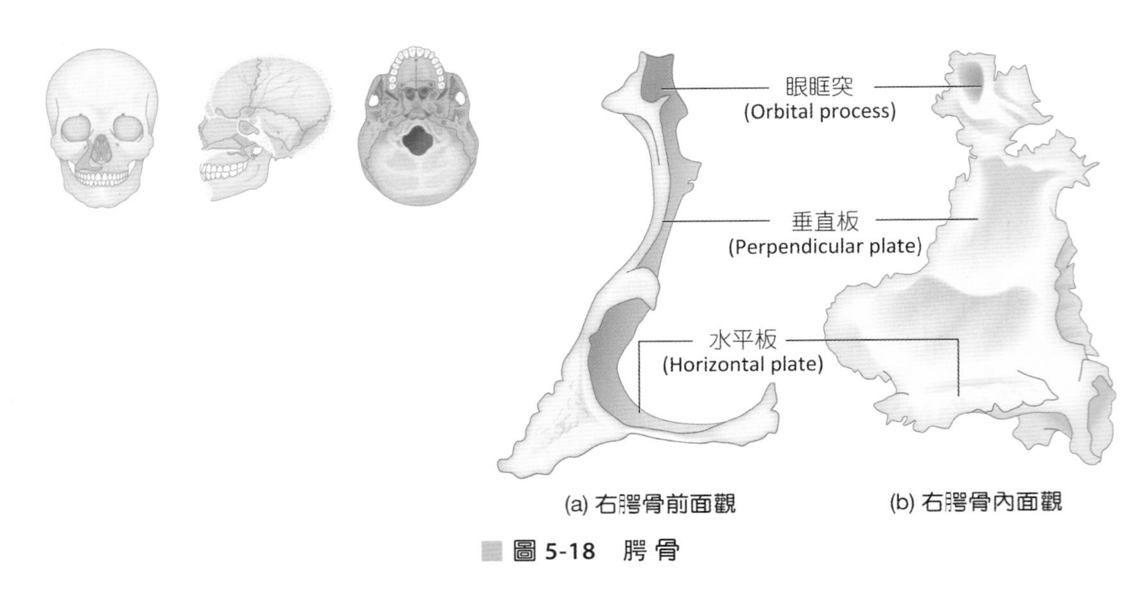

圖 5-18　腭骨

1. **眶下孔**(infra orbital foramen)：提供眶下動脈和神經的通過，沿著眶下孔的軌道，延伸形成眶下溝(infra orbital groove)。
2. **齒槽突**(alveolar processes)：口腔邊緣，容納上排牙齒。
3. **腭突**(palatine process)：和腭骨構成大部分的硬腭(hard palate)。
4. **上頜竇**(maxillary sinus)：最大的副鼻竇，具有減輕重量和提供聲音共鳴腔的功能。
5. **顴突**(zygomatic process)：與顴骨相關節。
6. **額突**(frontal process)：與額骨相關節。

（八）下頜骨 (Mandible)

下頜骨構成整個下巴部分，提供下排牙齒和咀嚼肌肉的附著，下頜體(body)和下頜枝(rami)構成，兩側的枝與體部形成下頜角(mandibular angle)（圖5-19）。

1. **齒槽突**(alveolar process)：固定下排牙齒，包覆整個下巴內側中齒槽和牙根的部分。
2. **頦孔**(mental foramen)：在體部的前外側面，提供支配下嘴唇及下巴的神經、血管通過。
3. **下頜孔**(mandibular foramen)：提供下齒槽神經通過，支配下排牙齒。牙醫師在處理下排牙齒時，就將麻藥打入此孔附近。
4. **髁突**(condylar process)：下頜枝的向後突起，向上方與顳骨下頜窩形成顳下頜關節(temporomandibular joint)。
5. **冠狀突**(coronoid process)：下頜枝的前方突起，顳肌的附著處，提供緊閉嘴巴的動作。

三、頭顱的特徵

（一）骨縫 (Sutures)

骨縫分別依照相連骨骼特色命名（圖5-20）。

1. **冠狀縫**(coronal suture)：沿著頭顱骨上表面的冠狀平面（額面）分部，主要位於前方額骨和後方頂骨之間。
2. **人字縫**(lambdoid suture)：在頭顱骨後方，位於頂骨和枕骨的關節面處。
3. **矢狀縫**(sagittal suture)：位於腦顱骨的中線處，位於兩塊頂骨之間。
4. **鱗狀縫**(squamosal suture)：位於兩側顳骨和頂骨的相關節處。

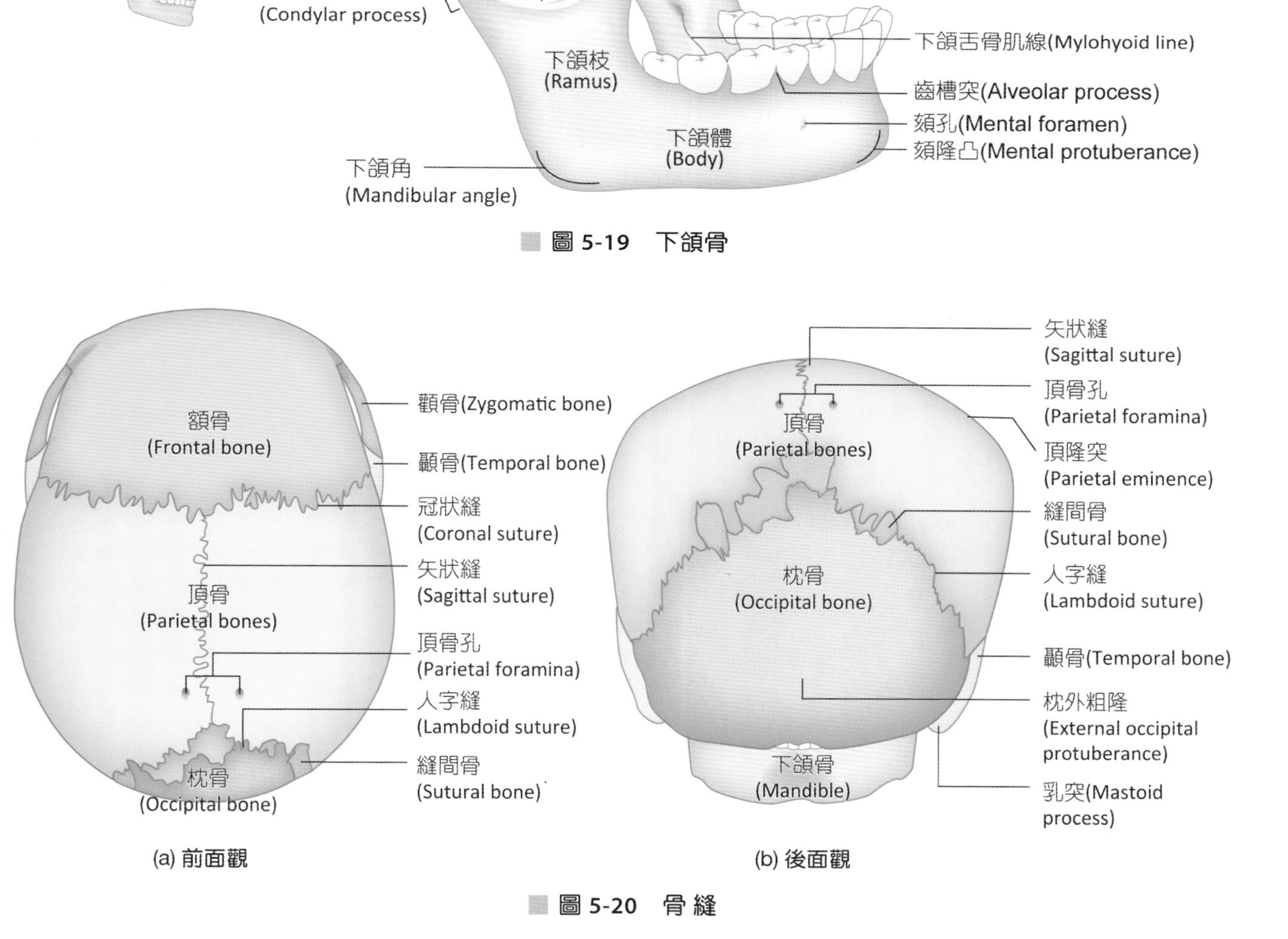

圖 5-19　下頜骨

圖 5-20　骨 縫

一般在骨縫中，會有部分出現縫間骨(sutural bone)，屬於一類小型的骨頭。所有的骨縫中都有可能出現，但最常出現在人字縫的地方。縫間骨有獨立的骨化中心，每個人的發生率不一，大部分認為跟遺傳及環境影響有關。

(二) 囟門 (Fontanelle)

嬰兒期的腦顱骨並不足以大到包圍整個腦組織，骨頭間常利用緻密規則結締組織有彈性的相連接，甚至有些部分僅被一層結締組織所覆蓋，此稱為囟門。當胎兒出生通過產道時，這些囟門提供腦顱骨一個壓縮的空間，而方便通過產道。主要囟門包括（圖5-21）：

1. **前囟**(anterior fontanelle)：又稱為額囟(frontal fontanelle)，位於兩塊額骨之間，為最大的囟門，持續到15個月才閉合。
2. **後囟**(posterior fontanelle)：又稱為枕囟(occipital fontanelle)，位於頂骨與枕骨之間，一般在出生後第9個月閉合。
3. **乳突囟**(mastoid fontanelle)：位於頂骨、枕骨與顳骨的交界。
4. **蝶囟**(sphenoid fontanelle)：位於額骨、頂骨、顳骨與蝶骨的交界，形狀不規則。

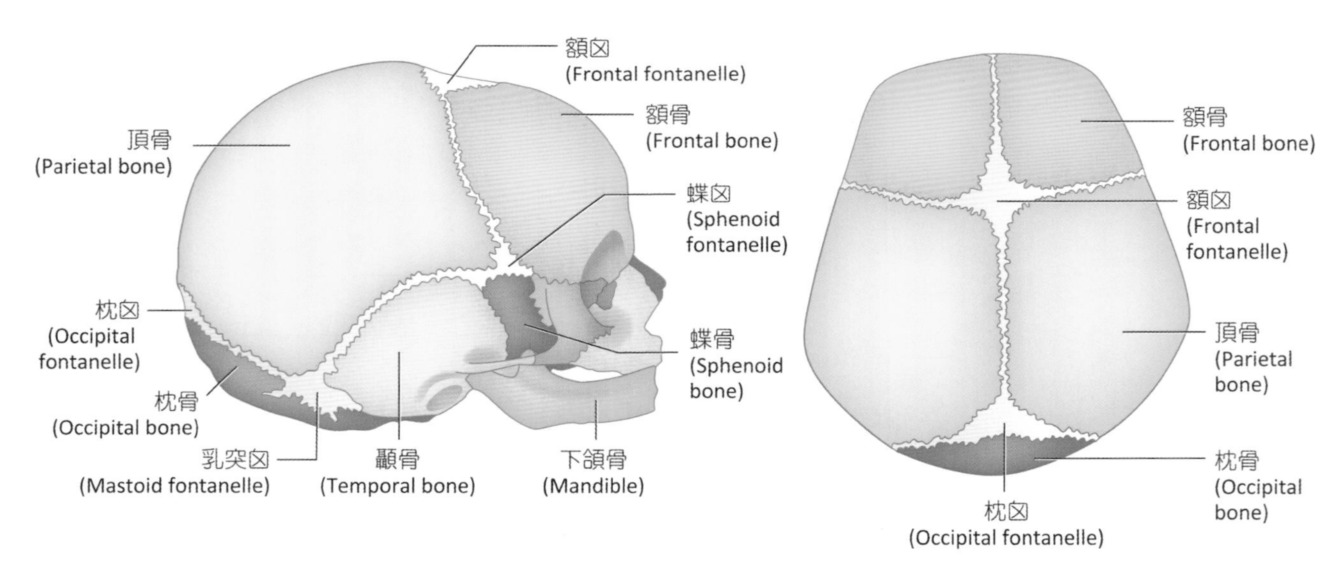

圖 5-21 囟門

(三) 副鼻竇 (Paranasal Sinuses)

篩骨、額骨、上頷骨和蝶骨中有一個空間稱為竇(sinues)，這些空間中充滿空氣，且開口於鼻腔，被稱為副鼻竇。竇上有黏膜細胞存在，能幫助加溫吸入的空氣，除此之外，亦能幫助減輕頭顱骨重量，並提供聲音的共鳴作用（圖5-22）。

四、聽小骨 (Ossicles)

三塊細小的聽小骨位於兩側顳骨的岩樣部內，從外到內分別是鎚骨(malleus)、砧骨(incus)和鐙骨(stapes)。錘骨利用韌帶黏附在鼓膜(tympanic membrane)的內側面，鐙骨則黏附在卵圓窗(oval window)上。聽小骨主要功能在放大聲波，並將聲波傳送到內耳（圖5-23）。

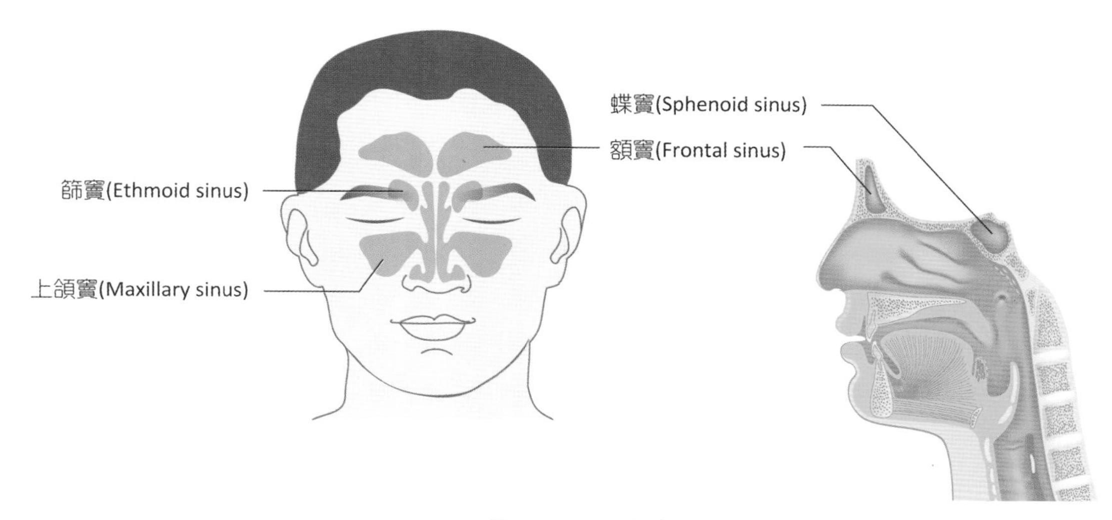

圖 5-22　副鼻竇

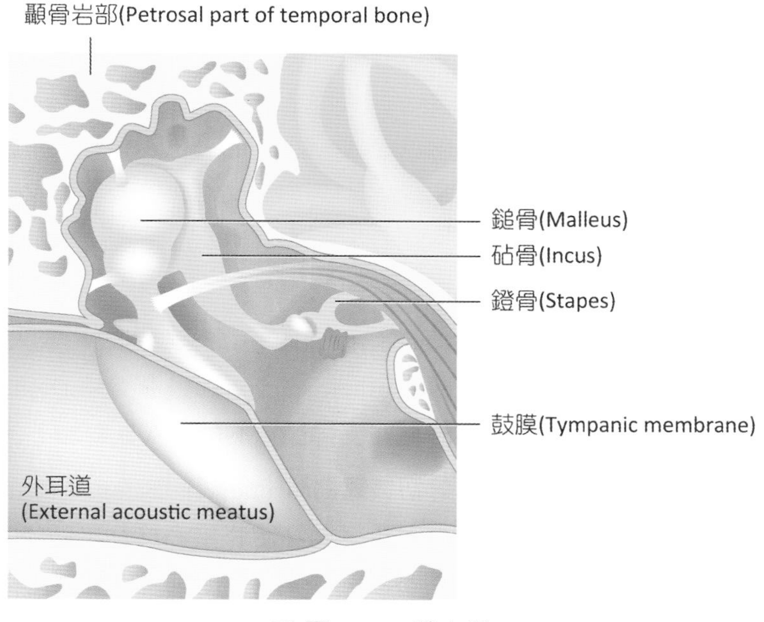

圖 5-23　聽小骨

五、舌骨 (Hyoid Bone)

外型苗條、有曲線的骨頭，位於下頜骨和喉之間，並沒有和任何骨骼相關節。舌骨有一個中間的體部和兩邊角狀的凸起，外型酷似下頜骨。體和角部分別提供舌和喉部的肌肉和韌帶附著（圖5-24）。

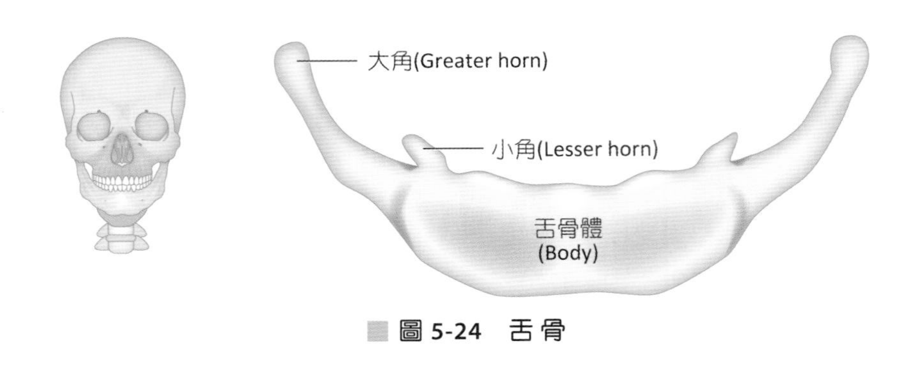

圖 5-24 舌骨

脊柱(Vertebral Column)

成人的脊柱共有26塊獨立脊椎骨(vertebrae)構成，每個脊椎骨在上下關節面互相關節（圖5-25）。脊椎主要有下列幾個重要功能：

1. 提供身體的垂直性支持。
2. 支持頭部重量。
3. 維持上半身直立的姿勢。
4. 協助將中軸骨頭的重量傳送、分攤到下半身附肢骨上。
5. 保護其中脆弱的脊髓(spinal cord)，並提供脊神經(spinal nerves)和脊髓的相連接通道。

脊柱從上到下大致可分為5個區塊，7個頸椎、12個胸椎、5個腰椎、1個薦骨和尾骨。

（一）脊柱的正常彎曲

脊柱在構造上是有彈性的，並非垂直和死板僵硬的。從外側觀，成人的脊柱形成4個彎曲：頸彎曲(cervical curvature)、胸彎曲(thoracic curvature)、腰彎曲(lumbar curvature)和薦彎曲(sacral curvature)，提供人類站立時更好支撐體重的能力（圖5-25）。

脊柱的部分彎曲早在胎兒就出現，稱**初級彎曲**(primary curves)，包括胸和薦彎曲。頸和腰彎曲稱**次級彎曲**(secondary curves)，主要幫助身體將重心移往下肢後方。頸彎曲大約出現在3~4個月時，孩童第一次能在沒有外界支持下將頭抬起。腰彎曲出現在第一年，孩童學習站立或行走時。這些彎曲會在孩童學會行走或跑步後變得更加明顯。

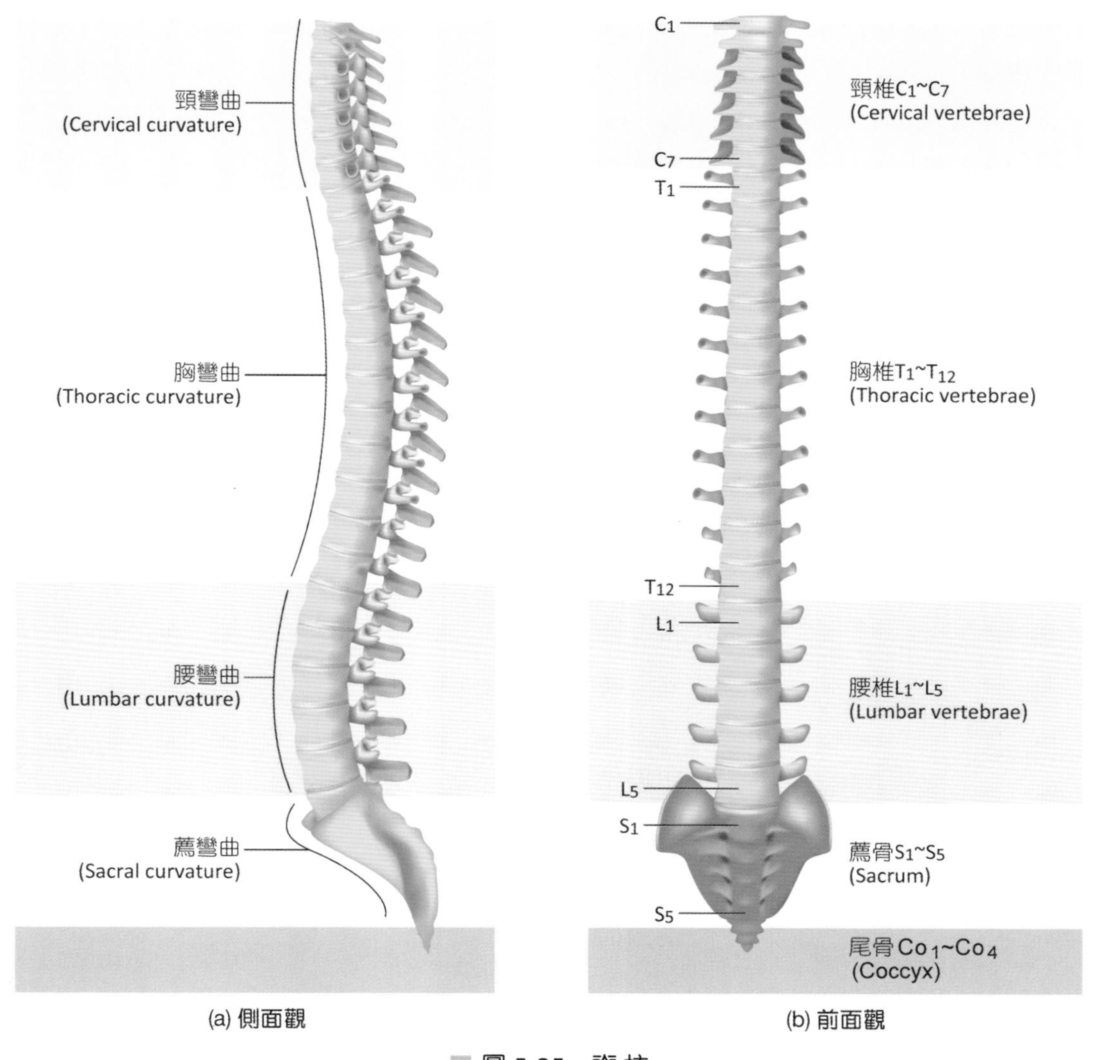

圖 5-25 脊柱

(二)典型脊椎骨

所有的脊椎骨幾乎都具有相似的外觀(圖5-26)。**椎體**(body)呈厚實、圓柱形，椎體後方的椎弓與椎體圍繞成一個三角形的椎孔(vertebral foramen)。**椎弓**(vertebral arch)包含兩個椎足(pedicles)和椎板(laminae)，椎足自椎體處向後延伸，椎板則延伸自椎足的後內側。左右兩個椎板向後延伸會合形成**棘突**(spinous processes)，大部分的棘突，都可以自後背的皮膚觸摸到。**橫突**(transverse processes)則是椎弓外側向的突起。成對的**上、下關節突**(inferior and superior articular processes)由椎足和椎弓交界分別往上和下突出。每一個關節突都有一個平滑的面，稱為關節面(articular facet)。

脊椎骨互相關節，使椎孔相連接成長長的**椎管**(vertebral canal)，保護著脊髓。外側面則形成**椎間孔**(intervertebral foramen)，提供脊神經在水平面的通道，延伸支配身體各個部分。**椎間盤**(intervertebral discs)為一纖維軟骨環(annulus fibrosus)，中央為髓核(nucleus pulposus)。髓核內含水分量高，提供凝膠狀特性。脊椎骨中大約1/4由椎間盤組成，提供椎體之間活動的潤滑和避震功用。

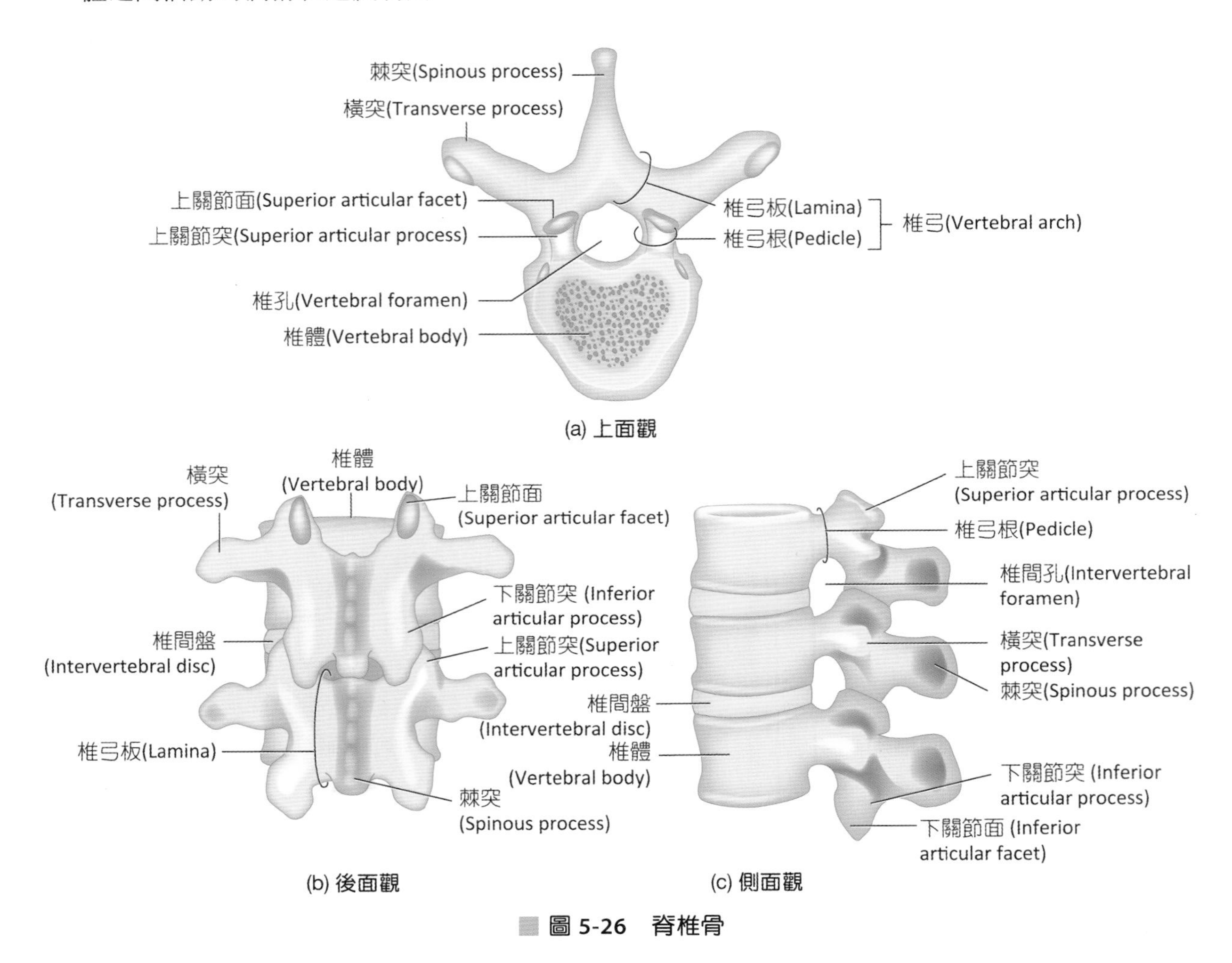

圖 5-26　脊椎骨

（三）頸椎 (Cervical Vertebrae)

頸椎共7塊，最主要的功能是支撐頭部的重量，椎體在外型上相對較小。C_3~C_6是典型的頸椎，上關節面左右兩側較凹，由後方斜下前方，下關節面突向下前方。棘突相對較短，除了第7塊頸椎，棘突都出現分叉。前6塊頸椎在橫突處都有明顯的橫突孔(transverse foramen)，提供椎動靜脈延伸到腦部的通道。相對於頭部的重量，頸椎必須搭配肌肉的幫助，才能穩固頭部的平衡（圖5-27）。

1. **寰椎**(atlas, C_1)：第一頸椎，因為沒有椎體和棘突而非常容易分辨。寰椎利用凹陷、橢圓形的上關節**與枕骨枕髁構成枕寰關節**來支持頭部，並提供**點頭**的動作。前脊椎弓處的下關節面和軸椎的齒狀突構成關節。
2. **軸椎**(axis, C_2)：在發育的過程中，C_1的椎體與C_2椎體融合形成齒狀突(dens or odontoid process)。與寰椎形成寰軸關節(atlanto-axial joint)，提供**頭部旋轉動**的動作，此關節位於椎孔內，故任何引起齒狀突移位的外力，都會造成嚴重的影響。
3. **隆椎**(vertebra prominens, C_7)：與T_1相關節，因此擁有部分胸椎的特色。隆椎的棘突沒有分叉，較大也較長，很容易就從皮膚上看見、觸碰到。

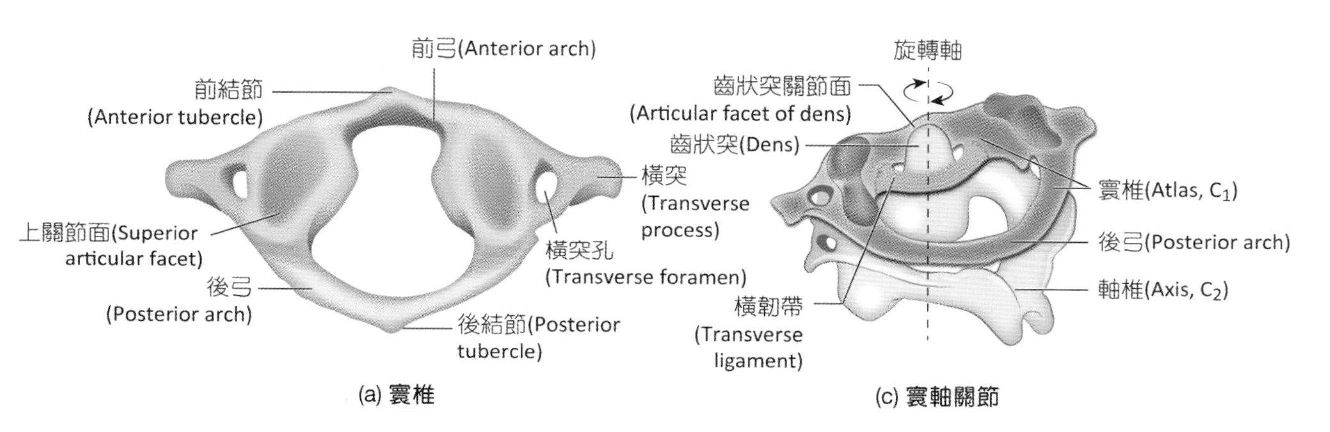

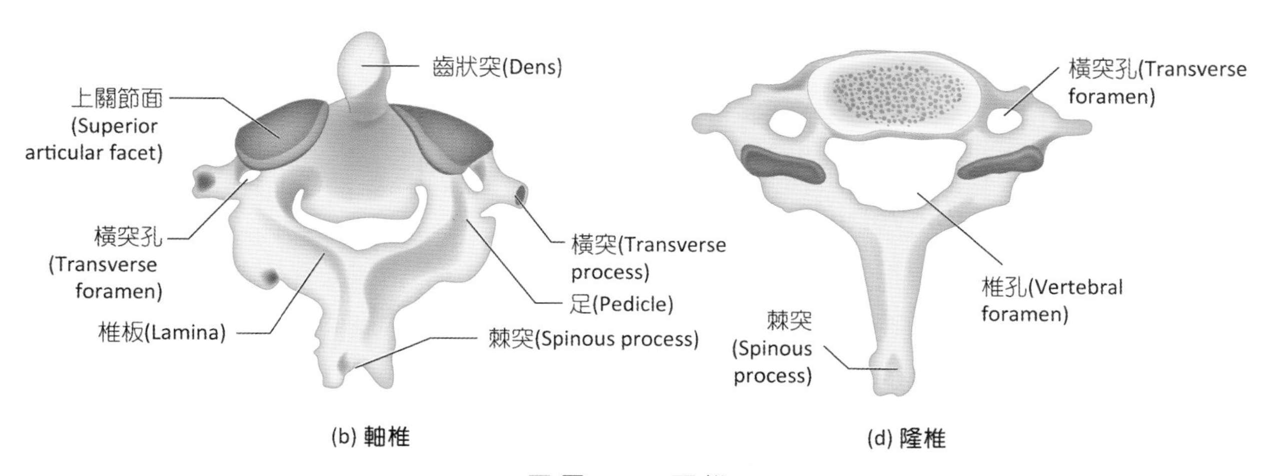

圖 5-27 頸椎

(四) 胸椎 (Thoracic Vertebrae)

共12塊，與其他脊椎骨相比，胸椎活動量、移動性較少，沒有頸椎所特有的橫突孔，但胸椎具有心臟外形的椎體，棘突相對的非常長，而且以銳角角度朝向下方（圖5-28）。

胸椎椎體有肋骨關節面(costal facets)和半關節面(costal demifacets)，和肋骨頭相關節。肋骨結節與T_1~T_{10}的橫突相關節，但第11、12根肋骨沒有結節處，所以T_{11}~T_{12}橫突上沒有關節面。

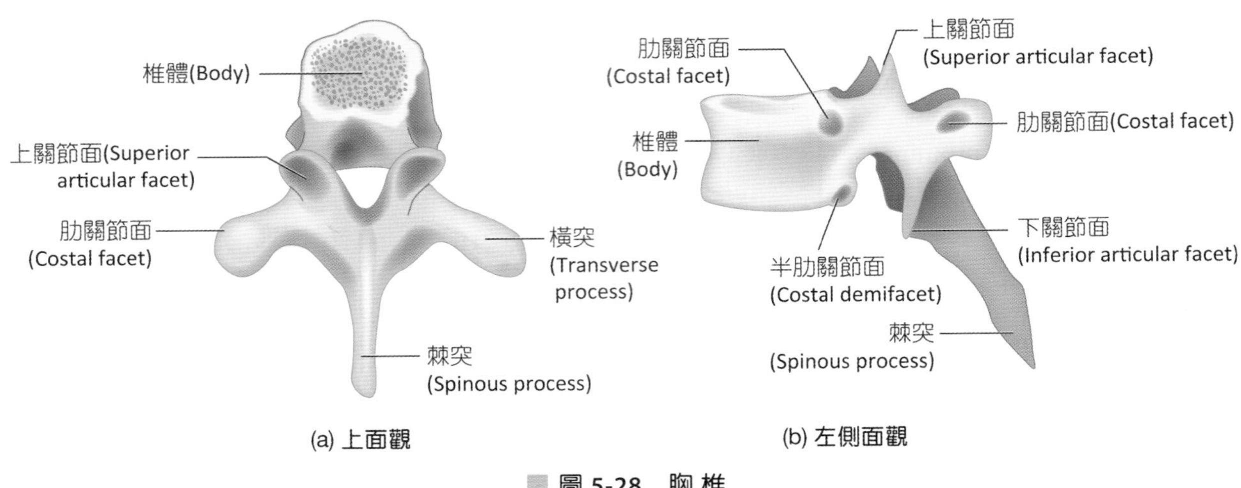

圖 5-28　胸椎

椎間盤突出(Herniated Intervertebral Disc, HIVD)　Clinical Applications

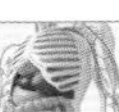

常因嚴重或突然的物理性創傷，導致脊椎骨內的纖維環破裂、髓核突出。一般而言，脊椎骨後縱韌帶會避免髓核向後突出，因此受傷時常引起髓核向後外側突出，造成脊神經壓迫，神經支配區域產生疼痛和麻木。疼痛常是病人最常抱怨的問題，目前最常見的治療方法是利用休息、牽引或適度運動、按摩、熱敷和止痛劑，治療後症狀多會好轉。

(五) 腰椎 (Lumbar Vertebrae)

最大的脊椎骨，有很大的椎體，橢圓形的上下關節面，較薄、向背外側延伸的橫突，厚、寬面垂直向後方的棘突，提供下背肌肉的附著和調整腰椎弧度的功能（圖5-29），使腰椎在功能上承受身體大部分的重量。

(六) 薦骨 (Sacrum)

向前彎曲，外型呈現三角形，構成骨盆腔的後側壁。男性薦骨外側的彎曲度較女性明顯。青春期結束後，5塊薦骨開始融合，直到20~30歲時完全融合，從薦骨前方可以看見4條薦骨融合後留下的線（圖5-30）。

薦骨的上關節面(superior articular facet)與L_5關節，下關節面與尾骨相關節。椎管延伸到薦骨處變窄，稱為薦管(sacral canal)，**脊髓終止在薦裂**(sacral hiatus)處。從腹面看，

S_1前上面有一突起入骨盆腔內，稱**薦岬**(sacral promontory)，成對的前薦孔(anterior sacral foramina)提供支配骨盆器官的脊神經通過。從背面看，棘突融合構成**薦正中嵴**(median sacral crest)，也可見4對脊神經通過的後薦孔(posterior sacral foramina)。薦骨的外側面稱翼(ala)，提供與骨盆帶形成**薦髂關節**(sacroiliac joint)。

(七)尾骨 (Coccyx)

共有4塊尾骨，在大約25歲時融合而成，提供許多的肌肉和韌帶附著(圖5-30)。在男性，尾骨較女性向前突起。**尾骨並無脊髓**。

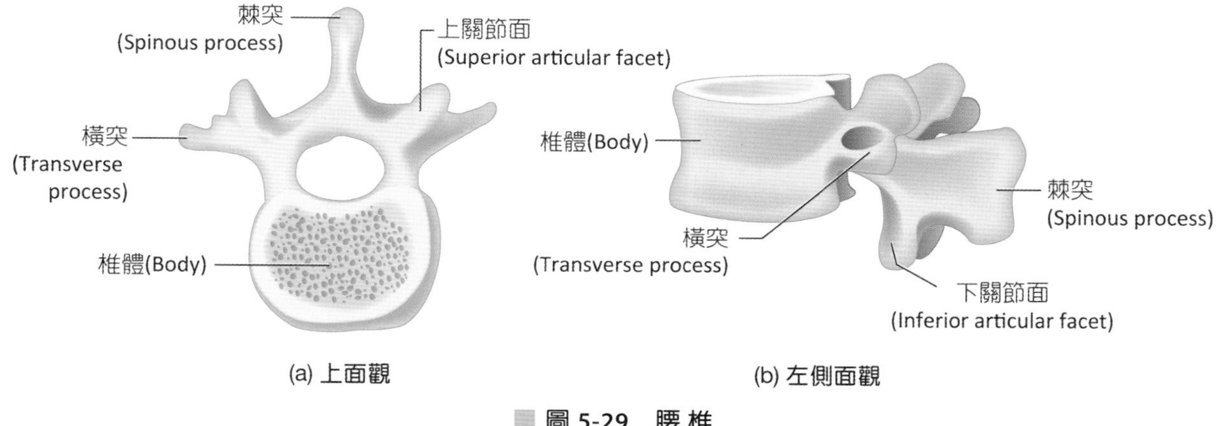

圖 5-29 腰椎

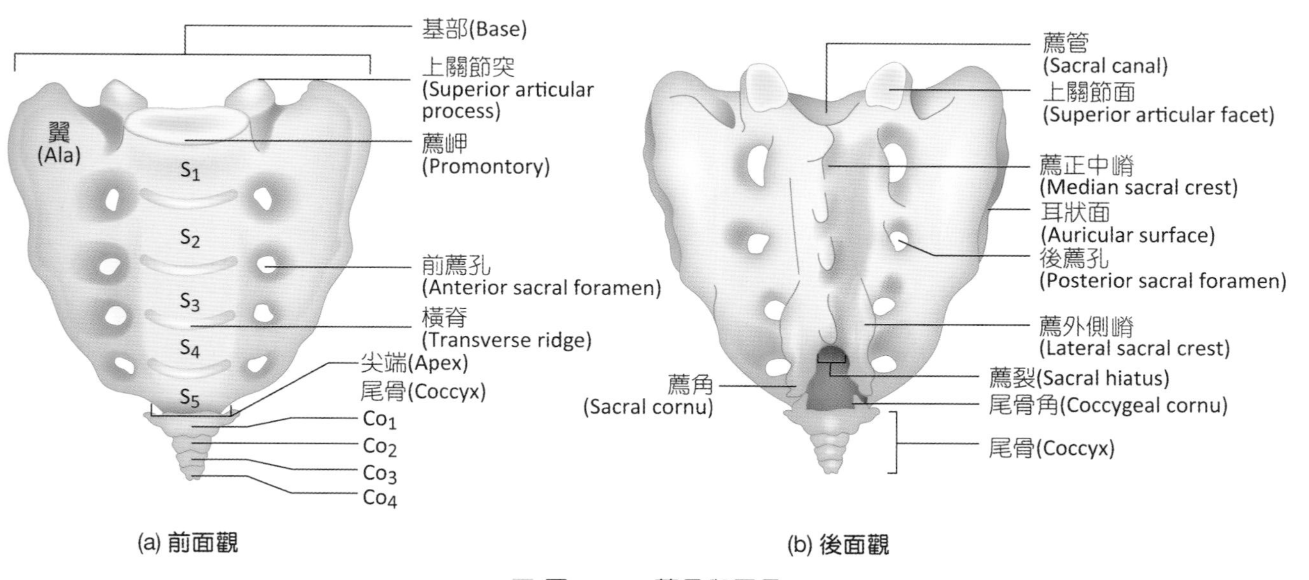

圖 5-30 薦骨與尾骨

三、胸廓 (Thoracic Cage)

胸廓主要由後方的胸椎、外側的肋骨和前方的胸骨組成（圖5-31）。主要提供心臟和肺臟等重要器官保護。

（一）胸骨 (Sternum)

一塊扁平，位於胸腔正中前方的骨骼，主要由三個部分組成（圖5-32）：

1. **胸骨柄**(manubrium)：位於胸骨的最上方，左右兩側的鎖骨切迹(clavicular notch)與鎖骨相關節，肋骨切迹(costal notches)與肋骨相關節。

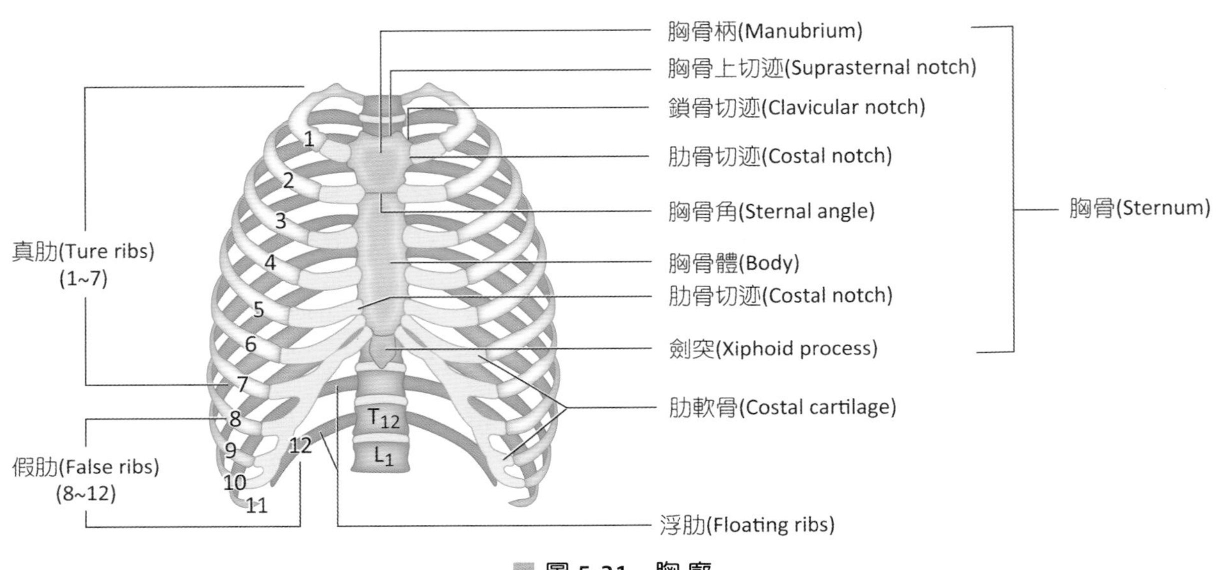

圖 5-31 胸廓

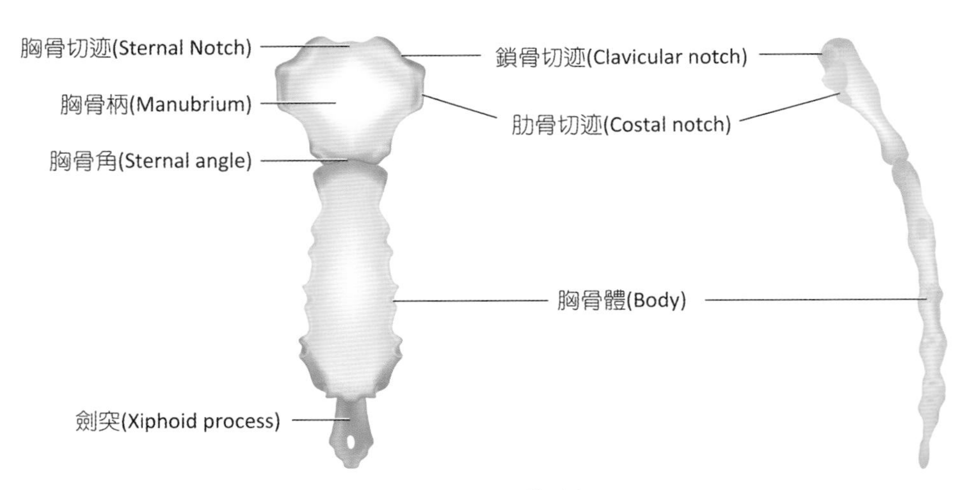

圖 5-32 胸骨

2. **胸骨體**(body)：胸骨最長的部分，提供第2~7根肋骨相關節。胸骨柄和體相關節處，稱為胸骨角(sternal angle)，由皮膚可以觸摸到一條水平的突起。

3. **劍突**(xiphoid process)：一個小型、向下突起的軟骨，直到40歲才骨化完全。會因為撞擊或壓力斷裂，引起肝臟或心臟內在器官的傷害。

(二)肋骨 (Ribs)

肋骨從胸椎彎曲延伸向前側胸腔的扁平骨骼，男女性都相同，左右各有12對肋骨（圖5-33）。第1~7根稱為**真肋**(true ribs)，分別利用肋軟骨(costal cartilage)各自附著到胸骨上，第1根肋骨外型最小。第8~12根因為其肋軟骨沒有直接附著到胸骨上，稱為**假肋**(false ribs)，肋軟骨接合到第7根肋骨的肋軟骨上，並非直接與胸骨相關節。第11、12根稱為**浮肋**(floating ribs)，與胸骨間沒有相關節。

肋骨頭(head)與胸椎椎體上的上下關節面(superior and inferior facets)相關節，頭和結節之間稱頸部(neck)。結節(tubercle)與胸椎橫突上肋骨關節面相關節。第1根肋骨和T_1關節，第2根肋骨上關節面關節T_1椎體的下肋骨關節面，下關節面關節T_2的上肋骨關節面，以下類推。

肋骨角(angle)是肋骨骨幹(shaft)開始轉向前方胸骨處，整根肋骨下內側面有明顯肋骨溝(costal groove)，提供神經和血管延伸支配胸腔。

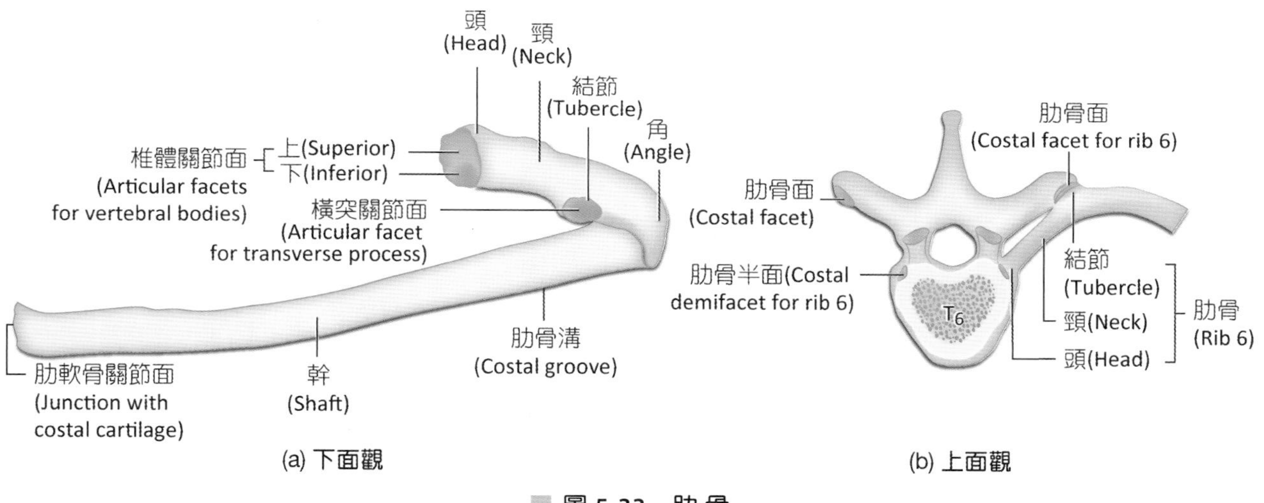

圖 5-33 肋骨

5-7 附肢骨骼(Appendicular Skeleton)

附肢骨骼除了四肢外，還包含連接四肢與中軸部分的胸帶和骨盆帶。運動時主要是移動附肢骨骼（圖5-34）。

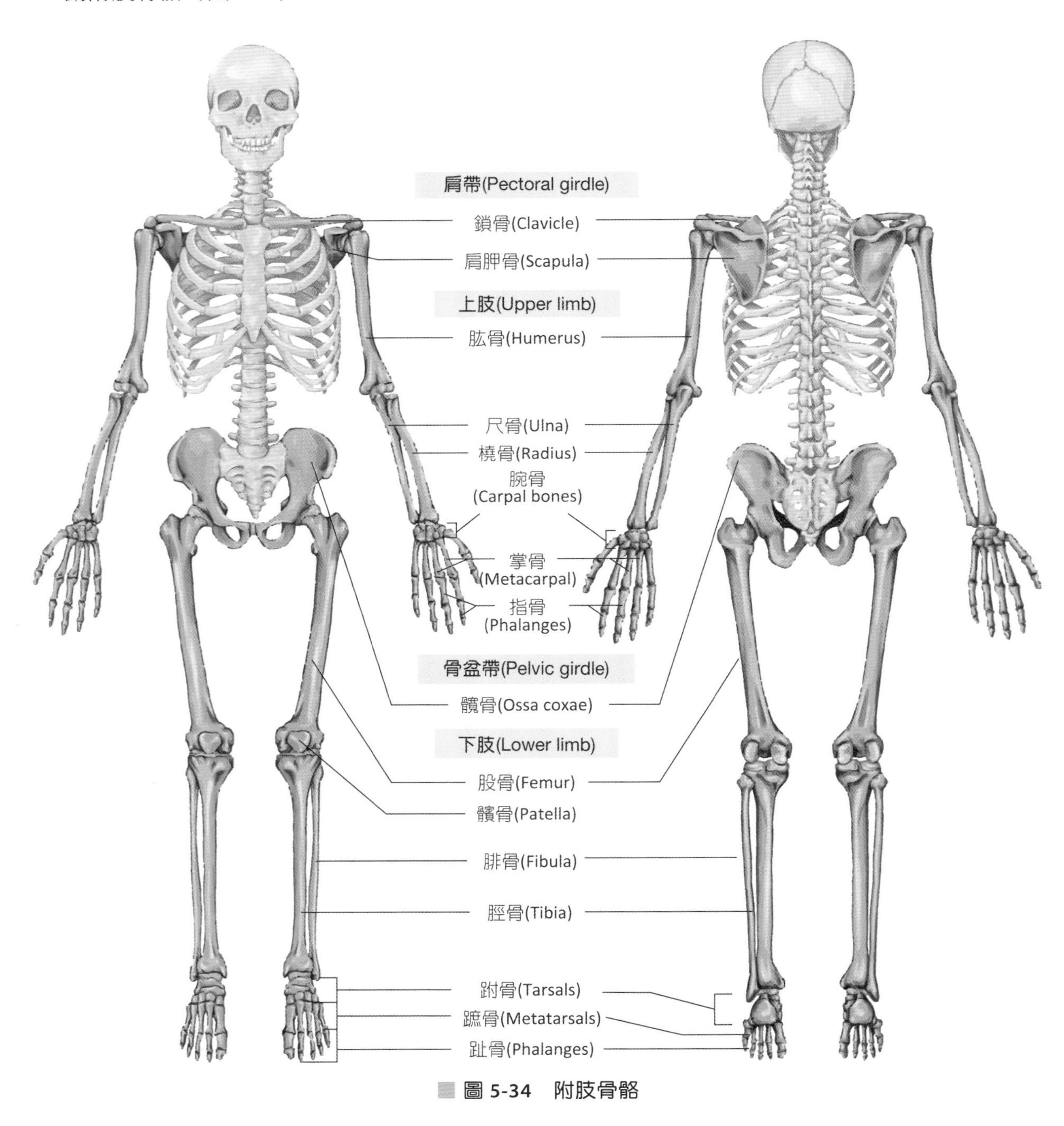

圖 5-34 附肢骨骼

胸帶(Pectoral Girdle)

左右一對的胸帶分別與上肢和軀幹相關節，由鎖骨和肩胛骨組成，為許多移動上肢肌肉的附著點，並透過肩胛骨和鎖骨相關節，聯繫中軸和附肢骨骼，提供上肢相當程度的活動性。

一、鎖骨 (Clavicle)

S形的鎖骨自胸骨柄延伸到肩胛骨處（圖5-35），錐形的內側端與胸骨柄構成**胸鎖關節**(sternoclavicular joint)，外側端寬廣平面的肩峰端(acromial end)與肩胛骨構成**肩鎖關節**(acromioclavicular joint)。在胸骨上方可以很容易的觸摸到鎖骨，鎖骨的上方相對的平滑，下方有許多因為肌肉或韌帶附著所形成的溝或嵴。

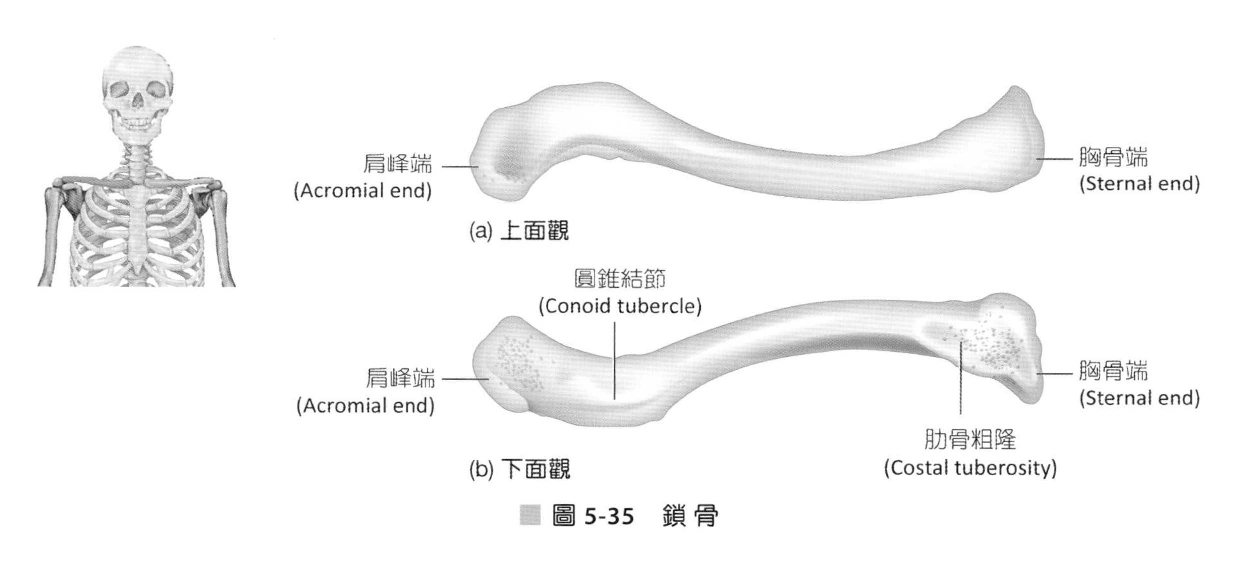

圖 5-35 鎖骨

二、肩胛骨 (Scapula)

寬廣、扁平、外型三角形的肩胛骨上有許多大型的突起，後側的**肩胛棘**(spine)向外突出形成**肩峰**(acromion)。肩胛骨主要分成上、下和外側邊緣3個部分，每個邊緣中間有上、下和外側角，其中上緣外側突出形成**喙突**(coracoid process)，提供肌肉附著；上邊緣處有肩胛上切迹(suprascapular notch)，提供肩胛上神經和血管通過；外側角有**關節盂**(glenoid cavity)與肱骨頭相關節（圖5-36）。

肩胛骨可提供旋轉肌套(rotator cuff)附著，幫助穩定和移動肩關節。前方寬廣面的平面為肩胛下窩(subscapular fossa)，許多肩胛上肌附著於此處。後方有肩胛棘將肩胛骨面分為棘上窩(supraspinous fossa)和棘下窩(infraspinous fossa)兩個空間，分別提供棘上肌和棘下肌附著。

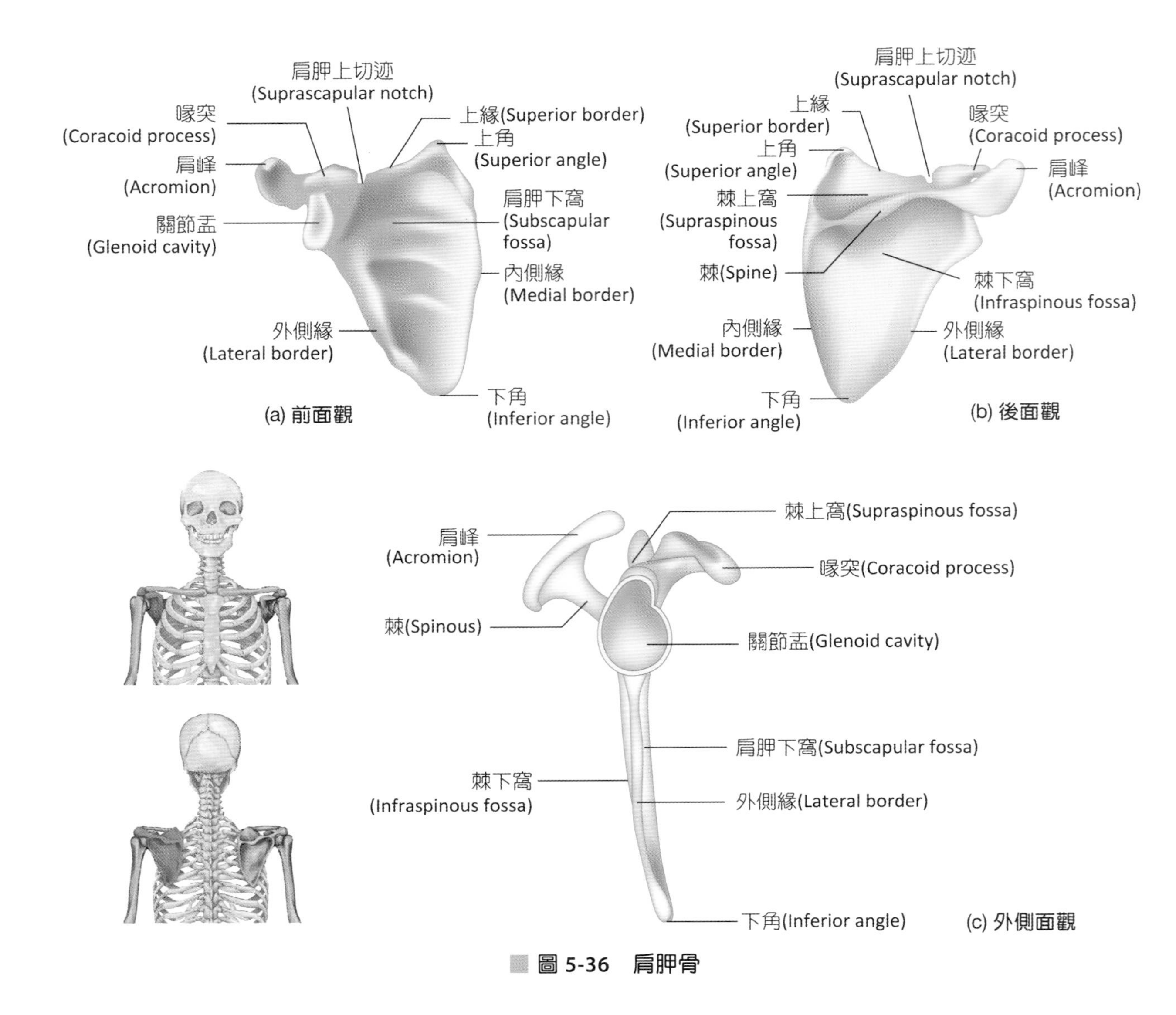

圖 5-36 肩胛骨

上肢骨(Upper Limb)

上肢骨共有30塊：肱區一塊肱骨、前臂一塊橈骨和尺骨、8塊腕骨、8塊掌骨和14塊指骨。

一、肱骨 (Humerus)

肱骨近端半圓形的頭部(head)和肩胛骨的關節盂相關節，靠近頭部的大結節(greater tubercle)、小結節(lesser tubercle)中間有結節間溝(intertubercular groove)，提供肱二頭肌肌腱附著。介於結節和頭部之間的外科頸(surgical neck)是成人肱骨較易發生骨折處。結節遠端較細處稱解剖頸(anatomical neck)，連接肱骨頭和骨幹處（圖5-37）。

肱骨骨幹(shaft)為一個粗糙面，**三角肌粗隆**(deltoid tuberosity)位於骨幹1/2處的外側面，提供三角肌附著。遠端內、外上髁(medial and lateral epicondyles)提供許多肌肉附著。沿著內髁向後方移動是尺神經通過之尺神經溝(ulnar groove)，支配手部許多內在肌肉。

肱骨遠端兩個關節面與橈骨和尺骨構成肘關節。外側的圓形小頭(capitulum)和內側的滑車(trochlea)分別和橈骨頭、尺骨滑車切迹相關節。此外，在肱骨的遠端處可見3個凹陷：前外側的**橈骨窩**(radial fossa)、前內側的**冠狀窩**(coronoid fossa)及後方的**鷹嘴窩**(olecranon fossa)。

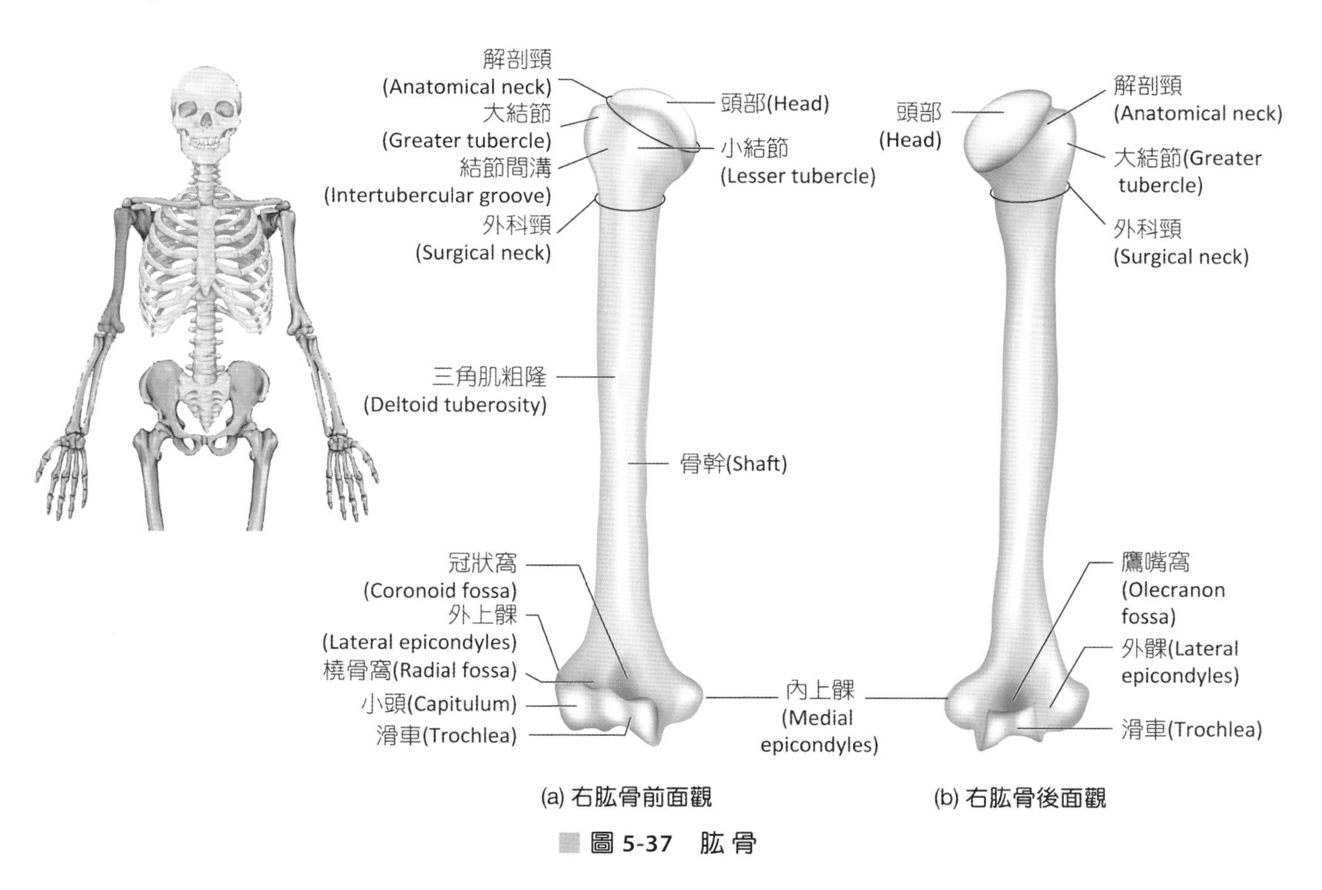

圖 5-37 肱骨

二、橈骨 (Radius)

橈骨位於前臂外側，與尺骨互相平行，中間有緻密規則結締組織構成的骨間膜(interosseous membrane)附著，並且提供旋轉前臂時的樞紐。橈骨的近端，圓盤形的頭部與肱骨小頭相關節。延伸自橈骨頭處狹窄的**橈骨粗隆**(radial tuberosity)，提供肱二頭肌附著。橈骨骨幹向遠處延伸漸大，莖突(styloid process)可在手腕外側觸摸到，內側的尺骨切迹(ulnar notch)與尺骨遠端相關節（圖5-38）。

三、尺骨 (Ulna)

尺骨較橈骨長，位於前臂內側，近端C形的滑車切迹(trochlear notch)包覆肱骨滑車，後上方有明顯突起的**鷹嘴突**(olecranon process)，與肱骨鷹嘴突相關節，提供肘關節彎曲時後方的卡榫。滑車切迹下方突起的**冠狀突**(coronoid process)在肘關節伸直時，與肱骨冠狀窩相關節。冠狀突外側，外型平滑、彎曲的**橈骨切迹**(radial notch)與橈骨頭相關節，構成近端的橈尺關節(proximal radioulnar joint)。尺骨遠端莖突(styloid process)，可以在手腕內側面觸摸到（圖5-38）。

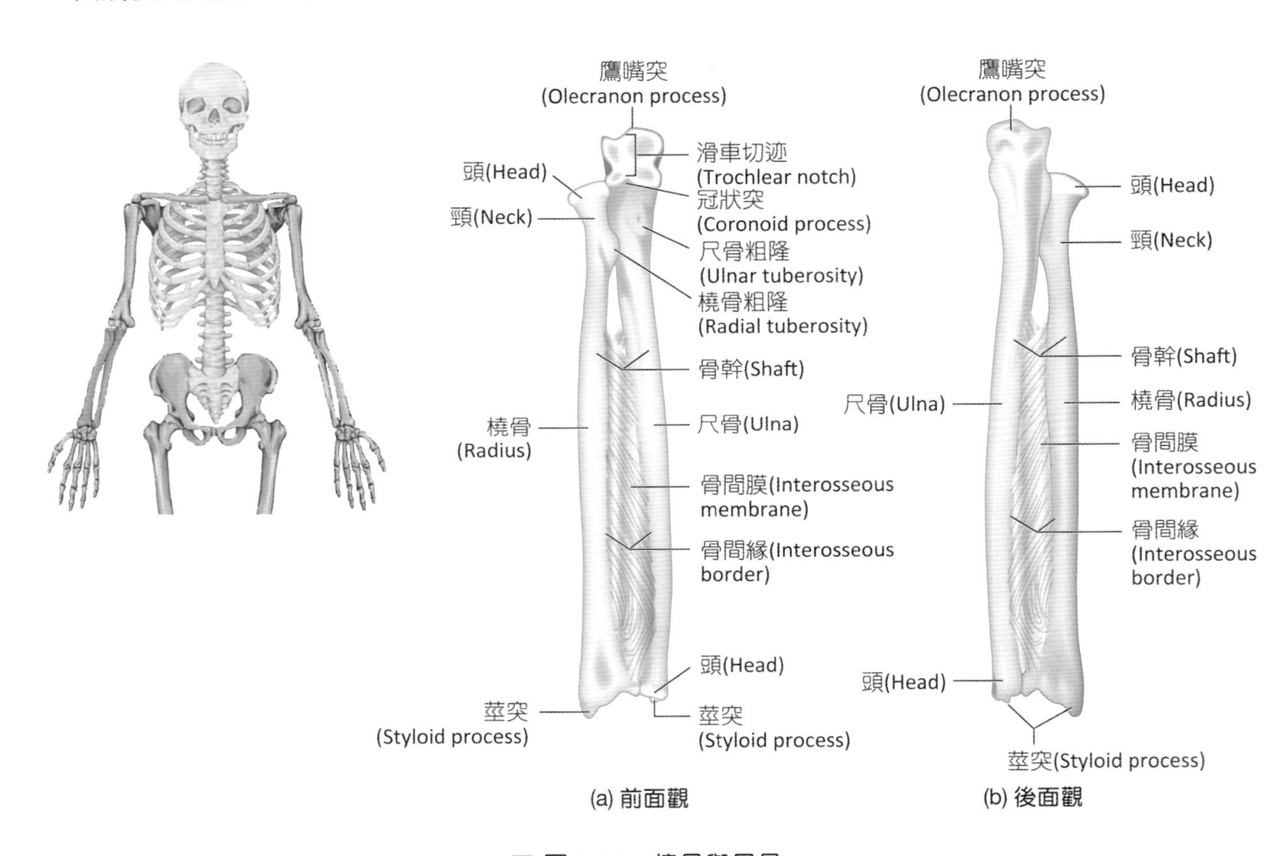

圖 5-38 橈骨與尺骨

四、腕骨 (Carpals)

手腕和手部是由腕骨、掌骨和指骨共同構成。腕骨是一種外型短小的骨頭，從遠端到近堆整齊的排列成兩列，提供手腕做出許多動作。近端列從外側到內側分別是舟狀骨(scaphoid)、月狀骨(lunate)、三角骨(triquetrum)和豆狀骨(pisiform)。遠端列從外側到內側則由大多角骨(trapezium)、小多角骨(trapezoid)、頭狀骨(capitate)和鉤狀骨(hamate)構成（圖5-39）。

五、掌骨 (Metacarpals)

掌骨構成手掌部，5根掌骨分別和腕骨相關節，支撐著手掌的構造。第1根掌骨位於靠近大拇指的基部，最後一根掌骨，位於小指的基部。

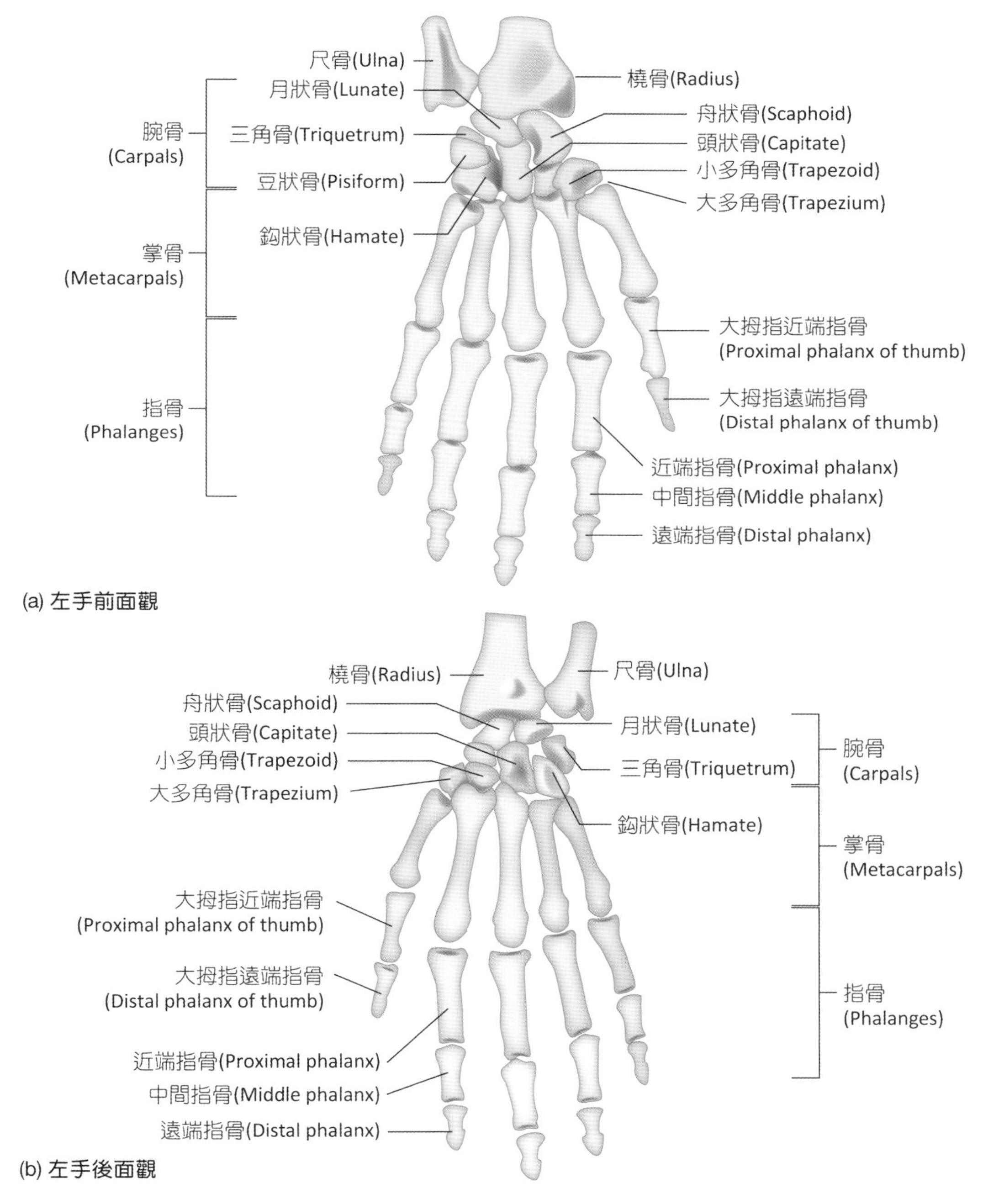

圖 5-39 腕骨、掌骨和指骨

六、指骨 (Phalanges)

指骨構成手指部分，共14根。第2~5根手指分別由3根指骨關節構成，但大拇指只有兩根，沒有中間指骨。指骨近端和掌骨遠端相關節，指骨最遠端構成指尖部分。

骨盆帶(Pelvic Girdle)

骨盆帶主要由薦骨、尾骨和左右兩塊髖骨構成，與下肢大腿相關節。骨盆帶支持、保護著身體腹側體腔下方的臟器。當人體直立時，骨盆會稍微的向前傾（圖5-40）。

髖骨(os coxae)又稱骨盆骨(hip bone)，主要由髂骨、恥骨和坐骨組成，大約13~15歲時在**髖臼**(acetabulum)處癒合。髖骨後方與薦骨相關節，髖臼與股骨相關節，髖臼內平滑、彎曲的月狀面(lunate surface)直接與股骨頭相接（圖5-41）。

一、髂骨 (Ilium)

髂骨是髖骨中最大的一塊，位於髖骨上方，外觀呈現扇形的翼(ala)結束在下方弓狀線(arcuate line)。翼內側面的**髂窩**(iliac fossa)，從外側上看可見前、後、下臀線(anterior, posterior and inferior gluteal lines)，提供臀肌附著。耳狀面(auricular surface)則與薦骨構成**薦髂關節**(sacroiliac joint)。

翼上方的增厚處為髂嵴(iliac crest)，從髂前上棘(anterior superior iliac spine)一直延伸到髂後上棘(posterior superior iliac spine)，翼的下方則由髂前下棘延伸到髂後下棘。靠近髂後下棘有**大坐骨切迹**(greater sciatic notch)，坐骨神經由此到達大腿。

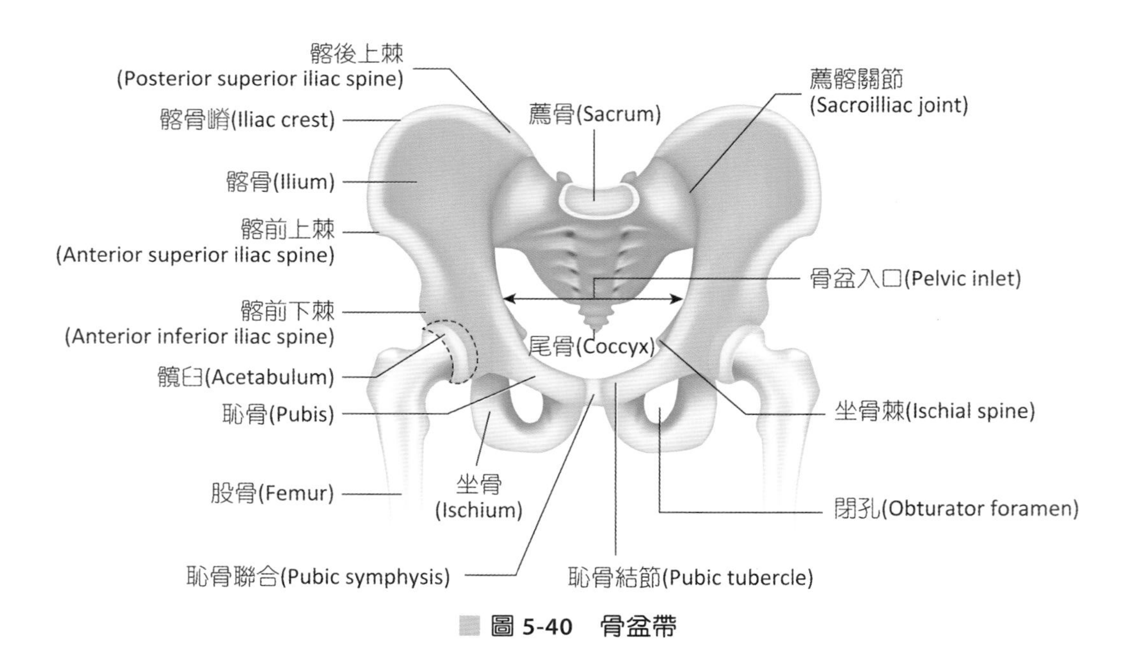

圖 5-40　骨盆帶

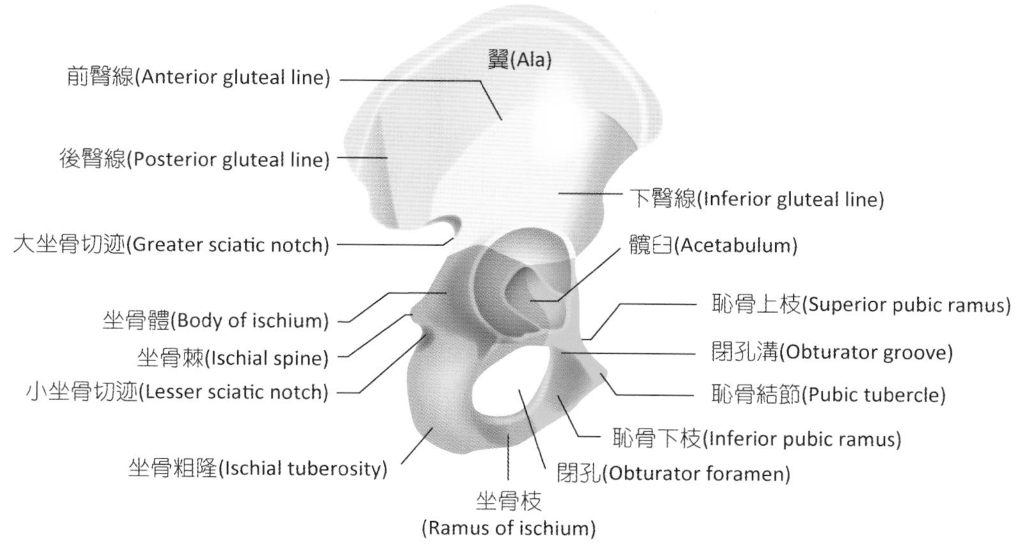

(a) 右髖骨外側觀

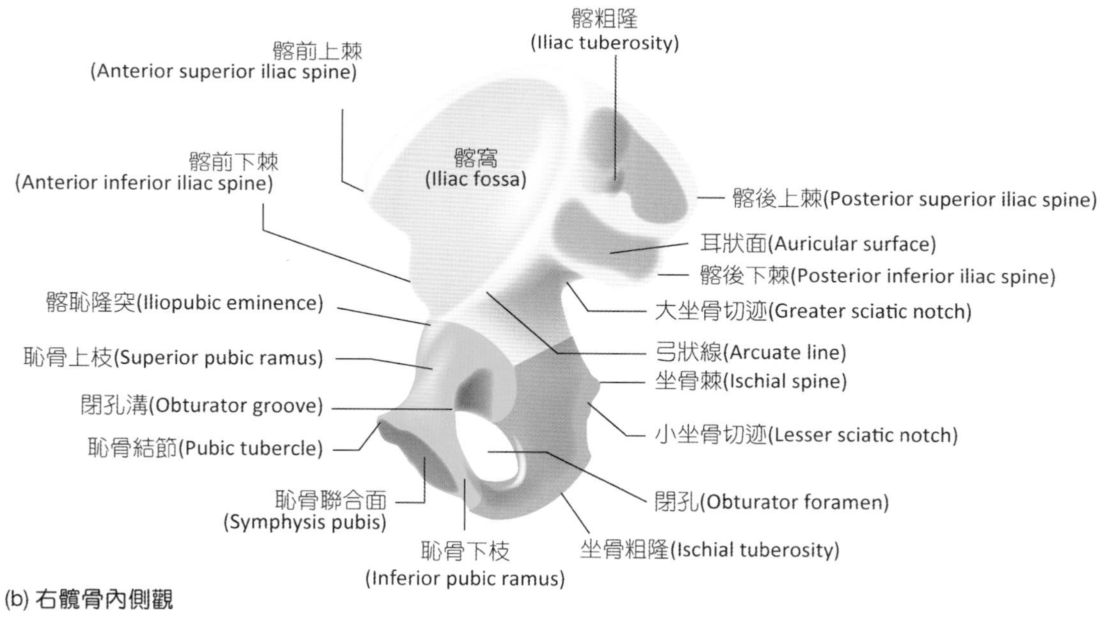

(b) 右髖骨內側觀

圖 5-41 髖骨

二、坐骨 (Ischium)

位於髖臼的上後方處，與髂骨在髖臼上、後緣相融合。坐骨外側三角形的坐骨棘(ischial spine)延伸向內側，棘的上方為坐骨體(ischial body)，下方是**小坐骨切迹**(lesser sciatic notch)。坐骨後外側的**坐骨粗隆**(ischial tuberosity)為提供人體坐下時支撐體重的重要構造。坐骨枝(ischial ramus)從坐骨粗隆向前延伸，最後與恥骨相融合。

三、恥骨 (Pubis)

坐骨枝向前延伸與恥骨下枝(inferior ramus)融合，恥骨上枝(superior ramus)源自於髖臼前緣，恥骨枝和坐骨枝圍繞形成**閉孔**(obturator foramen)。恥骨上枝前上方的恥骨嵴(pubic crest)結束在恥骨結節(pubic tubercle)處，恥骨結節提供腹股溝韌帶附著。恥骨前內側的**恥骨聯合**(pubic symphysis)是兩塊恥骨相關節處。梳狀線(pectinate line)從尺骨內側面斜過，最後與弓狀線合併。

四、真骨盆與假骨盆

骨盆緣(pelvic brim)從骨盆嵴沿著梳狀線、弓狀線到下方的薦骨翼和薦岬，有助於分隔骨盆腔為兩個空間：(1)真骨盆(true pelvis)位於骨盆緣下方，是一個深碗形的空間，容納著骨盆內器官；(2)假骨盆(false pelvis)位於骨盆緣上方，邊界是髂骨翼，構成腹腔下部區域，容納下腹部器官。

骨盆入口(pelvic inlet)是由骨盆緣所包圍，為骨盆緣上方的空間，也是真假骨盆的界線。骨盆出口(pelvic outlet)屬於下方的開口，以尾骨、坐骨粗隆和恥骨聯合下緣為界線，坐骨棘延伸入骨盆出口處，使出口寬徑變狹窄。骨盆出口被肌肉和皮膚包覆住，形成會陰。

對女性來說，骨盆出口的寬徑和大小對胎兒出生時，頭部能否順利通過有關。女性的骨盆為了容納胎兒的頭部和方便通過產道，因此較男性為淺、寬（圖5-42），除此之外，**女性恥骨弓一般角度超過100度，男性恥骨弓則較窄**，一般不會超過90度（表5-5）。

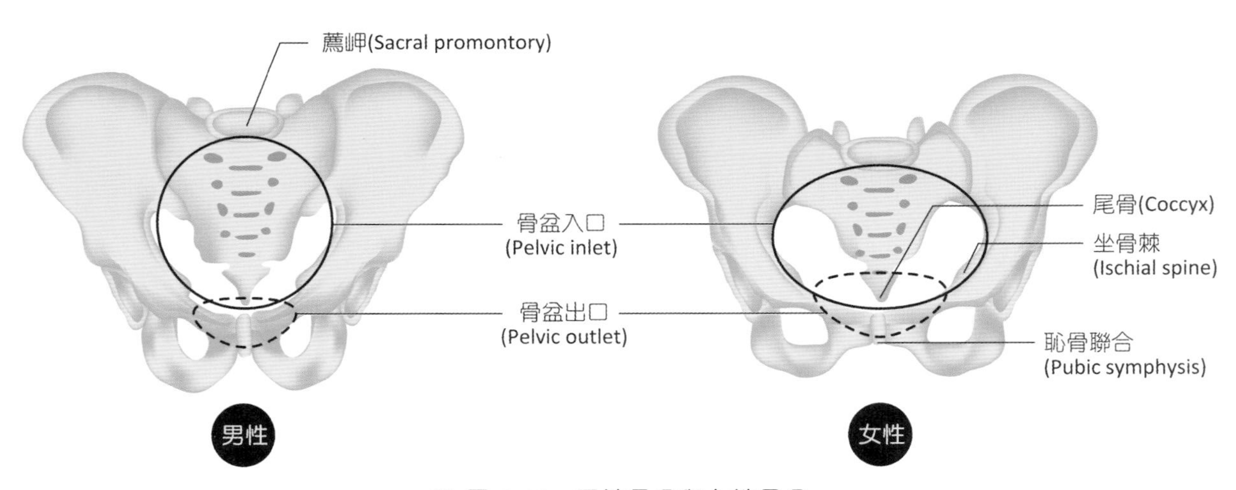

圖 5-42　男性骨盆與女性骨盆

表5-5 男女性骨盆主要差異性

特點	女性	男性
大致外觀	質量較輕，肌肉附著突起不明顯，**真骨盆口徑較寬**、**淺**、扁平	質量重，肌肉附著突起明顯，**真骨盆口徑較窄**、**深**、面向更加垂直
髖臼	較小、朝向外側	較大、朝向前側
大坐骨切迹	寬、淺	窄、呈U形、深
髂骨	淺；從薦髂關節向外延伸	深；從薦髂關節向外延伸
閉孔	小、呈三角形	大、卵圓形
恥骨弓	較寬、凸，一般角度大於100度	窄、呈V形，角度一般小於90度
骨盆入口	寬敞、寬、呈卵圓形	呈心形
恥骨體	較長、呈矩形	短、呈三角形
薦骨	短、寬，薦骨曲度平坦	窄但較長、彎曲角度大
尾骨	後傾斜	垂直
骨盆傾斜	向骨盆上端前傾	骨盆上表面相對較為垂直

下肢(Lower Limb)

下肢的排列和骨骼數量大致和上肢相同，但因為下肢必須負重和移動軀幹，因此在形狀上會和上肢有些許不同。每側下肢共有30塊骨骼。

一、股骨 (Femur)

股骨是全身最粗壯的骨骼，股骨頭(head)與髖臼形成關節**髖關節**(hip joint)，利用小凹(fovea)內細長的韌帶連接髖臼和股骨頭內凹陷處。股骨頸(neck)向外側延伸與股骨幹相連接，因為股骨頸與骨幹之間並非垂直相連，引起股骨斜向內側的角度，造成膝蓋靠向中線（圖5-43）。

大轉子(greater trochanter)可在站立時由大腿外側觸摸到，小轉子(lesser trochanter)位於股骨後內側，兩者利用轉子間嵴(intertrochanteric crest)聯繫，並向前延伸形成轉子間線(intertrochanteric line)，至股關節囊處形成恥骨線(pectineal line)提供恥骨肌附著，臀肌粗隆(gluteal tuberosity)則提供臀大肌附著。

骨幹後方的粗線(linea aspera)提供許多大腿肌肉附著，粗線分支形成內、外上髁上線(medial and lateral supracondylar lines)。遠端上髁的三角空間為膕面(popliteal surface)。股骨遠端兩側有內、外髁(medial and lateral condyles)，上方有突起的內、外上髁(medial and lateral epicondyles)，後側面的髁間窩(intercondylar fossa)則分隔內、外髁。兩髁持續由後向前延伸，最後在前方關節面融合成髕骨面(patellar surface)，提供股骨與髕骨在此相關節。

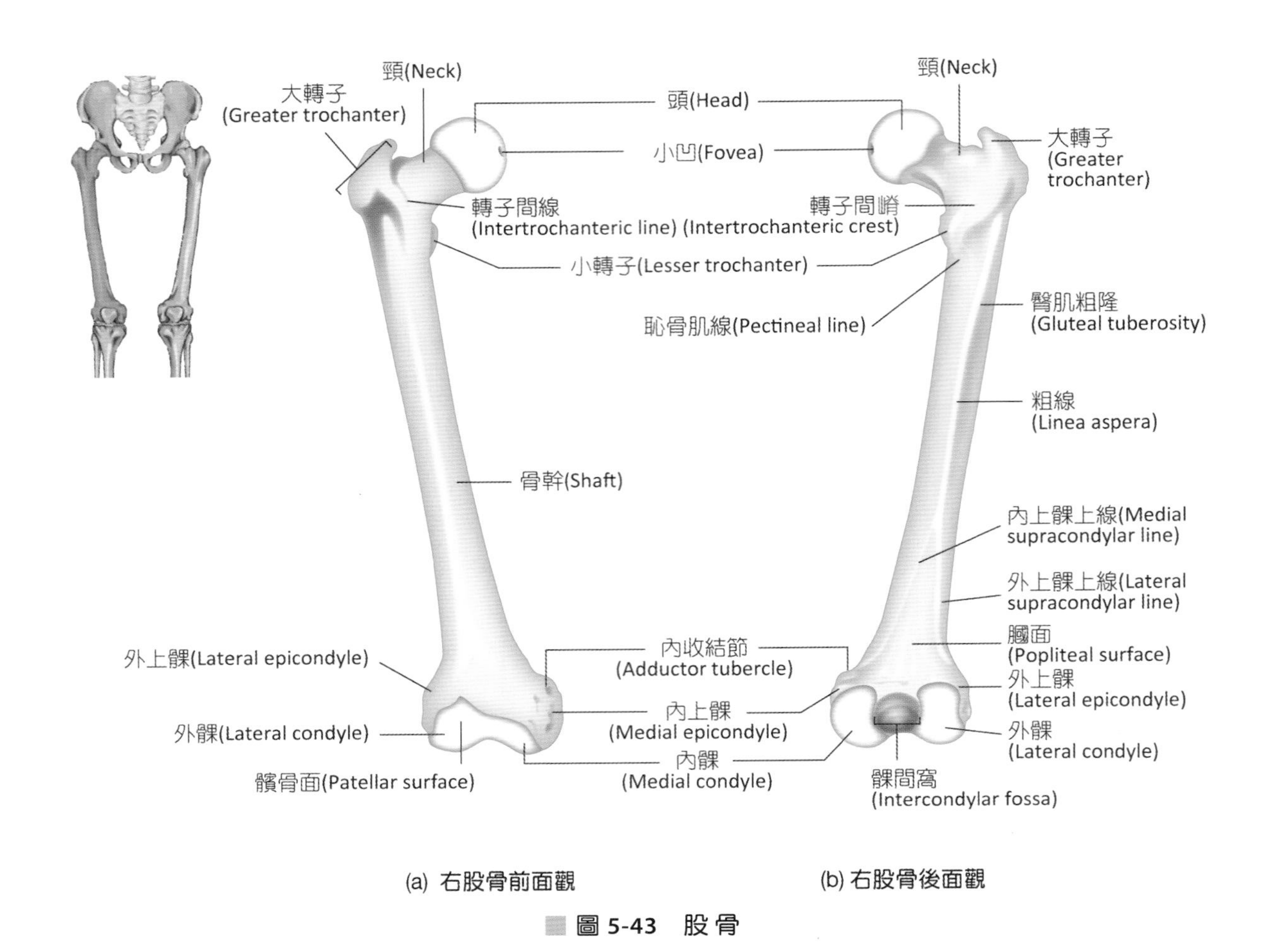

(a) 右股骨前面觀　(b) 右股骨後面觀

圖 5-43　股骨

二、髕骨 (Patella)

髕骨外型粗糙、呈三角形，為隱藏在股四頭肌肌腱內的種子骨，主要提供股四頭肌腱一個平滑的延伸，保護膝關節。髕骨關節面上方寬廣，下方尖端，沿著膝關節前側面即能輕易觸及。髕骨後側面提供關節面與股骨相關節（圖5-44）。

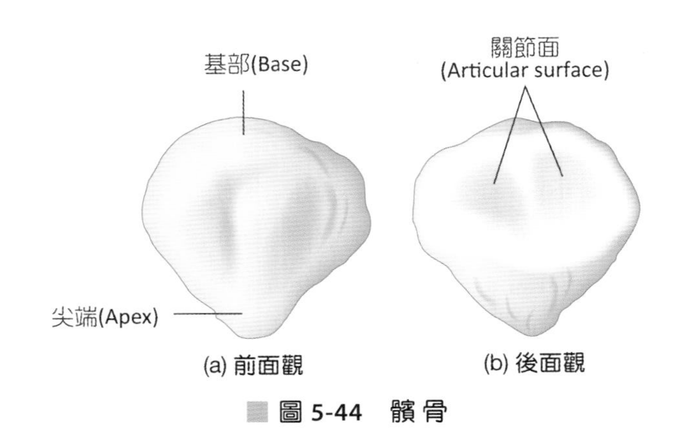

(a) 前面觀　(b) 後面觀

圖 5-44　髕骨

三、脛骨 (Tibia)

小腿由粗、強壯的脛骨和較細的腓骨組成，兩骨之間利用骨內膜穩定兩骨之間位置，並提供兩骨互相旋轉動作時的支柱。脛骨位於內側，是小腿處唯一的體重支撐。上方內、外髁(medial and lateral condyles)與股骨相關節。脛骨近端的腓骨關節面(fibular articular facet)與腓骨頭構成**上脛腓關節**(superior tibiofibular joint)（圖5-45）。

近端髁處的**脛骨粗隆**(tibial tuberosity)提供膝韌帶附著。脛骨遠端的**內踝**(medial malleolus)可以從踝關節內側面觸及。腓骨切迹(fibular notch)提供腓骨相關節，構成**下脛腓關節**(inferior tibiofibular joint)。遠端下方平滑的關節面與距骨形成踝關節。

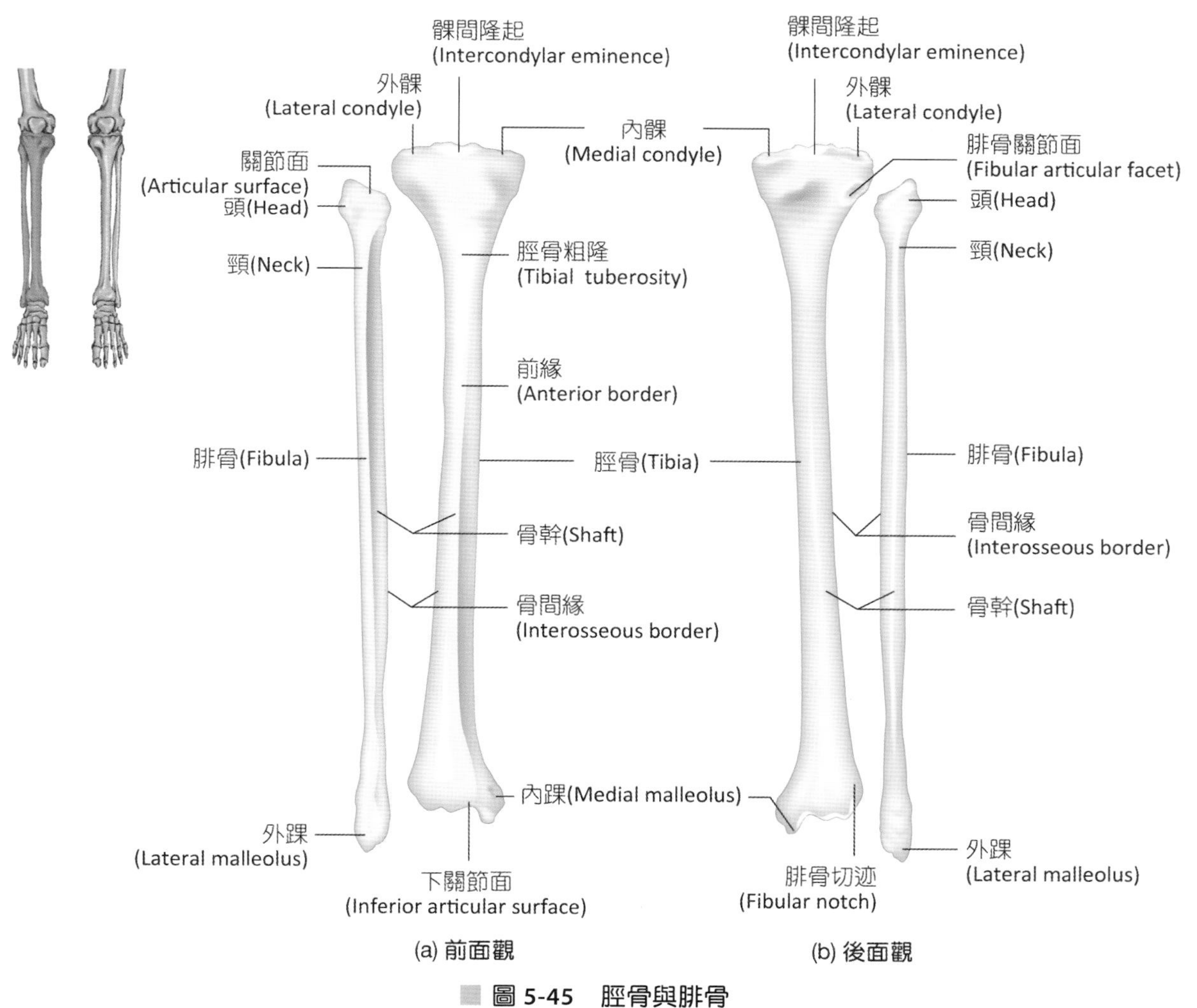

圖 5-45　脛骨與腓骨

▼ 脫臼與骨折(Dislocation and Fracture) Clinical Applications

1. **脫臼**(dislocation)：關節周圍的骨骼移位的關節傷害，常因為過度的外力或不正常姿勢的使力所引起。當脫臼發生，關節處常會發生腫脹、關節周圍皮膚表面出現不平整、疼痛，最後患者無法移動肢體。
2. **骨折**(fracture)：骨骼沒有穿出表皮且斷裂面整齊者稱為單純性骨折；骨骼穿出表皮或斷裂面不工整，甚至於斷裂處出現許多碎片，稱為複合性骨折。單純性骨折發生時，患部會出現血腫，接著新血管生成，纖維軟骨痂會包覆著斷裂面，骨痂形成，最後利用骨重塑作用進行修復，一般大約需要6~8週的時間。複合性骨折在處理上則較為繁複，所需時間也較長。

四、腓骨 (Fibula)

位於小腿外側、細長的骨骼。腓骨沒有承擔體重，但提供許多肌肉附著。頭部平滑的關節面與脛骨相關節，遠端外踝(lateral malleolus)構成踝關節，並提供踝關節外側的穩定性，可以從外側觸及（圖5-45）。

五、跗骨 (Tarsals)

從踝關節到足部主要由7塊跗骨、5塊蹠骨和14塊趾骨構成。跗骨位於足部近端，與腕骨功能相似，但形狀和排列上與腕骨不同。跗骨與足部的構造有密切的關係，幫助踝關節承受體重（圖5-46）。

最大的跗骨是**跟骨**(calcaneus)，**構成足跟部分**，後側的跟骨粗隆(calcaneal tuberosity)是阿基里斯腱的附著點。最上方第二大的**距骨**(talus)**與脛骨相關節**。舟狀骨(navicular)位於踝關節內側。跟骨、距骨和舟狀骨是近端的跗骨。

遠端側的跗骨包括3塊楔狀骨(cuneiform)，分為內側、中間、外側楔狀骨；最外側的骰骨(cuboid)利用內側面與外側楔狀骨和跟骨相關節。遠端跗骨與蹠骨相關節。

六、蹠骨 (Metatarsals)

5塊蹠骨構成腳掌部分，從內側到外側分別為第1~5根蹠骨。第1~3根蹠骨與楔狀骨關節，第4~5根與骰骨關節，遠端則與趾骨相關節。第1根蹠骨頭部常會出現2塊小種子骨，穿插在屈拇短肌內，幫助肌腱的滑動更順利。

七、趾骨 (Phalanges)

左右各14根，大拇趾有2根，其他有3根。

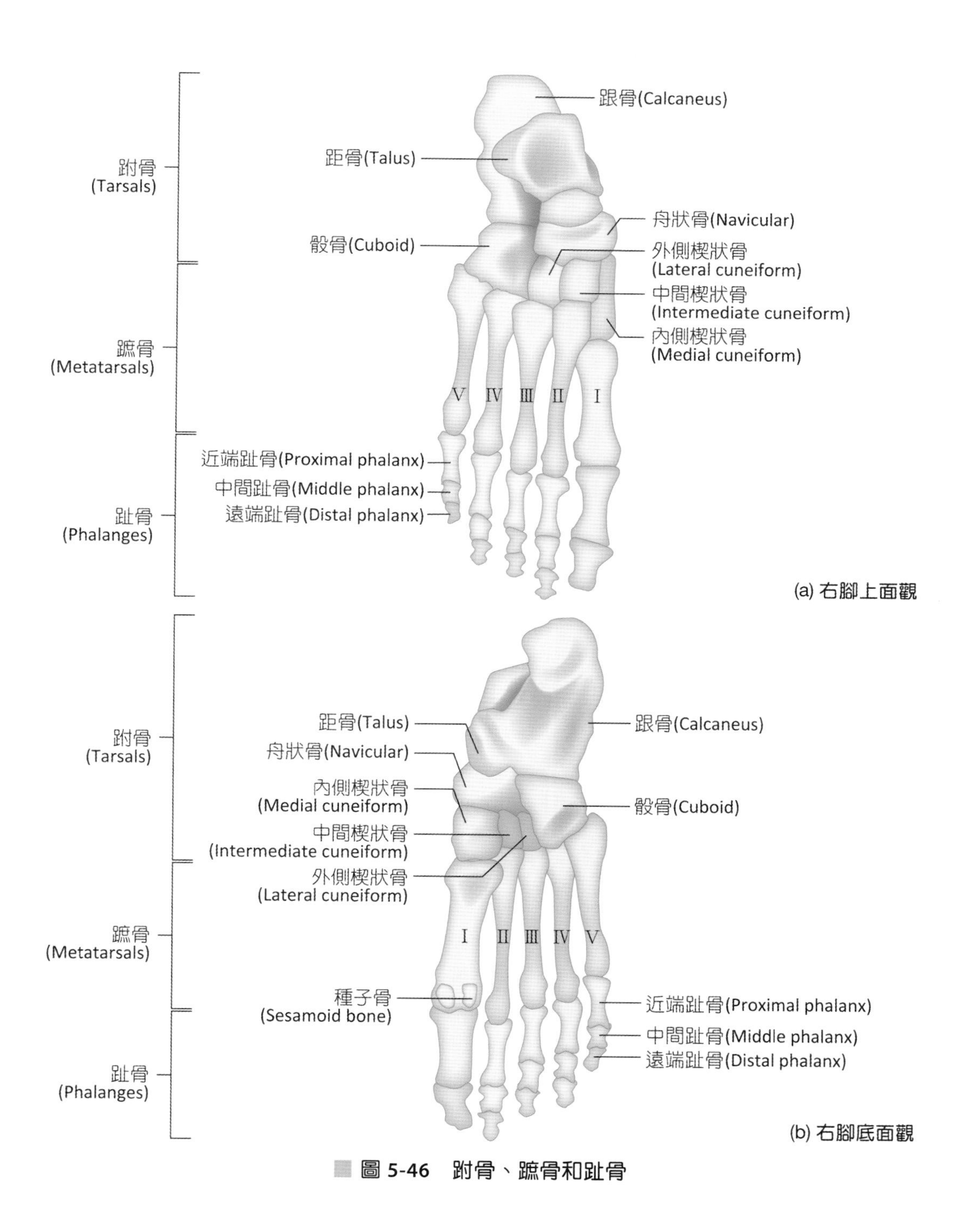

圖 5-46 跗骨、蹠骨和趾骨

八、足弓 (Arches of the Foot)

一般而言，足掌不會整個平貼在地面，足部的弓形可以幫助支持體重，當人體站立時，腳掌的血管和神經不會受到擠壓。足弓共有3個，分別是（圖5-47）：

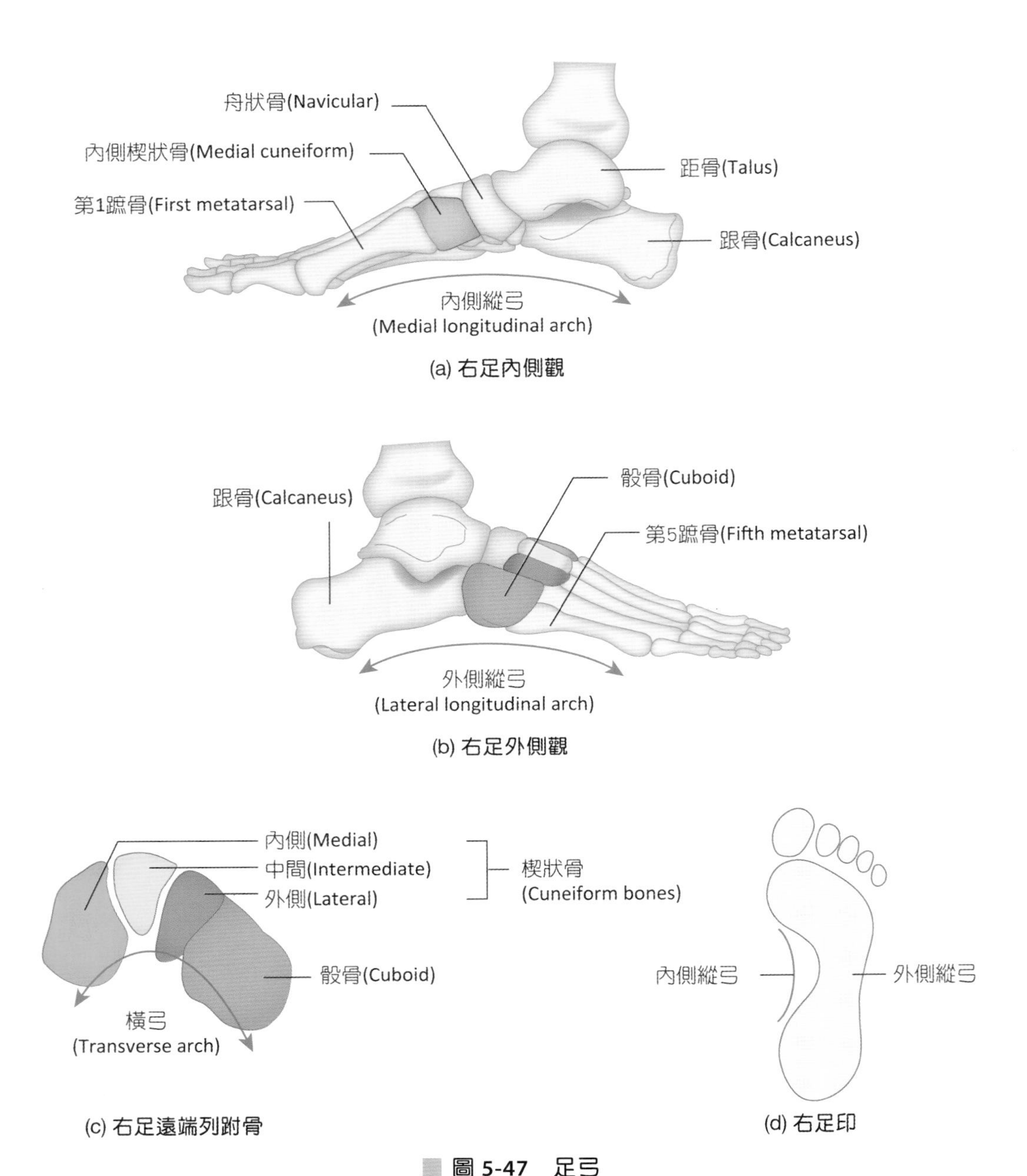

圖 5-47 足弓

1. **內側縱弓**(medial longitudinal arch)：由大拇趾延伸到腳跟處，主要由跟骨、距骨、舟狀骨、楔狀骨和內側三塊蹠骨構成，是足弓中縱向角度最大的，使腳掌內側在站立時不會接觸地面，因此當我們在做足部腳印時，腳掌內側並不會出現。
2. **外側縱弓**(lateral longitudinal arch)：由根骨、骰骨和外側兩根蹠骨構成，提供足部外側面角度，可以分擔部分體重。因縱向角度並沒有內側縱弓大，做足部腳印時，足掌的影像在外側面會出現。

3. **橫弓**(transverse arch)：與縱弓垂直，由遠端跗骨和5塊蹠骨構成。因內側縱弓角度大於外側縱弓，造成橫弓內側的角度大於外側。

足弓的角度主要是足部的骨骼彼此之間連鎖，建立弓形足弓來維持支撐體重，就好像楔狀磚塊不需要機械性的外力支持，就能維持著拱橋樑的穩固。除此之外，足弓還可以利用附著在骨骼上的韌帶或連接其上肌肉尾端的肌腱收縮，來維持加強其穩固性。

▼ 扁平足(Flatfoot)

Clinical Applications

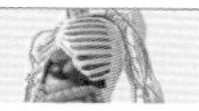

主要是內側縱弓的角度扁平，造成站立時足掌完全接觸地面，多因體重過重、不正常姿勢或足弓周圍支持組織力變差而引起。先天性的扁平足常因舟狀骨與距骨在背側相關節，造成距骨被固定在屈曲的姿勢而引起。一般在治療上，多利用外在建立的足弓來幫忙提供、維持病人足弓。

摘要 · SUMMARY

骨骼系統的功能	1. 支持：骨骼系統提供全身結構上的支持 2. 儲存：骨頭中骨鹽提供了可改變性的礦物質儲存槽。除此之外，骨頭內的黃骨髓還為身體儲存了許多脂肪 3. 製造血球：骨髓腔內紅骨髓負責製造紅血球、白血球或其他血球 4. 保護：骨骼系統提供保護軟組織或許多器官 5. 槓桿作用：許多骨頭利用槓桿原理改變肌肉系統力的大小和方向
骨骼組織的構造	1. 疏鬆骨：海綿骨；位於長骨的兩端和大部分骨頭中間 2. 緻密骨：堅硬骨；主要形成長骨的骨幹部分其大部分骨頭的外表面 3. 骨元：緻密骨的基本構造，由哈氏管和圍繞的骨板組成 4. 骨幹：長骨的中間、形似幹狀構造 5. 骨內膜：圍繞在骨髓腔壁上的上皮膜 6. 骨外膜：包覆骨幹的緻密纖維膜 7. 骨骺：每根長骨兩端的頭部分
骨骼的發育	1. 膜內骨化：由胚胎終結締組織所分化而成的造骨細胞開始，大多發生在較深層的真皮組織處 2. 軟骨內骨化：大部分的骨頭都是利用存在的透明軟骨進行軟骨內骨化方式生成，在胎兒6個月時，軟骨開始慢慢的被硬骨頭取代
中軸骨骼	1. 頭顱骨由腦顱骨和顏面骨組成。主要由8塊骨骼組成：篩骨、額骨、枕骨、蝶骨、一對頂骨和顳骨。這些骨骼除了保護腦外，還分別提供腭、頭部或頸部肌肉附著 2. 成人的脊柱由26塊獨立脊椎骨構成。每個脊椎骨在上下關節面處互相相關節 3. 成人脊柱的4個彎曲分別是：頸彎曲、胸彎曲、腰彎曲和薦彎曲。這些彎曲的弧度提供人類站立時更好支撐體重的能力 4. 所有的脊椎骨幾乎都具有相似的外觀 5. 胸廓主要由後方的胸椎、外側的肋骨和前方的胸骨組成。主要提供心臟和肺臟保護
附肢骨骼	1. 胸帶分別與上肢和軀幹相關節，由鎖骨和肩胛骨組成 2. 上肢骨共30塊：1塊肱骨、1塊橈骨和尺骨、8塊腕骨、5塊掌骨和14塊指骨 3. 成人的骨盆帶主要由4塊骨頭構成，包括薦骨、尾骨和左右兩塊髖骨。骨盆支持、保護著身體腹側體腔內下部分的臟器 4. 因為女性需要懷孕和生產的結構，我們可以從髖骨上去分辨性別 5. 下肢的排列和骨骼數量和上肢相同，但形狀有些不同。下肢共30塊骨骼，股區各有一塊股骨、小腿區各有一塊脛骨和腓骨、7塊腕骨、5塊掌骨和14塊指骨 6. 足弓：幫助支持體重，並確定當人體站立時，腳掌面的血管和神經不會受到擠壓， 3個足弓分別是：內側縱弓、外側縱弓和橫弓

課後習題 · REVIEW ACTIVITIES

1. 下列副鼻竇中，何者不開口於中鼻道？(A)額竇　(B)篩竇　(C)蝶竇　(D)上頷竇
2. 下列哪一塊骨頭中不具有副鼻竇的構造？(A)上頷骨　(B)下頷骨　(C)篩骨　(D)蝶骨
3. 下列何者同時參與足部內側縱弓及外側縱弓的形成？(A)跟骨(calcaneus)　(B)距骨(talus)　(C)骰骨(cuboid)　(D)楔骨(cuneiform)
4. 有關下鼻道(inferior nasal meatus)的敘述，下列何者正確？(A)介於下鼻甲與中鼻甲之間　(B)蝶竇開口於此　(C)上頷竇開口於此　(D)鼻淚管開口於此
5. 下列有關椎骨的敘述，何者錯誤？ (A)頸椎及胸椎皆有橫突　(B)椎間盤位於椎體之間　(C)每個椎孔皆有脊髓通過　(D)每個椎間孔皆有脊神經通過
6. 人體最大的囟門是介於下列何者之間？(A)顳骨與頂骨　(B)枕骨與頂骨　(C)額骨與頂骨　(D)蝶骨與頂骨
7. 下列椎骨中，何者的棘突(spinous process)最長？(A)第5頸椎　(B)第5胸椎　(C)第5腰椎　(D)第5薦椎
8. 小腿脛骨(tibia)的外形，屬於下列何種骨骼？(A)長骨　(B)短骨　(C)扁平骨　(D)種子骨
9. 肩峰(acromion)位於下列何骨上？(A)尺骨(ulna)　(B)橈骨(radius)　(C)肱骨(humerus)　(D)肩胛骨(scapula)
10. 三叉神經之下頷支經由下列何處離開顱腔？(A)眶上裂　(B)圓孔　(C)卵圓孔　(D)棘孔

答案：1.C　2.B　3.A　4.D　5.C　6.C　7.B　8.A　9.D　10.C

參考資料・REFERENCES

馬青、王欽文、楊淑娟、徐淑君、鐘久昌、龔朝暉、胡蔭、郭俊明、李菊芬、林育興、邱亦涵、施承典、高婷育、張琪、溫小娟、廖美華、滿庭芳、蔡昀萍、顧雅真…許瑋怡(2022)・於王錫崗總校閱，*人體生理學*（6版）・新文京。。

許世昌(2019)・*新編解剖學*（4版）・永大。

許家豪、張媛綺、唐善美、巴奈比比、蕭如玲、陳昀佑(2021)・*生理學*（4版）・新文京。

麥麗敏、陳智傑、廖美華、鍾麗琴、陳建瑋、祁業榮、黃玉琪、戴瑄、呂國昀(2015)・於王錫崗總校閱，*解剖生理學*（2版）・華杏。

馮琮涵、黃雍協、柯翠玲、廖智凱、胡明一、林自勇、鍾敦輝、周綉珠、陳瀅(2021)・*人體解剖學*・新文京。

廖美華、溫小娟、高婷玉、顏惠芷、林育興(2020)・於劉中和總校閱，*解剖學*（2版）・華杏。

Bourne, G. (2012). *Anatomy and physiology*. Elsevier.

Clarke, B. (2008). Normal bone anatomy and physiology. *Clinical Journal of the American Society of Nephrology, 3*(3), 131-139.

Marieb, E. N., & Hoehn, K. (2007). *Human anatomy & physiology*. Pearson Education.

Tortora, G. J. (2016). *Principle of human anatomy* (14th ed.). Wiley.

Chapter

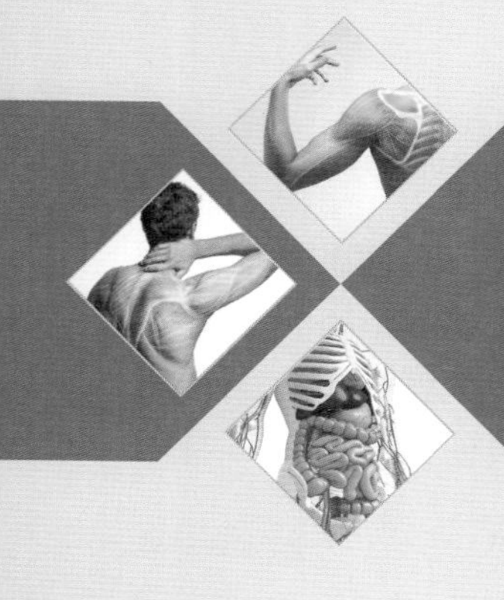

關節 × 06

吳惠敏 編著

Joints

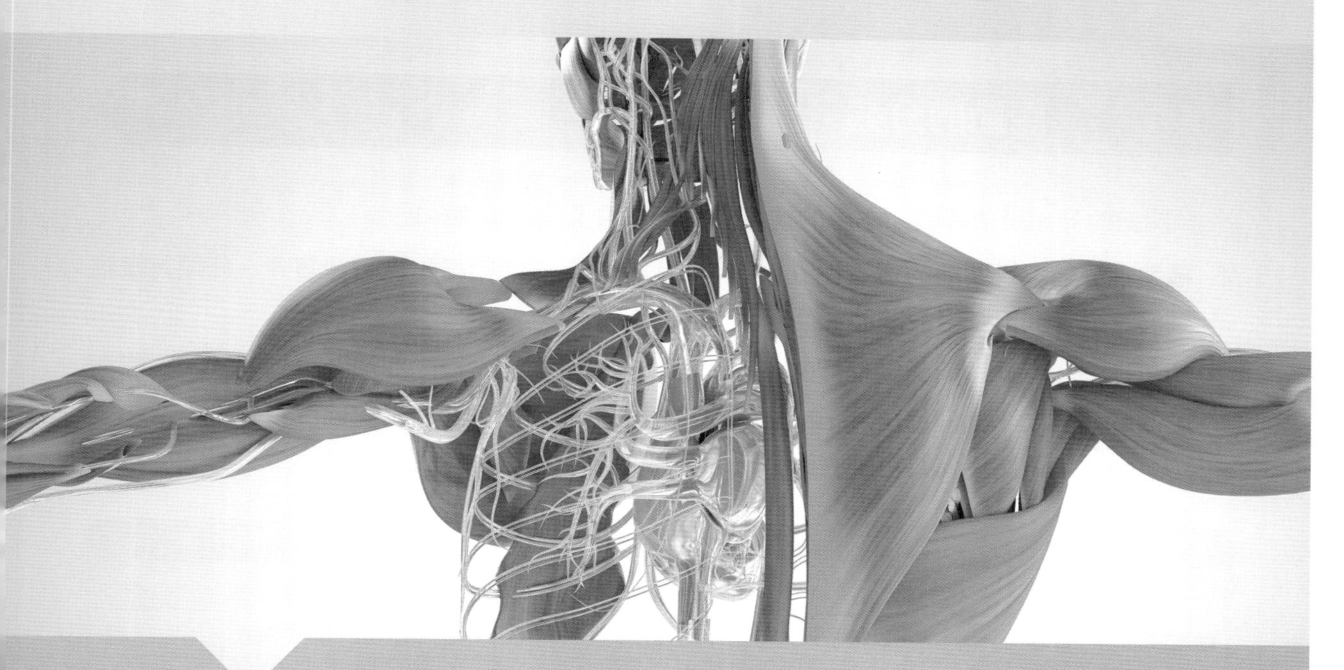

本章大綱

ANATOMY

前言

骨骼系統支持人體的重量，並與神經和肌肉系統相互合作以執行身體的活動，因骨頭本身非常堅硬，無法彎曲與伸展，故必須藉由關節(joints or articulations)加以完成。關節位於骨頭與骨頭之間，連接骨頭與骨頭；或是位於骨頭與軟骨之間，連接骨頭與軟骨；以及位於牙齒與上、下頷骨的齒槽窩之間，連接牙根與齒槽。關節本身的構造性質決定其活動程度。

6-1 關節的分類

關節的分類是依據關節本身的構造或功能來給予分類（表6-1）。

1. **構造性分類：**以關節的構造性質，如有無關節腔、關節結締組織的總類等，分類為纖維關節、軟骨關節及滑液關節。
2. **功能性分類：**以關節活動程度的不同，分類為不動關節、微動關節及可動關節。不能活動的關節稱為不動關節(synarthroses)，稍能活動的關節稱為微動關節(amphiarthrosis)，可自由活動的關節稱為可動關節(diarthroses)。

表6-1 關節的分類

分類		特性	舉例
纖維關節	骨縫	以緻密規則結締組織連接	冠狀縫、矢狀縫、人字縫
	嵌合關節	牙齒鑲嵌在齒槽內	上、下頷骨與牙齒間的關節
	韌帶聯合	骨頭之間以韌帶連接	橈骨、尺骨及脛骨、腓骨關節
軟骨關節	軟骨結合	骨頭以透明軟骨連接	骨骺板
	軟骨聯合	骨頭以纖維軟骨連接	椎間盤、恥骨聯合
滑液關節	滑動關節	骨頭的兩端被關節軟骨覆蓋，關節囊的內襯有滑液膜，骨頭之間具有關節腔含有滑液膜分泌的滑液	腕骨間關節、跗骨間關節
	屈戌關節		肘關節、膝關節
	髁狀關節		掌骨與指骨間關節
	車軸關節		寰軸關節
	鞍狀關節		腕骨與第一掌骨之間的關節
	球窩關節		肩關節、髖關節

6-2 纖維關節(Fibrous Joints)

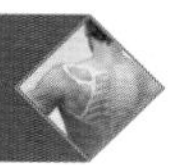

纖維關節的骨頭之間以緻密規則結締組織結合，無關節腔，大部分無法運動，屬於不動關節或僅能微動，依構造分類為（圖6-1）：

1. **骨縫**(sutures)：為不動關節，由一層薄薄的緻密纖維結締組織構成，骨頭之間緊密相接，並緊緊鎖住。可見於頭顱骨，如冠狀縫、矢狀縫、人字縫、鱗狀縫。
2. **韌帶聯合**(syndesmosis)：關節間由帶狀緻密規則結締組織結合，纖維較骨縫多、骨間距較骨縫大，可輕微動作，屬於微動關節。可見於脛骨與腓骨之間以及橈骨與尺骨之間的**骨間膜**。
3. **嵌合關節**(gomphosis)：位於牙齒牙根與上、下頜骨齒槽窩的關節，又稱釘狀聯合。利用韌帶將牙齒鑲嵌在齒槽內，牙齒被纖維牙周膜固定，此關節在功能上分類為不動關節。

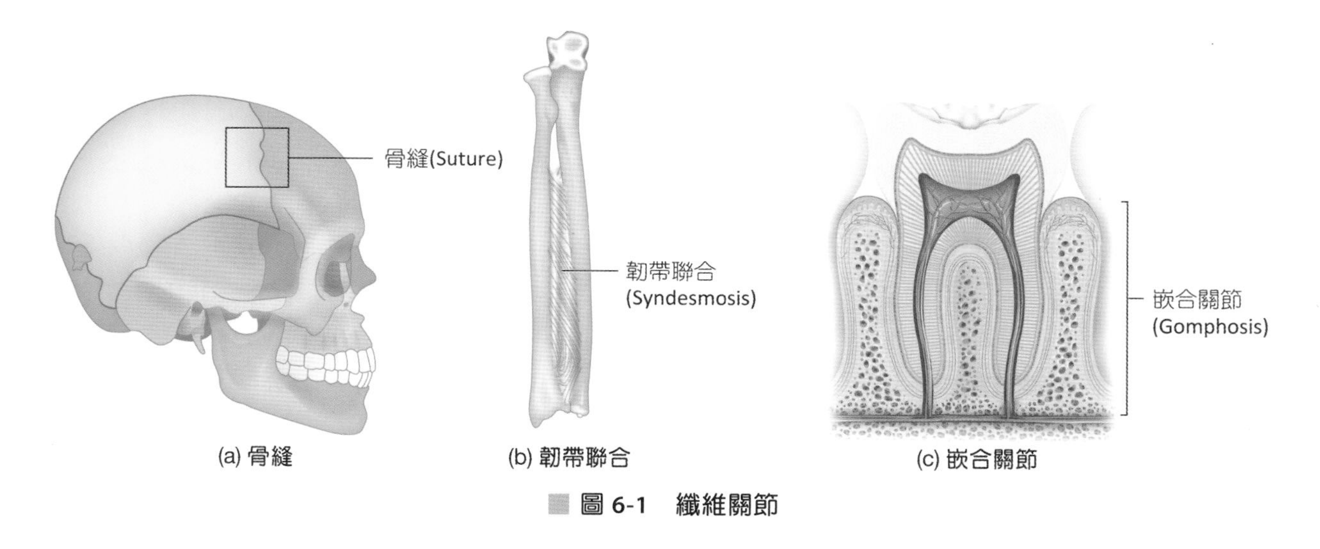

圖 6-1 纖維關節

6-3 軟骨關節(Cartilaginous Joints)

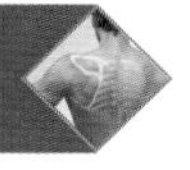

軟骨關節以軟骨連接兩個骨頭，沒有關節腔，因此無法運動或只能做輕微的運動，分為以下兩種類型（圖6-2）：

1. **軟骨結合**(synchondrosis)：屬於不動關節，常見如骨骺板，骨骼間利用透明軟骨連接長骨的骨骺和骨幹，當透明軟骨停止生長後，硬骨取代軟骨，軟骨結合也就不復存在。軟骨結合通常在女性年齡約18歲、男性約20歲癒合為骨骺線，此特徵可作為鑑別頭骨年齡非常有用的工具。

2. **軟骨聯合**(symphysis)：屬於微動關節，可做輕微的動作。關節骨之間存有纖維軟骨，能對抗壓擠並吸收振動，如恥骨聯合、椎間關節。恥骨聯合在女性生產時變得較能活動，當胎兒通過產道，能使骨盆稍為改變形狀以幫助生產。椎間關節中相鄰的椎體由椎間盤連接，僅容許輕微活動，但串連成脊柱後能有靈活的活動。

6-4 滑液關節(Synovial Joints)

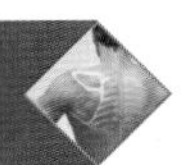

滑液關節與先前所討論的關節不同，其骨與骨之間具有關節腔，可自由活動，功能上被分類為可動關節（圖6-3）。

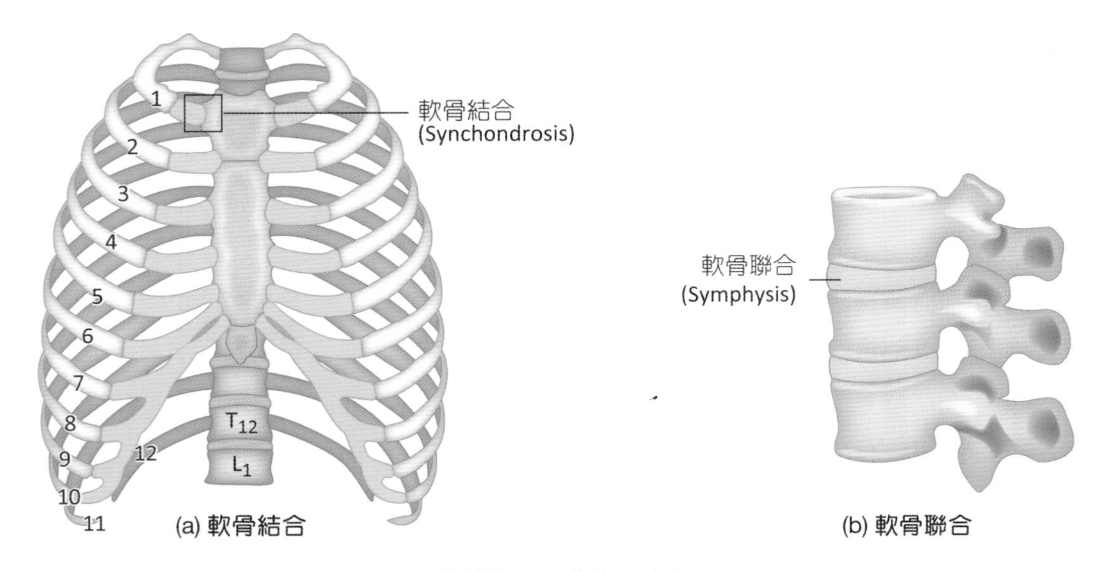

圖 6-2 軟骨關節

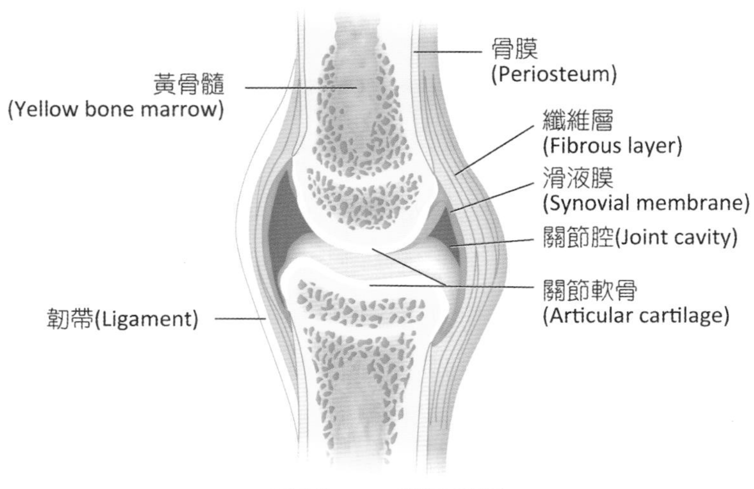

圖 6-3 滑液關節

滑液關節的構造

滑液關節所具有的構造包括：

1. **關節腔**(joint cavity)：位於兩個骨頭之間，內含少量滑液之空腔。
2. **關節囊**(articular capsule)：包被著滑液關節的雙層構造，**外層纖維層**(fibrous layer)，內層為滑液膜。纖維層是由緻密規則結締組織所形成，可強化關節以防止骨頭撕開。
3. **滑液膜**(synovial membrane)：或稱滑膜(synovium)，由疏鬆結締組織所組成，作為關節腔的內襯，但不覆蓋關節軟骨上，會分泌滑液到關節腔。
4. **滑液**(synovial fluid)：由滑液膜分泌的黏稠狀滑液能潤滑關節、滋養軟骨細胞，並不斷循環以提供細胞養分和運送廢物。滑液作用如同緩衝器，當關節受到突然增加的壓力，能將壓力均勻分布於關節面，減少對關節所造成的衝擊，並減輕骨頭間活動的摩擦力。
5. **關節軟骨**(articular cartilage)：覆蓋在關節面的一薄層透明軟骨，關節軟骨的作用猶如海綿墊，可以吸收加諸關節的壓力，保護骨頭免於受傷。軟骨沒有血管，無法運送養分或移除由組織產生的廢物，關節活動時可加強關節軟骨吸收養分及排除廢物，對於關節軟骨本身的健康非常重要。
6. **滑液囊**(bursae)：纖維性囊狀構造，含有滑液，內襯滑液膜，可以減輕關節進行各種不同活動時產生的摩擦力，例如肌腱或韌帶和骨頭的互相摩擦。滑液囊可能與關節腔連接或分開，在大多數的滑液關節中，或骨頭與韌帶、肌肉、皮膚、肌腱之間等容易彼此摩擦處，都可見到滑液囊。
7. **腱鞘**(tendon sheaths)：為一長形囊包裹肌腱，普遍存在於手腕和腳踝。
8. **韌帶**(ligaments)：由緻密規則結締組織所組成，連接骨頭與骨頭，並強化多數的滑液關節。外在韌帶(extrinsic ligaments)位於關節囊外面並與其完全分開，內在韌帶(intrinsic ligaments)包含關節囊外的囊外韌帶和關節內的囊內韌帶。
9. **肌腱**(tendon)：由緻密規則結締組織所組成，是肌肉附著到骨頭的部分，通過或圍繞著關節而給予機械性支持，協助穩定關節。
10. **脂肪墊**(fat pads)：通常位於滑液關節腔的周圍，作為填充物提供關節的保護作用。

滑液關節具有神經和血管，可提供關節囊及相關韌帶神經支配與血液供應。

類風濕性關節炎(Rheumatoid Arthritis, RA) Clinical Applications

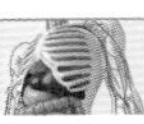

常見於年輕人和中年人，女性罹患機率大於男性。臨床表現包括關節腫脹疼痛、肌肉虛弱、骨質疏鬆、心臟及血管等問題。類風濕性關節炎是一種自體免疫疾病，原因不明，可能因外來的抗原分子與正常關節表面分子相似，免疫系統將正常關節組織誤認為抗原而摧毀。

疾病的一開始，液體和白血球從小血管滲出後進入關節腔，造成滑液體積的增加，滑液膜發炎。最終，關節軟骨和骨頭磨損、變形，使骨頭活動越來越困難。臨床上利用類固醇藥物抑制免疫系統，以緩解症狀。

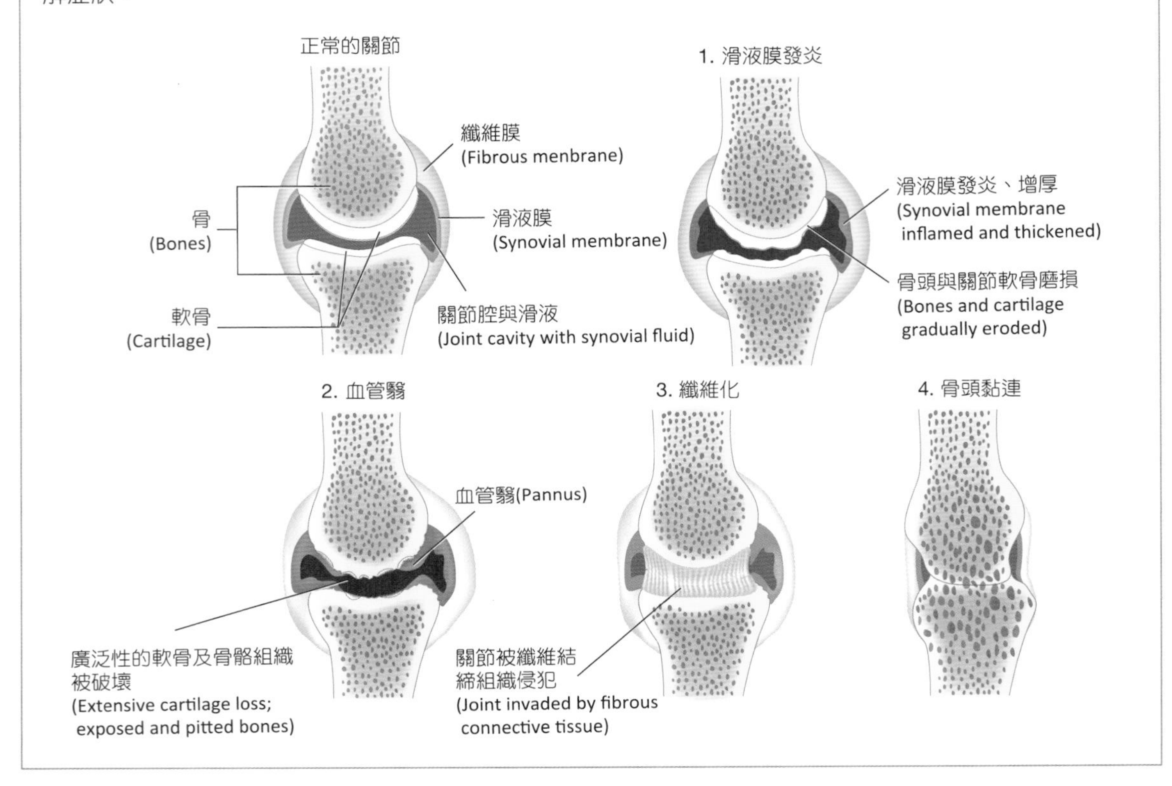

滑液關節的類型

滑液關節依據關節面的形狀和活動形式分類。**單軸關節**(uniaxial joint)骨頭活動方向為單面或單軸，**雙軸關節**(biaxial joint)為雙面或雙軸，**多軸關節**(multiaxial joint)則是多面或多軸。所有滑液關節皆可以自由活動，在功能分類上屬於可動關節，包括以下類型（圖6-4）：

1. **屈戍關節**(hinge joints)：又稱樞紐關節，為單軸關節，其中一個關節骨的凸面嵌入另一骨的凹面，活動侷限於單軸，如同門的絞鏈只能作開門與關門的動作。常見如肘關節、膝關節和手指的指骨間關節。肘關節的肱骨滑車直接嵌入尺骨的滑車切迹，因此前臂僅能向前彎曲或向後伸直。

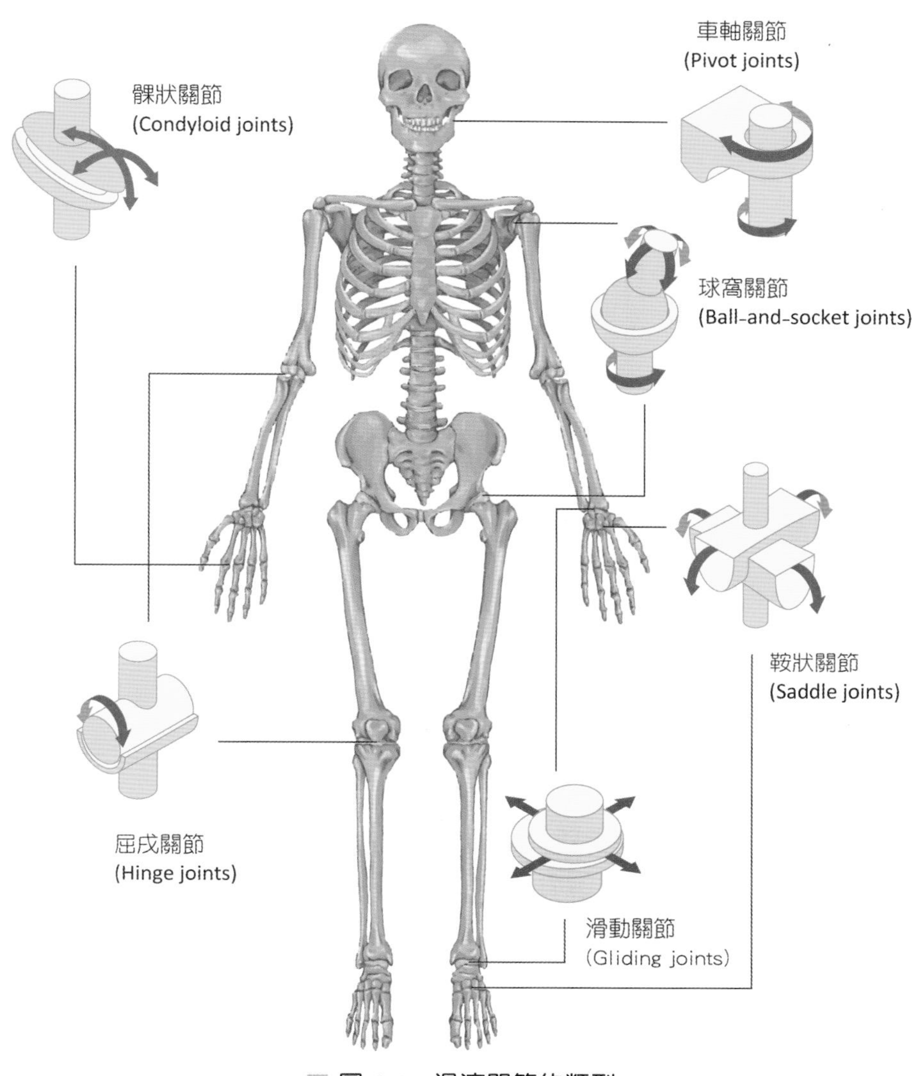

圖 6-4　滑液關節的類型

2. **車軸關節**(pivot joints)：又稱滑輪關節，為單軸關節，其中一個關節骨具圓形關節面，嵌入由韌帶形成的環或另一個骨頭中，例如近端橈尺關節、位於第一和第二頸椎間的寰樞關節，軸椎齒狀突位於寰椎前弓與後面橫向韌帶之間，使我們可以搖動頭部表達不要。

3. **髁狀關節**(condyloid joints)：又稱橢圓關節，為雙軸關節，其中一個骨頭卵圓形的凸面與另一個骨頭的凹面相關節，可做向前、向後等雙面活動。例如掌指關節，除了掌指間的彎曲和伸展，也可以使手指遠離其他手指或靠在一起。

4. **滑動關節**(gliding joints)：關節面為平面，故又稱為平面關節或摩動關節，大多為單軸關節，只能進行關節面上前後左右移動之運動，無法做大範圍的扭動，例如腕骨間、跗骨間、椎骨間、胸骨間、鎖骨間關節。
5. **鞍狀關節**(saddle joints)：比髁狀關節或屈戍關節更可以做大範圍的活動。鞍狀關節因關節面同時具有凹凸面，形似馬鞍而得名。常見如大拇指腕掌關節，大拇指的凹凸面與大多角骨的凸凹面相關節，能讓大拇指移向其他手指而抓住物品。
6. **球窩關節**(ball-and-socket joints)：又稱杵臼關節，為多軸關節，可做多面的活動，活動範圍大，關節骨的球狀頭嵌入圓形、杯狀的臼內，如肱骨頭與肩胛骨關節盂形成的肩關節，股骨頭與髖臼形成的髖關節。解球窩關節是活動範圍最大的關節。

滑液關節的運動類型

滑液關節有四種形式的運動：滑動、角動、旋轉和特殊運動（特殊關節上的運動）。

一、滑動 (Gliding)

滑動是簡單的運動，兩個相對的表面互相輕微前後移動。在進行滑動時，骨頭之間的角度不變，典型代表是平面關節，常發生在手腕、腳踝處或鎖骨和胸骨之間。

二、角動 (Angular Movements)

發生在滑液關節的運動，可以增加或減少兩骨之間角度。這些運動包括（圖6-5）：

1. **屈曲**(flexion)：減少關節間角度的運動，使關節骨骼距離拉近，例如彎曲手指使手指靠近手掌，彎曲肘關節使前臂靠近上臂。將軀幹往右或左彎則稱為側彎(lateral flexion)，這種形式的運動主要出現於脊柱的頸椎與腰椎。
2. **伸展**(extension)：與屈曲相反，是增加關節間角度的運動，使關節骨骼距離拉大。對同一關節而言，伸展與彎曲是一體兩面的動作，伸展即是將屈曲的動作回復，例如伸直肘關節。若伸展的角度超過解剖學姿勢，則稱為過度伸展(hyperextension)，如頭向後仰的姿勢。
3. **外展**(abduction)：指遠離身體中線的運動，如往外移動雙臂與雙腿、五指張開。
4. **內收**(adduction)；與外展相反，將肢體往中線移動，如收回舉起的上臂或移動大腿至身體中線、手指併攏。
5. **迴旋**(circumduction)：為一複雜的運動，由屈曲、伸展、外展和內收等動作組合的結果，使近側端固定而遠側端做360° 圓形運動，形成一個假想的圓錐形。當伸直手畫圓圈時，肩部維持相對的穩定，而手移動畫圓圈，假想圓錐形的頂部為肩部，圓錐形底部則是手畫出的圈。

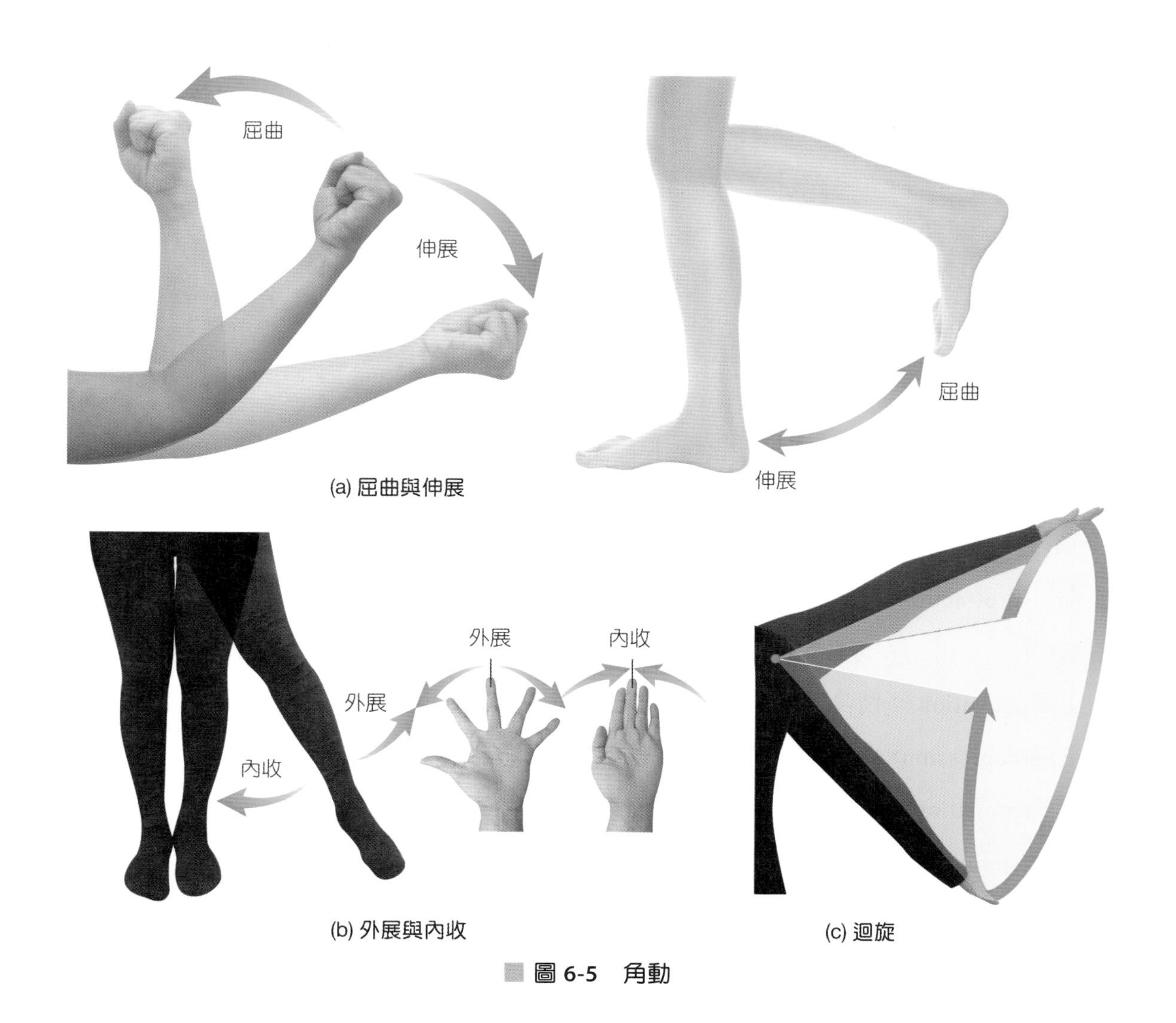

(a) 屈曲與伸展

(b) 外展與內收

(c) 迴旋

圖 6-5　角動

三、旋轉 (Rotation)

旋轉為骨骼沿著身體縱軸做轉動，寰軸關節、肩關節及髖關節皆可進行，包括內旋與外旋（圖6-6）。

1. **內旋**(medial rotation)：將肢體向身體中線的轉動，如上臂向前面內側旋轉、頭部由外側轉向中線。
2. **外旋**(lateral rotation)：將肢體向身體外側的轉動，如上臂向前面外側旋轉、頭部向外側轉動。

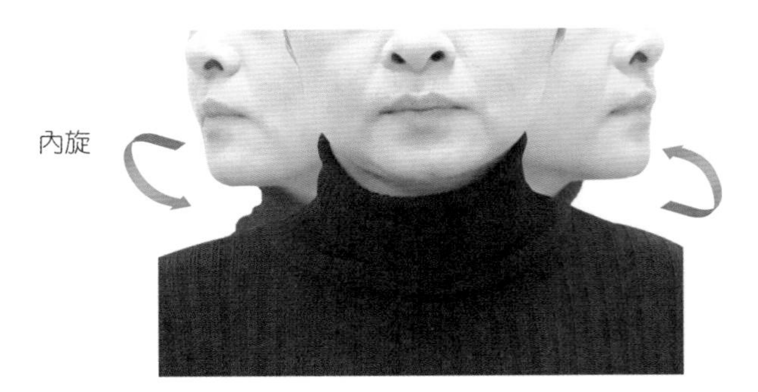

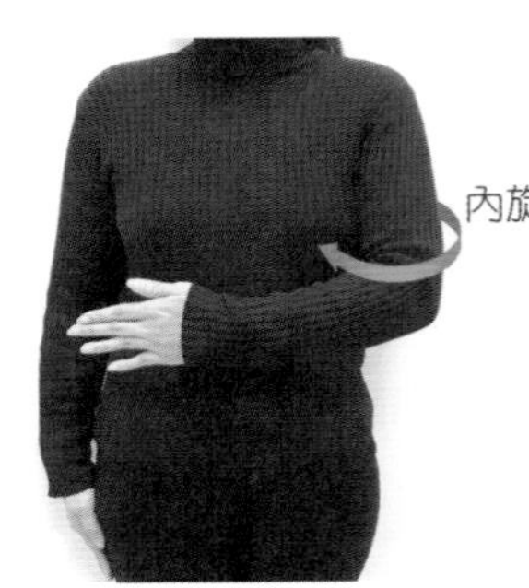

圖 6-6 旋轉

四、特殊運動 (Special Movements)

特殊運動是指僅發生在身體特定部位的特定關節動作（圖6-7）。

1. **前引**(protraction)：將身體部分沿水平方向往前移動，如下頷骨往前突出。
2. **縮回**(retraction)：將身體部分沿水平方向往後移動，如下頷骨回縮。
3. **上舉**(elevation)：將身體向上提起，如下頷骨向上做出閉口動作、肩部向上聳肩。
4. **下壓**(depression)：將身體向下壓，如下頷骨向下張口、肩部下壓。
5. **旋前**(pronation)：前臂的內側旋轉，使掌心向下或向後的動作。
6. **旋後**(supination)：前臂做外側旋轉，使手掌面向前或向上。
7. **對掌**(opposition)：為大拇指與其他手指相接觸，如拿筷子的動作。
8. **足背屈曲**(dorsiflexion)：踝關節往足背彎曲，出現走路時上提腳趾頭，以避免腳趾頭碰觸地面。
9. **足底屈曲**(plantar flexion)：踝關節向足底彎曲，使腳趾朝下，出現在芭蕾舞者以腳趾尖站立時，引起足底向下彎曲。
10. **內翻**(inversion)：足底向內側轉，為足部的特殊運動。
11. **外翻**(eversion)：足底向外側轉，為足部的特殊運動。

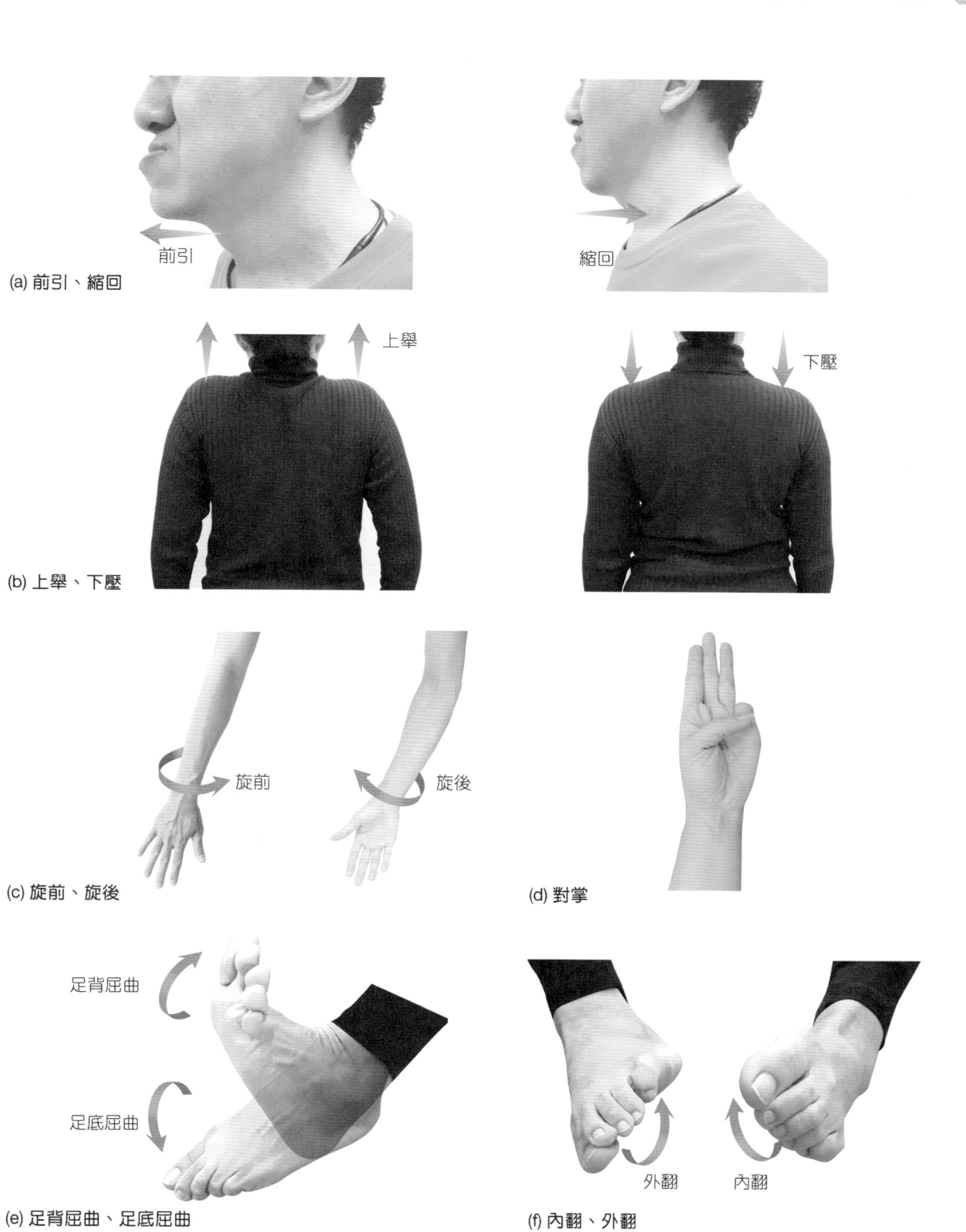
前引
縮回
(a) 前引、縮回
上舉
下壓
(b) 上舉、下壓
旋前
旋後
(c) 旋前、旋後
(d) 對掌
足背屈曲
足底屈曲
(e) 足背屈曲、足底屈曲
外翻
內翻
(f) 內翻、外翻

圖 6-7 特殊運動

6-5 重要的人體關節

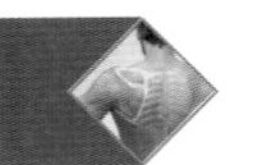

顳下頜關節(Temporomandibular Joint, TMJ)

顳下頜關節位於耳朵前方，由**下頜髁與顳骨下頜窩形成**，是頭顱骨唯一可動的關節。顳下頜關節由疏鬆的關節囊包圍，使其有較大範圍的活動，關節囊外側增厚形成外側韌帶，關節囊內包含纖維軟骨構成的關節盤，墊在關節腔內，將關節腔分為上、下關節腔，因此顳下頜關節有兩個滑液關節，一個位於顳骨和關節盤之間，另一個位於關節盤和下頜骨之間（圖6-8）。由於顳骨下頜窩為一淺層的凹窩，使得顳下頜關節的穩定度很差，下頜髁容易因外力而往前移位，造成脫臼。

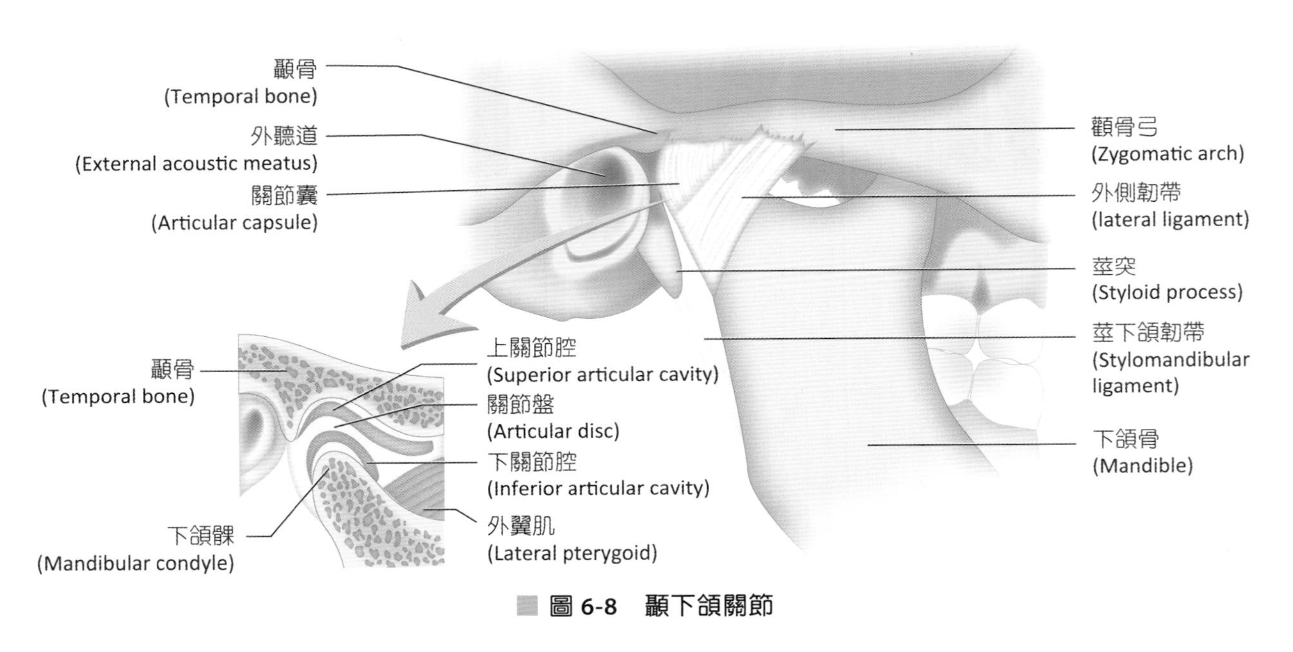

圖 6-8 顳下頜關節

肩關節(Shoulder Joint)

肩關節是由肩胛骨的關節盂與肱骨頭形成的關節，故又稱為盂肱關節，是**身體運動範圍最大的關節**，屬於球窩關節（圖6-9）。由於關節盂本身為淺層的凹窩，使得肩關節的穩定性不佳，很容易移位；關節囊則明顯地薄及鬆，造就肩關節活動性佳、活動度大，因此需要滑液囊來減少骨骼與肌肉肌腱的摩擦，例如肩峰下囊減少肩峰和關節囊之間的摩擦，喙下囊預防喙突和關節囊之間的接觸，以及三角肌下囊和肩胛下囊。

盂肱關節有數條主要韌帶，關節囊上部增厚形成大的**喙肱韌帶**，從喙突到肱骨頭，用以支撐上肢的重量。關節囊前部增厚形成**盂肱韌帶**。**肱橫韌帶**是一狹窄片狀，延伸在肱骨大小結節之間。肱二頭肌的長頭肌以及旋轉袖肌群，包含肩胛下肌、棘下肌、小圓肌和棘上肌等肌肉及肌腱，對穩定肩關節非常重要。

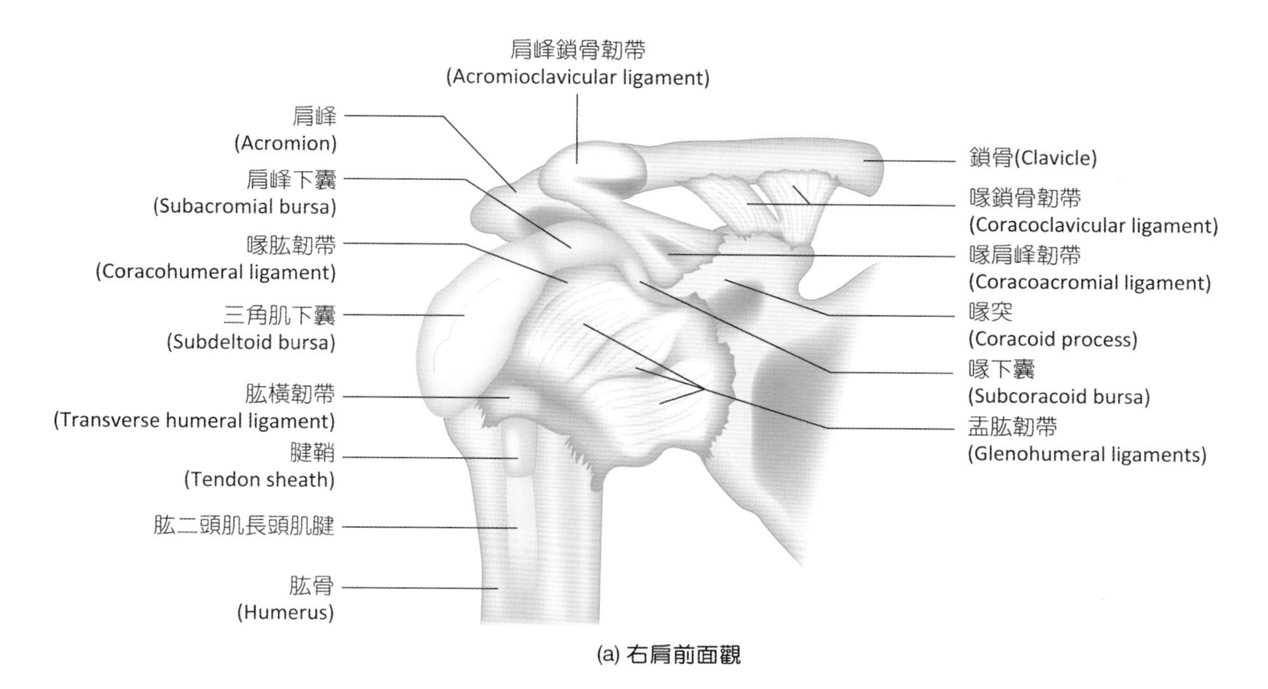

(a) 右肩前面觀

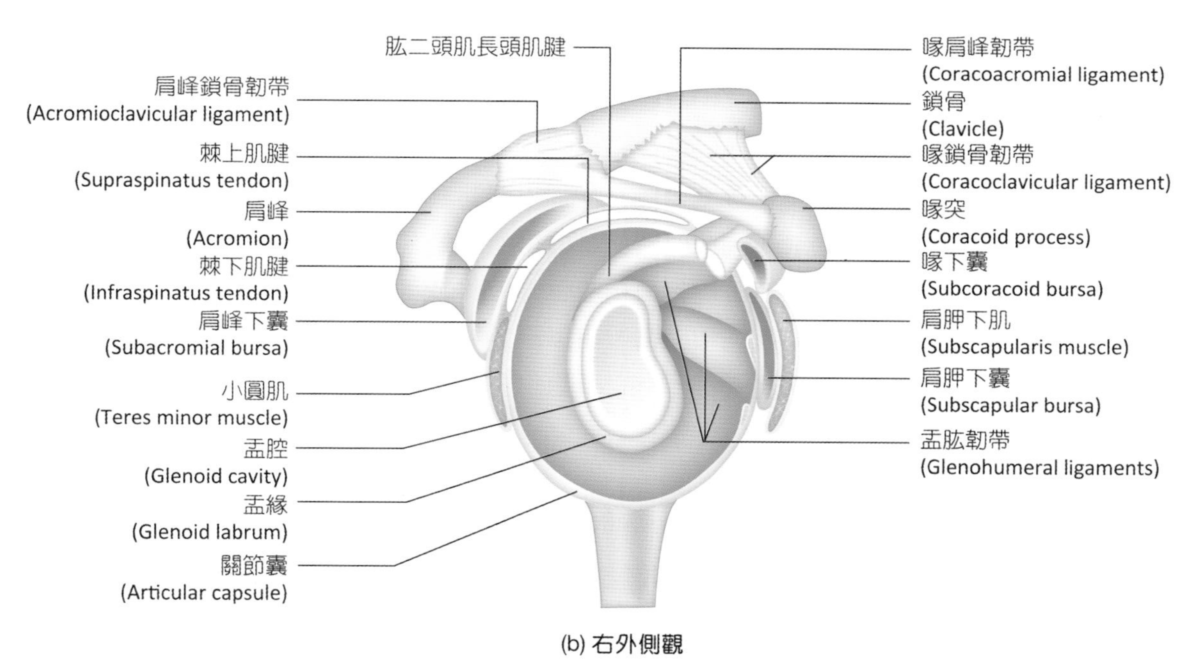

(b) 右外側觀

圖 6-9　肩關節

▼ 退化性關節炎(Degenerative Joint Arthritis, DJA)　Clinical Applications

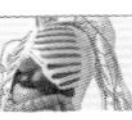

又稱為骨關節炎，是最常見的關節炎，多發生於女性、中老年人、運動員。負重關節或遠端指關節因過度使用而磨損關節軟骨，造成軟組織在關節內增殖形成骨贅或骨疣，嚴重影響關節的活動。沒有保護性的關節軟骨，骨頭彼此摩擦，造成骨表面磨損，關節的活動會變得僵硬和疼痛，最容易受影響的關節有手指、髖部、膝部和脊柱等。退化性關節炎多發生在中老年人，運動員則因關節過度施壓而發病。使用非類固醇抗發炎藥物可減輕退化關節炎所造成的疼痛。

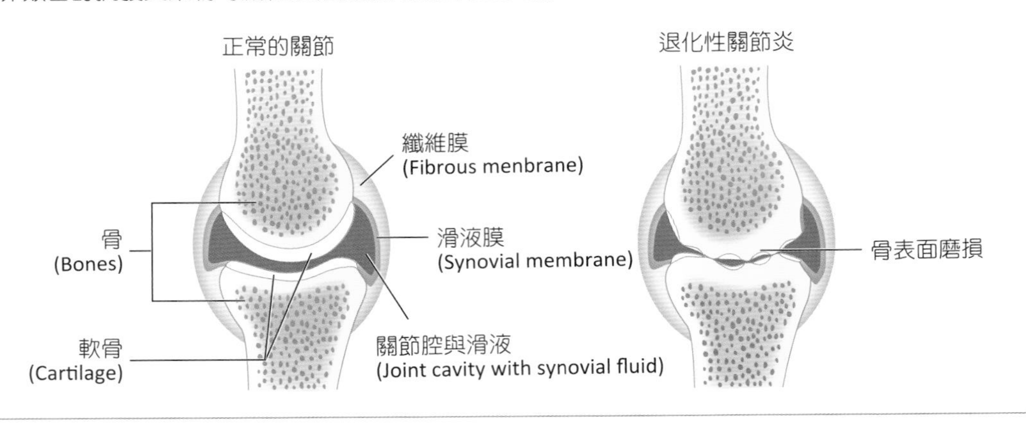

肘關節(Elbow Joint)

肘關節屬於屈戌關節，主要由兩個部分組成，被相同關節囊所包覆：

1. **肱尺關節**(humeroulnar joint)：肱骨滑車與尺骨滑車切迹相關節。
2. **肱橈關節**(humeroradial joint)：肱骨小頭與橈骨頭相關節。

由於肱骨滑車與尺骨滑車切迹緊密接合，加上關節囊較厚可以有效保護肘關節、支撐韌帶強壯，能協助強化關節囊，因此肘關節是非常穩定的關節（圖6-10）。肘關節有三條主要的支持韌帶：**橈側副韌帶**連接橈骨頭和肱骨外上踝之間，用以穩定關節外側面；**尺側副韌帶**從肱骨內上踝至尺骨冠狀突和鷹嘴，用以穩定關節內側面；**環狀韌帶**圍繞橈骨頭及近端尺骨，協助維持穩定橈骨頭。

髖關節(Hip Joint)

髖關節屬於球窩關節，能進行屈曲、伸展、外展、內收、旋轉和迴旋等運動，是由股骨頭和深且凹陷的髖臼形成的關節，纖維軟骨所形成環狀髖臼唇可加深髖臼。髖關節比肩關節更強壯、更穩定，受到強壯的關節囊、數條韌帶和許多有力的肌肉所鞏固，可支持身體重量，穩定性非常高，但活動性較肩關節小。關節囊由髖臼延伸至股骨轉子，同時包裹住股骨頭和股骨頸，防止股骨頭移位離開髖臼。

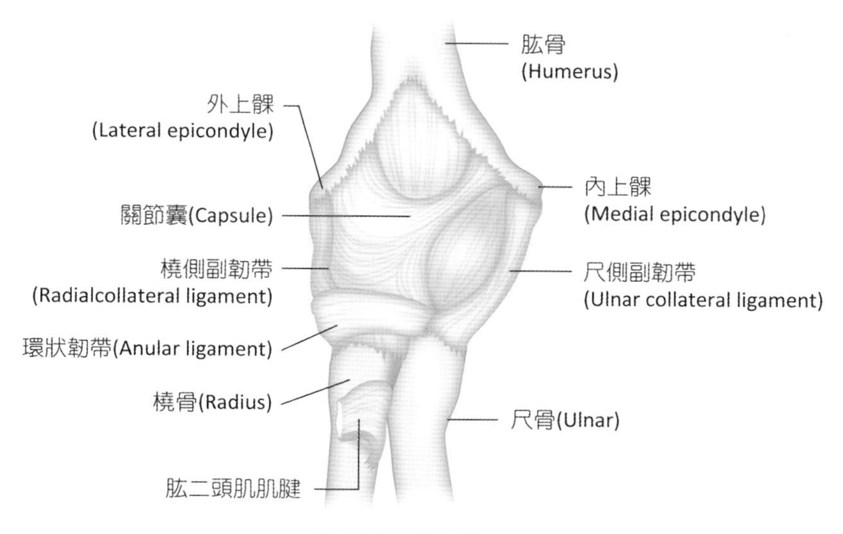

(a) 右手肘前面觀

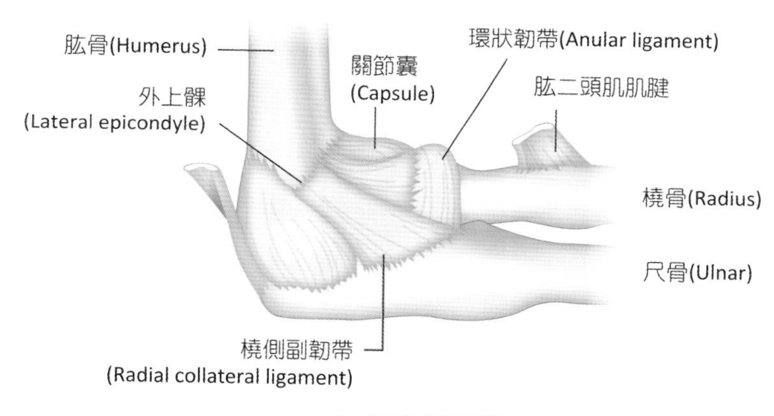

(b) 右手肘外面觀

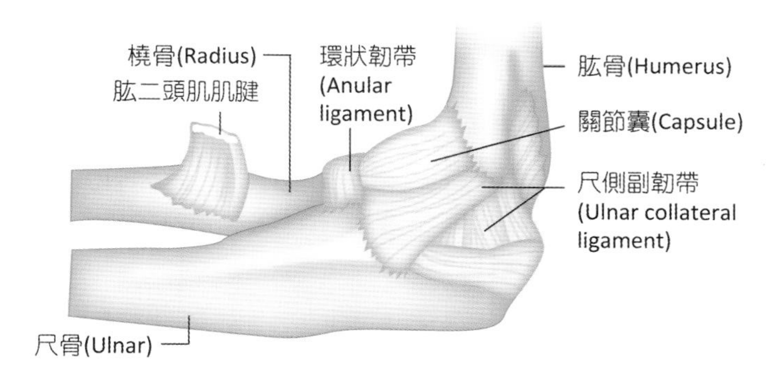

(c) 右手肘內面觀

圖 6-10　肘關節

髂股韌帶(iliofemoral ligament)是Y形韌帶，強化關節囊前面。**坐股韌帶**(ischiofemoral ligament)是位於關節囊後面螺旋形的韌帶。**恥股韌帶**(pubofemoral ligament)是位於關節囊下方的三角形韌帶。另一個極小的**股骨頭韌帶**(ligament of head of femur)，也稱為圓韌帶(ligamentum teres)，從髖臼到股骨頭，雖然對關節並無提供有力的支持，不過它含有一小的動脈可供應血液給股骨頭（圖6-11）。

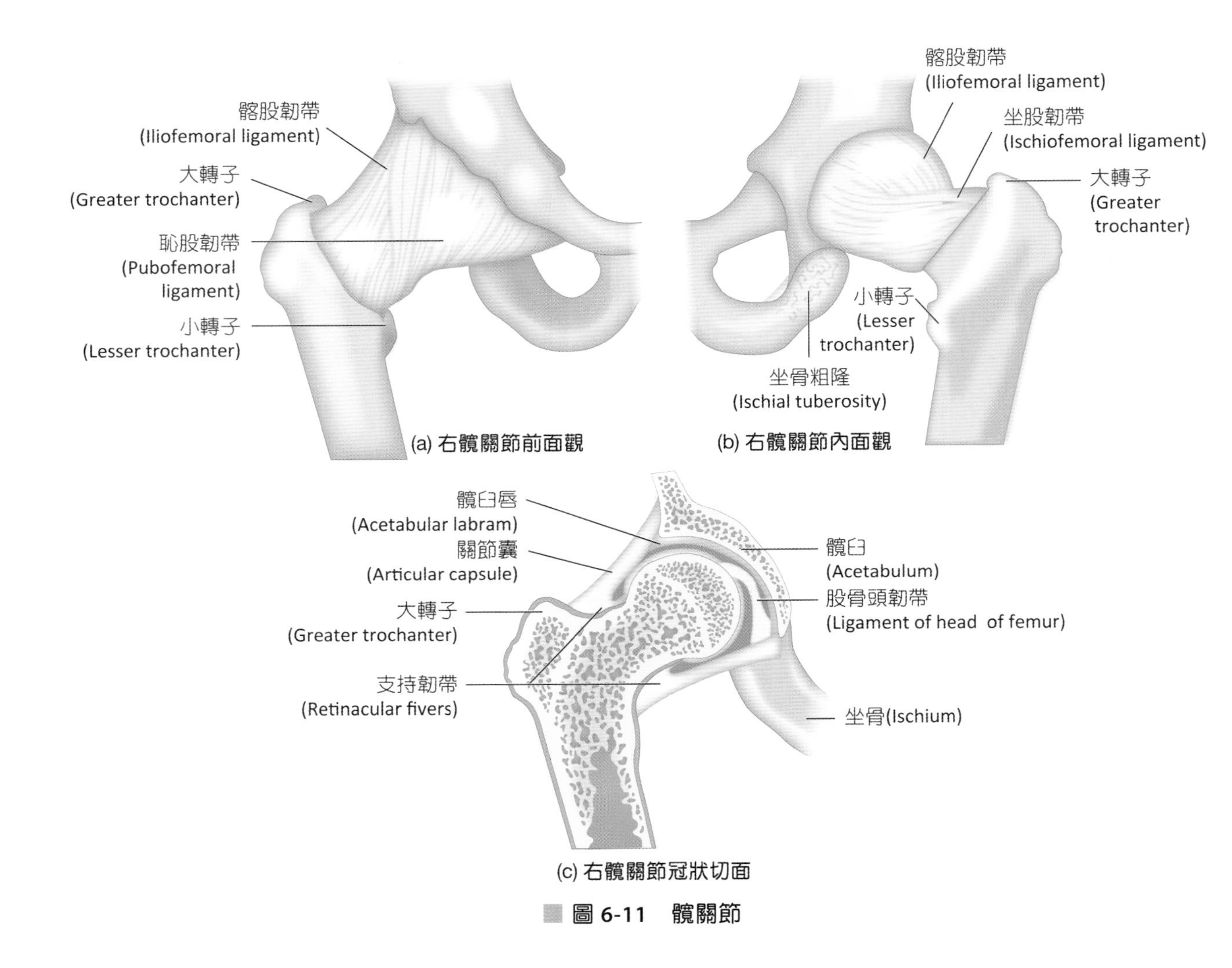

圖 6-11 髖關節

膝關節(Knee Joint)

膝關節是身體中最大和最複雜的可動關節。構造上，膝關節主要由兩個部分組成（圖6-12）：

1. **脛股骨關節**(tibiofemoral joint)：介於股骨髁與脛骨髁之間。
2. **髕股骨關節**(patellofemoral joint)：介於髕骨和股骨的髕骨面之間。

膝關節的關節囊包覆膝關節的內側、外側和後側等區域，但並不覆蓋住膝關節的前面。髕骨被埋在股四頭肌肌腱內，**髕韌帶**(patellar ligament)延伸越過髕骨附著在脛骨的粗隆上。在關節的兩側有**腓側副韌帶**(fibular collateral ligament)，從股骨延伸到腓骨，可防止膝關節過度內收，並強化關節的外側面。**脛側副韌帶**(tibial collateral ligament)股骨延伸到脛骨，可強化膝關節的內側面，防止膝關節過度外展。

關節囊內有一對C形纖維軟骨墊，稱為**內側半月板**(medial meniscus)和**外側半月板**(lateral meniscus)，位在脛骨髁上，可部分穩定關節的內外側，作為關節面之間的緩衝，股骨移動時，此構造會持續改變形狀以符合關節面。關節囊有兩組**十字韌帶**(cruciate ligaments)連接股骨與脛骨，互相交叉呈X形，因此命名為十字韌帶，可限制股骨在脛骨處向前和向後的移動。

踝關節(Ankle Joint)

踝關節是由脛骨和腓骨遠端與距骨形成的關節，脛骨的內踝和腓骨的和外踝形成廣闊的內側緣和外側緣，以防止距骨滑出。關節囊覆蓋住脛骨遠端面、內踝、外踝和距骨。**內側三角韌帶**(medial deltoid ligament)在內側連接脛骨到足部，防止足部過度外翻。**外側韌帶**(lateral ligament)在外側連接腓骨到足部，**脛腓韌帶**(tibiofibular ligaments)連接脛骨到腓骨（圖6-13）。

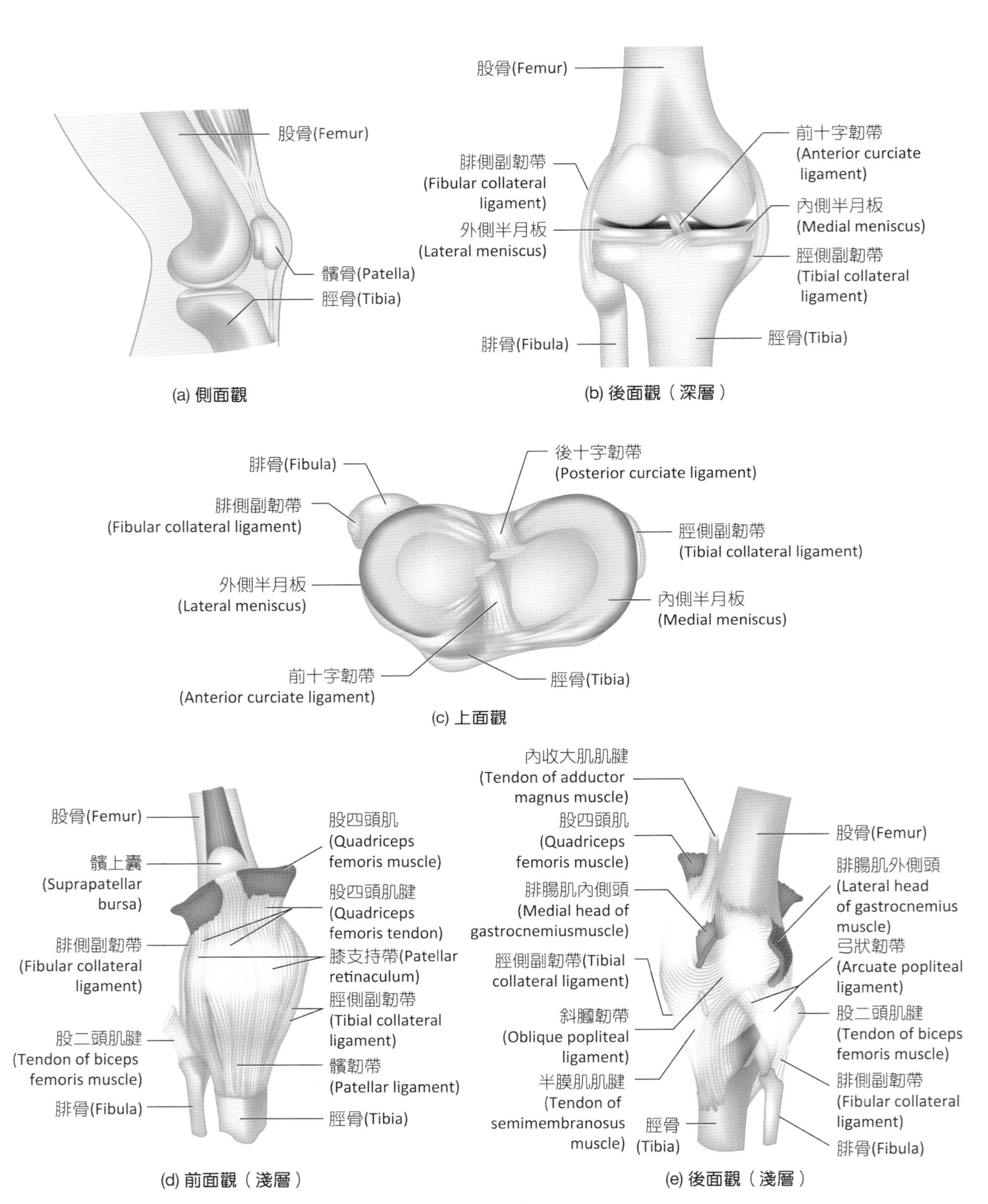

股骨(Femur)
髕骨(Patella)
脛骨(Tibia)
(a) 側面觀
股骨(Femur)
腓側副韌帶
(Fibular collateral ligament)
外側半月板
(Lateral meniscus)
前十字韌帶
(Anterior curciate ligament)
內側半月板
(Medial meniscus)
脛側副韌帶
(Tibial collateral ligament)
腓骨(Fibula)
脛骨(Tibia)
(b) 後面觀（深層）
腓骨(Fibula)
腓側副韌帶
(Fibular collateral ligament)
外側半月板
(Lateral meniscus)
前十字韌帶
(Anterior curciate ligament)
後十字韌帶
(Posterior curciate ligament)
脛側副韌帶
(Tibial collateral ligament)
內側半月板
(Medial meniscus)
脛骨(Tibia)
(c) 上面觀
股骨(Femur)
髕上囊
(Suprapatellar bursa)
腓側副韌帶
(Fibular collateral ligament)
股二頭肌腱
(Tendon of biceps femoris muscle)
腓骨(Fibula)
股四頭肌
(Quadriceps femoris muscle)
股四頭肌腱
(Quadriceps femoris tendon)
膝支持帶(Patellar retinaculum)
脛側副韌帶
(Tibial collateral ligament)
髕韌帶
(Patellar ligament)
脛骨(Tibia)
(d) 前面觀（淺層）
內收大肌肌腱
(Tendon of adductor magnus muscle)
股四頭肌
(Quadriceps femoris muscle)
腓腸肌內側頭
(Medial head of gastrocnemiusmuscle)
脛側副韌帶(Tibial collateral ligament)
斜膕韌帶
(Oblique popliteal ligament)
半膜肌肌腱
(Tendon of semimembranosus muscle)
脛骨
(Tibia)
股骨(Femur)
腓腸肌外側頭
(Lateral head of gastrocnemius muscle)
弓狀韌帶
(Arcuate popliteal ligament)
股二頭肌腱
(Tendon of biceps femoris muscle)
腓側副韌帶
(Fibular collateral ligament)
腓骨(Fibula)
(e) 後面觀（淺層）

圖 6-12 膝關節

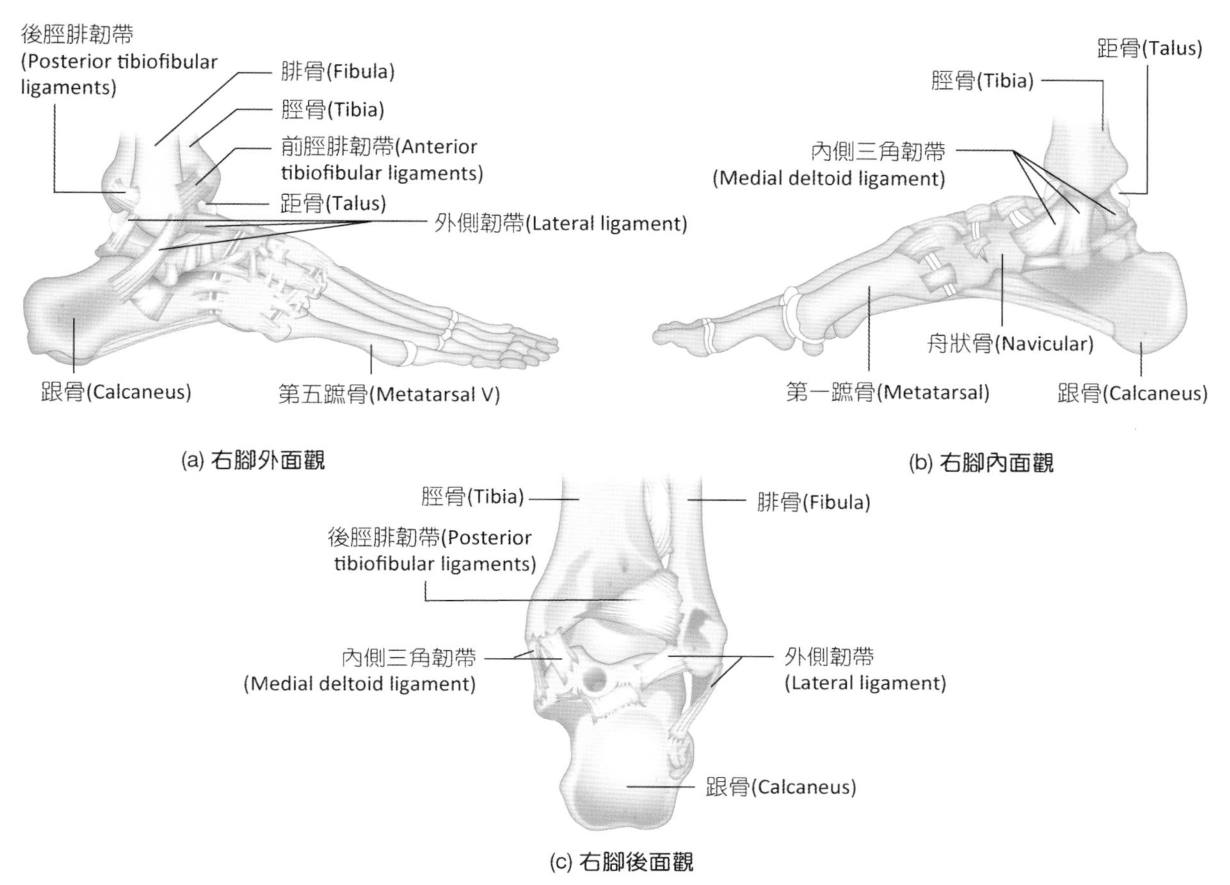
後脛腓韌帶
(Posterior tibiofibular ligaments)
腓骨(Fibula)
脛骨(Tibia)
前脛腓韌帶(Anterior tibiofibular ligaments)
距骨(Talus)
外側韌帶(Lateral ligament)
跟骨(Calcaneus)
第五蹠骨(Metatarsal V)
(a) 右腳外面觀
距骨(Talus)
脛骨(Tibia)
內側三角韌帶
(Medial deltoid ligament)
舟狀骨(Navicular)
第一蹠骨(Metatarsal)
跟骨(Calcaneus)
(b) 右腳內面觀
脛骨(Tibia)
腓骨(Fibula)
後脛腓韌帶(Posterior tibiofibular ligaments)
內側三角韌帶
(Medial deltoid ligament)
外側韌帶
(Lateral ligament)
跟骨(Calcaneus)
(c) 右腳後面觀

圖 6-13 踝關節

▼ 扭傷與拉傷(Sprain and Strain)

Clinical Applications 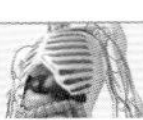

扭傷是指關節附近韌帶被損傷或撕裂，嚴重時可能會引起脫臼。踝關節是最常發生扭傷的部位，大多因過度內翻造成。不嚴重的扭傷導致外側韌帶纖維損傷，嚴重的扭傷甚至會造成韌帶纖維撕裂，在外踝前下方產生局部腫大和疼痛，但因內側三角韌帶強化內側關節，所以極少出現過度外翻所造成的扭傷。韌帶是由緻密規則結締組織所組成，很少有的血液供應，因此韌帶扭傷後需要花很長時間療癒。

拉傷是因過度運動、伸展而引起肌肉與肌腱撕裂、出血與發炎。最常發生急性拉傷的部位是膝關節，造成關節內的半月板、十字韌帶以及內側與外側韌帶被撕裂。運動員常因過度運動發生肌肉或肌腱拉傷，因此運動前作好訓練及暖身運動對預防拉傷是非常重要的。

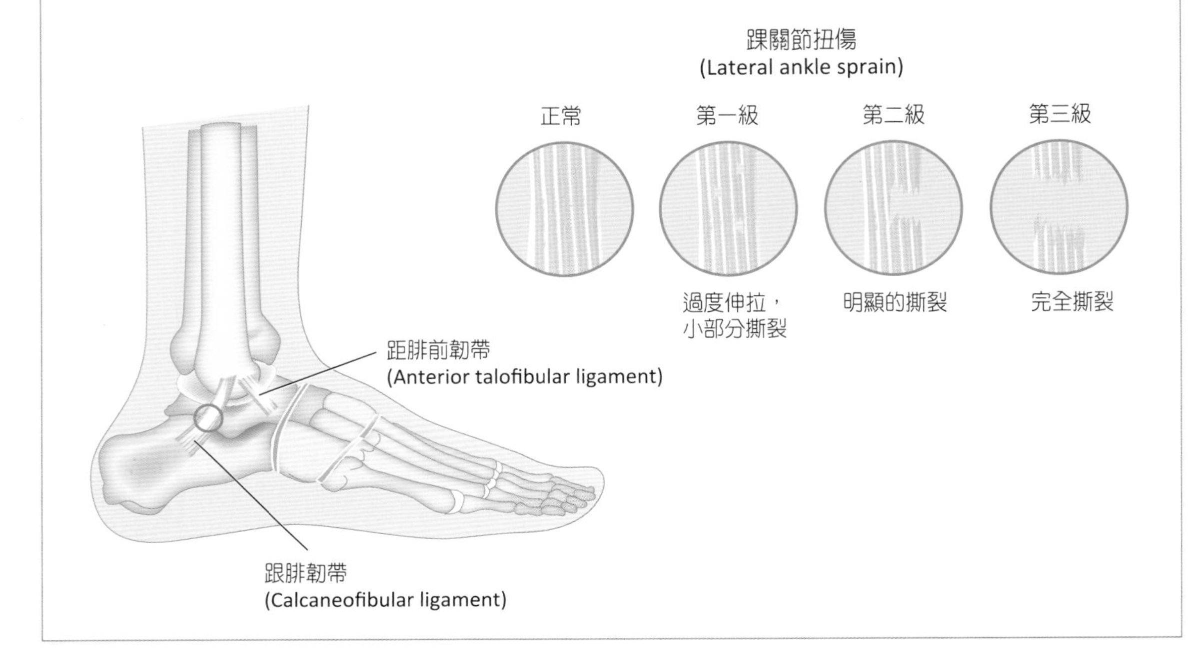

摘 要 · SUMMARY

纖維關節	1. 骨縫：為不動關節，可見於頭顱骨之間 2. 韌帶聯合：為微動關節，可見於脛骨與腓骨之間以及橈骨與尺骨之間 3. 嵌合關節：位於牙齒牙根與上、下頜骨齒槽窩的關節，為不動關節
軟骨關節	1. 軟骨結合：屬於不動關節 2. 軟骨聯合：屬於微動關節
滑液關節	1. 基本構造：關節囊、滑液、關節軟骨、滑液囊、腱鞘、韌帶、肌腱、脂肪墊 2. 依活動類型分為：屈戌關節、車軸關節、髁狀關節、滑動關節、鞍狀關節、球窩關節 3. 運動形式：(1)滑動；(2)角動：屈曲、側曲、伸展、過度伸展、外展、內收及迴旋；(3)旋轉：外旋與內旋；和(4)特殊運動：上舉、下壓、前引、縮回、旋前、旋後、內翻、外翻、足背屈曲、足底屈曲、對掌
重要人體關節	1. 顳下頜關節：由下頜骨的髁狀突與顳骨下頜窩形成，頭顱骨唯一的可動關節 2. 肩關節：由肩胛骨關節盂與肱骨頭組成，運動範圍最大，屬於球窩關節 3. 肘關節：屈戌關節，由肱尺關節、肱橈關節組成 4. 髖關節：比肩關節更強壯、穩定，用以支持身體重量，活動性較肩關節小 5. 膝關節：由脛股骨關節、髕股骨關節組成 6. 踝關節：由脛骨和腓骨遠端與距骨形成的關節

課後習題 · REVIEW ACTIVITIES

1. 哪一塊腕骨與第一掌骨構成鞍狀關節？(A)舟狀骨 (B)月狀骨 (C)大多角骨 (D)小多角骨
2. 下列何者可與第一頸椎形成枕寰關節並可產生點頭的動作？(A)枕骨大孔 (B)枕骨髁 (C)枕外粗隆 (D)枕內粗隆
3. 與腓骨形成關節的骨骼為何？(A)股骨與距骨 (B)股骨與髕骨 (C)脛骨與距骨 (D)脛骨與跟骨
4. 下頷骨的哪一部分參與形成顳下頷關節？(A)髁狀突 (B)冠狀突 (C)齒槽突 (D)顴突
5. 與鎖骨形成關節的骨骼為何？(A)肱骨與胸骨 (B)肱骨與肩胛骨 (C)胸骨與肋骨 (D)胸骨與肩胛骨
6. 肩胛骨的哪一部位與肱骨形成肩關節？(A)肩峰 (B)關節盂 (C)喙突 (D)肩胛棘
7. 腕骨和第一掌骨形成何種關節？(A)屈戌關節 (B)鞍狀關節 (C)滑動關節 (D)球窩關節
8. 有關成人關節之型態與功能的配對，下列何者正確？(A)骨縫－不動關節 (B)嵌合關節－微動關節 (C)軟骨聯合－不動關節 (D)韌帶聯合－可動關節
9. 下列關於膝關節的敘述，何者正確？(A)膝關節屬於球窩關節 (B)有十字韌帶連結股骨與腓骨 (C)髕韌帶是由股四頭肌的肌腱形成 (D)半月板的關節盤屬於彈性軟骨
10. 膝蓋骨後面的關節小面分與股骨的何種部位形成關節？(A)髁間窩 (B)轉子窩 (C)外髁及內髁 (D)外踝及內踝

答案：1.C 2.B 3.C 4.A 5.D 6.B 7.B 8.A 9.C 10.C

參考資料・REFERENCES

李意旻、吳泰賢、莊曜禎(2022)・*全方位護理應考e寶典：解剖生理學*・新文京。

馬青、王欽文、楊淑娟、徐淑君、鐘久昌、龔朝暉、胡蔭、郭俊明、李菊芬、林育興、邱亦涵、施承典、高婷育、張琪、溫小娟、廖美華、滿庭芳、蔡昀萍、顧雅真…許瑋怡(2022)・於王錫崗總校閱，*人體生理學*（6版）・新文京。

許世昌(2019)・*新編解剖學*（4版）・永大。

許家豪、張媛綺、唐善美、巴奈比比、蕭如玲、陳昀佑(2021)・*生理學*（4版）・新文京。

麥麗敏、陳智傑、廖美華、鍾麗琴、陳建瑋、祁業榮、黃玉琪、戴瑄、呂國昀(2015)・於王錫崗總校閱，*解剖生理學*（2版）・華杏。

馮琮涵、黃雍協、柯翠玲、廖智凱、胡明一、林自勇、鍾敦輝、周綉珠、陳瀅(2021)・*人體解剖學*・新文京。

廖美華、溫小娟、高婷玉、顏惠芷、林育興(2020)・於劉中和總校閱，*解剖學*（2版）・華杏。

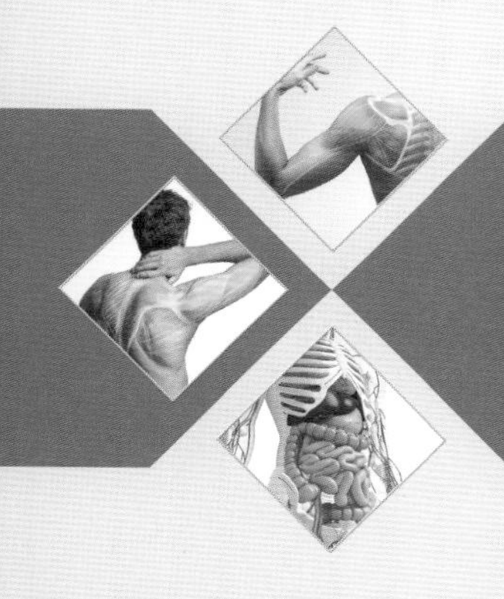

Chapter

肌肉系統 × 07

李建興 編著

Muscular System

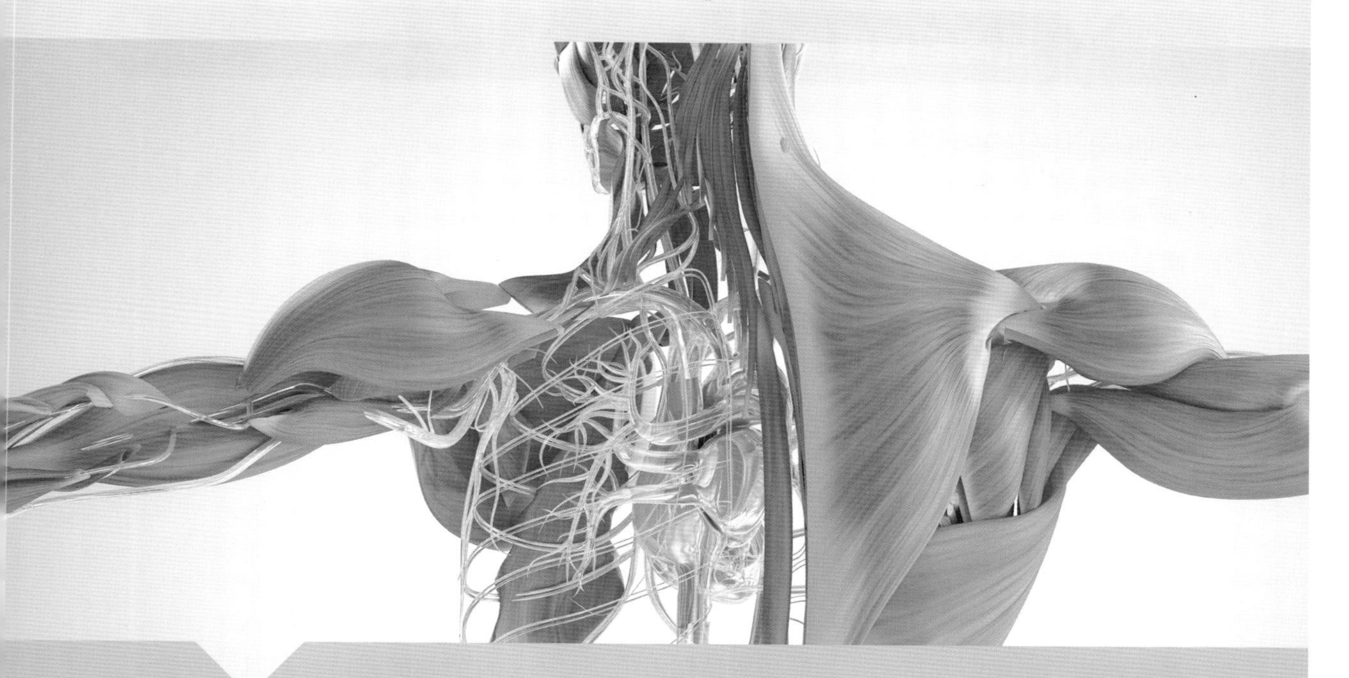

本章大綱

ANATOMY

前言

肌肉系統是身體的四大基本組織之一，肌肉組織如骨骼肌、平滑肌和心肌，約占體重的40~50%，其中以骨骼肌占大多數。主要功能是藉由收縮產生各種動作、體內各臟器的活動、姿勢之維持及熱量產生等。

7-1 肌肉組織概論

一、肌肉組織的特性

肌肉組織具有以下四種特性，以維持體內恆定。

1. **興奮性**(excitability)：接受刺激而產生反應的能力。
2. **彈性**(elasticity)：在收縮或伸展作用後，具有恢復原來形狀的能力。
3. **收縮性**(contractility)：受到足夠的刺激時，會產生收縮而變短的能力。
4. **伸展性**(extensibility)：受到拉力刺激時，具有伸展延長的能力。

二、肌肉組織的功能

肌肉的收縮作用有以下三種重要功能：

1. **運動**：包括隨意識控制（如走路、寫字）及自發性（如心臟跳動）的運動。
2. **產生熱能**：肌肉收縮可產生熱能以維持體溫，全身有85%的熱能產自骨骼肌之收縮。
3. **維持身體姿勢**：肌肉的收縮和伸展，可使身體維持一個固定的姿勢（如站立）。

7-2 肌肉組織的分類

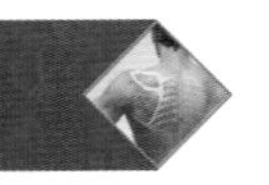

肌肉組織依其位置、構造及控制其收縮的方式不同，可分為骨骼肌、平滑肌、心肌三類。

骨骼肌(Skeletal Muscle)

附著於骨骼上，外觀呈長圓柱形，於顯微鏡下觀察呈現明顯之明暗相間橫紋，故又稱為橫紋肌(striated muscle)，具有多個細胞核，核多位於細胞邊緣，為可以受個人意識控制的隨意肌(voluntary muscle)，收縮時能帶動骨骼運動。

一、骨骼肌的構造

(一)筋膜 (Fasciae)

骨骼肌上覆蓋著網狀纖維結締組織所構成的筋膜，又可分為淺筋膜和深筋膜兩種。**淺筋膜**(superficial fascia)位於皮膚真皮層之下，由疏鬆結締組織及脂肪組織組成。**深筋膜**(deep fascia)在淺筋膜之下，由多層緻密結締組織組成，並延伸至肌肉間的空隙，腱鞘(tendon sheaths)就是一種成束的深筋膜。

(二)結締組織部分

位於筋膜之下，有三層結締組織包覆著骨骼肌。肌外膜(epimysium)在最外層包覆整條肌肉，向內延伸形成肌束膜(perimysium)將肌肉成束的包裹，被包裹的肌肉纖維稱為**肌束**(fasciculus)。每條肌束內聚集了許多肌細胞(muscle cells)，又稱為**肌纖維**(muscle fibers)，而肌纖維則被肌內膜(endomysium)所隔開(圖7-1)。

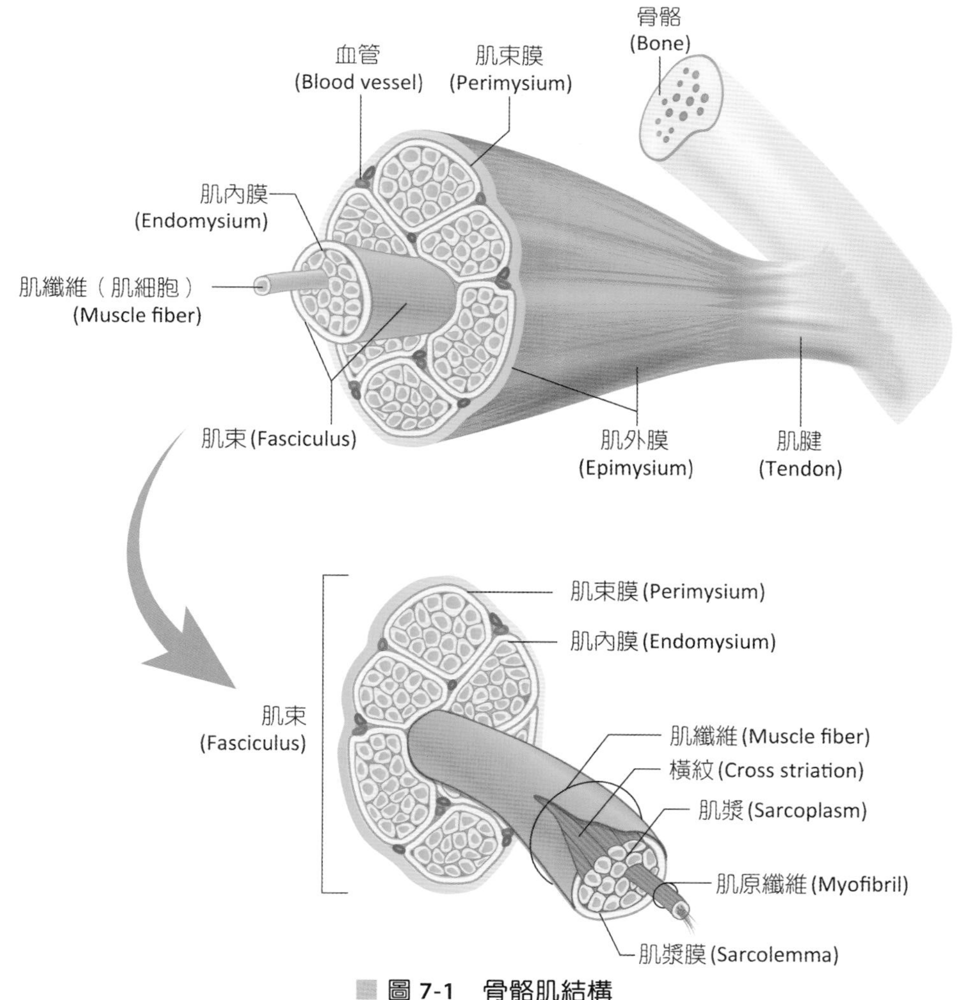

圖 7-1　骨骼肌結構

肌外膜、肌束膜和肌內膜以結締組織為延續，形成一個強而有力之纖維結締組織，稱為**肌腱**(tendon)，或形成一個平滑片狀的腱膜(aponeurosis)，用以連接數條作用相似的肌肉及其附著的骨骼。當肌腱或腱膜附著到骨骼或其他肌肉，肌肉收縮時便可拉動骨骼或其他肌肉。手腕及腳踝處之肌腱外圍常包有腱鞘(tendon sheath)，內襯滑液膜，使肌腱在腱鞘內容易滑動。

（三）肌纖維的組織學

肌纖維由直徑約1~2微米、圓柱狀的**肌原纖維**(myofibril)所組成，每一條肌纖維被肌漿膜(sarcolemma)包覆，其細胞質稱為肌漿(sarcoplasm)。肌漿內的**肌漿網**(sarcoplasmic reticulum)又稱為肌內質網，為平行圍繞著每條肌原纖維的網狀組織，內部儲存大量鈣離子，動作電位會促使肌漿網釋放鈣離子引起肌纖維收縮。垂直橫過肌漿網的**橫小管**(transverse tubule)或稱T小管(T tubule)，兩側緊鄰肌漿網的**終池**(terminal cisternae)，組成三聯體(triad)，是肌肉接受神經刺激引發收縮的起端（圖7-2）。

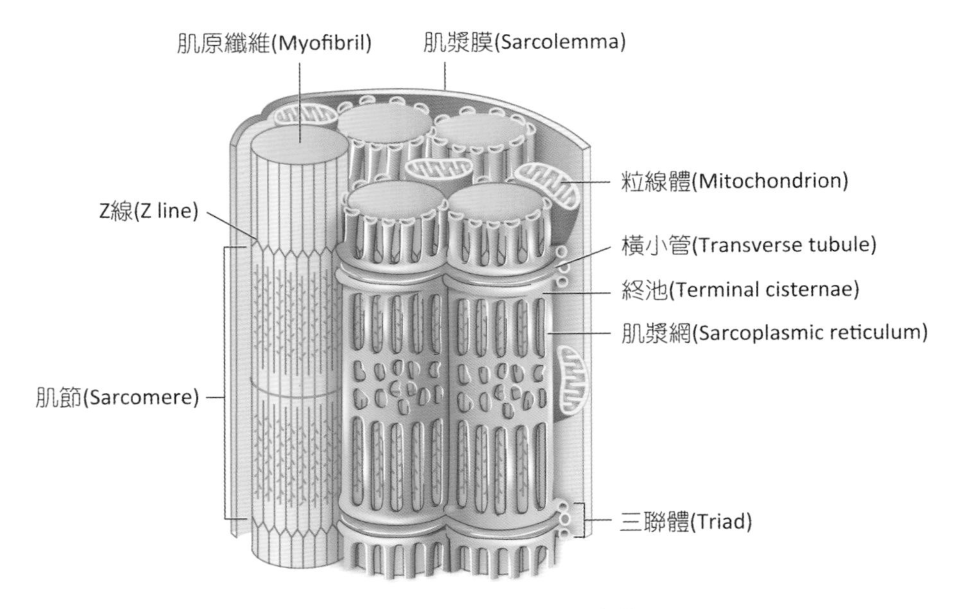

圖 7-2 肌原纖維的結構

肌原纖維中含有許多更小的構造，稱為**肌絲**(myofilaments)，具有粗肌絲、細肌絲，以規律的方式排列，在顯微鏡下呈現明暗相間的橫紋。

粗肌絲(thick myofilament)亦稱肌凝蛋白絲(myosin filament)，由許多肌凝蛋白分子組成，其頭部的橫橋(cross bridge)可以在肌肉收縮時結合粗肌絲及細肌絲，橫橋的移動形成肌絲的滑動力量。在橫橋有肌動蛋白接合位置與ATP結合位置，肌凝蛋白頭部扮演ATP

水解酶(ATPase)的角色，能使ATP的高能磷酸鍵分裂，提供肌肉收縮時所需的能量，此反應發生在橫橋與肌動蛋白結合之前，用以活化橫橋，使其可以結合在肌動蛋白之上（圖7-3）。

細肌絲(thin myofilament)又稱肌動蛋白絲(actin filament)，由肌動蛋白(actin)、旋轉肌球素(tropomyosin)、旋轉素(troponin)構成，旋轉素又可分為三個次單位：(1)旋轉素I (troponin I)：對肌動蛋白有很強的親和力；(2)旋轉素T (troponin T)：對旋轉肌球素有很強的親和力；(3)旋轉素C (troponin C)：對鈣離子有親和力。旋轉肌球素與旋轉素共同調節橫橋與肌動蛋白的結合，肌肉放鬆時，旋轉肌球素會遮蓋肌凝蛋白結合位置，使其無法與橫橋結合。

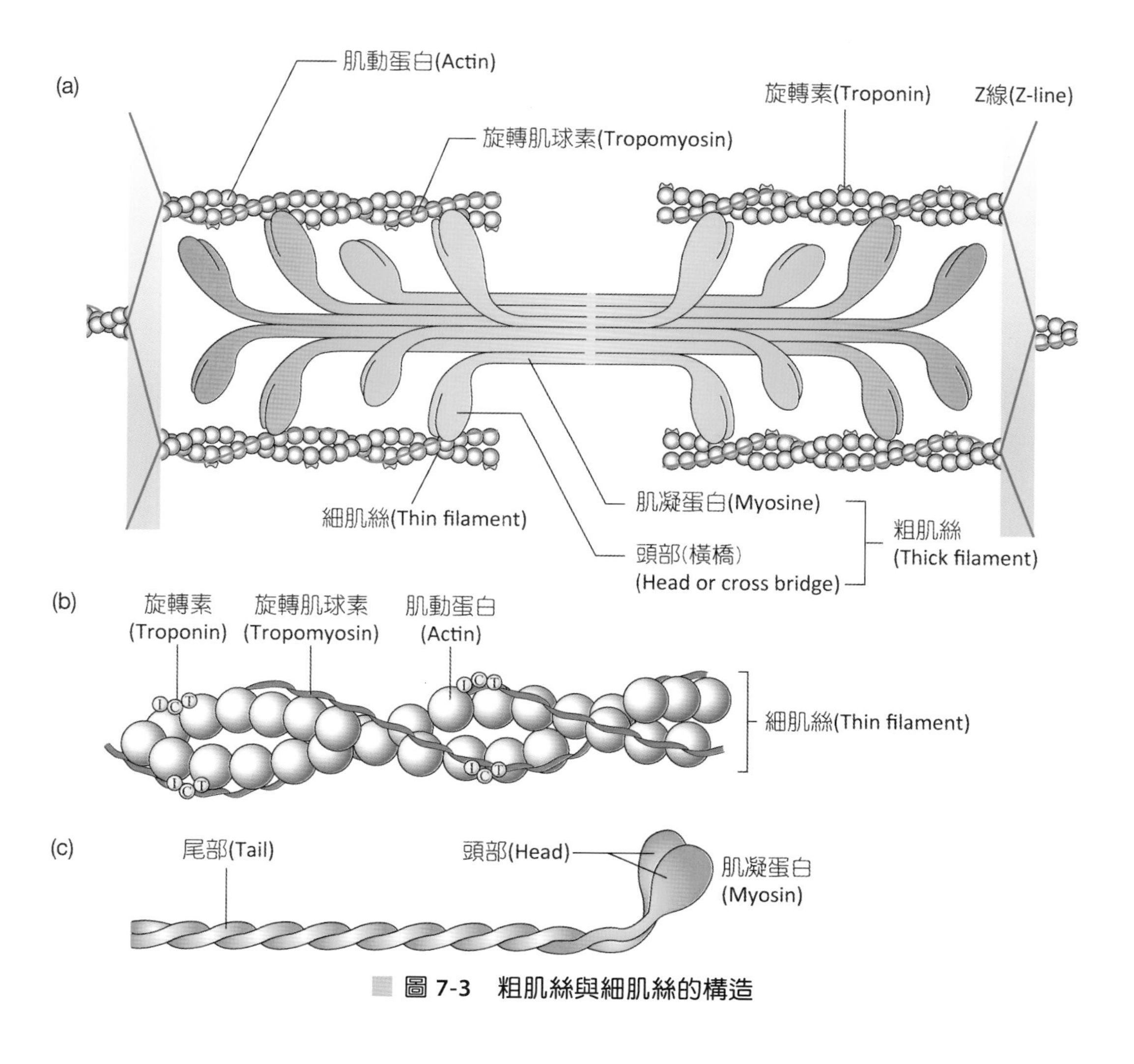

圖 7-3　粗肌絲與細肌絲的構造

粗肌絲與細肌絲重疊而呈現較暗的部分為**A帶**(A bands)或稱暗帶，A帶的長度等於粗肌絲的長度；只含細肌絲較亮的部分為**I帶**(I bands)或稱明帶，位於兩條粗肌絲之間。穿過I帶的黑線稱為**Z線**(Z line)，兩條Z線之間即一個**肌節**(sarcomere)，肌節為肌肉收縮的基本功能單位，肌原纖維就是由許多肌節連續排列構成的。A帶中只含粗肌絲的部分稱為**H區**(H zone)，亦即位於兩條細肌絲之間；穿過H區的**M線**(M line)連接粗肌絲的中央部位（圖7-4）。

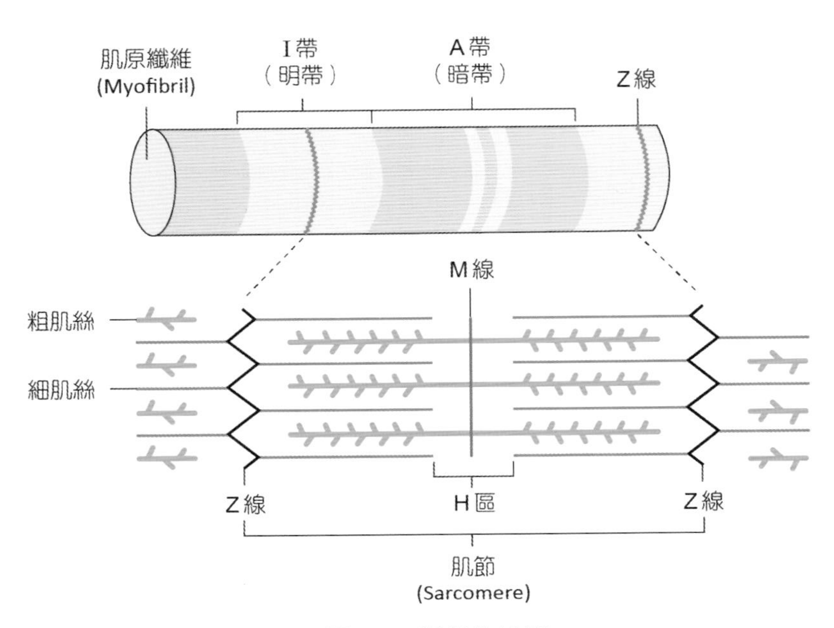

圖 7-4 肌絲的排列

二、神經支配與血管供應

神經支配與血管供應的情形直接影響肌肉的收縮功能，肌肉有大量的血管和微血管，動脈和靜脈沿著結締組織進入肌肉後，便在肌內膜和周圍細小血管、微血管形成一個非常龐大的網絡，確保每條肌纖維都能夠得到充足的養分，以及把體內廢物帶出細胞外。

骨骼肌的運動是由運動神經支配，神經細胞和所支配的肌纖維組成**運動單位**(motor unit)，一個運動單位內所含的肌纖維數目越多，收縮時所產生的力量越大，反之則越小（圖7-5）。肌肉收縮時，參與的運動單位越多，所產生的力量也就越大。就算在安靜的狀況之下，骨骼肌仍然有少數運動單位輪流進行收縮運動，使肌肉保持一定程度的張力，以維持姿勢。

除了運動神經外，肌肉內還有感覺神經和交感神經。感覺神經除了負責傳導肌肉的痛楚、溫度等一般感覺外，還會把肌肉收縮的感覺傳到神經中樞；交感神經則負起調節肌肉的營養、物質代謝和生長發育等功能。

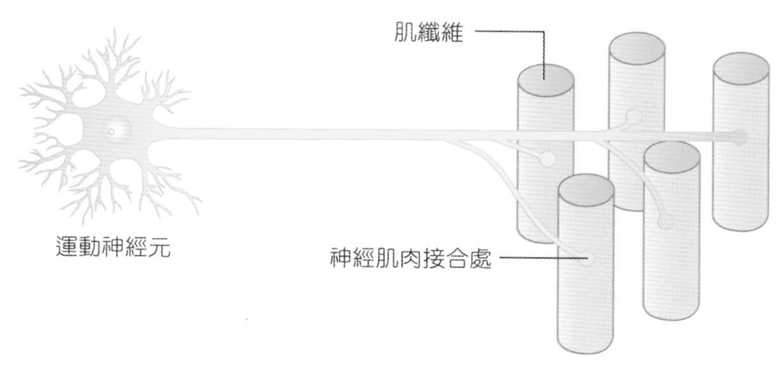

圖 7-5 運動單位

平滑肌(Smooth Muscle)

平滑肌外觀呈紡錘狀，不具橫紋，具單細胞核，核多位於細胞中央，為無法藉由意識控制的不隨意肌，如胃、小腸、膀胱等內臟肌肉。平滑肌可分為兩種（圖7-6）：

1. **單一單位平滑肌**：數量最多，細胞間以間隙接合(gap junction)連結，只要一個細胞興奮就可以透過間隙接合傳遞到整塊肌肉一起收縮。常見於內臟器官，如胃、小腸、膀胱壁，故又稱內臟肌。
2. **多單位平滑肌**：不具間隙接合，每個肌細胞分別接受單獨神經的刺激，神經衝動不會傳給其他肌細胞。存在於血管壁、豎毛肌、虹膜肌、睫狀肌等。

平滑肌因缺乏旋轉素，故藉由細胞上的**調鈣蛋白**(calmodulin)與鈣離子結合，活化肌凝蛋白而引發收縮。

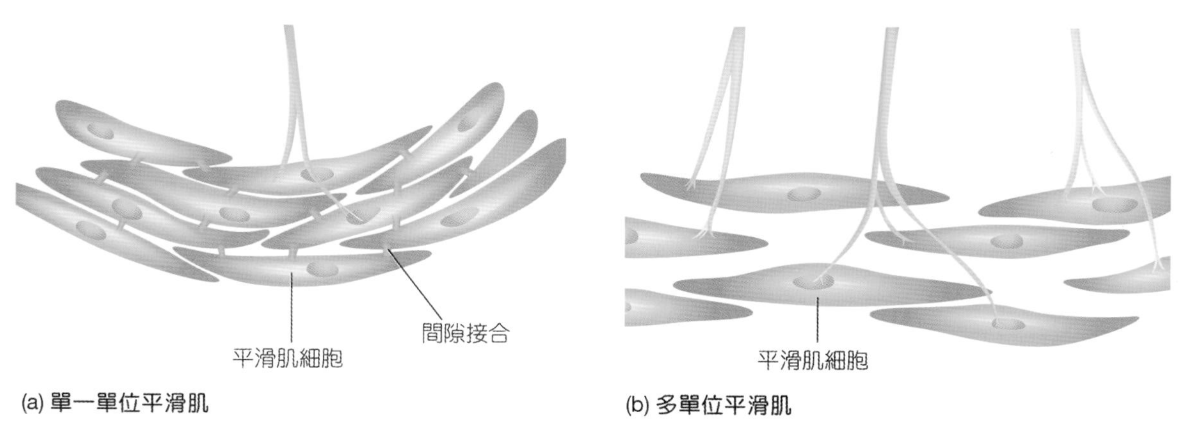

圖 7-6 平滑肌的種類

心肌(Cardiac Muscle)

位於心臟，具單細胞核，心肌細胞短且分叉，具有橫紋，為不隨意肌，可主動收縮，不受神經系統控制。構造上與骨骼肌較為類似，可藉由鍛鍊與運動來維持它的最佳狀況。心肌細胞間彼此透過間隙接合(gap junction)互相連接，此稱為**間盤**(intercalated disc)，以便心肌細胞間訊息的傳遞。

心肌的自發性收縮是透過竇房結釋放出規律的電衝動而引起，鈣離子通道打開使鈣離子從肌漿網及細胞外液流入細胞內，引發動作電位（表7-1）。

表7-1 肌肉的種類與特性

項目	骨骼肌	平滑肌	心肌
外觀	長圓柱形	紡錘狀	長條形、有分叉
纖維長度	0.1~30 cm	20~200 μm	50~100 μm
細胞核	多核，靠近細胞膜	單核，位於細胞中央	單核，位於細胞中央
橫紋	有	無	有
鈣離子來源	自肌漿網釋放	細胞外液、肌漿網	細胞外液、肌漿網
神經調控	體神經調控，隨意肌	自主神經調控，不隨意肌	自主神經調控，不隨意肌
收縮	收縮速度快，易疲乏	收縮速度慢，不易疲乏	收縮速度較慢，不易疲乏

7-3 骨骼肌的形態

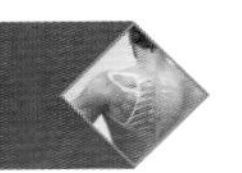

一、起端與止端

人體運動須靠骨骼肌施力於肌腱拉動骨骼，大部分肌肉至少跨過一個關節，附著在該關節骨骼上，當肌肉收縮時，會將關節一端的骨骼拉向另一端，附著在固定骨端的肌肉為起端(origin)，附著在可動骨端的肌肉為止端(insertion)。起端通常位在身體近側靠近中軸骨處，止端則在遠側。當肌肉收縮時，止端是移動端，往起端的方向縮短。在起端和止端之間的肌肉質部分稱為**肌腹**(muscle belly)。

二、肌束的排列

肌束與肌腱之排列方式，以四種方式表現（圖7-7）：

1. **平行肌**(parellel)：肌束和肌腱長軸平行排列，並止於扁平肌腱之兩端肌肉活動範圍大，但不是很有力量，可進一步分成長形肌與梭狀肌。長形肌(strap)肌肉呈四邊形，如莖舌骨肌、腹直肌。梭狀肌(fusiform)肌束呈梭形排列，如肱二頭肌。

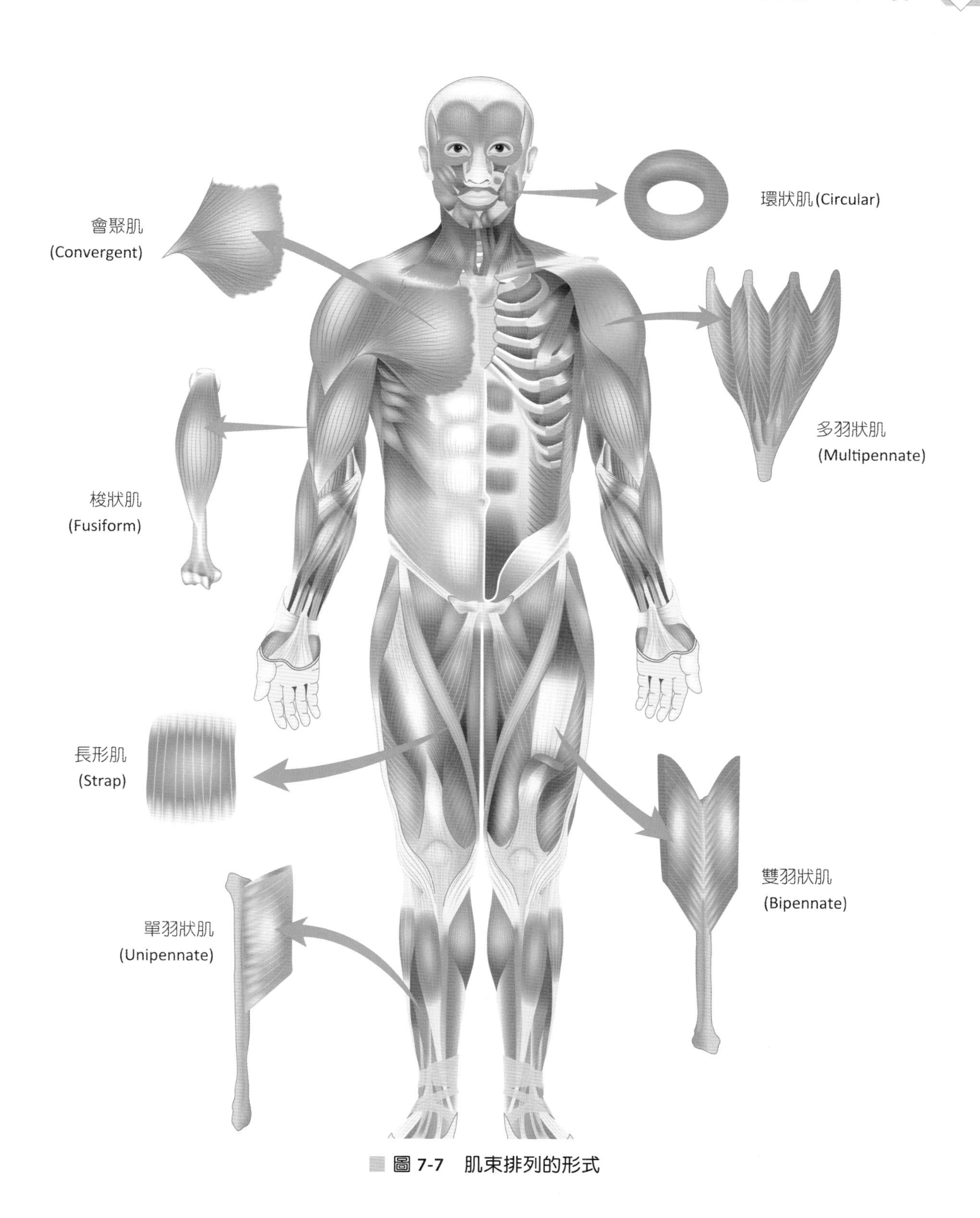
環狀肌(Circular)
會聚肌
(Convergent)
多羽狀肌
(Multipennate)
梭狀肌
(Fusiform)
長形肌
(Strap)
雙羽狀肌
(Bipennate)
單羽狀肌
(Unipennate)

圖 7-7 肌束排列的形式

2. **會聚肌**(convergent)：一片寬廣肌束會聚合成一束狹窄的末端，肌肉呈三角形，如胸大肌或顳肌。
3. **羽狀肌**(pennate)：肌束朝著肌腱作斜向排列，就像羽幹上羽毛之排列一樣，可分為：
   (1) 單側羽狀肌：如伸指肌、屈拇指長肌。
   (2) 雙側羽狀肌：如股直肌。
   (3) 多重羽狀肌：如三角肌。
4. **環狀肌**(circular)：肌束作環狀排列，圍繞一個開口，如口輪匝肌、眼輪匝肌。

三、肌群的作用

有些動作看似簡單卻涉及數條或數群肌肉之間的複雜作用，大部分的動作是由許多肌肉協調而產生，並非單獨達成。依其作功方式可將肌肉分成為（圖7-8）：

1. **作用肌**(agonist)：或稱原動肌(prime mover)，產生意識動作。
2. **拮抗肌**(antagonist)：和作用肌相反作用之肌肉。
3. **協同肌**(synergist)：減少不必要之動作以幫助作用肌。
4. **固定肌**(fixator)：大部分的運動除了要運用作用肌、拮抗肌及協同肌外，還需要固定肌固定作用肌之起端，增加其作用效 。

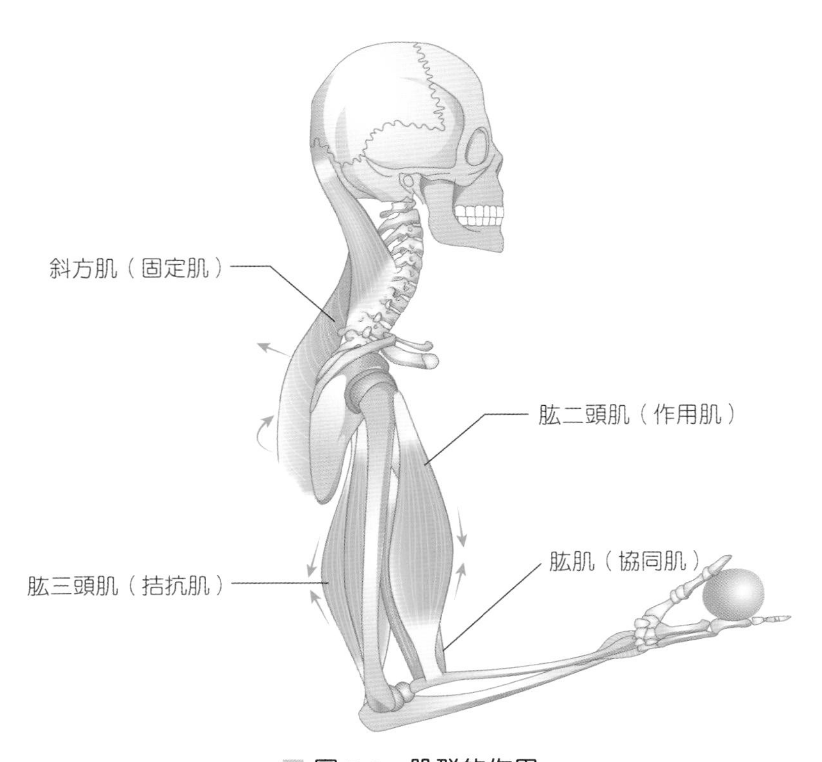

圖 7-8 肌群的作用

以手肘彎曲為例，肱二頭肌收縮使肘關節角度變小，同時肱三頭肌鬆弛，因此肱二頭肌為作用肌，肱三頭肌為拮抗肌，肱肌為協同肌，和肱二頭肌協同做出屈曲的動作，將肩膀固定不動的肌群則為固定肌。

四、槓桿系統與肌肉作用

肌肉骨骼系統所形成的運動皆為槓桿作用，肌肉作用點為施力點，關節為支點，重量作用點為抗力點，力量來源則為一條或數條肌肉收縮所造成。依照支點、抗力點與施力點的相關位置，可將槓桿系統區分成：支點在中央的第一類槓桿(first-class lever)、抗力點在中央的第二類槓桿(second-class lever)及施力點在中央的第三類槓桿(third-class lever)（表7-2）。

表7-2　三大類槓桿特性比較

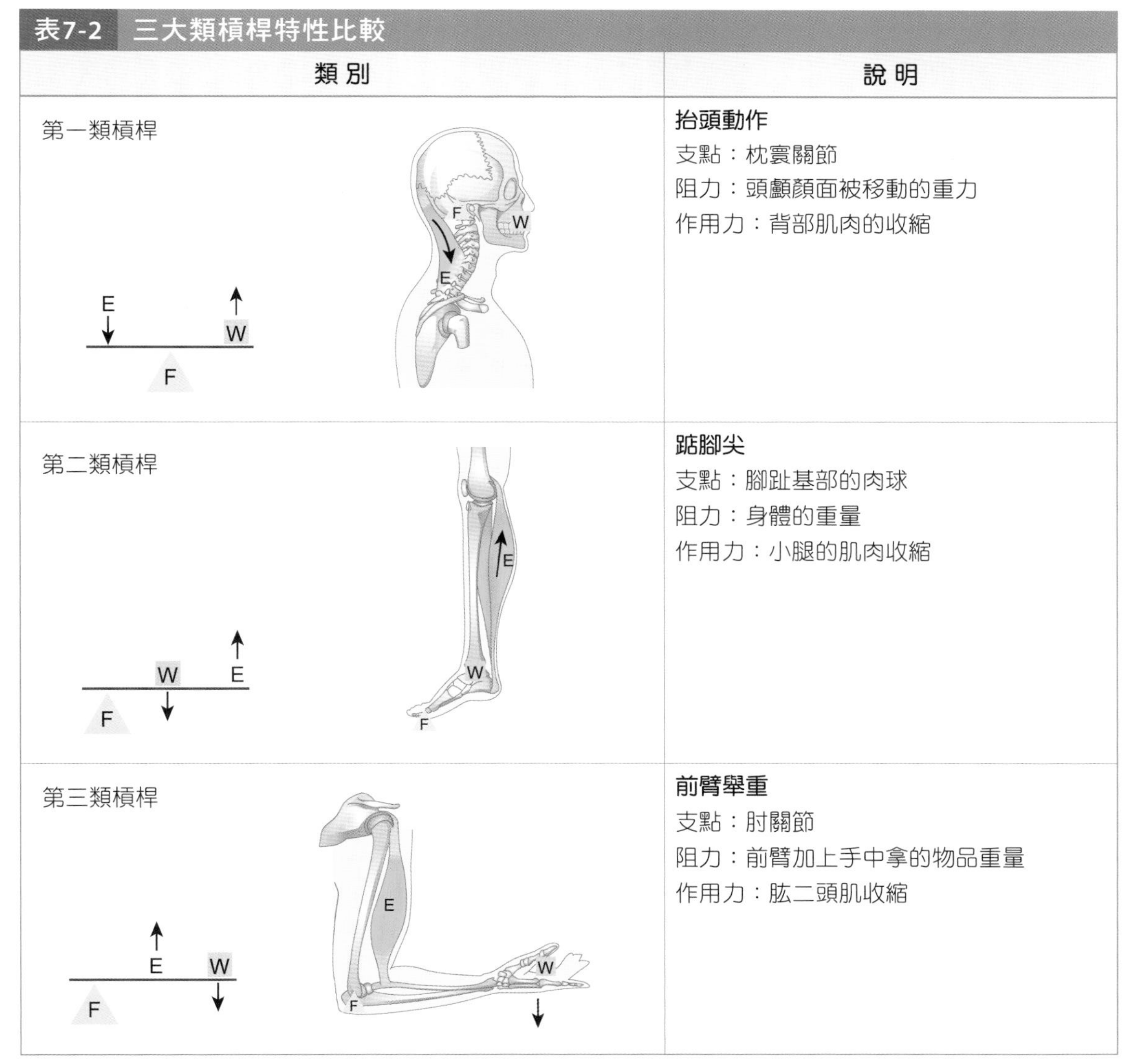

類別	說明
第一類槓桿	**抬頭動作** 支點：枕寰關節 阻力：頭顱顏面被移動的重力 作用力：背部肌肉的收縮
第二類槓桿	**踮腳尖** 支點：腳趾基部的肉球 阻力：身體的重量 作用力：小腿的肌肉收縮
第三類槓桿	**前臂舉重** 支點：肘關節 阻力：前臂加上手中拿的物品重量 作用力：肱二頭肌收縮

註：F為支點，W為重力（阻力），E為作用力，↑↓為運動方向。

五、肌肉的命名方式

骨骼肌之命名有下列幾項依據：

1. **肌纖維的走向**：如腹直肌、腹外斜肌、腹橫肌、腹內斜肌。
2. **肌肉的位置**：如顳肌靠近顳骨，脛骨前肌位於脛骨的前面，而棘上肌在棘上窩。
3. **肌肉的大小、長短**：如臀大肌、臀小肌、內收長肌、腓短肌。
4. **肌肉的形狀**：如三角肌呈三角狀、斜方肌呈斜方形。
5. **肌肉的作用**：如提肩胛肌可使肩胛產生一向上之提舉動作。
6. **起端的數目**：如肱二頭肌有兩個起端，肱三頭肌有三個起端，股四頭肌有四個起端。
7. **起端與止端附著點的位置**：如胸鎖乳突肌起端為胸骨和鎖骨，止端為顳骨的乳突；胸骨舌骨肌起端為胸骨，止端為舌骨。

然而多數肌肉同時用以上多個特徵來命名，如屈指深肌表示此肌是位於手指深層的屈肌，名稱包含了深度、位置及作用等特徵。

7-4 人體主要的骨骼肌

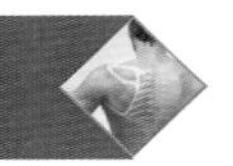

頭頸部肌群

一、顏面表情肌

顏面表情肌主要位於顏面及頭皮下，起始於頭顱骨或筋膜，終止於皮膚，顏面表情肌肉雖不僅只位於臉部，但都負責臉部之喜、怒、哀、樂等表情。除了提上眼瞼肌由動眼神經支配外，其餘皆由顏面神經支配（表7-3、圖7-9）。

表7-3 顏面表情肌

肌肉		起端	止端	作用	神經支配
顱頂肌 (epicranius)	額肌 (frontalis)	帽狀腱膜	枕部皮膚和額部皮膚	揚眉	顏面神經
	枕肌 (occipitalis)	枕骨及顳骨乳突	帽狀腱膜	頭皮向後拉	顏面神經
皺眉肌 (corrugator supercilii)		額骨眉弓之內側	眉毛處皮膚	皺眉	顏面神經
眼輪匝肌 (orbicularis oculi)		額骨及上頜骨，內側瞼韌帶	眼眶周圍環形徑	閉眼	顏面神經

表7-3 顏面表情肌（續）

肌肉	起端	止端	作用	神經支配
提上眼瞼肌 (levator palpebrae superioris)	眼眶頂部之蝶骨小翼	上眼瞼皮膚	上眼瞼上提	動眼神經
口輪匝肌 (orbicularis oris)	圍繞口裂之肌肉	嘴角皮膚	閉嘴	顏面神經
顴大肌 (zygomaticus major)	顴骨	嘴角及口輪匝肌上之皮膚	嘴角向上向外拉	顏面神經
提上唇肌 (levator labii superioris)	上頷骨眶下孔上方	上唇皮膚	上舉上唇	顏面神經
降下唇肌 (depressor labii inferioris)	下頷骨	下唇皮膚	下壓下唇	顏面神經
頰肌 (buccinator)	上、下頷骨之齒槽突及翼突下頷韌帶	口輪匝肌	吹氣時壓迫臉頰，產生吸吮動作	顏面神經
頦肌 (mentalis)	下頷骨	頦部皮膚	將下唇突出及上舉，噘嘴時將頦部皮膚上拉	顏面神經
笑肌 (risorius)	嚼肌上之筋膜	嘴角皮膚	將嘴角往上拉	顏面神經
闊頸肌 (platysma)	三角肌及胸大肌上之筋膜	下頷骨，嘴角肌肉，臉部下方皮膚	將下唇之外側向後及向下拉，協助下頷骨往下壓	顏面神經

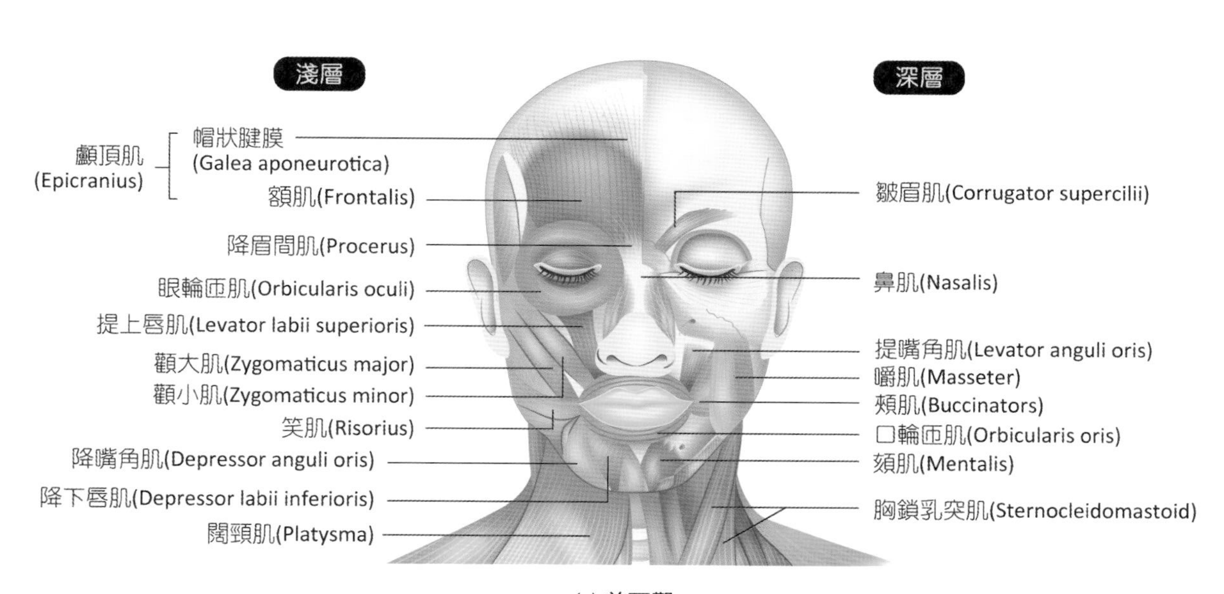

(a) 前面觀

圖 7-9 顏面表情肌

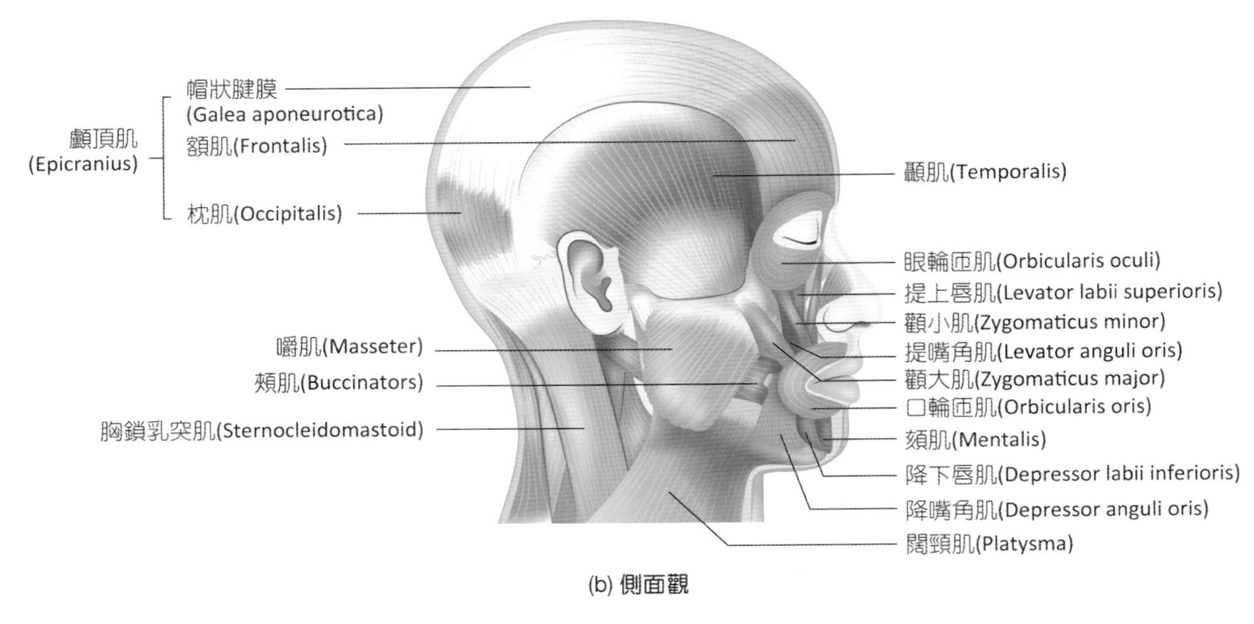

(b) 側面觀

圖 7-9 顏面表情肌（續）

二、咀嚼肌

咀嚼肌可拉動下頷骨而做出咬合、咀嚼運動，並與講話的動作相關。咀嚼動作是由四個成對之肌肉所組成，均由三叉神經之下頷枝所支配。下頷骨之閉合及咬合之運動，主要由強而有力的嚼肌(masseter)及顳肌(temporalis)所負責（表7-4、圖7-10）。

表7-4 咀嚼肌

肌 肉	起 端	止 端	作 用	神經支配
顳肌 (temporalis)	顳骨	下頷骨冠狀突	上提及縮回下頷骨，使牙關緊閉	三叉神經下頷枝
嚼肌 (masseter)	顴弓	下頷角及下頷枝外側面	下頷骨上提造成口閉合	三叉神經下頷枝
外翼肌 (lateral pterygoid)	蝶骨之外側翼板及大翼	下頷骨髁突及下頷關節	下頷骨前突及移向對側，產生張口動作	三叉神經下頷枝
內翼肌 (medial pterygoid)	外側翼板之內側及上頷骨	下頷枝	下頷骨上提、前突、移向對側，產生閉口動作	三叉神經下頷枝

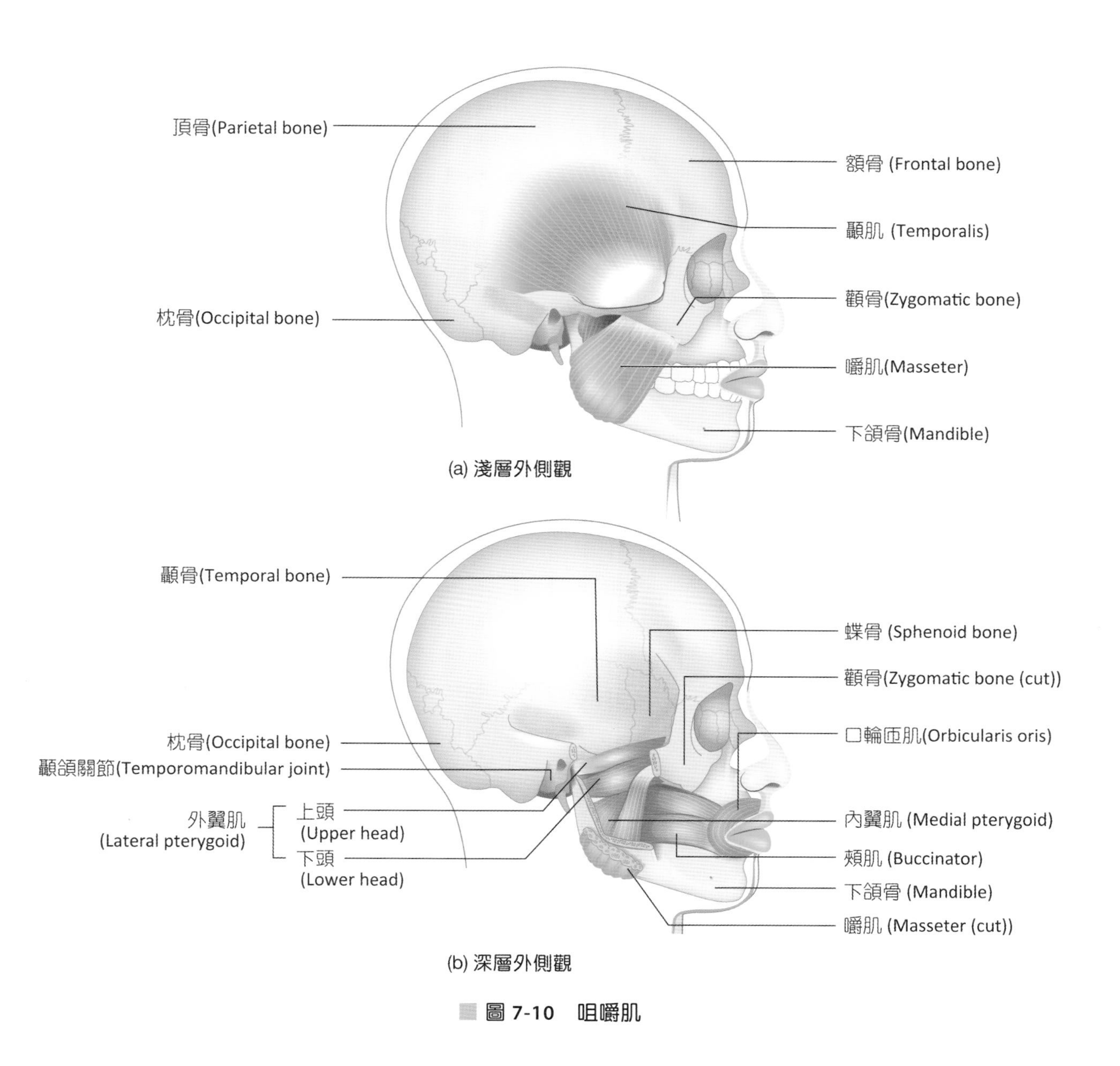

(a) 淺層外側觀

(b) 深層外側觀

圖 7-10 咀嚼肌

三、移動眼球的肌肉

移動眼球的肌肉主要是指眼球的六條外在肌(extrinsic muscle)，其起端及止端都在眼球外部，因此稱為眼外肌。眼外肌負責眼球各個方向的移動（表7-5、圖7-11、圖7-12）。

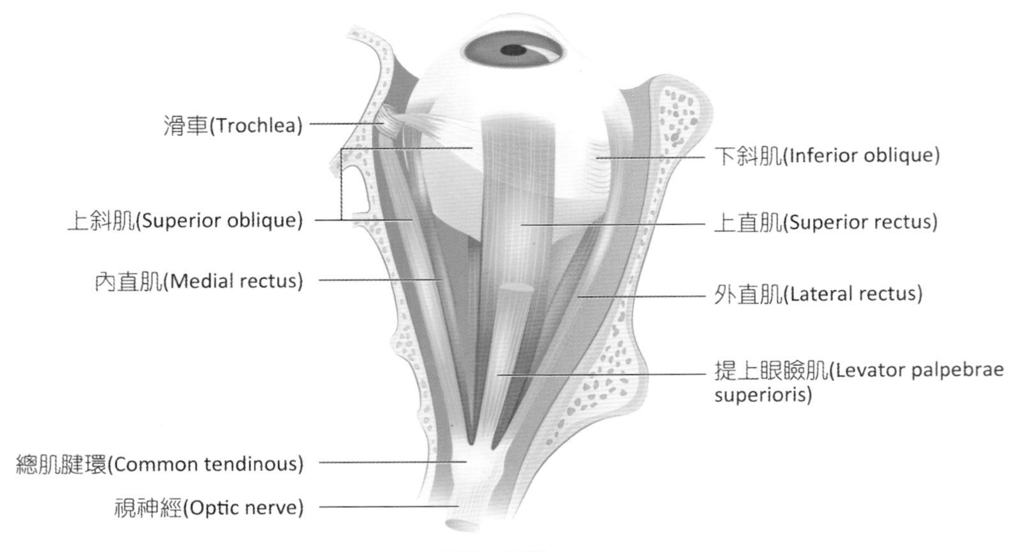

(a) 右眼上面觀

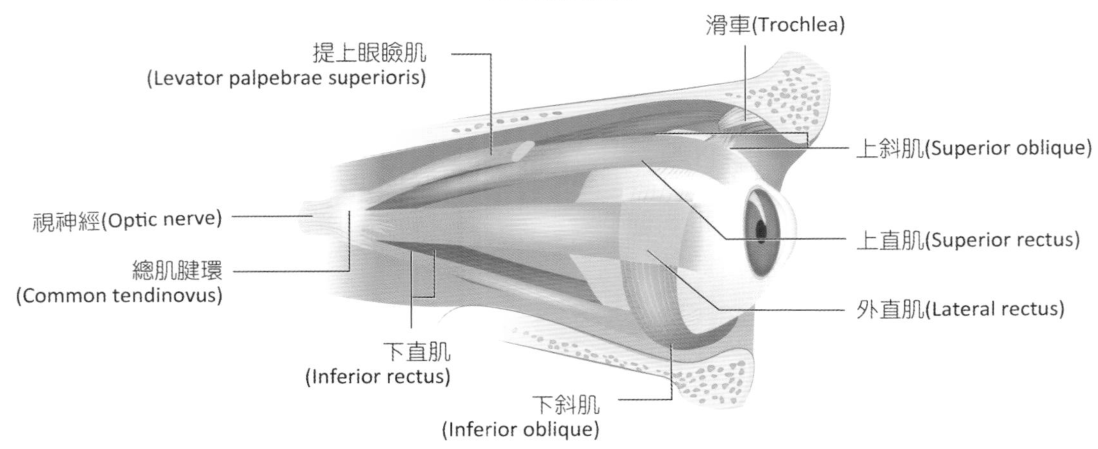

(b) 右眼外面觀

圖 7-11　眼睛外在肌

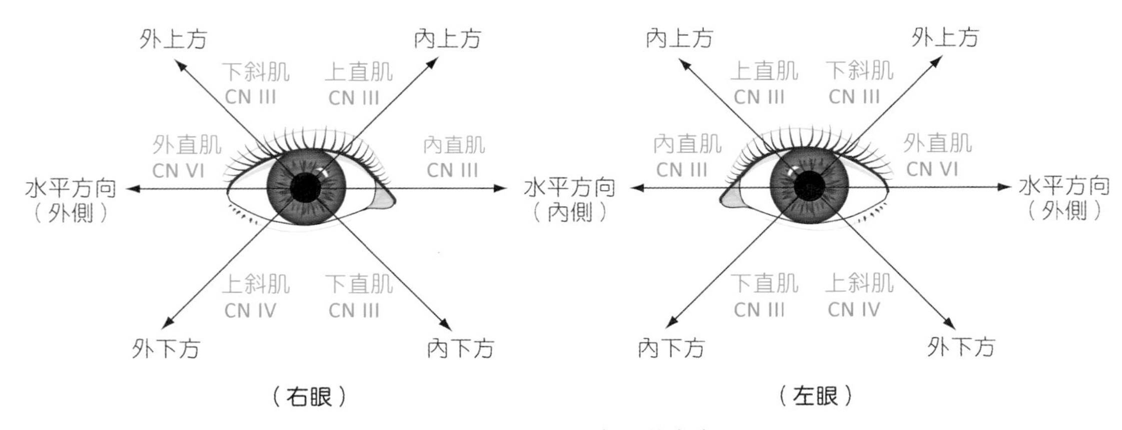

圖 7-12　眼球運動方向

表7-5 移動眼球的肌肉

肌肉	起端	止端	作用	神經支配
上直肌 (superior rectus)	總肌腱環	眼球上方中央	使眼球往上內側看及內旋	動眼神經
下直肌 (inferior rectus)	總肌腱環	眼球下方中央	使眼球往下內側看及外旋	動眼神經
內直肌 (medial rectus)	總肌腱環	眼球內側	使眼球往內側看	動眼神經
外直肌 (lateral rectus)	總肌腱環	眼球外側	使眼球往外側看	外旋神經
上斜肌 (superior oblique)	總肌腱環上方	上直肌與外直肌間之眼球部位	使眼球往下外側看及內旋	滑車神經
下斜肌 (inferior oblique)	眶底前內側	下直肌與外直肌間之眼球部位	使眼球往上外側看及外旋	動眼神經

四、移動舌頭的肌肉

舌肌由外在及內在肌所組成，舌頭外在肌可以移動舌頭的位置，由舌下神經支配；舌頭內在肌主要改變舌頭的形狀，而非移動舌頭（表7-6、圖7-13）。

表7-6 舌外在肌

肌肉	起端	止端	作用	神經支配
頦舌肌 (genioglossus)	下頜骨	舌下表面及舌骨	舌下壓及前伸	舌下神經
莖舌肌 (styloglossus)	顳骨莖突	舌下表面及側面	舌上提及內縮	舌下神經
腭舌肌 (palatoglossus)	軟腭之前方	舌側面	舌上提及軟腭下壓	迷走神經咽分支
舌骨舌肌 (hyoglossus)	舌骨體	舌側面	舌往下及往兩壓	舌下神經

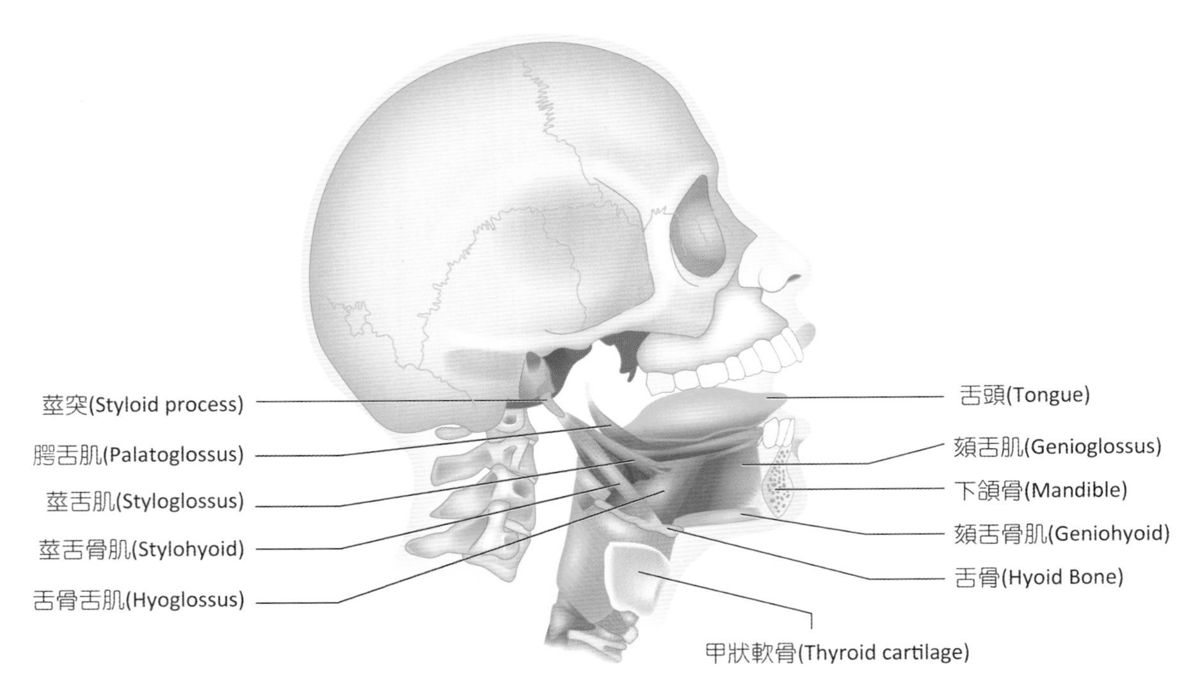

圖 7-13　移動舌頭的肌肉

五、咽部肌肉

咽的肌肉由咽壁的咽縮肌以及其他終止於咽壁的肌肉所構成，主要功能為吞嚥及構音（表7-7、圖7-14）。

表7-7　咽部肌肉

肌肉	起端	止端	作用	神經支配
莖咽肌 (stylopharyngeus)	顳骨莖突內側	甲狀軟骨及咽部外側	喉上舉及擴張咽部	舌咽神經
耳咽管咽肌 (salpingopharyngeus)	耳咽管下部	腭咽肌後部纖維	吞嚥時上舉咽部側壁上部並開啟耳咽管開口	迷走神經
上咽縮肌 (superior constrictor of pharynx)	翼突下頜縫、下頜舌骨線	咽後正中縫	收縮咽上部，將食團推入食道	迷走神經
中咽縮肌 (middle constrictor of pharynx)	舌骨大角及小角，莖突舌骨韌帶	咽後正中縫	收縮咽中部，將食團推入食道	迷走神經
下咽縮肌 (inferior constrictor of pharynx)	環狀及甲狀軟骨	咽後正中縫	收縮咽下部，將食團推入食道	迷走神經
腭咽肌 (palatopharyngeus)	軟腭	甲狀軟骨後緣及咽外側與後壁	吞嚥時，使喉、咽上提，並協助關閉鼻咽	迷走神經

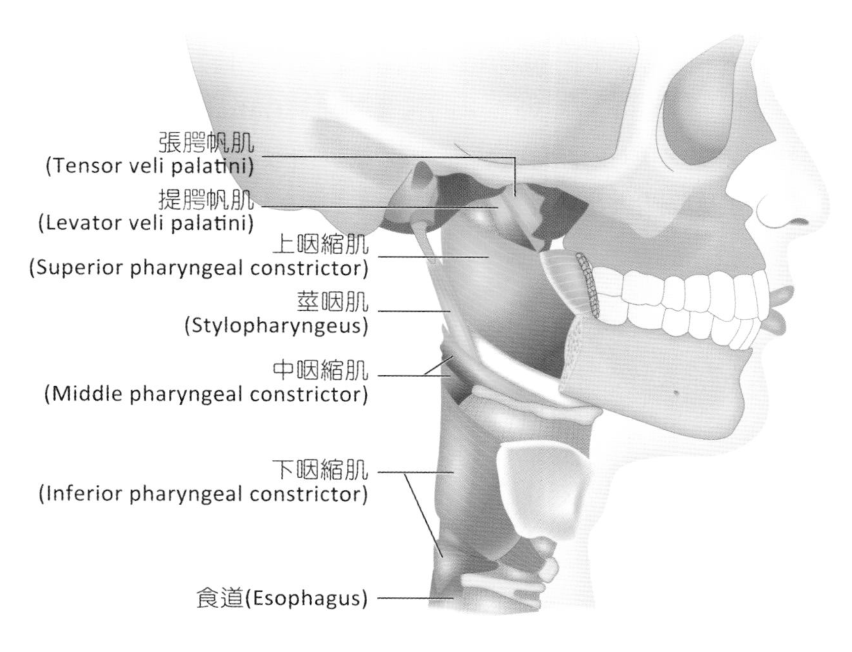

(a) 外面觀

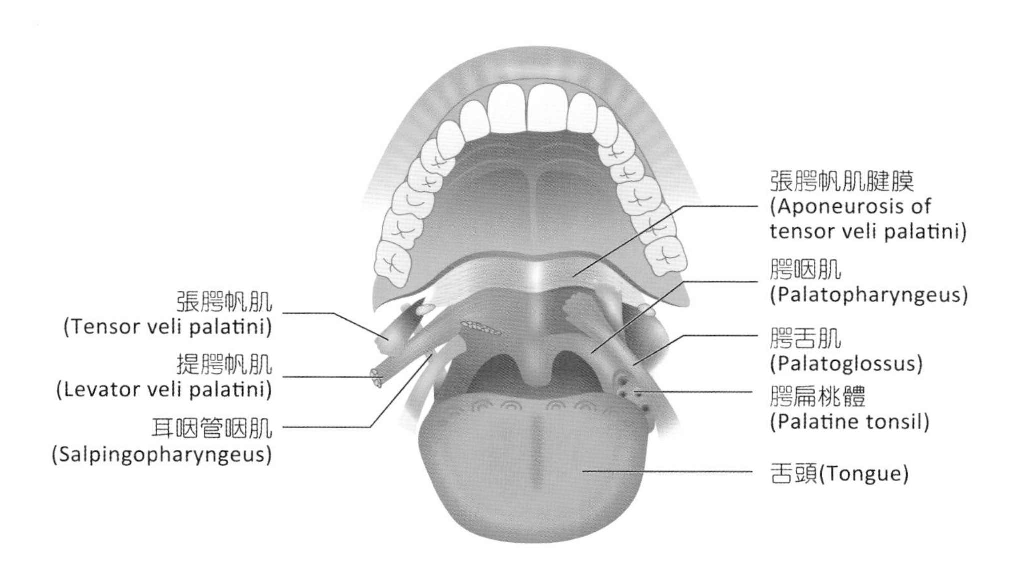

(b) 前面觀

圖 7-14 咽部肌肉

六、喉部的肌肉

喉部外在肌都是終止於舌骨，包括位於舌骨上方（口腔底部）的**舌骨上肌群**(suprahyoid muscles)及位於舌骨下方（頸部）的**舌骨下肌群**(infrahyoid muscles)（表7-8、圖7-15）。喉部內在肌其起端與止端均在喉部的軟骨，為喉本身的肌肉，由迷走神經控制，能改變聲帶的緊張度及聲門大小，藉此改變聲音（表7-9、圖7-16）。

表7-8 喉部外在肌

肌肉		起端	止端	作用	神經支配
舌骨上肌群	下頷舌骨肌 (mylohyoid)	下頷骨內側面	舌骨體	上提舌骨及口腔底，下壓下頷骨，驅使食團進入咽部	三叉神經下頷枝
	頦舌骨肌 (geniohyoid)	下頷骨內側面	舌骨體	上提舌骨，下壓下頷骨加寬咽部	舌下神經
	二腹肌 (digastricus)	前腹：下頷骨下緣 後腹：顳骨乳突	舌骨體	下降下頷骨及上舉舌骨	前腹：三叉神經下頷枝 後腹：顏面神經
	莖突舌骨肌 (stylohyoid)	顳骨莖突	舌骨體	使舌骨往後及往上	顏面神經
舌骨下肌群	甲狀舌骨肌 (thyrohyoid)	甲狀軟骨板斜線	舌骨體及舌骨大角	喉部上提、舌骨下壓	頸神經叢
	肩胛舌骨肌 (omohyoid)	肩胛骨上緣	舌骨體外側下緣	喉部及舌骨下壓	頸神經叢
	胸骨甲狀肌 (sternothyroid)	第一肋骨及胸骨柄內側	甲狀軟骨板斜線	喉部及舌骨下壓	頸神經叢
	胸骨舌骨肌 (sternohyoid)	第一肋骨上緣，胸骨柄及鎖骨胸骨端內側	舌骨體下緣	喉部及舌骨下壓	頸神經叢

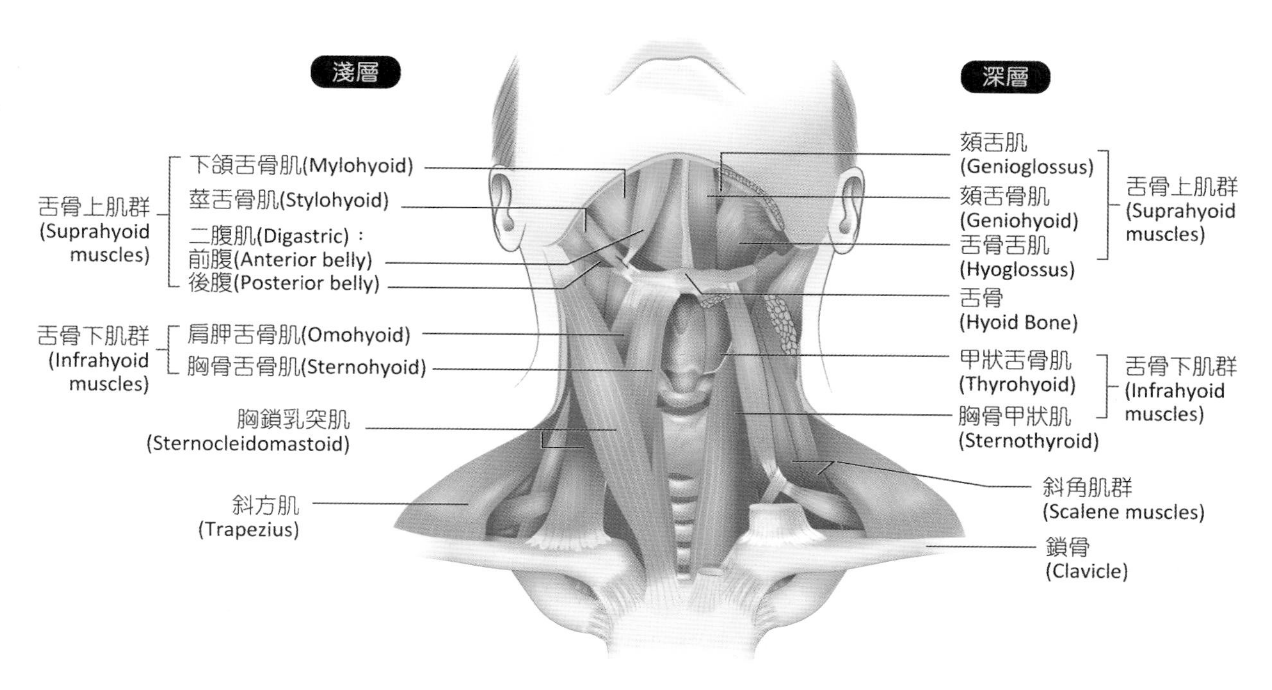

圖 7-15　喉部外在肌

表7-9　喉部內在肌

肌肉	起端	止端	作用	神經支配
杓肌(arytenoid)	杓狀軟骨	杓狀軟骨	使聲門收縮	迷走神經喉返枝
甲狀杓肌 (thyroarytenoid)	甲狀軟骨	杓狀軟骨基部及聲帶突	放鬆和變短聲帶	迷走神經喉返枝
側環杓肌 (lateral cricoarytenoid)	環狀軟骨	杓狀軟骨肌突	聲門收縮	迷走神經喉返枝
後環杓肌 (posterior cricoarytenoid)	環狀軟骨	杓狀軟骨肌突	聲門擴張	迷走神經喉返枝
環甲狀肌 (cricothyroid)	環狀軟骨	甲狀軟骨	聲帶拉緊	迷走神經喉外枝

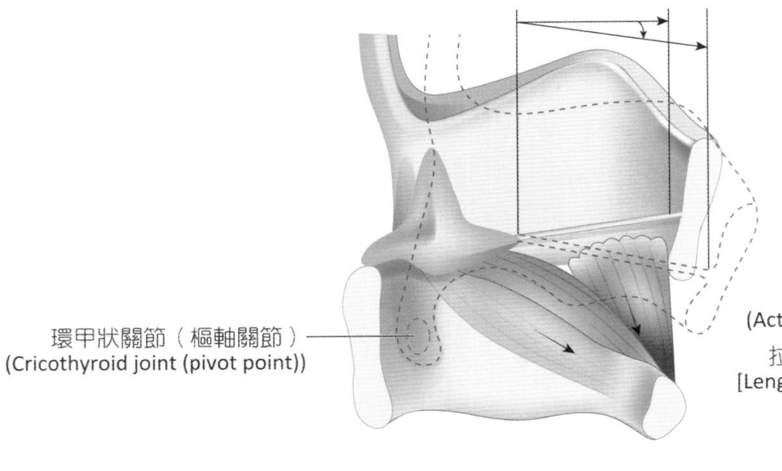

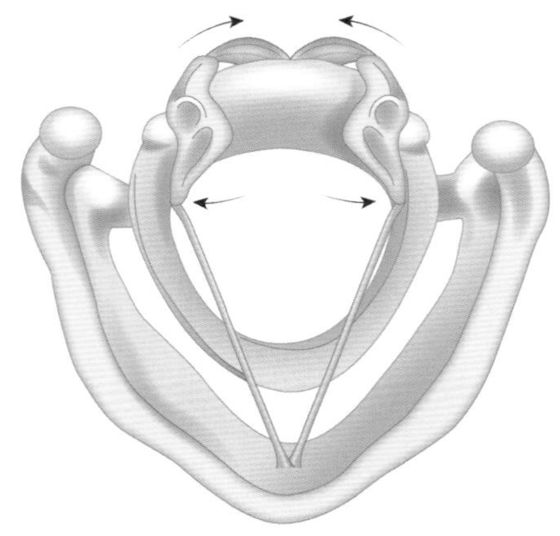

後環杓肌的作用
(Action of posterior cricoarytenoid muscles)
外展聲韌帶
(Abduction of vocal ligaments)

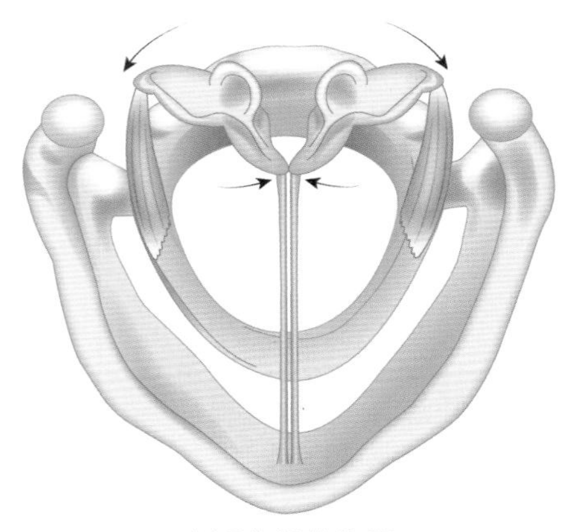

側環杓肌的作用
(Action of lateral cricoarytenoid muscles)
內收聲韌帶
(Adduction of vocal ligaments)

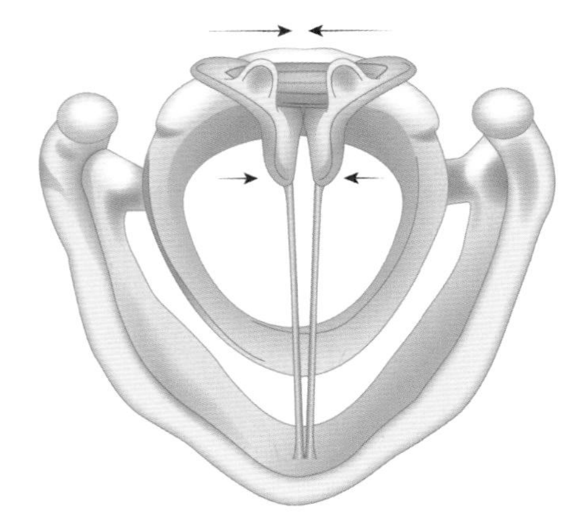

橫與斜杓肌的作用
(Action of transverse and oblique arytenoid muscles)
內收聲韌帶
(Adduction of vocal ligaments)

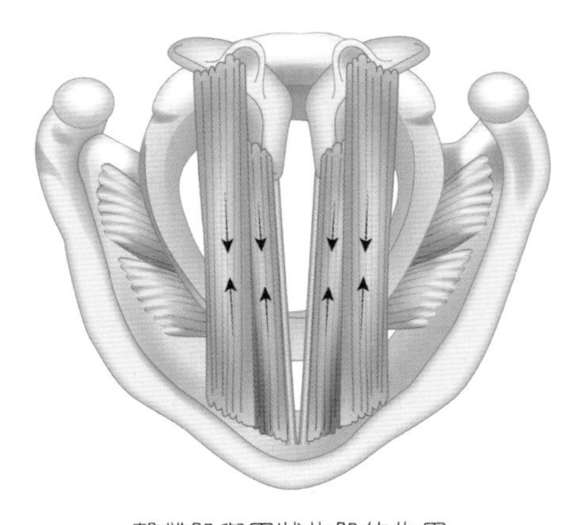

聲帶肌與甲狀杓肌的作用
(Action of vocalis and thyroarytenoid muscles)
縮短（鬆弛）聲韌帶
(Shortening (relaxation) of vocal ligaments)

圖 7-16　喉部內在肌

七、頸部肌肉

頸部肌肉可移動頭部，起端為頸椎、鎖骨或胸骨，止端為顳骨或枕骨，其中最重要的是胸鎖乳突肌，將頸部分成前頸三角及後頸三角。點頭時，後頸部肌肉放鬆而胸鎖乳突肌與其他前頸部肌肉收縮。頭部的旋轉及側傾則主要由頸部的動作搭配來完成（表7-10、圖7-17）。

表7-10 頸部肌肉

肌肉	起端	止端	作用	神經支配
頭半棘肌 (semispinalis capitis)	第7頸椎關節突及上面6塊胸椎之橫突	枕骨	單側收縮時臉轉向對側，兩側同時收縮時伸展頭部	頸脊神經背側枝
頭夾肌 (splenius)	第7頸椎及第1~4胸椎棘突、項韌帶	枕骨及顳骨乳突	單側收縮時臉轉向同側，兩側同時收縮時伸展頭部	頸脊神經背側枝
胸鎖乳突肌 (sternocleidomastoid)	胸骨及鎖骨	顳骨乳突	兩側同時收縮時頷上提、頸往後彎；單側收縮時臉轉向對側、頸往同側彎	副神經及第2、3頸脊神經
頭最長肌 (longissimus capitis)	第4頸椎至第4胸椎之突起	顳骨乳突	單側收縮時臉轉向同側，兩側同時收縮時伸展頭部	頸脊神經背側枝

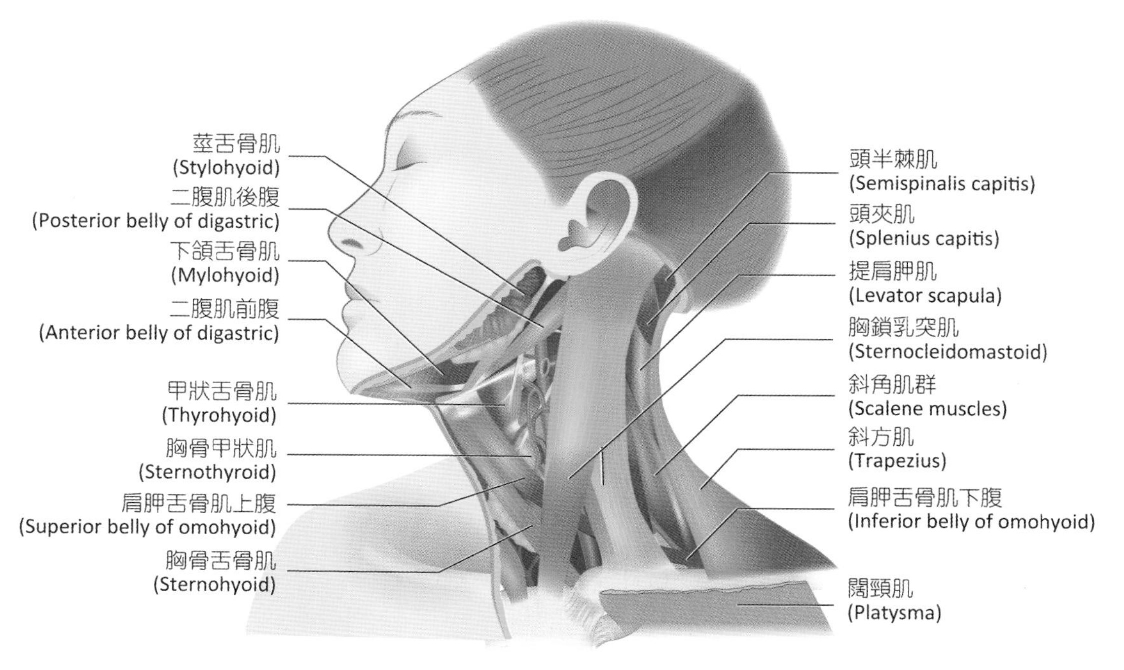

(a) 前外側觀

圖 7-17 頸部肌肉

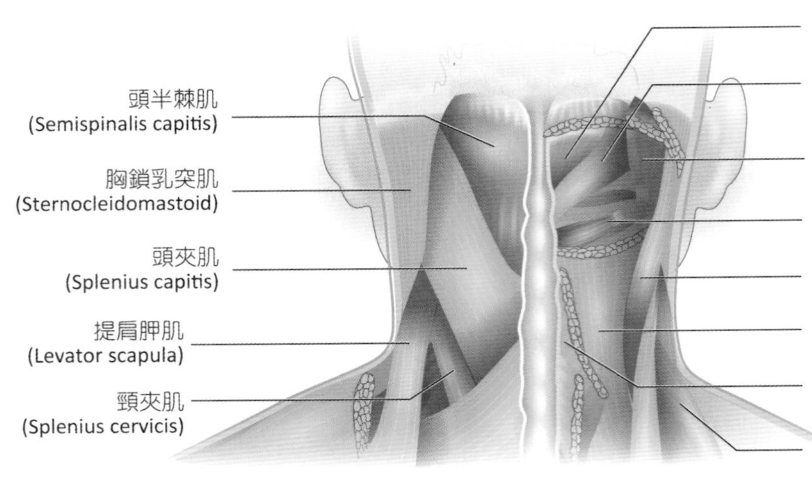

(b) 後面觀

圖 7-17 頸部肌肉（續）

脊柱肌群

脊柱兩旁有為數眾多的小肌肉組成了寬廣的背部，背部肌肉可分為兩種，一為表層肌群，另一種為深層肌群。移動脊柱之肌肉主要位於背部深層之內在肌，以豎脊肌群為主。此肌群為縱向重疊分布於整條脊柱上，上端附著於枕骨或顳骨乳突，可使頭部、頸部及軀幹做出伸展、側屈及旋轉的動作。豎脊肌群分別由髂肋肌、最長肌及棘肌所組成背部中間層之內在肌群。另外，包括一些位於最深層、較短小的肌肉，例如旋轉肌和棘間肌等，它們為豎脊肌群的協同肌，並可穩固脊柱（表7-11、圖7-18）。

表7-11 脊柱肌群

肌肉		起端	止端	作用	神經支配
髂肋肌群	頸髂肋肌 (iliocostalis cervicis)	第1~6肋骨	第4~6頸椎橫突	伸展頸部脊柱	頸脊神經背側枝
	胸髂肋肌 (iliocostalis thoracis)	第7~12肋骨	第1~6肋骨	保持脊柱直立	胸脊神經背側枝
	腰髂肋肌 (iliocostalis lumborum)	髂嵴	第7~12肋骨	腰部脊柱之伸展	腰脊神經背側枝
最長肌群	頭最長肌 (longissimus capitis)	第4頸椎至第4胸椎之突起	顳骨之乳突	伸展頭部及旋轉至同側	頸脊神經背側枝
	頸最長肌 (longissimus cervicis)	第4~5胸椎之橫突	第2~6頸椎之橫突	頸部脊柱伸展	脊神經背側枝
	胸最長肌 (longissimus thoracis)	腰椎之橫突	胸椎及上位腰椎之橫突及第9~10肋骨	胸部脊柱伸展	脊神經背側枝

表7-11 脊柱肌群（續）

肌肉		起端	止端	作用	神經支配
棘肌群	頸棘肌 (spinalis cervicis)	項韌帶及第7頸椎棘突	軸椎之棘突	脊柱伸展	脊神經背側枝
	胸棘肌 (spinalis thoracis)	上位腰椎及下位胸椎之棘突	上位胸椎之棘突	脊柱伸展	脊神經背側枝
多裂肌 (multifidus)		薦骨及髂骨，腰椎、胸椎及下位頸椎之橫突	腰椎、胸椎及頸椎之棘突	脊柱伸展且將脊柱旋轉向對側	脊神經背側枝
旋轉肌 (rotatores)		所有椎骨之橫突	上一個或上面第2個椎骨之棘突	脊柱伸展且將脊柱旋轉向對側	脊神經背側枝
棘間肌 (interspinales)		所有棘突之上面	上位棘突下面	脊柱伸展	脊神經背側枝
橫突間肌 (intertransversarii)		所有椎骨之橫突	上位椎骨之橫突	脊柱側屈	脊神經背側枝及腹側枝

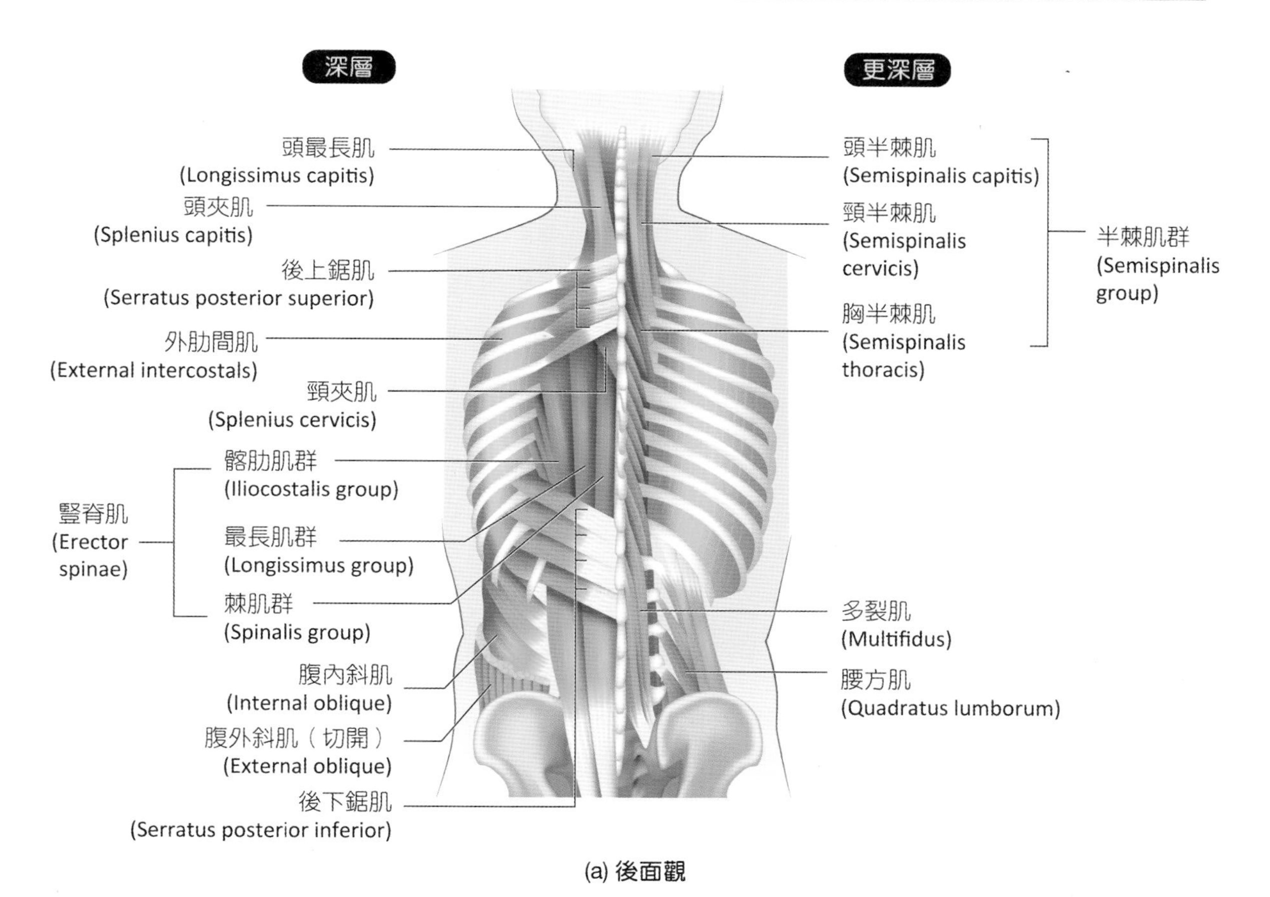

(a) 後面觀

圖 7-18 脊柱肌群

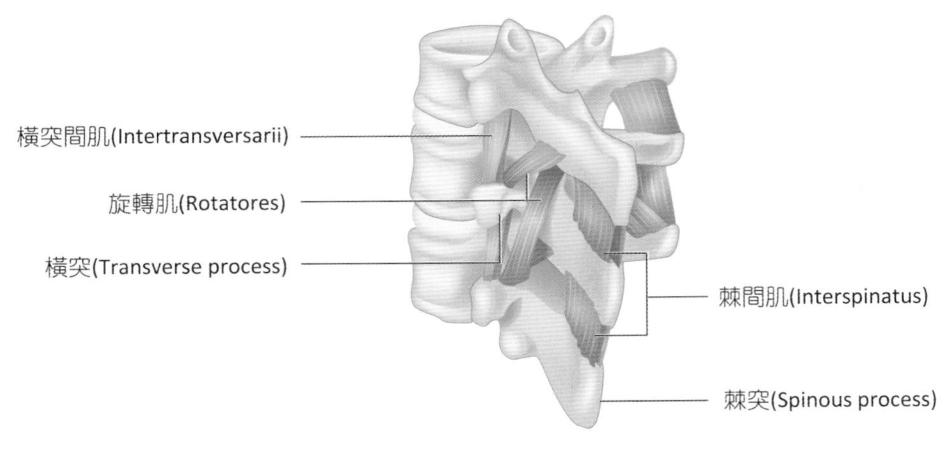

(b) 椎骨間小型肌肉

圖 7-18 脊柱肌群（續）

胸部肌群

位於胸部的肌群主要是呼吸肌，包含肋間肌(intercostals)及橫膈(diaphragm)，肋間肌包括外肋間肌(external intercostals)和內肋間肌(internal intercostals)，收縮及放鬆時可改變胸腔的體積。另外，斜角肌亦可幫助吸氣（表7-12、圖7-19）。橫膈為胸腔之底板，隔開胸腔與腹腔，但被一些器官所貫穿，形成下列開口：

1. **主動脈裂孔**：於第12胸椎高度，有主動脈及胸管通過。
2. **食道裂孔**：於第10胸椎高度，有食道及其上的迷走神經通過。
3. **腔靜脈孔**：於第8胸椎高度中央腱的右後部分，有下腔靜脈通過。

表7-12 胸部肌群

肌 肉	起 端	止 端	作 用	神經支配
外肋間肌 (external intercostals)	上一根肋骨之下緣	下一根肋骨之上緣	吸氣時上提肋骨增加胸腔之前後徑及側徑	肋間神經
內肋間肌 (internal intercostals)	下一根肋骨之上緣	上一根肋骨之下緣	用力呼氣時將相鄰之肋骨互相拉近，減少胸腔之前後徑及側徑	肋間神經
橫膈 (diaphragm)	劍突，第7~12根肋軟骨及腰椎	橫膈之中央腱	吸氣時將中央腱往下拉而擴大胸腔的垂直長度	膈神經

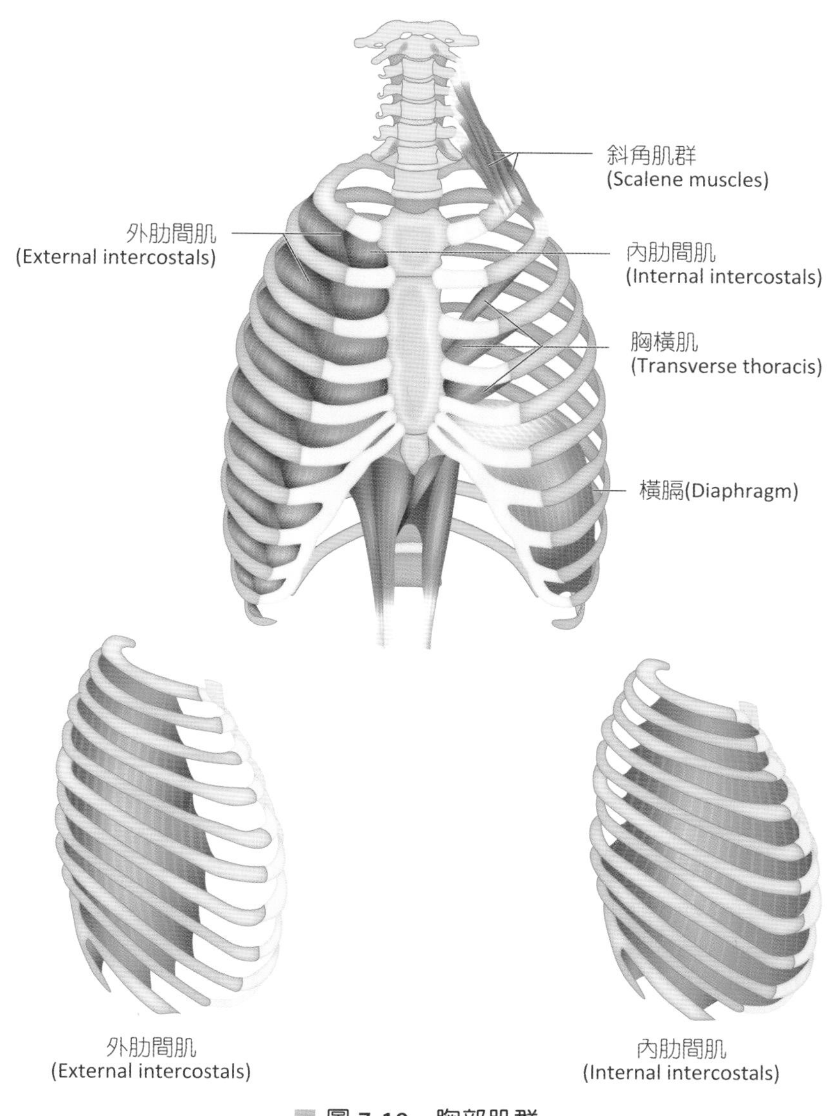

圖 7-19 胸部肌群

腹部肌群

一、腹壁肌肉

腹部的前外側壁是由皮膚、筋膜及腹直肌、腹外斜肌、腹內斜肌與腹橫肌所構成，這四塊肌肉呈片狀且左右對稱。前腹壁肌群之腱膜交織在身體中線形成**白線**(zinea alba)。由淺層到深層依序為：腹外斜肌、腹內斜肌、腹橫肌，而在白線兩側縱向排列的是**腹直肌**，腹直肌被前述三層肌內的腱膜所形成的腹直肌鞘所包圍，當腹壁肌肉收縮時會壓縮腹腔，使腹內壓增加，有助於排尿、排便、用力呼吸、分娩等的進行（表7-13、圖7-20）。

腹外斜肌之腱膜在腹部下緣增厚形成了**腹股溝韌帶**(inguinal ligament)或稱鼠蹊韌帶，恥骨之外上側的腹外斜肌腱膜有一三角形裂縫，稱為腹股溝管淺環(superficial inguinal ring)，男性的精索(spermatic cord)及女性的圓韌帶會經腹股溝淺環通過**腹股溝管**(inguinal canal)。當腹股溝管因年齡老化或遺傳因素結構較弱時，加上腹內壓增加，會使腸子進到其內，引起腹股溝疝氣(inguinal hernia)，男性腹股溝管開口較女性大，所以男性較易產生腹股溝疝氣。

表7-13 腹壁肌肉

肌肉	起端	止端	作用	神經支配
腹直肌 (rectus abdominis)	恥骨嵴及恥骨聯合	第5~7肋軟骨及胸骨劍突	脊椎彎曲，增加腹內壓	第7~12胸脊神經
腹外斜肌 (external oblique)	第5~12肋骨	髂嵴及白線	兩側收縮增加腹內壓，單側收縮使脊柱側彎	第7~12胸脊神經及髂腹下神經
腹內斜肌 (internal oblique)	髂嵴，腹股溝韌帶及胸腰筋膜	第9~12肋軟骨	兩側收縮增加腹內壓，單側收縮使脊柱側彎	第8~12胸脊神經、髂腹下及髂腹股溝神經
腹橫肌 (transversus)	髂嵴，腹股溝韌帶，腰筋膜及第7~12肋軟骨	劍突、白線及恥骨	增加腹內壓	第8~12胸脊神經、髂腹下及髂腹股溝神經

二、骨盆底與會陰部的肌肉

提肛肌與尾骨肌構成了骨盆膈(pelvic diaphragm)（表7-14、圖7-21），其覆蓋於骨盆底之內側面及外側面，為骨盆腔的最底層，其主要作用為支持骨盆底板，以對抗腹壓、縮小肛門口徑。

會陰部(perineum)指的就是骨盆腔出口，骨盆膈以下及大腿與臀部間的菱形區域，左、右坐骨粗隆間連線可將會陰部分成前半部含外生殖器之**泌尿生殖三角**(urogenital triangle)，及後半部含肛門之**肛門三角**(anal triangle)（圖7-22）。

泌尿生殖膈(urogenital diaphragm)由會陰深橫肌、尿道括約肌及覆蓋其上之筋膜構成，圍繞著泌尿生殖器，並加強骨盆底板結構。男女性的尿道以及女性的陰道均通過骨盆膈及泌尿生殖膈，直腸則通過骨盆膈形成肛門。

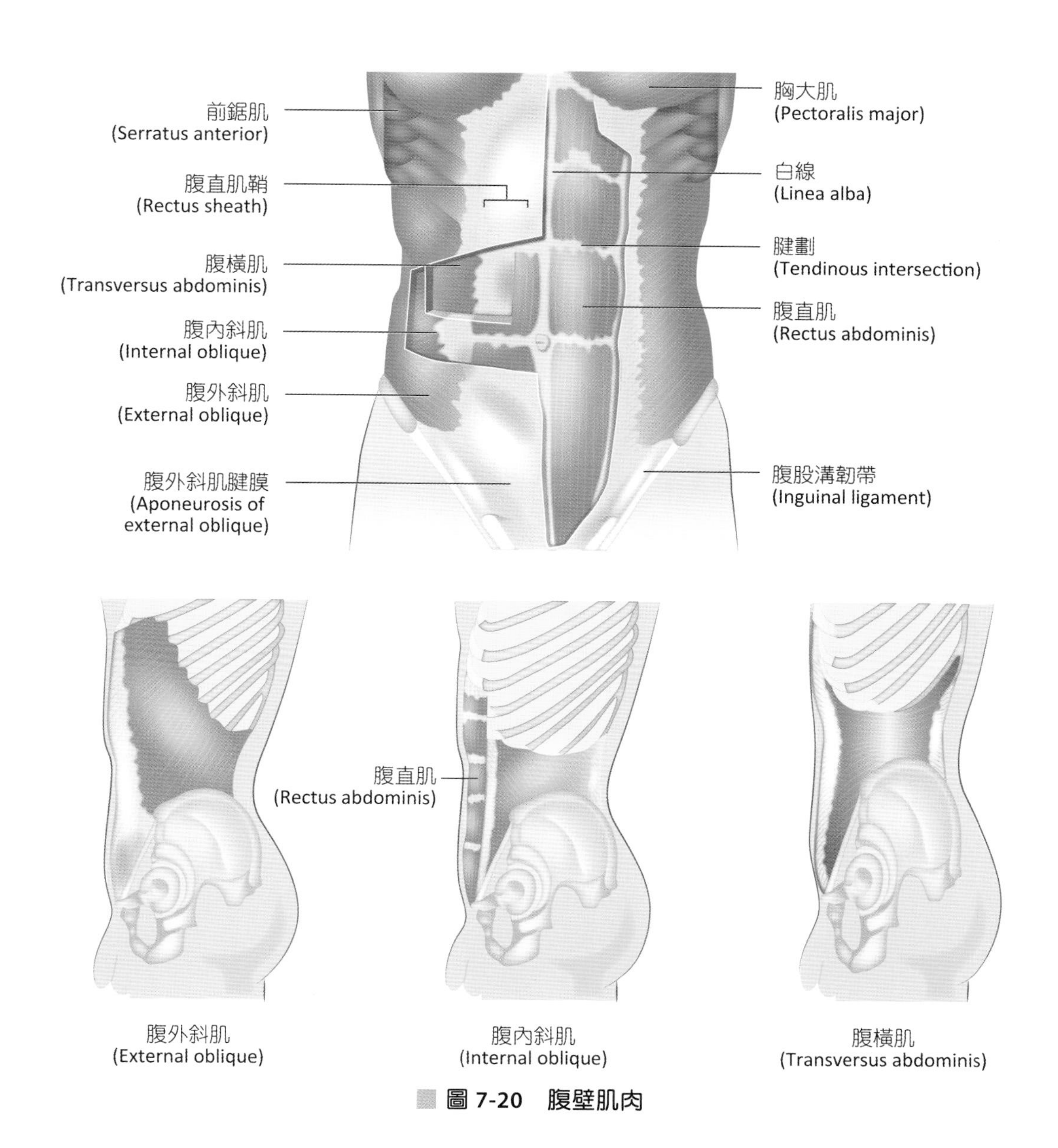

圖 7-20 腹壁肌肉

肌肉營養不良症(Muscular Dystrophy)

Clinical Applications 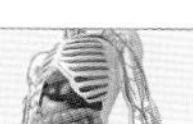

又稱為肌肉萎縮症，是肌肉細胞漸進性損傷與萎縮的疾病，大部分是基因變異所致，為性聯隱性基因遺傳。常見的有杜馨氏肌肉營養不良症(Duchenne muscular dystrophy)及貝克型肌肉營養不良症(Becker muscular dystrophy)，另外有體染色體顯性遺傳的顏肩肱型肌肉營養不良症(facio-scapulo-humeral type)及肌強直型肌肉營養不良症(myotonia dystrophica)，或以體染色體隱性遺傳的肢帶型肌肉營養不良症(limb girdle type)及少數的其他型肌肉萎縮症。

表7-14 骨盆底與會陰部的肌肉

肌肉	起端	止端	作用	神經支配
球海綿體肌 (bulbocavernosus)	會陰部之中央腱	泌尿生殖膈，男性陰莖或女性陰蒂之基部	收縮尿道與陰道，擠出殘留的精液或尿液	陰部神經會陰枝
坐骨海綿體肌 (ischiocavernosus)	坐骨及恥骨	男性之陰莖海綿體或女性之陰蒂	壓迫靜脈以維持男性陰莖或女性陰蒂之勃起	陰部神經會陰枝
會陰橫肌 (transversus perineus)	坐骨粗隆及坐骨枝	會陰部之中央腱	穩定會陰部之結構	陰部神經會陰枝
尿道括約肌 (sphincter urethrae)	坐骨和恥骨枝	男性之中間縫或女性之陰道	收縮時關閉尿道，壓迫男性前列腺或女性前庭大腺	陰部神經會陰枝
肛門外括約肌 (external anal sphincter)	肛尾縫	會陰部之中央腱	肛管及肛門縮緊，控制排便	陰部神經下直腸枝
提肛肌 (levator ani)	坐骨棘及恥骨	尾骨	支托骨盆腔臟器，幫助排便	陰部神經
尾骨肌 (coccygeus)	坐骨棘	薦骨下半部及尾骨	支托骨盆腔臟器，幫助排便	陰部神經

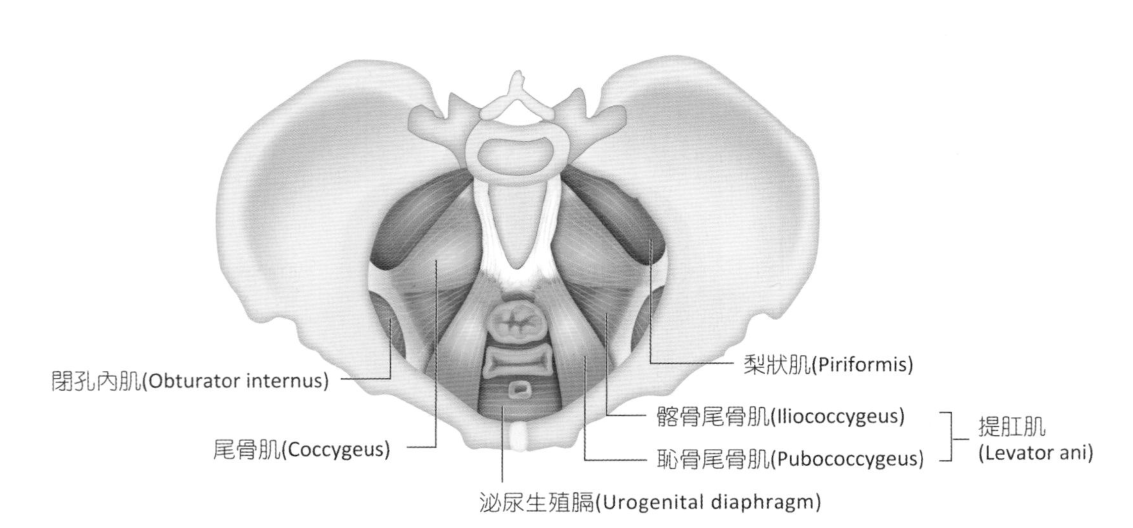

圖 7-21 骨盆底肌肉

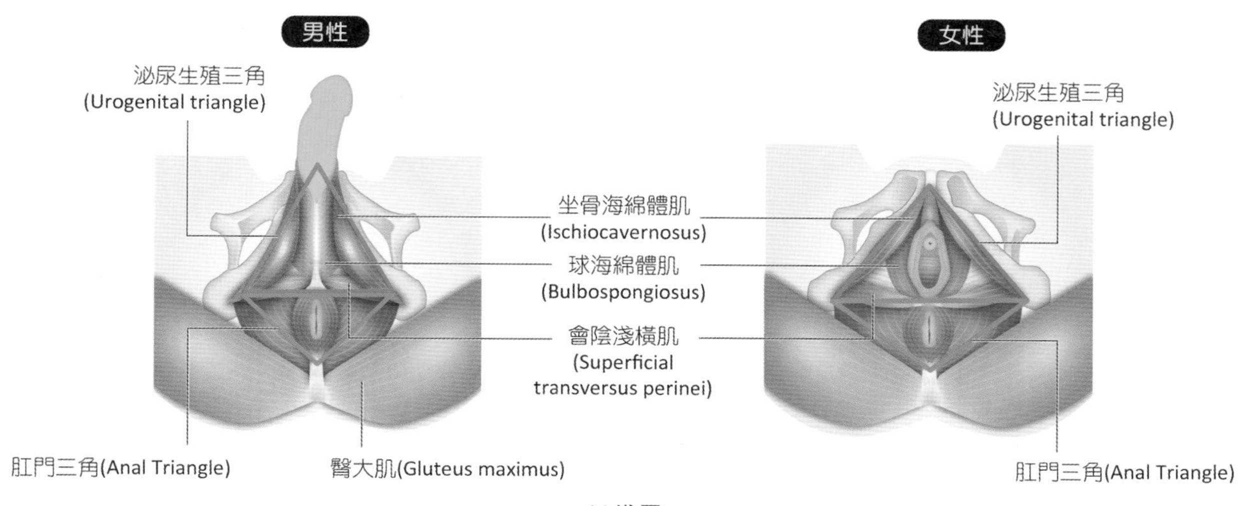

(a) 淺層

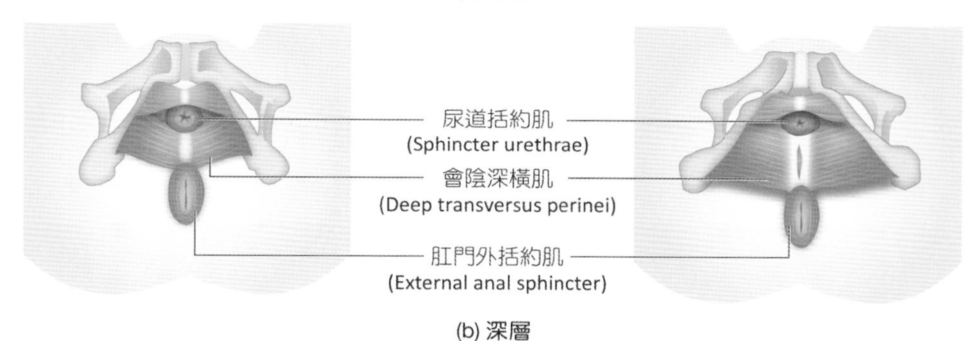

(b) 深層

圖 7-22 會陰肌群

上肢肌群

一、移動肩帶的肌肉

前面淺層有胸鎖乳突肌、三角肌、胸大肌、肱二頭肌，背面有斜方肌；前面深層有鎖骨下肌、胸小肌、前鋸肌，背面有提肩胛肌、大菱形肌、小菱形肌（表7-15、圖7-23）。

表7-15 移動肩帶的肌肉

肌肉	起端	止端	作用	神經支配
提肩胛肌 (levator scapulae)	第1~4頸椎之橫突	肩胛骨內側緣上部	使肩胛骨上提	肩胛背神經
斜方肌 (trapezius)	枕骨、項韌帶、頸椎及胸椎之棘突	鎖骨、肩峰及肩胛棘	肩胛骨內收、上提或下壓及伸展頭部	脊副神經及第3~5頸脊神經

表7-15 移動肩帶的肌肉（續）

肌肉	起端	止端	作用	神經支配
小菱形肌 (rhomboideus minor)	第7頸椎和第1胸椎之棘突	肩胛骨內側緣（肩胛棘基部）	牽引肩胛骨向內上方，內收肩胛骨	肩胛背神經
大菱形肌 (rhomboideus major)	第2~5胸椎之棘突	肩胛骨內側緣（肩胛棘以下）	牽引肩胛骨向內上方，內收肩胛骨	肩胛背神經
鎖骨下肌 (subclavius)	第1肋骨	鎖骨外側部之下表面	協助穩定及下壓鎖骨	鎖骨下肌神經
胸小肌 (pectoralis minor)	第3~5肋骨之前面	肩胛骨之喙突	下壓肩胛骨；當肩胛骨固定時，可上提肋骨	胸內側神經
前鋸肌 (serratus anterior)	第1~8肋骨	肩胛骨之內側緣及下角	固定及旋轉肩胛骨，上提肋骨	胸長神經

二、移動上臂的肌肉

胸大肌位於胸部淺層，喙肱肌、肱二頭肌及肱三頭肌位於上臂，其餘的則均位於背部及肩胛部（表7-16、圖7-23）。

表7-16 移動上臂的肌肉

肌肉	起端	止端	作用	神經支配
三角肌 (deltoid)	鎖骨、肩峰及肩胛棘	肱骨之三角肌粗隆	外展、屈曲及伸展上臂	腋神經
胸大肌 (pectoralis major)	鎖骨、胸骨及第2~6肋軟骨	肱骨之大結節	內收、屈曲與內旋上臂	胸內側及外側神經
闊背肌 (latissimus dorsi)	下位6塊胸椎及腰椎之棘突	肱骨之結節間溝	伸展、內收及內旋上臂	胸背神經
喙肱肌 (coracobrachialis)	肩胛骨之喙突	肱骨幹中段之前內側	屈曲及內收上臂	肌皮神經
肩胛下肌 (subscapularis)	肩胛下窩	肱骨之小結節	內收及內旋上臂	肩胛下神經
棘上肌 (supraspinatus)	肩胛骨之棘上窩	肱骨之大結節	外展上臂（為棒球投手最易受傷肌肉）	肩胛上神經
棘下肌 (infraspinatus)	肩胛骨之棘下窩	肱骨之大結節	上臂外旋	肩胛上神經
小圓肌 (teres minor)	肩胛骨外緣	肱骨之大結節	上臂外旋	腋神經
大圓肌 (teres major)	肩胛骨下角	肱骨之小結節	伸展、內收及內旋上臂	肩胛下神經

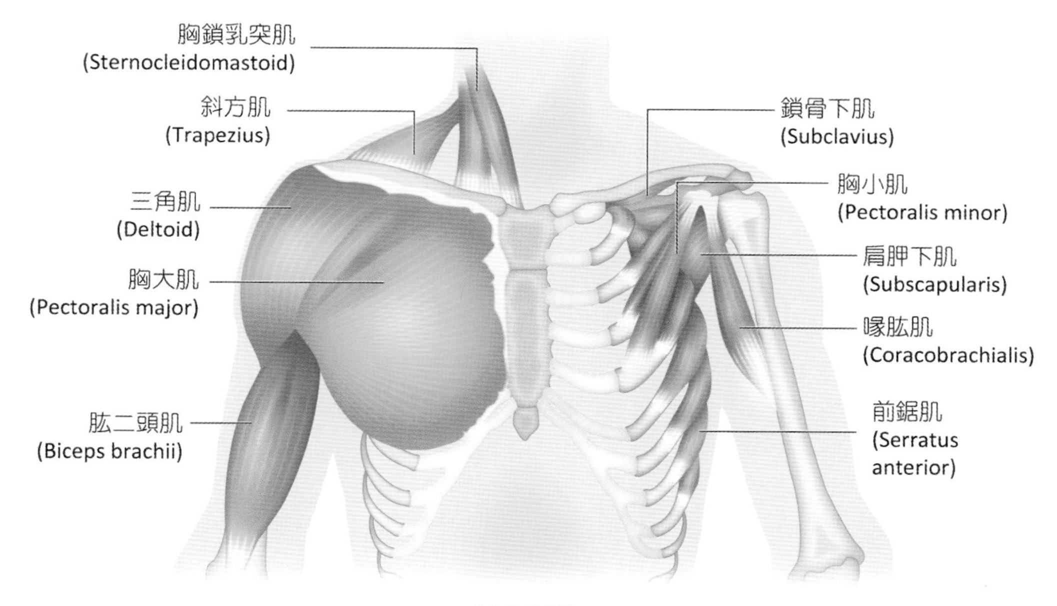

(a) 前面觀

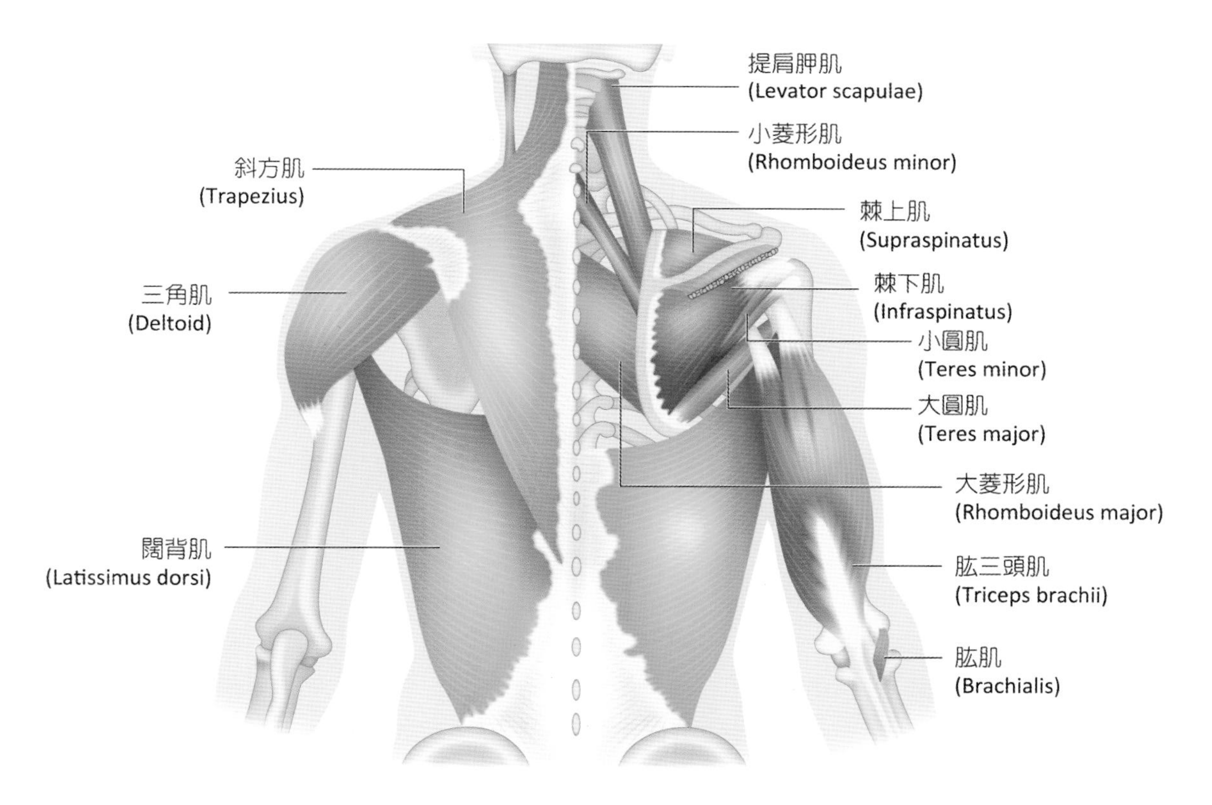

(b) 後面觀

圖 7-23 肩帶、上臂的肌肉

三、移動前臂的肌肉

移動前臂的肌肉皆作用在手肘，包括肘關節的屈肌（肱二頭肌、肱肌與肱橈肌）及伸肌（肱三頭肌與肘肌），另外還有旋前肌（旋前圓肌與旋前方肌）及旋後肌（表7-17、圖7-24）。

表7-17 移動前臂的肌肉

肌肉	起端	止端	作用	神經支配
肱二頭肌 (biceps brachii)	・長頭：肩胛骨之盂上結節 ・短頭：肩胛骨之喙突	橈骨粗隆及肱二頭肌前臂腱膜	上臂屈曲，前臂屈曲及旋後	肌皮神經
肱肌 (brachialis)	肱骨前面下半部	尺骨之冠狀突及粗隆	屈曲前臂	肌皮神經、橈神經
肱橈肌 (brachioradialis)	肱骨髁上嵴	橈骨莖突	屈曲前臂	橈神經
旋後肌 (supinator)	肱骨外上髁及尺骨嵴	橈骨斜線	旋後前臂	橈神經
旋前圓肌 (pronator teres)	肱骨內上髁及尺骨冠狀突	橈骨幹中部外側面	旋前前臂	正中神經
旋前方肌 (pronator quadratus)	尺骨幹遠側	橈骨幹遠側	旋前前臂	正中神經
肱三頭肌 (triceps brachii)	・長頭：肩胛骨之盂下結節 ・外側頭：肱骨橈神經溝以上之部分 ・內側頭：橈神經溝以下之部分	尺骨鷹嘴突	伸展前臂，長頭伸展上臂及前臂	橈神經
肘肌 (anconeus)	肱骨外上髁	尺骨幹上部及鷹嘴突	伸展前臂	橈神經

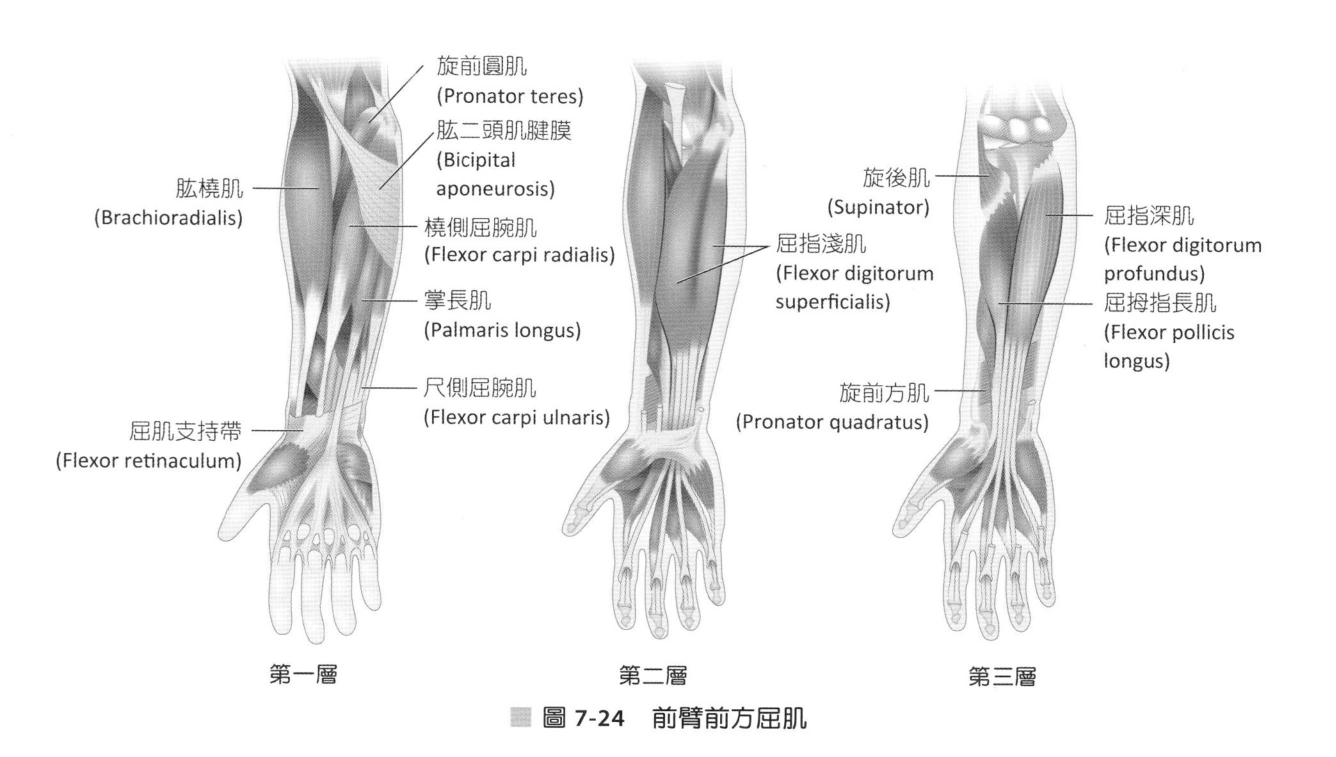

圖 7-24 前臂前方屈肌

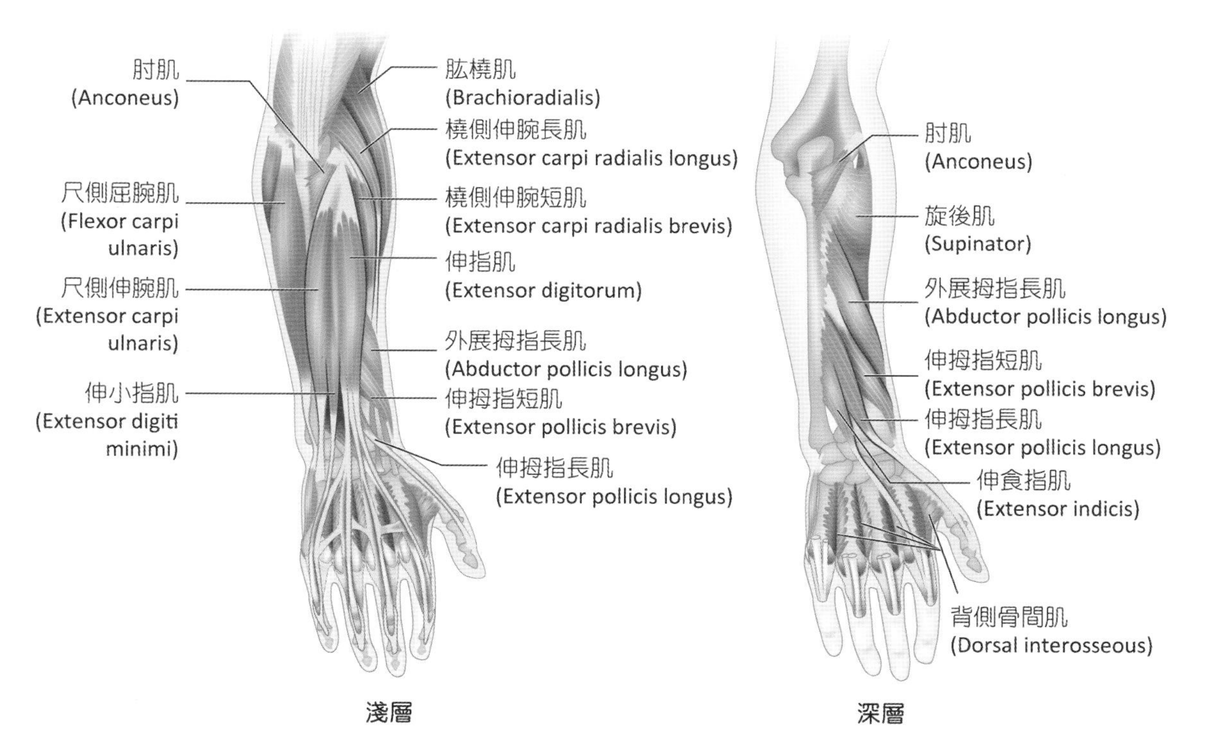

圖 7-25 前臂後方伸肌

四、移動手腕及手指的肌肉

移動手腕及手指的肌肉可分為屈肌群與伸肌群，屈肌群位於前面，伸肌群位於後面，這些肌肉的肌腹位於前臂近端，其肌腱很長，且手腕處被**支持帶**(retinaculum)所覆蓋（表7-18、圖7-26）。

表7-18 移動手腕及手指的肌肉

肌肉	起端	止端	作用	神經支配
橈側腕屈肌 (flexor carpi radialis)	肱骨內上髁	第2、3掌骨	彎曲及外展手腕	正中神經
掌長肌 (palmaris longus)	肱骨內上髁	腕骨橫韌帶及掌腱膜	彎曲手腕及掌腱膜之拉緊	正中神經
尺側腕屈肌 (flexor carpi ulnaris)	肱骨內上髁及尺骨後上緣	豆狀骨、鉤狀骨及第5掌骨	彎曲及內收手腕	尺神經
屈指淺肌 (flexor digitorum superficialis)	肱骨內上髁，尺骨冠狀突及橈骨斜線	中間指骨	手指屈曲	正中神經
橈側伸腕長肌 (extensor carpi radialis longus)	肱骨外上髁	第2掌骨	手腕外展及伸直	橈神經
橈側伸腕短肌 (extensor carpi radialis brevis)	肱骨外上髁	第3掌骨	手腕伸展	橈神經
尺側伸腕肌 (extensor carpi ulnaris)	肱骨外上髁及尺骨後緣	第5掌骨	手腕內收及伸展	橈神經
伸指肌 (extensor digitorum)	肱骨外上髁	中間及遠側指骨	手指伸展	橈神經
屈指深肌 (flexor digitorum profundus)	尺骨幹前內側面	遠側指骨基部	手指屈曲	正中神經、尺神經
伸食指肌 (extensor indicis)	尺骨後面	食指之指伸肌肌腱	食指伸展	橈神經

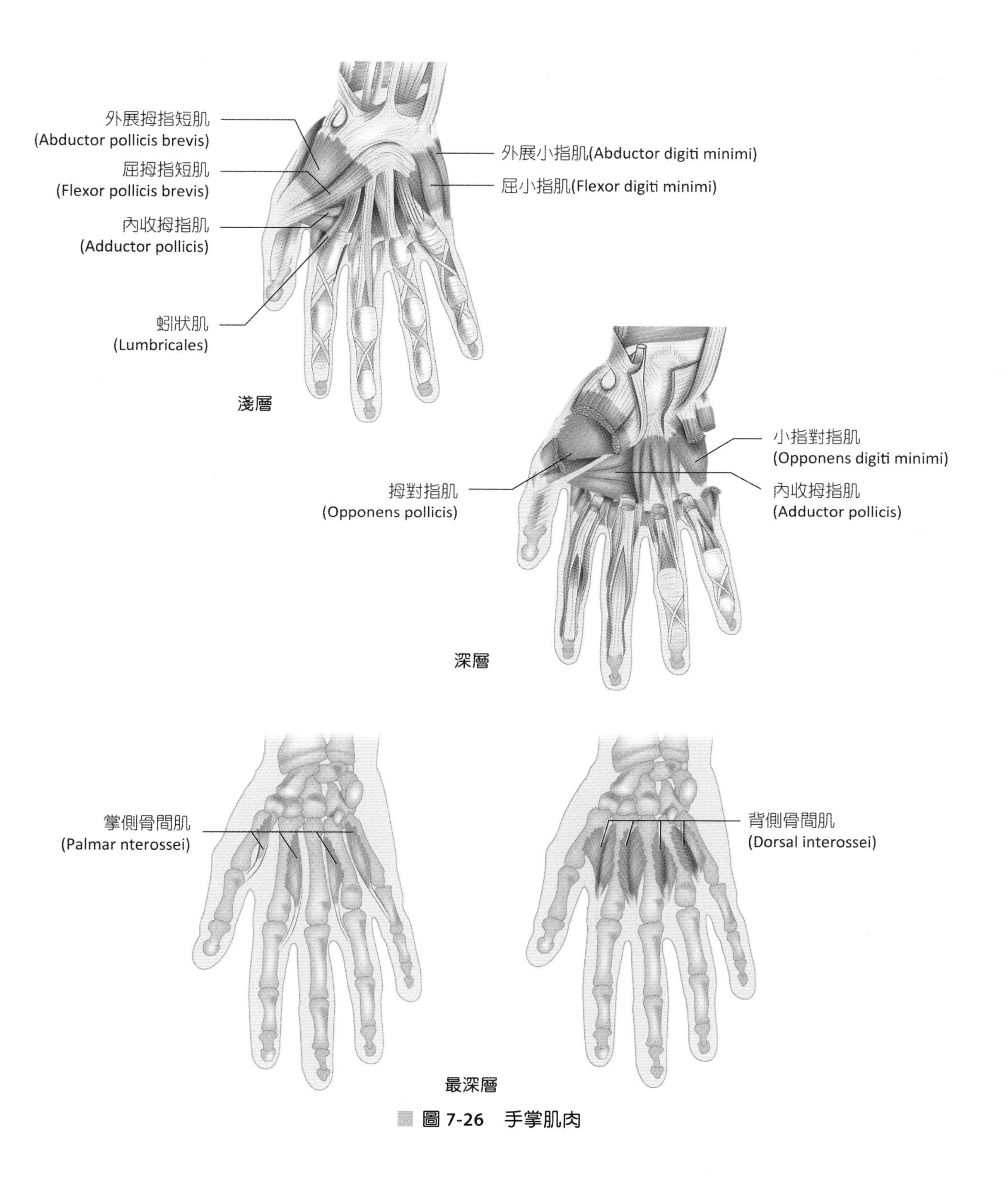
外展拇指短肌
(Abductor pollicis brevis)
屈拇指短肌
(Flexor pollicis brevis)
內收拇指肌
(Adductor pollicis)
蚓狀肌
(Lumbricales)
外展小指肌(Abductor digiti minimi)
屈小指肌(Flexor digiti minimi)
淺層
小指對指肌
(Opponens digiti minimi)
拇對指肌
(Opponens pollicis)
內收拇指肌
(Adductor pollicis)
深層
掌側骨間肌
(Palmar nterossei)
背側骨間肌
(Dorsal interossei)
最深層

圖 7-26　手掌肌肉

下肢肌群

一、移動大腿的肌肉

移動大腿的肌肉起始於髖骨，然後越過髖關節，而終止於股骨，依其越過髖骨的方向不同，功能也不同：(1)越過前方：彎曲大腿；(2)越過後方：伸展大腿；(3)越過內側：內收或內旋大腿；(4)越過外側：外展或外旋大腿（表7-19、圖7-27）。

表7-19 移動大腿的肌肉

肌肉		起端	止端	作用	神經支配
髂腰肌 (iliopsoas)	髂肌 (iliacus)	髂窩	腰大肌肌腱	大腿內旋及彎曲	股神經
	腰大肌 (psoas major)	腰椎體部及橫突	股骨小轉子	大腿內旋及彎曲，脊柱彎曲	第2、3腰神經
臀大肌 (gluteus maximus)		髂嵴、薦骨、尾骨、薦棘肌腱膜	闊筋膜髂脛束及股骨臀肌粗隆	大腿外旋及伸展	臀下神經
臀中肌 (gluteus medius)		髂骨臀前及臀下線之間	股骨大轉子	大腿外展及內旋	臀上神經
臀小肌 (gluteus minimus)		髂骨之臀後及臀前線之間	股骨大轉子	大腿外展及內旋	臀上神經
闊筋膜張肌 (tensor fasciae latae)		髂嵴	髂脛束	大腿外展及彎曲	臀上神經
恥骨肌 (pectineus)		恥骨上枝	股骨恥骨肌線	大腿內收及彎曲	股神經、閉孔神經
內收長肌 (adductor longus)		恥骨前方	股骨粗線之內唇中部	大腿內旋、內收及彎曲	閉孔神經
內收短肌 (adductor brevis)		恥骨下枝	股骨粗線之內唇上部	大腿內旋、內收及彎曲	閉孔神經
內收大肌 (adductor magnus)		恥骨及坐骨下枝，坐骨粗隆	股骨粗線之內唇	大腿內收，前面部分屈大腿，後面部分伸大腿	閉孔神經、坐骨神經
股薄肌 (gracilis)		恥骨下枝	脛骨內側上方	大腿內收及彎曲，小腿之彎曲	閉孔神經
梨狀肌 (piriformis)		薦骨前外側	股骨大轉子	大腿外旋及外展	梨狀肌神經

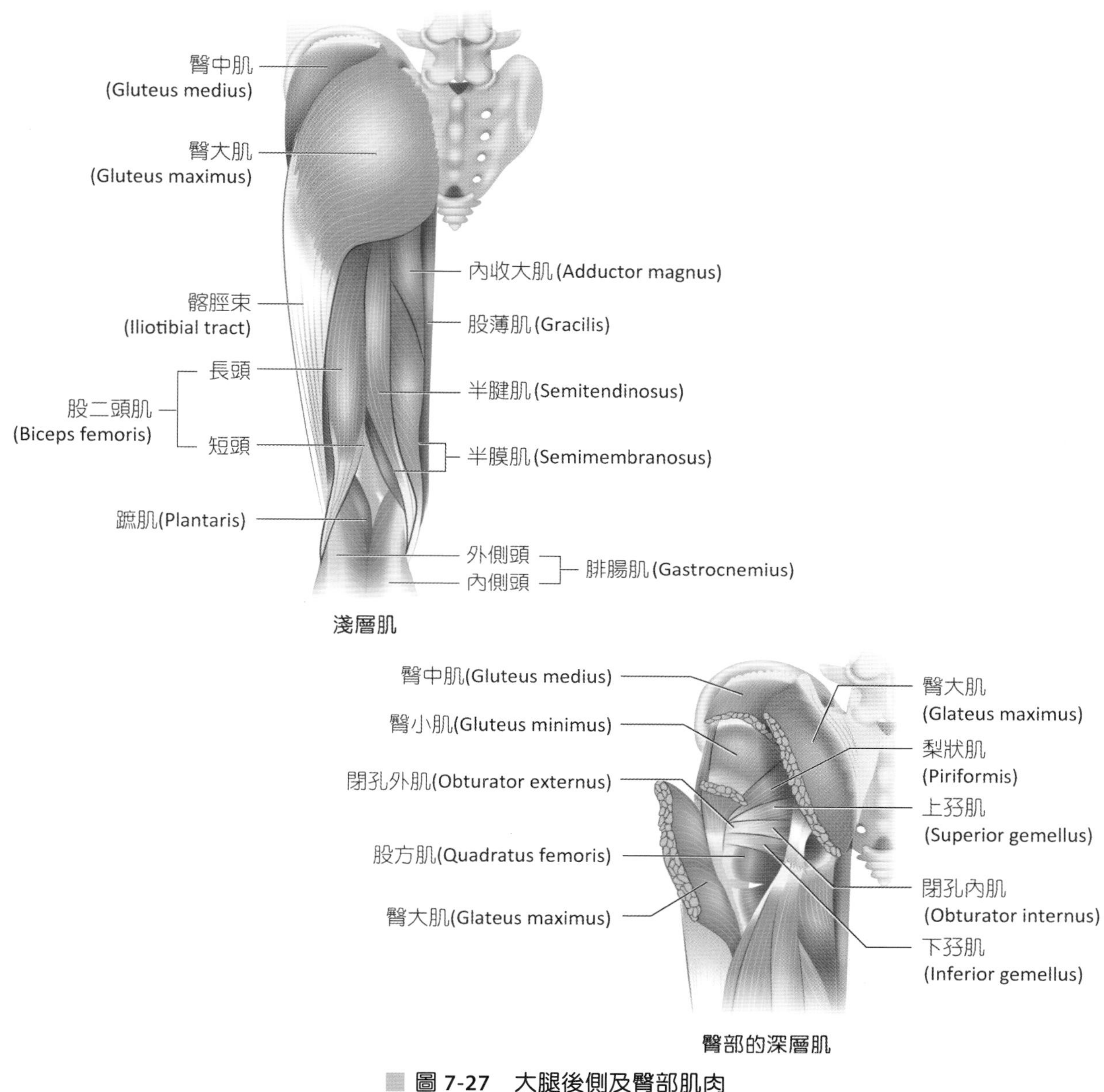

圖 7-27 大腿後側及臀部肌肉

▼ 肌肉注射(Intramuscular Injections)

Clinical Applications 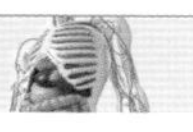

最理想的肌肉注射是能避開神經、血管而將藥物注入肌肉深部。三種適合注射的肌肉部位包含：(1)臀部：臀中肌是肌肉注射的理想部位，此部位肌肉厚、神經少，較不易因傷到坐骨神經引起下肢麻痺；(2)大腿外側：股外側肌中間位置；(3)上臂：三角肌中間位置。

二、移動小腿的肌肉

即作用於膝關節的肌肉，起始於髖骨或股骨，終止於脛骨或腓骨（表7-20、圖7-28），除了腓腸肌位於小腿外，其餘均位於大腿。大腿肌群由深層筋膜分隔成三群：

1. **前側肌群**：為伸肌群，由股神經所支配，其功能主要為伸展小腿，少部分肌肉亦可彎曲大腿。其中，縫匠肌為人體最長之肌肉；股四頭肌包括四個頭端，通常視為四條獨立的肌肉。
2. **後側肌群**：為屈肌群，由坐骨神經所支配，其功能主要為彎曲小腿及伸展大腿。
3. **內側肌群**：為內收肌群，由閉孔神經所支配，其功能為內收大腿（表7-19）。

表7-20 移動小腿的肌肉

肌肉		起端	止端	作用	神經支配
前側肌群（伸肌群）					
縫匠肌(sartorius)		髂前上棘	脛骨體內側上方	小腿屈曲；大腿屈曲及外展	股神經
股四頭肌 (quadriceps femoris)	股直肌 (rectus femoris)	髂前下棘	脛骨粗隆	小腿之伸展及大腿之彎曲	股神經
	股外側肌 (vastus lateralis)	股骨大轉子及粗線外唇	脛骨粗隆	小腿伸展	股神經
	股中間肌 (vastus intermedius)	股骨幹前面	脛骨粗隆	小腿伸展	股神經
	股內側肌 (vastus medialis)	股骨粗線內唇	脛骨粗隆	小腿伸展	股神經
後側肌群（屈肌群）					
股二頭肌 (biceps femoris)	長頭 (long head)	坐骨粗隆	腓骨頭及脛骨外上髁	大腿伸展和小腿屈曲	脛神經
	短頭 (short head)	股骨粗線	腓骨頭及脛骨外上髁	小腿屈曲	腓總神經
半腱肌 (semitendinosus)		坐骨粗隆	脛骨體之內側上方	大腿伸展和小腿屈曲	脛神經
半膜肌 (semimembranosus)		坐骨粗隆	脛骨內髁	大腿伸展和小腿屈曲	脛神經

註：半腱肌、半膜肌、股二頭肌合稱膕旁肌群(hamstrings)。

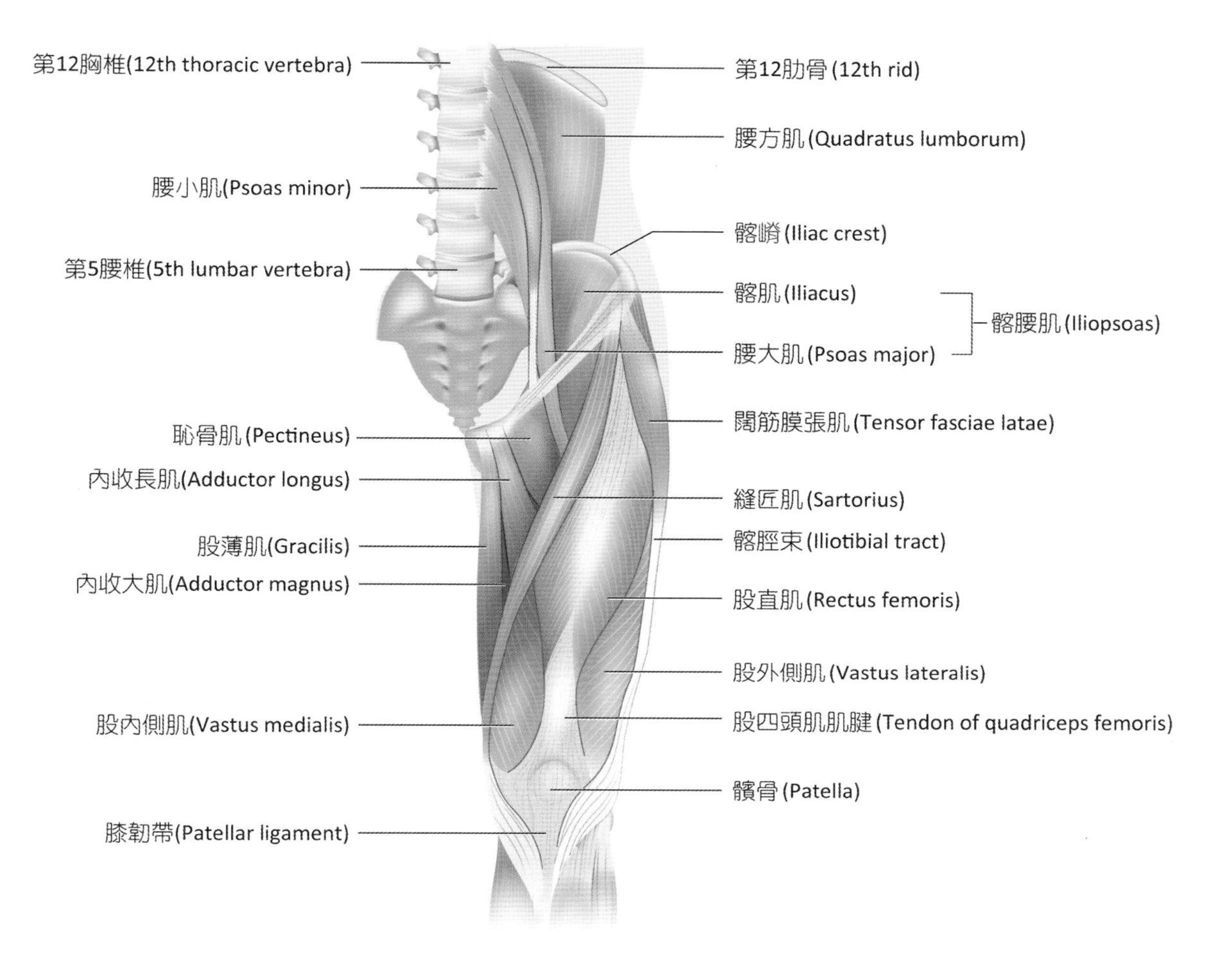

骨盆的深部肌肉及大腿的淺層肌

圖 7-28　大腿前側肌肉

在大腿前上方以**腹股溝韌帶**（上方）、**內收長肌**（內側）及**縫匠肌**（外側）等所圍成之三角形區域稱為**股三角**(femoral triangle)，股三角形成淺的陷窩為髂恥窩，內有股動脈、股靜脈，及股神經等構造。在膝蓋後面由股二頭肌、半腱肌、半膜肌及腓腸肌等所圍成之菱形陷窩稱為膕窩，其內有膕動靜脈、脛神經、腓總神經及脂肪等構造。

三、移動足部及腳趾的肌肉

移動足部及部分移動腳趾的肌肉位於小腿（表7-21、圖7-29、圖7-30）。這些肌肉由深層筋膜將其分隔成三群：

1. **前側肌群**：由腓深神經所支配，可使足背彎曲。
2. **外側肌群**：由腓淺神經所支配，可使足底彎曲及外翻。
3. **後側肌群**：由脛神經所支配，可使足底彎曲。

小腿後面肌肉由表淺至深層，依序為：腓腸肌、比目魚肌、脛後肌，對於人類的行走、奔跑及跳躍非常重要。跟腱(calcaneal tendon)又稱為阿基里斯腱(Achilles tendon)，為人體中最強韌的肌腱，是腓腸肌、比目魚肌及蹠肌的共同肌腱，雖能承受很大的力量，也較其他肌腱易受傷。

表7-21 移動足部及腳趾的肌肉

肌肉	起端	止端	作用	神經支配
前側肌群				
脛前肌 (tibialis anterior)	脛骨外髁及外側，骨間膜	第1楔狀骨內側及第1蹠骨底	足背屈曲及內翻	腓深神經
趾長伸肌 (extensor digitorum longus)	脛骨外髁、腓骨前緣、骨間膜	第2~5趾骨中節及末節	腳趾伸展和足背屈曲	腓深神經
第三腓骨肌 (peroneus tertius)	腓骨前面下方1/3	第5蹠骨底	足背屈曲及外翻	腓深神經
伸拇趾長肌 (extensor hallucis longus)	腓骨內側面、骨間膜	拇趾末節趾骨底背面	拇趾伸展	腓深神經
外側肌群				
腓長肌 (peroneus longus)	腓骨頭及體部，腓骨外髁	第1楔狀骨及第1蹠骨	足底屈曲及外翻	腓淺神經
腓短肌 (peroneus brevis)	腓骨體部	第5蹠骨	足底屈曲及外翻	腓淺神經
後側肌群				
腓腸肌 (gastrocnemius)	股骨之內上髁及外上髁	以跟腱附著於跟骨	足底和小腿之屈曲	脛神經
比目魚肌 (soleus)	腓骨頭及脛骨內緣	第2~5趾骨之中節及末節	足底屈曲	脛神經
脛後肌 (tibialis posterior)	脛骨後面、脛骨內緣、骨間膜	舟狀骨、骰骨、楔狀骨、第2~4蹠骨底	足底屈曲及內翻	脛神經
屈趾長肌 (flexor digitorum longus)	脛骨	第2~5末節趾骨底	腳趾及足底屈曲，足部之內翻	脛神經
屈拇趾長肌 (flexor hallucis longus)	腓骨後面及骨間膜	拇趾末節趾骨底	拇趾及足底屈曲	脛神經

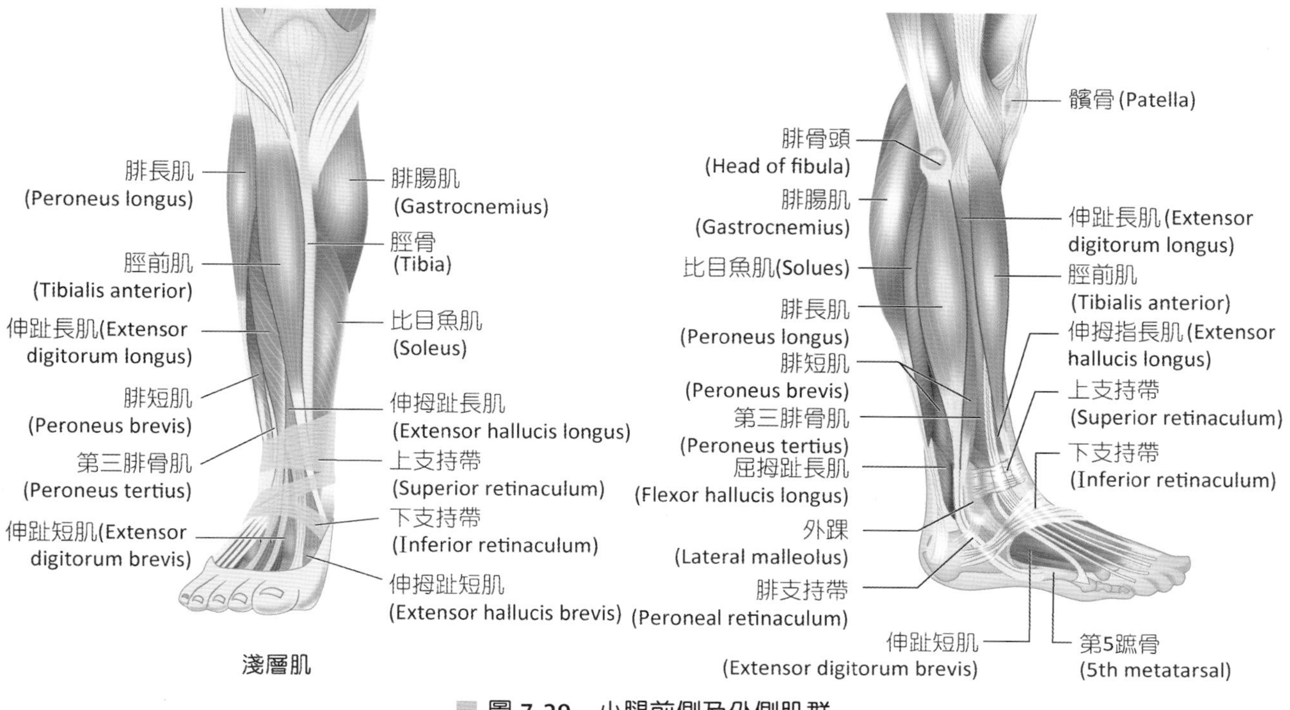

圖 7-29 小腿前側及外側肌群

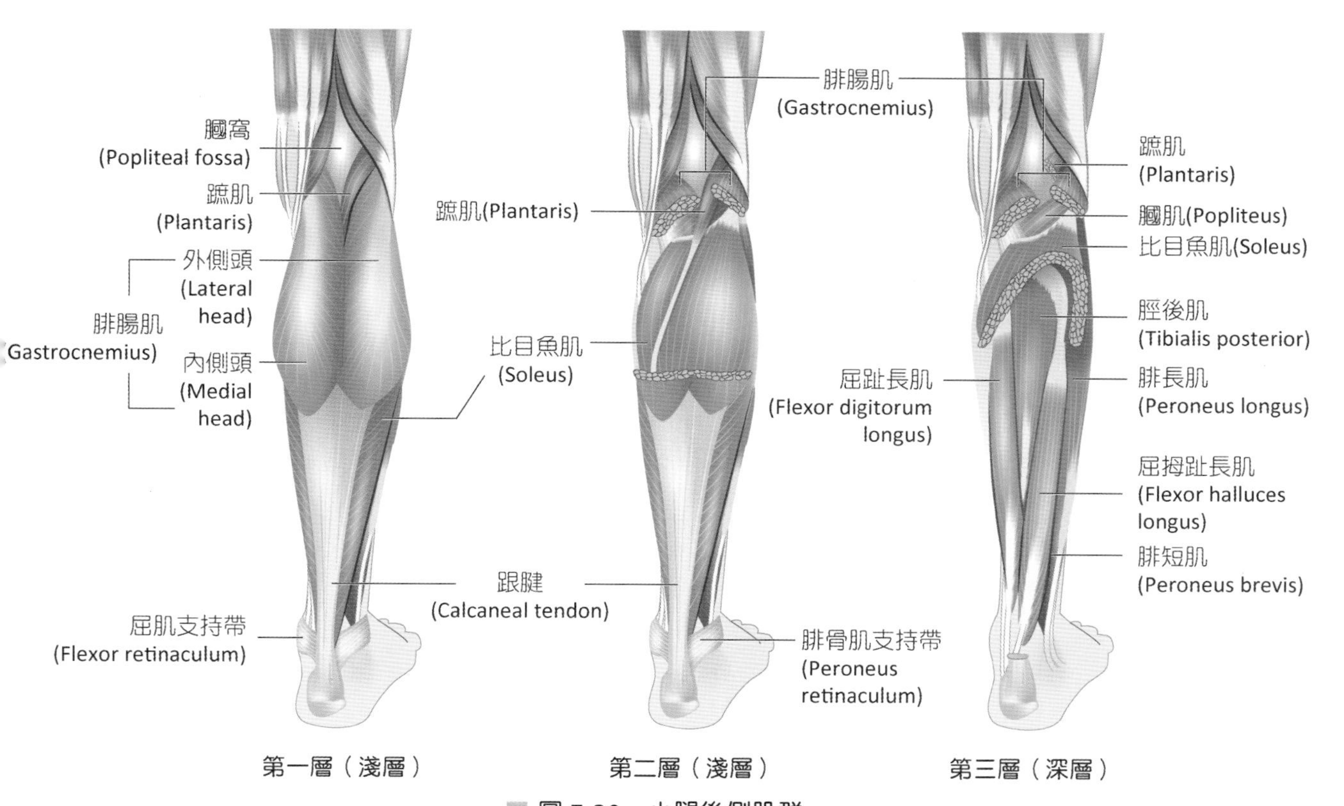

圖 7-30 小腿後側肌群

摘要 · SUMMARY

肌肉組織種類	1. 骨骼肌：可受個人意識控制，於顯微鏡下觀察，呈現明顯之明暗相間橫紋 2. 平滑肌：不隨意肌，如胃、小腸、膀胱等之肌肉 3. 心肌：不隨意肌，可主動收縮，不受神經系統控制
骨骼肌的構造	1. 筋膜分為淺層筋膜和深層筋膜 2. 肌漿網儲存大量的鈣離子，動作電位會促使肌漿網釋放鈣離子來引起肌纖維的收縮。一個橫小管與其兩旁肌漿網的終池組成三聯體(triad) 3. A帶長度等於粗肌絲長度；I帶只含細肌絲；Z線間為一個肌節。A帶只含粗肌絲的部分為H區，穿過H區的細線稱為M線 4. 粗肌絲由肌凝蛋白分子組成，橫橋在肌肉收縮時結合粗肌絲及細肌絲，形成肌絲的滑動力量 5. 細肌絲由三種蛋白質構成：肌動蛋白、旋轉肌球素、旋轉素。旋轉肌球素與旋轉素共同調節橫橋與肌動蛋白的結合
骨骼肌的形態	1. 肌肉依其作功方式，可分成為作用肌、拮抗肌、協同肌、固定肌 2. 骨骼肌槓桿系統分成：支點在中央的第一類槓桿、抗力點在中央的第二類槓桿、施力點在中央的第三類槓桿
人體主要骨骼肌	1. 顏面表情肌：位於顏面及頭皮，收縮時會拉動皮膚而引起表情之變化，除提上眼瞼肌由動眼神經支配，其餘皆由顏面神經支配 2. 眼外在肌：負責眼球各個方向的移動 3. 喉部肌肉：內在肌為喉本身的肌肉，能改變聲帶的緊張度及聲門的大小 4. 移動脊柱的肌肉：背部深層的內在肌，以豎脊肌群為主，可使頭、頸及軀幹伸展、側屈及旋轉 5. 胸部肌群：包括肋間肌及橫膈，可改變胸腔的體積，故為呼吸肌肉 6. 腹部肌群：前外側壁由淺層到深層：腹外斜肌、腹內斜肌、腹橫肌，白線兩側是腹直肌 7. 骨盆底肌肉：骨盆膈由提肛肌與尾骨肌構成。會陰部是骨盆腔出口；左、右坐骨粗隆間的連線將會陰部分成泌尿生殖三角及肛門三角。會陰深橫肌、尿道括約肌以及筋膜構成泌尿生殖膈，圍繞泌尿生殖器，並幫助加強骨盆底板 8. 大腿肌群：由深層筋膜將其分隔成三群：前面肌群（伸肌群）、後面肌群（屈肌群）、內側肌群（內收肌群） 9. 移動足部腳趾的肌肉：位於小腿，分成三群：前面肌群（足背彎曲）、外側肌群（足底彎曲及外翻）、後面肌群（足底彎曲）。跟腱為人體中最強韌的肌腱

課後習題 · REVIEW ACTIVITIES

1. 下列何者是手指的內收肌(adductor muscle)？(A)蚓狀肌(lumbrical muscle) (B)掌側骨間肌(palmar interosseous muscle) (C)背側骨間肌(dorsal interosseous muscle) (D)屈拇指短肌(flexor pollicis brevis muscle)
2. 下列何者屬於舌骨上肌(suprahyoid muscles)？(A)莖舌骨肌(stylohyoid muscle) (B)胸骨舌骨肌(sternohyoid muscle) (C)肩胛舌骨肌(omohyoid muscle) (D)甲狀舌骨肌(thyrohyoid muscle)
3. 下列何肌不附著於肱骨？(A)胸小肌(pectoralis minor) (B)喙肱肌(coracobrachialis) (C)闊背肌(latissimus dorsi) (D)三角肌(deltoid)
4. 下列何肌與「握緊拳頭」最無關聯？(A)掌長肌(palmaris longus) (B)橈側屈腕肌(flexor carpi radialis) (C)屈指淺肌(Flexor digitorum superficialis) (D)屈拇指長肌(flexor pollicis longus)
5. 下列何者之終止點在脛骨？(A)恥骨肌(pectineus) (B)內收長肌(adductor longus) (C)內收大肌(adductor magnus) (D)股薄肌(gracilis)
6. 下列哪一構造是肱二頭肌(biceps brachii)的肌腱附著處？(A)鷹嘴(olecranon) (B)橈骨窩(radial fissa) (C)尺骨粗隆(ulnar tuberosity) (D)橈骨粗隆(radial tuberosity)
7. 下列哪一條肌肉的動作是由動眼神經所支配？(A)外直肌(later rectus) (B)上斜肌(superior oblique) (C)眼輪匝肌(orbicularis oculi) (D)提上眼瞼肌(levator palpebrae superioris)
8. 下列哪一塊肌肉收縮能使上臂內收及屈曲？(A)斜方肌(trapezius) (B)大圓肌(teres major) (C)胸大肌(pectoralis major) (D)闊背肌(latissimus dorsi)
9. 下列哪一塊肌肉的起點(origin)位於肱骨的外上髁(lateral epicondyle)？(A)伸指肌(extensor digitorum) (B)橈側屈腕肌(flexor carpi radialis) (C)伸食指肌(extensor indicis) (D)尺側屈腕肌(flexor carpi ulnaris)
10. 下列哪一塊肌肉收縮能使足背屈曲？(A)腓腸肌(gastrocnemius) (B)脛後肌(tibialis posterior) (C)屈趾長肌(flexor digitorum longus) (D)伸指長肌(extensor digitorum longus)

答案：1.B 2.A 3.A 4.B 5.D 6.D 7.D 8.C 9.A 10.D

參考資料・REFERENCES

馬青、王欽文、楊淑娟、徐淑君、鐘久昌、龔朝暉、胡蔭、郭俊明、李菊芬、林育興、邱亦涵、施承典、高婷育、張琪、溫小娟、廖美華、滿庭芳、蔡昀萍、顧雅真…許瑋怡(2022)・於王錫崗總校閱，*人體生理學*（6版）・新文京。

許世昌(2016)・*新編解剖學*（4版）・永大。

許家豪、張媛綺、唐善美、巴奈比比、蕭如玲、陳昀佑(2021)・*生理學*（4版）・新文京。

麥麗敏、王如玉、陳淑瑩、薛宇哲、阮勝威、盧惠萍、林淑玟、黃嘉惠、陳瑩玲、沈賈堯、李竹菀、郭純琦(2018)・於高毓儒總校閱・*新編生理學*（四版）・永大。

麥麗敏、陳智傑、廖美華、鍾麗琴、陳建瑋、祁業榮、黃玉琪、戴瑄、呂國昀(2015)・於王錫崗總校閱，*解剖生理學*（2版）・華杏。

馮琮涵、黃雍協、柯翠玲、廖智凱、胡明一、林自勇、鍾敦輝、周綉珠、陳瀅(2021)・*人體解剖學*・新文京。

廖美華、溫小娟、高婷玉、顏惠芷、林育興(2020)・於劉中和總校閱，*解剖學*（2版）・華杏。

盧冠霖、胡明一、蔡宜容、黃慧貞、王玉文、王慈娟、陳昀佑、郭純琦、秦作威、張林松、林淑玟(2014)・*實用人體解剖學*（2版）・華格那。

Chapter

神經系統 08

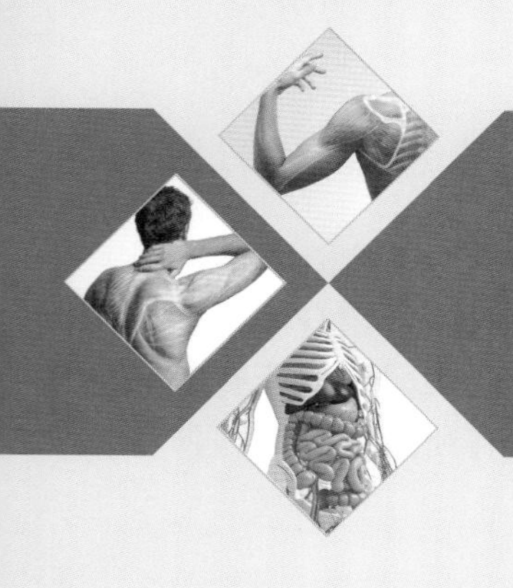

許淑芬 編著

Nervous System

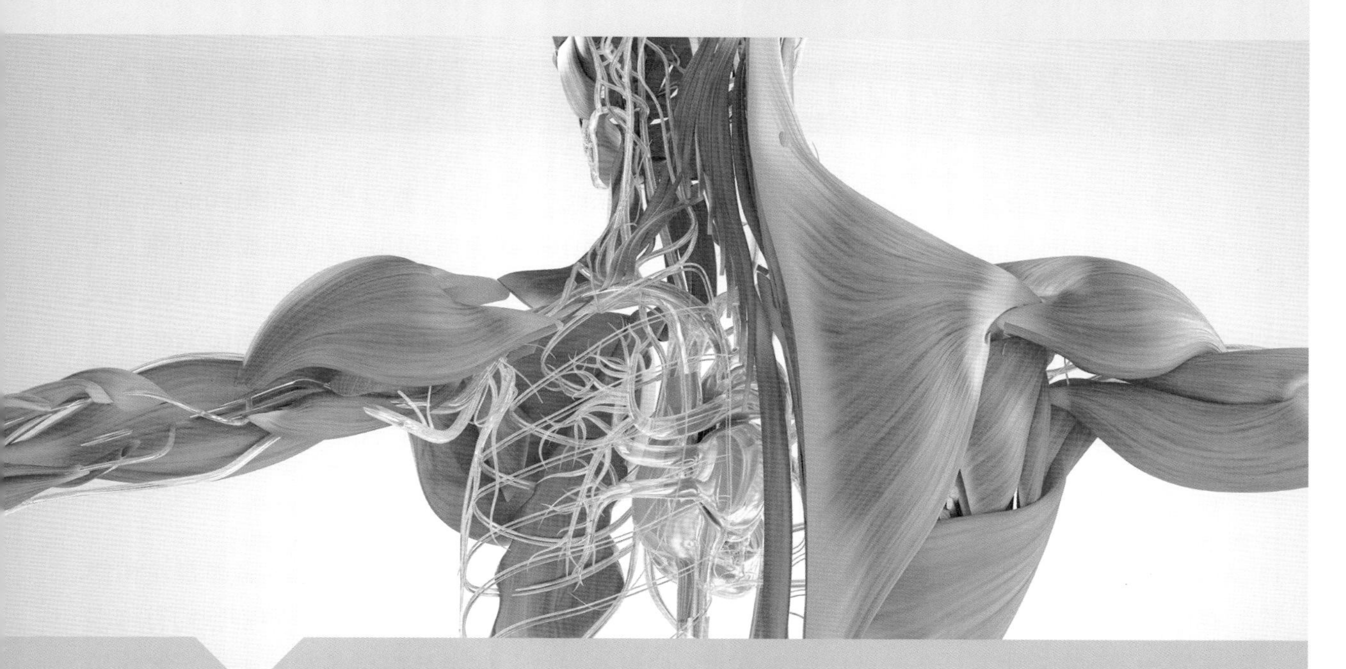

本章大綱

ANATOMY

前言

神經系統是人體內主要控制中樞，與內分泌系統共同調控各系統的協調性，以維持身體恆定。神經系統是一綜合複雜的神經迴路，猶如電極板般，可讓身體感應環境變化，並給予回應。在感應與回應過程，中樞神經整合、分析過去與現在所有的訊息，並且加以判斷、決定最後回應的動作訊息，使得身體與環境有所互動，並維持身體於生理穩定的狀態。

8-1 神經系統概論

神經系統主要分成中樞神經系統和周邊神經系統二大系統。當身體受刺激(stimulation)時，會引起接受器(receptor)興奮產生神經衝動，藉由感覺神經元傳送神經衝動至脊髓上升徑，到達大腦皮質對感覺訊息進行整合、分析、解釋，最後決定動作訊息。動作訊息由大腦皮質運動區發出，經脊髓下行徑下行至運動神經元，將神經衝動傳至動作器(effector)，做出對刺激的實質回應。神經系統由眾多神經元參與完成，目的在於讓我們知覺環境的變化，並對環境變化產生適應性。

神經系統的構造

神經系統由神經元和神經膠細胞構成。人類腦部神經元約有10^{11}個，具有興奮性和傳導性，對刺激具有反應，產生神經衝動(nerve impulse)，並傳導訊息。神經膠細胞約有神經元的10~50倍，其不具有興奮性和傳導性，但具有支持、保護及提供營養給神經元等作用特性。

一、神經元 (Neuron)

(一) 神經元的組成

神經元是神經系統在功能及結構上的細胞單位，其形態包含（圖8-1）：

1. **細胞本體**(cell body or soma)：為神經元最膨大部分，內含細胞核、核仁及細胞質，細胞質內除了一般胞器之外，尚有脂褐質、尼氏體及神經微纖維。
   (1) 脂褐質(lipofuscin)：一種包涵體，是溶小體分泌出來的脂肪素黃褐色顆粒，其數量隨年齡而增加，與老化有關。
   (2) 尼氏體(Nissl body)：規則排列的顆粒內質網，可合成蛋白質。

(3) 神經微纖維(neurofibril)：包括神經微管(neurotubule)及神經微絲(neurofilament)，是線狀蛋白質，充滿於細胞本體，其走向與細胞的突起物平行。神經微管負責細胞本體至軸突末端之間物質的輸送，並與神經纖維再生有關。

2. **樹突**(dendrites)：由細胞本體細胞質短小的分枝狀突起物，數目由一至多條不等，與其他神經元形成突觸，使神經衝動傳入細胞本體。

3. **軸突**(axon)：從軸丘發出、單一長纖維狀突起物，長度不一，有的具側枝，可將神經衝動從細胞本體傳至軸突末梢。軸突的細胞質稱內含有神經微絲、微小管、散布的粒線體及平滑內質網；側枝末端有許多稱為終樹(telodenria)的分枝，終樹末端膨大部分稱為軸突終端球(axon terminal)或突觸球(synaptic bulb)，內含有神經傳遞物質(neurotransmitter)的突觸囊泡(synaptic vesicle)。

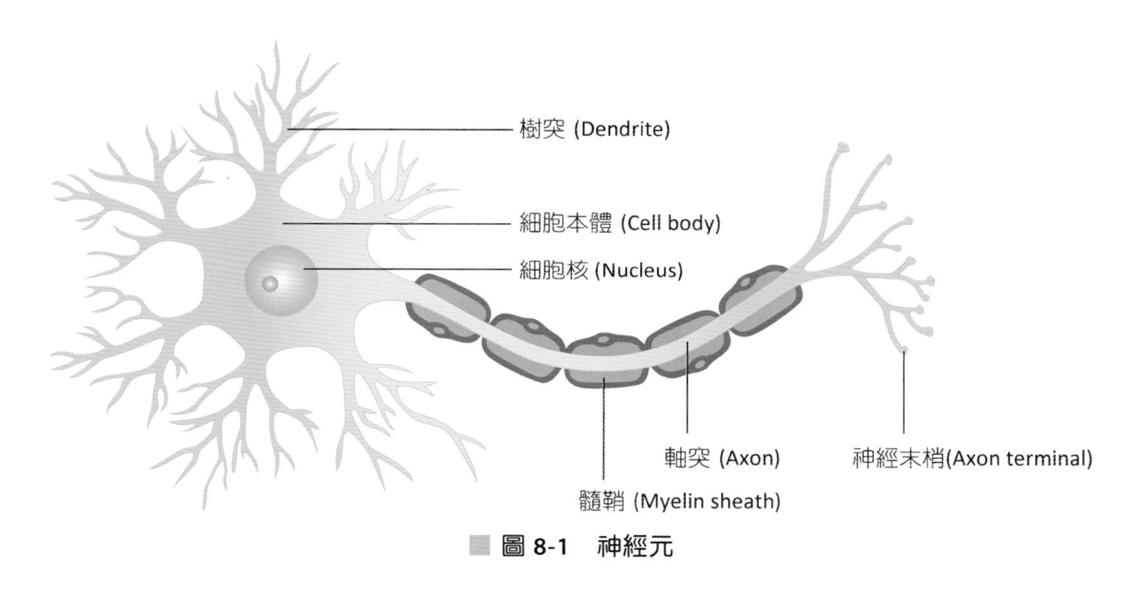

圖 8-1 神經元

(二) 神經元的分類

➲ 依結構分類

神經元依照細胞本體突起數目的多寡分為（圖8-2）：

1. **單極神經元**(unipolar neuron)：神經元僅有一個突起，樹突與軸突同一方向，較少見。

2. **偽單極神經元**(pseudounipolar neurons)：細胞本體延伸出單一個突起，在不遠處又分叉為兩枝，其中一枝走向腦或脊髓，接收外來訊息並將之傳至細胞本體，另一枝走向身體遠端的軸突終端球，脊神經的**背根神經節**(dorsal root ganglia)及周邊感覺神經元(sensory neuron)都是屬於此種類型。

3. **雙極神經元**(bipolar neuron)：具有一個軸突及一樹突，眼球內部的視網膜、鼻腔的嗅覺上皮及內耳的神經元都屬於此種類型。
4. **多極神經元**(multipolar neuron)：具有單個軸突及二個或二個以上的樹突，腦、脊髓裡的神經元及運動神經元(motor neuron)大多屬於此種類型。

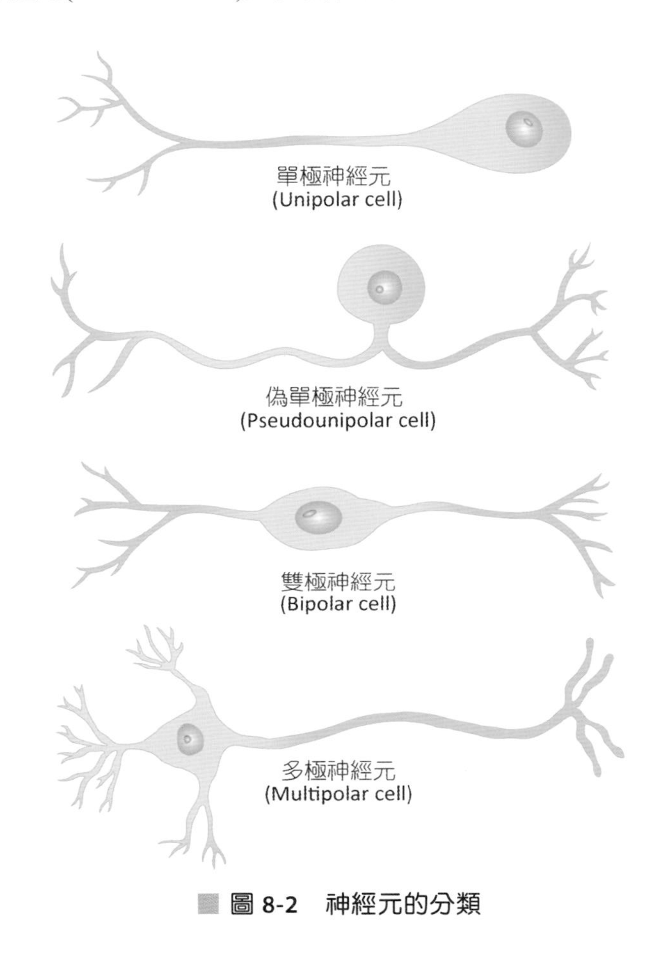

圖 8-2 神經元的分類

➲ 依功能分類

1. **感覺神經元**(sensory neuron)：又稱為傳入神經元，指接收並傳送周邊皮膚、特殊感覺器官與內臟器官等處接受器(receptor)產生的神經衝動至中樞脊髓或腦，通常為偽單極神經元。
2. **運動神經元**(motor neuron)：又稱為傳出神經元，指將中樞腦或脊髓判斷決定的動作訊息傳送至周邊動作器(effector)肌肉或腺體等，通常為多極神經元。
3. **聯絡神經元**(association neuron)：又稱為中間神經元(interneuron)，傳送感覺神經元與運動神經元之間訊息，一般位於腦與脊髓內。

二、神經膠細胞 (Neuroglia)

神經膠細胞一般比神經元小，但數目卻是神經元的10~50倍。神經膠細胞依照構造、位置不同，而有各種功能（表8-1、圖8-3），有的分布於神經元周圍；有的襯貼於腦室或脊髓中央管；有的形成支持網，將神經元連結至支持構造上；有的連繫神經元與微血管間，形成**血腦障壁**(blood-brain barrier, BBB)；有的具有吞噬微生物或殘餘物作用，以保護中樞神經系統；有的形成神經纖維的**髓鞘**(myelin sheath)，纏繞包圍住神經元，加快神經衝動傳導的速度。

被髓鞘纏繞的神經稱為有髓鞘神經纖維（圖8-4），沒有被髓鞘纏繞包圍起來者則稱為無髓鞘神經纖維。髓鞘為脂蛋白、磷脂質成分，具有絕緣作用，每段髓鞘間有一小段無髓鞘包圍區域，稱為**蘭氏結**(nodes of Ranvier)，為神經訊號傳遞之處，神經衝動由上一個蘭氏結傳遞至下一個蘭氏結，此種**跳躍式傳導**(salutatory conduction)速度比無髓鞘神經纖維快50倍之多。**中樞神經系統的髓鞘是由寡突膠細胞**(oligodendrocytes)**所構成；周邊神經系統的髓鞘則由許旺氏細胞**(Schwann's cell)**所構成**。

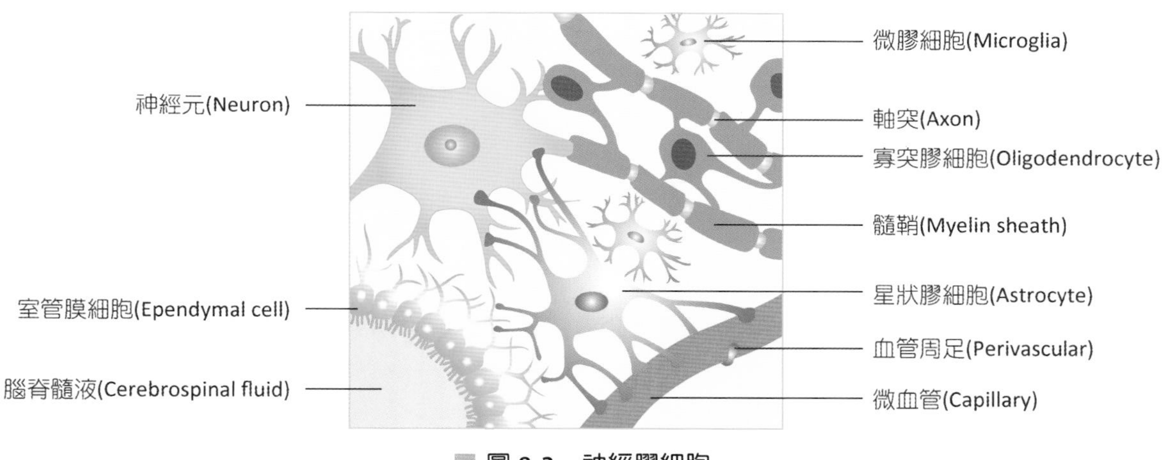

圖 8-3 神經膠細胞

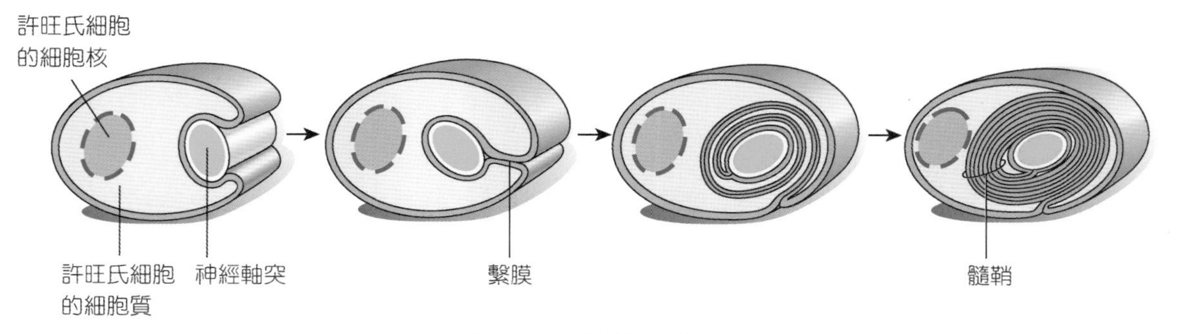

圖 8-4 髓鞘的形成過程

表8-1 神經膠細胞的構造及功能

神經膠細胞		特徵	功能
中樞神經系統	星狀膠細胞 (astrocyte)	數量最多、細胞大、突起數目最多，其周足包圍微血管	連接神經元與微血管，提供神經纖維營養，並構成血腦障壁，穩定細胞外液各種物質濃度平衡
	寡突膠細胞 (oligodendrocyte)	細胞小、突起短且數目少、纏繞中樞神經纖維	形成中樞神經系統的髓鞘
	微膠細胞 (microglial cell)	最小的神經膠細胞，由單核球分化而成	負責清除壞死的神經殘骸，**具有吞噬作用**
	室管膜細胞 (ependymal cell)	長形細胞，由單層立方或柱狀細胞形成，具有纖毛，形成腦室與脊髓中央管的內襯，並參與脈絡叢形成	**分泌腦脊髓液**，協助神經組織與腦脊髓液間物質的交換
周邊神經系統	許旺氏細胞 (Schwann's cell)	纏繞周邊神經纖維，又稱為神經膜細胞	形成周邊神經系統的髓鞘
	衛星細胞 (satellite cell)	圍繞於神經節旁的細胞體周圍，如同許旺氏細胞	支持神經節細胞

突觸(Synapse)

一、突觸的結構

神經元軸突終端球與另一神經元的接合處，稱為突觸（圖8-5）。一個典型的神經元上有1,000~10,000個突觸，一般突觸至少包含三個部分：

1. **突觸前部分**(presynaptic element)：指突觸前神經元(presynaptic neuron)。
2. **突觸裂隙**(synaptic cleft)：指位於二個神經元之間的間隙。
3. **突觸後部分**(postsynaptic element)：指突觸後神經元(postsynaptic neuron)。

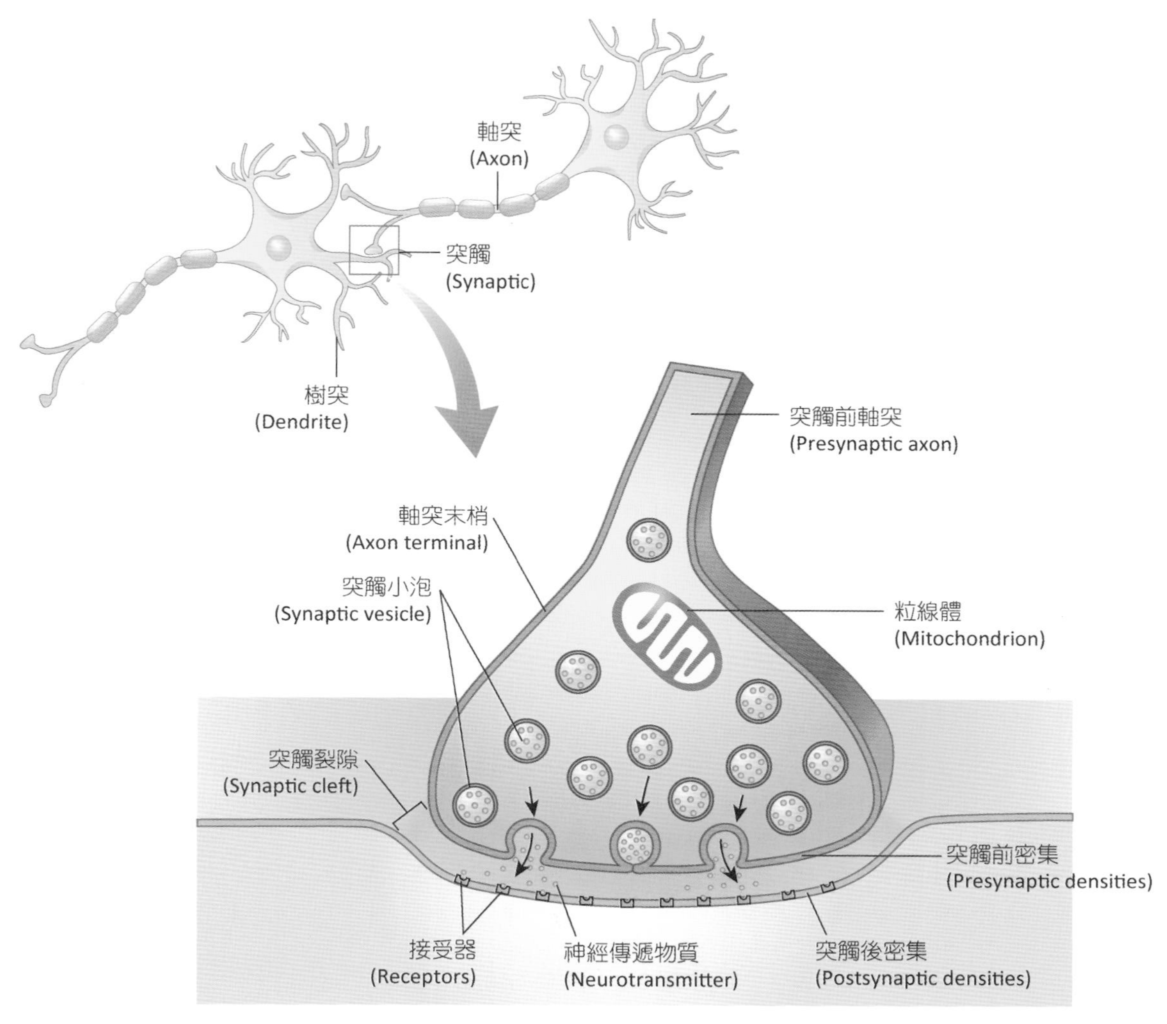

圖 8-5　突觸的結構

當神經元受刺激，突觸前神經元會釋放神經傳遞物質(neurotransmitter)，經突觸裂隙傳送至突觸後神經元接受器上，使神經訊息可以在一連串神經元上傳遞。依突觸連結細胞的不同可分為軸突－樹突突觸、軸突－細胞體突觸、軸突－軸突突觸。除此之外，突觸亦可位於神經元與肌肉之間，稱為**神經肌肉接合**(neuromuscular junction)，或位於神經元與腺體之間，稱為**神經腺體接合**(neurogladular junction)（圖8-6）。

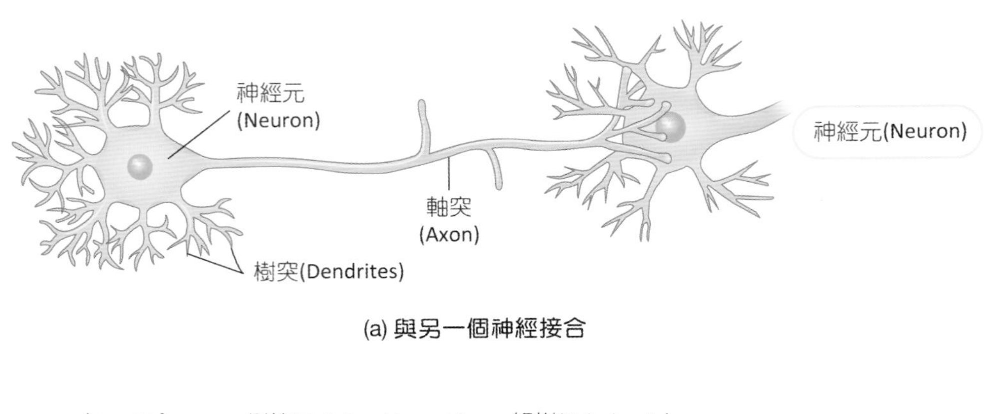

(a) 與另一個神經接合

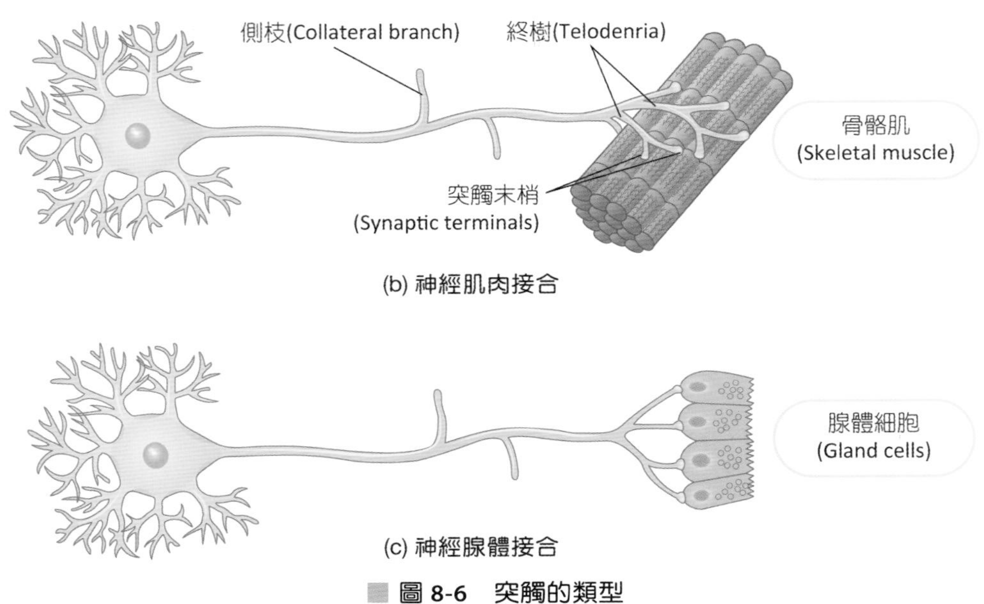

(b) 神經肌肉接合

(c) 神經腺體接合

圖 8-6　突觸的類型

二、突觸的種類

依突觸傳導的原理分為兩種：

(一) 電突觸 (Electrical Synapses)

電突觸指以離子流動來傳送訊息，主要由兩個細胞間相鄰的間隙接合(gap junction)作為通道，使帶電離子可以自由移動傳送訊息。為雙向傳導，由於傳遞時間沒有延遲，所以傳導速度十分快速。電性突觸的突觸裂約為2~3 nm，常見於心肌、平滑肌及神經細胞。

（二）化學突觸 (Chemical Synapse)

化學突觸是以神經傳遞物質(neurotransmitter)作為媒介來傳遞訊息，神經傳遞物質儲存於軸突終端球內的突觸囊泡(vesical)。當突觸前神經元受刺激，突觸囊泡釋出神經傳遞物質進入突觸裂隙中，並與突觸後神經元細胞膜上的接受器結合，將訊息傳送至下一個神經元。化學突觸裂隙較大，神經傳遞物質通過突觸裂隙會產生約0.2~0.5 msec的突觸延遲。為單一方向的傳導，由突觸前神經元傳至突觸後神經元，常見於神經細胞。

8-2 中樞神經系統

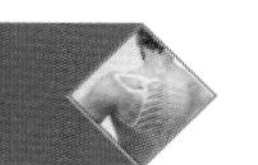

中樞神經系統(central nervous system, CNS)包括腦和脊髓，腦為身體功能最高控制中樞，脊髓為反射中樞。腦又分為：大腦、間腦、腦幹、小腦（圖8-7）；脊髓又分為上行徑及下行徑。

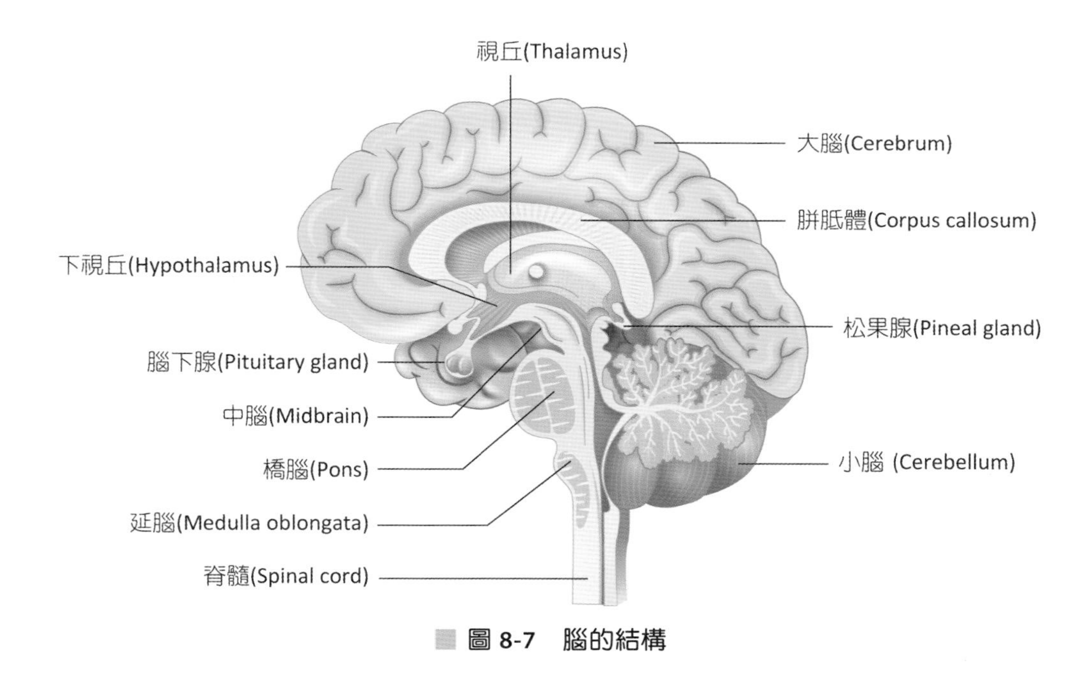

圖 8-7 腦的結構

腦脊髓支持和保護

腦與脊髓是軟而脆弱的器官，除了毛髮、皮膚、頭顱骨、脊椎骨保護外，並被層層腦脊髓膜及腦脊髓液包圍保護著（圖8-8）。

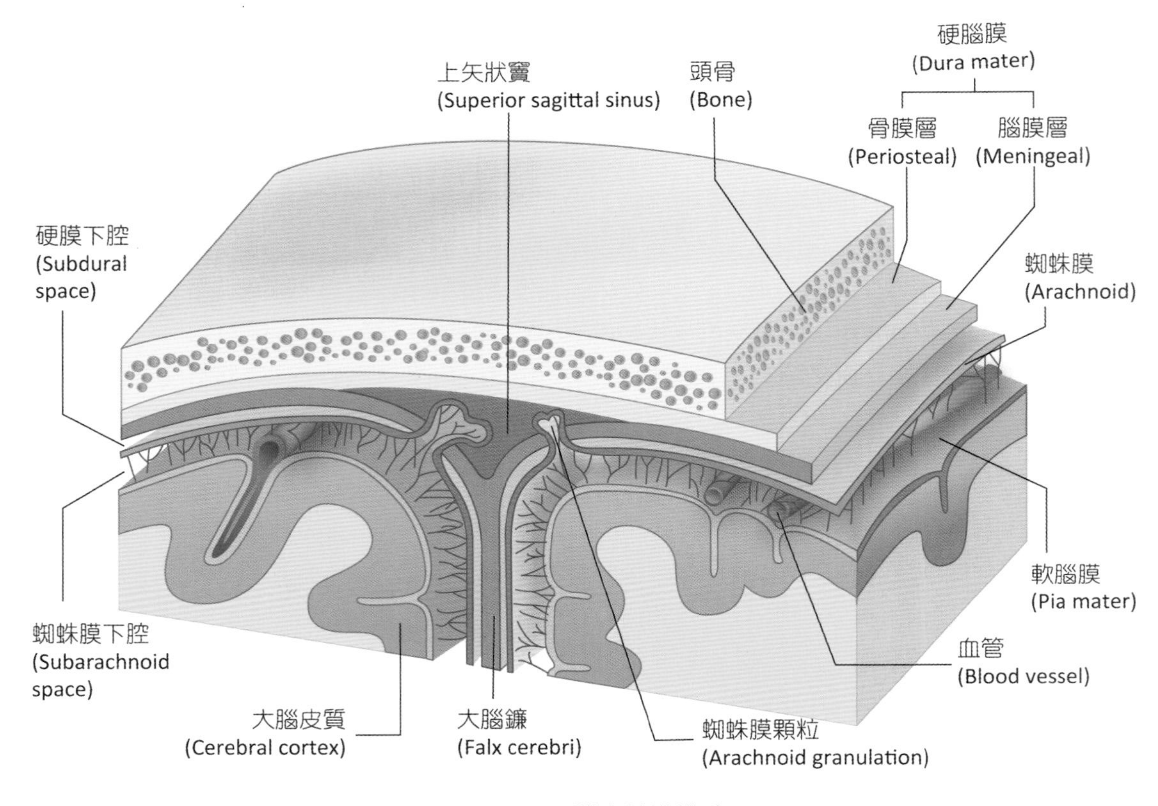

圖 8-8　腦脊髓膜構造

一、腦脊髓膜 (Meninges)

腦膜(cerebral meninges)包圍腦部，脊髓膜(spinal meninges)包圍脊髓，並於枕骨大孔處相連，二者合稱為腦脊髓膜，由外向內分成：

（一）硬腦膜 (Dura Mater)

硬腦膜有兩層構造，較厚在外層為骨膜層，較薄在內層為腦膜層。骨膜層附著於頭顱骨內側，它與頭顱骨之間形成的空隙稱為**硬腦膜上腔**(epidural space)，此空腔非常狹小，但硬腦膜外出血(extradural hemorrhage)時可將此空隙撐開。腦膜層與脊椎管內的脊髓硬腦膜鞘相連延伸至下方第二薦椎處，形成硬腦膜鞘(dura sheath)。大部分骨膜層與腦膜層均融合在一起，但某些區域會分離而形成硬腦膜靜脈竇(dural sinus)，收集腦部靜脈血液，並將之引導至內頸靜脈。有些腦膜層向內延伸至腦構造之間形成隔膜，以限制腦在顱腔內的移動，如（圖8-9）：

1. **大腦鐮**(falx cerebri)：隔開左右大腦半球，形狀猶如鐮刀，前端附著於篩骨的雞冠，後端附著於小腦天幕。
2. **小腦鐮**(falx cerebelli)：隔開左右小腦半球，附著於枕骨脊，是一垂直隔膜。
3. **小腦天幕**(tentorium cerebelli)：連接大腦鐮，隔開大腦與小腦，是一半月形的水平隔膜。

脊髓硬腦膜鞘與脊椎管壁間的硬腦膜上腔充滿組織液、脂肪、結締組織及靜脈叢，作為脊髓的緩衝墊，位於第2腰椎高度的硬腦膜上腔，為麻醉注射的部位。

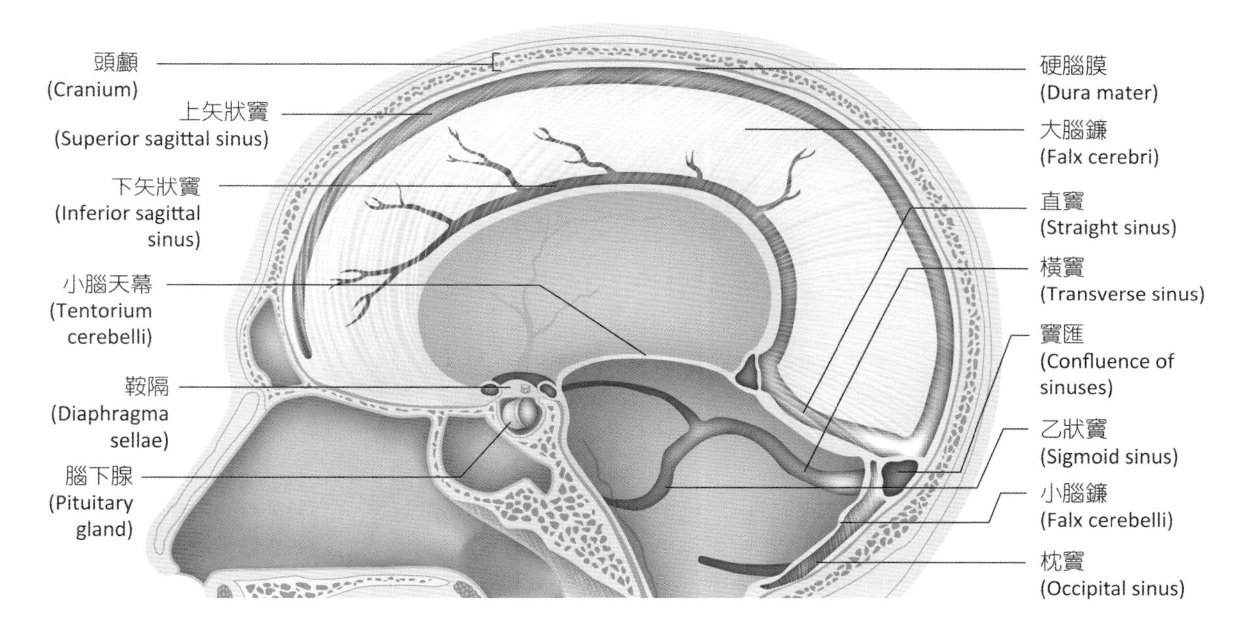

圖 8-9 大腦隔膜

(二) 蜘蛛膜 (Arachnoid)

為腦脊髓膜中間層，與硬腦膜之間有一狹小的空腔稱為**硬腦膜下腔**(subdural space)；與軟腦膜之間有一較寬的空腔稱為**蜘蛛膜下腔**(subarachnoid space)，其內部有腦脊髓液循環。腰椎穿刺(lumbar puncture)即從蛛蜘膜下腔抽取腦脊髓液，一般穿刺部位在第3、4或第4、5腰椎之間。腦蜘蛛膜特化為蜘蛛膜絨毛(arachnoid villi)突入**上矢狀竇**(superior sagittal sinus)，腦脊髓液由此被吸收回到靜脈血液內。

（三）軟腦膜 (Pia Mater)

軟腦膜是富含血管的透明薄膜，覆蓋於腦與脊髓的表面，延伸至溝與裂內，在脊髓兩側伸出齒狀韌帶(denticulate ligament)附著於硬腦膜鞘，使脊髓懸浮於鞘中，以免受振動或突然位移傷害。

二、腦脊髓液 (Cerebrospinal Fluid, CSF)

腦脊髓液是由側腦室(lateral ventricle)、第三腦室(third ventricle)及第四腦室(fourth ventricle)的血液經**脈絡叢**(choroid plexus)**過濾分泌**，脈絡叢為富含血管的軟腦膜特化而成。分泌量最大者為側腦室，每天分泌量約500 ml，腦室及蜘蛛膜下腔約只含140 ml，其成分類似血漿，但蛋白質、膽固醇含量極微，且離子濃度亦不同，腦脊髓液含較多的Na^{+}、Cl^{-}、Mg^{2+}、H^{+}，Ca^{2+}、K^{+}含量較少。

腦脊髓液循環於腦室、脊髓中央管及蜘蛛膜下腔，腦與脊髓的保護墊、腦部營養來源、代謝產物的排泄路徑。**側腦室腦脊髓液經室間孔**(interventricular foramen)**流至第三腦室**，再經大腦導水管(cerebral aqueduct)進入第四腦室，沿正中孔(median aperture)及兩側外側孔(lateral aperture)流出腦室系統，或透過進入中央管流入脊髓，最後透過蜘蛛膜下腔回流至上矢狀竇進入靜脈血液中（圖8-10）。

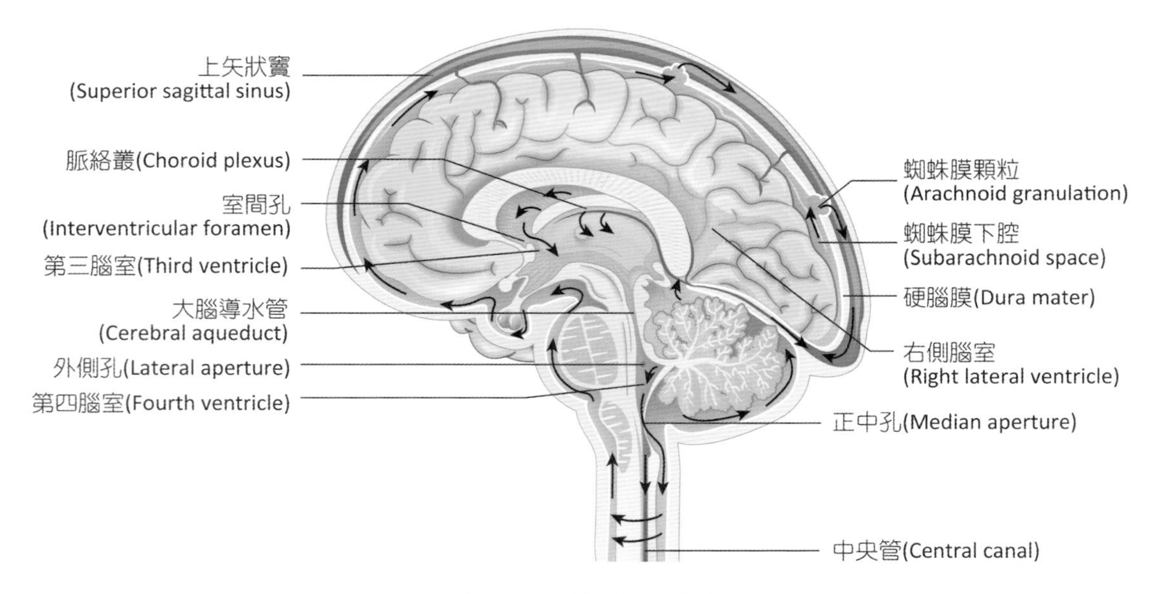

圖 8-10　腦脊髓液循環

三、血腦障壁 (Blood-Brain Barrier, BBB)

腦微血管內皮細胞緊密相連，血管壁被星狀膠細胞周足纏繞（圖8-11），使得微血管通透性下降，形成一種選擇性阻止某種物質由血液進入大腦的障壁，此即為血腦障壁，可以保護腦細胞免於受害。能通過血腦障壁多為氣體分子（如氧、二氧化碳）、脂溶性物質（酒精、尼古丁）及葡萄糖、胺基酸等小分子，其他大分子則無法通過。

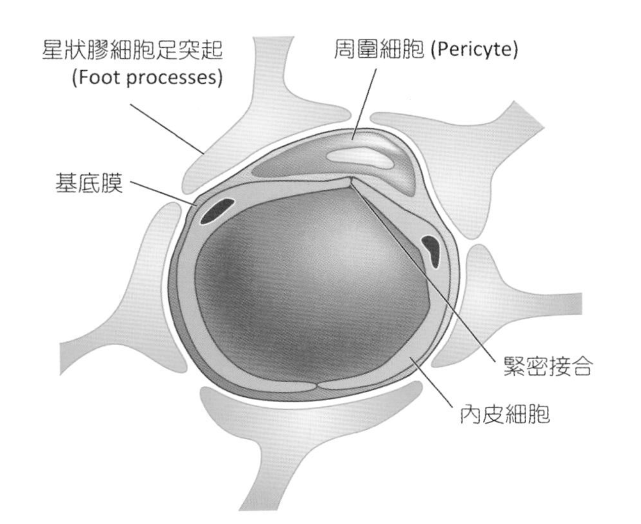

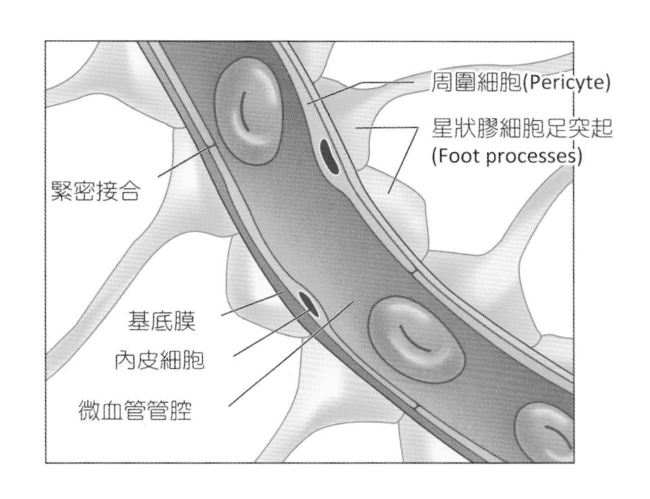

圖 8-11 血腦障壁

大腦(Cerebrum)

大腦為腦部最大部分，**左右兩大腦半球由胼胝體**(corpus callosum)**連結**，表面為一層厚度約2~4毫米左右的灰質，稱為大腦皮質，主要由六層神經細胞所組成，位於皮質下方的大腦白質主要由神經纖維所組成。

一、大腦皮質 (Cerebral Cortex)

(一) 腦回及腦葉

大腦皮質表面有許多皺摺部分，稱為腦回(gyri)，另有腦溝(fissures or sulcus)將大腦皮質分多個腦葉(lobe)，包括額葉(frontal lobe)、頂葉(parietal lobe)、顳葉(temporal lobe)、枕葉(occipital lobe)。中央溝(central sulcus)位於額葉與頂葉之間；外側溝(lateral sulcus)位於額葉與顳葉之間；頂枕溝(parieto-occipital sulcus)位於頂葉與枕葉之間；中央縱裂(midial longitudinal fissure)位於兩個左右大腦半球之間；橫裂(transverse fissure)位於大腦與小腦之間（圖8-12）。

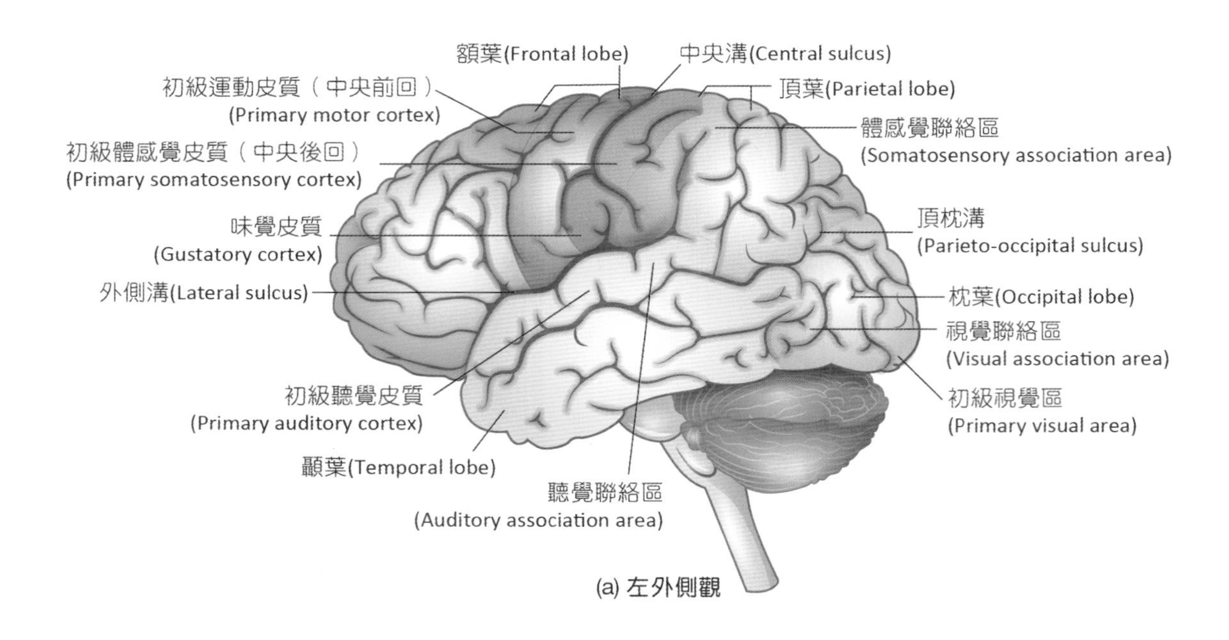

(a) 左外側觀

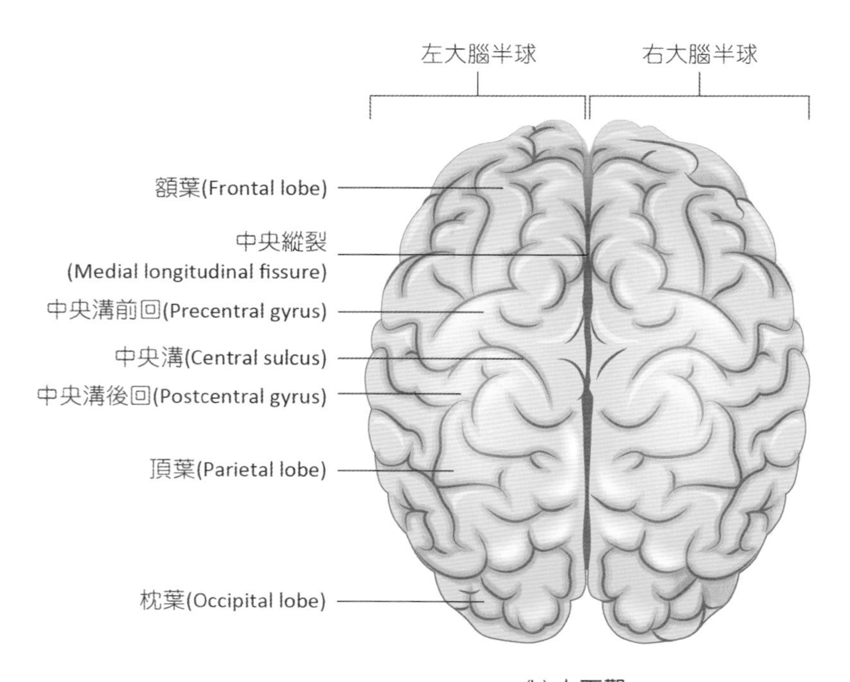

(b) 上面觀

■ 圖 8-12　大腦的外觀

（二）大腦功能區 (Functional Cortical Area)

各腦葉負責不同的功能：

1. **感覺區**：對傳入的訊息進行收集。
2. **運動區**：對感覺區的訊息做出回應。
3. **聯絡區**：聯絡及解析感覺區與運動區之間的訊息，占大腦皮質大部分，與記憶、情緒、理智、意志力、判斷力、人格等有關，可以依過去經驗為基礎，對現實狀況做出適當的回應，聯絡區受損害時，可能導致人格異常。

1990年，布羅德曼(Brodmann)提出依大腦皮質構造、功能區分成52區，稱為布羅德曼分區，是目前廣泛使用的大腦皮質區分法（表8-2、圖8-13）。

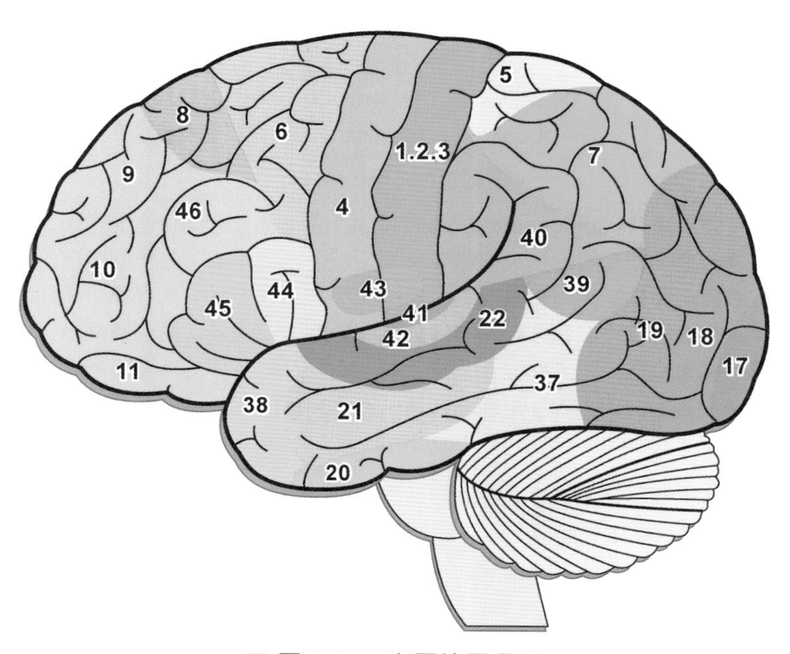

圖 8-13 布羅德曼分區

表8-2 大腦功能區

大腦分區	位置與功能	布羅德曼分區
	感覺區(sensory areas)	
一般感覺區	位於中央溝後回(postcentral gyrus)的頂葉。接受身體各區域皮膚、肌肉、內臟接受器訊息，包括觸、壓、溫、痛及本體感覺。敏感度、精確度視感覺區控制範圍而定，如臉部（尤其嘴唇）、大拇指、食指，分布範圍大（圖8-14），故該區感覺較敏感且可以精確分辨位置，可知感覺區除了接受一般感覺訊息外，還可確定感覺訊息的位置	3、1、2區
視覺區	位在**枕葉內側面禽距溝**(calcarine fissure)**的兩側**。接受眼睛的感覺訊息，可以形成影像、分辨形狀、顏色、暗亮	17區
聽覺區	位於顳葉側腦溝的腹側。接受聽覺接受器的聲音訊息	41、42區
味覺區	位在側腦溝上方的頂葉。接受味蕾接受器的訊息	43區
嗅覺區	位在邊緣系統，包括梨狀皮質(pyriform cortex)、杏仁體(amygdaloid complex)及海馬體(hippocampus formation)。接受鼻黏膜傳入的訊息	28、34區
	運動區(motor areas)	
主要運動區	位在中央溝前回(precentral gyrus)的額葉。電刺激此區可使對側身體產生肌肉收縮，若此區受損，會導致身體區域骨骼肌麻痺。動作的精確度及敏銳度視運動區控制範圍而定，如臉部（尤其口、舌）、手掌分布範圍大，故該區域可以執行較精準的動作，由此可知運動區可以精細且正確控制肌肉收縮	4區
運動前區	位於主要運動區前方。主要調整運動執行的複雜性及順序性，與動作技巧有關	6區
額葉視野區	位於運動前區前方。主要控制眼球的隨意共軛運動，電刺激額葉視野區會導致眼球偏轉到反側	8區
語言運動區	在額葉鄰近腦溝，稱為**布洛卡氏區**(Broca's area)。主要功能在控制口腔、咽、喉部肌肉收縮	44、45區
	聯絡區(association areas)	
感覺聯絡區	位在大腦半球外側的上頂葉。若受損則雖感受手中握著東西，但無法依據過去的經驗、記憶判斷手中物品的特徵得知是何種物品，造成感覺訊息含糊不清且失去意義，稱為認識不能症(agnosia)	5、7區
視覺聯絡區	位在視覺區前方。接受視覺區的神經訊息，並將視覺訊息與大腦皮質其他區域雙向聯繫，受損時會導致視覺缺乏定向性及協調性，使雙手無法遵循視覺引導而移動	18、19區
聽覺聯絡區	位在聽覺區後方，又稱為**沃尼克氏區**(Wernicke's area)。負責理解語言	22區

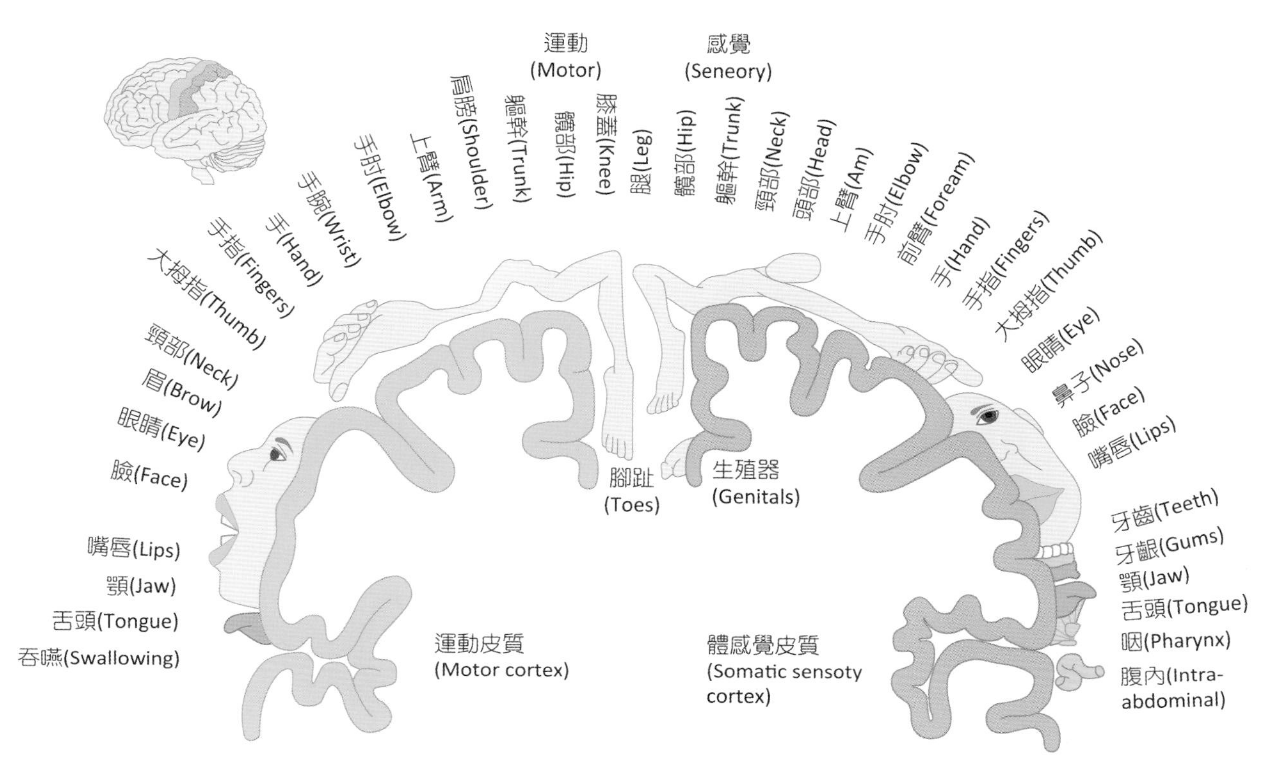

圖 8-14　運動及感覺皮質對應身體部位

二、大腦白質 (Cerebral White Matter)

白質位在大腦皮質下方，由神經纖維組成，共有三種不同走向的神經纖維（圖8-15）。

1. **聯絡纖維**(association fibers)：神經纖維在同側大腦半球內部相互傳遞訊息。
2. **連合纖維**(commissural fibers)：神經纖維由一側大腦半球傳至另一側大腦半球。連合纖維分為胼胝體(corpus callosum)、前連合(anterior commissure)、後連合(posterior commissure)。
3. **投射纖維**(projection fibers)：神經纖維**在大腦與其他腦區或脊髓相互傳遞訊息**，如上行徑(ascending tracts)及下行徑(descending tracts)。

三、基底核 (Basal Ganglia)

基底核又稱為基底神經節，由神經核所組成，為位在白質中的一群灰質塊，包括**紋狀體**(corpus striatum)、帶狀核(claustrum)及杏仁核(amygdaloid nucleus)。紋狀體為最大部分，**又可分為尾狀核**(caudate nucleus)**及豆狀核**(lentiform nucleus)，豆狀核外形似核豆般，位於內囊(internal capsules)及外囊(external capsules)之間，又分為外部的殼核(putamen)及內部的蒼白球(globus pallidus)（圖8-16）。另外，黑質(substantia nigra)、紅核(red nucleus)及下視丘下核(subthalamic nucleus)亦被列為基底核構造。

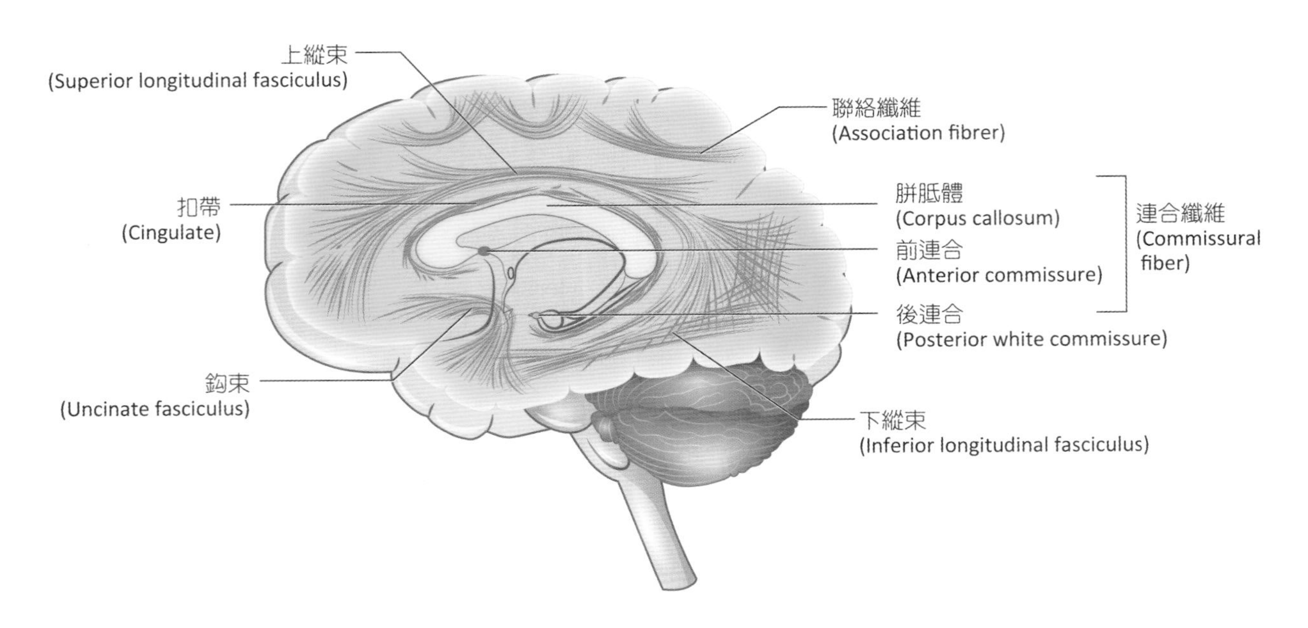

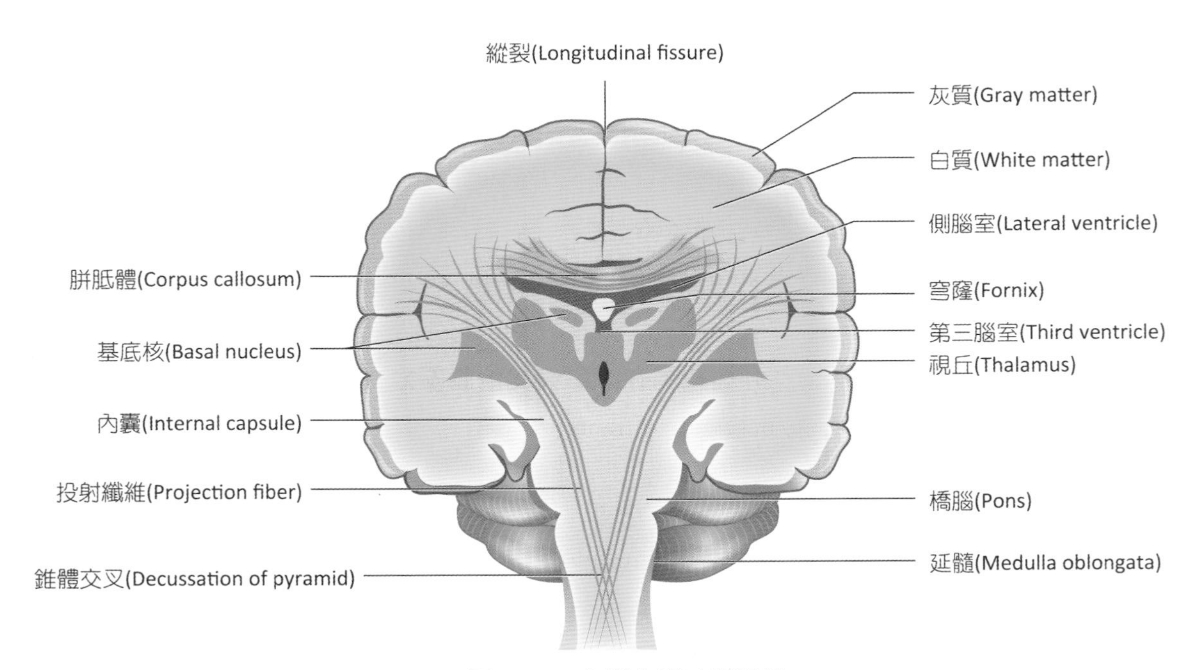

圖 8-15 大腦白質神經路徑

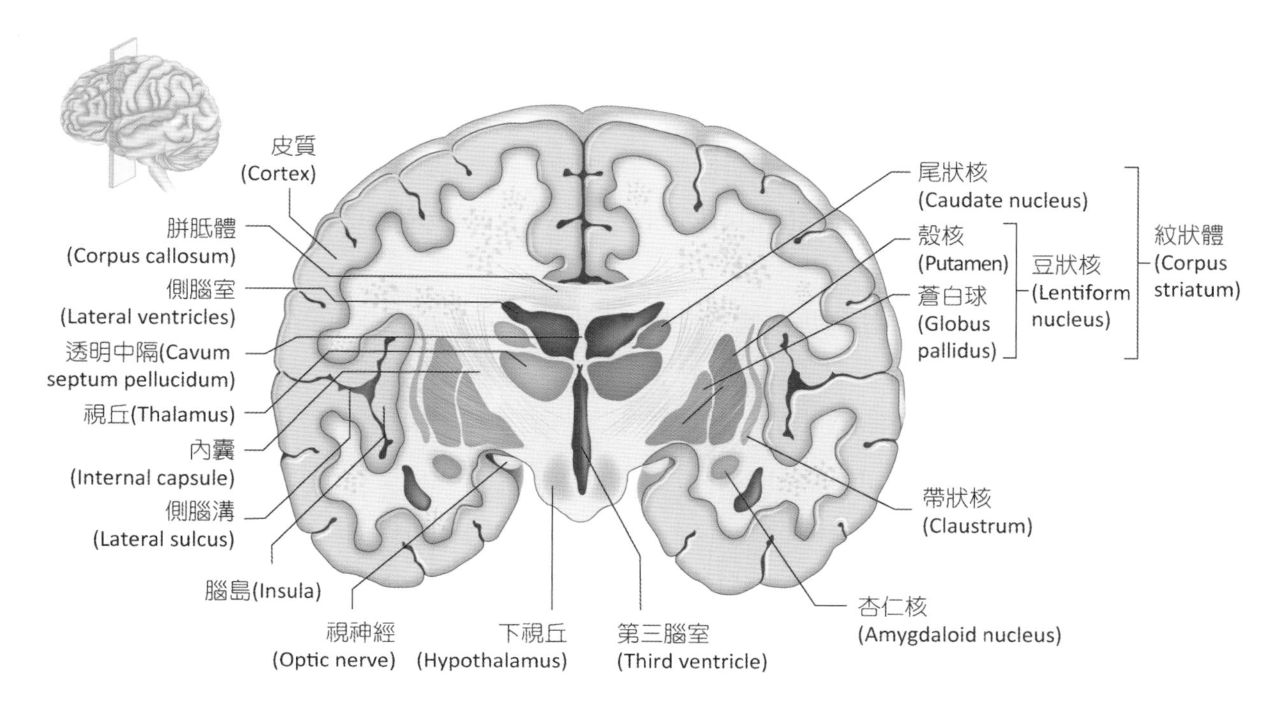

(a) 前切面觀

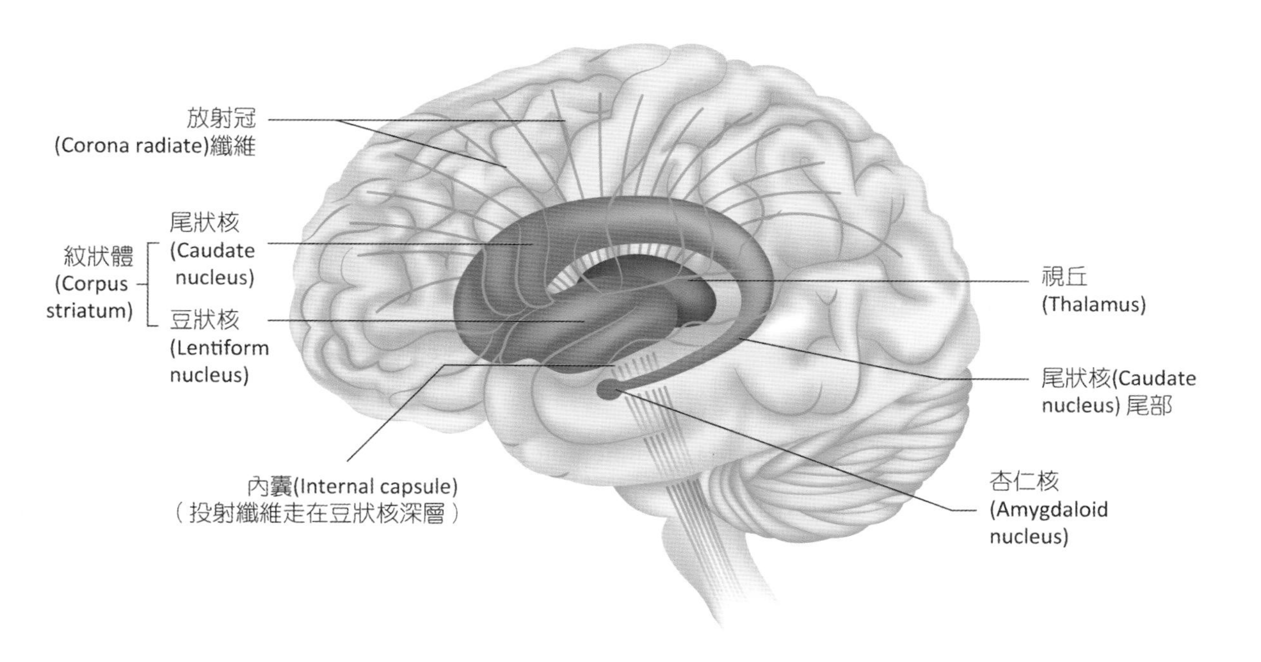

(b) 側面觀

圖 8-16　基底核

四、邊緣系統 (Limbic System)

邊緣系統和許多功能相關，包括嗅覺、情緒、情感、防禦、性行為與學習動機、記憶。其組成有（圖8-17）：

1. **邊緣葉**(limbic lobe)：由大腦的扣帶回(cingulate gyrus)及海馬旁回(parahippocampal gyrus)所組成。
2. **海馬回**(hippocampus)：由海馬本體、齒狀回及海馬旁回前端的鼻內區(entohinal area)所組成。
3. **杏仁核**(amygdaloid nucleus)：位於尾狀核的尾端。
4. **下視丘的乳頭體**(mammillary bodies)。
5. **視丘的前核**(anterior nucleus)。

間腦(Diencephalon)

間腦連接大腦與中腦，包含視丘、上視丘、腹視丘、下視丘（圖8-18）。

一、視丘 (Thalamus)

視丘又稱丘腦，是間腦中最大的構造，內部有許多神經核，**接受一般感覺和特殊感覺訊息傳入，投射至相對應的大腦皮質感覺區**，因此視丘被稱為全身感覺轉換站(relay stations)，**唯有嗅覺神經傳遞不經視丘**。視丘內部不同神經核接受不同感覺訊息，例如：

1. **內側膝狀核**(medial geniculate nuclei)：主要負責聽覺，接受耳蝸神經訊息傳入，並投射至大腦皮質顳葉聽覺區。
2. **外側膝狀核**(lateral geniculate nuclei)：主要負責視覺，接受視神經訊息傳入，並投射至大腦皮質枕葉視覺區。
3. **腹側後神經核**(ventral posterior nuclei)：接受一般感覺、味覺，接受對側肢體皮膚、肌肉、身體訊息傳入，並投射至大腦皮質頂葉。對側肢體傳入的神經纖維投射於至此核不同部位，此稱為地形學的神經投射(topographicprojection)。
4. **腹外側核**(ventral lateral nuclei)：主要負責隨意運動。接受小腦、大腦及基底核訊息傳入，並投射至大腦皮質運動前區。
5. **腹側前核**(ventral anterior)：主要負責隨意運動與醒覺維持。

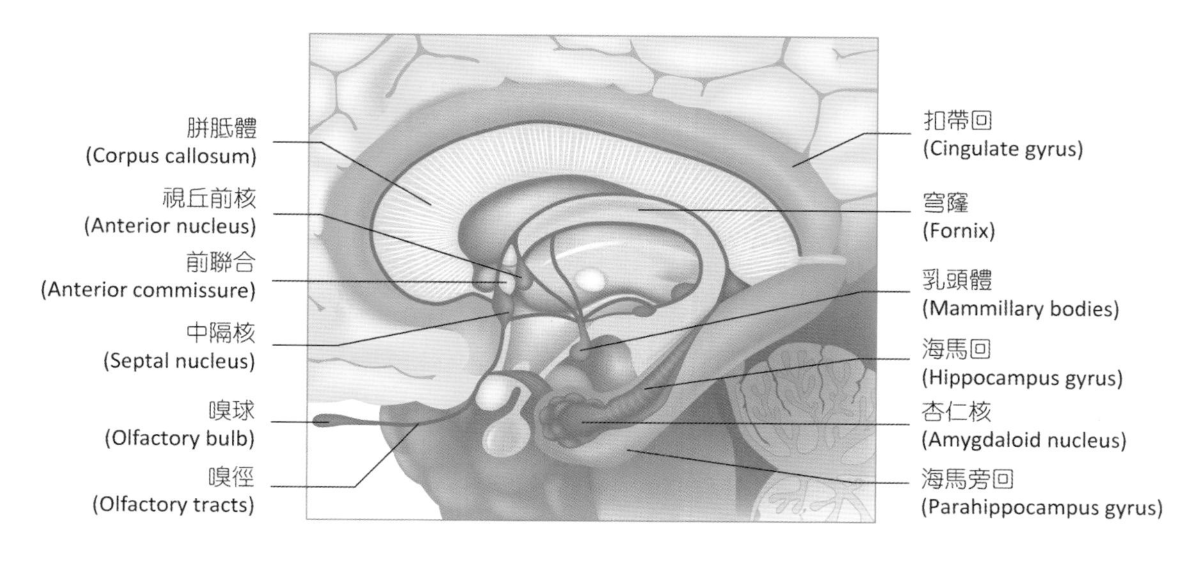

圖 8-17 邊緣系統

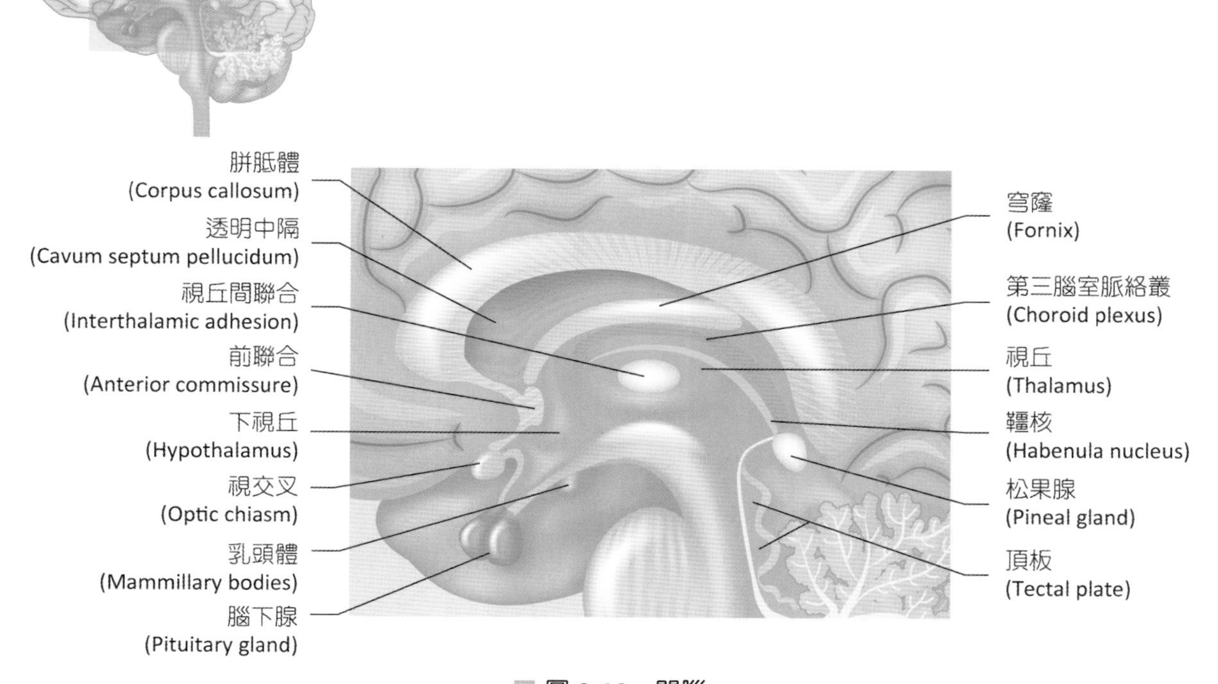

圖 8-18 間腦

二、上視丘 (Epithalamus)

上視丘位於間腦背側，位於第三腦室附近，含有松果腺(pineal gland)及後連合，與情緒變化及自主神經反應有關。

三、腹視丘 (Ventral Thalamus)

腹視丘位於間腦腹側，包含視丘下核，為基底核的一部分，與運動有關。

四、下視丘 (Hypothalamus)

下視丘位於視丘下方，形成第三腦室底部及外側壁，並與腦下腺連接。下視丘分成許多神經核，其功能大多與自主神經反應和內分泌有關。下視丘神經核會釋放激素，用來調控腦下腺荷爾蒙的分泌，功能如下：

1. **調控自主神經功能**：副交感神經位於前部，交感神經位於後部，可以影響血壓、心跳速率與強度、消化道的運動、呼吸的頻率與深度、瞳孔大小變化等自主神經功能。
2. **調節體溫**：散熱中樞位於前部，產熱中樞位於後部，可以感受流經下視丘血液溫度而引起調節體溫作用。
3. **食慾調節中樞**：進食中樞位於腹外側核，飽食中樞位於腹內側核，當吃飽時飽食中樞便會產生衝動抑制進食中樞。若飽食中樞受破壞，則可能喪失飽覺，以致肥胖。
4. **調節水分中樞**：又稱口渴中樞，滲透壓接受器(osmoreceptor)位於外側區，當血液容積降低或體液濃度升高時，則會刺激滲透壓接受器，並將訊息傳至視上核刺激抗利尿激素(antidiuretic hormone, ADH)分泌，並由腦下腺後葉釋放至血液中，使腎臟可以保留較多的水分，同時亦引起口渴，產生想要喝水的念頭。
5. **調節內分泌功能**：
   (1) 分泌釋放因子(releasing factor)調控腦下腺前葉分泌激素。
   (2) 下視丘的**視上核**及**視旁核**神經纖維軸突延伸至腦下腺後葉，**分別製造抗利尿激素和催產素**，並將之儲存於腦下腺後葉，待受刺激時被分泌出來。
6. **調節睡眠、甦醒中樞**：又稱為生物節律中樞，位於**視交叉上核**，可感受晝夜週期的變動，例如：睡眠週期、月經週期，所以被認為是腦內的生理時鐘。
7. **調節情緒**：位於前核，為邊緣系統的一部分，可以影響情緒等行為。

小腦(Cerebellum)

一、小腦的解剖構造

小腦位於顱腔後下方、橋腦後方，是腦部第二大部分，以小腦天幕及橫裂與大腦枕葉相隔。和大腦相同，小腦表層由神經細胞形成小腦皮質(cerebellar cortex)，內部由神經纖維形成白質(white matter)，內有排列整齊的分枝狀小腦活樹(arbor vitae)，另亦有神經細胞聚集形成小腦核。

小腦中間有一條縱走向的狹窄區域，稱為**蚓狀部**(vermis)，蚓狀部兩側向外突起部分，稱為小腦半球(cerebellar hemisphere)，在小腦蚓狀部和小腦半球表面有橫走向的深裂，因此將小腦分成前葉(anterior lobe)、後葉(posterior lobe)和小葉結狀葉(flocculonodular lobe)。另外，依生理功能而言，兩側突出的小腦半球分為中間區(intermediate zone)和外側區(lateral zone)。

小腦以三個對稱小腦腳(cerebellar peduncles)的纖維束附著於腦幹，包括（圖8-19）：

1. **上小腦腳**(superior cerebellar peduncles)：由球狀核、栓狀核和齒狀核的傳出纖維所組成，主要連接小腦與中腦。

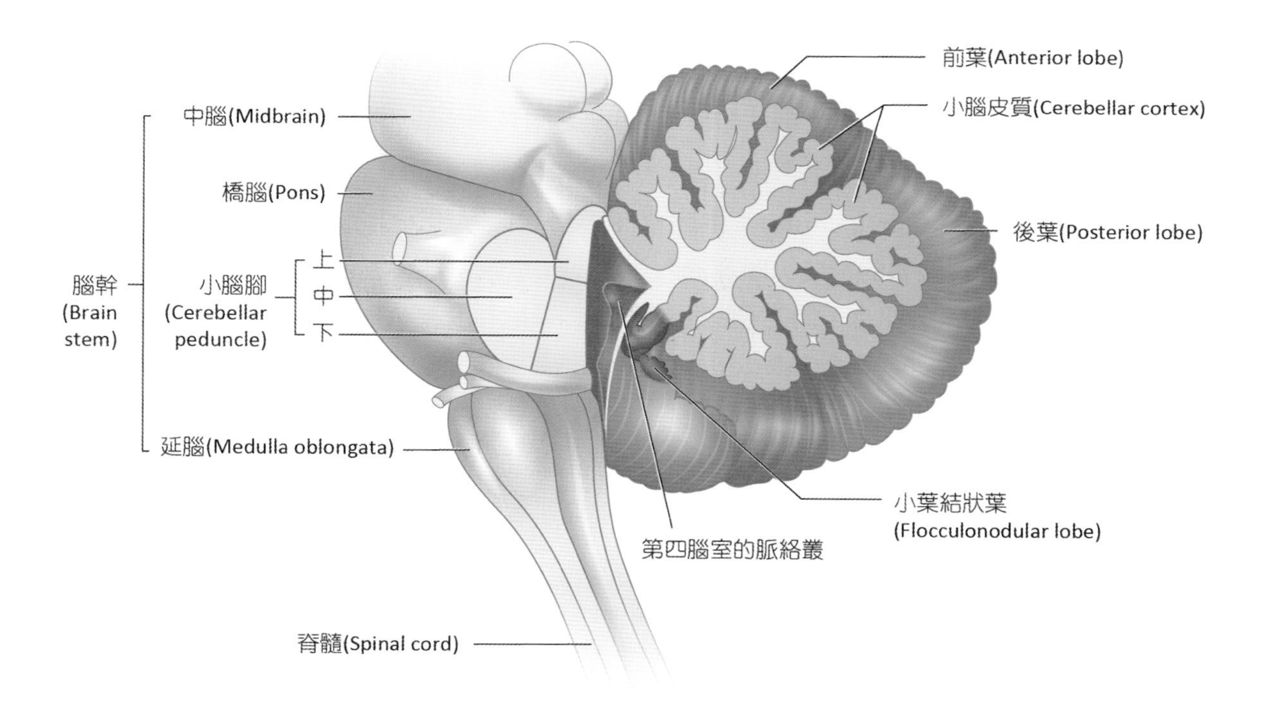

圖 8-19　小腦與腦幹

2. **中小腦腳**(middle cerebellar peduncles)：由橋腦核(nuclei pontis)纖維組成，主要連接小腦與橋腦。
3. **下小腦腳**(inferior cerebellar peduncles)：由傳入小腦的纖維組成，其中大多來自下橄欖核群神經纖維，主要連接小腦與延腦與脊髓。

二、小腦的功能

小腦功能與潛意識運動有關，例如**平衡**、**協調**、**姿勢**有關。因此當小腦受損時，雖然沒有肌肉癱瘓現象，但仍然會發生運動障礙，引起**運動失調**(ataxia)，隨著肢體運動會出現震顫現象，稱為意向性震顫(intention tremor)。

腦幹(Brain Stem)

腦幹包括中腦、橋腦和延腦三部分。除此之外，還有一些分散的灰質塊神經核如黑質、紅核、橄欖體、12對腦神經核，並有灰、白質相間形成條狀分布的網狀結構。白質部分則是一條條縱走向的神經纖維（如上行徑及下行徑）及一條條橫走向的神經纖維（如傳出、傳入小腦的徑路，以及12對腦神經纖維等路徑）。

一、中腦 (Midbrain)

中腦由間腦的乳頭體延伸至橋腦，長約2.5公分，連接第三及第四腦室的大腦導水管，其構造有四疊體、黑質、紅核、網狀結構及第3~4對腦神經核（圖8-20）。在白質部有上、下行徑神經纖維，分別敘述如下：

1. **四疊體**(corpora quadrigemina)：中腦背面四個圓形隆起，上方一對為**上丘**(superior colliculus)，**負責視覺的形成**、眼球的隨意轉運，以及眼球轉動引起的頭部移動，接收視覺神經纖維傳入的訊息，將之投射至視丘外側膝狀核及至大腦皮質視覺區，故有視覺中樞之稱。下方一對為**下丘**(inferior colliculus)，**是聽覺神經纖維的轉運站**，並將聽覺訊息投射至視丘內側膝狀核及至大腦皮質聽覺區，故有聽覺中樞之稱。
2. **黑質**(substantia nigra)：位於大腦腳深部，由於神經細胞含有黑色素而得名，其神經纖維可投射至基底核的紋狀體，並以多巴胺作為神經傳遞物質，用以協調運動。
3. **紅核**(red nucleus)：位於黑質與大腦導水管之間，接受大腦皮質及小腦來的神經纖維，並將訊息向下投射至脊髓，形成紅核脊髓徑(rubrospinal tract)，以控制肌肉張力及姿勢。
4. **大腦腳**(cerebral peduncles)：中腦腹面兩側有明顯突起稱為大腦腳，由皮質脊髓徑(corticospinal tract)、脊髓視丘徑(spinothalamic tract)以及皮質橋腦徑(corticopontine tract)延伸組合而成，構成大腦與脊髓之間重要的連結。

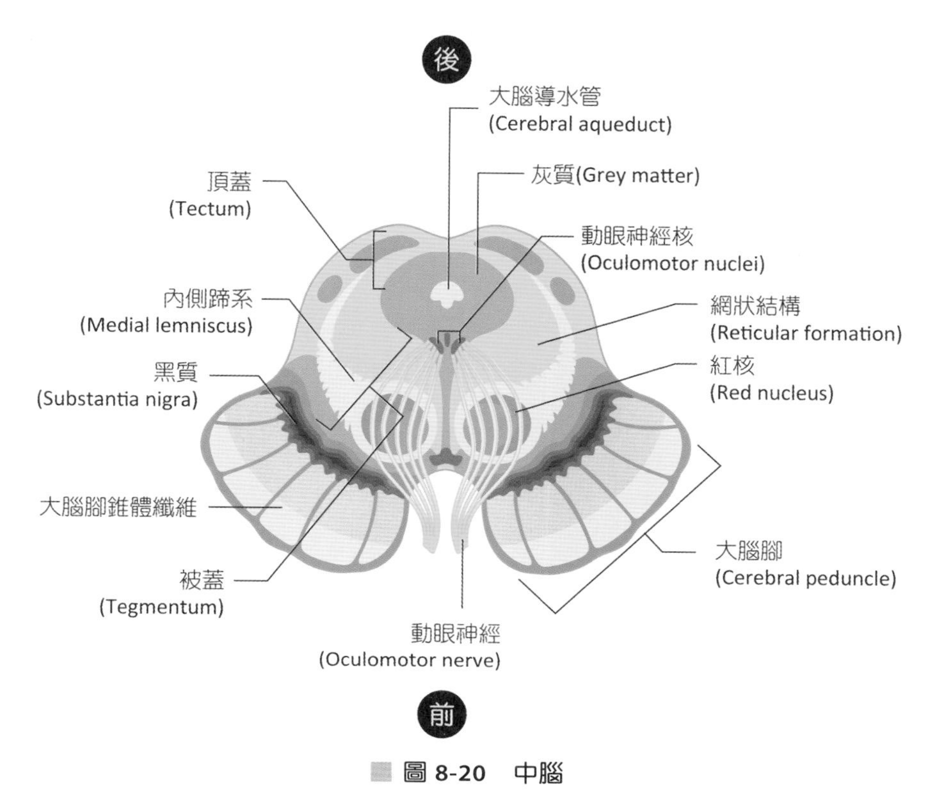

圖 8-20 中腦

5. **內側蹄系**(medial lemniscus)：指傳遞精細觸覺、本體感覺的脊髓後柱－內側蹄系徑路(dorsal column-medial lemniscus tract)，此徑路由脊髓後柱上行至延腦的薄核、楔狀核後，交叉至對側，並經橋腦、中腦上行至視丘，再投射至大腦皮質感覺區。
6. **腦神經核**：動眼神經核(oculomotor nucleus)可以調節眼球運動、瞳孔大小、水晶體形狀；滑車神經核(trochlear nucleus)可以協調眼球的運動。

二、橋腦 (Pons)

橋腦是腦幹最膨大的部分，位於中腦下方、延腦上方，長約2.5公分，白質部分含有縱走的上、下行徑，及橫走的橋腦小腦徑(pontocerebellar tract)，灰質部分含有第5~8對腦神經核及網狀結構，分述如下（圖8-21）：

1. **腦神經核**：三叉神經核(trigeminal nucleus)控制咀嚼運動及顏面和頭部感覺；外旋神經核(abducens nucleus)調控眼球外直肌的運動；顏面神經核(facial dnucleus)控制味覺、唾液分泌及表情肌；前庭神經核(vestibular nucleus)與控制平衡有關。
2. **網狀結構**(reticular formaiton)：內有調控呼吸調節中樞(pneumotaxic center)及長吸中樞(apneustic center)，二者與延腦共同控制呼吸作用。

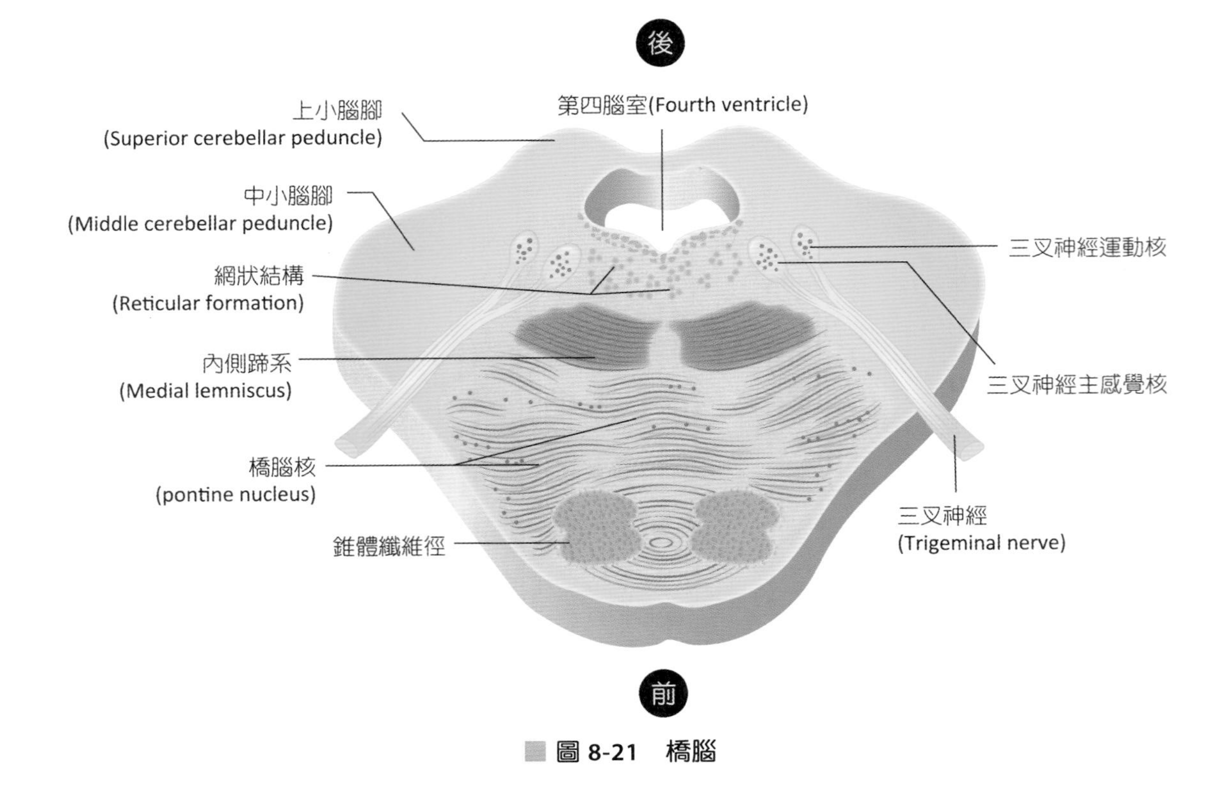

圖 8-21 橋腦

三、延腦 (Medulla Oblongata)

延腦位於腦幹最下方，約枕骨大孔高度，長約3公分，與脊髓相接，所有連接腦與脊髓的上行及下行徑皆需通過延腦，其構造敘述如下（圖8-22）：

1. **薄核**(gracile nucleus)、**楔狀核**(cuneate nucleus)：成對位於延腦背側，分別接受來自薄束、楔狀束傳遞的精細觸覺、本體感覺，並經由內側蹄系投射至對側視丘，再投射至大腦皮質感覺區。
2. **橄欖體**(olive)：延腦兩側的橢圓形突出，含下橄欖核(inferior olivary nucleus)及副橄欖核(accessory olivary nucleus)，這些核會發出神經纖維經下小腦腳將訊息傳至小腦。
3. **錐體**(pyramid)：成對位於延腦腹側，**由皮質脊髓徑所構成**，約有80%的皮質脊髓徑在錐體交叉至對側，形成錐體交叉(decussation of pyramids)，其餘15%的皮質脊髓徑則下降至脊髓才交叉至對側，此現象造成大腦以對側控制身體運動。
4. **反射中樞**：延腦內含有第8~12對腦神經核，及跟自主神經反射有關的神經核，調控內臟器官重要反射功能，涉及生命的維持，因此延腦被稱為生命中樞。除了這三種反射之外，延腦尚有其他反射中樞，如吞嚥、咳嗽、打嗝及打噴嚏等反射中樞。

(1) 心臟中樞(cardiac center)：調控心跳速率及心臟收縮強度。

(2) 血管運動中樞(vasomotor center)：調控血管收縮，改變血管管徑大小，調控血壓。

(3) 呼吸節律中樞(respiratory center)：控制呼吸速率、深度，以維持呼吸基本的節律。

5. **網狀活化系統**(reticular activating system, RAS)：由網狀結構形成，分布於腦幹各個區域，主要與意識及清醒維持有關。

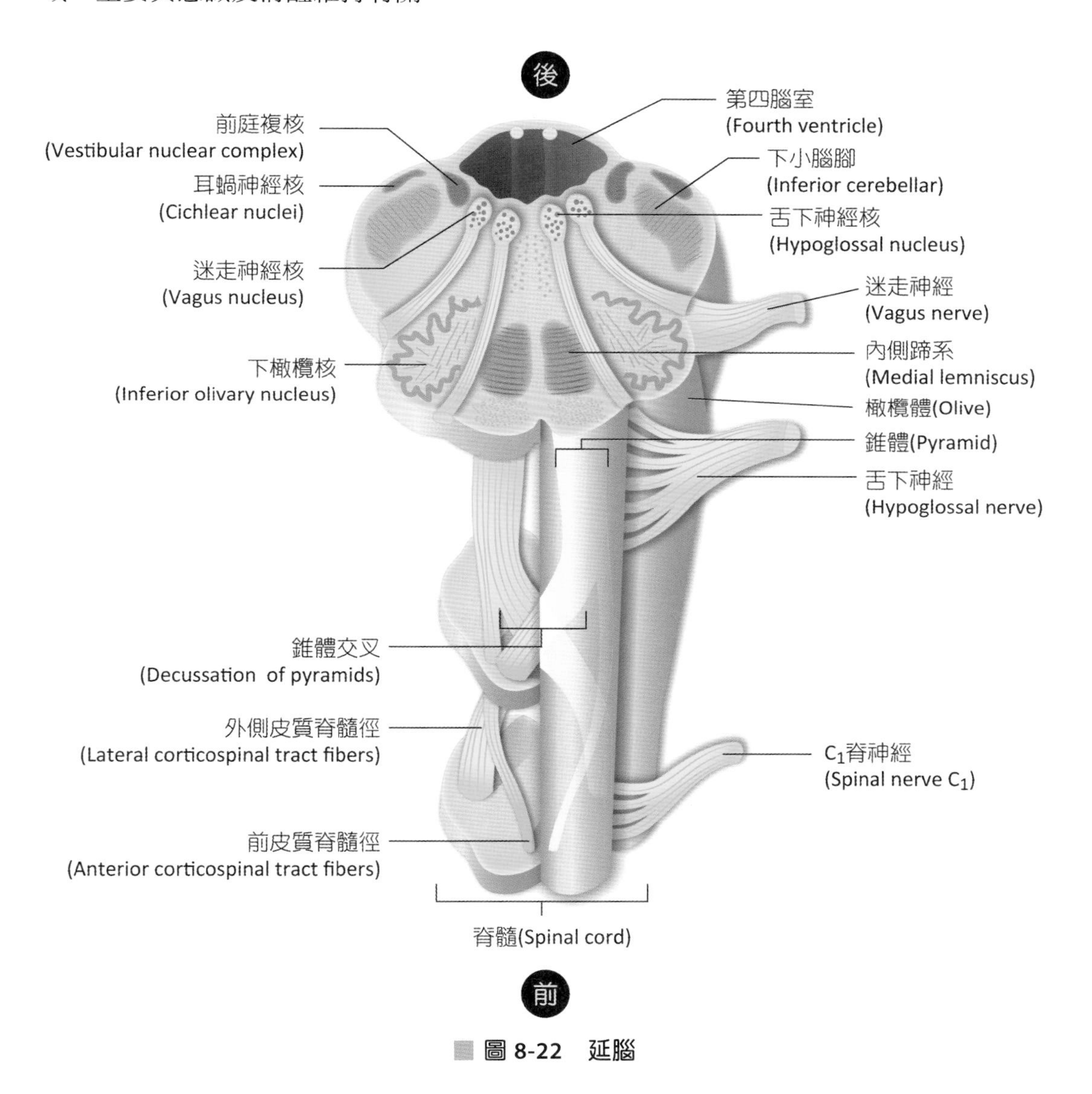

圖 8-22 延腦

脊髓(Spinal Cord)

脊髓位於脊椎管內，是一圓柱狀構造，上端在枕骨大孔位置與延腦相連接，並且持續至下端第1與第2腰椎間的椎間盤處，長約42~45公分（圖8-23）。

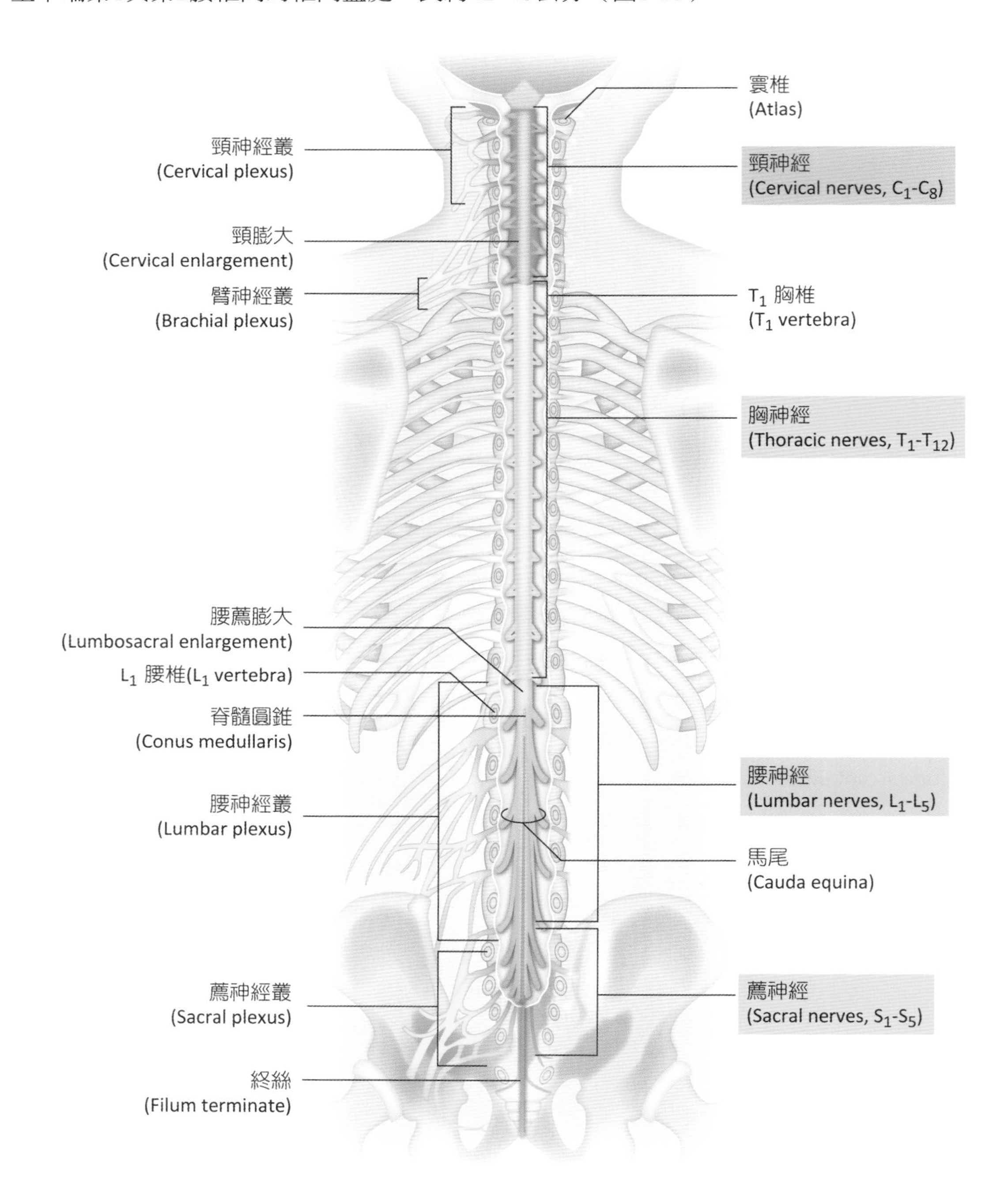

圖 8-23　脊髓的構造

一、脊髓的構造

外觀上，脊髓有兩處呈現膨大，上者為**頸膨大**(cervical enlargement)，**位於第4頸椎至第1胸椎處**，下者為**腰膨大**(lumbar enlargement)，**位於第9胸椎至第12胸椎處**。胎兒發育過程中，脊柱發育的速度較脊髓快速，使得**脊髓終止於第1腰椎**(L_1)**或第2腰椎**(L_2)處，脊髓在腰膨大處以下逐漸變細，形成脊髓圓錐(conus medullaris)，下位的腰神經、薦神經、尾神經由脊髓分枝出來後，神經纖維須下降至很長的距離才可到達相對應的椎間孔處再離開，其形態猶如散開的頭髮，稱為**馬尾**(cauda equina)，位其下方有一非神經組織的終絲(filum terminale)終止於尾骨上。

脊神經縱向分布於脊椎孔內，分別有上、下行徑纖維，這些神經纖維至相當位置時，由椎間盤進出，脊神經是一連續構造，共有31對脊神經，每對脊神經各有一傳入的背根神經及傳出的腹根神經，但第一對頸神經缺乏背根神經。

脊髓橫切面前方（腹面）正中部位有一深且寬的縱走裂溝，稱為前正中裂(anterior median fissure)，後方（背面）正中部位則有一縱走淺溝，稱為後正中裂(posterior median fissure)，它們將脊髓分成左右兩邊。脊髓內部為灰質，外部為白質（圖8-24）。

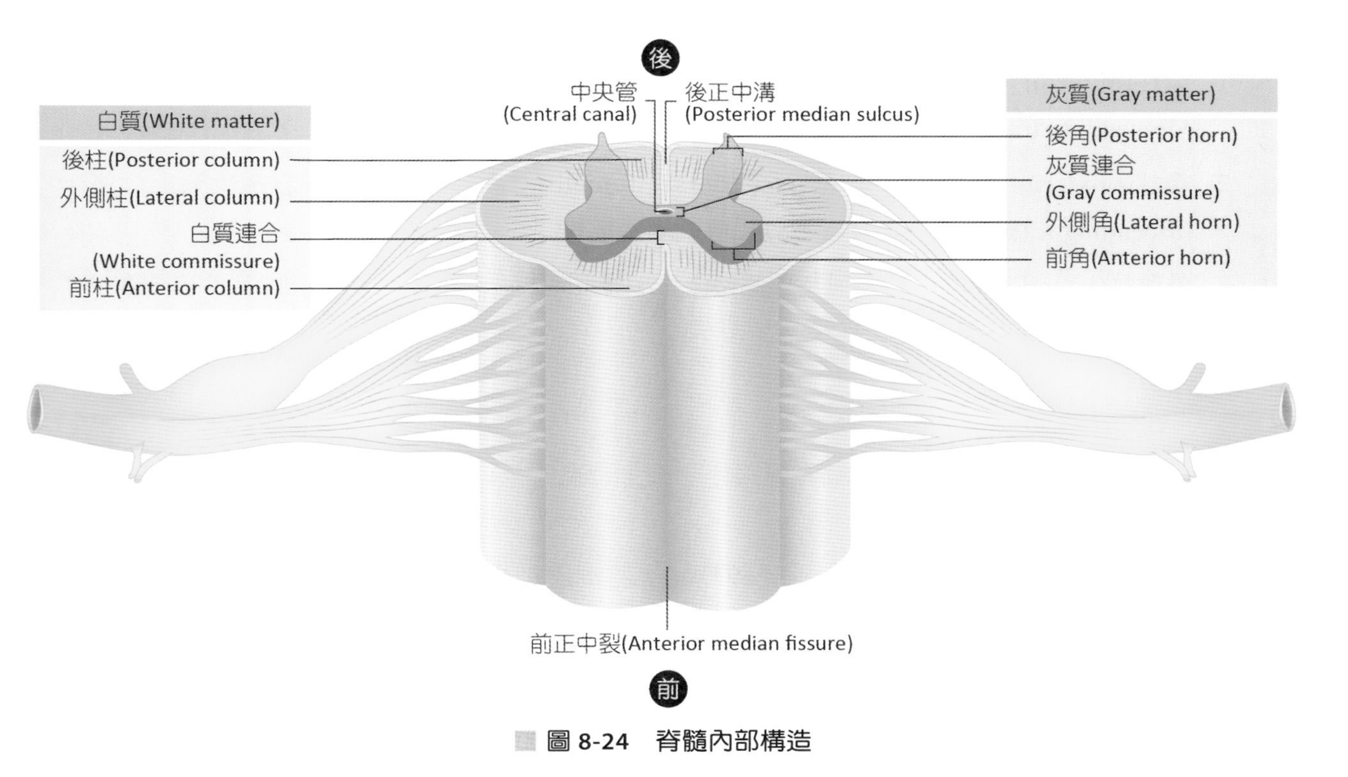

圖 8-24　脊髓內部構造

(一)灰質 (Gray Matter)

脊髓灰質位於深部，是一上下延伸柱狀構造，在橫切面上呈現H形，灰質是由聯絡神經元、運動神經元所組成。H形構造如下：

1. **H形中央橫桿部分**：位中央處有中央管(central canal)貫穿整條脊髓，上端與第4腦室相連接，內含腦脊髓液。
2. **前角**(anterior horn)：又稱腹角(ventral horn)，位於脊髓灰質前方，**為運動神經元分布**，往外延伸支配骨骼肌，**負責動作訊息的傳遞**。
3. **後角**(posterior horn)：又稱背角(dorsal horn)，位於脊髓灰質後方，**為感覺神經元分布**，其軸突往內延伸，**負責傳遞周邊感覺訊息至中樞**。
4. **外側角**(lateral horn)：位於脊髓灰質外側方，只存在於胸神經節與上段腰神經節，為交感神經節前神經元分布，負責將神經衝動傳送至平滑肌、心肌、腺體。

(二)白質 (White Matter)

白質由神經纖維組成，被灰質前角及後角分為前柱、後柱及外側柱，構成白質柱內的神經纖維為縱走向的上、下神經徑路(nerve tract)，敘述如下：

1. **前柱**(anterior column)：又稱腹索(ventral funiculus)，行走於前柱神經纖維為下行徑(descending tract)，負責傳遞運動訊息給運動神經元，故又稱為運動徑。
2. **後柱**(posterior column)：又稱背索(dorsal funiculus)，行走於後柱神經纖維為上行徑(ascending tract)薄束及楔狀束，負責傳遞周邊感覺訊息至中樞。
3. **外側柱**(lateral column)：又稱為外側索(lateral funiculus)，分為背、腹兩個半面，同時存有上、下行徑。

二、脊髓路徑 (Spinal Tracts)

行走於脊髓中的神經元稱為脊髓路徑，由上行徑、下行徑及聯絡神經元組成，分述如下：

1. **上行徑**(ascending tract)：為感覺神經元，將周邊感覺訊息上傳至腦部(圖8-25、表8-3)。
2. **下行徑**(descending tract)：為運動神經元，將中樞運動訊息下傳至周邊動作器(圖8-26、表8-4)。
3. **聯絡神經元**(association neuron)：位於同一節脊髓中，其功能為聯絡二個神經元之間的訊息，有些為聯繫同側神經元間的訊息，有些橫過脊髓連合交叉至對側，聯繫對側神經元的訊息，常見於反射作用中，如交叉伸肌反射。

神經元的命名是依據每一種神經徑特定起始的位置至特定終止的位置來取名。在脊髓中以座落於白質位置來命名，如前脊髓視丘徑由脊髓白質前柱向上延伸至視丘，神經徑走向為上行，故稱為上行徑，負責傳遞感覺訊息；反之，外側皮質脊髓徑由大腦皮質向下延伸至脊髓白質側柱，神經徑走向為下行，故稱為下行徑，負責傳遞運動訊息。

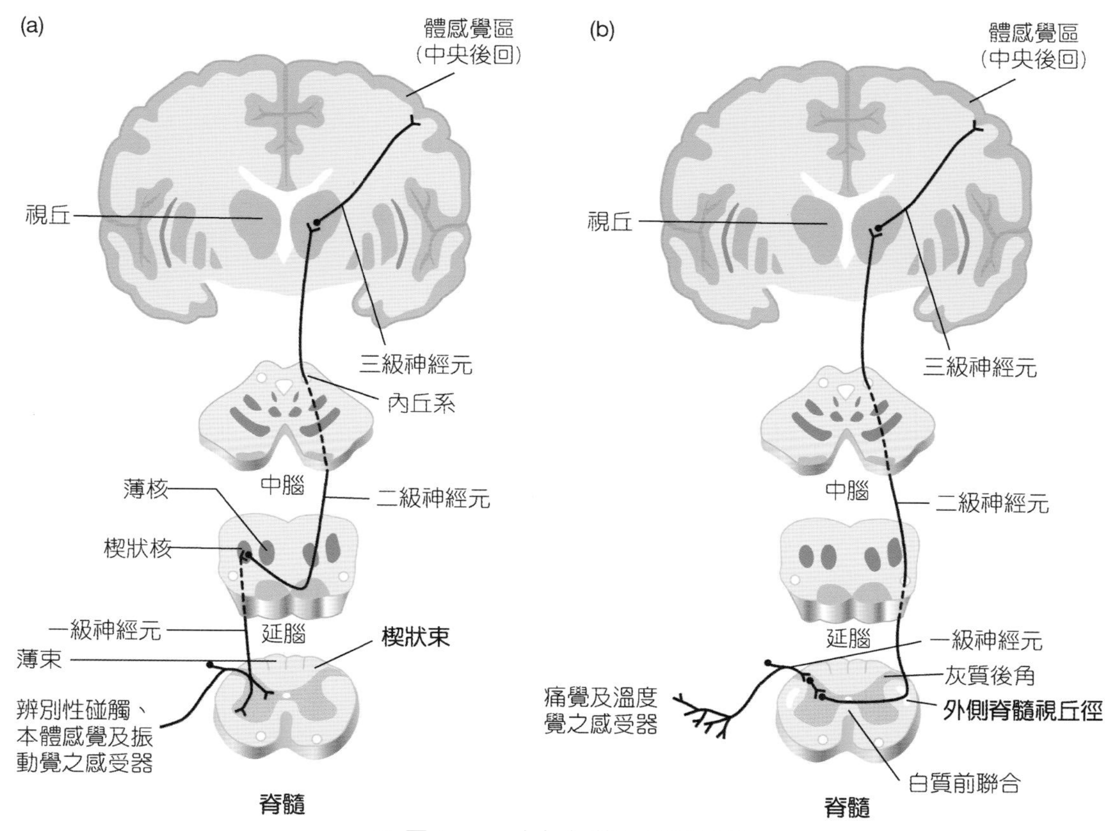

圖 8-25　上行徑傳遞感覺訊息

表8-3　脊髓上行徑

神經徑	位置	起點	終點	功能
薄束及楔狀束(fasciculus gracilis and fasciculus cuneatus)	後柱	同側後柱	同側薄核及楔狀核	傳送精細觸覺、兩點辨認、本體感覺、實體感覺、振動感覺至延腦
前脊髓視丘徑(anterior spinothalamic tract)	前柱	對側後角	視丘	傳送粗觸覺、壓覺至對側視丘
外側脊髓視丘徑(lateral spinothalamic tract)	側柱	對側後角	視丘	傳送痛覺、溫度覺至對側視丘
後脊髓小腦徑(posterior spinocerebellar tract)	側柱後半部	同側後角	小腦	同側身體潛意識本體感覺傳入小腦
前脊髓小腦徑(anterior spinocerebellar tract)	側柱前半部	對側後角	小腦	兩側身體潛意識本體感覺傳入小腦

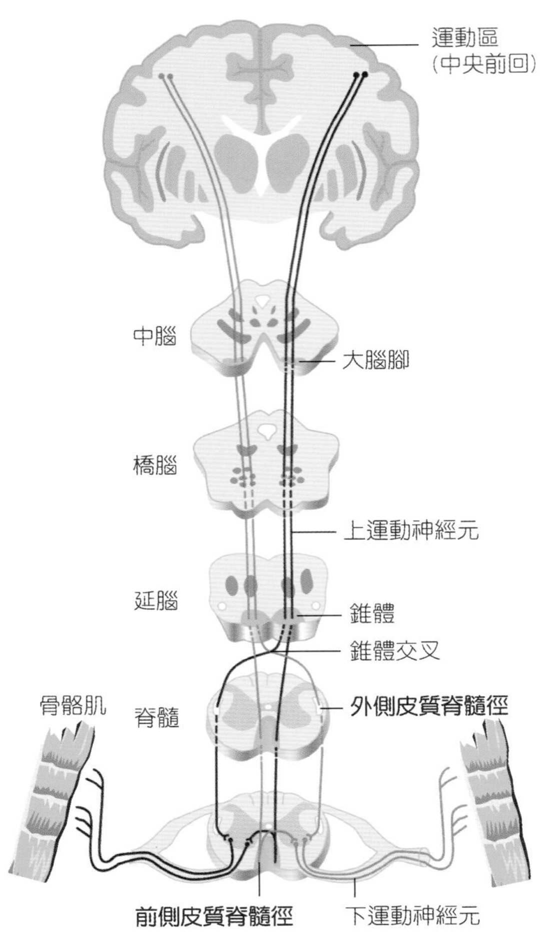

圖 8-26 下行徑傳遞中樞指令

表8-4 脊髓下行徑

神經徑		位置	起點	終點	功能
錐體徑	外側皮質脊髓徑(lateral corticospinal tract)	側柱	大腦皮質，在延腦交叉	灰質前角	腦部運動訊息傳至身體對側骨骼肌，支配四肢靈巧活動
	前皮質脊髓徑(anterior corticospinal tract)	前柱	大腦皮質，不交叉	灰質前角，在脊髓交叉	腦部運動訊息傳至身體對側骨骼肌，支配四肢靈巧活動
錐體外徑	紅核脊髓徑(rubrospinal tract)	側柱	中腦紅核，在中腦交叉	灰質前角	腦部運動訊息傳至身體對側骨骼肌，維持肌張力及姿勢
	四疊體脊髓徑(tectospinal tract)	前柱	中腦四疊體，在中腦交叉	灰質前角	腦部運動訊息傳至身體對側骨骼肌，支配聽覺、視覺及皮膚刺激引起的頭部運動
	前庭脊髓徑(vestibulospinal tract)	前柱	延腦前庭，在延腦交叉	灰質前角	腦部運動訊息傳至身體對側骨骼肌，維持肌張力及姿勢

8-3 周邊神經系統

周邊神經系統(peripheral nervous system, PNS)是指腦與脊髓以外的所有神經組織，包括12對腦神經(cranial nerves)及31對脊神經(spinal nerves)，分為：

1. **傳入系統**(afferent system)：指傳入神經元(afferent neuron)，即感覺神經元，將周邊感覺訊息傳至中樞神經系統。
2. **傳出系統**(efferent system)：指傳出神經元(efferent neuron)，即運動神經元，將中樞運動訊息傳至周邊動作器（指骨骼肌、平滑肌、心肌及腺體）。傳出系統又可分為：
   (1) 體神經系統(somatic nervous system, SNS)：指運動神經元將大腦皮質發出的動作訊息傳至骨骼肌，它是受意識控制的訊息，所以有意識性。
   (2) 自主神經系統(autonomic nervous system, ANS)：指運動神經元將視丘發出的動作訊息傳至平滑肌、心肌、腺體。

腦神經及脊神經中，如果是傳遞來自於接受器的感覺訊息，其功能則為感覺神經；如果是傳遞來自於中樞神經的動作訊息，其功能則為運動神經；如果同時可以傳遞感覺訊息及動作訊息，其功能則為混合神經(mixed nerve)。大部分周邊神經為混合神經。

中樞神經系統的神經細胞本體聚集，稱為神經核；而周邊神經系統的神經細胞本體聚集在一起，稱為神經節(ganglia)。

腦神經(Cranial Nerve)

腦神經共12對，因起始於顱腔而得名，以羅馬數字腦神經附著於腦部前後的順序排序，如第I對附著於嗅球，第II對附著於視丘，第III、IV對附著於中腦，第V、VI、VII、VIII前庭枝對附著於橋腦，第VIII耳蝸枝、IX、X、XI、XII對附著於延腦（圖8-27）。

在功能上，嗅神經(I)、視神經(II)、前庭耳蝸神經(VIII)屬於感覺神經；動眼神經(III)、滑車神經(IV)、外旋神經(VI)、副神經(VII)、舌下神經屬於運動神經，其餘皆屬於混合神經。另外，第III、VII、IX、X對腦神經具有控制不隨意肌及腺體的功能，所以其功能被歸類於副交感神經系統中（表8-5）。

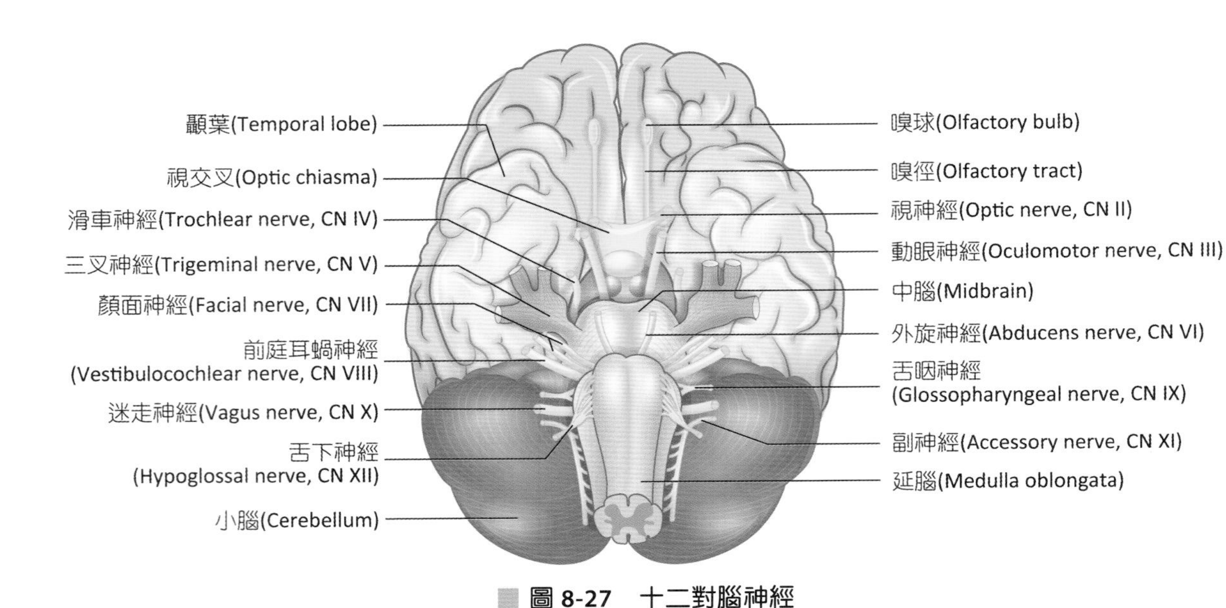

圖 8-27　十二對腦神經

表8-5　12對腦神經

腦神經		起源	路徑	終止	功能
嗅神經 (I)		鼻腔頂部鼻黏膜	篩板嗅孔	嗅球	・感覺：嗅覺
視神經 (II)		視網膜	視神經孔	中腦上丘及視丘外側膝狀核	・感覺：視覺
動眼神經 (III)		中腦	眶上裂	・運動：上、下、內直肌、下斜肌及提上眼瞼肌 ・副交感：瞳孔括約肌、睫狀肌 ・本體感：所分布的肌肉	・運動：眼球移動、上眼瞼上提 ・副交感：瞳孔縮小、水晶體調焦距
滑車神經 (IV)		中腦尾端	眶上裂	・運動：上斜肌 ・本體感：上斜肌	眼球移動
三叉神經 (V)	眼枝	橋腦腹面	眶上裂	・感覺：額頭、眼	・感覺：角膜、結膜、上眼瞼、鼻黏膜、臉部皮膚、頭皮前半部額頭等一般感覺
	上頜枝		圓孔	・感覺：上頜	・感覺：頰、上唇、上頜齒、鼻黏膜、口腭、咽部、臉部皮膚等一般感覺
	下頜枝		卵圓孔	・感覺：舌前2/3、下頜齒、口腔底部黏膜、下頜皮膚 ・本體感：咀嚼肌 ・運動：咀嚼肌	・感覺：舌前2/3、下頜齒、口腔底部黏膜、下頜皮膚等一般感覺 ・運動：咀嚼肌

<table>
<tr><th colspan="6">表8-5 12對腦神經（續）</th></tr>
<tr><th colspan="2">腦神經</th><th>起源</th><th>路徑</th><th>終止</th><th>功能</th></tr>
<tr><td colspan="2">外旋神經 (VI)</td><td>橋腦下緣</td><td>眶上裂</td><td>・運動：外直肌
・本體感：外直肌</td><td>眼球移動</td></tr>
<tr><td colspan="2">顏面神經 (VII)</td><td>橋腦下緣</td><td>莖乳突孔</td><td>・感覺：舌前2/3味蕾
・運動：表情肌
・副交感：淚腺、舌下腺、頷下腺</td><td>・感覺：舌前2/3的味覺
・運動：顏面表情肌
・副交感：淚腺、唾液腺</td></tr>
<tr><td rowspan="2">前庭耳蝸神經 (VIII)</td><td>耳蝸枝</td><td rowspan="2">橋腦與延腦間</td><td rowspan="2">內耳道</td><td>・內耳耳蝸</td><td>・聽覺</td></tr>
<tr><td>前庭枝</td><td>・內耳半規管、橢圓囊及球囊</td><td>・平衡覺</td></tr>
<tr><td colspan="2">舌咽神經 (IX)</td><td>延腦</td><td>頸靜脈孔</td><td>・感覺：舌後1/3味蕾及上咽部、頸動脈竇（體）的感覺
・運動：莖突咽肌
・副交感：耳下腺</td><td>・感覺：舌後1/3味覺及一般感覺、上咽部的一般感覺、監控血壓及血氧、二氧化碳濃度
・運動：吞嚥
・副交感：唾液分泌</td></tr>
<tr><td colspan="2">迷走神經 (X)</td><td>延腦</td><td>頸靜脈孔</td><td>・感覺：呼吸道、心血管、消化道的平滑肌、心肌、主動脈竇（體）的感覺、會厭的味蕾
・運動：軟腭肌
・本體感：咽肌、喉肌、軟腭肌</td><td>・感覺：監控血壓及血氧和二氧化碳濃度、內臟器官的感覺
・運動：吞嚥、講話、內臟器官的活動</td></tr>
<tr><td colspan="2">副神經 (XI)</td><td>延腦、脊髓</td><td>頸靜脈孔、枕骨大孔</td><td>・感覺：併入迷走神經，支配咽、喉部
・運動：斜方肌、胸鎖乳突肌</td><td>・感覺：發聲、吞嚥、肌肉本體感、頭部
・運動：肩部運動</td></tr>
<tr><td colspan="2">舌下神經 (XII)</td><td>延腦</td><td>舌下神經管</td><td>舌部肌肉</td><td>舌頭運動及舌部本體感</td></tr>
</table>

一、嗅神經 (Olfactory Nerve)

嗅神經為感覺神經元，亦為雙極神經元。負責傳遞來自於鼻腔頂部黏膜的嗅覺衝動，神經細胞本體及樹突位於鼻腔頂部的嗅覺黏膜，其軸突則聚集成嗅神經束，**經過篩板上的嗅神經孔**(olfactory foramen)，**終止於大腦額葉下方的嗅球**(olfactory bulb)，嗅神經束在嗅球將嗅覺衝動傳至嗅徑(olfactory tract)，而抵達至大腦顳葉海馬回的嗅覺區（圖8-28）。

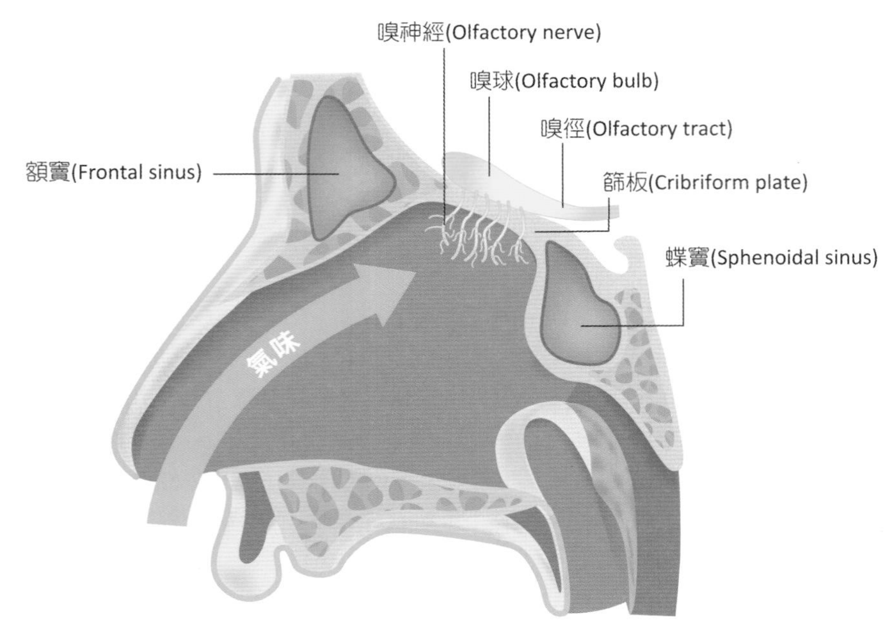

圖 8-28 嗅神經

二、視神經 (Optic Nerve)

視神經為感覺神經元，負責傳遞來自於視網膜的視覺衝動，視神經接收位於視網膜上神經節細胞(ganglia cell)的訊息，並經視神經管由眼眶進入顱腔內部，視神經在顱腔內部部分視神經纖維交叉至對側而形成視交叉(optic chiasma)，爾後有交叉與沒交叉的視神經纖維形成視徑(optic tract)，**視徑神經纖維終止於視丘外側膝狀核，再經視放束**(optic radiation)**將視覺衝動傳至大腦枕葉視覺區**。部分視徑神經纖維終止於中腦的上丘，此神經路徑**與視覺反射有關**（圖8-29）。

三、動眼神經 (Oculomotor Nerve)

動眼神經為混合神經元，但主要以傳遞運動訊息為主，其神經纖維**源自中腦腹面的動眼神經核**(oculomotor nucleus)及副動眼神經核(edinger-westphal nucleus, E-W nucleus)，經眶上裂(superior orbital fissure)進入眼眶，並分枝為上枝及下枝，**上枝神經纖維分布至上直肌**(superior rectus)、**提上眼瞼肌**(levator palpebrae superioris)；**下枝神經纖維則分布至內直肌**(medial rectus)、**下直肌**(inferior rectus)**及下斜肌**(inferior oblique)，其功能在於控制眼球及上眼瞼的運動。**動眼神經下枝神經纖維亦有一分枝至睫狀神經節**(ciliary ganglion)，其為副交感神經纖維，主要分布至眼內在肌虹膜環狀肌(sphincter pupillae)及睫狀肌(ciliary muscle)，控制不隨意肌的運動，**能調節瞳孔大小**、水晶體形狀。另外，動眼神經亦含有少量的感覺神經纖維，接受自身控制的肌肉內部接受器所傳來的神經衝動（圖8-30）。

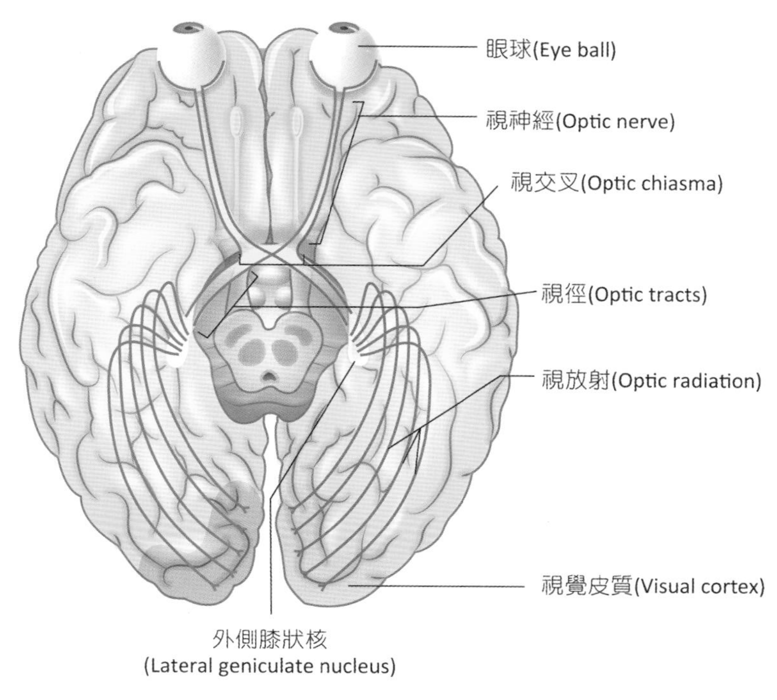

圖 8-29 視神經

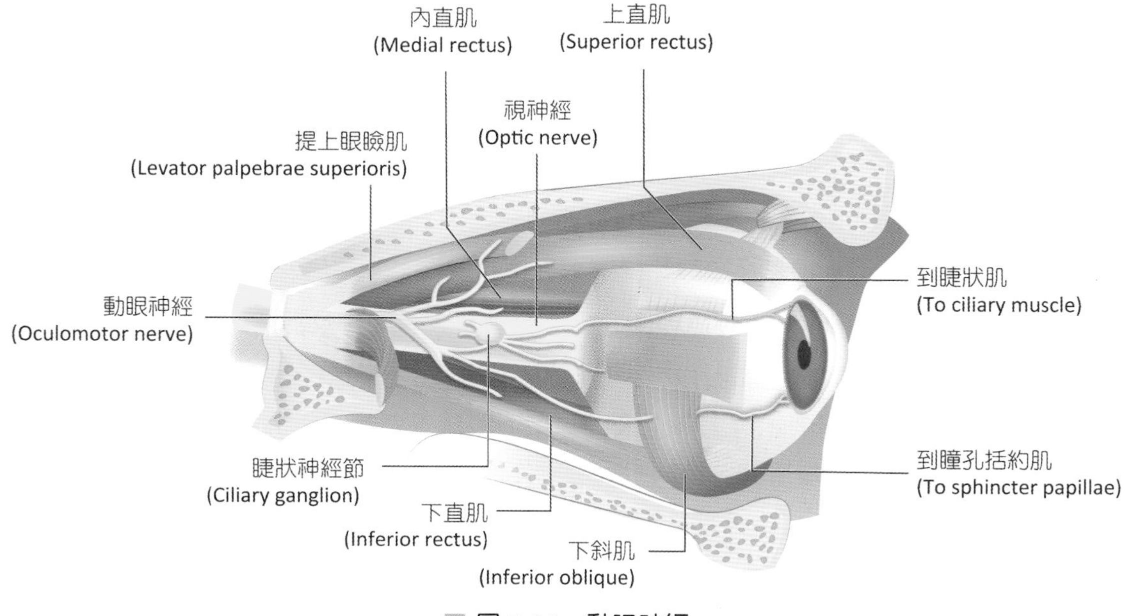

圖 8-30 動眼神經

四、滑車神經 (Trochlear Nerve)

滑車神經為混合神經元，但主要以傳遞運動訊息為主，其神經纖維源自於中腦背面的滑車神經核(trochlear nucleus)，**經眶上裂進入眼眶，神經纖維分布至上斜肌**(superior oblique)，控制眼球的轉動。另外，上斜肌的感覺訊息亦經由滑車神經傳遞至中腦（圖8-31）。

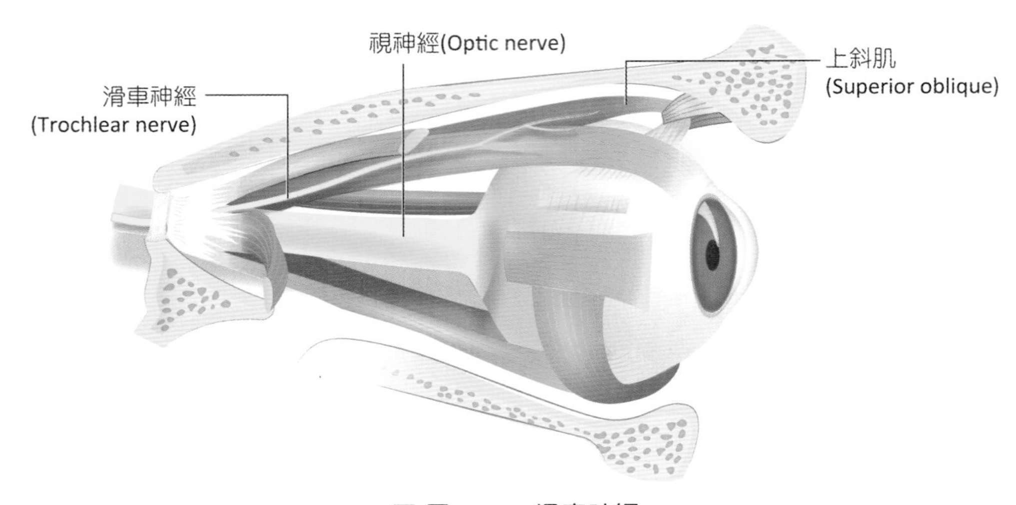

圖 8-31　滑車神經

五、三叉神經 (Trigeminal Nerve)

三叉神經為混合神經，是腦神經中最大者，其神經纖維**源自於橋腦腹外側**，其分為感覺根(sensory root)及運動根(motor root)，其中感覺根有一膨大的**三叉神經節**(trigeminal ganglion)，**是由感覺根神經細胞本體聚集所構成**，其分出三大分枝：

1. **眼枝**(ophthalmic branch)：經過眶上裂進入眼眶。
2. **上頜枝**(maxillary branch)：經過圓孔分布至鼻側、頷部、上唇區及上排牙齒。
3. **下頜枝**(mandibular branch)：經過卵圓孔分布至下唇、下齒槽及舌前2/3。

三叉神經感覺根在於傳遞顏面皮膚、口腔黏膜、牙齒及**舌前2/3的一般感覺**（觸、壓、溫、痛），並將之傳至橋腦，再上傳至大腦頂葉一般感覺區。三叉神經運動根則併入下頜枝，**經過卵圓孔分布至咀嚼肌群**，控制咀嚼的動作（圖8-32）。

六、外旋神經 (Abducens Nerve)

外旋神經為混合神經，但主要以運動為主，其神經纖維源自於橋腦與延腦交界處，經由眶上裂(superior orbital fissure)進入眼眶，神經纖維分布至眼外肌的外直肌(lateral rectus)。另外，外直肌感覺訊息亦由外旋神經傳入至橋腦（圖8-33）。

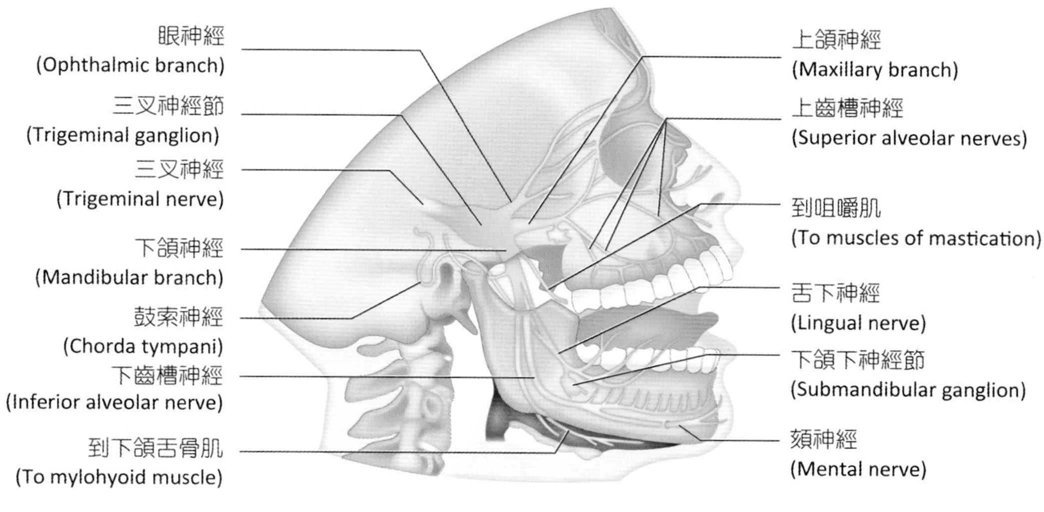

圖 8-32 三叉神經

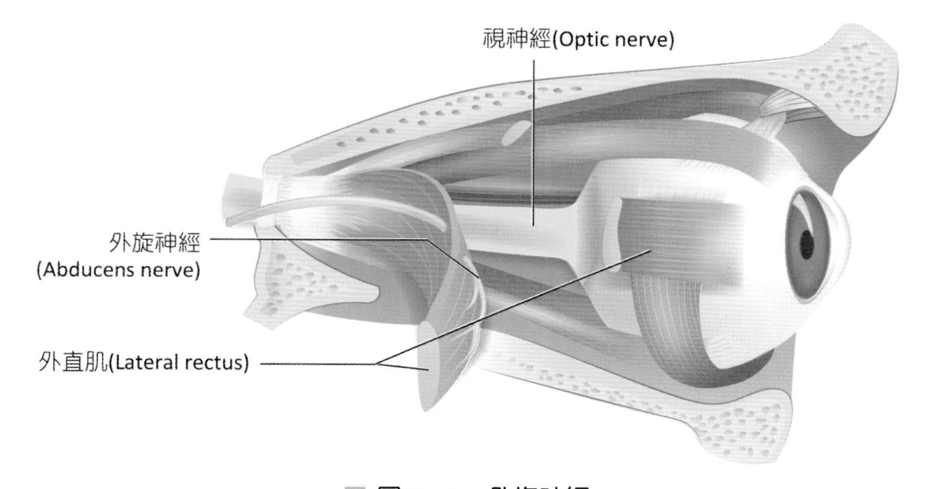

圖 8-33 外旋神經

七、顏面神經 (Facial Nerve)

顏面神經為混合神經元，源自於橋腦與延腦交界處，經由內耳道進入內耳，分布至各種構造上。部分運動神經纖維經由莖乳突孔進入顏面，分布至顏面表情肌群、頭皮及頸部等處的肌肉，控制臉上表情。另一部分控制**舌前2/3的味覺**，傳至延腦的孤立束核(solitary nucleus)。顏面神經亦有副交感神經作用，可控制腺體的分泌，神經纖維分布至**淚腺**、**舌下腺**、**下頜下腺**、**鼻腺及腭腺**（圖8-34）。

八、前庭耳蝸神經 (Vestibulocochlear Nerve)

前庭神經為感覺神經元，其神經纖維源自於橋腦下緣外側，經由內耳道進入內耳，並分枝為（圖8-35）：

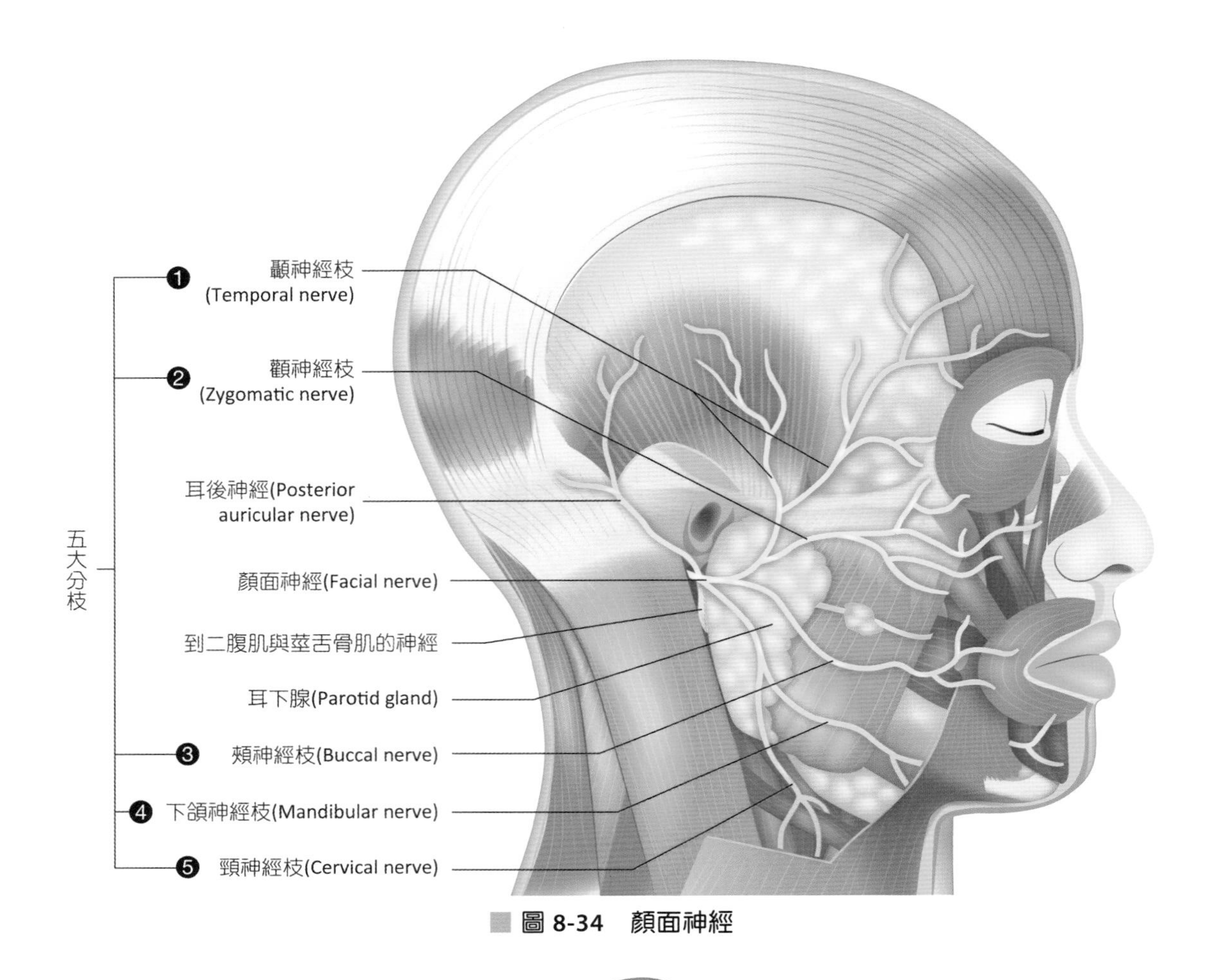

圖 8-34 顏面神經

半規管
(Semicircular canals)
前
(Anterrior vertical)
後
(Posterior vertical)
水平
(Horizontal)
壺腹(Ampulla)
卵圓窗(Oval window)
圓窗(Round window)
橢圓囊(Utricle)
球囊(Saccule)
前庭神經
(Vestibular nerve)
顏面神經
(Facial nerve)
耳蝸神經
(Cochlear nerve)
螺旋神經節
(Spiral ganglion)

圖 8-35 前庭耳蝸神經

1. **前庭枝**(vestibular branch)：與平衡覺有關，將來自於內耳半規管、球囊及橢圓囊的平衡訊息傳至前庭神經節(vestibular ganglion)，再延伸至延腦及橋腦，最後終止於視丘。
2. **耳蝸枝**(cochlear branch)：與聽覺有關，神經細胞本體在耳蝸內形成螺旋神經節(spiral ganglion)，其軸突延伸至延腦，終止於視丘內側膝狀核，最後將聽覺訊息投射至大腦顳葉聽覺區。

九、舌咽神經 (Glossopharyngeal Nerve)

舌咽神經為混合神經，源自於延腦，經頸靜脈孔分布至咽部的吞嚥肌群，控制吞嚥動作；感覺神經纖維接受來自於咽及**舌後1/3的一般感覺**（觸、壓、溫、痛）**及味覺**衝動，亦有部分感覺神經纖維**傳遞頸動脈竇的血壓訊息**，參與血壓反射調控，這些感覺訊息最後傳入延腦，投射至各控制區域；另外，功能與副交感神經相同的神經纖維分布至耳下腺，控制唾液的分泌（圖8-36）。

十、迷走神經 (Vagus Nerve)

迷走神經為混合神經，源自於延腦，經頸靜脈孔分布至咽部、喉部、呼吸道、肺臟、心臟、食道、胃、小腸、大腸、膽囊等處，控制平滑肌、心肌、腺體運動，及咽、喉與軟腭等骨骼肌，部分功能與副交感神經相同。另外，感覺訊息經感覺神經纖維將感覺訊息傳入延腦及橋腦（圖8-37）。

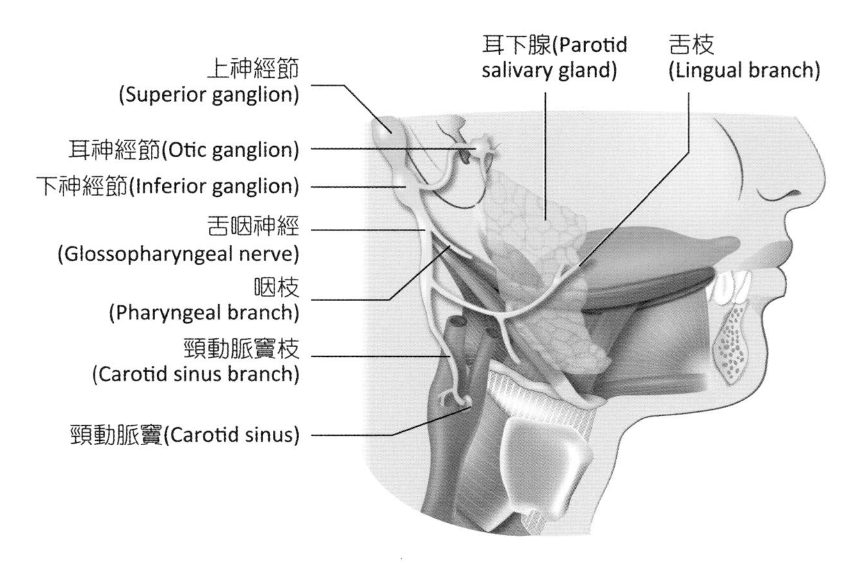

圖 8-36 舌咽神經

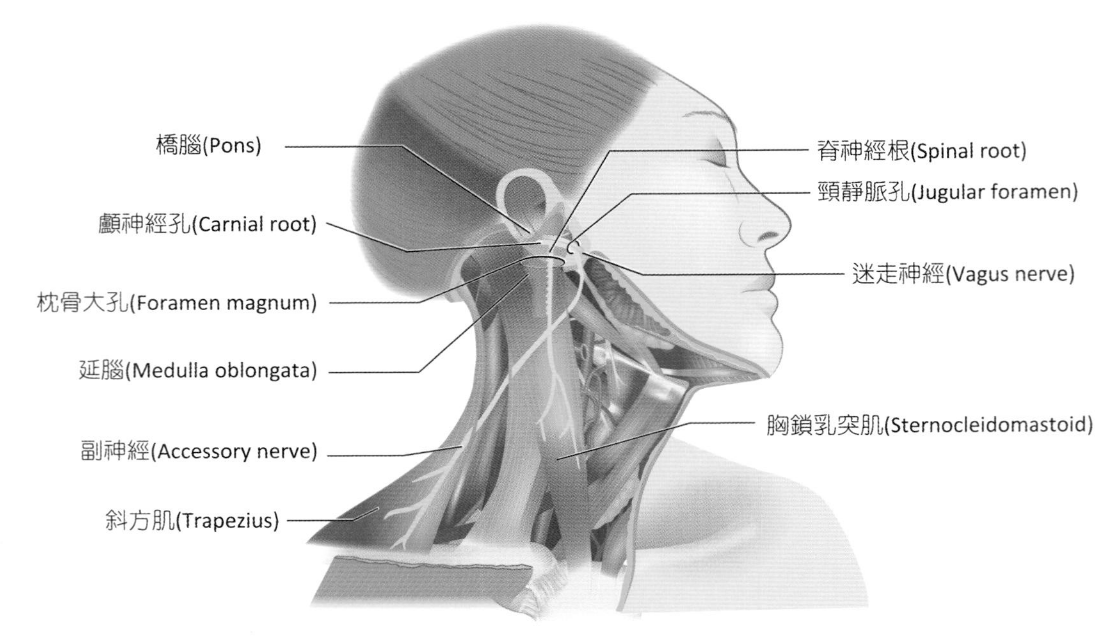

圖 8-37 迷走神經、副神經

十一、副神經 (Accessory Nerve)

副神經為混合神經，包含顱根(cranial root)與脊髓根(spinal root)。顱根神經纖維源自於延腦，經由頸靜脈孔分布至咽、喉及軟腭等處的骨骼肌，控制吞嚥動作。脊髓根神經纖維源自於脊髓前五節頸脊髓節的灰質腹角，向上行合併成一條神經纖維，經枕骨大孔進入顱腔，在顱腔內與顱根合併，但隨即分離，並經頸靜脈孔離開顱腔，分布至胸鎖乳突肌及斜方肌，控制頸部轉動頭的動作（圖8-37）。

十二、舌下神經 (Hypoglossal Nerve)

舌下神經為混合神經，其神經纖維源自於延腦，經舌下神經管分布至舌頭肌肉，合併控制咀嚼、吞嚥與說話的功能。另外，自身控制的構造亦將其感覺訊息傳入延腦。舌下神經受損會造成舌頭運動發生障礙，但不影響舌頭上的味覺（圖8-38）。

脊神經(Spinal Nerves)

脊神經總共有31對，包含8對頸神經(cervical spinal nerve, C_1~C_8)、12對胸神經(thoracic spinal nerve, T_1~T_{12})、5對腰神經(lumbar spinal nerve, L_1~L_5)、5對薦神經(sacral spinal nerve, S_1~S_5)及1對尾神經(coccygeal spinal nerve, Co)，其命名是根據它們從脊髓延伸出來的區域。除了第1頸神經由枕骨與第1頸椎（寰椎）之間出來之外，其餘脊神經則由椎間孔或薦孔而離開脊柱，如第3頸神經由第3、4頸椎之間的椎間孔離開。脊神經離開椎間孔後，分枝成背枝、腹枝、脊髓膜枝及交通枝（圖8-39）：

1. **背枝**(dorsal ramus)：**感覺神經纖維組成**，支配背部深層的肌肉及皮膚。
2. **腹枝**(ventral ramus)：**運動神經纖維組成**，支配背部淺層的肌肉、軀幹外側、腹側及四肢構造，脊神經腹側枝神經纖維均以形成神經叢方式支配身體，但是T_2~T_{12}胸脊神經除外。
3. **脊髓膜枝**(meningeal branch)：經由椎間孔又回到脊椎管內，分布椎骨、脊椎韌帶、脊髓及脊髓膜。
4. **交通枝**(rami communicantes)：為自主神經纖維節前神經元組成，為交感神經的一部分。

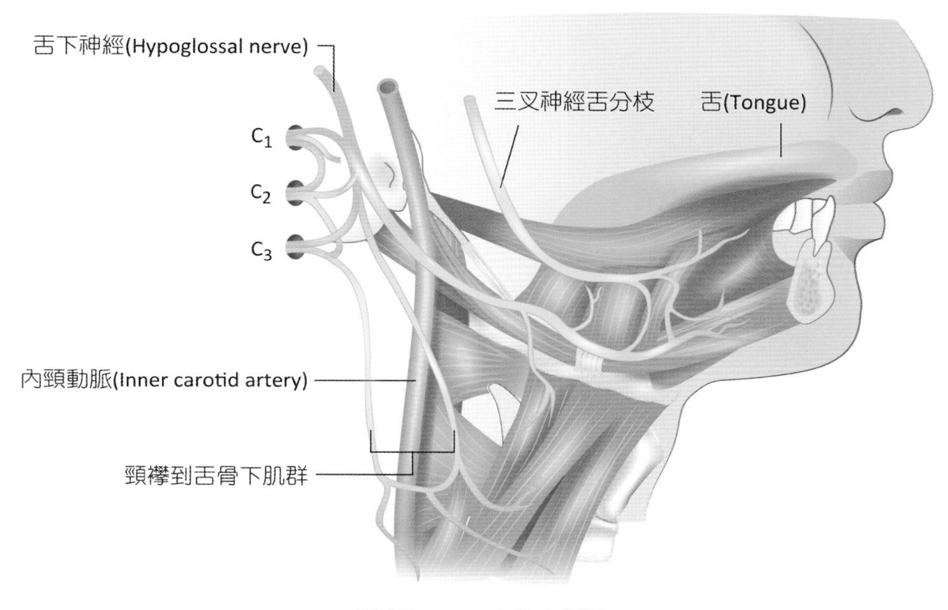

圖 8-38 舌下神經

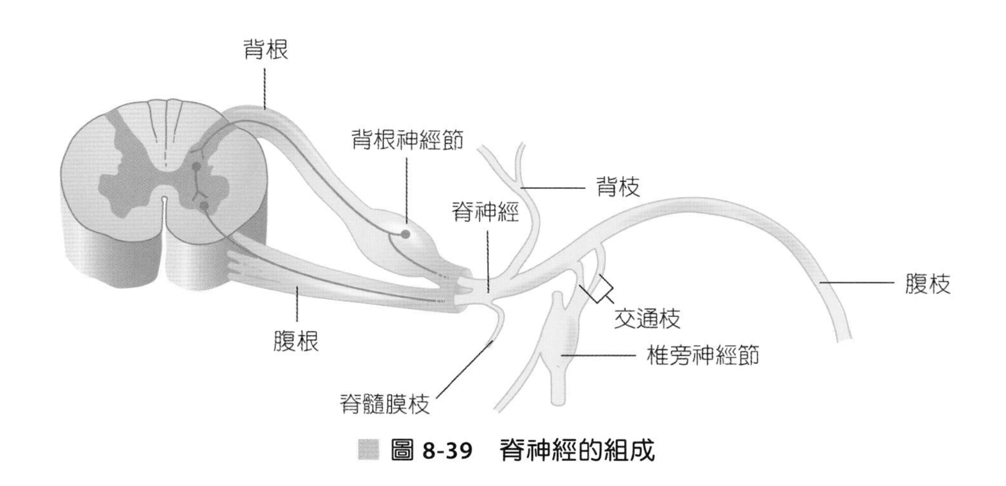

圖 8-39 脊神經的組成

一、皮節 (Dermatomes)

每條脊神經的背根（除了第1頸神經）負責支配某一特定的皮膚區域，此皮膚區域稱為皮節，共有30個（圖8-40）。全身的皮膚，除了顏面及頭皮前半部是三叉神經支配之外，其餘均由脊神經所支配。當脊神經背根受損時，該皮節區域的感覺敏感度下降，使用大頭針輕輕刺激，配合皮節分布圖，可以定位出哪一個脊神經受損。

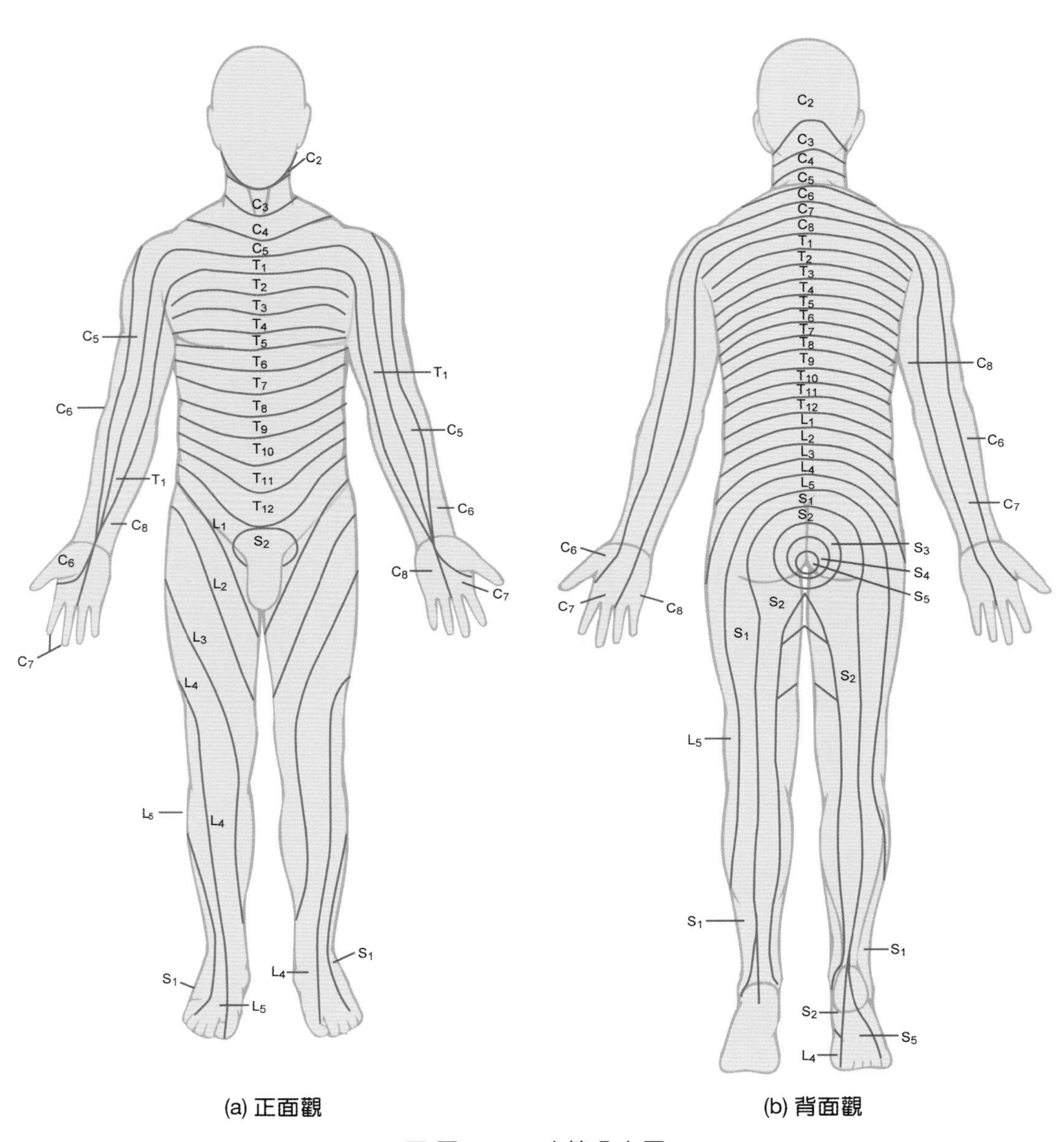

(a) 正面觀　　(b) 背面觀

圖 8-40　皮節分布圖

二、神經叢 (Plexuses)

除了T_2~T_{12}以外，脊神經的腹枝在脊柱兩側聚集連接形成神經叢：

(一) 頸神經叢 (Cervical Plexus)

由C_1~C_5的腹側枝構成，主要支配頸部、部分頭部與肩部的皮膚和肌肉。另外，頸神經叢中C_3~C_4與C_5的腹側枝又再連接形成另一分枝，稱為膈神經(phrenic nerve)，主要支配橫膈、控制呼吸，膈神經受損將造成橫膈麻痺，影響呼吸功能（圖8-41、表8-6）。

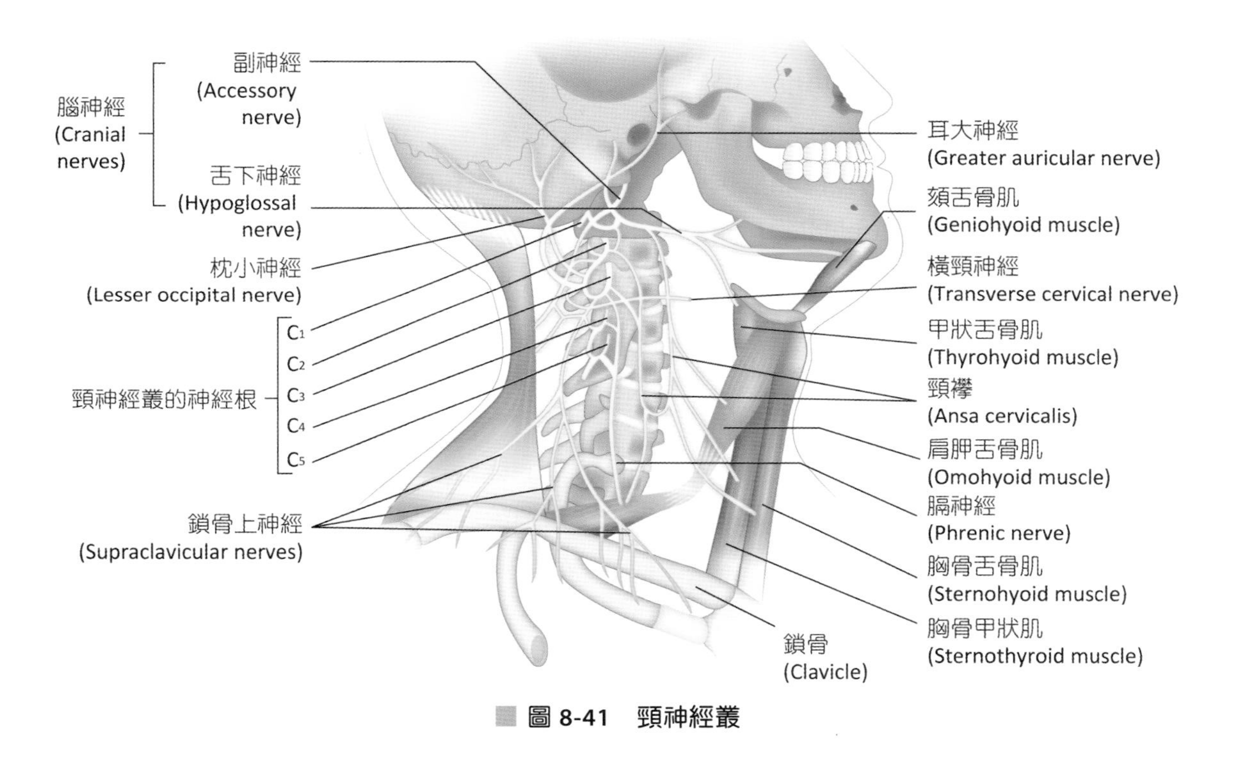

圖 8-41　頸神經叢

表8-6　頸神經叢

重要分枝	起源	分布
淺層分枝(superficial branches)		
枕小神經(lesser occipital nerve)	C_2	耳朵上後方、頭皮的皮膚
耳大神經(greater auricular nerve)	C_2、C_3	耳朵本身、前方、下方及覆蓋耳朵皮膚及耳下腺的皮膚
橫頸神經(transverse cervical nerve)	C_2、C_3	頸部前半部的皮膚
鎖骨上神經(supraclavicular nerve)	C_3、C_4	胸部及肩膀上方的皮膚

表8-6 頸神經叢（續）			
重要分枝		起 源	分 布
深層分枝(deep branches)			
頸神經環 (ansa cervicallis)	上根(superior root)	C_1	頸部甲狀舌骨肌及頦舌骨肌
	下根(inferior root)	C_3	頸部肩胛舌骨肌、胸骨舌骨肌、胸骨甲狀肌
膈神經(phrenic nerve)		C_3、C_5	橫膈
節分枝神經(segmental branches nerve)		C_1、C_5	頸部的脊椎前肌、肩胛提肌、中斜角肌

（二）臂神經叢 (Branchial Plexus)

由C_5~C_8及T_1的腹側枝構成，臂神經叢沿著鎖骨後面通過第一肋骨，然後進入腋窩，主要支配上肢與肩胛部的皮膚和肌肉。臂神經叢中，C_5和C_6接合形成上神經幹(superior trunk)，C_7形成中神經幹(middle trunk)，C_8和T_1接合形成下神經幹(inferior trunk)，此三條神經幹分枝眾多，約有18分枝，其中較重要的分枝為（圖8-42、表8-7）：

1. **橈神經**(radial nerve)：由C_5~T_1組成，支配上臂及前臂後側的肌肉，為臂神經叢最大分枝。其受損時，會造成手腕下垂、肘反射消失；當肱骨中段1/3骨折，或長期使用拐杖壓迫腋窩，皆可能造成橈神經受損。
2. **尺神經**(ulnar nerve)：由C_7~T_1組成，支配前臂內側及手掌肌肉。受損時（如肱骨內上髁骨折等），會造成尺側屈肌、手指伸肌受損，手腕因而無法屈曲、內收及外展，而形成鷹爪手。
3. **正中神經**(median nerve)：由C_5~T_1組成，支配前臂前側大部分肌肉及手掌橈側部肌肉。受損時，前臂將無法內轉，手腕及手指（尤其大拇指）無法做屈曲運動，稱為腕隧道症候群(carpal tunnel syndrome)。
4. **肌皮神經**(musculocutaneous nerve)：由C_5~C_7組成。受損時，無法彎曲前臂。

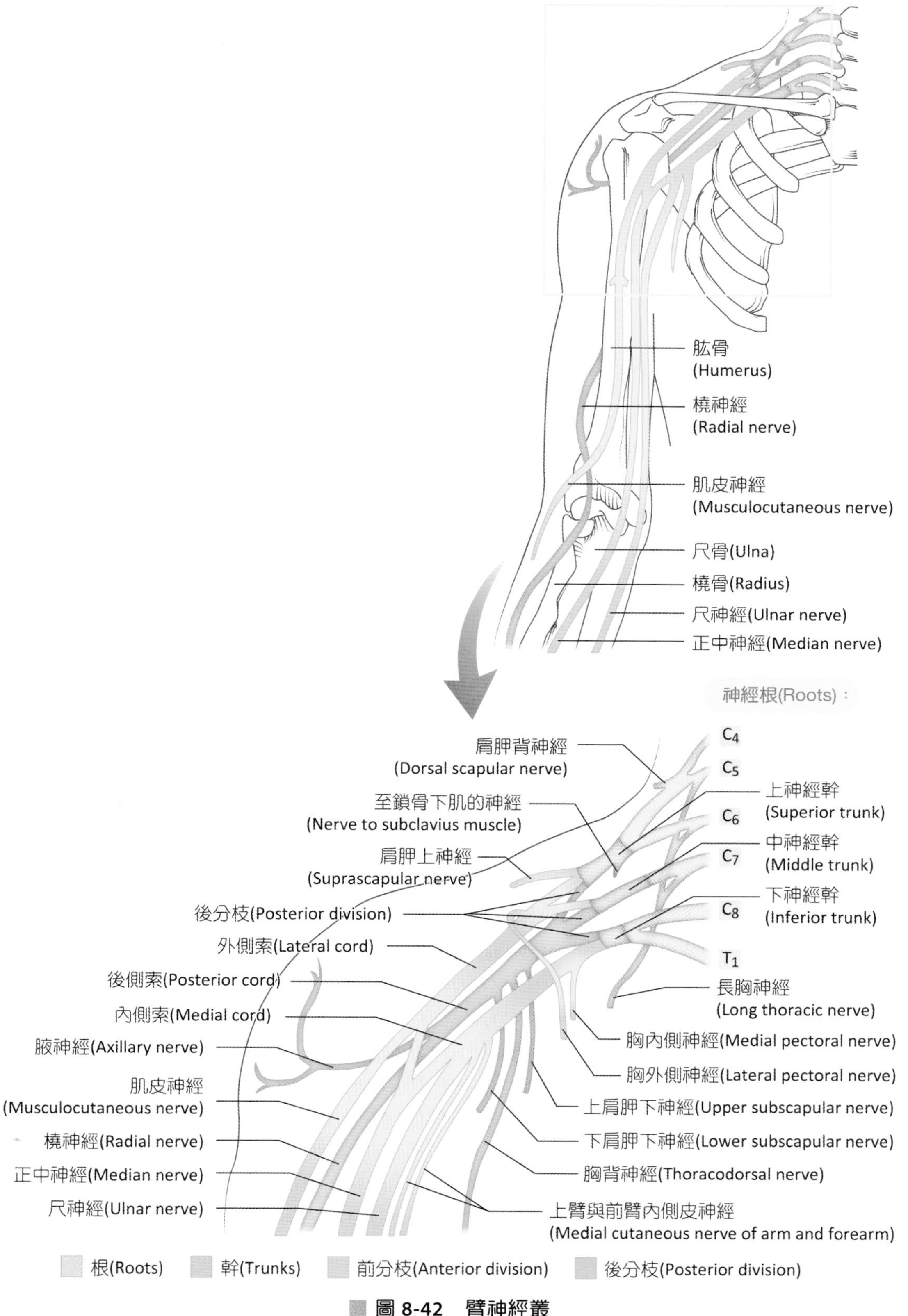
肱骨
(Humerus)
橈神經
(Radial nerve)
肌皮神經
(Musculocutaneous nerve)
尺骨(Ulna)
橈骨(Radius)
尺神經(Ulnar nerve)
正中神經(Median nerve)
神經根(Roots)：
C4
C5
C6
C7
C8
T1
肩胛背神經
(Dorsal scapular nerve)
至鎖骨下肌的神經
(Nerve to subclavius muscle)
肩胛上神經
(Suprascapular nerve)
後分枝(Posterior division)
外側索(Lateral cord)
後側索(Posterior cord)
內側索(Medial cord)
腋神經(Axillary nerve)
肌皮神經
(Musculocutaneous nerve)
橈神經(Radial nerve)
正中神經(Median nerve)
尺神經(Ulnar nerve)
上神經幹
(Superior trunk)
中神經幹
(Middle trunk)
下神經幹
(Inferior trunk)
長胸神經
(Long thoracic nerve)
胸內側神經(Medial pectoral nerve)
胸外側神經(Lateral pectoral nerve)
上肩胛下神經(Upper subscapular nerve)
下肩胛下神經(Lower subscapular nerve)
胸背神經(Thoracodorsal nerve)
上臂與前臂內側皮神經
(Medial cutaneous nerve of arm and forearm)
根(Roots)
幹(Trunks)
前分枝(Anterior division)
後分枝(Posterior division)

圖 8-42　臂神經叢

表8-7 臂神經叢

發出部位	重要分枝	起 源	分 布
神經根 (root nerves)	肩胛背神經(dosal scapular nerve)	C_5	提肩胛肌、大小菱形肌
	長胸神經(long thoracic nerve)	C_5~C_7	前鋸肌
神經幹 (truck nerves)	鎖骨下神經(subclavius nerve)	C_5~C_6	鎖骨下肌
	肩胛上神經(suprascapular nerve)	C_5~C_6	棘上肌、棘下肌
外側索 (lateral cord)	肌皮神經 (musculocutaneous nerve)	C_5~C_7	喙肱肌、肱二頭肌、肱肌、前臂外側的膚
	正中神經(median nerve)	C_5~T_1	前臂屈肌、手掌橈側肌肉、手掌外側皮膚
	胸外側神經(lateral pectoral nerve)	C_5~C_7	胸大肌
後側索 (posterior cord)	肩胛下神經(subscapular nerve)	C_5~C_6	肩胛下肌、大圓肌
	胸背神經(thoracodorsal nerve)	C_6~C_8	闊背肌
	腋神經(axillary nerve)	C_5~C_6	三角肌、小圓肌、三角肌及上臂後上方皮膚
	橈神經(radial nerve)	C_5~T_1	上臂及前臂伸肌、上臂及前臂後方皮膚
內側索 (medial cord)	胸內側神經 (medial pectoral nerve)	C_8~T_1	胸大肌、胸小肌
	尺神經(ulnar nerve)	C_8~T_1	尺側屈腕肌、指深屈肌、大部分手部內在肌及手部內側皮膚

(三)腰神經叢 (Lumbar Plexus)

由L_1~L_4的腹側枝及部分T_{12}脊神經構成。支配前側及外側腹壁、外生殖器及部分下肢，其中較重要分枝為(圖8-43、表8-8)：

1. **股神經**(femoral nerve)：由L_2~L_4組成，支配髂腰肌、縫匠肌及股四頭肌等，控制大腿屈曲及小腿伸直。若受損時，小腿無法伸直，大腿前內側皮膚感覺消失，膝反射也會消失。
2. **閉孔神經**(obturator nerve)：由L_2~L_4組成，支配內收長肌、內收短肌、內收大肌、股薄肌等大腿內收肌群。若受損會造成大腿內收功能不良。

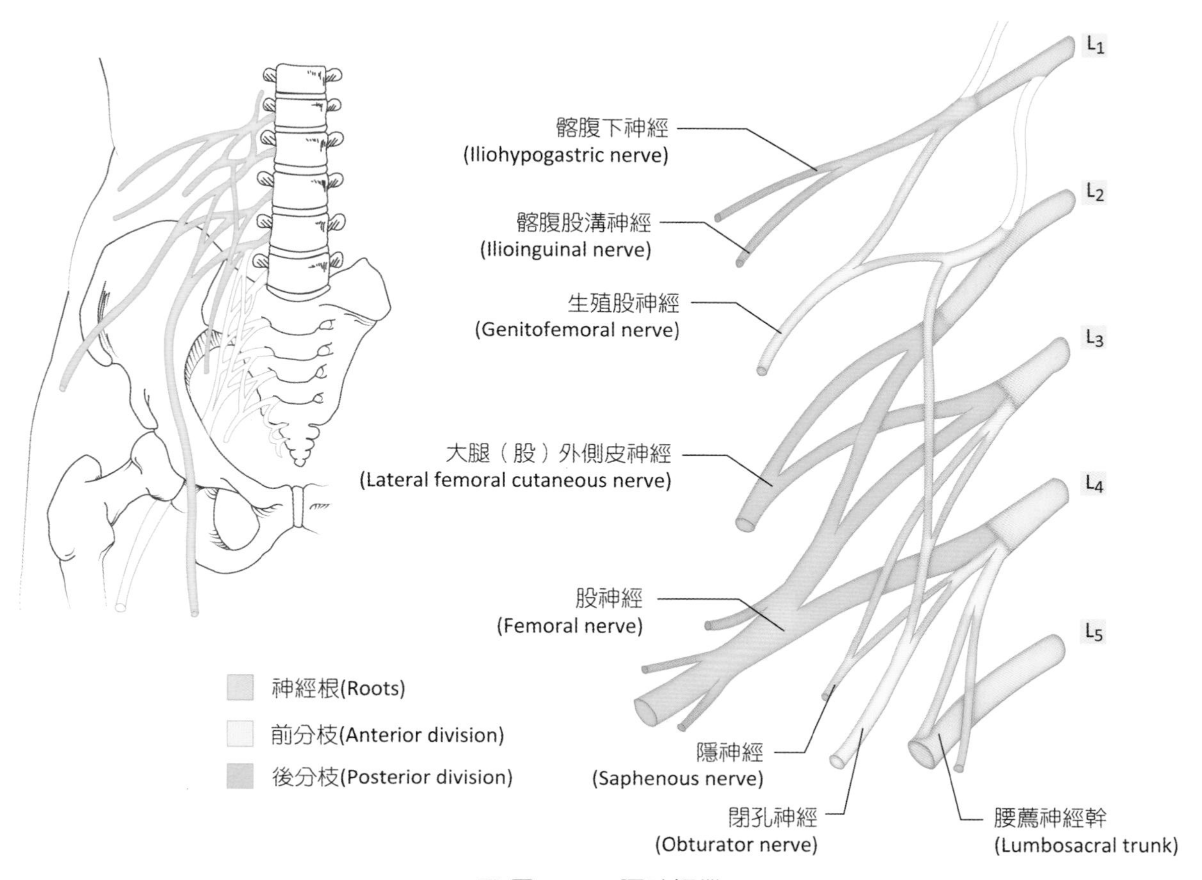

圖 8-43　腰神經叢

表8-8　腰神經叢

重要分枝	起 源	支配部位
髂腹下神經 (iliohypogastric nerve)	L_1	前外側腹壁肌肉（內斜肌、外斜肌、腹橫肌）；下腹部及部分臀部的皮膚
髂腹股溝神經 (ilioinguinal nerve)	L_1	前外側腹壁肌肉；大腿內側上方、陰囊及陰莖根部；大陰唇和陰阜等的皮膚
生殖股神經 (genitofemoral nerve)	L_1~L_2	提睪肌；大腿前上方、陰囊及大陰唇等皮膚
股外側皮神經 (lateral femoral cutaneous nerve)	L_2~L_3	大腿前後外側、外側等皮膚
股神經(femoral nerve)	L_2~L_4	屈大腿肌肉（髂肌、腰大肌、恥骨肌、股直肌、縫匠肌）、伸小腿肌肉（股四頭肌）；大腿前面及內側、小腿及足部內側等皮膚
閉孔神經(obturator nerve)	L_2~L_4	內收大腿肌肉（閉孔外肌、恥骨肌、內收長肌、內收短肌、內收大肌、股薄肌）及部分大腿內側皮膚

（四）薦神經叢 (Sacral Plexus)

由L_4~S_4的腹側枝構成。其分枝支配臀部、會陰部及下肢的皮膚肌肉，其中較重要分枝為坐骨神經(sciatic nerve)，是人體中最粗、最長的神經，坐骨神經由坐骨大切輎離開骨盆腔，並到達臀部深部，經大腿後部再到達小腿，在膝窩處分枝成脛神經(tibial nerve)及總腓神經(common peroneal nerve)，最後到達足部。若受損時，造成大腿伸張及內收轉弱、屈膝不能、踝反射消失；若L_4~L_5椎間凸出，容易造成坐骨神經痛（圖8-44、表8-9）。

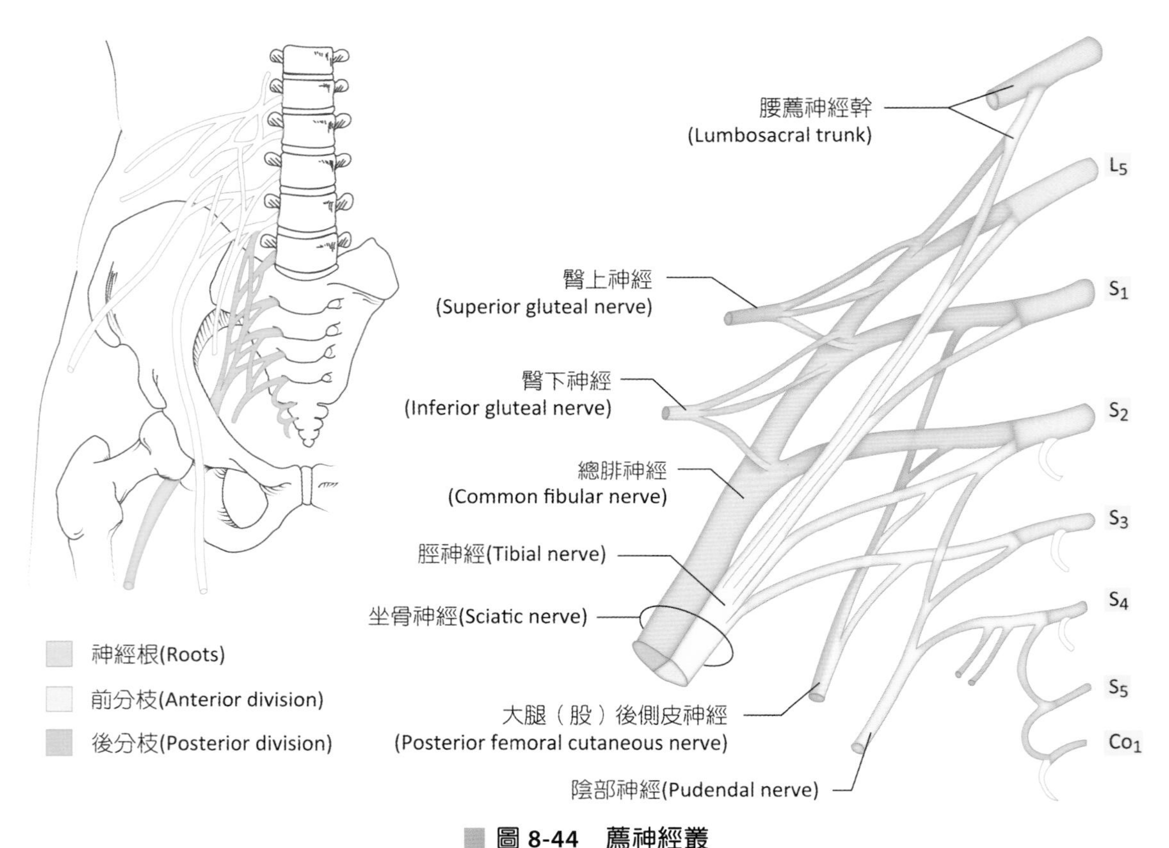

圖 8-44 薦神經叢

（五）尾神經叢 (Coccygeal Plexus)

由Co_1、S_4~S_5組成，支配尾骨附近的皮膚。

表8-9 薦神經叢

重要分枝		起源	分布
臀上神經(superior gluteal nerve)		L_4~S_1	臀小肌、臀中肌、闊筋膜張肌
臀下神經(inferior gluteal nerve)		L_5~S_2	臀大肌
梨狀肌神經(piriformis nerve)		S_1~S_2	梨狀肌
股方肌神經(quadratus femoris nerve)		L_4~S_1	股方肌及下肌
閉孔內肌神經(obturator internus nerve)		L_5~S_2	閉孔內肌及上肌
股後側皮神經(posterior femoral cutaneous nerve)		S_1~S_3	會陰部皮膚
坐骨神經(sciatic nerve)		L_4~S_3	在大腿後方下降，分枝到股二頭肌、半腱肌、半膜肌及內收大肌
總腓神經(common peroneal nerve)	腓淺神經(superficial peroneal nerve)	L_4~S_2	腓長肌、腓短肌、小腿前下1/3及足背皮膚
	腓深神經(deep peroneal nerve)		脛前肌、第三腓骨肌、伸長肌、伸趾短肌、大腳趾及第二腳趾內側皮膚
脛神經(tibial nerve)		L_4~S_3	腓腸肌、比目魚肌、膝窩肌、脛骨後肌、屈指肌及屈趾肌、蹠肌
足底外側神經(lateral plantar nerve)		L_4~S_3	屈趾長肌、伸趾長肌、足底外側1/3皮膚及外展肌
足底神經(plantar nerve)		L_4~S_3	屈趾短肌、屈趾肌、足底內側2/3皮膚
陰部神經(pudendal nerve)		S_2~S_4	陰莖及陰囊的皮膚；陰蒂、大陰唇、小陰唇及陰道下部的皮膚；會陰部肌肉

三、肋間神經 (Intercostal Nerve)

T_2~T_{12}胸脊神經的腹側枝沒有構成神經叢，其神經纖維由椎間孔離開後，沿著肋骨分布於第2~11肋骨間，所以稱之為肋間神經。第1~6肋間神經支配肋間肌及前外側胸壁皮膚；第7~11肋間神經及肋下神經支配助間肌、腹肌及覆蓋其上的皮膚。T_1胸脊神經的腹側枝加入臂神經叢；T_{12}胸脊神經部分的腹側枝加入腰神經叢，另外一部分則位於第12肋骨下方，所以稱之為肋下神經(subcostal nerve)。

反射作用(Reflex Response)

一、反射 (Reflex)

反射是指對刺激產生不隨意的反應，例如：當手指碰到火時，會迅速縮回。反射經感覺神經元將訊息傳至中樞後，不須上傳至大腦皮質即可立即引起運動神經元興奮，並使動作器產生保護性反應。當內、外在環境出現傷害或潛在刺激時，可以迅速自動產生反應的過程，稱為反射弧(reflex arc)，**反射弧的基本組成包含感受器**(receptor)、**感覺神經元**(sensory neuron)、**中間神經元**(interneuron)、**運動神經元**(motor neuron)、**動作器**(effector)（圖8-45）。

單獨由脊髓完成的反射，稱為脊髓反射(spinal reflex)；造成骨骼肌收縮的反射，稱為軀體反射(somatic reflex)，如牽張反射(stretch reflex)；引起平滑肌或心肌收縮，稱為內臟反射(visceral reflex)，此反射具有控制心跳速率、呼吸頻率及消化作用等功能；依據突觸的多寡，反射弧可分成單突觸反射弧(monosynaptic reflex arc)和多突觸反射弧(polysynaptic reflex arc)。以下將介紹常見的軀體反射，如牽張反射、肌腱反射、屈肌反射。

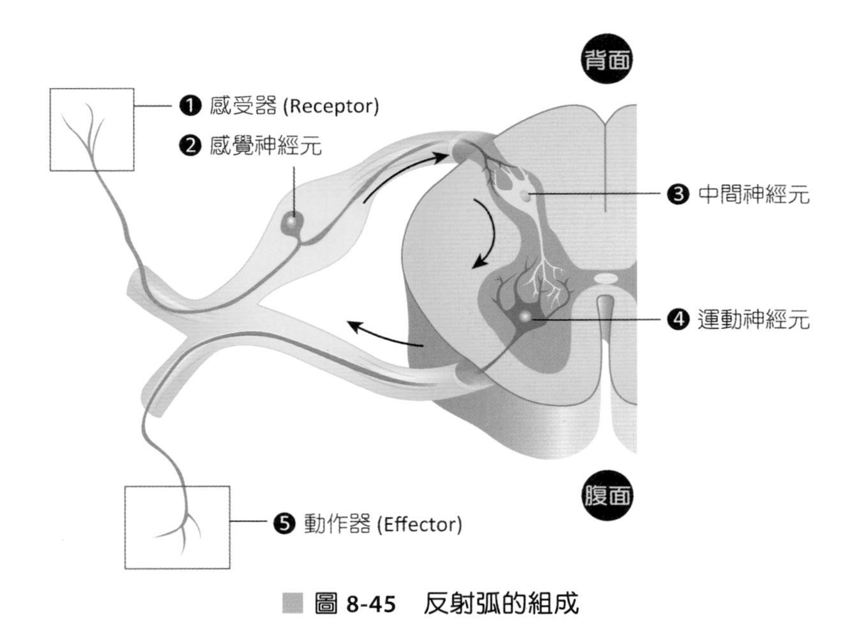

圖 8-45　反射弧的組成

（一）牽張反射 (Stretch Reflex)

牽張反射是指兩個神經元構成的單突觸反射弧(monosynaptic reflex arc)，當肌肉受到牽張時，位於肌肉內的接受器「肌梭(muscle spindle)」受到刺激，將神經衝動沿著感覺神經元，進入脊髓背根，在灰質前角與運動神經元形成突觸，運動神經元接收神經衝動後，傳回被牽張的肌肉，並引起肌肉產生收縮動作，使受牽張的肌肉因收縮而恢復原來的長度。肌梭感受肌纖維長度的改變，防止肌肉受到過度牽張而產生傷害，在運動時牽張反射對肌肉非常重要，肘反射、膝跳反射、踝反射皆屬於牽張反射。

➲ 膝跳反射(Knee-Jerk Reflex)

輕敲附著於股四頭肌的膝韌帶，使股四頭肌受到牽張、肌梭產生興奮，感覺神經元其中一分枝直接刺激作用肌的運動神經元，並將訊息傳出脊髓，使股四頭肌收縮，另一分枝刺激抑制性中間神經元，抑制拮抗肌運動神經元興奮，進而抑制拮抗肌收縮，使小腿伸直（圖8-46）。此反射主要是經由α運動神經元支配肌梭外纖維產生收縮。

膝跳反射由感覺神經元傳入脊髓後，在脊髓同一側傳給運動神經元，所以稱為同側反射弧(ipsilateral reflex arc)，所有的單突觸反射弧都是同側反射弧；臨床上，神經學檢查方法大都是以膝跳反射為主。

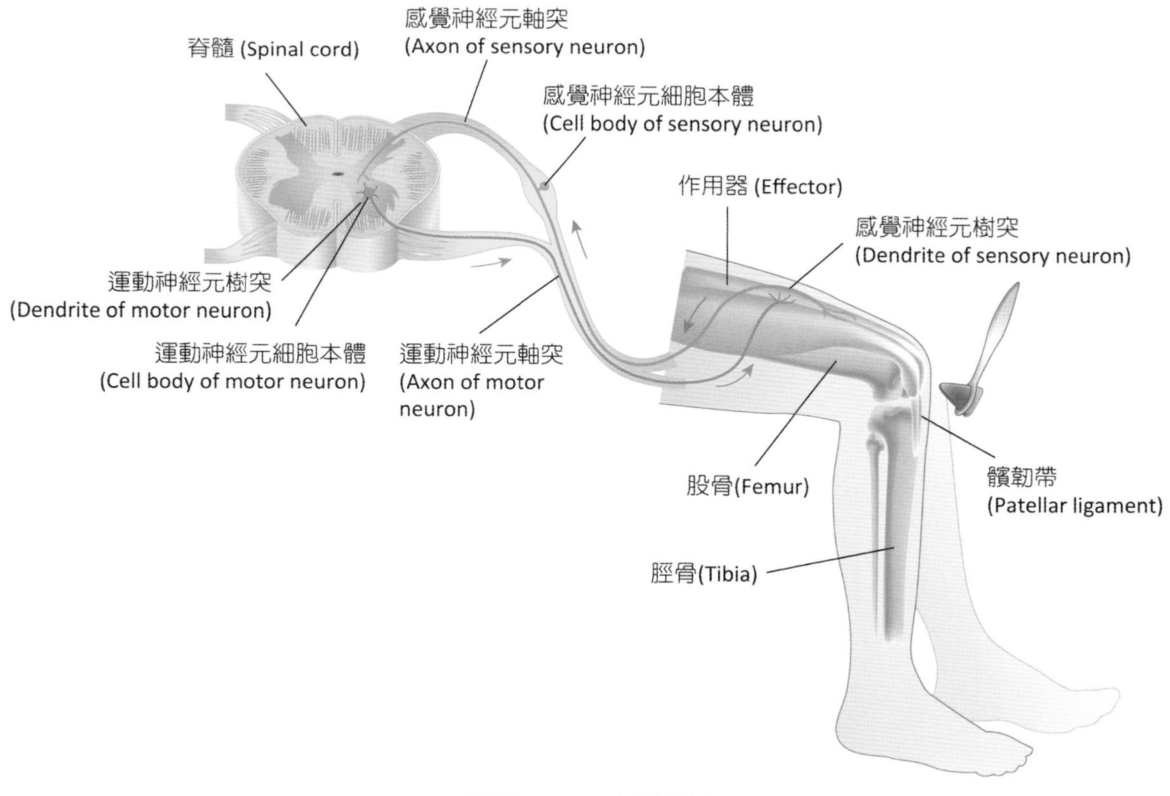

圖 8-46　牽張反射

（二）肌腱反射 (Tendon Reflex)

肌腱反射是由兩個神經元以上構成的多突觸反射弧(polysynaptic reflex arc)。當肌肉伸張或收縮引起張力改變，使肌腱張力增加時，肌腱內靠近肌纖維交界處的高爾基肌腱器(Golgi tendon organ)產生神經衝動，經感覺神經元傳入脊髓，在脊髓內感覺神經元一分枝與抑制性聯絡神經元形成突觸，抑制作用肌運動神經元活性，使作用肌放鬆；另一枝與興奮性聯絡神經元形成突觸，興奮拮抗肌運動神經元活性，使拮抗肌收縮。高爾基肌腱器主要感受肌肉張力增加，刺激肌肉放鬆，保護肌腱避免受到過度張力傷害。

（三）屈肌反射 (Flexor Reflex)

又稱回縮反射(withdrawal reflex)是由兩個神經元以上構成多突觸的反射弧。屈肌反射是由痛刺激引起，自動且快速縮回受刺激的身體部位，例如手指碰到尖銳物體（如石頭、圖釘），痛覺接受器將神經衝動經由感覺神經元傳入脊髓，並經由興奮性聯絡神經元傳給運動神經元，引起手臂屈肌收縮，造成前臂回縮，故屈肌反射具有保護作用。屈肌反射與牽張反射同樣為同側反射（圖8-47）。

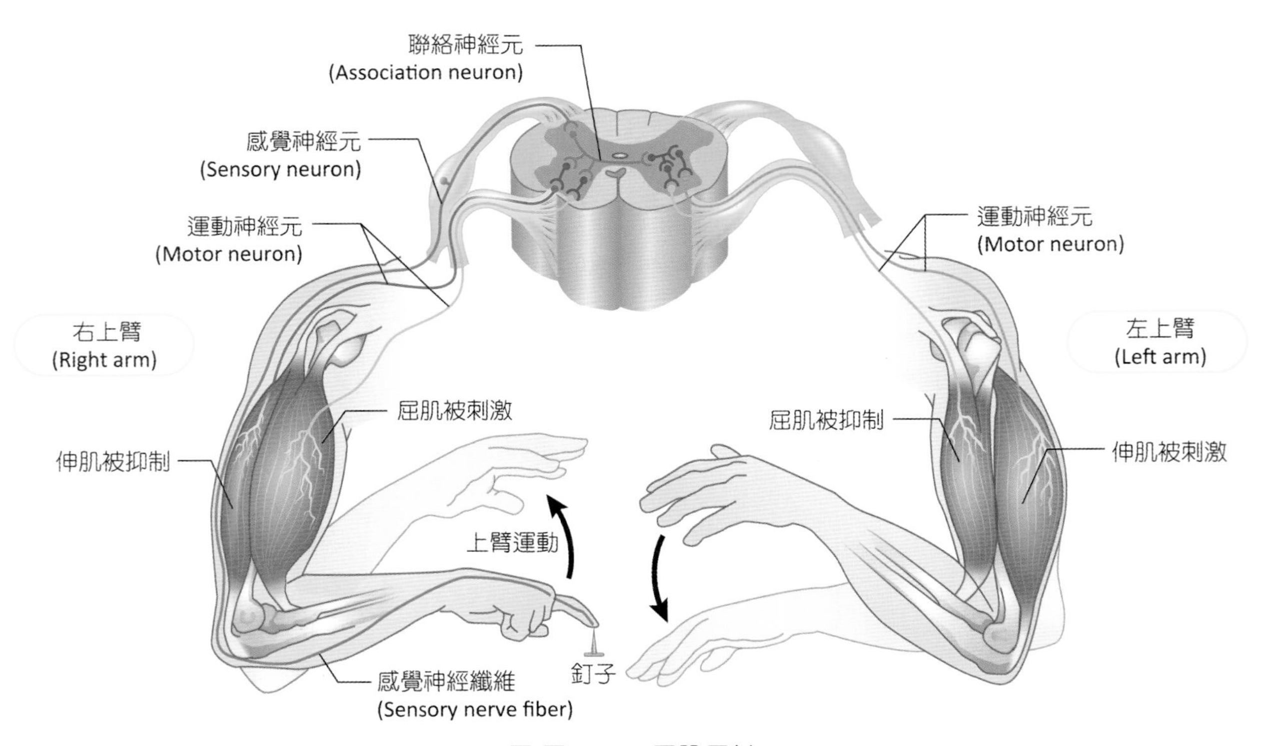

圖 8-47 屈肌反射

二、反射功能與臨床應用

（一） 肌肉張力 (Muscle Tone)

肌肉平時維持的微收縮狀態，稱為肌肉張力，也就是休息狀態下肌肉呈現最小收縮的狀態。

1. **低肌張**(hypotonia)：下運動神經元損傷，造成神經衝動無法傳出，使肌肉失去張力。反射作用引起低於常人的低肌張，稱為反射減弱(hyporefelxia)。
2. **高肌張**(hypertonia)：神經衝動高頻率刺激，造成肌肉呈現緊張狀態。反射作用引起高於常人的高肌張，稱為反射增強(hyperreflexia)。

（二） 受傷評估

臨床上常用反射作用來評估神經功能及受傷位置，可以診斷疾病、傷害部位或哪一特定神經路徑受傷（表8-10）。例如：用筆尖在病人足底板位置，從足後跟外側往腳趾方向輕畫，正常會出現五趾屈曲現象，若大腳趾徐緩伸展，且其他四趾分開，則為巴賓斯基反射(Babinski's response)。一歲前的嬰兒由於皮質脊髓徑尚未發育完全，會出現巴賓斯基反射，成人出現則表示有異常問題。

表8-10 臨床診斷相關的反射種類

反射種類	傳導神經或神經徑	受損部位
膝跳反射	股神經	脊髓L_1~L_4
踝反射	坐骨神經	脊髓L_4~S_3
肘反射	橈神經	脊髓C_5~T_1
足底反射	皮質脊髓徑	皮質脊髓徑
瞳孔反射	視神經傳入，動眼神經傳出	中腦
角膜反射	三叉神經眼枝傳入，顏面神經傳出	橋腦
咽反射	舌咽神經傳入，迷走神經傳出	延腦

8-4 自主神經系統

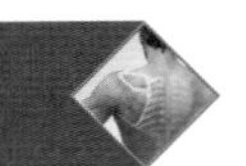

自主神經系統(autonomic nervous system, ANS)控制不隨意反應（例如看到美食時，不由自主的流口水），其反應主要發生在心肌、內臟平滑肌、腺體（如汗腺、唾液腺），為傳出神經元，中樞位於下視丘，但仍受到大腦皮質調控，功能相當複雜，若用功能作為區分標準，則難以釐清。然而在解剖上反而較易分辨，依據解剖構造可分為交感神經系統(sympathetic nervous system)及副交感神經系統(parasympathetic nervous system)，許多內臟器官同時受到交感神經及副交感神經支配。一般而言，**交感神經屬於興奮器官活動，而副交感神經屬於抑制器官活動，兩者作用相互拮抗**。

自主神經系統的構造

自主神經系統傳出途徑是由兩個神經元組成。第一個神經元稱為節前神經元，由中樞神經系統延伸至自主神經節，另一個稱為節後神經元，在自主神經節與節前神經元形成突觸後，向後延伸至動作器(effector)（圖8-48）。

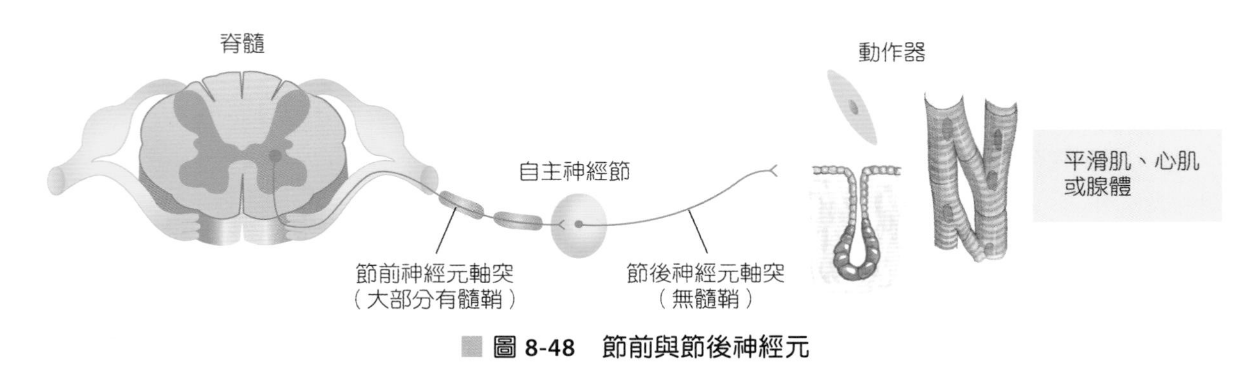

圖 8-48　節前與節後神經元

一、節前神經元 (Preganglionic Neuron)

節前神經元的細胞本體位於腦幹或脊髓，為有髓鞘神經纖維。其中，交感神經系統的節前神經元細胞本體位於第1節胸節至第1或2節腰節灰質外側角，故**交感神經又稱為胸腰神經分系**(thoracolumbar division)；副交感神經系統的節前神經元細胞本體位於腦幹的第3、7、9、10對腦神經的神經核，以及第2~4薦節灰質外側角，故**副交感神經又稱為顱薦神經分系**(craniosacral division)（圖8-49）。

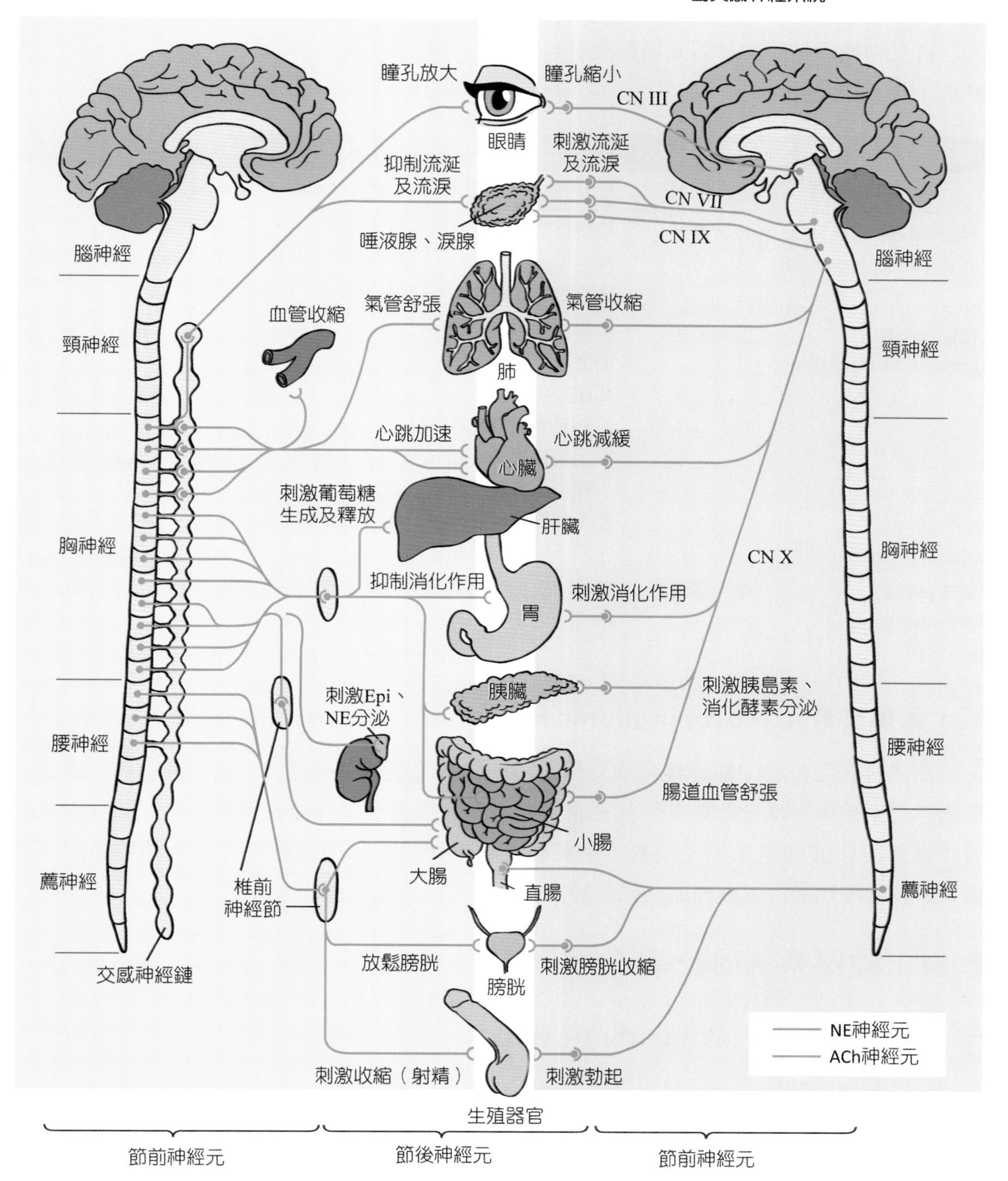

■ 圖 8-49　自主神經系統分布

二、自主神經節 (Autonomic Ganglia)

自主神經節是節前神經元與節後神經元形成突觸的位置，不同於背根神經節，自主神經節分成三群（表8-11）。

表8-11 自主神經節的分類

自主神經節	分系	說明
椎旁神經節 (paravertebral ganglia)	交感神經	位於脊柱兩旁垂直的**交感神經鏈**(sympathetic chain)，由上頸節延伸至尾節，形成21~22個珠狀膨大神經節，藉由神經纖維形成2個垂直的神經鏈，稱為**交感神經幹**(sympathetic trunks)
椎前神經節 (prevertebral ganglia)	交感神經	位於脊柱前方，靠近胸部、腹部及骨盆的大動脈，聯絡神經元位於這些神經節之間 1. **腹腔神經節**(celiac ganglion)：位於橫膈下方，靠近腹腔動脈，為最大的椎前神經節 2. **上腸繫膜神經節**(superior mesenteric ganglion)：位於上腹部，靠近上腸繫膜動脈起頭 3. **下腸繫膜神經節**(inferior mesenteric ganglion)：位於下腹部，靠近下腸繫膜動脈起頭
終末神經節 (terminal ganglia)	副交感神經	靠近所支配的動作器或位於所支配的動作器壁上，如腸胃道及膀胱

三、節後神經元 (Postganglionic Neuron)

節後神經元位於中樞神經系統外側，其細胞本體在自主神經節，為無鞘髓神經纖維。交感神經系統中，部分節後神經元在椎旁神經節與節前神經元形成突觸，另一部分則在椎前神經節與節前神經元形成突觸；副交感神經系統中，節後神經元在終末神經節形成突觸。節後神經元從自主神經節形成突觸後，則向後延伸至動作器。

自主神經系統的分系

一、交感神經系統 (Sympathetic Nervous System)

交感神經系統的節前神經元與軀體傳出神經元同樣經由脊髓的腹根離開椎間孔，並經由**白交通枝**(white ramus communicans)到達同側最近的交感神經幹後，終止情形有三種：

1. 節前神經元進入同一高度的自主神經節，與節後神經節元形成突觸。
2. 節前神經元在交感神經幹內向上行或下行一段距離後，節後神經元形成突觸。
3. 節前神經元通過交感神經幹，終止於椎前神經節，與節後神經元形成突觸。

節後神經元是由**灰質交通枝**(gray ramus communicans)分布至動作器上（如汗腺、豎毛肌、內臟器官上的平滑肌），由於節後神經元沒有髓鞘包裹，呈現灰色，節後神經元均為灰色交通枝。

二、副交感神經系統 (Parasympathetic Nervous System)

副交感神經系統的節前神經元是由腦幹神經核延伸出來，終止於下列神經節與神經叢：

1. **睫狀神經節**(ciliary ganglion)：位於眼窩背面，節前神經元來自於動眼神經，銜接節後神經元終止於虹膜環狀肌及睫狀肌。
2. **翼腭神經節**(pterygopalatine ganglion)：位於蝶腭孔外側，節前神經元來自於顏面神經，銜接節後神經元終止於鼻腔、口腭及咽的黏膜及淚腺。
3. **下頷下神經節**(submandibular ganglion)：位於頷下腺管道處，節前神經元來自於顏面神經，銜接節後神經元終止於頷下腺及耳下腺。
4. **耳神經節**(otic ganglion)：位於卵圓孔正下方，節前神經元來自於舌咽神經，銜接節後神經元終止於耳下腺。
5. **與迷走神經相連的神經叢**：位於胸腔與腹腔，節前神經元迷走神經終止於神經叢的終末神經節(terminal ganglia)，銜接節後神經元終止於胸、腹腔內臟器官上。

副交感神經系統除起源於腦幹神經核外，亦起源於薦椎的節前神經元，稱為骨盆內臟神經(pelvic splanchnic nerve)，終止於終末神經節，銜接節後神經元終止於後半段結腸、輸尿管、膀胱及生殖器官（表8-12）。

表8-12 交感及副交感神經系統的比較

項目	交感神經	副交感神經
起源	T_1~L_2	第3、7、9、10對腦神經及S_2~S_4
神經節	交感神經幹及脊柱前神經節	終末神經節
神經節位置	靠近中樞神經系統，遠離所支配之內臟動作器	靠近或位於所支配之內臟內
突觸	節前神經纖維與數個節後神經元產生突觸，通往數個內臟動作器	節前神經纖維與4或5個節後神經元產生突觸，只通往一個動作器
分布	全身，包括皮膚及骨盆腔之內臟器官	頭部及胸腔、腹腔與骨盆腔之內臟器官

自主神經系統的生理作用

內臟器官同時可以接受交感神經與副交感神經支配，其中交感神經大多屬興奮性，副交感神經多屬抑制性，兩種系統相互拮抗。交感神經系統主要與刺激活力、能量消耗有關，例如刺激心跳加快、血壓上升、血糖上升等，故交感神經系統所產生的一系列生理反應，稱為戰鬥或逃跑反應(fight-or-flight response)。副交感神經系統主要與身體能量儲存及保留有關，如心跳減慢、血壓下降、消化系統活化等，故副交感神經系統為休息－安眠系統(rest-response system)（表8-13）。

表8-13 自主神經系統的作用

器官		交感神經	副交感神經
眼	虹膜放射肌	收縮：使瞳孔擴大	—
	虹膜環狀肌	—	收縮：使瞳孔縮小
	睫狀肌	鬆弛：看遠物	收縮：看近物
	淚腺	—	刺激分泌
肺支氣管肌肉		擴張	收縮
心臟		增加收縮速率及強度；冠狀動脈擴張	降低收縮速率及強度；冠狀動脈收縮
小動脈	皮膚及黏膜	收縮	—
	骨骼肌	擴張	—
	腹腔內臟	收縮	大部分沒有神經分布
	腦	輕微收縮	—
體靜脈		收縮或擴張	—
消化系統	唾腺	血管收縮：抑制分泌	血管擴張：刺激分泌
	胃腺	血管收縮：抑制分泌	刺激分泌
	腸腺	血管收縮：抑制分泌	刺激分泌
	腸胃道	降低運動性及張力；括約肌收縮	增加運動性及張力；括約肌鬆弛
	胰臟	抑制酵素及胰島素的分泌；促進升糖素的分泌	促進酵素及胰島素的分泌
	肝臟	促進肝醣分解及糖質新生；減少膽汁分泌	促進肝醣合成；增加膽汁分泌
	膽囊及膽管	鬆弛	收縮

表8-13 自主神經系統的作用（續）

器官		交感神經	副交感神經
泌尿生殖	腎臟	血管收縮使尿量減少；分泌腎素	—
	腎上腺髓質	促進腎上腺素及正腎上腺素分泌	—
	輸尿管	增加運動性	降低運動性
	膀胱	膀胱壁肌肉鬆弛；內括約肌收縮	膀胱壁肌肉收縮；內括約肌鬆弛
	子宮	未懷孕時抑制收縮；懷孕時促進收縮	作用小
	性器官	輸精管、精囊及前列腺等之血管收縮，引起射精；子宮之逆向蠕動	血管擴張及勃起
皮膚	豎毛肌	收縮使毛髮豎立	—
	汗腺	刺激分泌	—
脾臟		收縮而使儲存之血液送到一般循環	—
脂肪細胞		促進脂肪分解	—

自主神經系統神經傳遞物質為乙醯膽鹼(acetylcholine, ACh)和正腎上腺素(norepinephrine, NE)二類，**交感神經系統的節前神經元及副交感神經系統的節前及節後神經元主要為ACh**，而**交感神經系統的節後神經元則為NE**（圖8-50）。神經傳遞物質銜接神經元或動作器，使得作用器官產生生理作用。

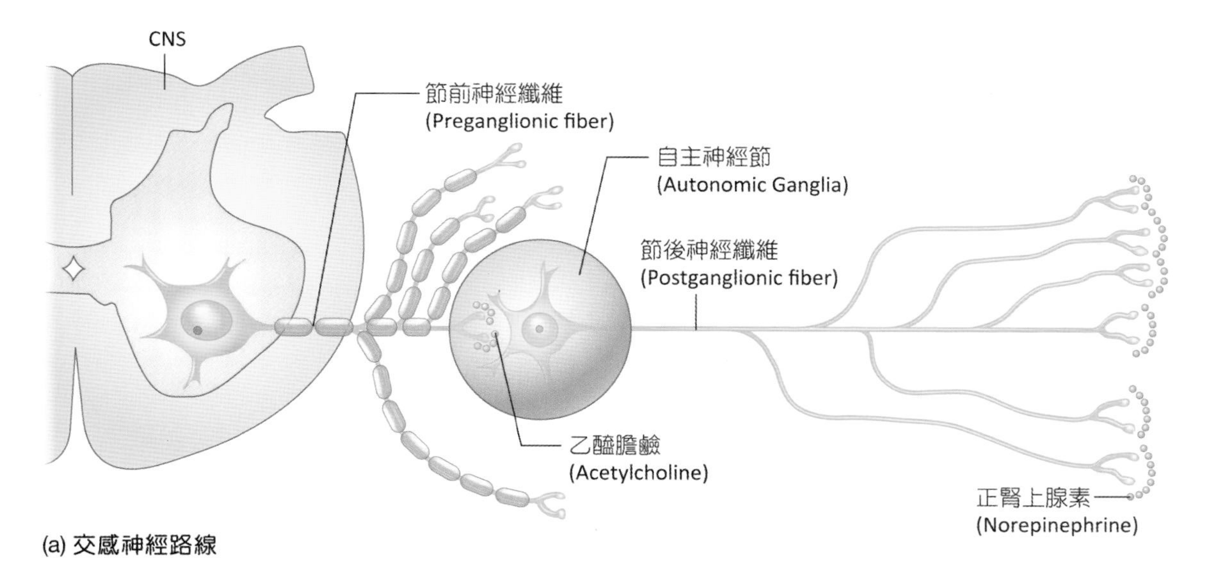

圖 8-50 交感神經與副交感神經的差別

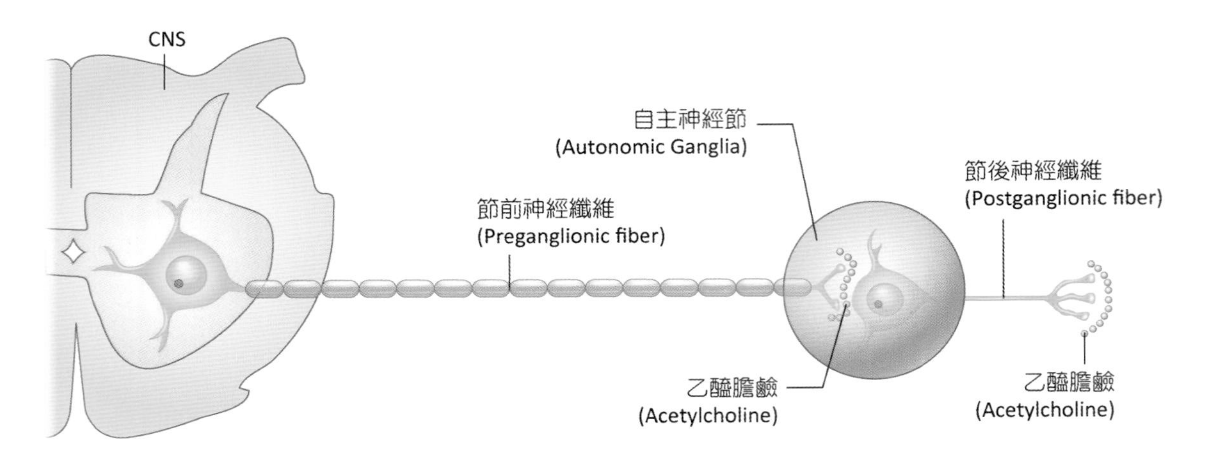

圖 8-50 交感神經與副交感神經的差別(續)

摘要 · SUMMARY

神經細胞	1. **神經元**：神經的細胞單位，細胞本體、樹突、軸突 2. **神經膠細胞**：包含星狀膠細胞、寡突膠細胞、微小膠細胞、室管膜細胞、許旺氏細胞、衛星細胞 3. **突觸**：包括電突觸及化學突觸兩種類型
中樞神經系統	1. **腦脊髓支持保護**：腦脊髓膜、腦脊髓液、血腦障壁 2. **大腦**：布羅德曼分區依大腦皮質功能分成52區，基底核控制骨骼肌潛意識運動及運動時調整肌肉張力，邊緣系統與嗅覺、情緒、情感、防禦、性行為、學習動機、記憶有關 3. **間腦**：視丘為全身感覺轉換站，嗅覺神經傳遞不經視丘；下視丘調控自主神經功能、調節體溫、食慾調節中樞、調節水分中樞、調節內分泌功能、調節睡眠、甦醒中樞、調節情緒 4. **小腦**：與潛意識運動有關，如平衡、協調、姿勢有關 5. **腦幹**：中腦連接第三及第四腦室的大腦導水管，橋腦含縱第5~8對腦神經核及網狀結構，延腦有心臟中樞、血管運動中樞、呼吸節律中樞。網狀致活系統主要與意識及清醒維持有關 6. **脊髓**：分成灰質及白質。上行徑為感覺神經元，下行徑為運動神經元，聯絡神經元聯絡二個神經元
周邊神經系統	1. **腦神經**：12對，CN I始於嗅球，CN II始於視丘，CN III、IV始於中腦，CN V~VIII前庭枝始於橋腦，CN VIII耳蝸枝、IX~XII始於延腦 2. **脊神經**：31對，8對頸神經、12對胸神經、5對腰神經、5對薦神經及1對尾神經 3. **反射**：反射弧基本組成含接受器、感覺神經元、中間神經元、運動神經元、動作器。常見反射有軀體反射，如牽張反射、肌腱反射、屈肌反射
自主神經系統	1. 分為交感神經系統及副交感神經系統，兩者作用相互拮抗 2. 交感神經的生理反應稱為戰鬥或逃跑反應，副交感神經稱為休息－安眠系統

課後習題 · REVIEW ACTIVITIES

1. 運動失調(ataxia)主要是因為腦部哪一區域受損？(A)橋腦 (B)下視丘 (C)小腦 (D)前額葉皮質
2. 下列何者並不屬於自主神經系統之神經節？(A)睫狀神經節 (B)腹腔神經節 (C)上腸繫膜神經節 (D)背根神經節
3. 下列何者位於延髓(medulla oblongata)？(A)乳頭體(mammillary body) (B)四疊體(corpora quadrigemina) (C)錐體(pyramid) (D)松果體(pineal body)
4. 交感節前神經元的細胞體位於：(A)腦幹 (B)脊髓 (C)背根神經節 (D)交感神經鏈神經節
5. 關於外側皮質脊髓路徑(lateral corticospinal tract)之敘述，下列何者錯誤？(A)在脊髓交叉 (B)控制靈巧精細的動作 (C)屬於錐體路徑 (D)由大腦皮質出發
6. 室間孔連通下列何者？(A)左、右側腦室 (B)側腦室與第3腦室 (C)第3與第4腦室 (D)第4腦室與脊髓中央管
7. 大腦皮質的初級視覺區是位於：(A)額葉 (B)頂葉 (C)顳葉 (D)枕葉
8. 從脊髓圓錐(conus medullaris)向下延伸，下列何者連結尾骨，可用來幫忙固定脊髓？(A)馬尾 (B)終絲 (C)脊髓根 (D)神經束膜
9. 基底核(basal nuclei)功能受損或退化的症狀，下列何者最有關？(A)阿茲海默症 (B)帕金森氏症 (C)失語症 (D)嗅覺喪失
10. 脊髓灰質中交感神經的節前神經元細胞本體位於下列何處？(A)前角(anterior horn) (B)後角(posterior horn) (C)外側角(lateral horn) (D)灰質連合(gray commissure)

答案：1.C 2.D 3.C 4.B 5.A 6.B 7.D 8.B 9.B 10.C

參考資料 · REFERENCES

馬青、王欽文、楊淑娟、徐淑君、鐘久昌、龔朝暉、胡蔭、郭俊明、李菊芬、林育興、邱亦涵、施承典、高婷育、張琪、溫小娟、廖美華、滿庭芳、蔡昀萍、顧雅真…許瑋怡(2022)・於王錫崗總校閱，*人體生理學*（6版）・新文京。

許世昌(2019)・*新編解剖學*（4版）・永大。

許家豪、張媛綺、唐善美、巴奈比比、蕭如玲、陳昀佑(2021)・*生理學*（4版）・新文京。

麥麗敏、陳智傑、廖美華、鍾麗琴、陳建瑋、祁業榮、黃玉琪、戴瑄、呂國昀(2015)・於王錫崗總校閱，*解剖生理學*（2版）・華杏。

馮琮涵、黃雍協、柯翠玲、廖智凱、胡明一、林自勇、鍾敦輝、周綉珠、陳瀅(2021)・*人體解剖學*・新文京。

廖美華、溫小娟、高婷玉、顏惠芷、林育興(2020)・於劉中和總校閱，*解剖學*（2版）・華杏。

Carola, R., Harley, J. P., & Noback, C. R. (2000)・*人體解剖學*（2版）（李玉菁等譯）・新文京。（原著出版於1992）

Gerard, J. T. (2005). *Priciples of human anatomy* (10th ed). U.S.A.: John Wiley & Sons. Inc.

Chapter

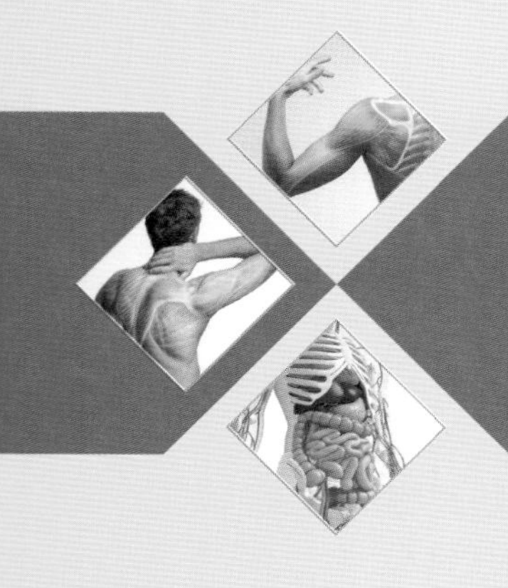

感覺

許淑芬 編著

09

Senses

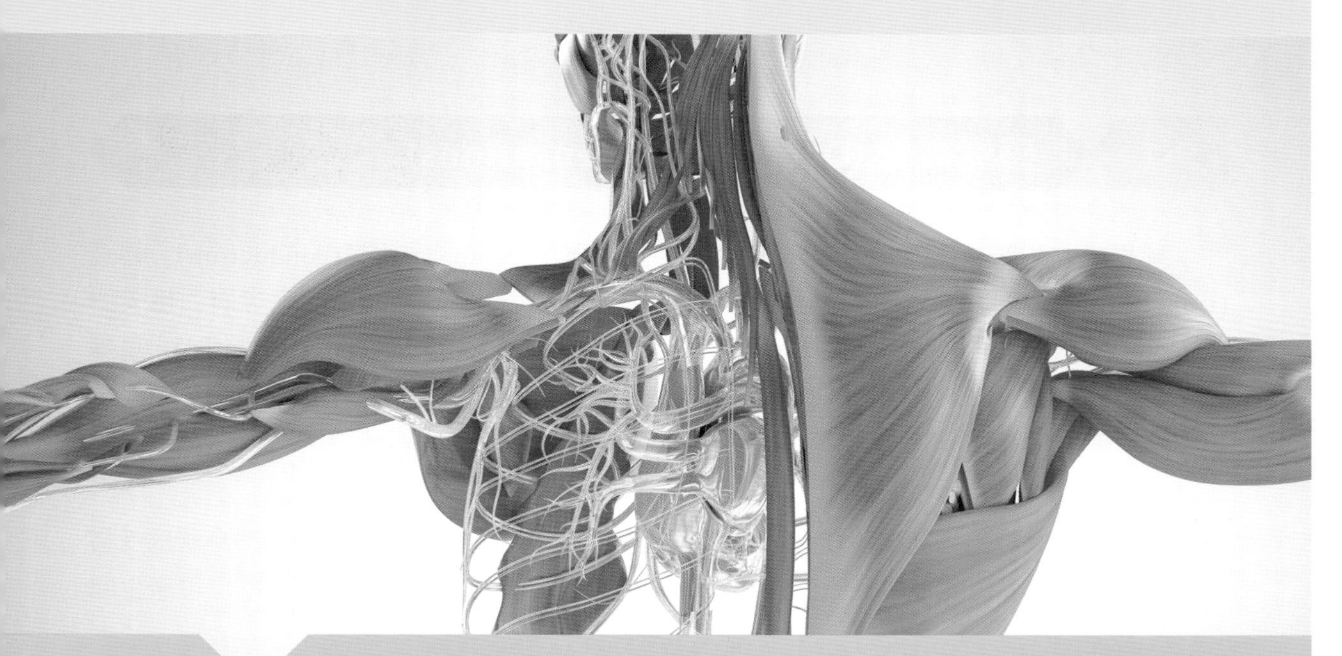

本章大綱

ANATOMY

前言

生活中，身體隨時隨地感應環境變化，刺激「感覺」生成，例如看見晨陽感覺朝氣十足、嚐到美味食物感覺滿足、上臺報告感覺壓力大等，這些都是一種感覺。感覺可由客觀實質性的「物質」刺激引起，亦可以是主觀意念想像的「心理」刺激引起，刺激可以是來自於身體外在環境的光線、溫度、觸壓、氣味、聲音等，亦可以是來自於身體內在環境的血壓、pH值、氧氣濃度、二氧化碳濃度等，不論是哪一種或何處的「刺激」都需要接受器將之轉換成電位訊息，稱之為受器電位或發生電位。

9-1 感覺概論 (Overview of Sensations)

感覺生成的四項條件為刺激(stimulus)、接受器(receptor)、傳導(conduction)、轉譯(translation)。感覺生成是由身體內外在環境的刺激物(stimulator)，活化專屬的接受器(receptor)，接受器將刺激訊息轉換為受器或發生電位(receptor or generator potential)，這類電位相當於興奮性突觸後電位(EPSP)，經加成作用生成動作電位(action potential)，動作電位經感覺神經元傳送入中樞神經系統處理，進一步生成感覺(sensation)，感覺經大腦皮質附予意義則稱為知覺(perception)。

接受器接收身體周圍環境變化，藉由神經系統傳送衝動及協調各系統，讓身體感受當下的氣氛或危險，渾然生成個人的存在感或避免受傷害能力，同時身體與周圍環境產生回應或適應。

感覺的定義

刺激的種類繁多，每種刺激都有特定專屬的接受器及感覺神經元，並形成特定的神經路徑及活化特定腦部區域，腦部精確對應刺激，生成特定感覺，並產生合適的回應，此過程即為感覺生成。身體的感覺分為：

1. **一般感覺**：觸覺、壓覺、溫度覺、痛覺、本體覺等，接受器位在身體表面或深部構造。
2. **特殊感覺**：視覺、聽覺、平衡覺、味覺、嗅覺，接受器集中在臉上感覺器官。

感覺的特徵

各種類型刺激都透過接受器轉換成電位訊息，接受器依電位特性分為：

1. **快適應性接受器**(rapidly adapting receptor)：刺激最開始，接受器產生電位，隨著刺激持續存在，電位活性逐漸下降，身體產生適應性，這類型接受器在刺激「開始」與「結束」產生電位，稱之為相位性接受器(phasic receptor)，觸覺、壓覺、嗅覺、溫度覺為此種類型。

2. **慢適應性接受器**(slowly adapting receptor)：刺激最開始，接受器產生電位，隨著刺激持續存在，電位活性不斷發生，身體對刺激難以適應，這類型接受器隨刺激存在，持續產生電位，稱之為張力性接受器(tonic receptor)，痛覺為此種類型。

接受器的分類

身體周圍環境存在著各種類型的刺激，相對應身體各部位分布著專屬的接受器，依據接受器的位置、刺激的種類、接受器的結構加以分類，以了解接受器的類型（表9-1）。

表9-1 感覺接受器的分類

性質	接受器	功能
接受器位置	外在接受器 (exteroceptor)	位於體表，對外在刺激敏感，如觸覺、壓覺、溫度覺、痛覺、視覺、聽覺、平衡覺、嗅覺、味覺
	內在接受器 (interoceptor)	又稱內臟接受器(visceroceptor)，位於身體內部，對身體內在刺激敏感，負責監測內臟系統感覺及變化，如飢餓、口渴、噁心、血壓、氣體濃度、離子濃度等
	本體接受器 (proprioceptor)	位於體表和四肢深層構造，其主要提供身體空間、位置和運動等感覺，位於肌肉、肌腱、關節的接受器則屬之
刺激的種類	機械性接受器 (mechanoreceptor)	接收機械性刺激，如碰觸、擠壓、牽拉、振動、平衡
	溫度接受器 (thermoreceptor)	接收溫度刺激，如冷、溫、熱
	傷害性接受器 (nociceptor)	接收物理性或化學性刺激引起的疼痛覺
	光接受器 (photoreceptor)	接收光波刺激，如光線
	化學性接受器 (chemoreceptor)	接收化學性物質刺激，如味覺、嗅覺、血液化學成分的改變
接受器結構	一般感覺接受器 (general receptor)	大都為裸露的游離神經末梢或被囊包裹的游離神經末梢，如觸覺、壓覺、溫度覺、痛覺、本體感覺等
	特殊感覺接受器 (special receptor)	由臉部五官器官內部構造特化而成，如視覺、聽覺、平衡覺、味覺、嗅覺

9-2 體感覺

體感覺又稱為一般感覺，泛指身體表面及深部構造感受到的感覺，指觸、壓、溫、痛覺及本體感覺等，此類接受器大都為裸露的游離神經末梢或被囊包裹的游離神經末梢（圖9-1）。

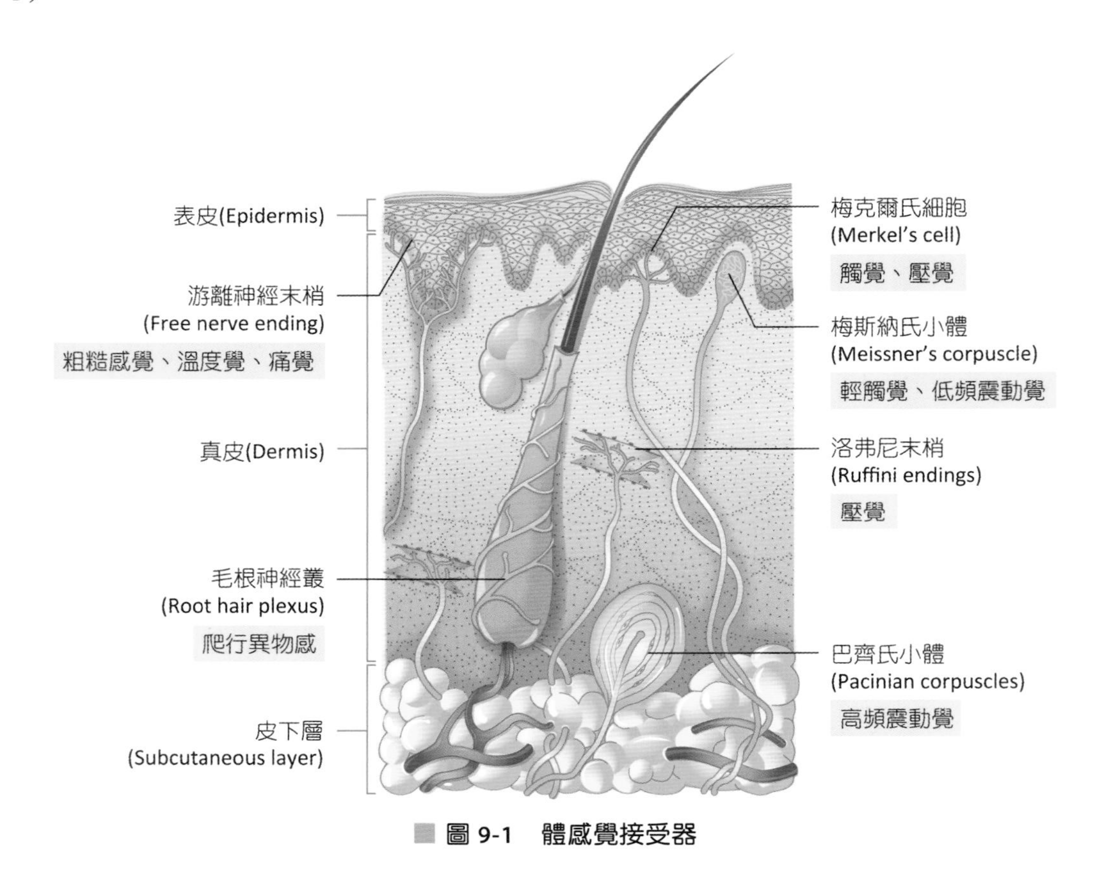

圖 9-1 體感覺接受器

觸覺(Tactile Sendation)

觸覺的靈敏度可藉由兩點辨識(two-point discrimination)測驗，將測器的兩端同時碰觸皮膚，能辨別兩點的距離越近，表示觸覺靈敏度較好。觸覺分為（表9-2）：

1. **輕觸覺**(light touch)：泛指觸覺，皮膚被碰觸到但不引起皮膚外觀改變，接受器位於皮膚淺層，且全身皮膚幾乎都有分布，其中手指、腳趾尖端、舌頭與嘴唇尖端、乳頭、陰蒂及陰莖等分布最密集，表示這些區域觸覺特別靈敏。接受器有**游離神經末梢**(free nerve ending)、**梅克耳氏細胞**(Merkel's cell)、**梅斯納氏小體**(Meissner's corpuscle)、**毛根神經叢**(root hair plexus)。

2. **深觸覺**(deep pressure)：泛指觸壓覺，指皮膚被碰觸後引起皮膚外觀改變。觸壓覺碰觸皮膚的時間、面積相較於輕觸覺來得長且大，此類接受器幾乎遍布全身，且位在皮膚深層的真皮層與皮下組織中，其中手指、外生殖器、乳頭、肌肉、關節、中空腔室內臟器官壁等都有密集的分布，接受器有**巴齊氏小體**(Pacinian's corpuscle)和**洛弗尼末梢**(Ruffini endings)。

振動覺是指單位時間內持續在位置上做替換的碰觸，亦就是頻率刺激，不同的接受器可以接收不同頻率的刺激，如巴齊氏小體偵測高頻率的振動覺、梅斯納氏小體和洛弗尼末梢偵測低頻率的振動覺。

表9-2 皮膚接受器

接受器	結構	感覺
游離神經末梢	皮膚表淺處，分布最廣	觸覺、溫度覺、痛覺
梅克耳氏細胞	表皮細胞特化，與游離神經末梢接觸	觸覺、壓覺
梅斯納氏小體	神經末梢纏繞特化的結締組織，形成卵圓外觀	輕觸覺、低頻震動覺
毛根神經叢	毛髮被觸碰彎曲時，刺激毛囊周邊的神經末梢	輕觸覺
巴齊氏小體	位在真皮深層，游離神經末梢由被囊圍繞成卵圓外觀	壓覺、高頻振動覺
洛弗尼末梢	位在真皮層，為游離神經末梢	壓覺、低頻震動覺

溫度覺(Thermal Sensations)

溫度覺包含冷覺與熱覺，接受器為裸露游離神經末梢特化而成，冷覺接受器對低於皮膚溫度較敏感，而熱覺接受器對高於皮膚溫度較敏感。當溫度過低會產生痛覺；當溫度過高會造成組織受傷而產生痛覺，所以溫度過高或過低都可能延伸為痛覺。

痛覺(Pain Sensations)

痛覺是一種主觀性感覺，它能夠警告身體正遭受有害或不愉快的刺激，痛覺可以由機械、溫度、電或化學性刺激而產生，痛覺接受器為裸露游離神經末梢特化而成，全身幾乎都有分布。痛覺的種類可分成：

1. **快痛**：快速產生及出現尖銳的刺痛感，負責的神經元為直徑較粗大、有髓鞘的A δ 神經纖維傳導。
2. **慢痛**：慢慢產生及出現燒灼感的悶痛感，負責的神經元為直徑較小、無髓鞘的C神經纖維傳導。

痛覺若來自於體表刺激，稱為軀體痛覺(superficial somatic pain)；若來自於體腔內部刺激稱為內臟痛覺(visceral pain)。內臟痛覺大部分不易被定位出來，大都藉由覆蓋在內臟器官的皮膚，或遠離內臟器官的體表皮膚來感覺痛覺，此現象稱為**轉移性疼痛**(referred pain)。大部分的感覺都具有適應性(adaption)，唯痛覺完全不具有適應性。疼痛是一種警訊，提醒身體遠離有害或不愉快的刺激源，即使在睡眠中痛覺亦無法適應。

本體感覺(Proprioceptive Sensation)

本體感覺指不需要眼睛看，即可知道身體的位置，例如在黑暗中走路、穿衣服等。本體感覺接受器大都位於（圖9-2）：

1. **肌梭**(muscle spindle)：位於肌肉被囊裡，負責偵測肌纖維長度變化，防止肌纖維過度牽張，避免受傷，含Ia型神經纖維、II型神經纖維兩種感覺纖維及γ運動神經元。
2. **高爾基腱器**(Golgi tendon organ)：位於肌腱中，負責肌纖維張力變化，Ib型神經纖維附著於肌腱，外層由被囊包覆。高爾基腱器用來防止肌纖維張力過度增強，避免肌纖維受傷。

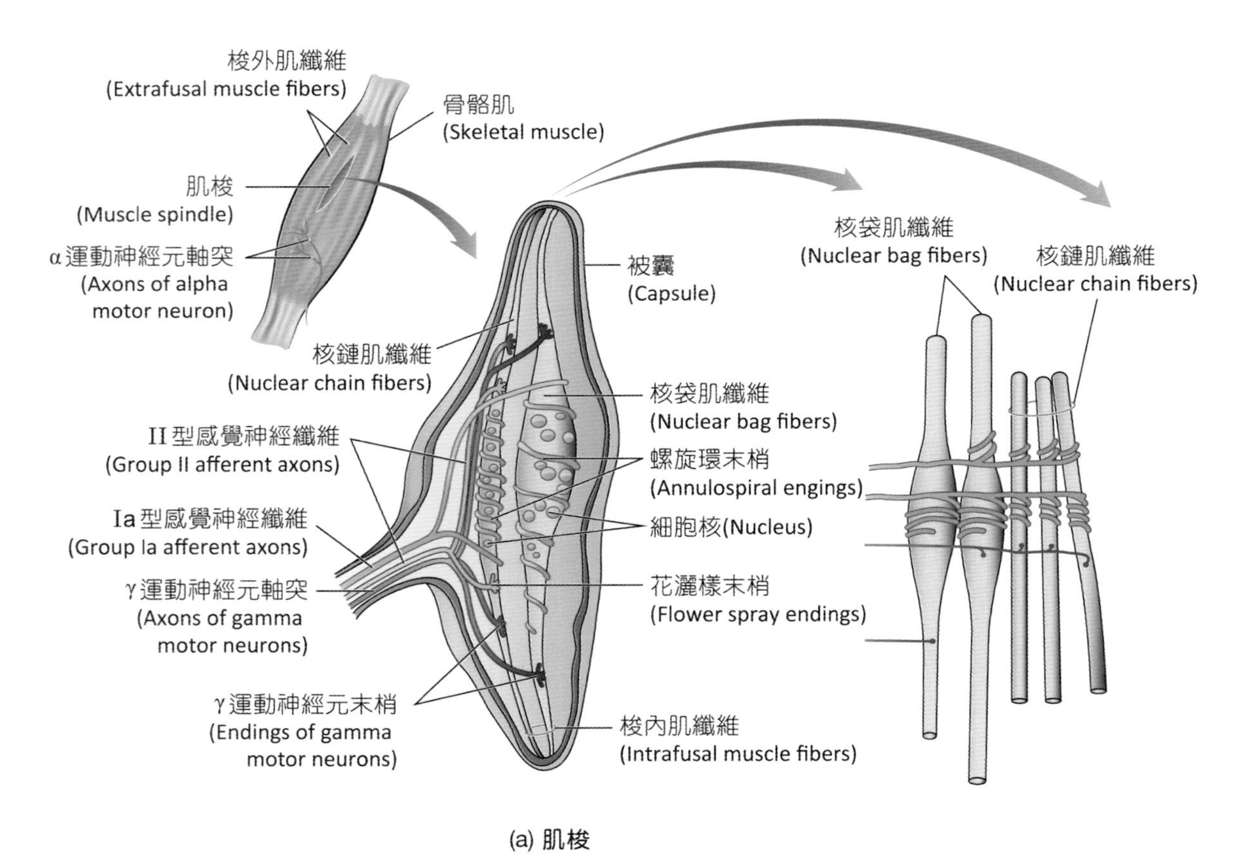

(a) 肌梭

圖 9-2　本體感覺接受器

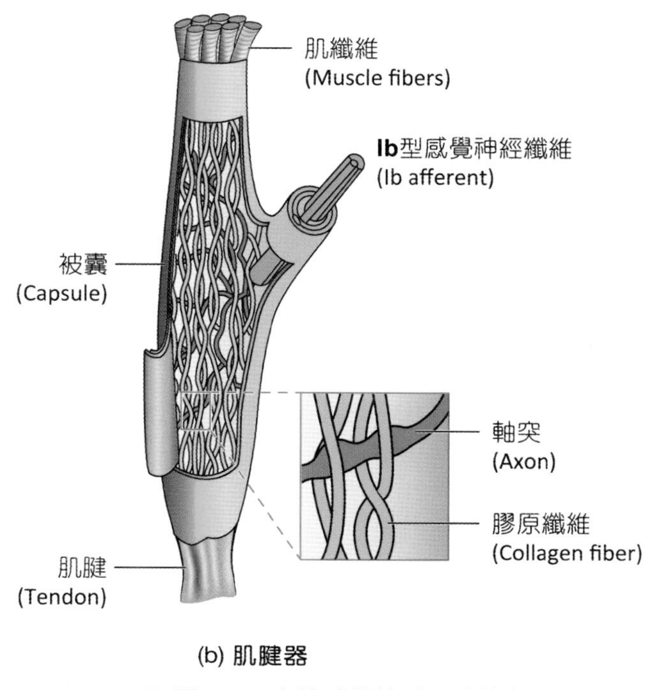

(b) 肌腱器

圖 9-2 本體感覺接受器（續）

3. **關節囊**(joint kinesthetic receptor)：位於關節囊內或周圍，提供關節位置改變的訊息，產生本體感覺。
4. **聽斑**(acustica macula)**與壺腹嵴**(crista)：位於內耳，負責平衡覺。

9-3 視覺

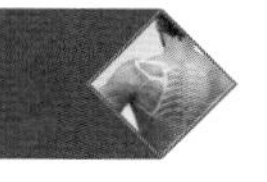

視覺是接受光波刺激的感覺器官，光波經感光接受器轉換為神經衝動後，視神經將衝動傳入大腦皮質枕葉區，產生視覺影像。在光譜波長中，能刺激人類感光接受器活化的僅有波長400~700 nm的可見光波(visible spectrum)。反之，波長較長的光線為紅外線光(750-106 nm)則應用於醫療烤燈、瓦斯爐或感應器等。波長較短的紫外線光(10~400 nm)，由於散射出來的能量較強，會傷害到組織細胞，常被作為滅菌燈。

眼睛的附屬構造

1. **眉毛**(eyebrows)：位於前額與上眼瞼之間，順著眉弓長出來的粗糙毛髮，功能為防止汗水或異物掉入眼睛，表達臉部表情以輔助溝通。

2. **眼瞼**(eyelids)：俗稱眼皮，能保護眼睛及潤滑眼球，最外層為皮膚，構造由淺至深依序為：
   (1) 皮下組織：皮下脂肪堆積，在外觀上形成眼袋。
   (2) 肌肉組織：眼輪匝肌負責閉眼動作，由顏面神經支配，提上眼瞼肌及提下眼瞼肌負責張眼動作，由動眼神經支配。
   (3) 瞼板：含有瞼板腺，為皮脂腺體，可以分泌油脂，用來維持眼球的潤滑作用。
   (4) 結膜：為一層薄薄的微血管膜組織，覆蓋於眼瞼與眼球表面，位於眼瞼表面部分稱為眼瞼結膜，位於眼球表面部分稱為眼球結膜。
3. **眼睫毛**(eyelashes)：長於上下眼瞼邊緣的一排毛髮，對於異物十分敏感，若有異物碰觸眼睛，立即產生眨眼反射，以保護眼睛。
4. **淚器**(lacrimal gland)（圖9-3）：
   (1) 分泌系統(secretory system)：淚腺位於眼眶外上方，由6~10條淚腺導管分泌至眼球前表面。
   (2) 排泄系統(eliminative system)：淚液分泌至眼球表面後，橫過鞏膜進入眼瞼邊緣的淚點，經淚小管進入淚囊、鼻淚管，到達鼻腔的下鼻道。淚液具有清潔、潤滑及濕潤眼球表面功能。

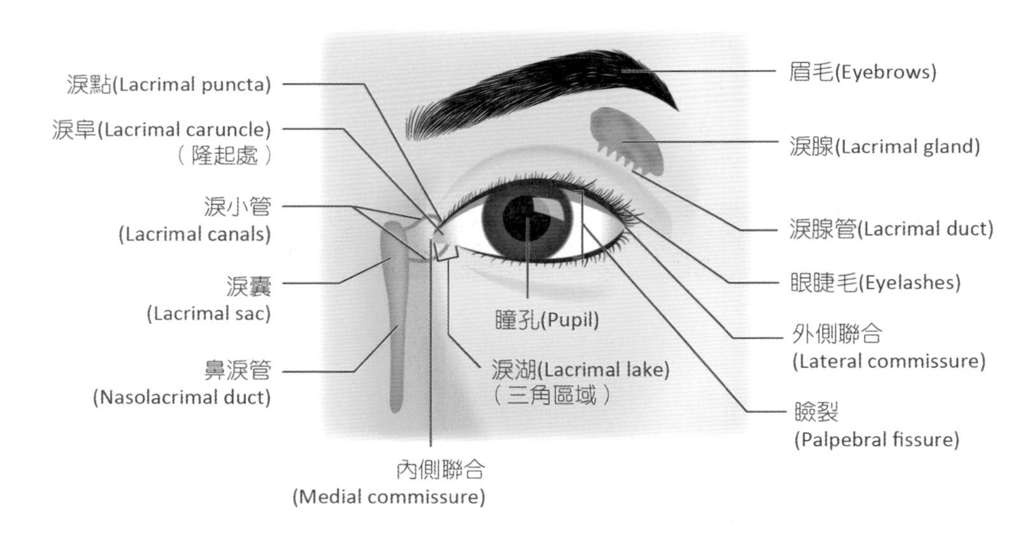

■ 圖 9-3 眼睛的附屬構造

眼球的構造

眼球包裹於眼窩內，約有1/6暴露於臉上眼眶，成人眼球直徑約為2.5公分，眼球可分為眼球壁構造(tunicae of eyeball)及眼球內部構造(inclusions of eyeball)（圖9-4）。

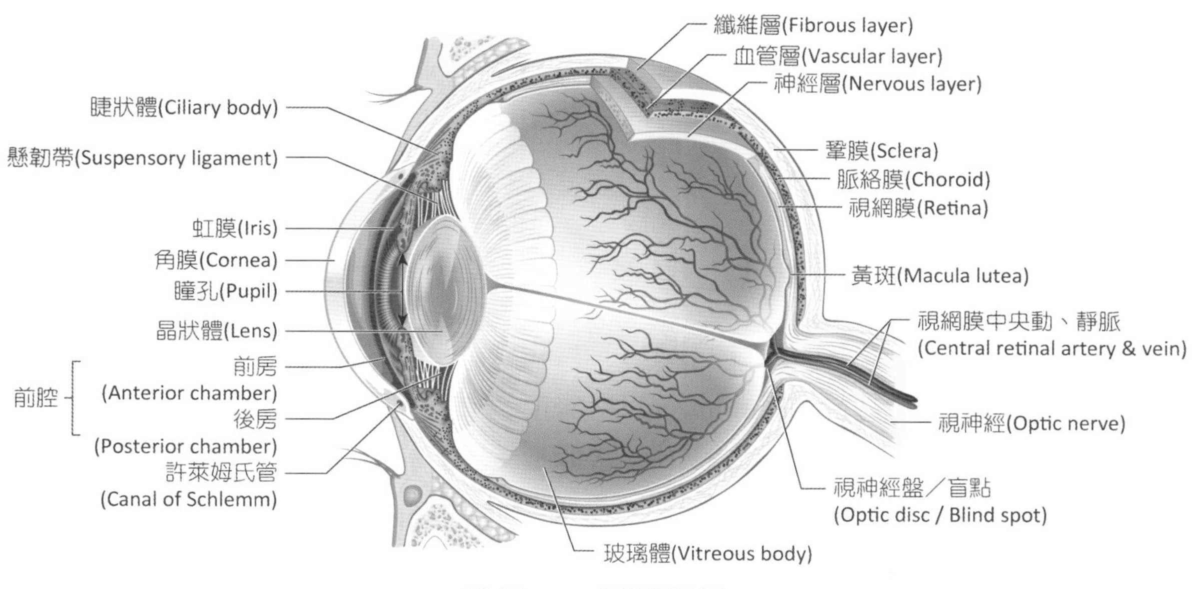

圖 9-4　眼球構造圖

一、眼球壁構造

眼球壁構造由外而內，區分為三層，外層為纖維層、中層為血管層及內層為神經層。

（一）纖維層 (Fibrous Layer)

纖維層由角膜和鞏膜組成，主要由纖維性結締組織構成，不含色素細胞及血管。

1. **角膜**(cornea)：位於眼球最前方，是光線進入眼球的第一道關卡和唯一途徑。角膜占纖維層前1/6，呈現光滑、透明的前凸後凹透鏡狀，使之對光線具有屈光能力，角膜後方為虹膜。
2. **鞏膜**(sclera)：由眼球後方視神經盤兩側往前延伸至角膜邊緣，占纖維層5/6，呈現不透明乳白色，俗稱為眼白，鞏膜由緻密性結締組織構成，大都為膠原纖維和纖維母細胞成分，質地堅硬、強韌，對眼睛具有保護作用。角膜與鞏膜相連處有鞏膜靜脈竇，又稱**許萊姆氏管**(canal of Schlemm)，為房水回流進入靜脈系統之導管。

（二）血管層 (Vascular Layer)

血管層含有豐富的色素細胞與血管，包含脈絡膜、睫狀體、虹膜等組織。

1. **脈絡膜**(choroid)：占血管層後5/6，其分布與鞏膜相平行，由血管及色素細胞組成，呈現黑棕色，故又稱為葡萄膜(uvea)，其功能為提供營養給視網膜組織、吸收眼球後方多餘的光線。

2. **睫狀體**(ciliary body)：位在眼球赤道部位，前緣與虹膜根相接，後緣與脈絡膜、鋸齒緣相接，內側圍繞水晶體赤道部形成環狀構造。睫狀體由睫狀肌(ciliary muscle)和睫狀突(ciliary process)組成，其中睫狀肌收縮或放鬆調控著水晶體調焦能力；睫狀突具有分泌水漾液（又稱房水）功能。

3. **虹膜**(iris)：位於眼球前段，平行於角膜後方與水晶體前方，為圓盤狀色素膜，表面條紋稱為虹膜紋理，每個人都不同，因此可作為身分鑑別方法。虹膜中央邊緣圍繞形成一個孔洞，稱為瞳孔(pupil)，光線進入眼球都是經瞳孔進入眼球後段，所以瞳孔的縮放猶如相機的光圈，控制光線進入眼球後段的數量。瞳孔的縮小或放大受到**虹膜括約肌**(iris sphincter)及**虹膜擴張肌**(iris dilator)調控（圖9-5），**當強光照射眼睛時，副交感神經**（其為動眼神經）**刺激環狀走向的虹膜括約肌收縮，引起瞳孔縮小**；當眼睛處在微弱光線環境時，交感神經刺激放射狀走向的虹膜擴張肌收縮，引起瞳孔放大。

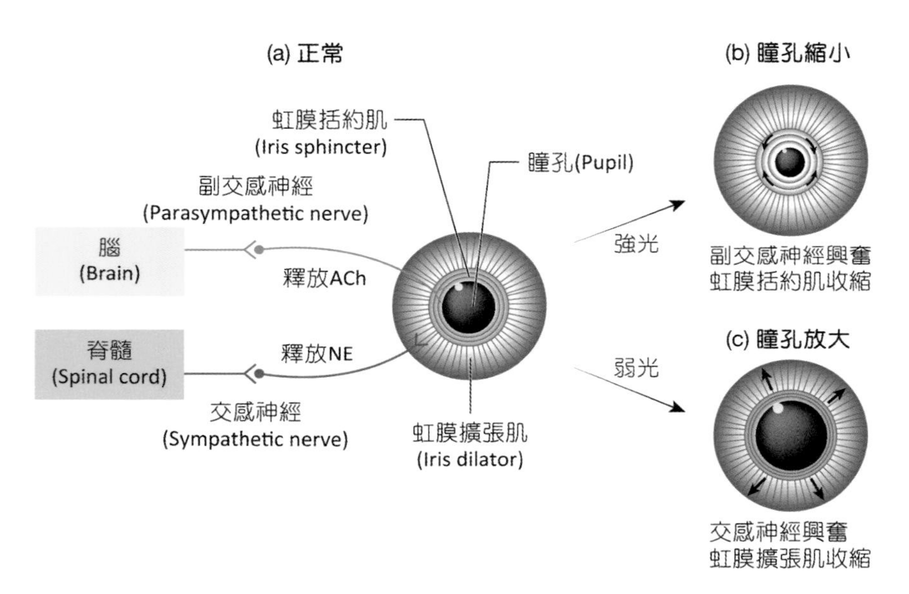

圖 9-5　瞳孔調控

（三）神經層 (Nervous Layer)

神經層是一群高度特化的神經細胞，其分布由眼球後方的神經盤兩側往前至睫狀體後緣處，此處為視網膜最高點稱為鋸齒緣。神經層可分為外層色素部，內層神經部（圖9-6）。

1. **色素部**(pigment epithelium)：由單層扁平或柱狀上皮細胞組成，具有吸收光線，防止光線散射作用。

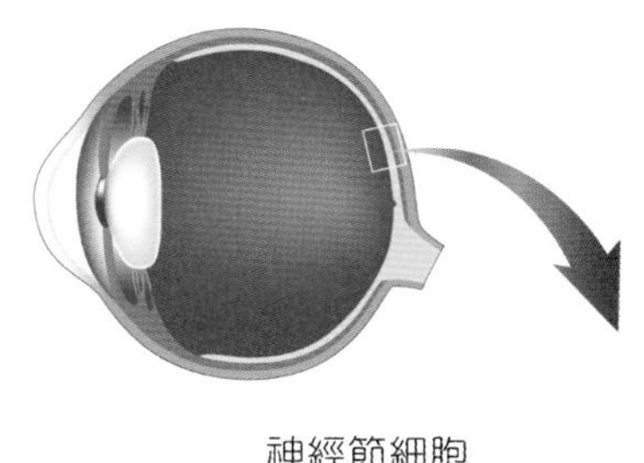

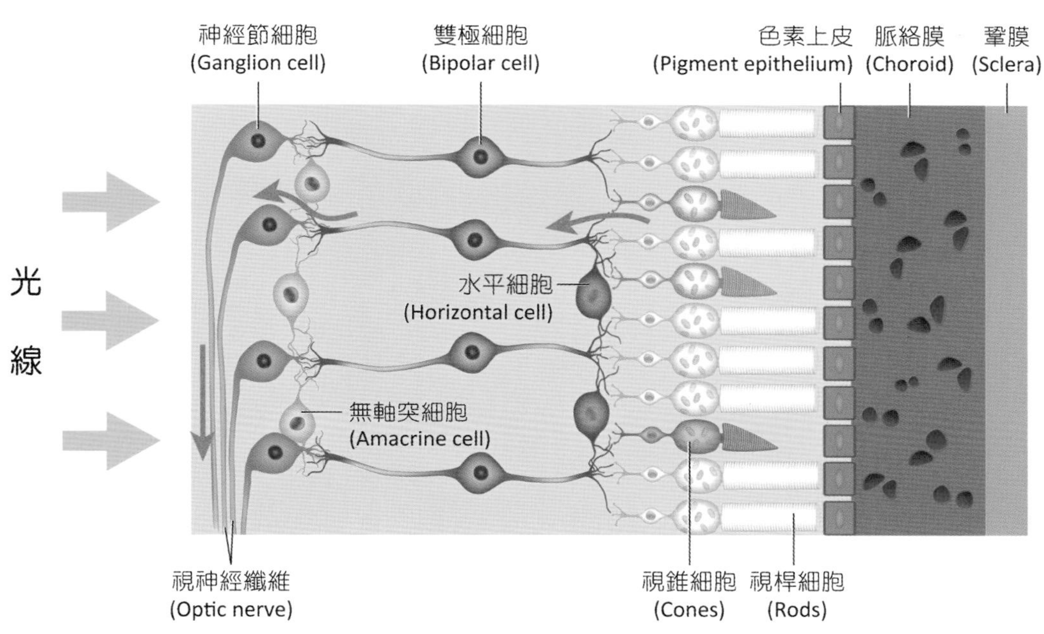

圖 9-6　視網膜神經

2. **神經部**(neural portion)：又稱為視網膜，包含三層縱向及二層橫向神經細胞。縱向神經細胞最外層為感光細胞、中層為雙極細胞、內層為神經節細胞，用來傳遞神經衝動；橫向神經細胞分別為感光細胞與雙極細胞之間的**水平細胞**(horizontal cell)、雙極細胞與神經節細胞間的**無軸突細胞**(amacrine cell)，用來修飾及整合電位。

   (1) **感光細胞**(photoreceptor cell)：分為兩種，**視錐細胞**(cones)負責強光及色彩刺激；**視桿細胞**(rods)負責微弱光線、黑白色刺激。視錐細胞主要分布於黃斑，視桿細胞主要分布於黃斑以外區域（圖9-7）。

   (2) **雙極細胞**(bipolar cell)：屬於中間神經元，傳遞感光細胞與神經節細胞之間的衝動，在黃斑區一個雙極細胞僅與一個感光細胞形成突觸，但在黃斑以外區域則與多個感光細胞形成突觸，使黃斑區具有一對一對焦作用，成為視覺最敏銳區域。

   (3) **神經節細胞**(ganglion cell)：型態屬於較大型，位在黃斑區的神經節細胞僅與一個雙極細胞形成突觸，黃斑以外區域則與多個雙極細胞形成突觸，接收雙極細胞衝動後，神經節細胞進入視神經纖維層內，並排列成束，呈波浪狀趨向視神經盤。

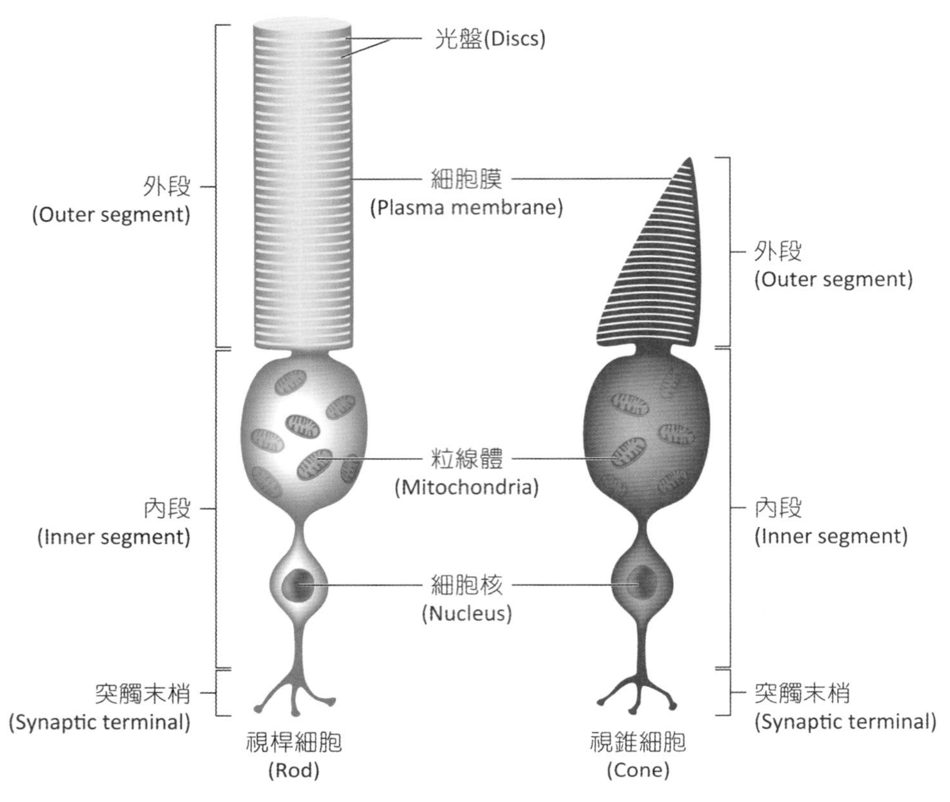

圖 9-7 感光細胞

視網膜中央區域稱為黃斑，直徑約為5 mm，在黃斑中央有一小凹稱為**中央小凹**，寬約為0.6 mm，此區域僅分布視錐細胞，所以**為視力最敏銳之處**；反之在視神經盤處沒有任何感光細胞分布，所以此處在視覺上看不到任何影像，故視神經盤又稱為盲點。

二、眼球內部構造

眼球內部構造以水晶體為界線，分為前腔與後腔；前腔又以虹膜為界線，角膜至虹膜的腔室，稱為前房，虹膜至水晶體的腔室，稱為後房，前後房之間充滿水漾液。內部構造包含水漾液、水晶體與玻璃體，與角膜組成透明屈光物質。

1. **水漾液**(aqueous humor)：**由睫狀突分泌至後房再經瞳孔引流至前房**，用來提供眼球營養物質及排除新陳代謝產物，最後經由許萊姆氏管引流至靜脈系統，此過程形成水漾液排泄系統。水漾液充滿於前腔中，用來維護眼壓，正常眼壓為10~20 mmHg。當眼壓高於20 mmHg以上可能引起青光眼，若過於嚴重可能導致失明。
2. **水晶體**(lens)：為一雙凸面扁平形狀的彈性透明體，具有調整焦距功能，將遠或近物投射至視網膜上成像。水晶體前方為虹膜，後方為玻璃體，由**懸韌帶**(suspensory ligament)

繫於睫狀體上，睫狀肌調控水晶體形狀，協助水晶體調整焦距能力。**當看近物時，副交感神經**（其為動眼神經）**刺激睫狀肌收縮，使懸韌帶放鬆，造成水晶體形狀變厚變圓，**光線經水晶體調焦投射至視網膜；當看遠物時，交感神經刺激睫狀肌放鬆，使懸韌帶收縮，造成水晶體變薄變扁，光線經水晶體調焦投射至視網膜，眼睛看見遠近不同物體的能力稱為**調節作用**(accommodation)（圖9-8）。當水晶體內部蛋白質變性，失去透明性，即稱為白內障。

3. **玻璃體**(vitreous body)：位於水晶體後方，視網膜前方約占眼球容積的4/5，具有維持眼球形狀功能。玻璃體為無色透明具有光學功能的膠質體，內含黏稠的透明質酸，呈凝膠狀，內部物質不像水漾液般可以被更新，意指玻璃體液不具有更新作用，玻璃體不具有血管，所以營養物質大都來自鄰近的脈絡膜或視網膜血管供應，當玻璃體發生變性或內部成分液化或濃縮時，可能導致不同程度的視力障礙，稱為飛蚊症。

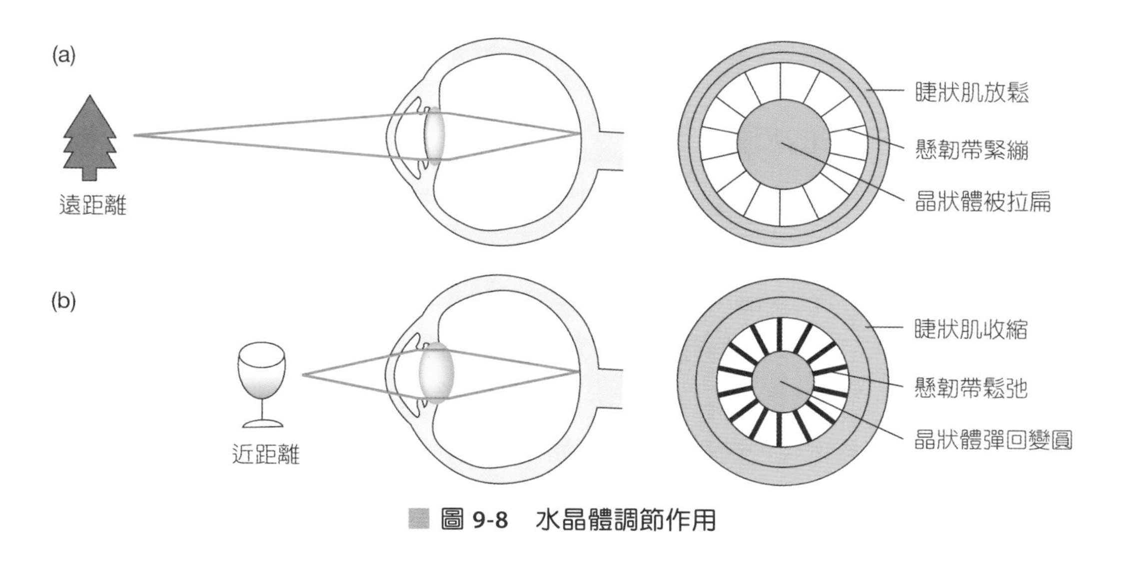

圖 9-8　水晶體調節作用

▼ 白內障(Catarats)　Clinical Applications

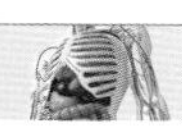

白內障是水晶體內部蛋白質變性，失去透明呈混濁狀態，導致視力障礙的一種疾病，據統計資料顯示，隨著年齡增加，罹患白內障的機率隨之上升，故白內障是一種老化性疾病。如果水晶體的混濁點出現在視軸上，其對視力影響很大，若混濁點不在視軸上，則不一定對視力有影響。白內障典型臨床症狀有無痛無癢的漸進性視力下降，若水晶體內部結構受到改變，可能伴有近視度數加深、單眼複視（單眼看東西時出現多個物像）、畏光、眩光、色彩失去鮮明度等症狀，目前尚無藥物讓白內障的病程逆轉，唯有透過手術治療幫助患者視力恢復。

▼ 青光眼(Glaucoma) Clinical Applications 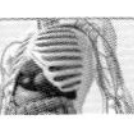

青光眼指水漾液蓄積在眼內造成眼壓過高。眼睛內每日產生的水漾液經排泄系統引流入靜脈系統，水漾液分泌過多或排泄系統阻塞都可能造成水漾液蓄積。眼壓過高是青光眼發生的重要危險因子。青光眼症狀為視神經萎縮和視野缺損，眼壓檢查、視野分析、視神經檢查、前房角鏡檢查等都為青光眼重要的檢查項目。

視覺生理

視覺生理意指光波刺激影像形成的過程，當光線經角膜進入眼球，穿越瞳孔經水晶體調整焦距，幫助焦點落至黃斑區，感光接受器外段(outer segment)有一種感光物質稱為視紫質，當其受光線刺激，產生光學反應出現裂解，細胞膜上離子通道活性改變，引起感光接受器發生電位變化，造就一連串神經元傳遞衝動，最終神經衝動傳入大腦皮質枕葉區，產生影像。

一、視桿細胞對光線的反應

視桿細胞在黃斑區域幾乎沒有分布，其分布在黃斑以外區域的眼球邊緣，負責接受微弱光線及黑、白色刺激，用來辨別明、暗的影像及物體輪廓。視桿細胞感光物質為視紫質，吸收波長約505 nm的光波。

1. **光適應**：在亮光下，視桿細胞的感光物質**視紫質**(rhodopsin)被裂解成**視黃醛**(retinal)和**暗視質**(scotopsin)，產生過極化電位。視紫質含量減少，眼睛對光線的靈敏度顯著下降。
2. **暗適應**：在黑暗中停留幾秒鐘後可看見黑暗中的物體，其為視桿細胞感光物質視黃醛和暗視質生成視紫質，使視桿細胞對光線敏感，黑暗中可以看見物體。沒有光線刺激情況，視桿細胞膜產生微小去極化，稱為暗電流(dark current)。

在黑暗與光照情況下，感光物質視紫質不斷受到裂解與合成，此作用稱為視紫質循環（圖9-9）。視黃醛合成前驅物為維生素A，若缺乏維生素A，患者將出現夜間視覺障礙問題，稱為夜盲症(night blindness)。

二、視錐細胞與色彩視覺

視錐細胞分布在黃斑，反之黃斑以外區域幾乎沒有分布，錐細胞負責接受亮光及彩色刺激，用來辨別明亮的影像並對色彩敏銳，但對光線的敏感性則不如視桿細胞，視錐細胞感光物質為碘視紫(iodopsin)。

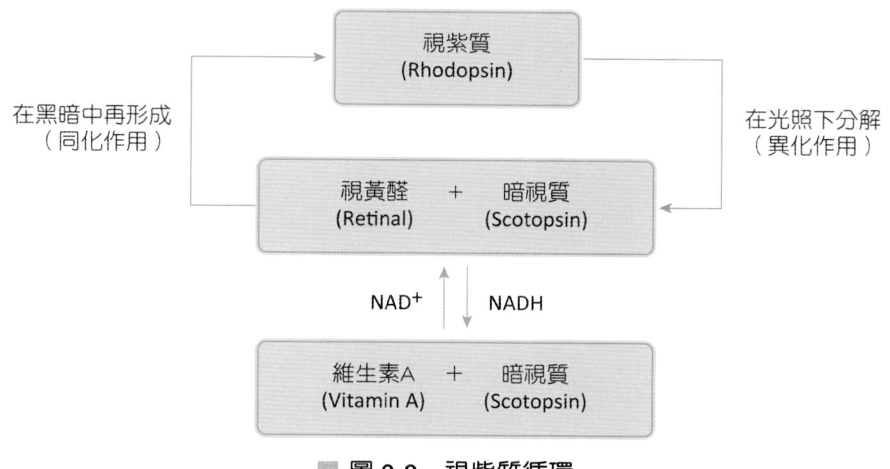

圖 9-9 視紫質循環

視錐細胞可分為藍、綠、紅三種細胞，分別對藍光、綠光、紅光敏感，吸收波長分別約420、530、562 nm的光波。影像中的色彩影像是由吸收光波的種類及視錐細胞興奮的比例而決定，藍色、綠色、紅色為視覺的原色，例如視錐細胞吸收紅光和綠光，產生橙黃色系列的影像；吸收藍光和紅光，產生紫色系列的影像；吸收藍光、綠光、紅光比例相同，則產生白色影像。所以色彩影像產生來自於視錐三原色細胞興奮比例而決定之，若其中某一細胞減少或壞死，則造成色弱(color weakness)或色盲(color blindness)。

三、視覺傳導途徑 (Visual Pathway)

光線刺激感光接受器產生神經衝動，衝動依序沿著雙極細胞、神經節細胞傳入視神經，視神經在視交叉時，位於鼻側的視神經交叉至對側，另顳側的視神經則無交叉，有交叉與無交叉的視神經沿著視徑投射至視丘外側膝狀核，與視放射形成突觸，經視放射最後投射至大腦皮質枕葉第17區，產生視覺影像，再經枕葉第18、19區進一步分析解釋，產生知覺影像。

視野可分成鼻側上下半部及顳側上下半部，由於水晶體是透鏡構造，照射進入眼球的光線，在視網膜成像為上下、左右顛倒的影像，經雙眼視覺作用，枕葉可以獲得上下、左右側完整影像，所以當不同段落的神經受損，將引起不同程度的視野偏盲（圖9-10）。

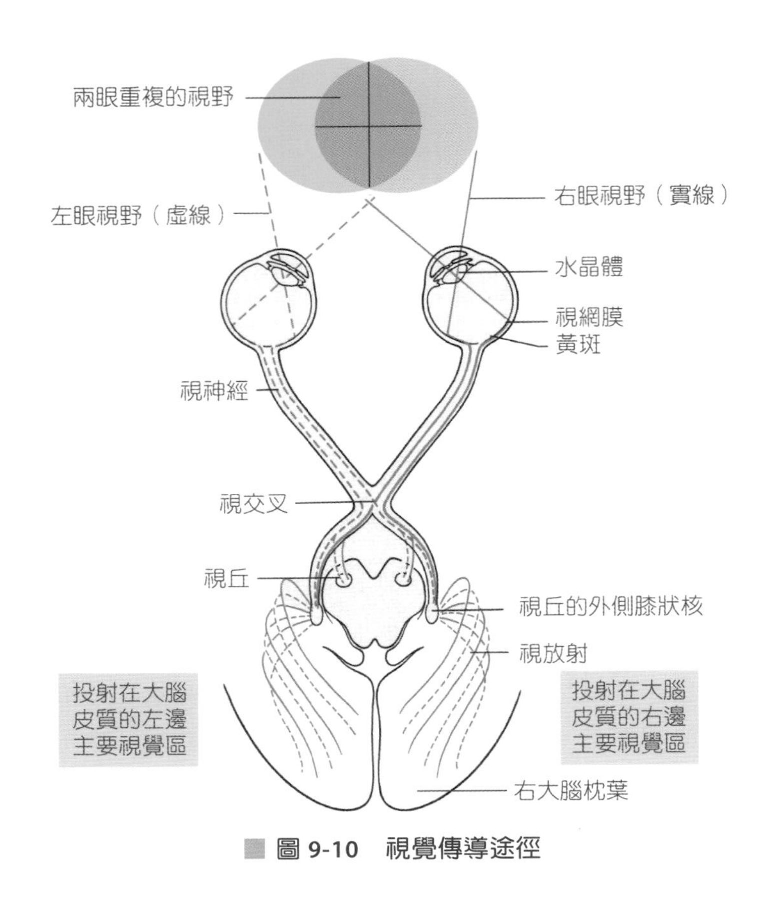

圖 9-10　視覺傳導途徑

▼ 色盲(Color Blindness)　Clinical Applications

色盲是由英國化學家約翰．道爾頓(John Dalton,1766~1844)發現，所以又稱為道爾頓症。色盲是色彩辨別疾病，為性聯遺傳，與遺傳有關，辨別顏色有關的基因大多位於X染色體上，故男性患者遠多於女性，但部分色盲卻是與視網膜或腦部損傷有關。紅綠色盲較為常見，藍色盲及全色盲較少見，患者從小沒有正常辨色能力，因此不易被發現，檢查色盲最快速的方法是採用點狀圖法，將排成數字的圖點混雜在不同顏色圖點中，予以辨認，患者由於辨色困難，無法看清楚圖點中的數字，藉此檢驗色盲。

9-4 聽覺與平衡覺

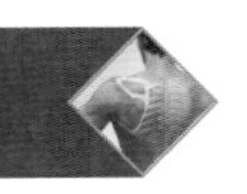

耳朵負責聲波及身體平衡二種感覺。聲波以頻率(frequency)及強度(intensity)作為特徵，頻率以赫茲(hertz, Hz)為單位，意指時間單位（每秒）週期數，聲音頻率主要與音調有關，頻率越高，音調則越高；強度以分貝(decibels, dB)為單位，意指聲波產生的振幅，聲音振幅主要與聲響有關，振幅越高，聲響越大。

身體平衡與重力方向有關，當乘坐火車、飛機、駕車產生的水平移動，及乘坐電梯、跳繩產生的垂直移動皆為直線加速度(linear acceleration)平衡，另外轉頭、旋轉、翻滾產生的移動稱為旋轉加速度(rotational acceleration)平衡。當身體移動都會興奮平衡覺接受器，以穩定身體平衡避免受傷。

耳朵的構造

耳朵解剖構造分為外耳、中耳、內耳三部分（圖9-11）。

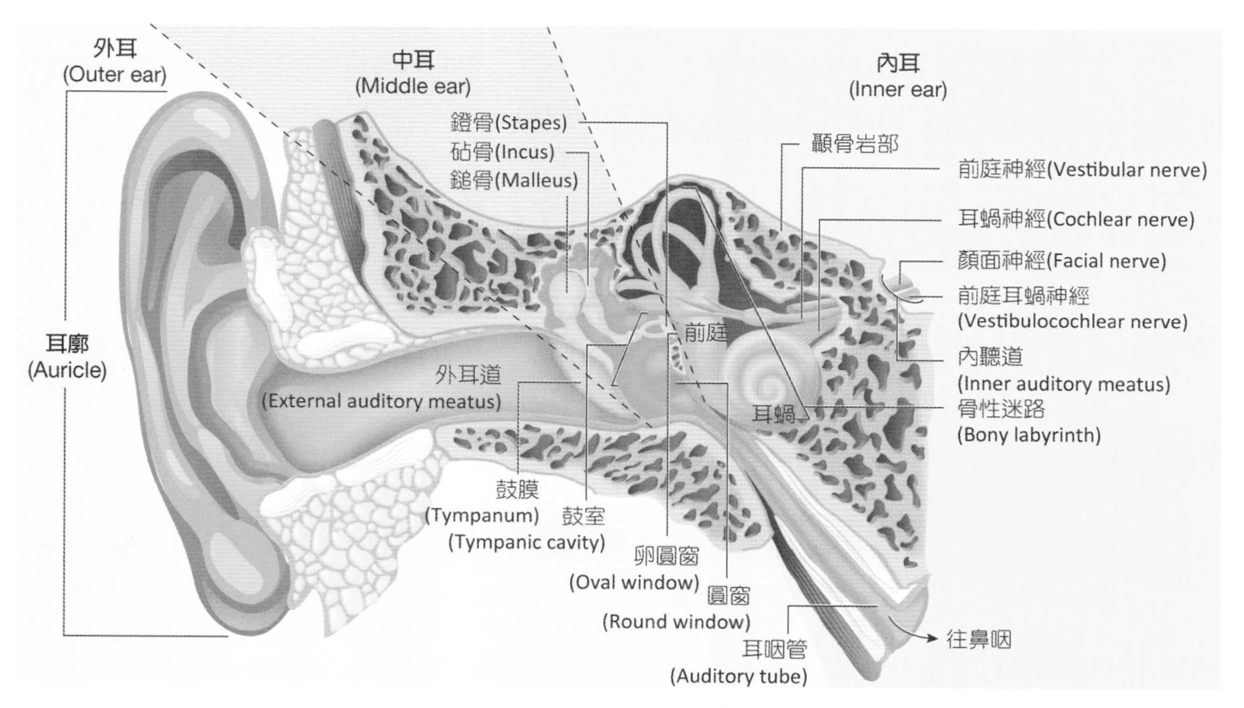

圖 9-11 耳朵結構

一、外耳 (Outer Ear)

外耳負責接收聲波，以空氣作為傳遞聲波介質，由耳廓、外耳道及鼓膜組成，聲波引起鼓膜振動，並傳遞至中耳。

1. **耳廓**(auricle)：由彈性組織構成，游離緣稱為耳輪(helix)，最下方一團肉塊稱為耳垂(lobule)，主司收集聲波。
2. **外耳道**(external auditory meatus)：位於顳骨內一條長約2.5公分的管道，從外耳開口延伸至鼓膜。靠近開口處內側緣具有毛及耵聹腺，耵聹腺為皮脂腺體，可分泌油脂形成耳垢，毛及耳垢可以防止外物進入耳內，主司傳遞聲波。

3. **鼓膜**(tympanum)：介於外耳道與中耳，為一層薄薄半透明的纖維結締組織，形似扁平圓錐，錐尖向中耳鼓室凸出。鎚骨柄附著於鼓膜上，聲波振動鼓膜傳入中耳。

二、中耳 (Middle Ear)

中耳又稱為鼓室(tympanic cavity)，位於顳骨岩部，內襯覆蓋黏膜及充滿氣室腔，外接外耳以鼓膜相隔，內接內耳以卵圓窗(oval window)及圓窗(round window)相隔，前壁有一開口**通往鼻咽**，稱為**耳咽管**(auditory tube)，**用來平衡中耳與外界壓力**，當鼻腔感染時，病菌容易藉耳咽管傳至中耳，引起中耳炎。

中耳有三塊聽小骨(auditory ossicles)，橫跨中耳，由**外而內依序為鎚骨**(malleus)、**砧骨**(incus)、**鐙骨**(stapes)，聽小骨之間以滑液關節相連接，鎚骨柄附著於鼓膜上，頭部與砧骨體部形成關節，砧骨中間部與鐙骨頭部形成關節，鐙骨基部則嵌入卵圓窗內，中耳產生的振動藉此傳入內耳，卵圓窗又稱為前庭窗(fenestra vestibuli)，圓窗又稱為耳蝸窗(fenestra cochlea)，圓窗位於卵圓窗正下方。

中耳有二條肌肉附著於聽小骨，一為**鼓膜張肌**(tensor tympani muscle)，負責將鎚骨往內拉增加鼓膜張力，以降低鼓膜振動幅度，具有防止內耳受到過大聲音的傷害；另一為**鐙骨肌**(stapedius muscle)，是最小的骨骼肌，負責將鐙骨往後拉，減小振動的幅度，功能與鼓膜張肌相似。

▼ 中耳炎(Otitis Media) Clinical Applications 

中耳炎是中耳黏膜急性或慢性發炎疾病，常因上呼吸道感染或過敏性鼻炎，造成耳咽管阻塞所致，中耳炎發生於任何年齡，但由於幼兒耳咽管短且直，以兒童及幼兒最為常見，症狀有發燒、耳痛、聽力障礙，有時合併有鼻塞、流鼻水與感冒症狀，臨床檢查以耳鏡檢查耳膜有無發炎，一般投予抗生素藥物治療。

三、內耳 (Inner Ear)

內耳構造相當複雜，又稱為迷路(labyrinth)，位於顳骨岩部，由**骨性迷路**(bony labyrinth)和**膜性迷路**(membranous labyrinth)組成。骨性迷路內襯有骨膜，內含**外淋巴液**(perilymph)；外淋巴液圍繞著膜性迷路，膜性迷路內襯為上皮，內含**內淋巴液**(endolymph)。骨性迷路與膜性迷路形成一連串囊狀及管狀雙套管構造，依其形狀分為耳蝸(cochlea)、前庭(vestibule)、半規管(semicircular canals)三部分（圖9-12）。

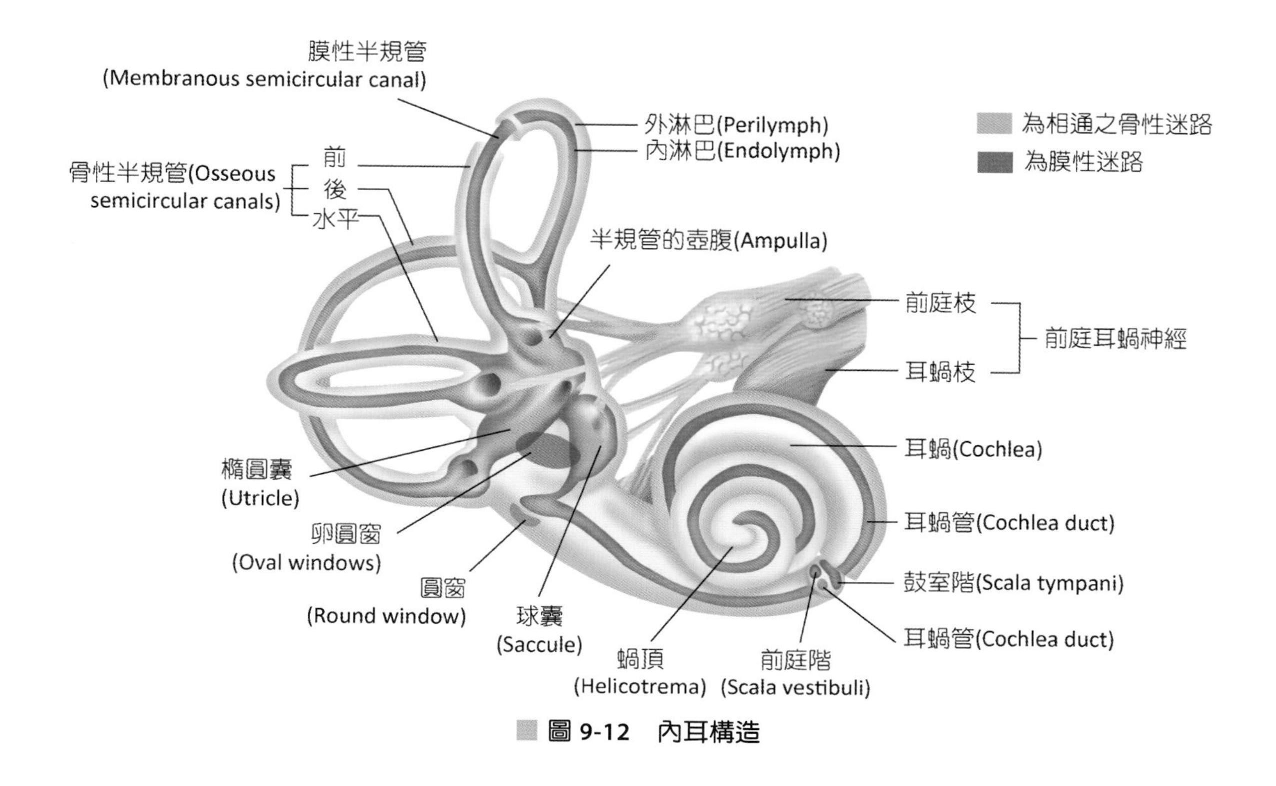

圖 9-12 內耳構造

(一) 耳蝸 (Cochlea)

耳蝸呈螺旋狀形似蝸牛殼，由骨性螺旋管(bony spiral canal)組成，位在前庭前方。耳蝸以蝸軸(modiolus)為中心纏繞旋轉2.5圈，在蝸軸中心點呈圓錐狀，形似螺絲釘，釘尖在蝸頂朝向前外方，蝸軸凸出的表面稱骨性螺旋峰，又稱為螺旋板(spiral lamina)，內含有**螺旋神經節**(spiral ganglion)，螺旋板伸入耳蝸螺旋管，將螺旋管分為上下兩部分，上部分稱為**前庭階**(scala vestibuli)，終止於卵圓窗；下部分稱為**鼓室階**(scala tympani)，終止於圓窗，前庭階與鼓室階二者為骨性迷路，內含外淋巴液，在耳蝸頂端藉由蝸孔(helicotrema)相通。位在前庭階與鼓室階之間的三角形空腔為耳蝸管(cochlear duct)又稱為中間階(scala media)，屬於膜性迷路，內含內淋巴液，耳蝸基部與球狀囊相通，頂端則為盲端。

耳蝸管上壁與前庭階以前庭膜相隔，耳蝸管下壁與鼓室階以基底膜相隔，外側壁較厚且富含血管，為內淋巴液分泌之處。耳蝸管基底膜(basilar membrane)具有螺旋器又稱為**柯蒂氏器**(organ of Corti)，其上方蓋有一層覆膜(tectorial membrane)。

柯蒂氏器為聽覺接受器（圖9-13），由螺旋板狀上皮細胞構成，包含支持細胞和毛細胞，毛細胞分為單排的內毛細胞，呈V字形排列，另有3~5排的外毛細胞，呈W字形排列。當柯蒂氏器受淋巴液影響產生位移，牽動毛細胞彎曲，引起大量鉀離子流入毛細胞內，產生電位去極化活化耳蝸神經興奮，並將衝動傳入中樞神經。

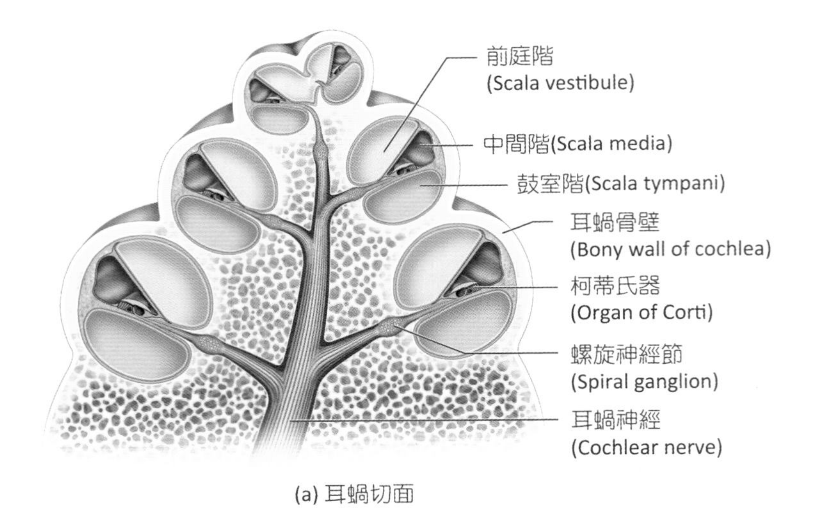

(a) 耳蝸切面

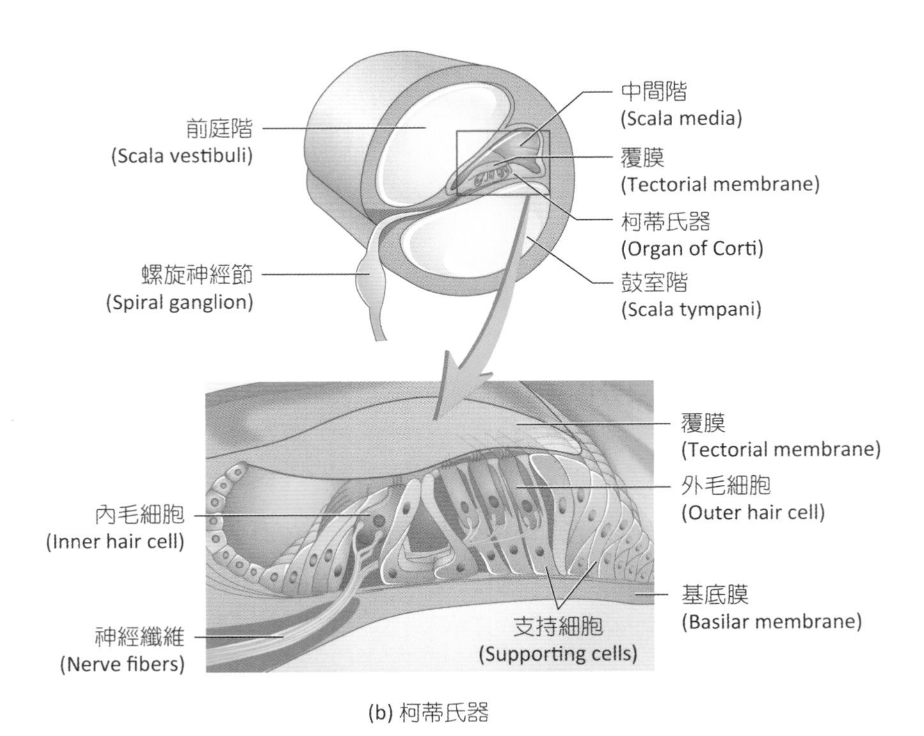

(b) 柯蒂氏器

圖 9-13　耳蝸及柯蒂氏器

(二) 前庭 (Vestibule)

前庭位於迷路中央部位，呈橢圓形空腔，內部包含橢圓形及圓形迷路，分別稱為**橢圓囊**(utricle)及**球囊**(saccule)，前庭後部有五個小孔與骨性半規管相通，前部有一大孔與耳蝸管相通。橢圓囊位於前庭後上方，而球囊位於前庭的前下方，橢圓囊與球囊之間以小管相連，橢圓囊後壁有五個開口相連於膜性半規管。

橢圓囊聽斑與球囊聽斑為平衡覺接受器，主司靜態平衡(static equilibrium)，維持直線加速(linear acceleration)動作的平衡。橢圓囊聽斑與球囊聽斑由支持細胞和毛細胞(hair cell)構成，毛細胞的毛尖頂著耳石膜(otolithic membrane)，耳石膜上方具有**耳石**(otolith)，耳石為碳酸鈣晶體成分，毛細胞包含許多實體**纖毛**(stereocilia)及單根**動纖毛**(kinocilia)。當內淋巴流動，影響耳石滾動方向，頂著耳石的毛尖受壓迫彎曲，引起毛細胞產生電位去極化，活化前庭神經並將衝動傳入中樞神經（圖9-14）。

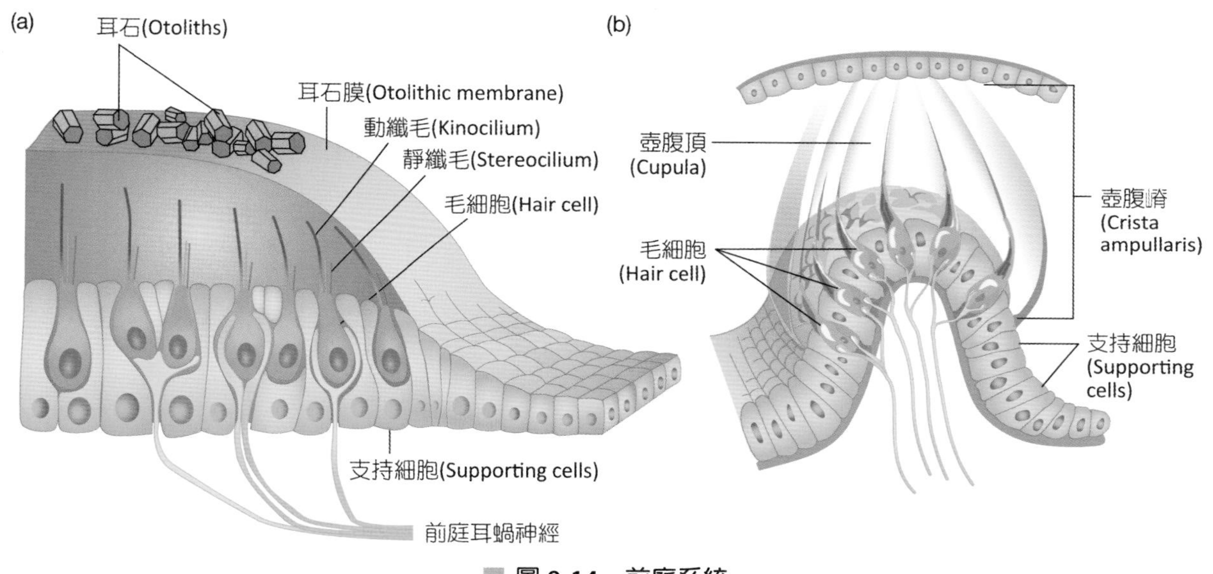

圖 9-14 前庭系統

（三）半規管 (Semicircular Canals)

半規管為相互垂直的三個彎曲小管，分別為前半規管、後半規管、橫半規管，前、後半規管在垂直面上相互垂直，而橫半規管與水平面平行，故又稱為水平半規管，每個半規管基部都有膨大構造，稱為**壺腹**(ampulla)。

三個半規管與壺腹內部都具有骨性迷路與膜性迷路，其中三個骨性半規管以五個開口與前庭骨性迷路相通，膜性壺腹內部具有**壺腹嵴**(crista ampullaris)，為平衡覺接受器（圖9-14），主司動態平衡，可以監測旋轉運動(rotational or angular accaleration)。壺腹嵴由柱狀細胞和毛細胞構成，毛細胞伸入形似帽狀的膠狀物中，稱為壺腹帽，當內淋巴液流動，引起壺腹帽位移，毛細胞彎曲產生神經衝動，活化前庭神經並將衝動傳入中樞神經。

聽覺生理

聲波由耳廓收集進到外耳道，在外耳以空氣做為傳遞媒介，引起鼓膜振動，鎚骨附著於鼓膜上，振動則隨鎚骨依序傳遞至砧骨及鐙骨，中耳以此三塊聽小骨作為聲波傳遞媒介，卵圓窗位於鐙骨與耳蝸之間，卵圓窗的膜因應鐙骨振動，引起內耳以淋巴液作為聲波傳遞媒介，前庭階與鼓室階受振動影響引起淋巴液波動，使得圓窗的膜往中耳腔內移動，造成覆膜與基底膜之間產生剪力，毛細胞彎曲打開鉀離子通道，活化耳蝸神經興奮並將衝動依序傳送至延腦耳蝸核、中腦四疊體下丘、視丘內側膝狀體，最後投射至大腦顳葉聽覺區（41、42區）（圖9-15）。

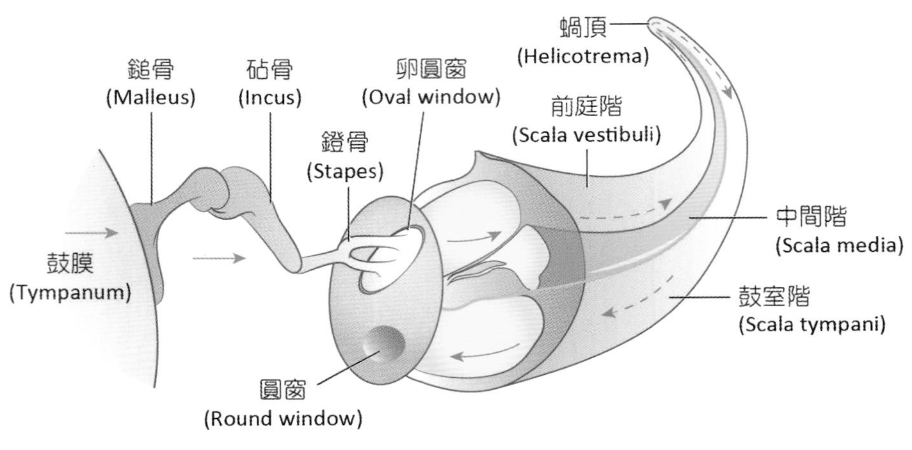

圖 9-15 聲波傳遞

平衡生理

一、直線加速度平衡

直線加速度平衡又稱為靜態平衡，接受器位於聽斑(macula)，聽斑含有極小的碳酸鈣結晶，稱為耳石，當身體直線移動時，耳石產生慣性，當水平向前加速或垂直向下加速時，耳石有一股反方向的作用力作用在毛細胞上，壓迫毛細胞彎曲產生電位去極化，刺激前庭神經興奮，橢圓囊聽斑對水平加速度平衡較為敏感，球囊聽斑對垂直加速度平衡較為敏感。

二、旋轉加速度平衡

旋轉加速度平衡又稱為動態平衡，接受器位於壺腹嵴，半規管內淋巴液與耳石有異曲同工之用，當身體旋轉移動時，內淋巴液產生慣性，三根相互垂直的半規管依據身體旋轉方向，產生反方向作用力作用於毛細胞上，壓迫毛細胞產生電位去極化，刺激前庭神經興奮。

由聽斑或壺腹嵴毛細胞興奮產生的衝動，均經由前庭耳蝸神經(vestibuloacoustic nerve)的前庭枝(vestibular branch)，進入橋腦前庭神經核(vestibular muclei)。多數的平衡運動都是反射性的，不過神經纖維仍會傳至大腦皮質，讓平衡運動神經纖維走向眼睛及向下至四肢骨骼肌，眼睛及身體姿勢亦參與平衡協調。

梅尼爾氏症(Ménière's Disease) Clinical Applications

1861年法國醫生柏斯貝．梅尼爾(Prosper Ménière)首先提出眩暈、聽力障礙及耳鳴可能與內耳疾病有關，故相關症狀命名為梅尼爾氏症，原因不明，可能是內淋巴液循環受阻或吸收障礙，導致內耳迷路壓力增高所致，好發於30~50歲成年人。梅尼爾氏症是一種綜合症狀，足以影響聽力及平衡的一種內耳疾病，以陣發性、旋轉性眩暈、單耳或雙耳耳鳴為主要病徵，伴隨有進行性聽力喪失。

9-5 嗅覺

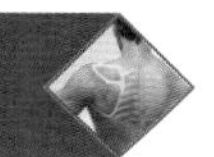

嗅覺與味覺在生理功能上密切相關，多數食物的滋味是由嗅覺與味覺組合而成。食物的美味，嗅覺占有決定性地位，例如感冒鼻塞時，嗅覺往往被壓制，造成食物嚐來無味。嗅覺與味覺接受器同屬化學性接受器，唯嗅覺為遠距離的感覺，味覺為近距離的感覺。

嗅覺接受器

嗅覺上皮(olfactory epithelium)為嗅覺接受器，位於鼻腔頂部靠近中隔黏膜處，由**嗅覺細胞**(olfactory cell)（為雙極神經元）、**支持細胞**(supporting cell)和**基底細胞**(basal cell)（為幹細胞）共同組成（圖9-16），嗅覺接受器為第一個接受氣味分子活化的細胞，大約可存活兩個月，藉由基底細胞不斷分化生成新生嗅覺接受器以取代之。嗅覺接受器具有單一增長的樹突延伸至嗅覺上皮，樹突前端延伸出些許纖毛，纖毛位於黏膜表面且被黏膜所覆蓋，氣味分子與纖毛上氣味分子接受器結合，引起嗅覺接受器活化，衝動沿著嗅覺接受器軸突穿越篩板進入嗅球，引起神經衝動傳送。

嗅覺生理

嗅覺接受器適應性非常快速，即使暴露在令人不悅的氣味下，依然產生適應。氣味分子經空氣吸入鼻腔，並溶解於嗅覺上皮黏膜中，與纖毛上的氣味分子接受器結合，誘導嗅覺接受器產生神經衝動，衝動沿著嗅覺接受器軸突穿越篩板，進入嗅球並且聚集形成球狀的嗅小球(glomeruleus)，在嗅球與僧帽細胞(mitral cells)形成突觸，僧帽細胞軸突投射至前嗅核(anterior olfactory nucleus)，衝動沿著神經纖維上行至嗅結節(olfactory tubercle)、前梨狀皮質(prepyriform cortex)、杏仁核(amygdaloid nucleus)、過渡內嗅皮質(transitional entorhinal cortex)。前嗅核將衝動傳至對側嗅覺皮質，與協調有關，讓嗅覺記憶傳至另一半腦球，前梨狀皮質與嗅覺分辨有關，可能與意識相關，杏仁核與嗅覺情緒有關，過渡內嗅皮質與嗅覺記憶有關（圖9-17）。

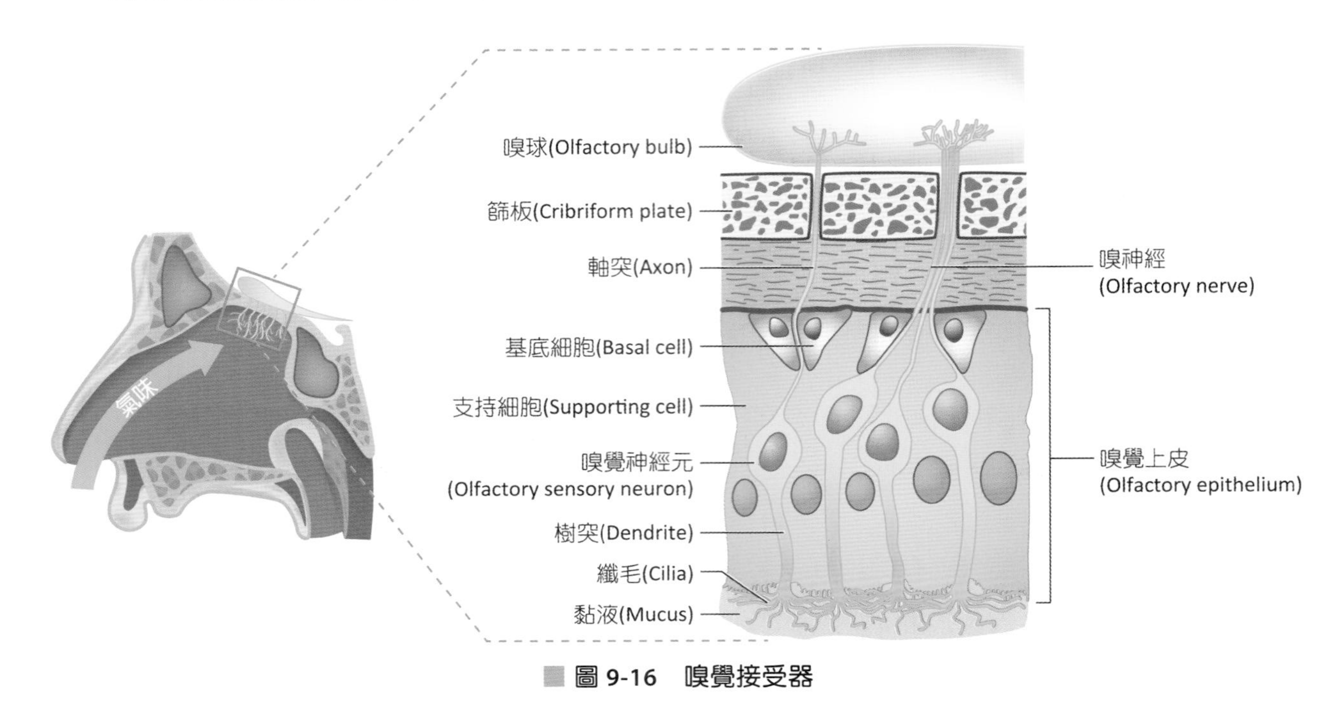

■ 圖 9-16 嗅覺接受器

嗅黏膜(Olfactory mucosa)
篩板(Cribriform plate)
嗅神經纖維
(Olfactory nerve fibers)
嗅球(Olfactory bulb)
嗅徑(Olfactory tract)
前嗅核(Anterior olfactory nucleus)
內側嗅紋
(Medial
olfactory stria)
外側嗅紋(Lateral olfactory stria)
嗅結節(Olfactory tubercle)
前梨狀皮質
(Prepyriform cortex)
杏仁核
(Amygdoloid nucleus)
前連合
(Anterior commissure)
過渡內嗅皮質
(Transitional entorhinal cortex)

■ 圖 9-17 嗅覺傳導途徑

9-6 味覺

人體味覺接受器稱為味蕾(taste bud)，食物進入口腔，須先被唾液或其他液體溶解成化學分子，並進一步刺激味蕾活化，產生味覺。

味覺接受器

味蕾(taste bud)約有一萬多個，隨著年齡增加逐漸遞減，主要分布在舌尖、舌緣、舌根、軟腭及會厭等處。味蕾由**支持細胞**(supporting cell)、**味覺細胞**(taste cell)及**基底細胞**(basal cell)組成，味蕾支持細胞與味覺細胞排列呈橘瓣狀，中央為空心開口，稱為味孔(taste pore)，味覺細胞前端有細小的微絨毛，稱為**味毛**(gustatory hair)，味毛伸向味孔增加與化學分子結合的表面積（圖9-18）。

味蕾位在於舌頭表面粗糙狀的乳頭(papillae)裡（圖9-19）：

1. **輪廓乳頭**(circumvallate papillae)：8~12個呈倒V字形排列在舌後方。
2. **蕈狀乳頭**(fungiform papillae)：**排列在舌尖及舌兩側，僅含少數味蕾**。
3. **絲狀乳頭**(filiform papillae)：**最小但數目最多**，散布在舌前2/3，**因角質化而不具有味蕾，可形成舌苔**。

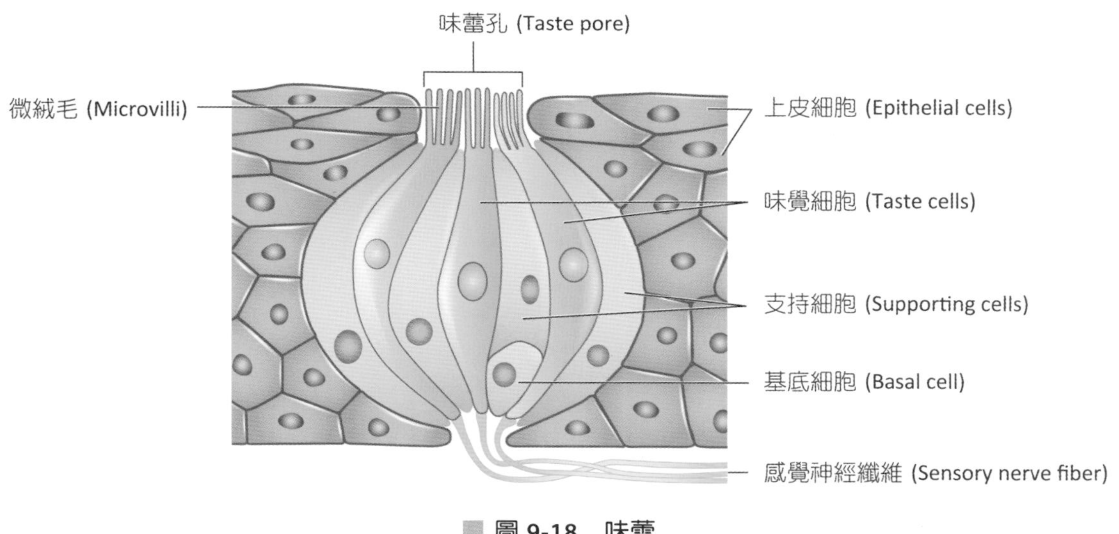

圖 9-18 味蕾

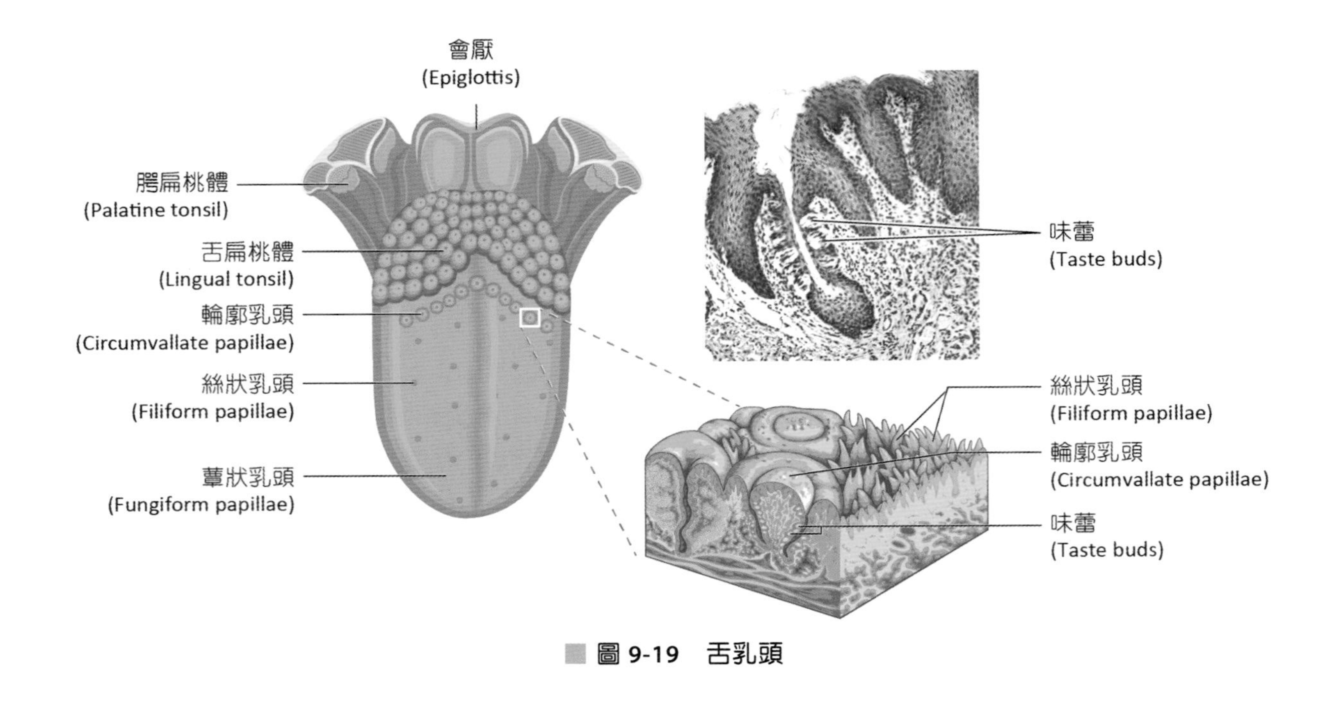

圖 9-19 舌乳頭

味覺生理

特定化學分子會刺激味蕾產生不同味道，舌表面有**五種基本味覺，分別為甜**(sweet)、**酸**(sour)、**鹹**(salt)、**苦**(bitter)、**甘**(umami)，所有味蕾內皆含有五種味覺的接受器，但舌表面不同區域味蕾接受器的數目不一樣，產生區域味覺的差異，例如舌尖對甜味敏感、舌前兩側對鹹味敏感、舌緣兩側對酸味敏感、舌根對苦味敏感（圖9-20）。

化學物質活化味蕾產生神經衝動，再經神經元傳入大腦皮質，其中**顏面神經負責傳送舌前2/3部位味蕾的神經衝動，舌咽神經負責傳送舌後1/3部位味蕾的神經衝動，迷走神經負責傳送軟腭及會厭部位味蕾的神經衝動，**這些神經元首先傳入延腦孤立束核，再經內側蹄系上行至視丘，最後投射至大腦皮質頂葉味覺區（43區）（圖9-21）。

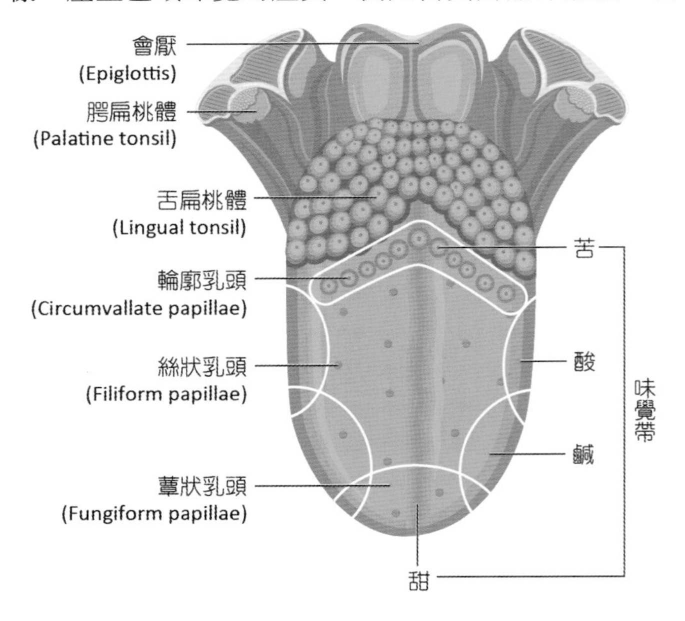

圖 9-20 味覺的分布

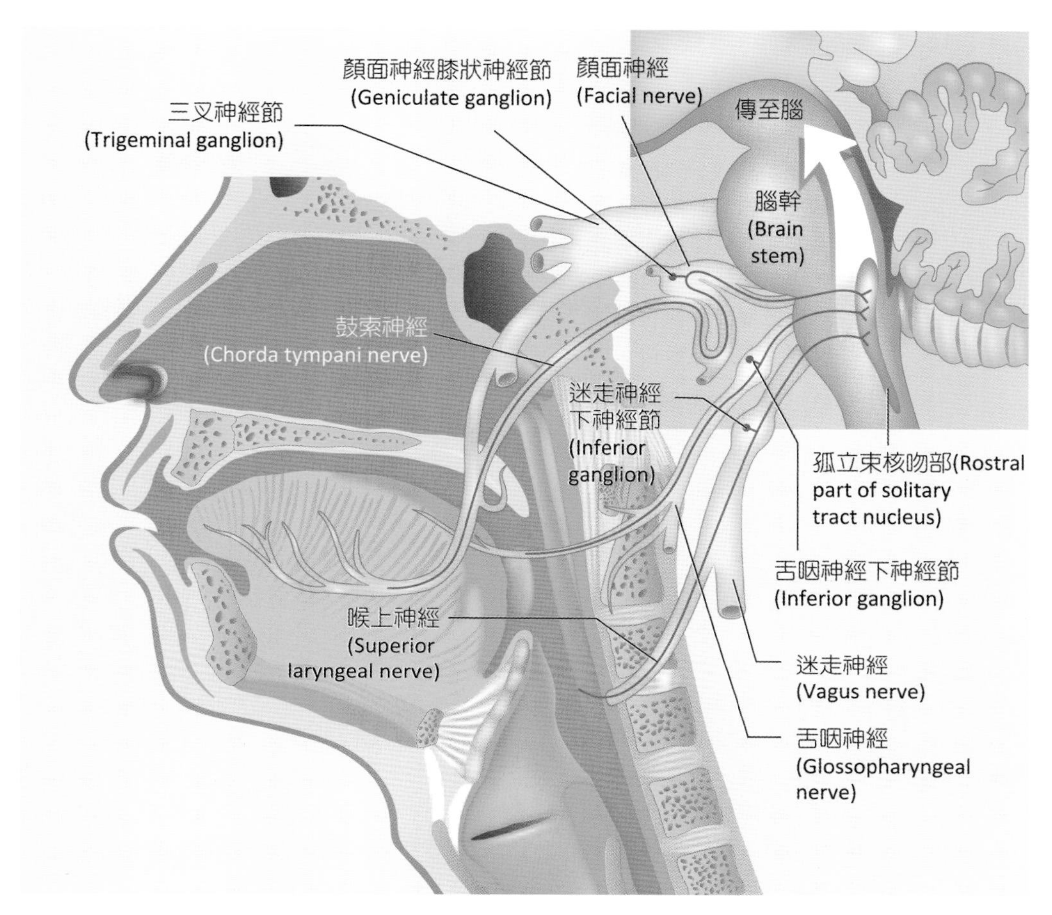

顏面神經膝狀神經節
(Geniculate ganglion)
顏面神經
(Facial nerve)
三叉神經節
(Trigeminal ganglion)
傳至腦
腦幹
(Brain stem)
鼓索神經
(Chorda tympani nerve)
迷走神經下神經節
(Inferior ganglion)
孤立束核吻部(Rostral part of solitary tract nucleus)
舌咽神經下神經節
(Inferior ganglion)
喉上神經
(Superior laryngeal nerve)
迷走神經
(Vagus nerve)
舌咽神經
(Glossopharyngeal nerve)

圖 9-21　味覺傳導途徑

摘要・SUMMARY

體感覺	1. 觸覺：觸覺分為輕觸覺和深觸覺，接受器為游離神經末梢、梅克耳氏細胞、梅斯納氏小體、毛根神經叢、巴齊氏小體、洛弗尼末梢 2. 溫度覺：含冷覺與熱覺，接受器為裸露游離神經末梢特化而成 3. 痛覺：接受器為游離神經末梢特化而成，全身幾乎都有分布 4. 本體感覺：不需要眼睛看即可知道身體的位置，接受器為肌梭、高爾基腱器、關節囊、聽斑及壺腹
視覺	1. 眼球壁：纖維層（角膜、鞏膜）、血管層（脈絡膜、睫狀體、虹膜）、神經層（感光細胞、雙極細胞、神經節細胞） 2. 眼球內部：以水晶體為界分為前腔與後腔，前腔以虹膜為界分為前房與後房 3. 視感細胞：接收微弱光及黑白色刺激，辨別明暗影像及物體輪廓 4. 視錐細胞：分布在黃斑，負責接受亮光及彩色刺激，辨別明亮的影像 5. 視覺傳導途徑：光線刺激→感光接受器產生神經衝動→雙極細胞→神經節細胞→視神經→視交叉→視丘外側膝狀核→視放射→大腦皮質枕葉第17區→產生視覺影像→第18、19區進一步分析解釋，產生知覺影像
聽覺與平衡覺	1. 中耳三塊聽小骨由外而內依序為鎚骨、砧骨、鐙骨 2. 內耳由骨性迷路和膜性迷路組成，依其形狀分為耳蝸、前庭、半規管 3. 聽覺：聲波→鼓膜振動→鎚骨→砧骨→鐙骨→卵圓窗→內耳淋巴液→前庭階與鼓室階淋巴液波動 4. 平衡覺：直線加速度接受器於聽斑，旋轉加速度接受器於壺腹
嗅覺	1. 嗅覺接受器：嗅覺接受器由嗅覺細胞、支持細胞和基底細胞組成 2. 嗅覺生理：氣味刺激→嗅覺接受器→篩板→嗅球→前嗅核→嗅結節→前梨狀皮質→杏仁核→過渡內嗅皮質
味覺	1. 味蕾由支持細胞、味覺細胞及基底細胞組成 2. 味覺生理：味蕾→顏面神經傳送舌前2/3部位味蕾衝動、舌咽神經傳送舌後1/3部位味蕾衝動、迷走神經傳送軟　及會厭部位味蕾衝動→延腦孤束核→內側蹄系→視丘→大腦皮質頂葉味覺區（43區）

課後習題 · REVIEW ACTIVITIES

1. 有關舌頭的敘述，下列何者錯誤？(A)味蕾也存在於舌頭以外的區域　(B)舌上的每個舌乳頭未必皆有味蕾　(C)舌下神經並不支配所有舌外在肌　(D)舌下神經並不支配所有舌內在肌
2. 舌頭表面哪種乳頭分布廣泛，且具有味蕾？(A)絲狀乳頭　(B)蕈狀乳頭　(C)輪廓狀乳頭　(D)葉狀乳頭
3. 舌頭表面何種乳頭會角質化，嚴重時會出現舌苔？(A)絲狀乳頭　(B)蕈狀乳頭　(C)輪廓狀乳頭　(D)葉狀乳頭
4. 眼睛水樣液(aquemous humor)是由何構造分泌？(A)角膜(cornea)　(B)睫狀突(ciliary processes)　(C)晶狀體(lens)　(D)視網膜(retina)
5. 有關絲狀乳頭的敘述，下列何者錯誤？(A)分布在舌前2/3　(B)大多數都含有味蕾　(C)舌乳頭中數目最多　(D)舌乳頭中體積最小
6. 一般所謂的「眼睛顏色」是由何處黑色素的量所決定？(A)脈絡膜　(B)視網膜　(C)虹膜　(D)結膜
7. 動態平衡感受器「嵴(crista)」位於內耳的：(A)球囊　(B)橢圓囊　(C)耳蝸管　(D)半規管
8. 下列何者是黃斑中央小凹為視覺最敏銳之處的原因？(A)含有最多的網膜素　(B)含有最多的視桿細胞　(C)含有最多的視紫素　(D)含有最多的視錐細胞
9. 下列何者是眺望遠處時眼睛產生調節焦距的作用機轉？(A)交感神經興奮，睫狀肌鬆弛　(B)懸韌帶鬆弛，水晶體變薄　(C)懸韌帶拉緊，水晶體變厚　(D)副交感神經興奮，睫狀肌收縮
10. 下列何者支配會厭部位的味覺？(A)三叉神經　(B)顏面神經　(C)舌咽神經　(D)迷走神經

答案：1.D　2.B　3.A　4.B　5.B　6.C　7.D　8.D　9.A　10.D

參考資料 · REFERENCES

馬青、王欽文、楊淑娟、徐淑君、鐘久昌、龔朝暉、胡蔭、郭俊明、李菊芬、林育興、邱亦涵、施承典、高婷育、張琪、溫小娟、廖美華、滿庭芳、蔡昀萍、顧雅真…許瑋怡(2022)・於王錫崗總校閱，*人體生理學*（6版）・新文京。

許世昌(2019)・*新編解剖學*（4版）・永大。

許家豪、張媛綺、唐善美、巴奈比比、蕭如玲、陳昀佑(2021)・*生理學*（4版）・新文京。

麥麗敏、陳智傑、廖美華、鍾麗琴、陳建瑋、祁業榮、黃玉琪、戴瑄、呂國昀(2015)・於王錫崗總校閱，*解剖生理學*（2版）・華杏。

馮琮涵、黃雍協、柯翠玲、廖智凱、胡明一、林自勇、鍾敦輝、周綉珠、陳瀅(2021)・*人體解剖學*・新文京。

廖美華、溫小娟、高婷玉、顏惠芷、林育興(2020)・於劉中和總校閱，*解剖學*（2版）・華杏。

Fox, S. I. (2011)・*人體生理學*（11版）（朱勉生等譯）・偉明。（原著出版於2009）

Widmaier, E. P., Raff, H., & Strang, K. T. (2017)・人體生理學：身體功能之機轉（4版）（王凱立等譯）・藝軒。（原著出版於2015）

Berne, R. M., Levy, M. N., Koeppen, B. M., & Stanton, B. A. (1998). Physiology (4th ed.). Mosby.

Kandel, E. R., Schwartz, J. H., & Jessell, T. M. (2000). Principles of neural science (4th ed.). McGraw-Hill.

Chapter

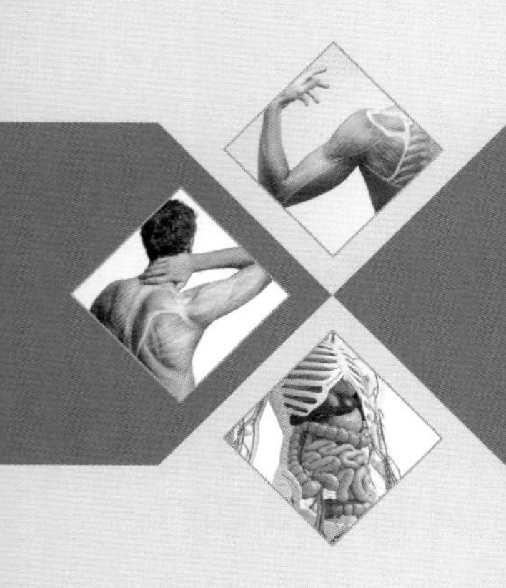

血液 × 10

賴明德 編著

Blood

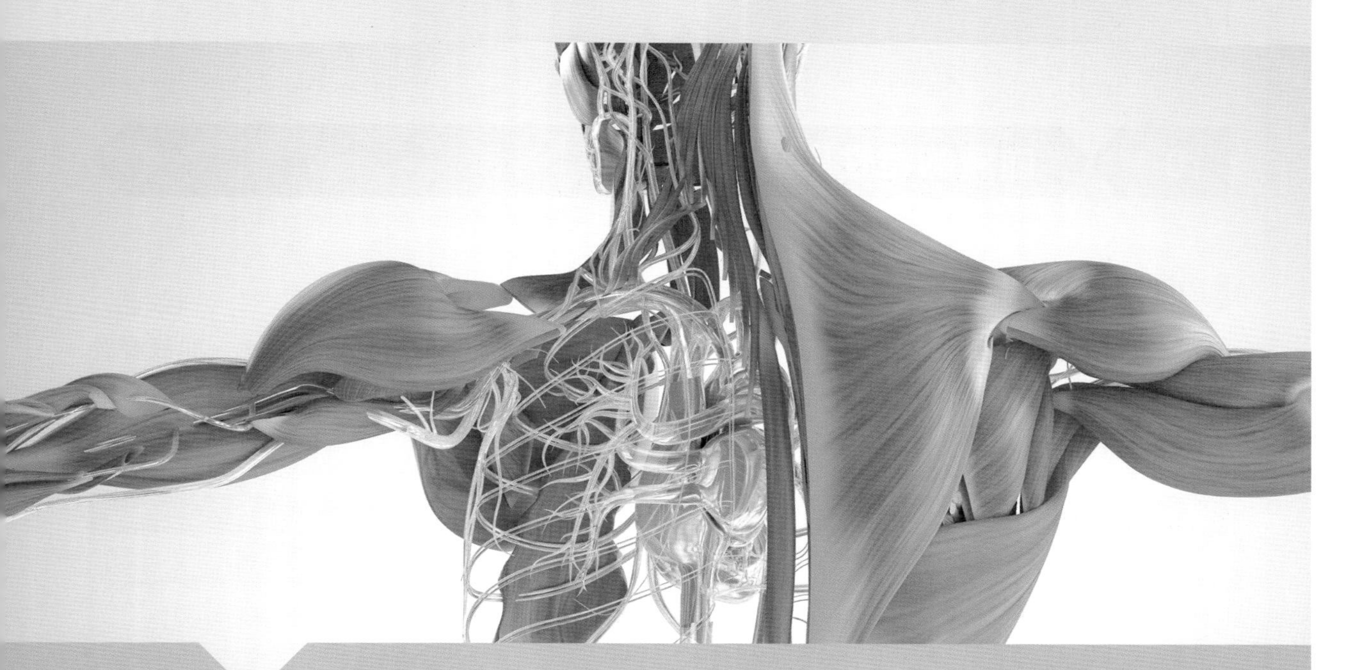

本章大綱

ANATOMY

前言

循環系統包括血液、血管和心臟所組成。血液於血管中流動可從肺臟將氣體交換的氧氣，送達組織供組織細胞利用，也可以將體內的細胞所產生的代謝廢物（如二氧化碳）移除，由內分泌腺所分泌的激素也是經由血液運送到激素作用的標的器官，從消化道所吸收的養分也是經過血液送到全身的組織和器官。此外血液也能調節體溫、免疫等功能與身體恆定的維持有關。本章將介紹血液的部分，而心臟和血管請見第11章循環系統。

10-1 血液的特性與功能

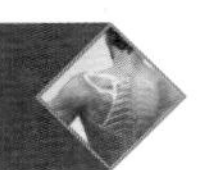

血液的物理特性

體內除淋巴系統所含之淋巴液，在血管內流動的紅色液體稱為血液(blood)，血液屬於液狀的結締組織，血液占體重的8% (1/13)，一般男性血量大約在5~6公升，女性的血量則在4~5公升（表10-1）。

表10-1 血液的物理性質

項目	物理性質	項目	物理性質
組織分類	結締組織	滲透壓	280~300 mOsm
顏色	充氧血：鮮紅色；缺氧血：暗紅色	溫度	38°C (100.4°F)
含量	約占體重的8%或1/13	黏稠度	4.5~5.5
比重	1.056~1.059	含鹽度	0.9%
pH值	7.35~7.45		

血液的功能

1. **運輸作用**：血液與氧氣、二氧化碳、內分泌腺所分泌的激素與代謝廢物的運送有關。此外消化道所吸收的養分（如葡萄糖、胺基酸、脂肪酸）和電解質（如Na^+、K^+、Cl^-）也可以藉由血液運送到體內的細胞。
2. **保護作用**：血液中的白血球含有過氧化氫酶(peroxidase)和溶菌酶(lysozyme)可對抗外來的病原菌，另外血液中的B細胞可利用體液性免疫(humoral immunity)，T細胞利用細胞性免疫(cellular immunity)對抗外來的病原菌。血小板的凝血作用可防止血管壁受傷所造成的失血。

3. **調節作用：**

(1) 調節體溫：血液可將體內所產生的熱能送至體表的微血管而散熱出來。

(2) 調節水分：血液的膠體滲透壓可吸引水分進入微血管來調節體液的平衡。

(3) 調節pH值：血液可經由緩衝系統來調節pH值，以維持酸鹼值的平衡。體內的緩衝系統主要包括重碳酸鹽緩衝系統、磷酸緩衝系統、蛋白質緩衝系統。

10-2 血液的成分

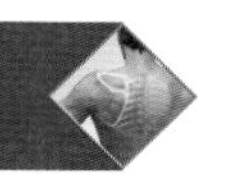

血液由**血漿**(plasma)和**定形成分**(formed elements)所組成（圖10-1）。人體血液經由血管抽取後，將血液放入試管內，若在血液中加入抗凝劑後，經離心作用會分成上、下兩層，上層為血漿，下層為紅血球，兩層之間為白血球及血小板。假使血液不加入抗凝劑，於室溫下靜置凝固後，可看到下層為血塊(clot)，上層的黃色液體為血清(serum)。血漿和血清的差別在於血漿中含有凝血因子－纖維蛋白原（凝血酶原），而血清並無凝血因子存在（圖10-2）。

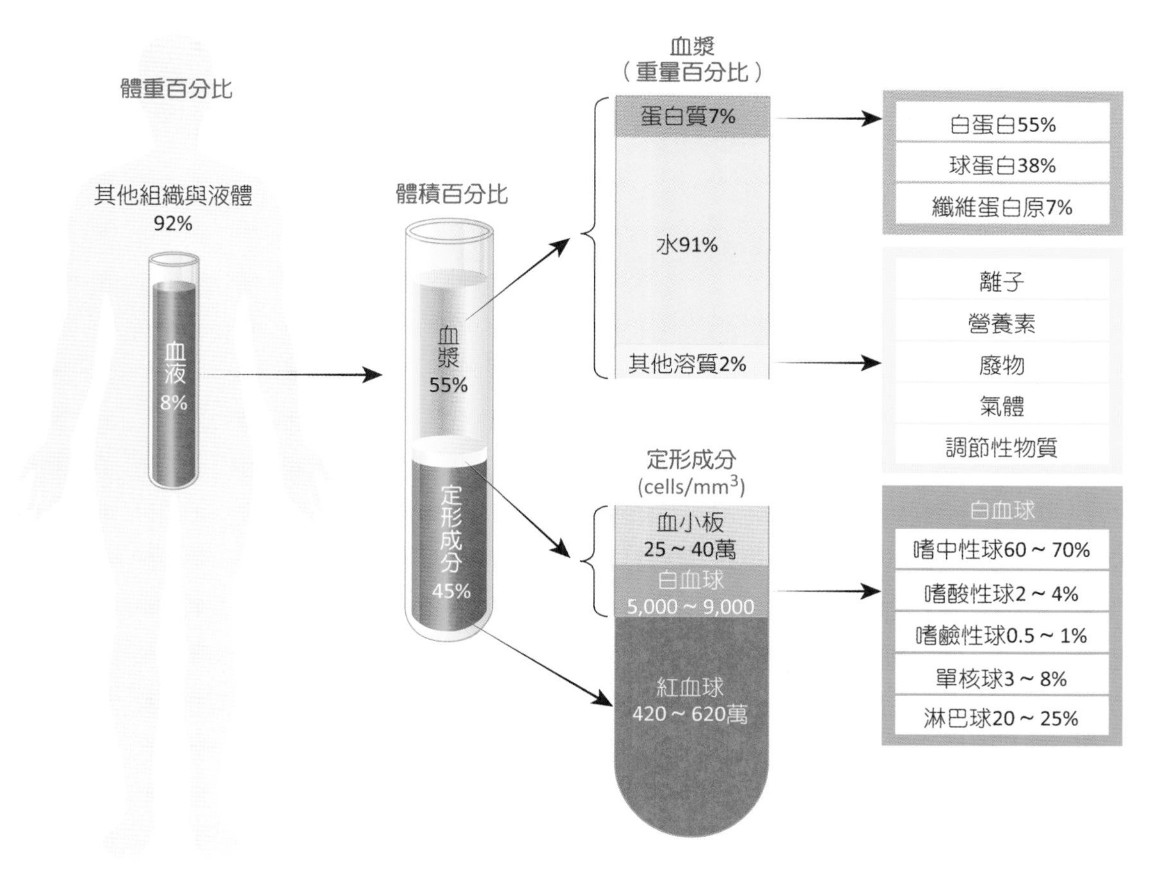

圖 10-1 血液的組成

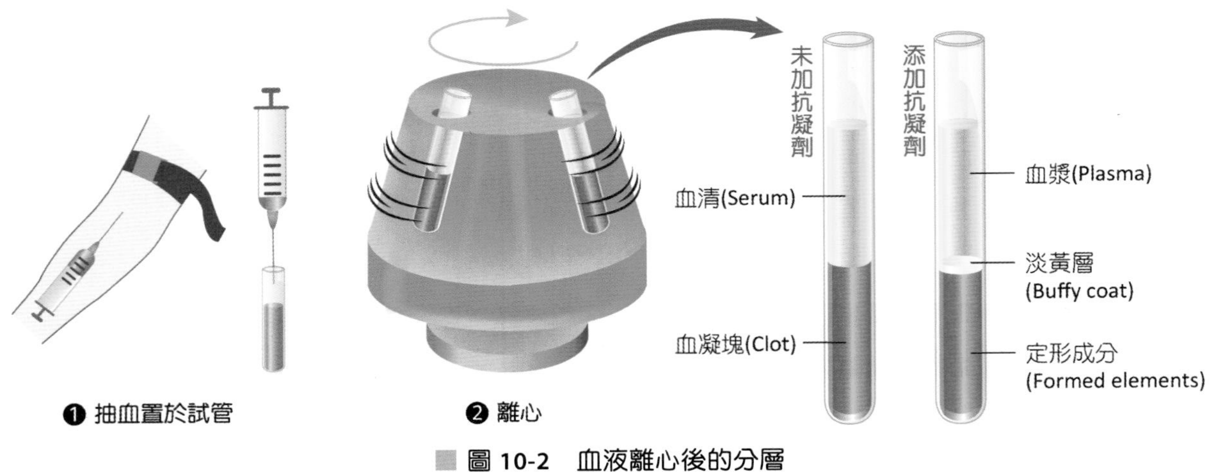

圖 10-2 血液離心後的分層

血漿(Plasma)

血漿的主要成分為水，占91.5%，主要溶質成分為蛋白質，占7%，其他的溶質包括電解質氣體營養物質及非蛋白質的含氮物質。血漿蛋白質可分成三種：分別為白蛋白(albumin)、球蛋白(globulin)、纖維蛋白原(fibrinogen)（表10-2）。

表10-2 血漿蛋白質之種類及功能

項目	白蛋白	球蛋白	纖維蛋白原
含量	55%（含量最多）	38%	7%
製造位置	肝臟	漿細胞	肝臟
功用	・構成血液膠體滲透壓的主要原因 ・體液平衡的維持 ・與血液黏滯性有關	・球蛋白有α、β、γ三種，以γ球蛋白含量最多 ・α、β球蛋白可運送脂溶性維生素和脂質	血液中主要的凝血因子，參與血液的凝固作用
異常	缺乏時造成水腫	體液性免疫功能降低	無法凝血

註：血漿與組織間液的差別，在於血漿所含成分不同與含量較高。

定型成分(Formed Elements)

定形成分包括紅血球(erythrocyte)、白血球(leukocyte)和血小板(platelets)，約占血液體積的45%。而血漿則占血液體積的55%，其組成有水、蛋白質和其他溶質等（圖10-3、表10-3）。血比容(hematocrit, Hct)是指血液中紅血球所占之百分比，正常值約為40~45%。

圖 10-3 定型成分

表10-3 血液中定形成分之組成與作用

種類	含量	壽命
紅血球	男性540萬個／mm^3；女性480萬個／mm^3	120天
顆粒性白血球	5,000~9,000個／mm^3	數小時到數天
嗜中性球	3,000~6,000個／mm^3（數量最多）	
嗜酸性球	150~300個／mm^3	
嗜鹼性球	0~100個／mm^3（數量最少）	
無顆粒性白血球		
淋巴球	1,500~4,000個／mm^3（體積最小）	數小時到數天
單核球	300~600個／mm^3	
血小板	25~45萬個／mm^3	5~9天

一、血球的形成

血球形成的過程稱做造血(hemopoiesis or hematopoiesis)。所有血球均來自共同生發細胞，稱為**血胚細胞**(hemocytoblast)。血胚細胞可分化成五種不同種類的血球細胞，再發育成其他的血球細胞（圖10-4）。

人體在胚胎與胎兒時期會有許多不同的器官參與造血功能（表10-4）。但是在新生兒出生後，成年人只剩下骨骼的紅骨髓具有造血功能。胚胎與胎兒時期之淋巴結和胸腺也有造血的功能，但出生後只有紅骨髓有造血功能。

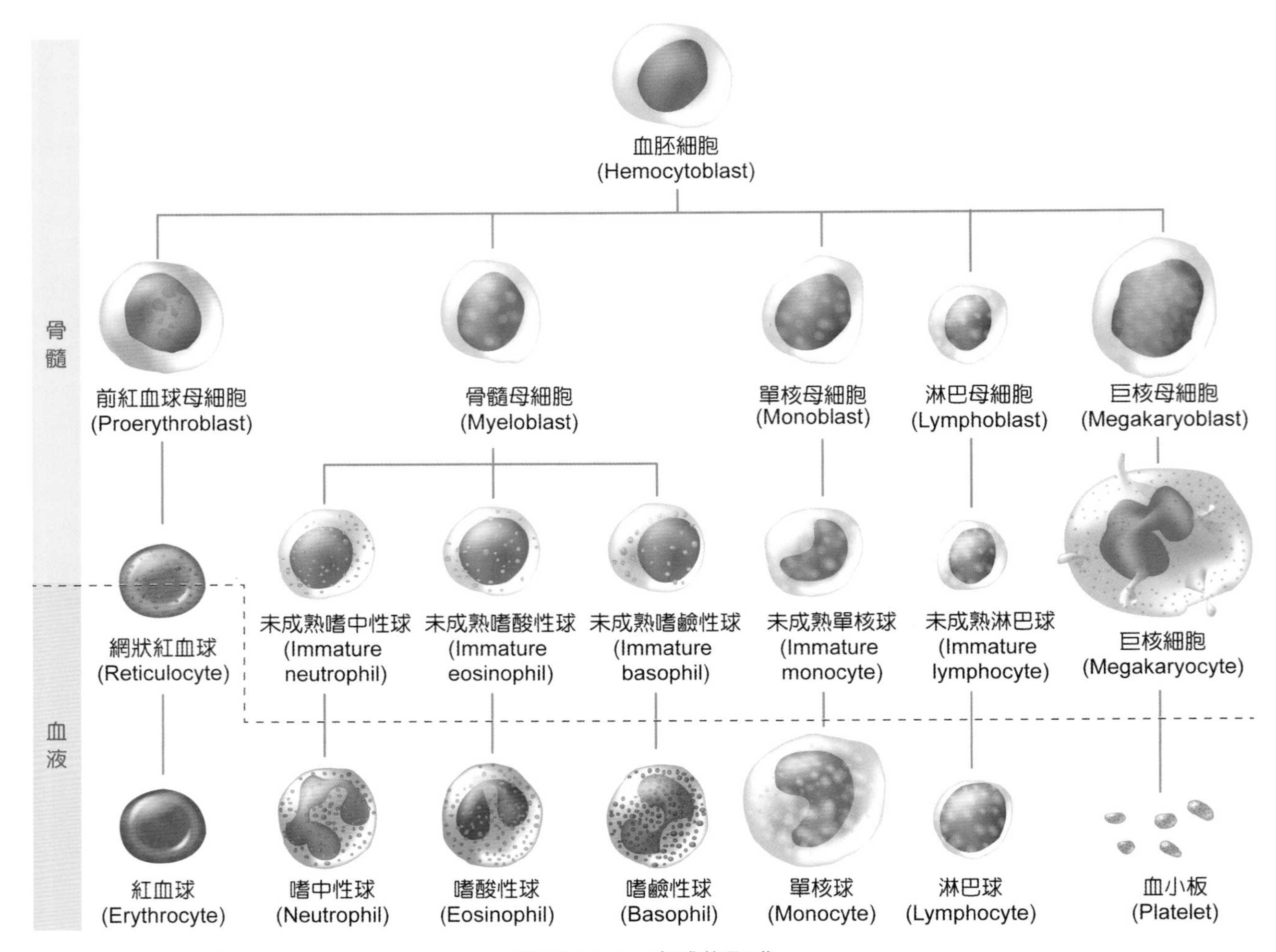

圖 10-4 血球的形成

表10-4 人體出生前後之造血器官

時 間	造血器官	時 期
出生前	卵黃囊	胚胎發育第3~8週
	肝臟	胚胎發育第8週~出生
	脾臟	胚胎發育第5個月開始，出生後即結束
出生後	紅骨髓	第5個月開始至出生
	頭蓋骨、脊椎骨、肋骨、肩胛骨等	青春期之後

二、紅血球 (Erythrocyte, RBC)

(一)形狀及特徵

成熟的紅血球**不具有細胞核**，其細胞膜含有蛋白質、凝集原和脂肪等成分。紅血球的形狀呈**雙凹圓盤狀**，直徑大約在7.5~8 μm（圖10-5）。紅血球是由紅骨髓所製造，因缺乏DNA、RNA及粒線體，故細胞無法分裂。血液和紅血球呈紅色的原因，乃因紅血球含有**血紅素**(hemoglobin, Hb)的關係。功用為運送氧氣及二氧化碳。

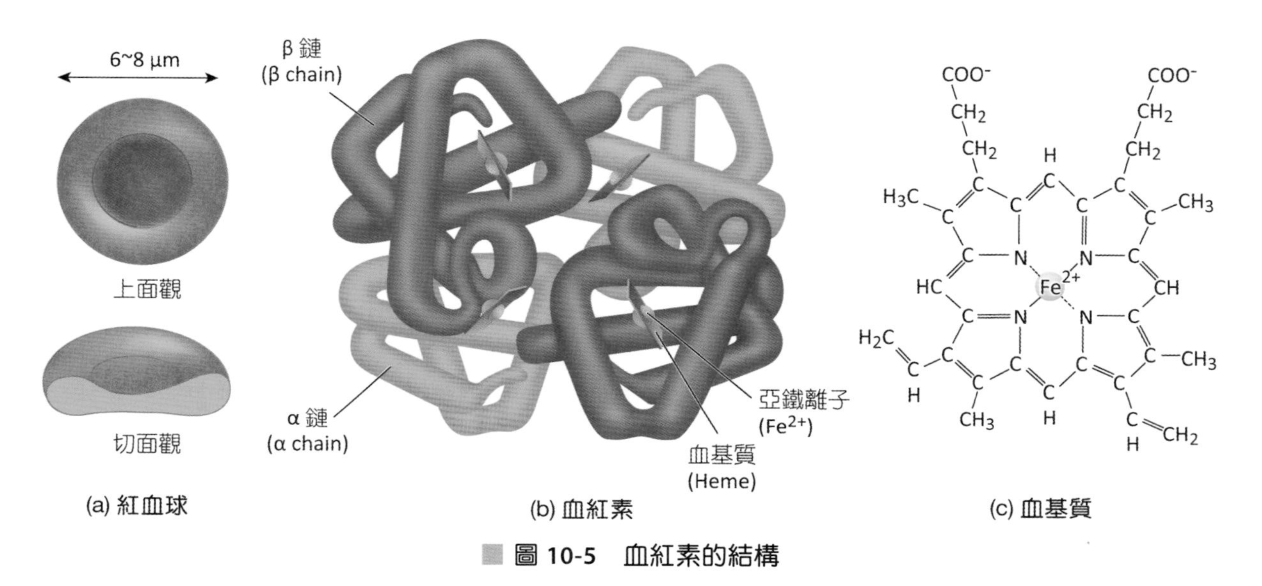

圖 10-5 血紅素的結構

(二)組成成分

血紅素為紅血球內最主要成分，占紅血球重量的33%，是造成血液呈現紅色的原因。**血紅素由血基質**(heme)**和球蛋白**(globin)**組成，每分子血紅素含有四個血基質，每一個血基質則含有一個亞鐵離子**(Fe^{2+})可以和一分子氧(O_2)結合，因此**一分子的血紅素可攜帶四個氧分子**。

血紅素由四條多胜肽鏈組成，胎兒時期的血紅素型為胎兒血紅素(hemoglobin fetus, HbF)其多胜肽鏈組成為2條α鏈、2條γ鏈($\alpha_2\gamma_2$)，HbF可促進氧由母體送至胎兒供胎兒使用。血紅素在胎兒出生後轉變為**成人型血紅素**(hemoglobin adult, HbA)，**為2條α鏈、2條β鏈**($\alpha_2\beta_2$)。

(三)紅血球的生成與調節

紅血球生成(erythropoiesis)是指紅血球形成的過程。**紅血球的壽命約120天，老化的紅血球可被脾臟、肝臟和骨髓內的網狀內皮細胞所吞噬分解**。紅血球數量主要受到**腎臟分泌**

的**紅血球生成素**(erythropoietin, EPO)調節，當體內缺氧、缺血、貧血時，紅血球生成素會**刺激紅骨髓的紅血球母細胞加速發育成紅血球**，使紅血球的數目增加。

銅離子、鐵離子、葉酸、鈷離子、胺基酸、維生素B_{12}等物質與紅血球製造有關，當體內缺乏這些物質時便容易導致貧血的產生。

▼ 貧血(Anemia) Clinical Applications

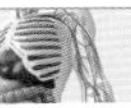

貧血是指紅血球數目減少造成血比容降低，或血紅素生成減少所造成血素量降低之情形。結果會造成無法從肺臟運送足夠的氧氣供身體的組織細胞所使用。

1. 失血性貧血：因體內失血所造成，人體在失血後身體會補充大量血漿，但此時紅血球濃度反而下降。
2. 再生不良性貧血：先天因缺乏有功能之紅骨髓或後天不明所導致之貧血
3. 鐮刀型貧血：基因突變產生異常血紅素 S，在低氧濃度下易致結晶沉澱，形成脆弱的鐮刀狀紅血球，通過微血管時易破裂。
4. 惡性貧血：缺乏內在因子(intrinsic factor)使維生素B_{12}的吸收出現問題而引起，常見於胃切除手術、胃黏膜萎縮病人。
5. 缺鐵性貧血：身體對鐵的吸收或飲食中缺乏鐵質所造成。

二、白血球 (Leukocyt, WBC)

(一) 特徵

白血球有細胞核但不含血紅素，在血液中的數目很少，只有5,000~9,000個／mm^3。白血球可利用吞噬作用或產生抗體的方式對抗入侵的病原菌。白血球可依細胞質的特徵，分成顆粒性白血球及無顆粒性白血球兩類（圖10-6、表10-6）。顆粒性白血球細胞核呈分葉狀，細胞質有顆粒是由紅骨髓發育而來，包括嗜中性球、嗜鹼性球、嗜酸性球等三種。無顆粒性白血球因細胞質內無顆粒，可分成淋巴球與單核球。

(a) 嗜酸性球

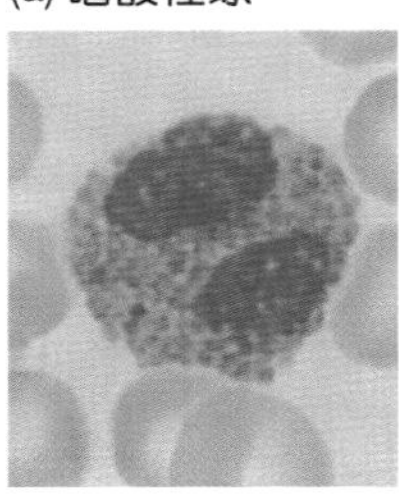

(b) 嗜鹼性球

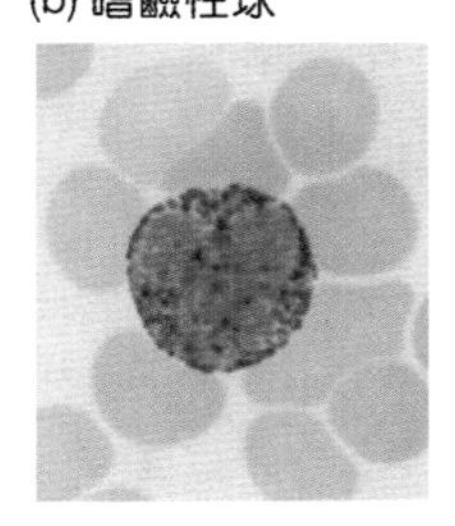

(c) 嗜中性球

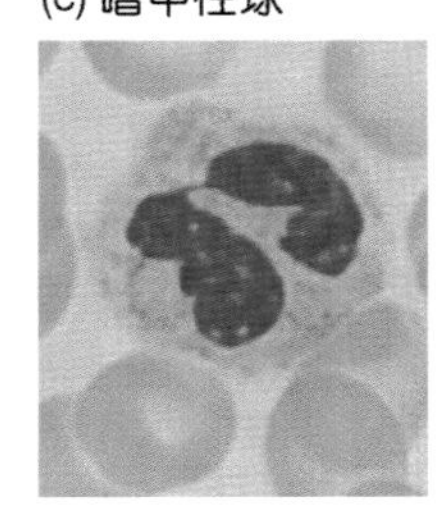

(d) 淋巴球

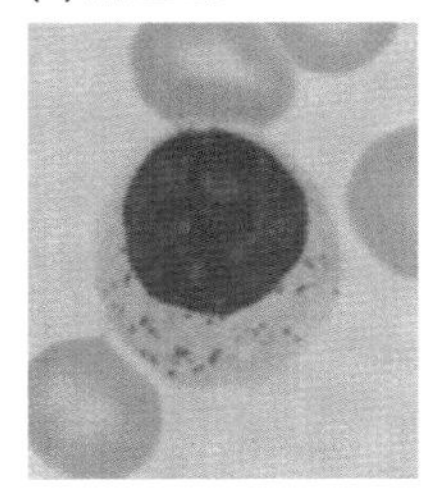

(e) 單核球

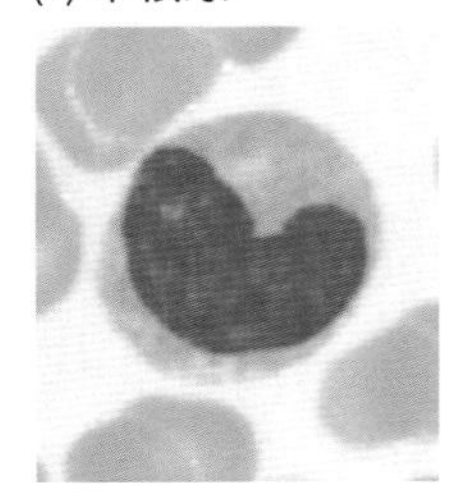

圖 10-6 白血球分類

表10-6 白血球的分類及功能

種類		百分比	直徑	生命期	特徵及生理功能
顆粒性	嗜中性球	60~70%	10~12 μm	8~12天	數目最多的白血球，急性感染時數目明顯上升，感染時最先進入發炎區域，但吞噬能力最弱
	嗜鹼性球	0.5~1%	8~10 μm	8~12天	數目最少的白血球，過敏時釋放組織胺，可分泌肝素，具有抗凝血作用
	嗜酸性球	2~4%	10~12 μm	8~12天	寄生蟲感染時增加，具有吞噬能力
無顆粒性	淋巴球	20~25%	8~12 μm	數天～數年	B淋巴球進行體液性免疫；T淋巴球進行細胞性免疫
	單核球	3~8%	10~20 μm	10天以上	體積最大、吞噬能力最強之白血球，慢性發炎時數目上升，在組織中轉變為巨噬細胞，能製造內生性熱原如IL-1作用於下視丘使體溫上升

（二）功能

1. **吞噬作用**：白血球會朝組織發炎的區域移動，將入侵的病原菌吞噬稱為趨化性(chemotaxis)。主要有吞噬能力的白血球為嗜中性球和單核球。
2. **免疫作用**：外來的抗原入侵體內，會刺激B淋巴球分化形成漿細胞(plasma cell)製造抗體，抗體與抗原結合形成抗原－抗體的複合物，使抗原失去作用。
3. **製造肝素**：嗜鹼性球可製造肝素(heparin)，肝素為體內所存在的一種抗凝血物質，可防止血液凝固。
4. **釋放化學物質**：嗜鹼性球受刺激會釋放組織胺造成血管的擴張引發過敏反應(allergic reaction)。相反地，嗜酸性球則會產生抗組織胺(antihistamine)的物質來降低過敏反應。

▼ 白血球數量的臨床意義　Clinical Applications

體內發炎或受到感染時血液中白血球數目會增加。藉由抽血檢驗血液中白血球的百分比將有助於判斷病情。嗜中性球數目增高，代表受到細菌的感染。單核球數目增高，表示慢性感染。嗜鹼性球和嗜酸性球增加，表示有過敏反應出現。淋巴球數目增加代表體內有抗原－抗體的反應出現。白血球數目增加稱為白血球過多症(leucocytosis)，白血球數目過低（少於5,000個／ml）稱為白血球過少症(leucopenia)。

三、血小板 (Platelet)

（一）構造的特徵

血小板由**巨核細胞**(megakartocytes)**的細胞質碎片形成**，不具有細胞核又稱為凝血細胞(thrombocyte)。血小板的形狀類似圓形或卵圓形，內含有大量的色胺酸。血液內血小板的數量約為15~40萬／mm^3，**血小板的生命期約為5~9天**。血球母細胞受到血小板生成素(thrombopoietin)的作用，會進一步發育成巨核母細胞、巨核細胞，最後形成血小板。

（二）功能

血小板的作用為參與血液凝固，當血小板黏著到受傷的血管，會刺激血管內皮細胞細胞膜上的花生四烯酸合成血栓素A_2 (thromboxane A_2)，血栓素A_2會促使血小板的聚集，受傷的地方形成血栓。

（三）止血 (Hemostasis)

血液凝固防止體液流失的過程稱為止血，當體內血管受傷或破裂時，為防止失血會開始止血的機制，止血包含以下三個步驟（圖10-7）：

1. **血管收縮**(vascular spasm)：受傷的血管因疼痛引起的神經反射和**血小板所釋放的血清胺**造成血管平滑肌收縮，以減少血液流失。
2. **血小板栓子形成**(platelet plug formation)：血管受傷時使管壁的膠原纖維暴露，血小板和膠原纖維接觸後**分泌腺嘌呤核苷二磷酸**(ADP)和血漿**血栓素A_2，促使血小板聚集形成血小板栓子**，使細小的血管能夠止血。

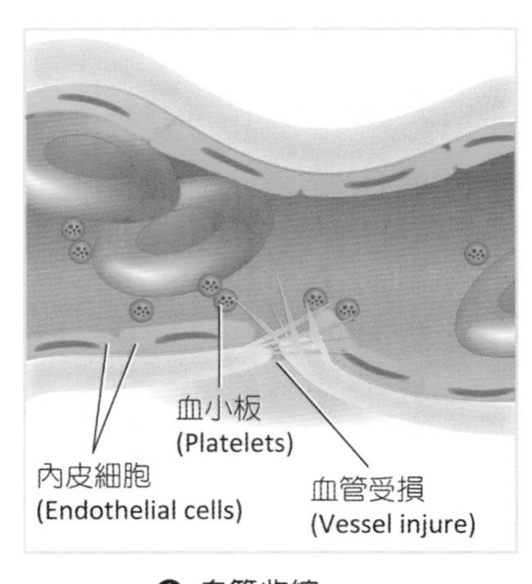

❶ 血管收縮

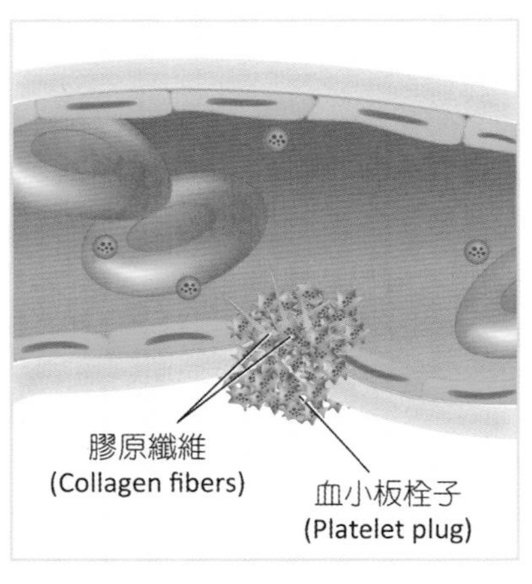

❷ 血小板栓子形成

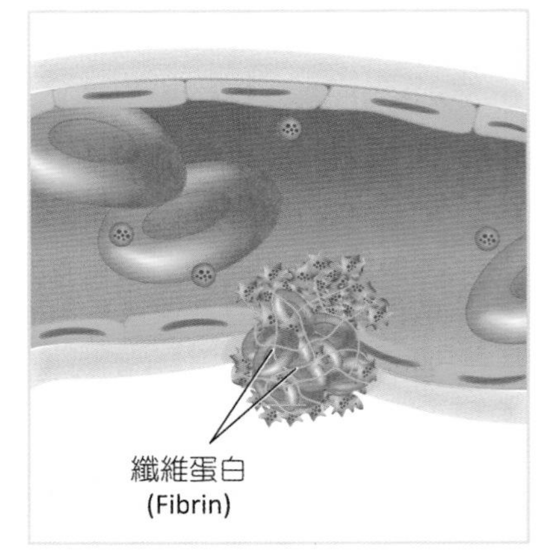

❸ 凝血

圖 10-7 止血

3. **凝血**(coagulation)：可分成三個階段：
   (1) 第一階段：由外在凝血徑路或內在凝血徑路促使凝血酶原致活素形成。
   (2) 第二階段：凝血酶原致活素使凝血酶原轉變成凝血酶。
   (3) 第三階段：在凝血酶(thrombin)和鈣離子作用下，使纖維蛋白原變成疏鬆纖維蛋白，再經由活化凝血因子13的作用形成緊密纖維蛋白。

10-3 血型

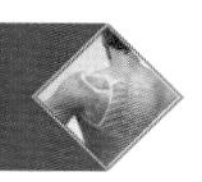

紅血球細胞的表面至少含有上百種由遺傳基因所決定的抗原，統稱為凝集原(agglutinogens)。臨床上有兩種與輸血反應有關為ABO和Rh血型。

ABO血型

ABO血型是利用A和B兩種凝集原（抗原）作為血型鑑定的基礎。凝集原表現在紅血球細胞膜表面，是由遺傳基因決定抗原種類。紅血球表面只具有A凝集原時，其血型為A血型。只含有B凝集原，其血型為B血型。若同時表現A和B兩種凝集原，此人的血型為AB型。而O型的人其紅血球表面則無A和B兩種凝集原（圖10-8）。

血型	紅血球表面抗原	血漿中的抗體
A	A抗原	抗B
B	B抗原	抗A
AB	A及B抗原	無
O	無A及B抗原	抗A、抗B

圖 10-8　ABO 血型的抗原、抗體

此外在人體血漿中，含有遺傳基因所決定的抗體稱為凝集素(agglutinins)。因此a凝集素（抗A）會和A凝集原結合。而b凝集素（抗B）則會和B凝集原結合。使紅血球產生凝集作用(agglutination)。每一種血型的人，其體內的血漿不會產生會和自己紅血球凝集原結合的凝集素。例如A血型的人，只含有b凝集素。B血型的人，只含有a凝集素。**O血型的人**，含有a和b凝集素，**故為全適供血者**。**AB血型的人，不含有a及b兩種凝集素，故為全適受血者**（表10-7）。

在輸血時如果遇到不相容的狀況，例如將A血型人（供血者）的血液輸給B

血型的人（受血者），此時會產生兩種狀況，第一種情形為所輸入A型的紅血球其表面的A凝集原，會被B血型人體內的a凝集素攻擊，造成血球的凝集，而停留在血管內然後使紅血球腫脹破裂，使血紅素釋出引起**溶血**(hemolysis)，此為抗原－抗體反應的例子。第二種狀況為A型血的人（供血者）其血漿含有b凝集素，會攻擊B血型人（受血者）的紅血球，由於供血者的b凝集素在受血者體內會被稀釋，因此比較不容易引起受血者紅血球大量產生溶血現象。

表10-7 ABO血型之比較

血 型	凝集原（抗原）	凝集素（抗體）	相容血型	不相容血型
A	A	抗B	A 、O	B、AB
B	B	抗A	B、O	A、AB
AB	AB	無	A、B 、AB、O	無
O	無	抗A、抗B	O	A、B、AB

Rh血型

另一種血型的分類為Rh系統，起源於恆河猴(rhesus monkey)的血液中所發現的凝集原。

紅血球含有凝集原D為Rh^+（Rh陽性），紅血球不含有凝集原D為Rh^-（Rh陰性）。根據統計在美國的白人當中有85%的比例是屬於Rh^+，黑人則有88%的比例為Rh^+。其餘大約有15%的白人和12%的黑人屬於Rh^-。在東方人絕大多數為Rh^+，極少數的人為Rh^-。因此在大部分的人其體內不含有抗Rh的凝集素（又稱抗D）（表10-8）。

一、Rh 輸血反應

Rh^-的人第一次輸入Rh^+的血液並不會引起凝集反應，故第一次可接受Rh^+的血液，但經過2~4週之後體內會形成抗Rh之抗體，此時如果再輸入Rh^+血液便會造成溶血（表10-8）。

表10-8 Rh血型之比較

Rh血型	凝集原	凝集素	人種比率
Rh^+	D	無	東方人99%，西方人85%
Rh^-	無	無	東方人1%，西方人15%

二、Rh 血型不相容

有關Rh不相容的問題，最常發生在懷孕時所引起的情形。當父親的血型是Rh^+，母親是Rh^-，母親懷第一胎胎兒的血型為Rh^+，在分娩時胎兒Rh^+的紅血球會通過胎盤進入母親體內，使母親產生抗D抗原的抗體（圖10-9）。當母親懷第二胎時胎兒的血型為Rh^+，在懷孕過程中母親體內的抗D抗體，可經由胎盤進入使胎兒紅血球產生凝集反應產生溶血稱為**新生兒溶血症**(hemolytic disease of newborn)。預防的方法就是在新生兒生下後，立刻使用Rh^-的血液進行換血或是給予母親抗體來預防避免新生兒溶血症的發生。

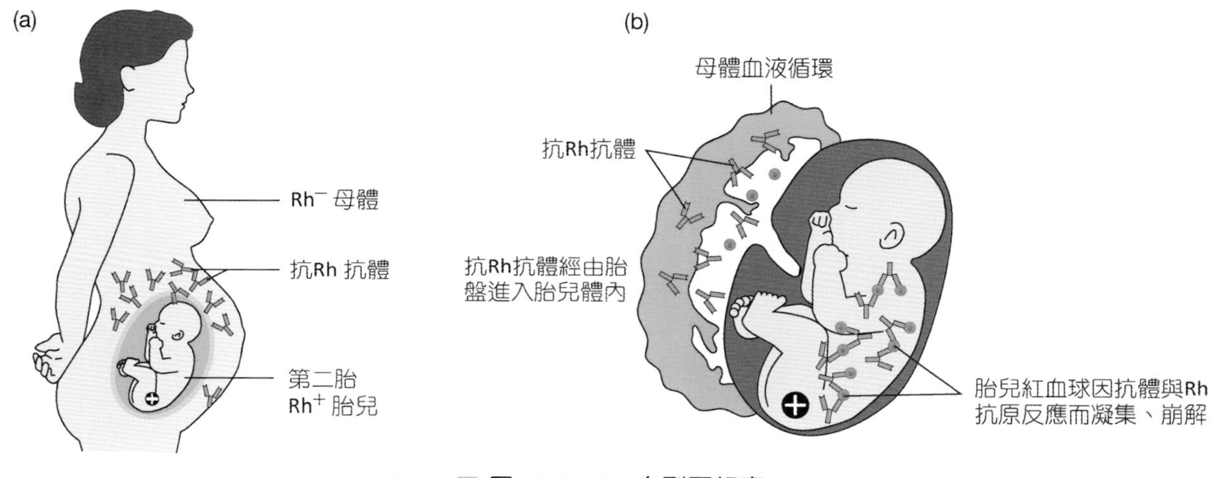

圖 10-9　Rh 血型不相容

摘要 · SUMMARY

血漿	血液由血漿和定形成分所組成。血漿蛋白質可分成三種：分別為白蛋白、球蛋白、纖維蛋白原
定形成分	包括紅血球、白血球和血小板，約占血液體積的45%。而血漿則占血液體積的55%，其組成有水、蛋白質和其他溶質等
止血	包含以下三個步驟：血管收縮、血小板栓子形成、凝血
血型	1. ABO血型利用A和B兩種凝集原（抗原）作為血型鑑定的基礎 2. 紅血球含有凝集原D為Rh^+，紅血球不含有凝集原D為Rh^-

課後習題 · REVIEW ACTIVITIES

1. 下列關於紅血球(erythrocyte, RBC)的敘述，何者正確？(A)呈雙凹圓盤狀，直徑大約7~8奈米(nm) (B)人類的紅血球發育成熟後具有多葉狀的細胞核 (C)血紅素含有鐵原子，可與氧氣或二氧化碳結合 (D) O+型血液，係指紅血球表面同時有O型與Rh型的抗原
2. 血球的生命週期，下列何者最長？(A)紅血球 (B)血小板 (C)嗜中性球 (D)嗜鹼性球
3. 關於紅血球的敘述，下列何者錯誤？(A)雙凹扁平圓盤狀 (B)具有細胞核與粒線體 (C)功能為運輸氧與二氧化碳 (D)老舊的紅血球會被肝臟、脾臟及骨髓的巨噬細胞破壞
4. 正常情形下，白血球中數量最多與直徑最大的分別是：(A)嗜中性球與嗜酸性球 (B)嗜中性球與單核球 (C)淋巴球與嗜酸性球 (D)淋巴球與單核球
5. 有關血球功能的敘述，下列何者錯誤？(A)紅血球能運送氧氣 (B)嗜中性球及單核球能吞噬入侵的微生物 (C)嗜酸性球會釋放組織胺引發過敏反應 (D)淋巴球能製造抗體
6. 血漿中哪一種蛋白質最多，且具有維持血液正常滲透壓的功能？(A)白蛋白 (B)球蛋白 (C)凝血酶 (D)纖維蛋白原
7. 有關γ-球蛋白(γ-globulins)的敘述，下列何者正確？(A)存在血清中 (B)是血漿中最多的蛋白質 (C)能參與凝血反應 (D)構成血液膠體滲透壓的主要成分
8. 有關紅血球的敘述，下列何者錯誤？(A)成熟的紅血球無法增生 (B)老化的紅血球可被脾臟中的庫佛氏細胞(Kupffer's cells)破壞 (C)生命期約120天 (D)能與二氧化碳結合
9. 根據ABO系統，血型AB型的病人是全能受血者，是因為其血漿中：(A)只有抗A抗體 (B)只有抗B抗體 (C)同時有抗A與抗B抗體 (D)缺乏抗A與抗B抗體
10. 下列關於血清與血漿的敘述何者正確？(A)血清不含纖維蛋白原(fibrinogen) (B)血漿不含纖維蛋白原 (C)兩者皆不含纖維蛋白原 (D)兩者皆含纖維蛋白原

答案：1.C 2.A 3.B 4.B 5.C 6.A 7.A 8.B 9.D 10.A

參考資料．REFERENCES

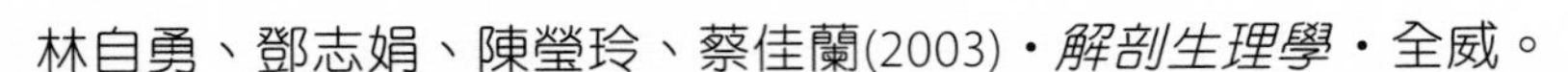

林自勇、鄧志娟、陳瑩玲、蔡佳蘭(2003)．*解剖生理學*．全威。

馬青、王欽文、楊淑娟、徐淑君、鐘久昌、龔朝暉、胡蔭、郭俊明、李菊芬、林育興、邱亦涵、施承典、高婷育、張琪、溫小娟、廖美華、滿庭芳、蔡昀萍、顧雅真…許瑋怡(2022)．於王錫崗總校閱，*人體生理學*（6版）．新文京。

許世昌(2019)．*新編解剖學*（4版）．永大。

許家豪、張媛綺、唐善美、巴奈比比、蕭如玲、陳昀佑(2021)．*生理學*（4版）．新文京。

麥麗敏、陳智傑、廖美華、鍾麗琴、陳建瑋、祁業榮、黃玉琪、戴瑄、呂國昀(2015)．於王錫崗總校閱，*解剖生理學*（2版）．華杏。

馮琮涵、黃雍協、柯翠玲、廖智凱、胡明一、林自勇、鍾敦輝、周綉珠、陳瀅(2021)．*人體解剖學*．新文京。

游祥明、宋晏仁、古宏海、傅毓秀、林光華(2021)．*解剖學*（5版）．華杏。

廖美華、溫小娟、高婷玉、顏惠芷、林育興(2020)．於劉中和總校閱，*解剖學*（2版）．華杏。

盧冠霖、胡明一、蔡宜容、黃慧貞、王玉文、王慈娟、陳昀佑、郭純琦、秦作威、張林松、林淑玟(2014)．*實用人體解剖學*（2版）．華格那。

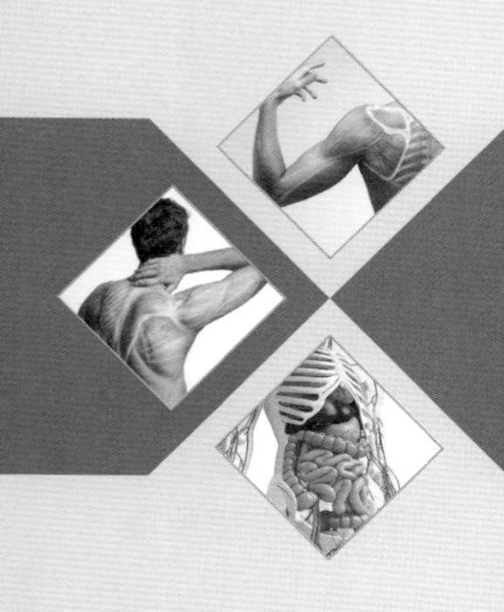

Chapter

循環系統 × 11

王耀賢 編著

Circulatory System

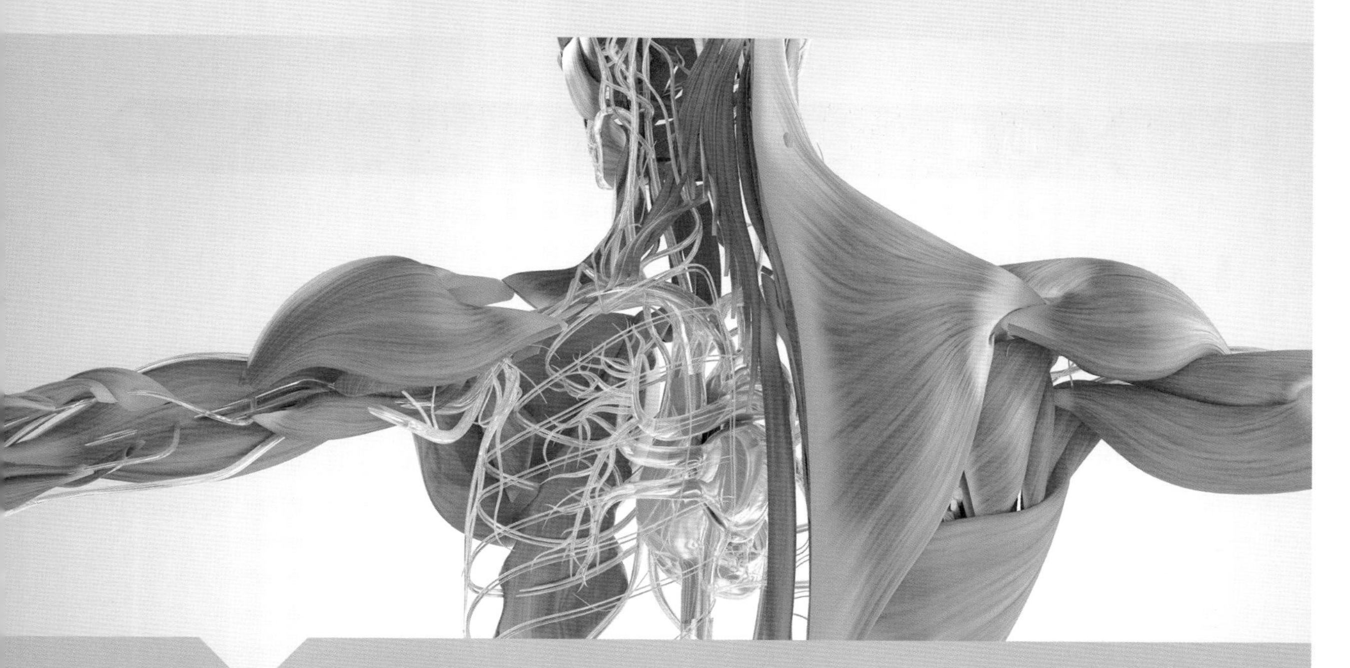

本章大綱

ANATOMY

前言

心臟血管系統是人體生存所需，沒有循環系統則無法提供身體氧氣與所需之營養，並造成代謝物的累積。在這樣的環境下將會造成細胞不可逆性的反應，進而使器官死亡。心血管系統可視同一套以心臟為起始處，而以血管為通路的單向封閉型管路。循環系統在體內的功能便是「運輸」，而運輸的物質即為血液，其中包含氧、營養素、代謝廢物、激素及其他種種來自外界或由細胞產生之物質。來自心臟收縮所產生的力量則推動血液得以不斷繞行全身。

11-1 心臟

心臟的構造與位置

一、位置

心臟大小與身體大小有關。成人心臟約握拳大小，重量不超過一磅。心臟斜臥於胸腔並被肺臟夾在中間，即位於縱膈腔內，橫膈上方。心臟的基部(base)則斜向右肩且接近第2肋骨，此處為大血管與心臟相接處。正面以右心為主體；而由左心室構成的心尖(apex)位於左乳下的第5肋間處。

二、構造

(一)心臟的被膜與心臟壁

心臟被一個兩層的膜囊包住。外層的纖維性心包膜較厚，為緻密結締組織，可保護心臟防止其過度膨脹，並可將心臟固定於縱膈腔裡。內層的漿膜性心包膜較薄，為單層扁平上皮，又分成壁層心包膜(parietal pericardium)及臟層心包膜(visceral pericardium)，臟層心包膜包覆著心臟，亦稱**心外膜**(epicardium)。**兩層心包膜間有一小腔隙，稱為心包腔**(pericardial cavity)，內含有由心外膜所分泌具潤滑作用之漿液，可減少心跳時心包膜之間的摩擦。當心包膜感染發炎產生心膜炎(pericarditis)時，漿液分泌量的減少會使心包膜間產生粘連，影響心臟跳動並會感到疼痛。

心臟壁由三層構造組成，由內向外是（圖11-1）：

1. **心內膜**(endocardium)：位心臟腔室內面，含有內皮和彈性纖維及膠原纖維組成的結締組織。心內膜的皺摺可形成心臟的各瓣膜。

2. **心肌層**(myocardium)：相當厚且，大部分由屬於不隨意肌的心肌組成。整個心臟的肌肉厚度並不均勻，這是因為心臟各部位所作的功大小不同之故。心室要對抗相當大的血管阻力才能將血液擠出心臟，故心室的肌肉遠多於接受血液回流的心房。
3. **心外膜**(epicardium)：與臟層心包膜相同，可作為保護層；此膜由外附表皮的結締組織構成並含有微血管、微淋巴及神經纖維，深層常含有脂肪。

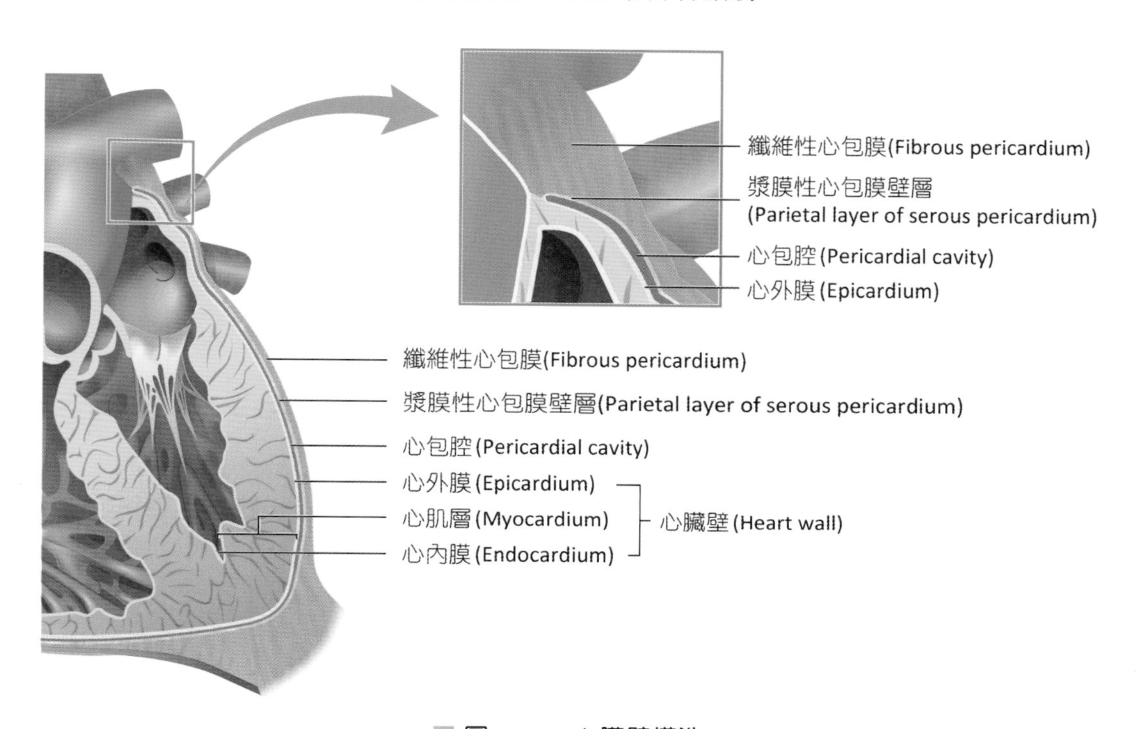

圖 11-1　心臟壁構造

（二）心臟的腔室

心臟為一具四個腔式的中間構造（圖11-2）。上方是兩個心房，被心房中隔(interatrial septum)所隔開；下方則是兩個心室，被心室中隔(interventricular septum)所分開。心房、室間以中隔(septum)上下分開。雖然心臟是單一器官，但可將其視為兩個的獨立的幫浦系統。右邊心臟負責肺循環；左邊心臟負責體循環。故左、右房室各與不同血管相連以達其目的，分述如下：

1. **左心房**：四條肺靜脈(pulmonary vein)，含充氧血。
2. **左心室**：主動脈(aorta)，含充氧血。
3. **右心房**：上腔靜脈(superior vena cava)、下腔靜脈(inferior vena cava)及冠狀竇(coronary sinus)的匯入含缺氧血。

4. **右心室**：肺動脈幹(pulmonary trunk)，含缺氧血。

所謂藍嬰(blue baby)即出生時因中隔缺損而使左、右心的血液發生混合，導致血液的含氧量下降，使得嬰兒有發紺(synosis)之現象。

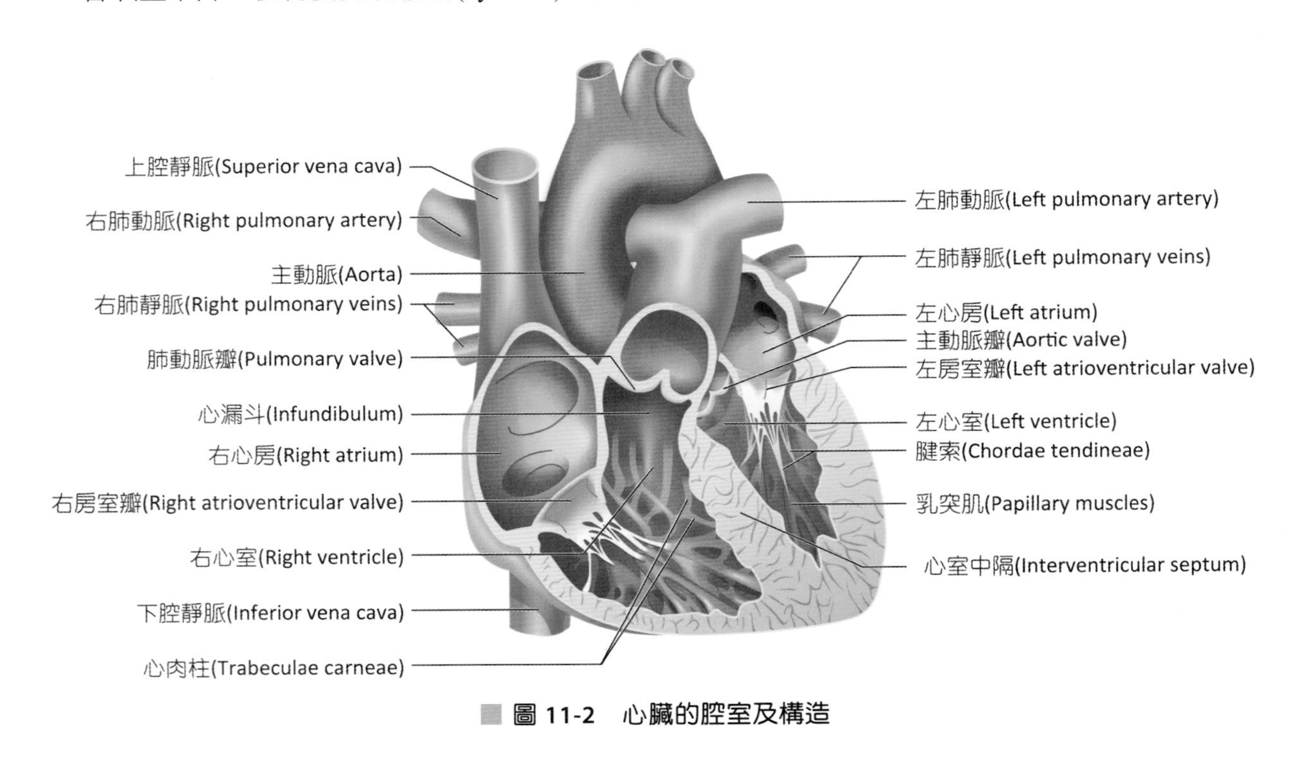

圖 11-2 心臟的腔室及構造

（三）心臟的瓣膜

由於血液是單向運行，故循環系統中需某些單向開放的管制閥來防止血液逆流，此即瓣膜(valves)。

1. **房室瓣**(atrioventricular valves, AV valves)：位在房室間，左心房室間由**二尖瓣**(bicuspid)或稱**僧帽瓣**(mitral valve)隔開；右心房室間由**三尖瓣**(tricuspid valve)隔開。房室瓣的尖端藉著**腱索**(chordae tendineae)而固定心室內壁的**乳突肌**(papillary muscles)上，當心臟收縮時，房室瓣會關閉以防止血液自心室逆流回心房。
2. **半月瓣**(semilunar valves)：位於血液離開心室進入動脈處，當心室收縮時半月瓣被迫打開，待心室舒張時，再度關閉以防止動脈血液逆流回心室。

心臟的血液供應

營養心臟的血液來自主動脈的兩條分枝一左、右冠狀動脈(coronary artery)（圖11-3）。

1. **左冠狀動脈：迴旋動脈**(circumflex artery)沿左房、室間的房室溝行走，供應左心房、室壁的血液。**前室間動脈**(anterior interventricular artery)，於前心室溝間供應兩心室血液。
2. **右冠狀動脈**：沿著右心房室間的房室溝行走，再分枝成兩條，一為後室間動脈(posterior interventricular artery)，供應兩心室壁的血液；另一條是邊緣動脈(marginal artery)，沿著心臟下緣供應右心房、室壁血液。

冠狀循環的冠狀靜脈血最後直接由**冠狀竇**(coronary sinus)注入右心房。冠狀動脈位於心臟的表面，心臟收縮時冠狀動脈受壓迫，心臟舒張時冠狀動脈的血流才會順暢。心跳過快致心臟舒張期過短，將使冠狀動脈的血流不足。任何原因造成冠狀動脈血流下降所導致之心肌缺血，有時會以左肩部劇痛的形式表現出來，此即心肌梗塞(myocardial infraction)的症狀之一。

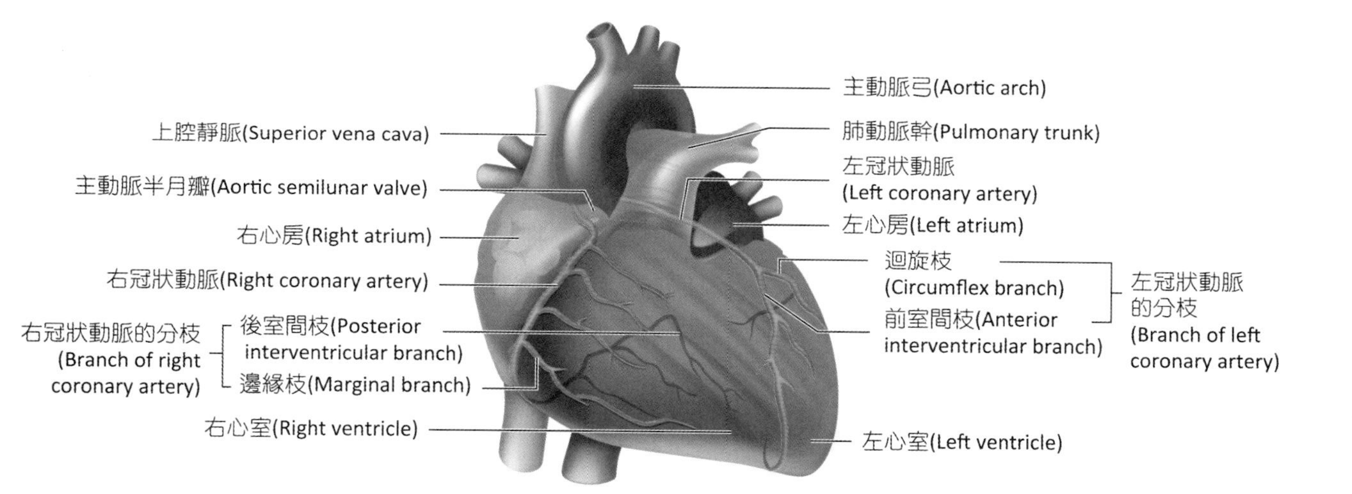

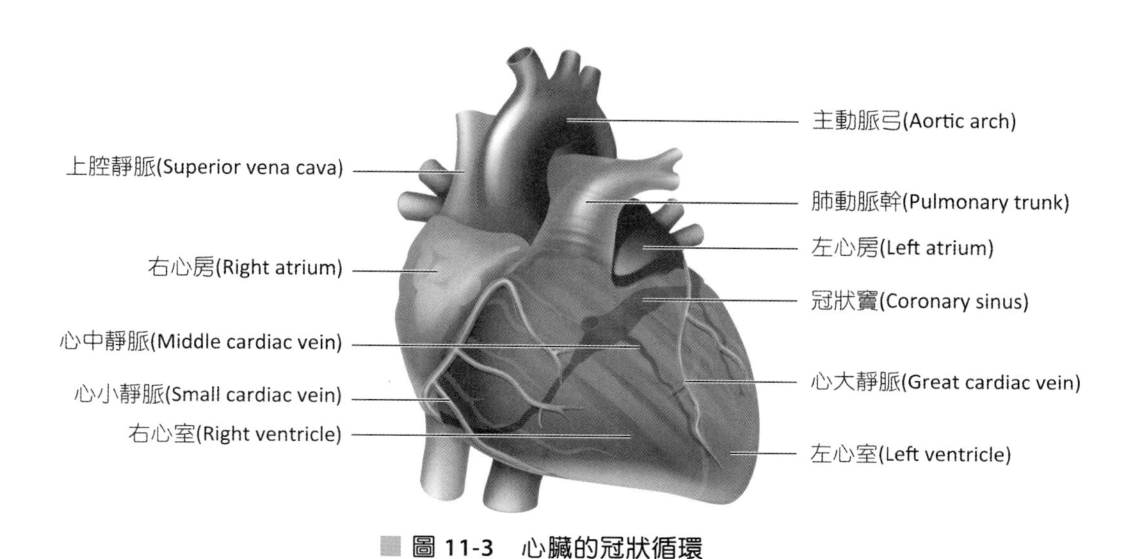

圖 11-3 心臟的冠狀循環

▼ 心絞痛(Angina Pectoris) Clinical Applications 

大部分心臟病都是來自冠狀循環發生障礙，如果因為氧氣供應太少而使心肌細胞收縮力變弱，但並未使細胞死亡，這種情況稱為局部缺血(ischemia)。心絞痛是「胸痛」的意思，起因於心肌的局部缺血，主要是冠狀循環因某種原因使得循環量減少。生活壓力是造成血管壁收縮是常見的原因之一。心絞痛會使心肌收縮力變弱，但不會變成完全的心臟病發作，最簡單的處理方法就是服用硝酸甘油(nitroglycerin)，這種藥可使血管擴張，增加心肌部位的血流量，使冠狀循環恢復正常，如此便可使心絞痛消失。

心動週期(Cardiac Cycle)

心臟工作時呈現一連串收縮與放鬆的動作，當心房收縮時心室就放鬆，而心房放鬆時心室就收縮。心臟一次的心房室收縮、放鬆的過程就稱為**心動週期**(cardiac cycle)。在心房舒張初期缺氧血由上、下腔靜脈及冠狀竇流入右心房；充氧血則經肺靜脈流入左心房，此時心室仍在收縮而房室瓣關閉，故血液不會流入心室。直到心室亦進入舒張期，房室瓣打開，大量血液才會流到心室中，但最後約30%的血液得靠心房收縮才能全部進入心室。隨著血量增加，心室內的壓力漸增，故房室瓣再度關閉以阻止血液回流心房。而後心室肌肉開始做等長收縮，直到心室內的壓力大於主動脈與肺動脈的壓力時，半月瓣被迫打開，心臟進入射血期，血液流入動脈。等心室壓小於動脈壓時半月瓣又會關閉，心室於是進入舒張期，而下一個心動週期即將展開。

心臟的傳導系統(Conduction System)

骨骼肌與心肌同為興奮性(excitable)細胞，前者在運動神經(motor nerve)支配下產生收縮，心肌卻可產生自發(spontaneous)且具節律性的收縮。這種節律性的收縮的能力來自心臟的傳導系統，一組特化的心肌細胞，啟動及散布電衝動，包括**竇房結**(sinoatrial node, SA node)、**房室結**(atrioventricular node, AV node)、**房室束**(atrioventricular bundle)或稱**希氏束**(bundle of His)及**浦金氏纖維**(Purkinje's fibers)（圖11-4）。

為竇房結又稱**節律點**(pacemaker)，位於右心房後壁、上腔靜脈開口的小、長型的特化組織。心臟每次收縮由竇房結首先發動一個動作電位，沿上述之傳導路徑散布整個心臟，使心肌去極化進而產生收縮，竇房結細胞膜彼此相連因此可啟動連續性刺激。每一部分心臟傳導系統的節率與速度均不相同，基本上以竇房結的節律最快而依序遞減，故竇房結受損時心跳便改由其他較細的節律細胞如房室結所取代，如此心跳速率就有可能過慢，此時即須採用人工節律器(artificial pacemaker)，以外界的刺激來調整心跳速率。

左、右心房幾乎同時收縮，因心臟纖維骨架的區隔使刺激傳到心室的過程中造成一些延遲。接著刺激沿著傳導纖維傳到房室結，房室結位於右心房接近心房間隔底心內膜下方。房室結將刺激往下傳到房室束的一群纖維組織分為左、右兩束，再由這兩條分枝向下傳地刺激到浦金氏纖維，使整個心室收縮將血液擠入動脈中。

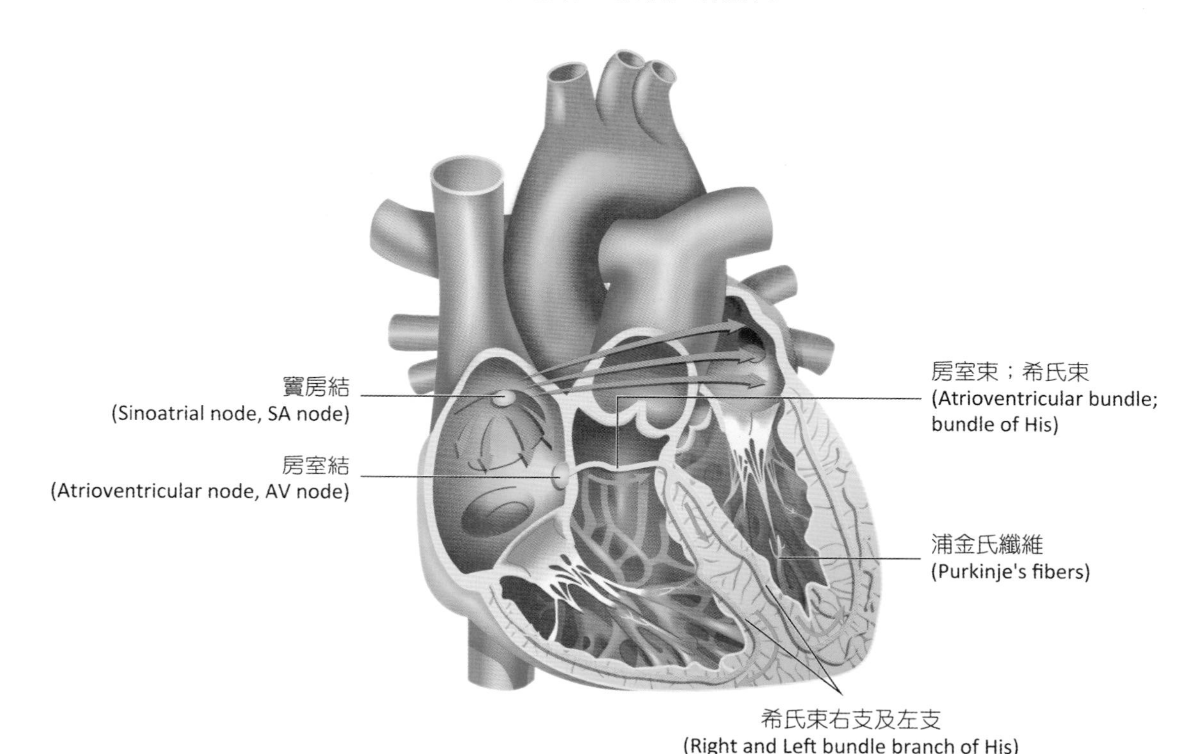

圖 11-4 心臟的傳導系統

心音(Heart Sound)

完整的心動週期可產生四個心音，一般能聽到的是房室瓣及半月瓣關閉發出兩個心音：

1. **第一心音**：又稱心縮音(systolic sound)，**其音調低且長，為心室收縮早期，房室瓣關閉所產生的聲音**，常被描述為「lub或啦」的聲音，在心尖區（左側第五肋間）聽得較清楚。
2. **第二心音**：又稱心舒音(diastolic sound)，**音調高且短，為心室舒張早期，主動脈及肺動脈半月瓣關閉產生的聲音**，常被描述為「dub或答」的聲音。在肺動脈區（左右第二肋間附近）聽得較清楚。

▼ 心雜音(Murmurs) Clinical Applications

由心音的變化可獲得許多有關心瓣膜的資料，心雜音是因為血液在心臟血管內流動所造成的雜音，常見於房室瓣關閉不完全。有雜音並不一定表示瓣膜有問題，有許多病例中並沒有什麼臨床意義。

11-2 血管

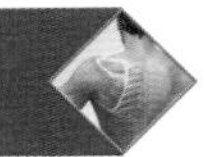

血管為循環系統的器官，呈現封閉性的迴路。動脈將血液由心臟帶到身體各組織，由大的動脈分成中等直徑的動脈，再細分成小動脈。當小動脈進到組織後分成微血管，血液經微血管壁與組織進行物質交換。離開組織前，微血管匯集成小靜脈，再匯合成靜脈，然後回到心臟。而血管亦需要氧及營養物質的供應，血管壁本身也有血管分布，稱為血管滋養管(vasa vasorum)，位於外膜上，是從本身血管或鄰近的血管而來。

血管的變化

血管的大小及血管壁的厚度會隨著血壓而改變。動脈將血液帶離心臟，因此動脈必須承受最大的內在壓力。動脈(arteries)細分成小動脈(arterioles)，最後進入微血管(capillaries)，在此之間有一個很大改變，即血管直徑變小、管壁厚度減少、管內壓力及血流速度均遞減。雖然管腔漸變窄，但是這些大量平行的小動脈與微血管分枝，其管腔直徑的總和是漸增的。

微血管之後轉變成小靜脈(venules)，再匯合成靜脈(veins)，主要的大靜脈將血液帶回心臟右心房。在血液離開微血管後，其壓力遞減，在上、下腔靜脈近右心房處為最低壓力點。微血管具有最大的總橫切面直徑及面積。

管壁的基本構造

血管包含三層管壁構造，由內而外分別為（圖11-5）：

1. **內膜**(tunica intima)：由單層鱗狀上皮組成的內皮(endothelium)及一層含彈性纖維與膠原蛋白的結締組織構成的基底膜(basement membrane)。內皮直接與血液相接觸，所有血管均具此構造，由心內膜連續而來。
2. **中膜**(tunica media)：組成心壁的大部分，屬最厚的一層，由平滑肌纖維及彈性纖維以環狀方式混合而成。由於中膜的特殊構造，使動脈具有彈性及收縮性。
3. **外膜**(tunica adventitia)：主要由彈性纖維及膠原纖維組成。

在內膜及中膜之間又有一層薄的彈性纖維，稱為**內彈性膜**(internal elastic lamina)；中膜及外膜之間亦有一層彈性纖維，稱為**外彈性膜**(external elastic lamina)。隨著血管種類不同，血管壁的每層構造所占的比率也不相同，功能因而有所差異。內膜的內皮可減少對血流的阻力；中膜的彈性纖維可使血管具有儲存血液功能，而肌肉層則可調節血管口徑大小；外膜的結締組織可防止血管過度膨脹，以及使血管固定於周圍組織。

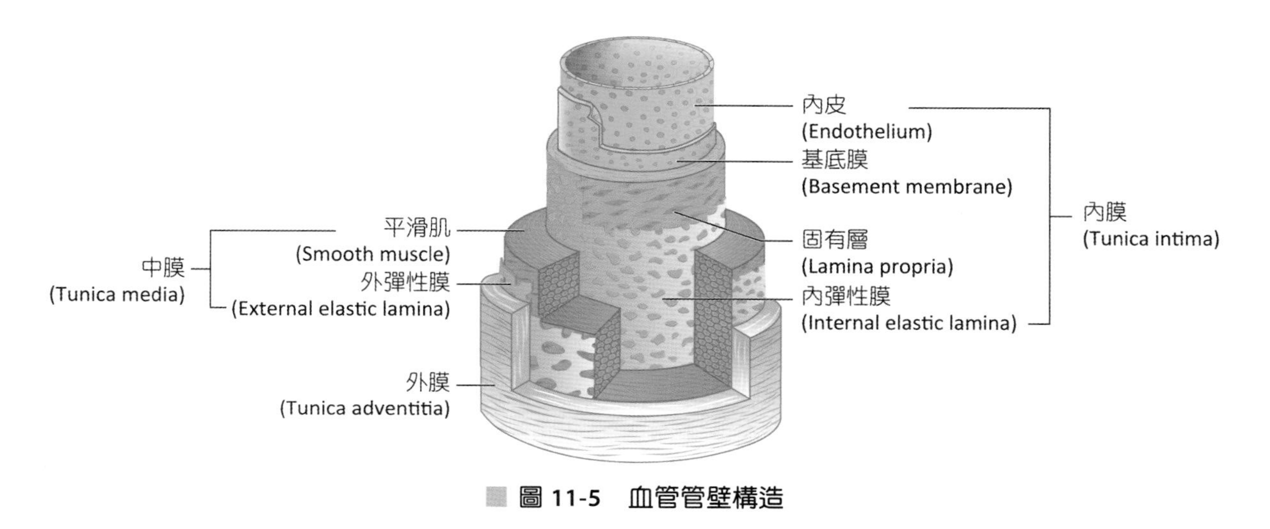

圖 11-5　血管管壁構造

血管的種類

一、動脈與小動脈 (Arteries and Arterioles)

動脈是韌性極強且富彈性之血管，可承受由心臟收縮將血液送入血管之壓力。動脈可進一步進行分枝而形成小動脈。

(一) 彈性動脈 (Elastic Arteries)

彈性動脈即大動脈，因它們將血液由心臟傳導至中型的動脈，故又稱傳導動脈(conducting arteries)，動脈在中膜含有等量的彈性纖維和平滑肌細胞。包括主動脈及其主要分枝、肺動脈幹，例如頭臂動脈幹、鎖骨下動脈、頸總動脈、椎動脈及髂總動脈。大動脈的中膜相當厚，含有少量平滑肌纖維及大量的彈性纖維。當心臟收縮時，彈性動脈層被動的伸張，而使血液從心臟射出；當心臟舒張，彈性動脈管壁的彈回作用，可幫助管內壓力的維持，並且使血液繼續往前流動。

(二) 肌肉動脈 (Muscular Arteries)

肌肉動脈為一種中型的動脈，因為他們將血液分配至全身各部分，故又稱分配動脈(distributing arteries)，這些血管含有平滑肌細胞但彈性纖維的含量相對較少，故管壁相當厚，因此具有較大的血管收縮及舒張能力，並調節血量配合組織之需要。包括腋動脈、肱動脈、橈動脈、肋間動脈、脾動脈、腸繫膜動脈、股動脈、膕動脈及脛動脈等。

(三) 小動脈 (Arterioles)

當動脈直徑小於0.5 mm時稱為小動脈，小動脈與動脈相偕，**終末小動脈**(metaterioles)可將血液送至微血管。靠近動脈端的小動脈具有與動脈相同的內膜，中膜是由平滑肌及少量的彈性纖維組成，而外膜大部分由彈性纖維及膠原纖維組成。靠近微血管端的小動脈幾乎由內皮組成，外彈性膜消失，且中膜逐漸減少，只有一些平滑肌細胞散布其中。小動脈扮演的角色是調節動脈進入微血管的血流，其平滑肌與動脈的相同。一旦收縮，進到微血管的血量會被限制；當血管舒張時則血量顯著增加。

二、微血管 (Capillaries)

微血管是最小的血管，連接小動脈與小靜脈，必須在顯微鏡下才得以觀察（圖11-6）。微血管管壁是由單層內皮細胞及基底膜組成，不具中膜及外膜構造，因此可作為血液與組織細胞間營養物及廢物交換的場所。微血管分布在身體各個細胞附近，且隨組織活動性而有不同，例如肌肉、肝臟、腎臟、肺臟及神經系統等富含微血管；肌腱及韌帶等構造微血管分布較不廣泛；表皮、軟骨及眼睛角膜則不含微血管。

1. **微血管的組成**：在大部分組織中，微血管包括兩種：
   (1) **微細速管**(thoroughfare channels)：可直接連接終末小動脈與小靜脈。一種由平滑肌細胞環繞形成的**微血管前括約肌**(precapillary sphincters)，經常於微細速管升起的地方環繞著真微血管。微血管前括約肌的收縮及鬆弛可幫助調節通過微血管的血流。
   (2) **真微血管**(true capillaries)：可從微細速管分枝而出或融入組織。
2. **微血管的種類**（圖11-7）：
   (1) **連續型微血管**(continuous capillaries)：在肌肉的微血管，如骨骼肌、平滑肌、心肌其內皮細胞的細胞質連續。
   (2) **窗孔型微血管**(fenestrated capillaries)：在內分泌腺、腸道、腦室脈絡叢及腎臟的微血管，內皮細胞膜具小孔，孔徑約700~1,000Å，具穿透性，除腎臟微血管之外，其他的有孔微血管上皆覆有一層薄的隔膜使小孔呈關閉狀態。
   (3) **不連續型微血管**(discontinuous capillaries)：或稱竇狀隙型微血管(sinusoids capillaries)，某些構造的小動脈並不連接微血管，而是排入一個管壁極薄的血管通道，他們較微血管寬且彎曲，內襯為吞噬細胞，於肝臟者稱為網狀內皮細胞(reticuloendothelial)或庫佛氏細胞(Kupffer's cells)。肝、脾、骨髓、腦下垂體前葉、副甲狀腺與腎上腺皮質等，皆有竇狀隙構造。竇狀隙壁上的孔可允許較大分子或血球通過血管。

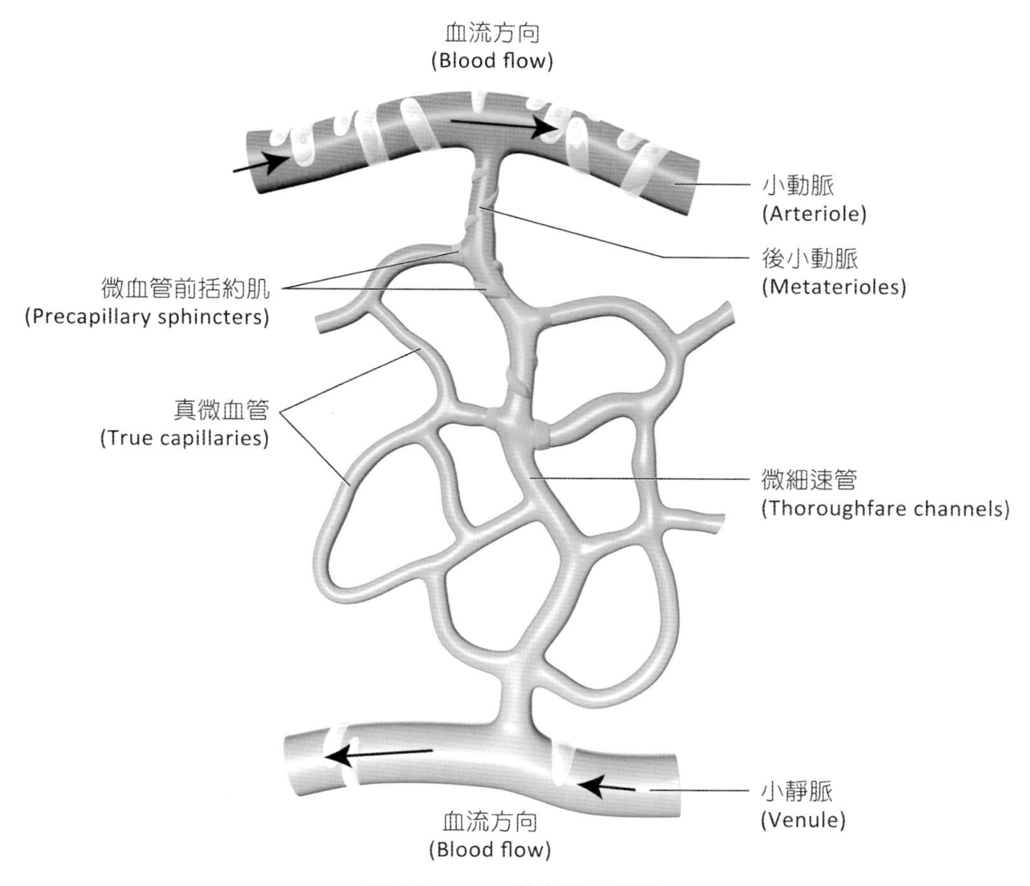

圖 11-6　微血管的構造

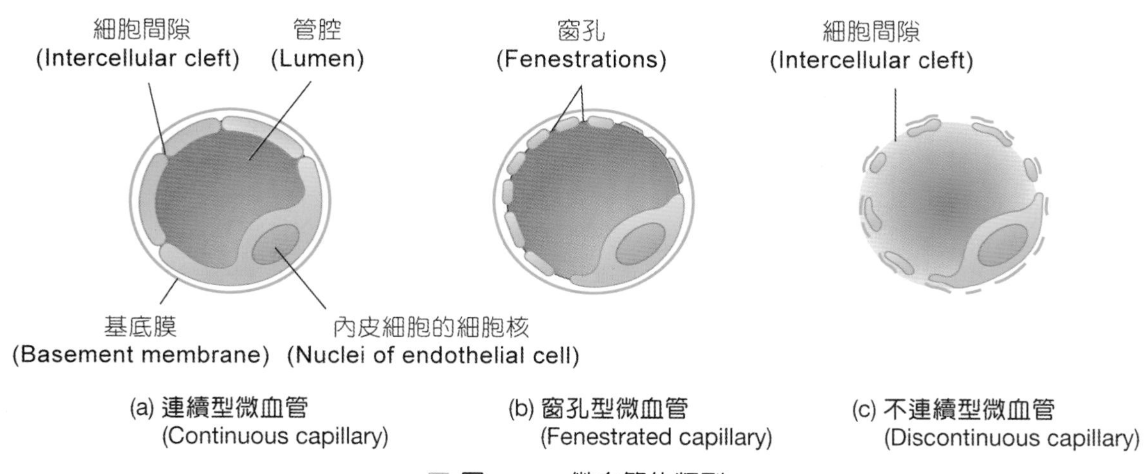

圖 11-7　微血管的類型

單一微血管的長度約0.5~1.0 mm，直徑約0.01 mm，藉由廣泛的網狀結構增加表面積。體內的微血管總表面積，估計超過600平方公尺。在大部分的組織，當其代謝需要低時，血流只經一小部分的微血管網，若代謝活動增加時，則整個微血管網會打開而充滿血液。

三、小靜脈與靜脈 (Venules and Veins)

1. **小靜脈**(venules)：收集微血管血液的小血管，匯合形成靜脈。靠近微血管端的小靜脈包括內皮組成的內膜及結締組織構成的外膜。近靜脈端的小靜脈亦含有中膜。
2. **靜脈**(veins)：包括三層構造，所含彈性纖維及平滑肌很少，而含較多的白色纖維組織，不具內彈性膜與外彈性膜，比動脈具有較寬的管腔及較薄的管壁。**靜脈含有瓣膜**，只允許血液單向流回心臟。當靜脈內的血液欲逆流時，則瓣膜會撲動，而阻斷血液逆流。站立時，下肢靜脈將血液往上推的壓力只足以抵抗地心引力將血液往下拉的力量，因此血液欲流回心臟必須靠靜脈瓣之外，還須依賴骨骼肌收縮的作用。骨骼肌收縮時會變粗且壓迫血管，骨骼肌產生的壓力作用在有瓣膜的靜脈上，使血液由一個瓣膜處流向下一個瓣膜（圖11-8）。
3. **靜脈竇**(venous sinus)：又稱血管竇(vascular sinus)，由於只含薄層內皮細胞不含平滑肌，因而無法改變血管的直徑。例如硬腦膜之靜脈竇及心臟的冠狀竇。

心血管系統各部分所含血量有很大差異，靜脈含75%的血液，動脈含20%，微血管含5%，故靜脈又稱為**血液的儲存所**。當失血時靜脈壁受交感神經興奮收縮，能暫時提供足量血液以維持血壓。

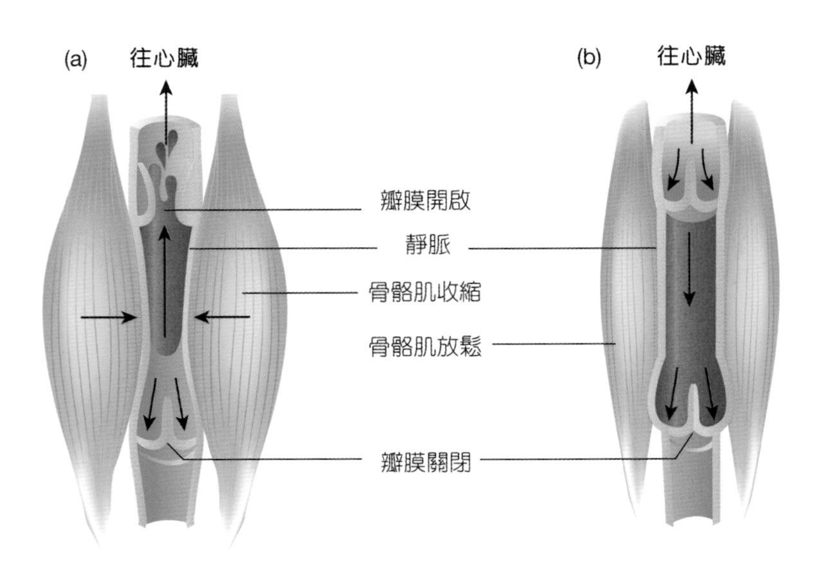

圖 11-8 骨骼肌收縮與放鬆對靜脈血液回流的作用

11-3 循環路徑

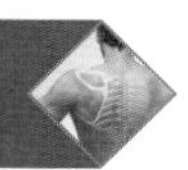

人體內的動脈、小動脈、微血管、小靜脈及靜脈組成一定的路線而將血液循環至全身。心臟血管系統可分為體循環與肺循環兩種主要的循環路徑。左心室中的血液被送入主動脈循環全身後，匯入上、下腔靜脈而回到右心房，這一路線稱體循環；右心房中的血液經右心室再被送入肺動脈到肺臟進行氣體交換後，由肺靜脈回到左心房，這一路線稱肺循環。

體循環(Systemic Circulation)

由左心室將血液運輸至全身所有的部分（除了肺泡以外），而後回到右心房的過程，稱為體循環。其目的為攜帶氧氣即營養物質（充氧血）至組織，進行氣體及營養物的交換，經由組織移除二氧化碳及其他廢物而成為缺氧血，再回到右心房。所有體循環的動脈均起源於左心室的主動脈分枝（圖11-9）。

一、動脈系統

（一）主動脈 (Aorta)

主動脈由左心室出來後，於肺動脈幹深部往上行，稱為**升主動脈**(ascending aorta)，其基部主動脈半月瓣每一瓣尖處膨大形成**主動脈竇**(aortic sinus)，內含感壓接受器及感知血中二氧化碳濃度的化學接受器。其中兩主動脈竇形成左、右冠狀動脈。

升主動脈分枝到心肌的左、右冠狀動脈。再往左後方彎曲形成**主動脈弓**(aortic arch)，主動脈弓有三個主要分枝，分別為**頭臂動脈**(brachiocephalic artery)、**左頸總動脈**(left common carotid artery)及**左鎖骨下動脈**(left subclavian artery)。頭臂動脈為主動脈弓的第一條分枝，向上再分枝為**右頸總動脈**(right common carotid artery)及**右鎖骨下動脈**(right subclavian artery)。主動脈弓彎曲至第4胸椎高度而後往下降，成為**降主動脈**(descending aorta)（圖11-10）。

在主動脈弓及橫膈之間的降主動脈稱為**胸主動脈**(thoracic aorta)並分枝到胸壁及胸部器官。在橫膈下方降主動脈稱為**腹主動脈**(abdominal aorta)，經過橫膈下行至第4腰椎高度，再分為左、右**髂總動脈**(common iliac arteries)（表11-1）。

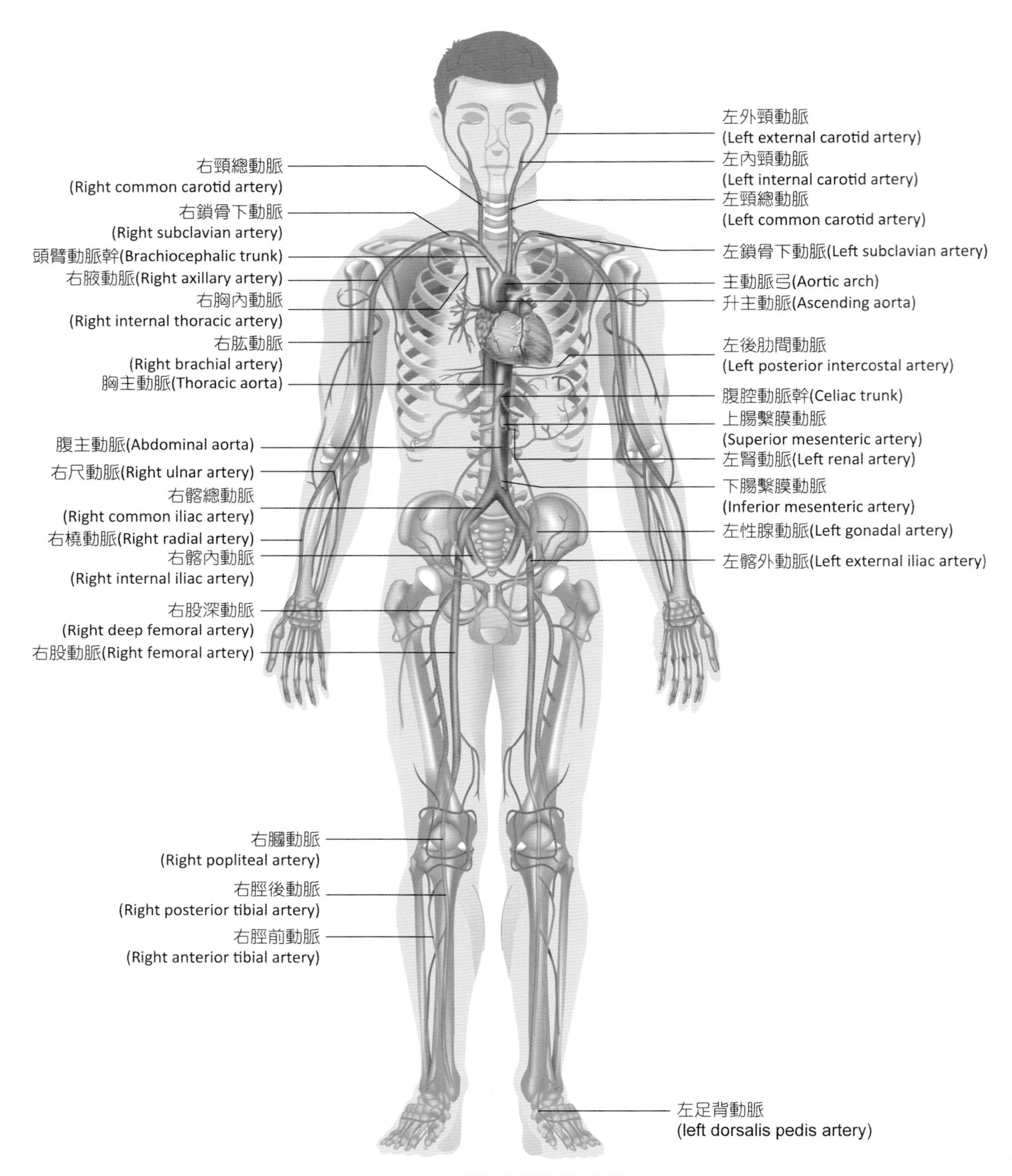

圖 11-9 體循環動靜脈血管分布

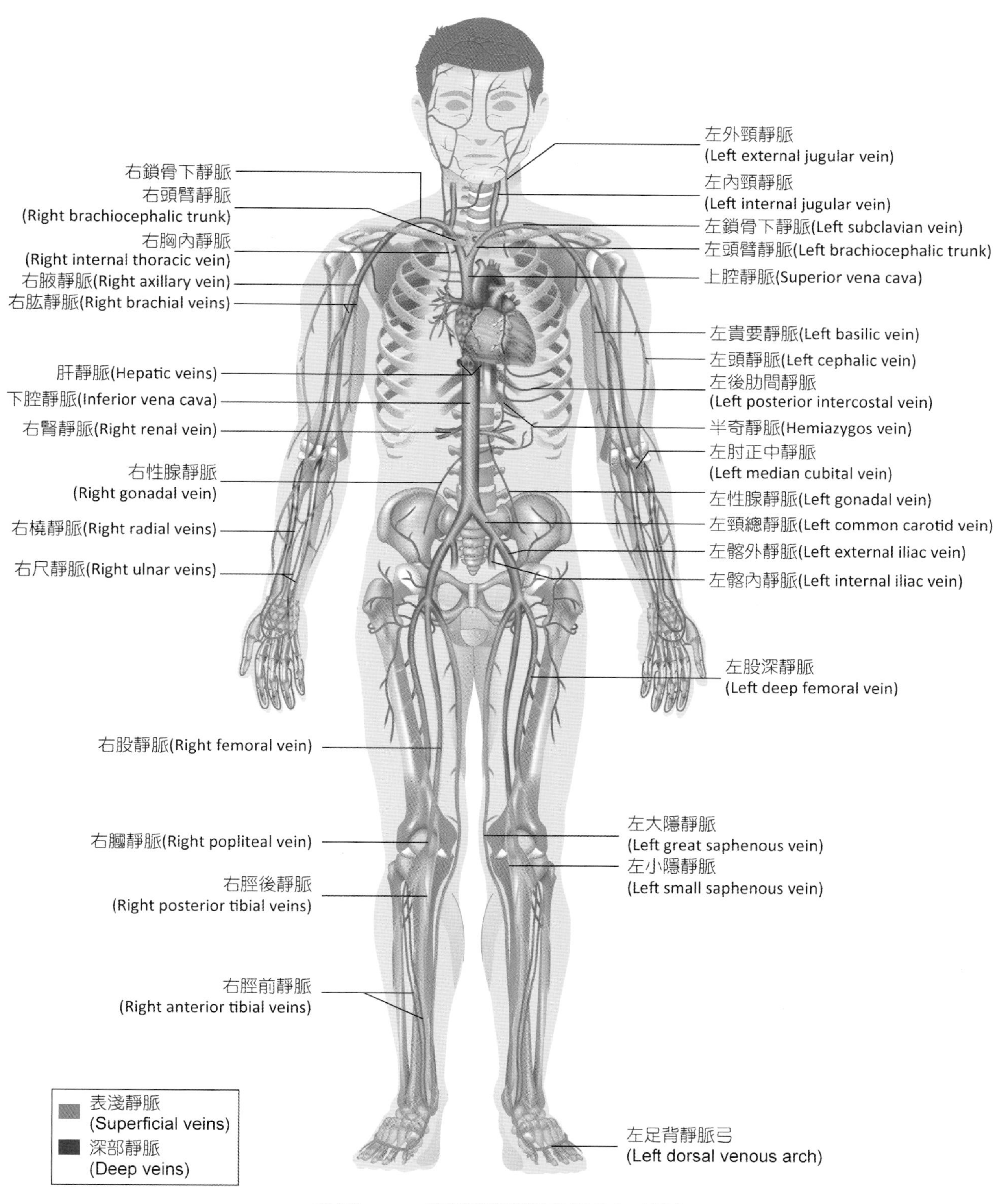

圖 11-9　體循環動靜脈血管分布（續）

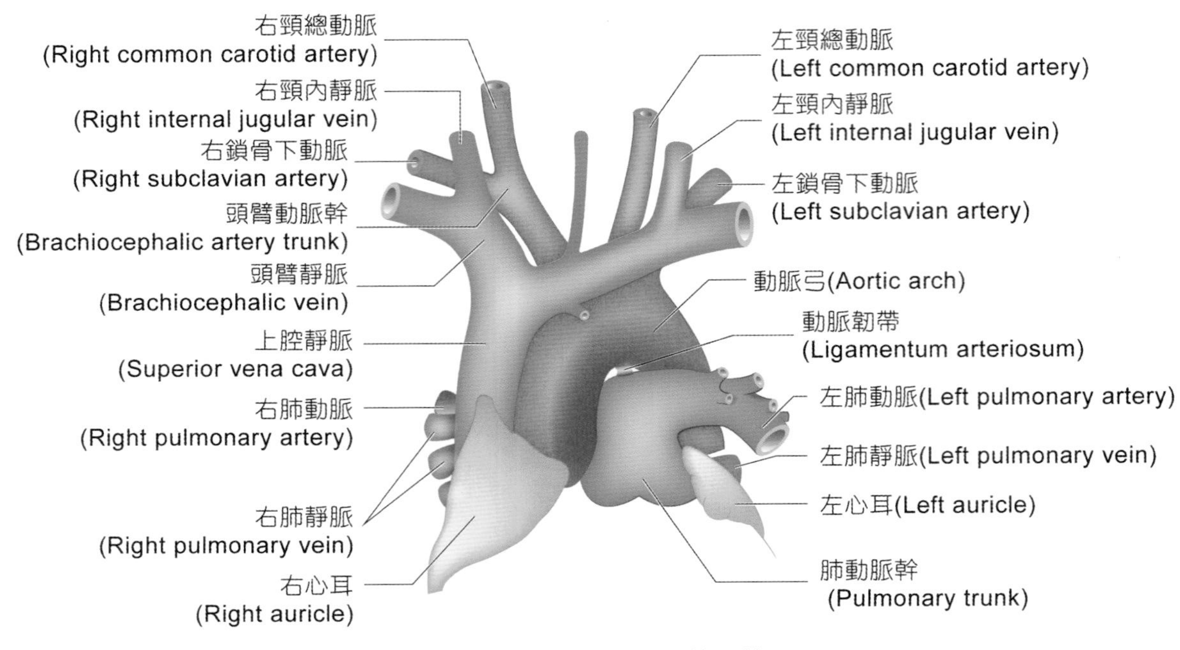

圖 11-10 主動脈弓的分枝

表11-1 主動脈分枝

分枝				分布
主動脈弓	**頭臂動脈**(brachiocephalic artery)		右頸總動脈(right common carotid artery)	上肢及頭部
			右鎖骨下動脈(right subclavian artery)	
	左頸總動脈(left common carotid artery)			左側頭頸部
	左鎖骨下動脈(left subclavian artery)			左上肢
降主動脈	胸主動脈(thoracic aorta)	**體壁枝**	支氣管動脈(bronchial artery)	支氣管、肺、食道
			心包膜動脈(pericardial artery)	心包膜後
			食道動脈(esophageal artery)	食道
		內臟枝	縱膈動脈(mediastinal artery)	後縱膈
			後肋間動脈(posterior intercostal artery)	後胸壁3~11肋間肌
	腹主動脈(abdominal aorta)	**體壁枝**	薦中動脈(middle sacral artery)	薦骨、尾骨
			腰動脈(lumbar artery)	3~4對於腰椎處，供應後腹壁
			膈動脈(phrenic artery)	橫膈下表面

表11-1 主動脈分枝（續）					
分枝					分布
降主動脈（續）	腹主動脈 (abdominal aorta) （續）	內臟枝	腹腔動脈幹 (celiac trunk)	肝動脈	肝臟、胃、胰、膽、十二指腸
				脾動脈	脾、胰、膽
				左胃動脈	食道、胃
			腸繫膜上動脈 (superior mesenteric artery)		小腸與大腸
			腸繫膜下動脈 (inferior mesenteric artery)		降結腸乙狀結腸與直腸
			腎動脈(renal artery)		成對，供應腎臟
			腎上腺動脈(suprarenal artery)		成動，供應腎上腺
			性腺動脈(gonadal artery)		成對，女性為卵巢動脈，男性為精索動脈
		終末枝	髂總動脈(common iliac artery)		腹壁下部與骨盆內器官與下肢

（二）頭、頸部動脈

血液由鎖骨下動脈和頸總動脈的分枝分布到頭、頸及部分腦區（圖11-11）。由鎖骨下動脈分枝如表11-2。

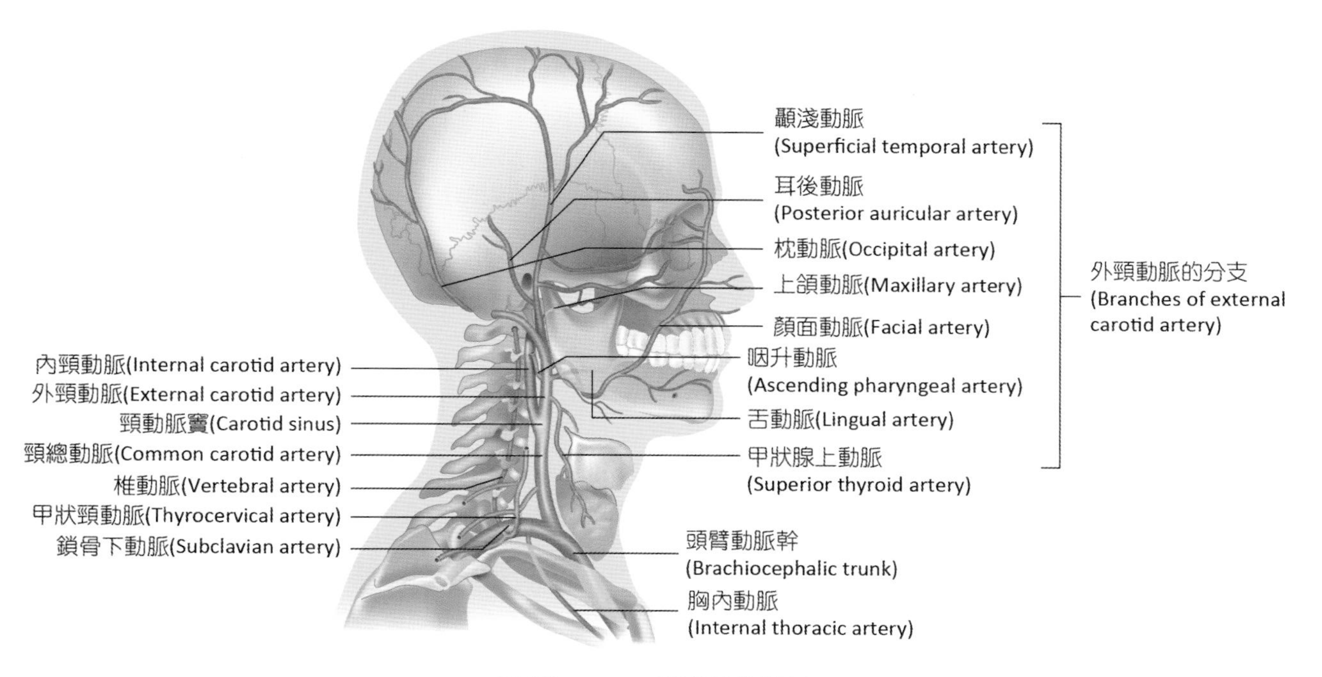

圖 11-11　頭頸部的動脈

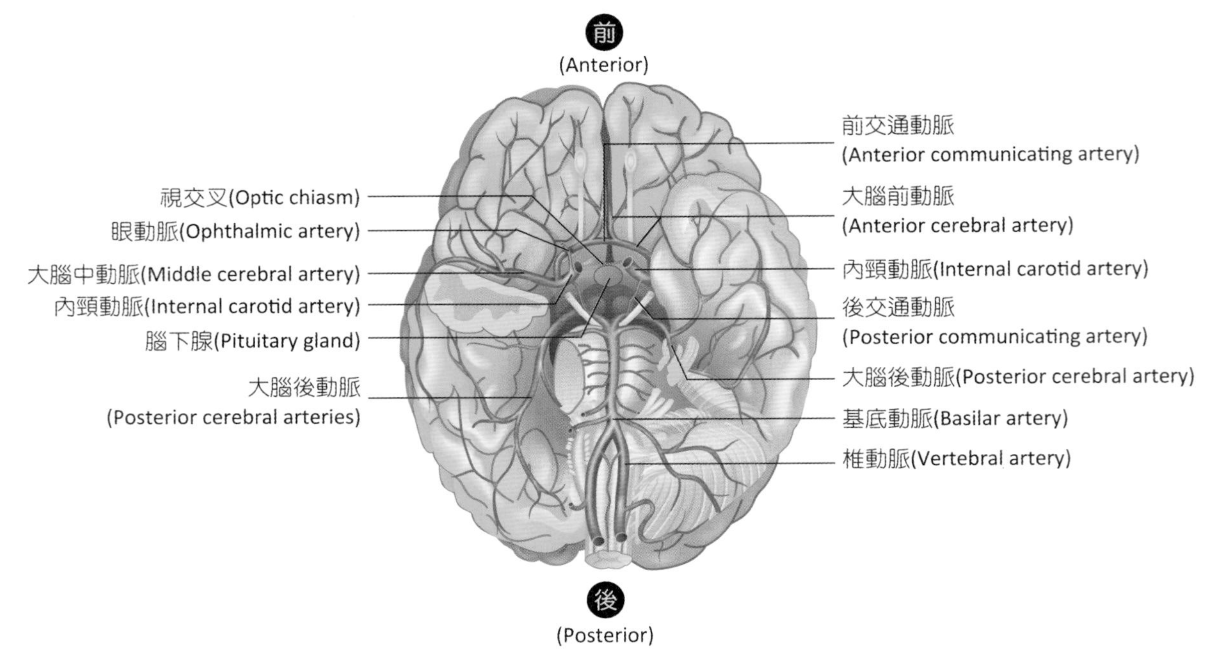

圖 11-11 頭頸部的動脈（續）

表11-2 頭頸部動脈

分枝		分布
鎖骨下動脈	椎動脈(vertebral artery)	在顱腔內匯合成基底動脈(basilar artery)，再分成兩條大腦後動脈，在腦基部形成動脈環，與內頸動脈連接
	甲狀頸動脈(thyrocervical artery)	甲狀腺
	肋頸動脈(costocervical artery)	第1~2肋間肌、頸後深層肌
頸總動脈	外頸動脈(external carotid artery)	分枝為甲狀腺上動脈、舌動脈、顏面動脈、枕動脈及耳後動脈。最後分枝為上頷動脈與顳淺動脈
	內頸動脈(internal carotid artery)	供應腦部，包括眼動脈、後交通動脈、脈絡膜前動脈

（三）肩、臂部動脈

鎖骨下動脈在頸部分枝延續到上臂（圖11-12），到鎖骨及第一肋骨後稱為**腋動脈**(axillary artery)，向下到肱骨時稱為**肱動脈**(brachial artery)，其分枝滋養上臂肌肉並向下與前臂動脈相接，其中一條稱深肱動脈(deep brachial artery)，其分枝亦與前臂動脈相接。肱動脈進入肘部時分為尺動脈(ulnar artery)與橈動脈(radial artery)，在手腕部尺橈動脈的分枝共同形成血管網（表11-3）。

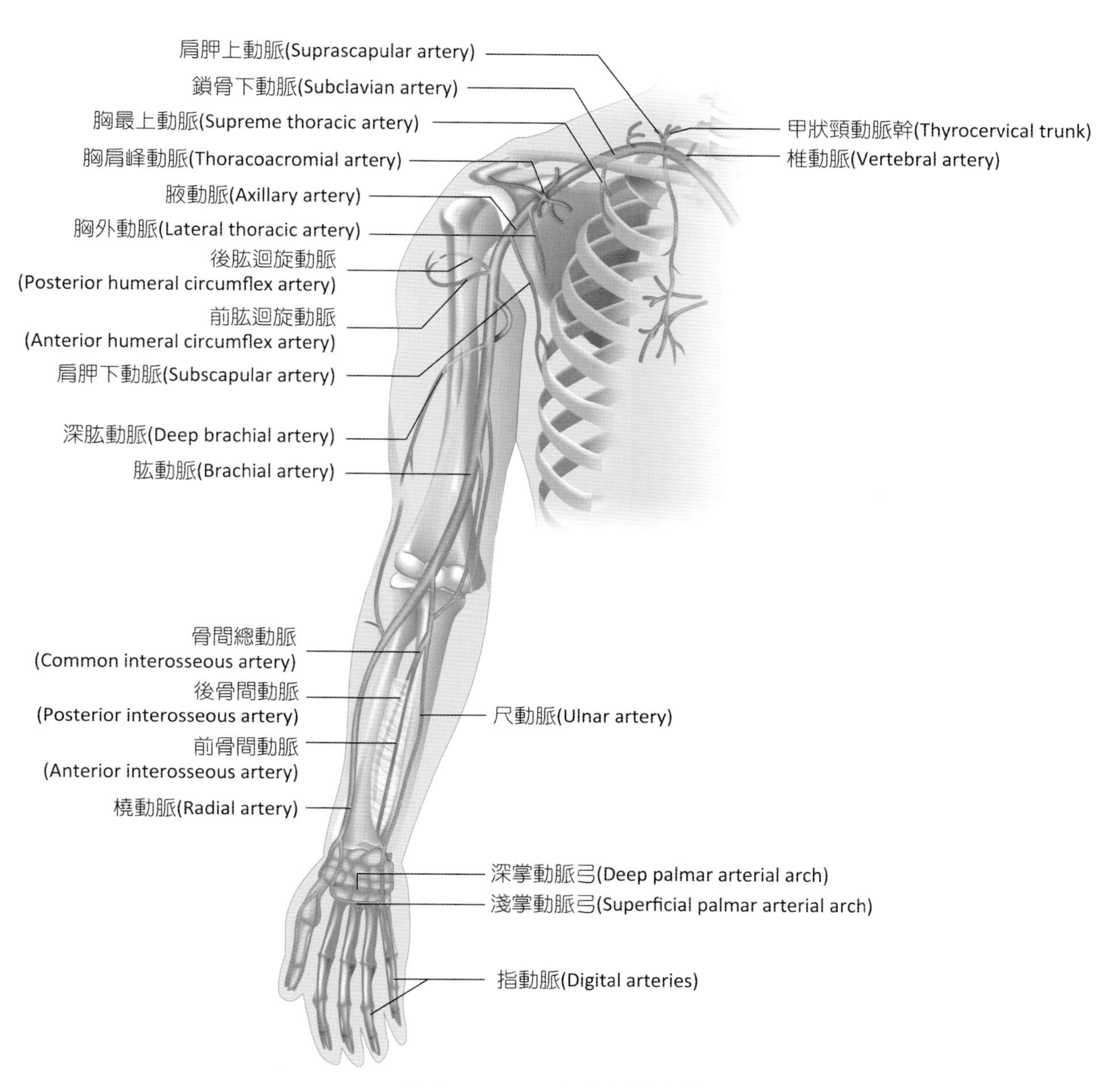

圖 11-12　肩、臂部的動脈

表11-3　肩、臂部動脈

分枝		分布
腋動脈(axillary artery)		腋下與胸壁
肱動脈(brachial artery)	深肱動脈(deep brachial artery)	繞著肱骨，分布於三頭肌
	尺動脈(ulnar artery)	手掌與手指
	橈動脈(radial artery)	手掌與手指

（四）胸、腹壁動脈

供應胸壁的血管包括鎖骨下動脈與胸主動脈的分枝（圖11-13）。鎖骨下動脈在胸腔內的分枝稱為**胸內動脈**(internal thoracic artery)，沿肋骨間分枝成數對**前肋間動脈**(anterior intercostal artery)。胸主動脈則沿脊椎往下到第3~11肋間分枝成**後肋間動脈**(posterior intercostal artery)，供應血液到肋間肌、脊椎與背肌。

供應前腹壁血液的是胸內動脈與髂外動脈(external iliac artery)的分枝，而後腹壁與側腹壁則來自於腹主動脈中分枝的膈動脈與腰動脈。

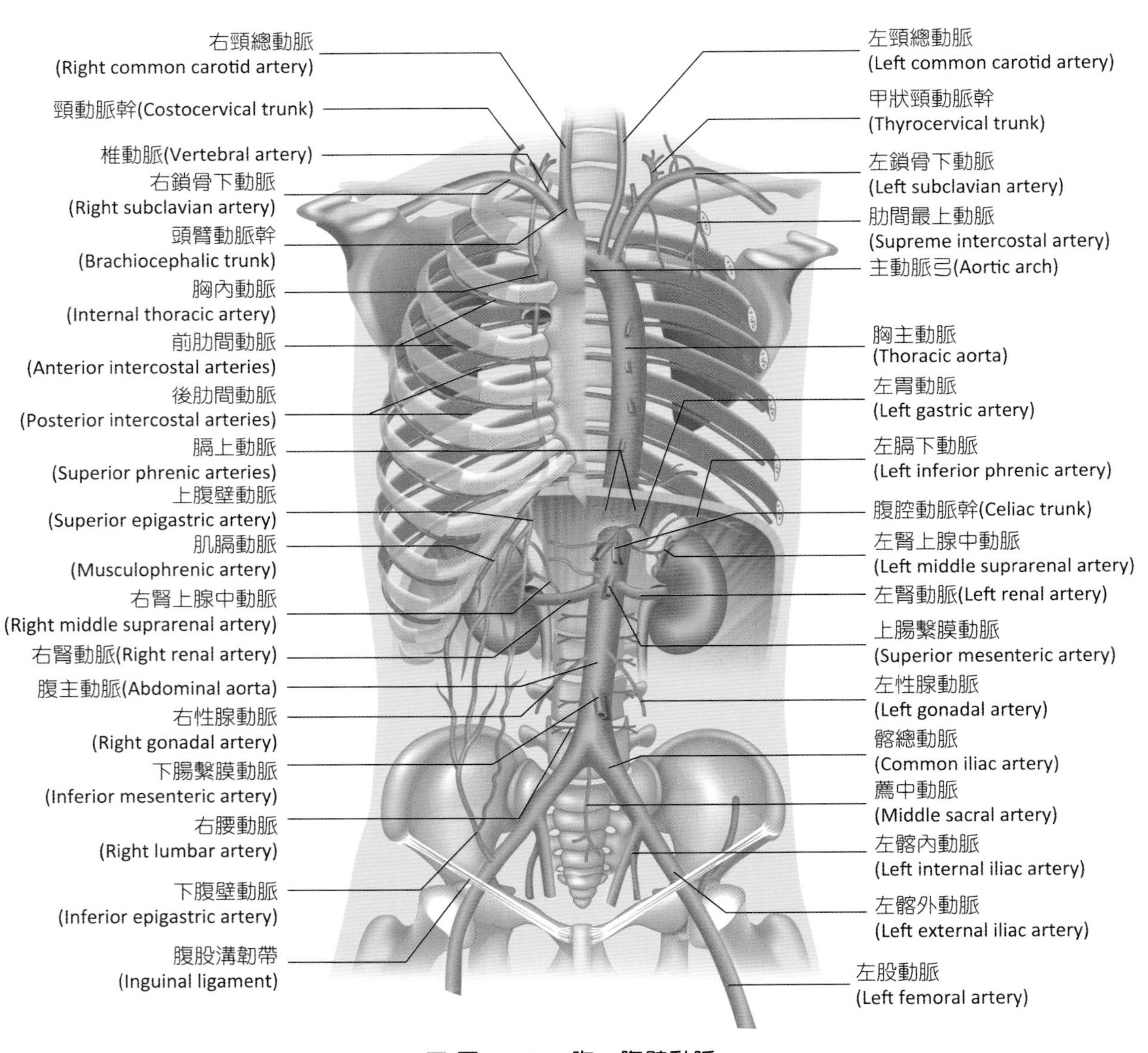

圖 11-13 胸、腹壁動脈

（五）骨盆、腿部動脈

腹主動脈在骨盆邊緣時分叉形成**左髂總動脈**(left common iliac artery)、**右髂總動脈**(right common iliac artery)，髂總動脈向下分為**髂內動脈**(internal iliac artery)、**髂外動脈**(external iliac artery)（圖11-14、表11-4）。髂外動脈則是腿部主要的動脈，在骨盆向下分成兩大分枝，通過腹股溝韌帶後稱為**股動脈**(femoral artery)，向下到達膝關節後便改稱**膕動脈**(popliteal artery)，在膕窩下再次分枝成**脛前動脈**(anterior tibial artery)、**脛後動脈**(posterior tibial artery)。脛前動脈在脛骨與腓骨間向下，並與膝、踝關節血管相連。

表11-4 胸、腹壁動脈

分枝			分布
髂總動脈	髂內動脈	髂腰動脈(iliolumbar artery)	骨盆及臀部肌肉
		臀上動脈(superior gluteal artery)	骨盆及臀部肌肉
		臀下動脈(inferior gluteal artery)	臀部肌肉
		陰部內動脈(internal pudendal artery)	會陰及直腸
		膀胱上動脈(superior vesical artery)	輸尿管
		膀胱下動脈(inferior vesical artery)	膀胱、前列腺
		直腸中動脈(middle rectal artery)	直腸
		子宮動脈(uterine artery)	膀胱、陰道、卵巢
	髂外動脈	腹壁下動脈(inferior epigastric artery)	分枝為副閉孔動脈
		旋髂深動脈(deep circumflex iliac artery)	腹外斜肌、腹橫肌
	股動脈	旋髂淺動脈(superficial circumflex iliac artery)	髂前上嵴
		腹壁淺動脈(superficial epigastric artery)	腹股溝韌帶、肚臍
		外陰動脈(external pudendal artery)	外生殖器、大腿中上部
		股深動脈(profunda femoris artery)	大腿
		膝深動脈(deep genicular artery)	膝關節
	膕動脈	脛前動脈(anterior tibial artery)	分為足背動脈(dorsalis pedis artery)
		脛後動脈(posterior tibial artery)	分為腓動脈(peroneal artery)、蹠內、蹠外動脈(medial, lateral plantar artery)

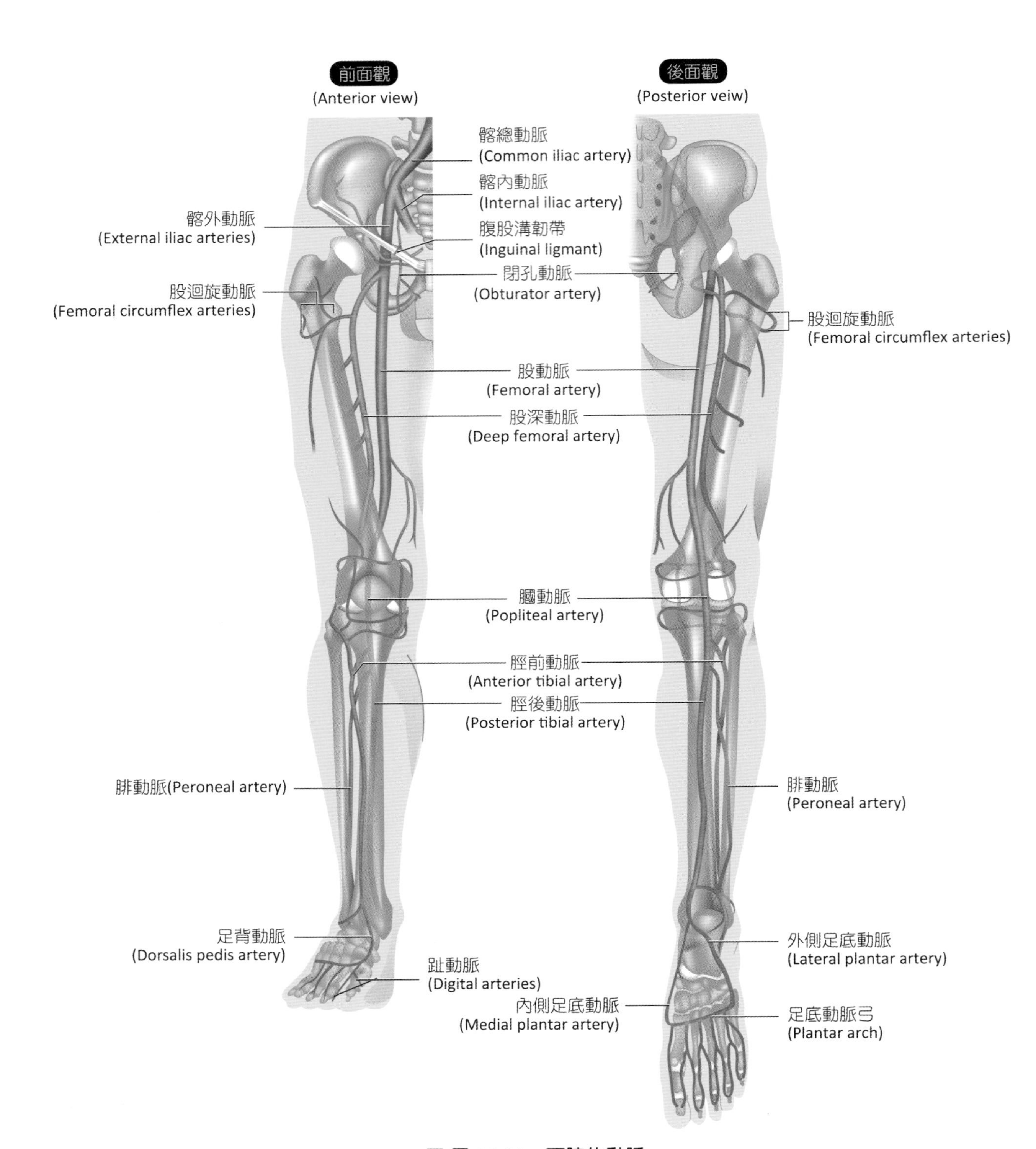

前面觀
(Anterior view)
後面觀
(Posterior veiw)
髂總動脈
(Common iliac artery)
髂內動脈
(Internal iliac artery)
髂外動脈
(External iliac arteries)
腹股溝韌帶
(Inguinal ligmant)
閉孔動脈
(Obturator artery)
股迴旋動脈
(Femoral circumflex arteries)
股迴旋動脈
(Femoral circumflex arteries)
股動脈
(Femoral artery)
股深動脈
(Deep femoral artery)
膕動脈
(Popliteal artery)
脛前動脈
(Anterior tibial artery)
脛後動脈
(Posterior tibial artery)
腓動脈(Peroneal artery)
腓動脈
(Peroneal artery)
足背動脈
(Dorsalis pedis artery)
外側足底動脈
(Lateral plantar artery)
趾動脈
(Digital arteries)
內側足底動脈
(Medial plantar artery)
足底動脈弓
(Plantar arch)

圖 11-14 下肢的動脈

二、靜脈系統

靜脈是負責將血液帶回心臟的系統，起源自微血管網相連的小靜脈，再會合成大靜脈，一些較大型的靜脈幾乎與動脈平行。除了肺靜脈外全身靜脈匯集成**上腔靜脈**(superior venae cava)與**下腔靜脈**(inferior venae cava)，再進入右心房。

(一) 頭、頸部的靜脈

在頭頸部及臉部表面的小靜脈皆匯入**外頸靜脈**(external jugular vein)向下行，在頸基部注入左鎖骨下靜脈(left subclavian vein)、右鎖骨下靜脈(right subclavian vein)。腦部與臉頸的深層靜脈則匯集成**內頸靜脈**(internal jugular vein)，並注入鎖骨下靜脈匯合成**頭臂靜脈**(brachiocephalic vein)，在縱膈腔中匯集入上腔靜脈進右心房（圖11-15）。

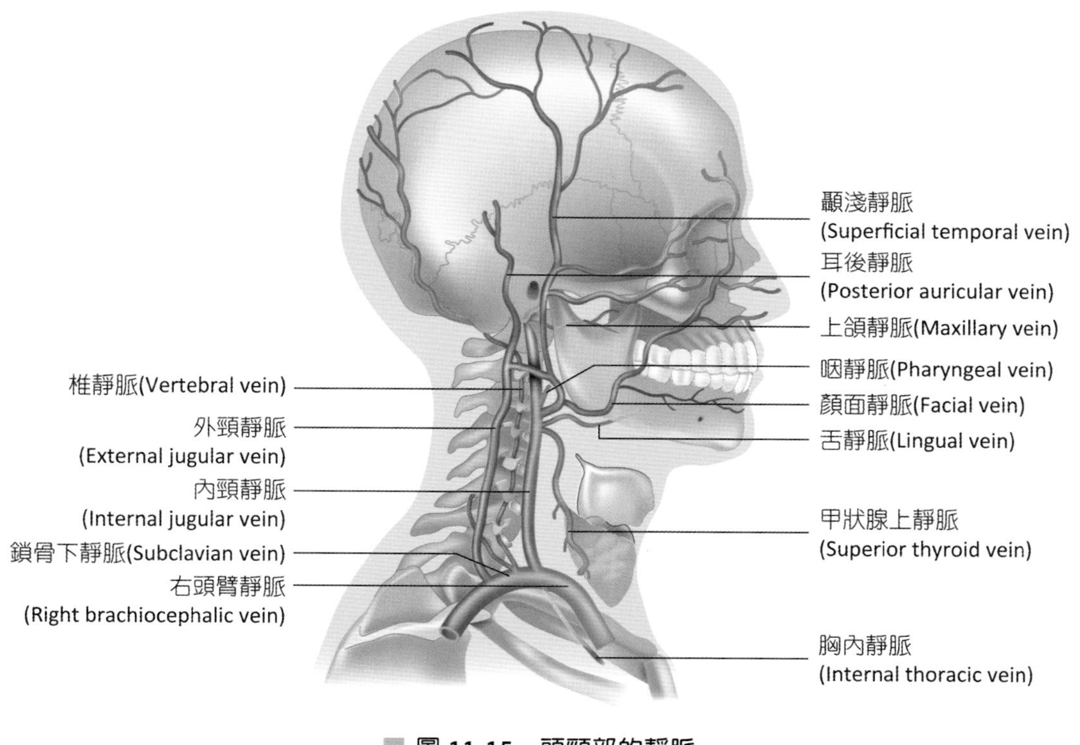

圖 11-15 頭頸部的靜脈

(二) 肩、臂的靜脈

在四肢的靜脈均有表層與深層兩套靜脈，在上肢表層靜脈血管網主要的血管為貴要靜脈(basilic vein)與頭靜脈(cephalic vein)。肘正中靜脈(median cubital vein)自外側頭靜脈上行至貴要靜脈（圖11-16、表11-5）。

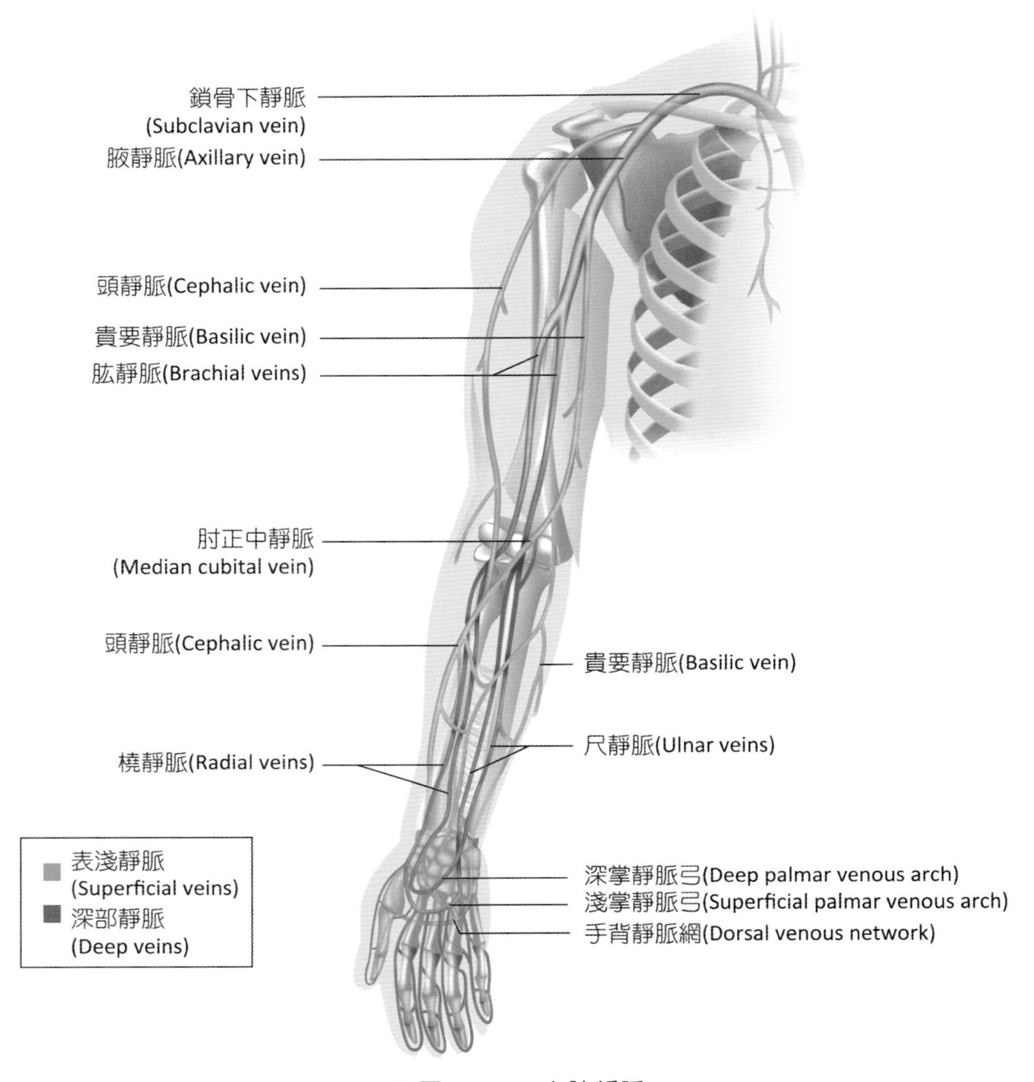

圖 11-16　上肢靜脈

表11-5　肩、臂的靜脈

分 枝	匯 流
貴要靜脈(basilic vein)	沿前臂尺骨背側上行，在肘部下方彎向前往內側向上至上臂與肱靜脈(brachial vein)相接，之後稱為腋靜脈(axillary vein)
頭靜脈(cephalic vein)	沿著手臂外側上行至肩部，在肩部注入腋靜脈，最後注入鎖骨下靜脈(subclavian vein)
肘正中靜脈(median cubital vein)	自外側頭靜脈上行至貴要靜脈

（三）胸、腹壁的靜脈

胸、腹壁的靜脈主要流向**頭臂靜脈**(brachiocephalic vein)與**奇靜脈**(azygos vein)的分枝（圖11-17、表11-6）。

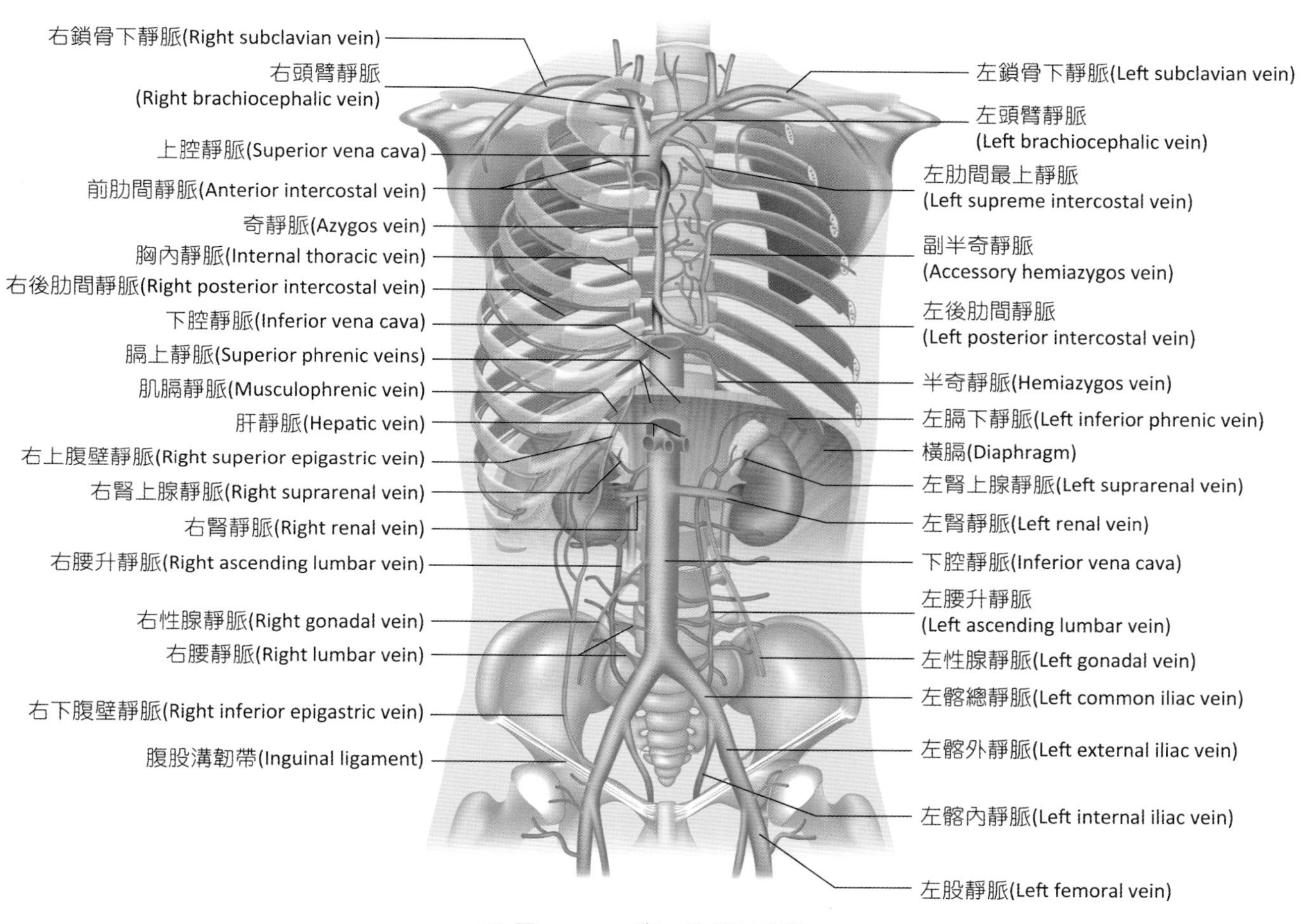

圖 11-17　胸、腹壁的靜脈

表11-6　胸、腹壁的靜脈

分枝	匯流
奇靜脈(azygos vein)	匯集肋間及左、右側的後肋間靜脈(posterior intercostals vein)、腰升靜脈(ascending lumbar vein)與許多來自腰、薦部上來的血液，最後注入上腔靜脈回流入心臟
半奇靜脈(hemiazygos vein)	匯流肋間及後肋間靜脈，注入奇靜脈
頭臂靜脈(brachiocephalic vein)	胸內靜脈(internal thoracic vein)或一些肋間靜脈(intercostal vein)匯集胸內動脈血液注入頭臂靜脈後再注入上腔靜脈

（四）腹腔內器官的靜脈

腹腔內除了腎臟等排泄系統外，大多屬消化系統的器官。而這些來自於消化系統的靜脈均匯集入**門靜脈**(portal vein)進入肝臟。進入肝臟的血液來源有兩處：一為由體循環而來的肝動脈，含充氧血，占30%血液；二為消化器官脾、胰、胃、腸及膽囊而來的肝門靜脈，含缺氧血，占70%血液。**肝門循環**(hepatic portal circulation)仍指消化器官的靜脈在回到心臟前，進入肝臟的循環。門脈血富含消化道吸收的物質，在進入體循環前先經肝臟的處理，例如：儲存營養物質（葡萄糖）；利用**庫佛氏細胞**(Kupffer's cells)的吞噬作用摧毀細菌；改變消化物質使之為細胞利用；將消化道的有害物質進行解毒工作。

消化系統血液匯入門靜脈，經過肝靜脈竇(hepatic sinusoid)後最後注入下腔靜脈(inferior vena cava)。另外一些經腹部上行的靜脈也注入下腔靜脈（圖11-18、表11-7）。

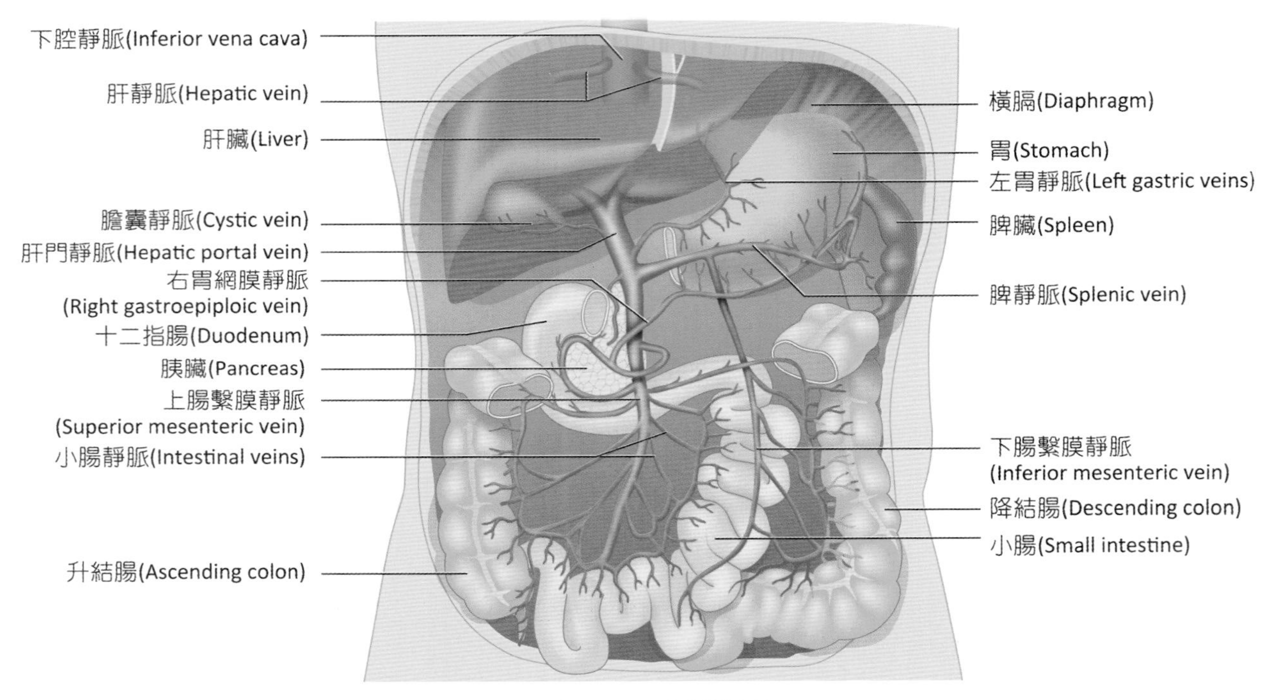

圖 11-18　肝門循環

表11-7 腹腔內的靜脈	
分枝	匯流
左、右胃靜脈(left, right gastric vein)	匯集來自胃的血液
腸繫膜上靜脈(superior mesenteric vein)	匯集小腸、升結腸、橫結腸的血液
脾靜脈(splenic vein)	匯集來自於脾胰胃的部分靜脈
腸繫膜下靜脈(inferior mesenteric vein)	脾靜脈最大分枝，匯集降結腸、乙狀結腸和直腸的血液
腰靜脈(lumbar vein)	匯集後腹壁血液，注入下腔靜脈
性腺靜脈(gonadal vein)	右性腺靜脈注入下腔靜脈，左性腺靜脈注入左腎靜脈
腎上腺靜脈(suprarenal vein)	右腎上腺靜脈注入下腔靜脈，左腎上腺靜脈注入左腎靜脈
腎靜脈(renal vein)	匯集腎臟血液，注入下腔靜脈
膈靜脈(phrenic vein)	匯集後橫膈血液，注入下腔靜脈

（五）骨盆與下肢的靜脈

骨盆區靜脈血液回流與生殖系統、泌尿系統及部分消化系統有關，**髂內靜脈**(internal iliac vein)自骨盆深處上行至邊緣分別與左、右**髂外靜脈**(external iliac vein)形成**髂總靜脈**(common iliac vein)，匯入下腔靜脈。

如在上肢所述，在四肢的靜脈均有表層與深層兩套靜脈。在表層的下肢靜脈在皮膚下形成網狀系統並分別匯集注入大、小隱靜脈（圖11-19、表11-8）。

表11-8 骨盆與下肢的靜脈	
分枝	匯流
髂內靜脈(internal iliac vein)	骨盆血管網匯集後注入髂內靜脈，與左、右髂外靜脈形成髂總靜脈，匯入下腔靜脈
小隱靜脈(small saphenous vein)	自足部踝後外側上行，沿著腓骨背側至膕窩，並匯入膕靜脈(popliteal vein)
大隱靜脈(great saphenous vein)	自足內側踝內面上行直至腹股溝韌帶下方匯入股靜脈，為身上最長的靜脈

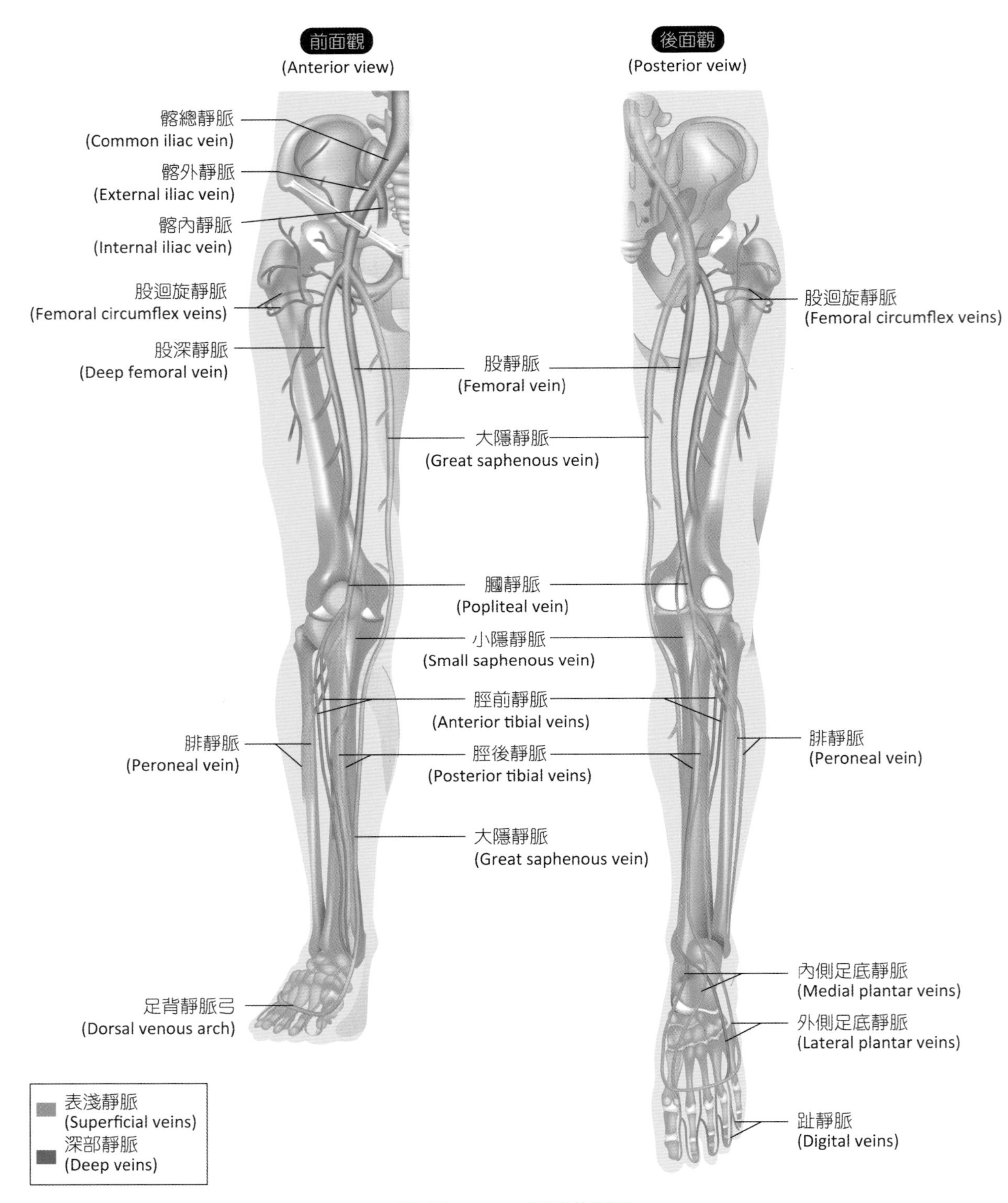
前面觀
(Anterior view)
後面觀
(Posterior veiw)
髂總靜脈
(Common iliac vein)
髂外靜脈
(External iliac vein)
髂內靜脈
(Internal iliac vein)
股迴旋靜脈
(Femoral circumflex veins)
股深靜脈
(Deep femoral vein)
股靜脈
(Femoral vein)
大隱靜脈
(Great saphenous vein)
膕靜脈
(Popliteal vein)
小隱靜脈
(Small saphenous vein)
脛前靜脈
(Anterior tibial veins)
腓靜脈
(Peroneal vein)
脛後靜脈
(Posterior tibial veins)
大隱靜脈
(Great saphenous vein)
足背靜脈弓
(Dorsal venous arch)
股迴旋靜脈
(Femoral circumflex veins)
腓靜脈
(Peroneal vein)
內側足底靜脈
(Medial plantar veins)
外側足底靜脈
(Lateral plantar veins)
趾靜脈
(Digital veins)
表淺靜脈
(Superficial veins)
深部靜脈
(Deep veins)

圖 11-19 下肢的靜脈

靜脈曲張(Varicose Vein)

靜脈瓣膜不健全的病人，大量血液會因為地心引力的關係回流到靜脈的遠側端，這時的壓力使靜脈負荷過重，於是靜脈管壁被向外推。重複地超載後，管壁失去彈性，變成鬆弛薄弱狀。靜脈曲張可能導因於長久直立或懷孕，因為曲張的靜脈管壁無法有效的對抗血壓，使得血流容易堆積在鼓出的管壁內，造成腫大，並把液體強制壓入周圍組織中。位於小腿表面的靜脈很容易發生曲張的現象，位於深層的靜脈比較不容易發生，因為它們四周有骨骼肌，可防止它們的管壁過度擴張。

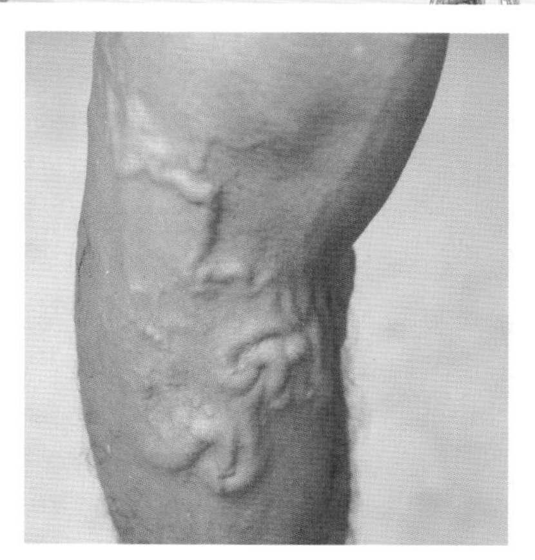

肺循環(Pulmonary Circulation)

缺氧血由右心室出發流至肺臟，進行氣體及營養物質交換後，轉變為充氧血再回到左心房的過程，稱為肺循環。血液由右心室出來的**肺動脈幹**(pulmonary trunk)向上後方及左方延伸，分成左、右**肺動脈**(pulmonary arteries)而分別進入左及右肺，在肺中再分為葉分枝(lobar branches)，向下再形成小動脈並連接肺泡壁的微血管網。每個肺臟內的微血管匯合成小靜脈、靜脈，最後形成左、右各兩條**肺靜脈**(pulmonary veins)，再將充氧血帶回左心房，完成肺循環的迴路（圖11-20）。

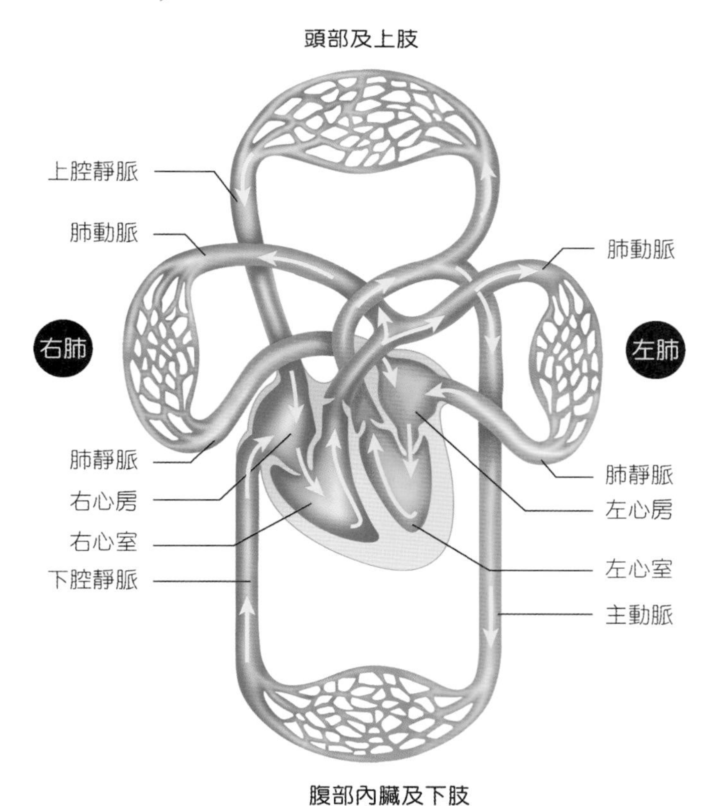

圖 11-20 體循環及肺循環

摘 要 · SUMMARY

心 臟	1. 心臟漿膜性的內層較薄，與心臟緊貼，即心外膜，又稱臟層心包膜，為心臟壁之一部分；纖維性的外層較厚，稱壁層心包膜 2. 心臟壁由三層構造組成，由內向外是心內膜、心肌與心外膜 3. 心臟的辦膜：在房室間的稱房室瓣，左心房室有二尖瓣；右心房室間有三尖瓣。血液離開心室進入動脈處，稱半月瓣 4. 心臟的血液供應：來自左、右冠狀動脈 5. 心臟的傳導系統：竇房結→房室結→房室束→浦金氏纖維
血 管	1. 血管的種類：動脈與小動脈（彈性動脈、肌肉動脈、小動脈）、微血管、小靜脈與靜脈 2. 血管壁構造，由內而外分別為內膜、中膜、外膜。內膜及中膜之間又有一層薄的彈性纖維，稱為內彈性膜。中膜及外膜之間亦有一層彈性纖維，稱為外彈性膜 3. 靜脈包括三層構造，所含彈性纖維及平滑肌很少，而含較多的白色纖維組織，不具內彈性膜與外彈性膜，比動脈具有較寬的管腔及較薄的管壁。靜脈含有瓣膜，只允許血液單向流回心臟
循環路徑	心血管系統可分為體循環與肺循環兩種主要的循環路徑

課後習題 · REVIEW ACTIVITIES

1. 關於心臟腔室的敘述，下列何者錯誤？(A)梳狀肌位於心房內壁　(B)卵圓窩位於心房間隔上　(C)房室瓣上面有腱索附著，並連接到心房　(D)心臟表面的冠狀溝，位於心房與心室的界線上
2. 下列何者同時供應小腸與大腸？(A)肝總動脈　(B)左胃動脈　(C)上腸繫膜動脈　(D)下腸繫膜動脈
3. 心尖的位置約在左鎖骨中線與第幾肋間的交會處？(A)第3肋間　(B)第5肋間　(C)第7肋間　(D)第9肋間
4. 第一心音發生在下列何時？(A)心房收縮時　(B)早期心室舒張時　(C)主動脈瓣關閉時　(D)房室瓣關閉時
5. 頸部左側的頸總動脈直接源自下列何者？(A)頭臂動脈幹　(B)甲狀頸動脈幹　(C)升主動脈　(D)主動脈弓
6. 房室結位於心臟的何處？(A)心室中隔　(B)心房中隔　(C)右房室瓣　(D)左房室瓣
7. 下列何者的血液供應不源自腹腔動脈幹(celiac trunk)的分枝？(A)胃　(B)十二指腸　(C)迴腸　(D)胰臟
8. 下列何者不是上肢的淺層靜脈？(A)肱靜脈　(B)頭靜脈　(C)貴要靜脈　(D)肘正中靜脈
9. 冠狀動脈直接源自：(A)主動脈弓　(B)胸主動脈　(C)升主動脈　(D)降主動脈
10. 下列哪一條動脈的分枝會造成男性陰莖海綿體充血勃起？(A)生殖腺動脈(gonadal artery)　(B)閉孔動脈(obturator artery)　(C)髂內動脈(internal iliac artery)　(D)髂外動脈(external iliac artery)

答案：1.C　2.C　3.B　4.D　5.D　6.B　7.C　8.A　9.C　10.C

參考資料・REFERENCES

馬青、王欽文、楊淑娟、徐淑君、鐘久昌、龔朝暉、胡蔭、郭俊明、李菊芬、林育興、邱亦涵、施承典、高婷育、張琪、溫小娟、廖美華、滿庭芳、蔡昀萍、顧雅真…許瑋怡(2022)・於王錫崗總校閱，*人體生理學*（6版）・新文京。

許世昌(2019)・*新編解剖學*（4版）・永大。

許家豪、張媛綺、唐善美、巴奈比比、蕭如玲、陳昀佑(2021)・*生理學*（4版）・新文京。

麥麗敏、陳智傑、廖美華、鍾麗琴、陳建瑋、祁業榮、黃玉琪、戴瑄、呂國昀(2015)・於王錫崗總校閱，*解剖生理學*（2版）・華杏。

馮琮涵、黃雍協、柯翠玲、廖智凱、胡明一、林自勇、鍾敦輝、周綉珠、陳瀅(2021)・*人體解剖學*・新文京。

廖美華、溫小娟、高婷玉、顏惠芷、林育興(2020)・於劉中和總校閱，*解剖學*（2版）・華杏。

Rohen, J. W., Yokochi, C., & Lutjen-Drecoll, E. (2010). *Color atlas of anatomy: A photographic study of the human body* (7th ed.). Lippincott Williams & Wilkins.

Tortora, G. J. & Nielsen, M. (2016). *Principles of human anatomy* (14th ed.). Wiley.

Vander, A., Sherman, J., & Luciano, D. (1998). *Human physiology: The mechanisms of body function* (7th ed.). McGraw-Hill.

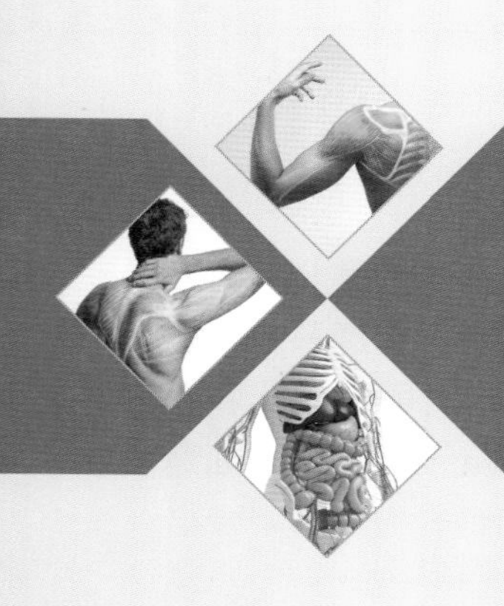

Chapter

淋巴系統 × 12

賴明德 編著

Lymphatic System

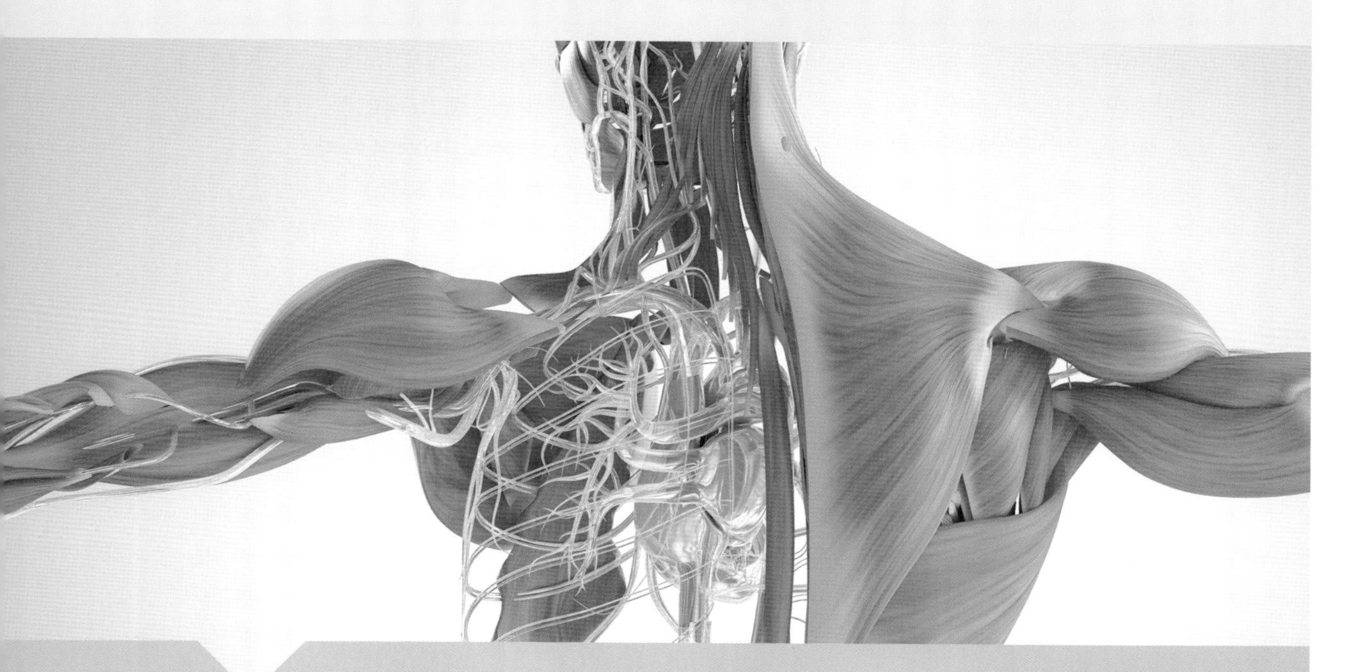

本章大綱

12-1 淋巴系統與循環
- 淋巴系統的功能
- 淋巴液
- 淋巴管
- 淋巴幹
- 淋巴結
- 淋巴循環

12-2 淋巴組織與器官
- 胸腺
- 骨髓
- 脾臟
- 扁桃體
- 培氏斑
- 淋巴細胞

ANATOMY

前言

淋巴系統為體內免疫防衛作用的基礎。淋巴系統是由淋巴液、淋巴管、淋巴結及淋巴器官（包括扁桃腺、脾臟和胸腺等）所組成（圖12-1），人體利用免疫系統做為抵抗病原體（如細菌、病毒）入侵的防禦機制，而免疫系統的防禦方式可分成非特異性(innate; nonspecific)（如發炎、發燒、吞噬作用）與特異性(adaptive; specific)（如藉由免疫反應產生的抗體）兩種。

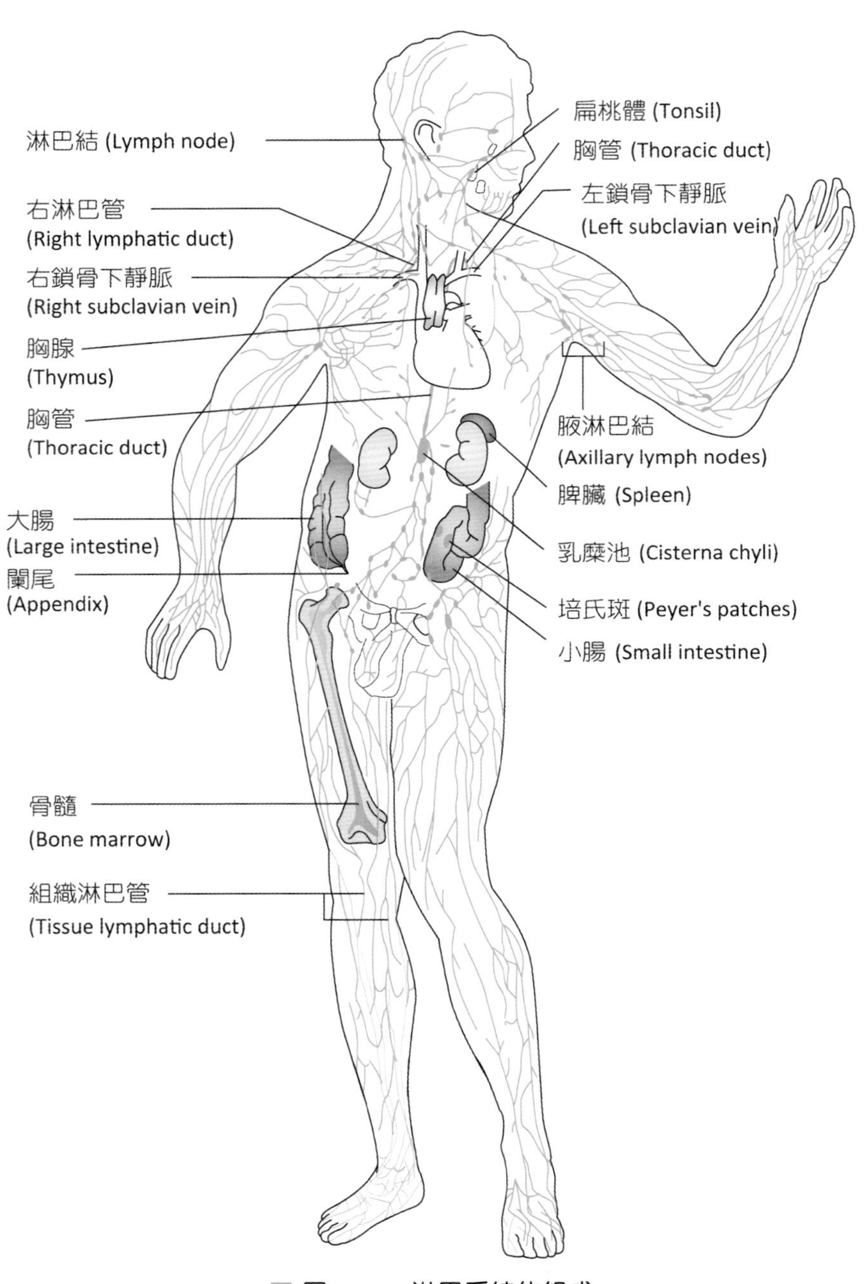

圖 12-1 淋巴系統的組成

12-1 淋巴系統與循環

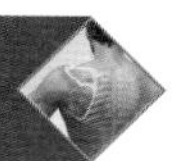

淋巴系統的功能

1. **維持體內體液的平衡**：由微血管所滲出到組織間隙的液體，可藉由淋巴系統回收到循環系統，以維持體液在組織與血液中的平衡。
2. **脂肪的運輸**：脂肪在小腸經消化、吸收後，經由小腸絨毛的乳糜管送達淋巴系統再運送到循環系統。
3. **免疫作用**：製造淋巴球、產生抗體、參與免疫反應和吞噬衰老的紅血球。

淋巴液(Lymph)

液體由微血管滲出進入到組織間隙稱為組織間液(interstitial fluid)。若此滲出液跑到淋巴管內則稱為淋巴液。血漿、組織間液和淋巴液三者的成分很相近（表12-1），均不含紅血球及血小板，不同的是組織間液和淋巴液所含的蛋白質比血漿要少，白血球的數目亦較不固定。淋巴液含有凝血因子，靜止時會凝固。

淋巴液可藉由淋巴系統回收，再回到循環系統，如果液體停滯於組織間隙內便會形成水腫。淋巴液的流動主要受到組織間液的壓力和淋巴幫浦的推動。

表12-1 血漿、組織間液及淋巴液成分之差異

成分	血漿	組織間液	淋巴液
血球	+	−	+
凝血因子	+（纖維蛋白原）	−	+
蛋白質	最多	極少量	少量
脂肪	中量	−	最多

淋巴管(Lymphatic Vessels)

淋巴管大多隨著微血管分布於身體各處，但是在中樞神經系統、骨髓、脾臟、眼角膜、軟骨和上皮組織則缺乏淋巴管的構造。

一、微淋巴管 (Lymphatic Capillaries)

淋巴管開始於微淋巴管，微淋巴管起始於組織細胞間，一端為盲端，另一端接小淋巴管，構造類似於微血管但其管壁的通透性較微血管為高（表12-2）。**微淋巴管內有瓣膜**(flap valves)可以控制液體、白血球的通過。淋巴管的構造類似於靜脈，只是淋巴管管壁厚度較薄，有瓣膜可防止淋巴液逆流，使液體流向為向心的。

表12-2 微淋巴管和微血管之比較		
特 性	微淋巴管	微血管
管徑之直徑	較大	較小
內皮細胞	+	+
基底膜	−	+
細胞間之間隙	較大	較小
通透性	較好（單方向流入）	較差（雙方向流入）
瓣膜	+	−
脂肪含量	高（乳糜管）	低
血球種類	單核球、淋巴球	皆有

二、淋巴管 (Lymphatic Vessels)

淋巴液由微淋巴管收集，由較大的淋巴管匯集，最後經由胸管或右淋巴總管分別注入左、右鎖骨下靜脈(subclavian veins)回到循環系統。

(一) 胸管 (Thoracic Duct)

1. 胸管的起點為乳糜池，起源於第1~2腰椎(L_1~L_2)，收集左、右腰淋巴幹及腸淋巴幹的淋巴液後注入胸管。
2. 胸管又稱為左淋巴管，是體內最長、最粗的淋巴管。
3. 胸管收集全身75%回流的淋巴液，包括左頭頸、左上肢、橫膈以下軀幹及雙下肢（圖12-2）。

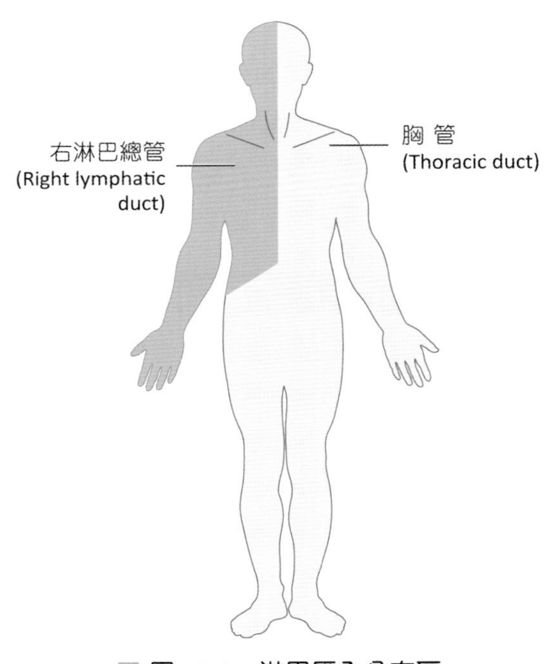

圖 12-2 淋巴匯入分布區

(二) 右淋巴總管 (Right Lymphatic Duct)

1. 位置在食道右側。
2. 右淋巴總管收集全身25%回流的淋巴液，包括身體右上半部之右頭頸、右上肢、右胸（圖12-2）。

淋巴幹(Lymph Trunks)

由淋巴管匯集所形成（圖12-3、表12-3）。

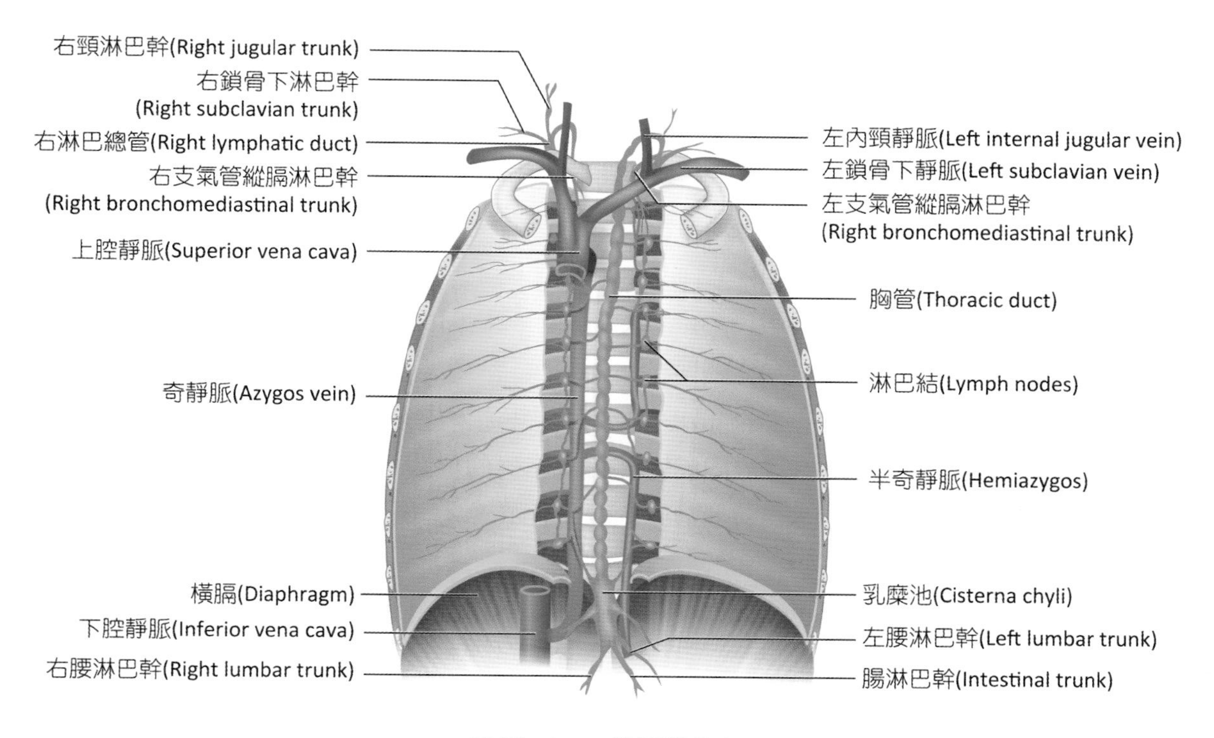

圖 12-3 淋巴幹分布

表12-3 人體主要的淋巴幹

名稱	收集區域	匯入構造
左、右腰淋巴幹	骨盆腔、腎臟、腎上腺、下肢、腹壁、會陰	乳糜池
腸淋巴幹	內臟器官如胃、小腸、胰、脾、肝	乳糜池
左支氣管縱膈淋巴幹	左側胸腔、肺臟、心臟和前腹壁上半部	胸管
左鎖骨下淋巴幹	左側上肢、左腋下淋巴液	胸管
左頸淋巴幹	左半側頭頸部淋巴液	胸管
右支氣管縱膈淋巴幹	右側胸腔、肺臟、心臟和部分肝臟淋巴液	右淋巴管
右鎖骨下淋巴幹	右側上肢、腋下淋巴液	右淋巴管
右頸淋巴幹	右半側頭頸部淋巴液	右淋巴管

淋巴結(Lymph Nodes)

淋巴結又稱淋巴腺，構造上可分為基質與實質（圖12-4）：

1. **基質**：由囊、小樑、網狀纖維及網狀細胞所組成。
2. **實質**：又區分為外層的皮質及內層的髓質。
   (1) **皮質**：淋巴球排列所形成的淋巴小結一般稱為濾泡。淋巴小結的中央為**生發中心**(germinal center)能夠製造淋巴球。可將B淋巴球發育成漿細胞。
   (2) **髓質**：**髓索**(medullary cord)為淋巴球排列成索狀，內有巨噬細胞及漿細胞存在。

淋巴結構造上表面凹陷處為門，為血管和輸出淋巴管通過的地方，淋巴液經由輸入淋巴管流入淋巴結，後由輸出淋巴管流出。淋巴結有過濾淋巴液的功能，其網狀內皮系統可吞噬外來的微生物。細菌或異物跟著淋巴液流經淋巴結時，可被巨噬細胞吞噬而引起免疫反應。當身體受到外來病菌入侵、病菌數量太多，造成淋巴細胞無法吞噬或消滅時，會引起淋巴結發炎而腫大。因淋巴管流向固定，根據發炎的位置可以判斷病灶的所在（表12-4），例如鼠蹊淋巴腺炎顯示來自腹股溝、大腿及生殖器之病灶。感染性病時最直接受到影響的是鼠蹊淋巴結。

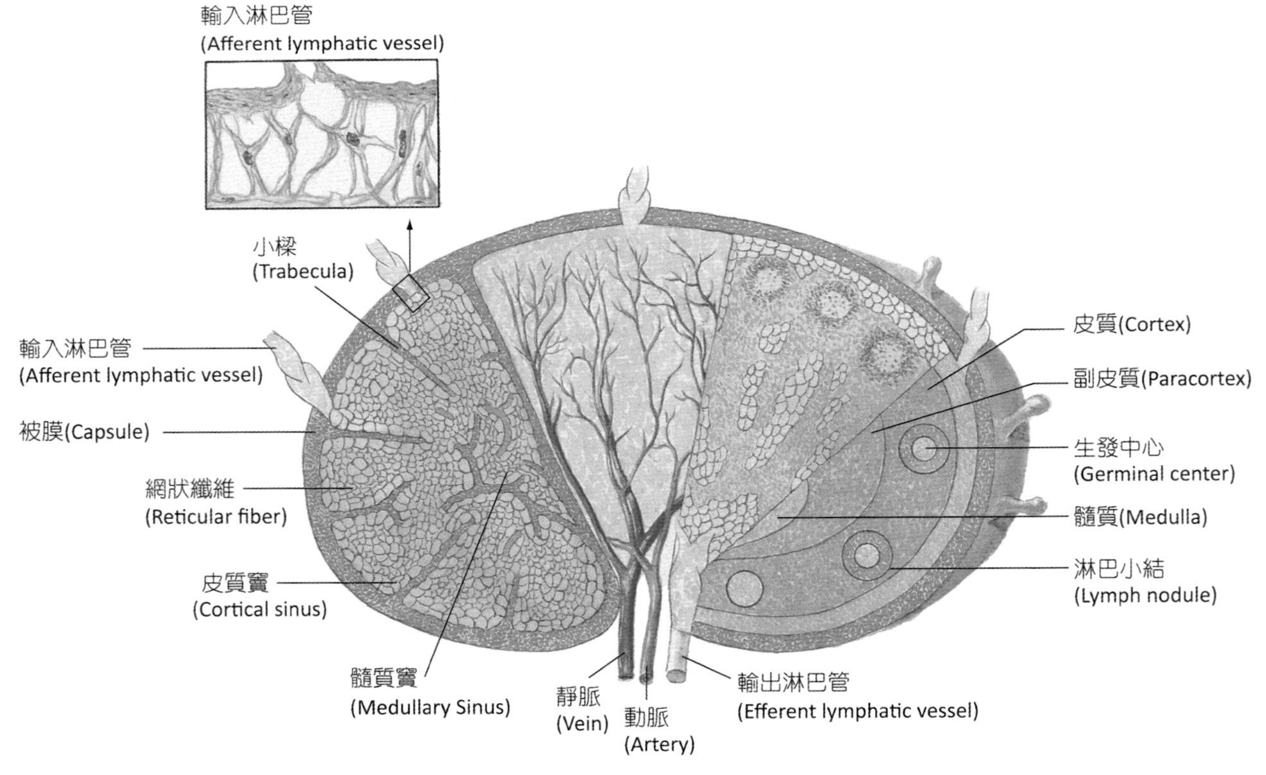

圖 12-4　淋巴結的構造

表12-4 人體重要的淋巴結群

部位	淋巴結群	收集區域	特徵
頭頸部	頸深淋巴結	頭頸部的淋巴液	頸部最大的淋巴結
	下頷淋巴結	臉頰皮膚、口腔、唇黏膜的淋巴液	
上肢	腋淋巴結	上臂、胸壁（包括乳房）的淋巴液	・上肢位置最深的淋巴結 ・上肢感染或惡性腫瘤（如乳癌）會腫大疼痛 ・為防止乳癌轉移時需同時將腋淋巴結摘除
腹骨盆部	主動脈前淋巴結	消化道的淋巴液	
	腰淋巴結	下腹壁、骨盆腔的淋巴液	
下肢	腹股溝淺淋巴結	外生殖器、會陰部、肚臍以下腹壁淺層淋巴液	
	腹股溝深淋巴結	陰莖、陰囊、陰蒂、下肢深層淋巴液	

註：肱骨淋巴結、中央淋巴結及肩岬骨下淋巴結均屬於腋窩內淋巴結。

淋巴循環

一、淋巴循環路徑

淋巴液首先由微淋巴管收集後，然後匯集到較大的淋巴管、淋巴幹，最後經由胸管(thoracic duct)或右淋巴總管(right lymphatic duct)注入左、右鎖骨下靜脈，從上腔靜脈回到循環系統。淋巴循環的路徑如下：

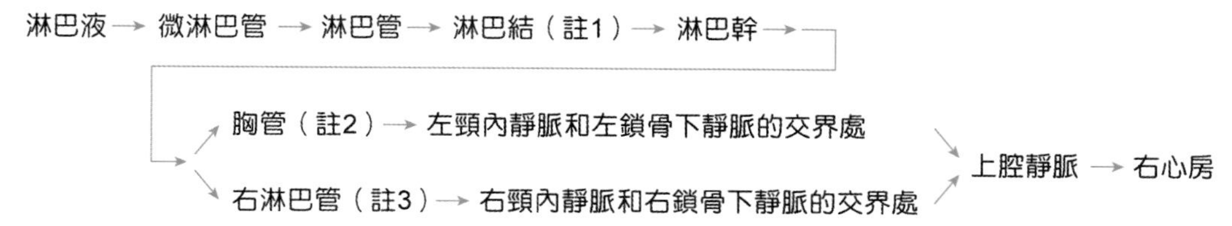

註：1. 淋巴由輸入淋巴管進入淋巴結，而由輸出淋巴管流出。
2. 體內最粗大的淋巴管。
3. 右淋巴管收集身體右上半部的淋巴回流，身體其他部位的淋巴回流則由胸管收集。

流入靜脈的淋巴液應該和淋巴管收集的組織淋巴液的量是相當的，如果靜脈阻塞或淋巴管阻塞均會使液體停滯於組織間便會形成水腫(edema)。右淋巴管收集身體右上部及右臂的淋巴液，胸管是體內最大的淋巴管，負責收集身體其他部位的淋巴液包含腹部、下肢左上部及左臂的淋巴液。

二、淋巴循環動力

1. **組織間液靜水壓**：靜水壓壓力越高，可增加淋巴液之流速。
2. **淋巴幫浦的作用**：淋巴管壁的肌動蛋白與肌凝蛋白的收縮作用，可以推動淋巴液流向心臟。
3. **微淋巴管的瓣膜**：微淋巴管的瓣膜可以促使淋巴液單一方向的流動，防止淋巴逆流。
4. **姿勢的改變**：人體由臥姿變成站立時會減少足部的淋巴回流。
5. **其他因素**：骨骼肌的收縮、吸氣作用、胸腔與腹腔壓力的改變也會幫助淋巴回流。

12-2 淋巴組織與器官

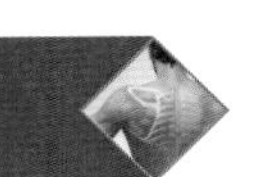

淋巴器官(lymphatic organs)是淋巴細胞增生的地方，淋巴器官包括骨髓、胸腺、脾臟和扁桃體等。其中骨髓和胸腺稱為中央淋巴器官，又稱為**初級淋巴器官**(primary lymphoid organs)；脾臟、淋巴結和扁桃體則稱為周邊淋巴器官，又稱為**次級淋巴器官**(peripheral lymphoid organs)。以下簡介各個淋巴器官：

胸腺(Thymus)

胸腺位於胸骨的後面，上縱膈腔內之淋巴組織，只有輸出淋巴管。兒童期胸腺的發育最發達，青春期胸腺的體積最大，青春期後逐漸萎縮，被結締組織與脂肪組織所取代。胸腺小體為胸腺退化的象徵，會隨著年紀的增加而增多。胸腺的構造外層為基質，內層為胸腺小葉。胸腺小葉包含皮質和髓質兩部分（圖12-5）。

1. **皮質**（外層）：由許多淋巴球構成，其中網狀內皮細胞可分泌胸腺素(thymosins)，刺激幹細胞之分裂、影響T細胞的分化。
2. **髓質**（內層）：有成熟的T細胞聚集和胸腺小體（又稱為哈氏小體）。

骨髓(Bone Marrow)

骨骼內的紅骨髓具有造血的功能。骨髓內所含的多功能幹細胞(pluripotent stem cells)是所有血球共同的來源。兒童時期全身骨骼仍有造血的作用，到了成年人僅存扁平骨和不規則骨（如頭骨、肋骨和脊椎骨等）尚具有造血的功能。

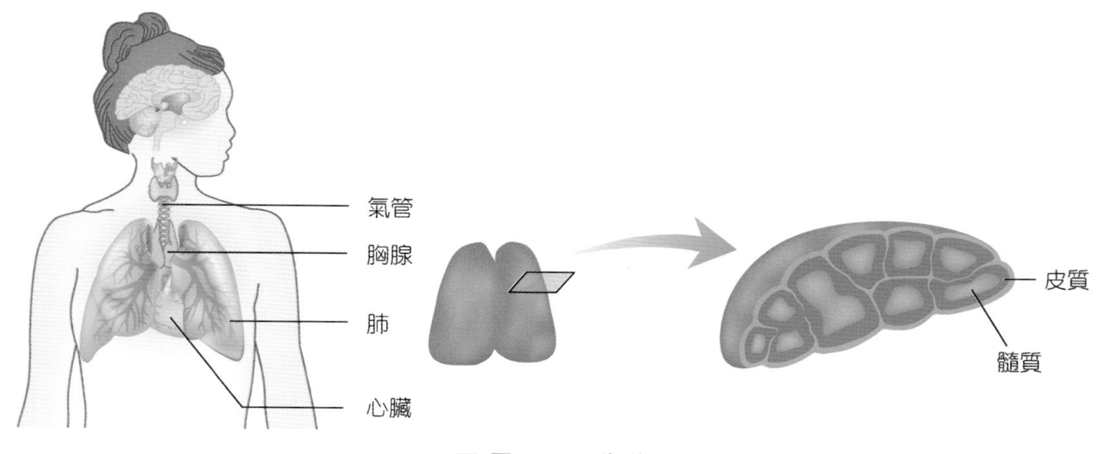

圖 12-5 胸腺

脾臟(Spleen)

脾臟位在左季肋區，左腎、降結腸上方，相當於第9~11肋骨的高度，表面有胃、左腎、結腸所形成的壓迹。脾臟是體內最大的淋巴組織與儲血器官，亦為胚胎時期重要的造血器官，重量約為120~150公克。沒有輸入淋巴管，不能過濾淋巴，脾靜脈、脾動脈與輸出淋巴管經由脾門通過脾臟。脾臟由間質與實質所組成（圖12-6），間質含外囊、脾門、脾小樑、網狀纖維及網狀細胞；實質分成紅髓與白髓。

1. **紅髓**(red pulp)：由脾索與靜脈竇（充滿血液）組成。脾索屬於為網狀內皮系統內有巨噬細胞、紅血球、淋巴球、漿細胞及顆粒性白血球。靜脈竇能儲存大量的血液，交感神經興奮時可釋放出血液，內含有巨噬細胞**可吞噬衰老的紅血球與血小板**。

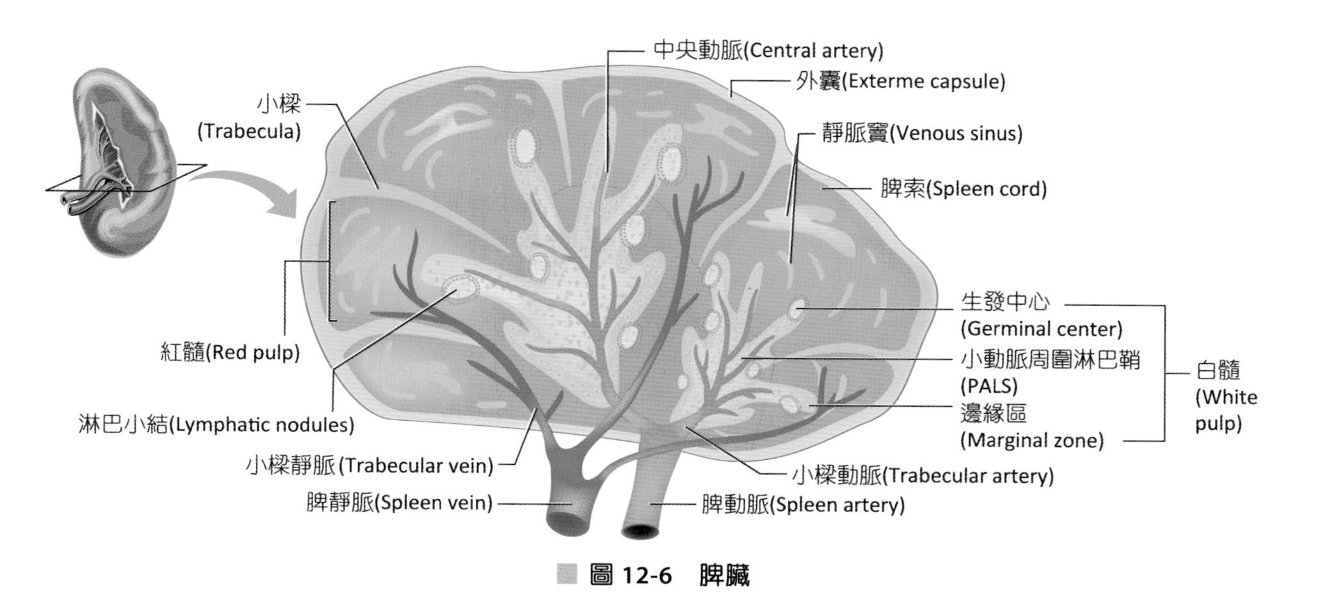

圖 12-6 脾臟

2. **白髓**(white pulp)：由淋巴組織組成，能過濾血液，可產生B淋巴球製造抗體。

脾臟受重傷或挫傷破裂出血導致脾臟摘除的病人，易受病菌感染，其功能會由紅骨髓及肝臟來替代。白血病、何杰金氏病(Hodgkin's disease)常致脾臟腫大。

扁桃體(Tonsils)

扁桃體就是俗稱的扁桃腺，有咽扁桃體、腭扁桃體與舌扁桃體（圖12-7、表12-5），由許多大型的淋巴小結被膜包覆所形成，是製造淋巴球與產生抗體的地方，參與身體的防禦與免疫反應。沒有輸入淋巴管，當喉部受到病菌感染時，扁桃腺內的淋巴球對病菌產生反應，而造成**扁桃腺腫大**。

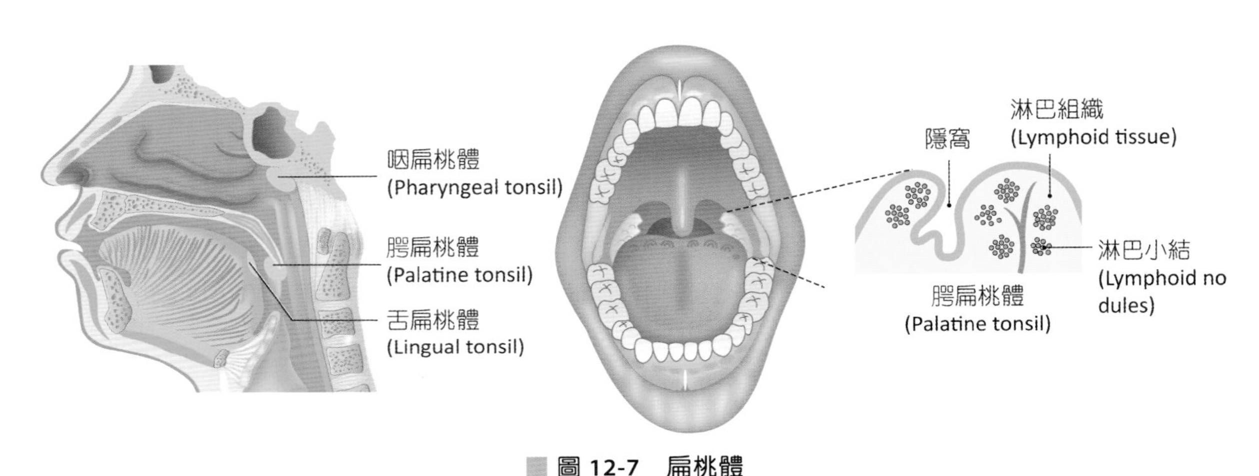

圖 12-7 扁桃體

表12-5 扁桃體之分類

名稱	數目	位置	臨床特徵
咽扁桃體	1	鼻咽後壁	‧鼻咽癌最容易侵犯之處 ‧感染後容易造成肥大形成腺狀增殖體
腭扁桃體	2	位於腭舌弓與腭咽弓之間	‧口咽中最大的淋巴組織 ‧發炎時稱為扁桃腺炎 ‧扁桃腺切除是指將腭扁桃體移除
舌扁桃體	2	舌頭基部	無

培氏斑(Peyer's patches)

培氏斑又稱為腸道附屬淋巴組織(gut-associated lymphoid tissue, GALT)（圖12-8）常出現於迴腸和闌尾，是由不具被膜的淋巴小結所組成的組織。在呼吸道也可以發現類似於培氏斑的構造，故合稱為黏膜附屬淋巴組織(mucosa-associated lymphoid tissue, MALT)。這種聚集的淋巴小結能產生分泌IgA參與免疫反應。

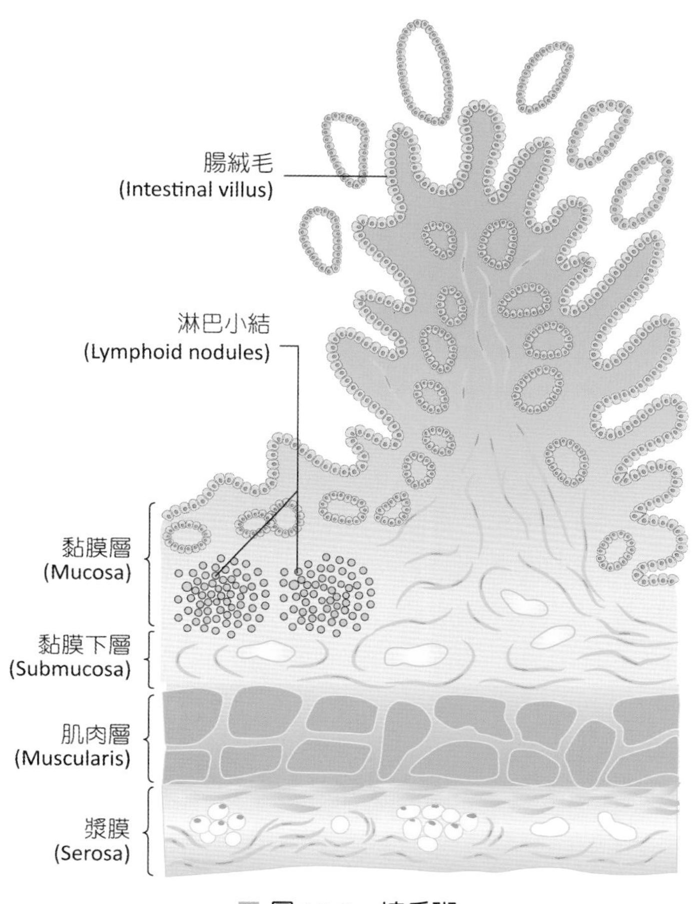

圖 12-8　培氏斑

淋巴細胞(Lymphocytes)

人體的淋巴球依其免疫上的功能可分為B淋巴球和T淋巴球（簡稱B細胞和T細胞）。體的免疫細胞除淋巴球外，尚有嗜中性球、嗜酸性球、嗜鹼性球、單核球、巨噬細胞、自然殺手細胞及肥大細胞等。

一、B 細胞 (B Cells)

B細胞在骨髓成熟後藉循環系統進入脾臟、淋巴結其他周邊淋巴器官及組織，負責**體液性免疫**(humoral immunity)，當受到外來抗原刺激時會增殖分化成**漿細胞**(plasma cells)同時分泌五種抗體（免疫球蛋白）（表12-6）。

表12-6 抗體的種類

抗體	功能
IgG	體內含量最多的免疫球蛋白，IgG可分成IgG1、IgG2、IgG3、IgG4四種。IgG也是次級反應中主要產生的抗體。母親懷孕時可經由胎盤提供IgG給胎兒
IgE	造成立即型過敏反應（第一型過敏反應）症狀的主要抗體。IgE與嗜鹼性球及肥大細胞上的IgE接受器結合後，造成組織胺釋放，促起發炎作用
IgM	分子最大的抗體，由五個免疫球蛋白分子所形成的複合物，是初級免疫反應中主要被分泌的抗體，又稱凝集素是血型檢定時，不同血型之間產生凝集反應造成的原因
IgA	唾液和母乳中主要的免疫球蛋白，也是呼吸道、消化道、生殖道的表皮黏膜所分泌之抗體
IgD	可能與淋巴球分化有關

二、T 細胞 (T Cells)

由骨髓所產生尚未成熟的淋巴球經由循環系統到達胸腺，這些未成熟的淋巴球在胸腺受到特殊荷爾蒙的作用，經由增殖、分化而成為成熟的T細胞，成熟的T細胞離開胸腺後，可在周邊淋巴器官進行增生同時在血液、組織液和淋巴之間遊走巡邏。與**細胞性免疫**(cell-mediated immunity)有關，可直接對抗外來的異物入侵，如器官移植所引起的排斥現象。T細胞根據其功能來分類主要有3種（表12-7）。

T細胞的活化須利用抗原呈現細胞（例如皮膚的蘭氏細胞(Langerhan's cells)、脾臟的樹狀細胞(dendritic cells)），藉由胞飲作用將抗原吞入，經分解後，抗原片段和MHC II以複合體的方式，呈現給T細胞辨別而造成T細胞的活化。T細胞活化後會釋放細胞激素活化毒殺性T細胞、NK細胞和巨噬細胞，直接摧毀受病毒感染的細胞及癌細胞。

表12-7 T細胞的種類

T細胞	功能
殺手性T細胞 (cytotoxic T cells, T_C cells)	1. 其細胞表面有CD8標記分子可作為辨認之用 2. 殺手性T細胞可分泌穿孔素或顆粒酶導致標的細胞死亡
輔助性T細胞 (helper T cells, T_H cells)	細胞表面帶CD4標記分子，分為兩類： 1. T_H1：分泌介白素-2和γ干擾素，活化殺手性T細胞並且促進細胞性免疫反應 2. T_H2：分泌介白素-4、介白素-5、介白素-6，刺激B細胞促進體液性免疫反應
抑制性T細胞 (suppressor T cells, T_S cells)	抑制免疫反應的發生，減少B細胞和殺手性T細胞的活性

摘 要 · SUMMARY

淋巴系統	1. 由淋巴、淋巴管、淋巴結及淋巴器官所組成 2. 淋巴循環：微淋巴管→淋巴管→淋巴結→淋巴幹→胸管及右淋巴管→上腔靜脈→右心房
淋巴組織	1. 脾臟：產生淋巴球、製造抗體、儲存血液、吞噬衰老的紅血球、血小板等。 2. B細胞：負責體液性免疫，當受到外來抗原刺激時會增殖分化成漿細胞同時分泌五種抗體：IgG、IgE、IgM、IgA、IgD 3. T細胞：與細胞性免疫有關，可直接對抗外來的異物入侵。主要有：殺手性T細胞、輔助性T細胞、抑制性T細胞3種

課後習題 · REVIEW ACTIVITIES

1. 有關淋巴循環的生理功能敘述，下列何者錯誤？(A)主要回收組織液中的鉀離子 (B)運輸脂肪 (C)調節血漿和組織液之間的液體平衡 (D)清除組織中紅血球跟細菌
2. 下列血球何者最終成熟的位置不是在骨髓？(A)紅血球 (B) T淋巴球 (C)嗜中性球 (D)嗜鹼性球
3. 有關扁桃體的敘述，下列何者正確？(A)屬於中央淋巴器官 (B)位於食道與氣管交會處 (C)富含自然殺手細胞(natural killer cells) (D)主要參與免疫細胞的生成與分化
4. 有關淋巴結的敘述，下列何者錯誤？(A)其內沒有巨噬細胞 (B)輸出淋巴管數目較輸入淋巴管數目少 (C)具有生發中心(germinal center)，可製造淋巴球 (D)構造上可區分為皮質及髓質
5. 關於脾臟的敘述，何者正確？(A)位於右側季肋區，腎臟的上方 (B)可以分泌含多種消化酶的消化液幫助消化，屬於消化器官 (C)內有紅髓與白髓，具有儲血與免疫功能 (D)脾靜脈會先匯入腎靜脈，才匯入下腔靜脈
6. B淋巴球(B lymphocyte)主要分布在何處？(A)腎上腺 (B)淋巴結 (C)胸腺 (D)甲狀腺
7. 下列何者不是脾臟的功能？(A)具有免疫的功能 (B)靜脈竇能儲存血液 (C)胚胎時期是造血器官 (D)能幫助脂肪消化
8. 位於口咽側壁的淋巴組織稱為：(A)腭扁桃體 (B)咽扁桃體 (C)舌扁桃體 (D)腮腺
9. 位於鼻咽後上部的淋巴組織稱為：(A)腭扁桃體 (B)咽扁桃體 (C)舌扁桃體 (D)腮腺
10. 血清中的抗體屬於：(A)白蛋白 (B)球蛋白 (C)纖維蛋白 (D)醣蛋白

答案：1.A 2.B 3.B 4.A 5.C 6.B 7.D 8.A 9.B 10.B

參考資料 · REFERENCES

洪敏元、楊堉麟、劉良慧、林育娟、何明聰、賴明華(2017)・*當代生理學*（6版）・華杏。

馬青、王欽文、楊淑娟、徐淑君、鐘久昌、龔朝暉、胡蔭、郭俊明、李菊芬、林育興、邱亦涵、施承典、高婷育、張琪、溫小娟、廖美華、滿庭芳、蔡昀萍、顧雅真…許瑋怡(2022)・於王錫崗總校閱，*人體生理學*（6版）・新文京。

許世昌(2019)・*新編解剖學*（4版）・永大。

許家豪、張媛綺、唐善美、巴奈比比、蕭如玲、陳昀佑(2021)・*生理學*（4版）・新文京。

麥麗敏、王如玉、陳淑瑩、薛宇哲、阮勝威、盧惠萍、林淑玟、黃嘉惠、陳瑩玲、沈賈堯、李竹菀、郭純琦(2013)・於高毓儒總校閱，*新編生理學*（8版）・永大。

麥麗敏、陳智傑、廖美華、鍾麗琴、陳建瑋、祁業榮、黃玉琪、戴瑄、呂國昀(2015)・於王錫崗總校閱，*解剖生理學*（2版）・華杏。

馮琮涵、黃雍協、柯翠玲、廖智凱、胡明一、林自勇、鍾敦輝、周綉珠、陳瀅(2021)・*人體解剖學*・新文京。

廖美華、溫小娟、高婷玉、顏惠芷、林育興(2020)・於劉中和總校閱，*解剖學*（2版）・華杏。

樓迎統、陳君侃、黃榮棋、王錫五(2016)・生理學（2版）・華杏。

Chapter

呼吸系統 × 13

陳晴彤 編著

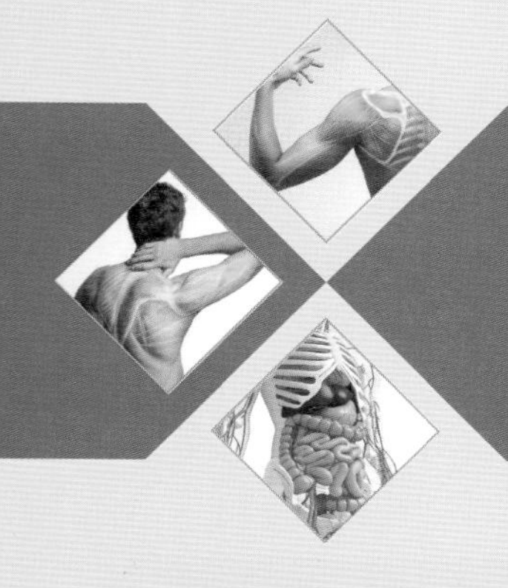

Respiratory System

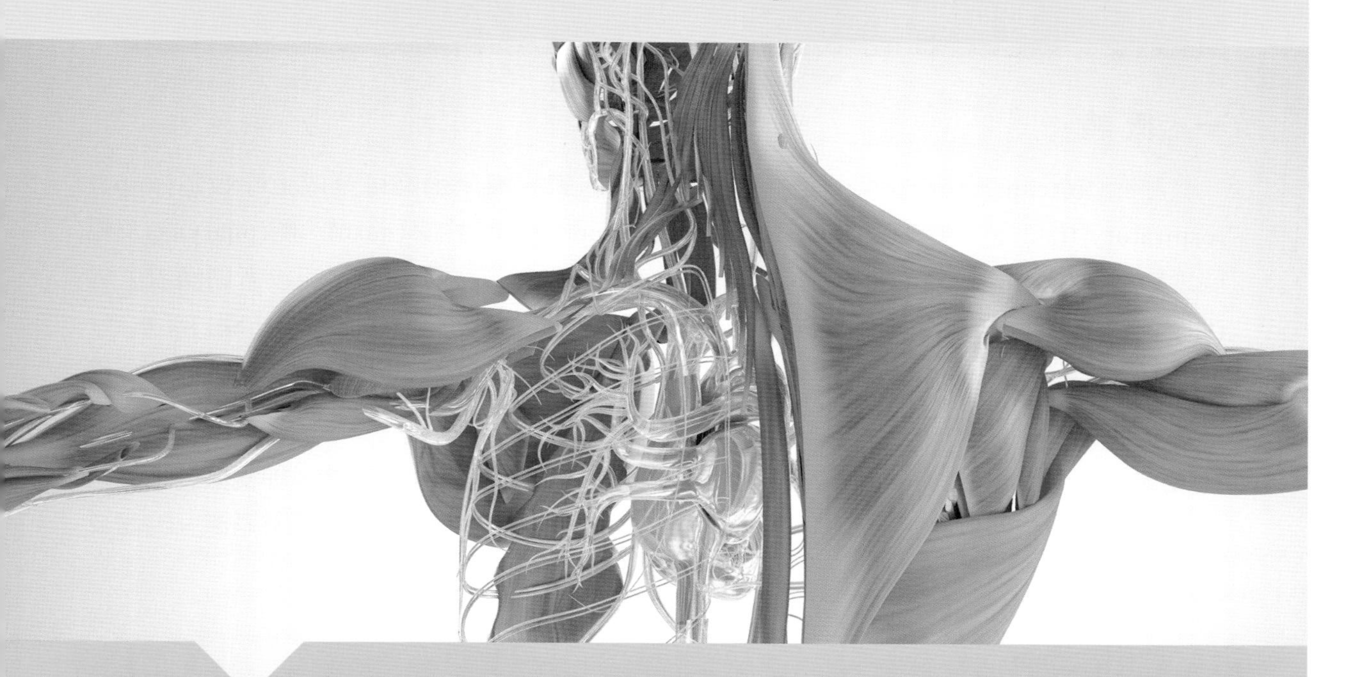

本章大綱

前言

一個人若沒有食物最多可生存數週，沒有水也可以生存數天，但若停止呼吸3~6分鐘，則立即會有致命之虞。呼吸系統即負責傳遞氧氣至身體組織，尤其是心臟和腦部需要不斷的氧氣供應，再將代謝廢物、二氧化碳排除掉。

13-1 呼吸器官

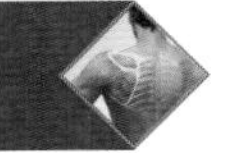

一、概論

呼吸道(respiratory tract)包括呼吸通道及肺臟。臨床上又可分成上呼吸道(upper respiratory tract)及下呼吸道(lower respiratory tract)，前者由鼻(nose)、咽(pharynx)及相關之結構，如鼻腔(nasal cavity)、副鼻竇(paranasal sinuses)所組成，而後者則涵蓋了喉(larynx)、氣管(trachea)、支氣管(bronchi)、細支氣管(bronchioles)及肺(lung)（圖13-1）。

就功能性角度來看，又可區分成單純性氣體通道，不具氣體交換功能之傳導區及具有真正氣體交換功能的呼吸區：

1. **傳導區**(conducting zone)：從空氣進入鼻腔、咽、喉、氣管、支氣管、細支氣管至終末細支氣管，皆為傳導區，此區除可作為外界和體內之氣體通道外，亦具有過濾、濕潤及暖化所吸入之空氣的功能。

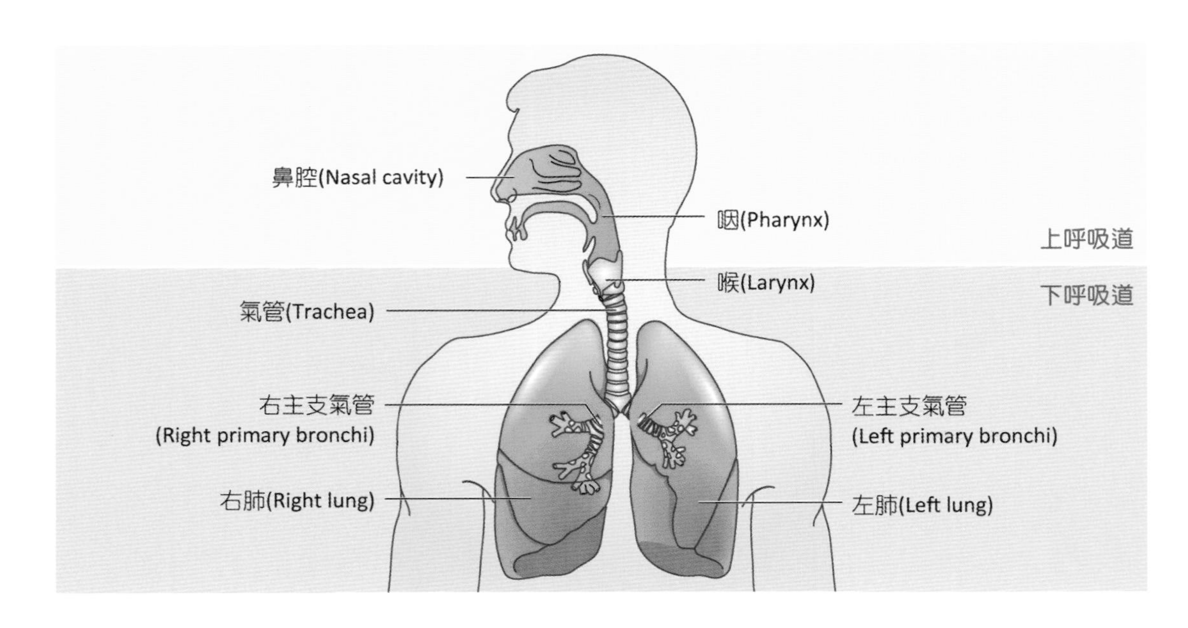

圖 13-1 呼吸系統的組成

2. **呼吸區**(respiratory zone)：包含下呼吸道的呼吸性細支氣管(respiratory bronchioles)、肺泡管(alveolar ducts)、肺泡囊(alveolar sacs)及肺泡(alveoli)。

上呼吸道

一、鼻 (Nose)

空氣經由鼻進入呼吸道，並可濕潤、過濾及暖化通過之空氣，也提供成為聲音的共鳴腔及嗅覺接受器所在之處。

(一)鼻腔 (Nasal Cavity)

鼻包括外鼻部及鼻腔。外鼻部以鼻樑之鼻骨和軟骨為支架，外鼻部兩個開口稱為外鼻孔，被鼻中隔軟骨區分開。鼻腔被鼻中隔分為左、右兩部分。**鼻中隔**(nasal septum)是由鼻中隔軟骨、犁骨及篩骨垂直板構成，鼻腔的底部是**硬腭**(hard palate)的上頜骨及腭骨和一部分**軟腭**(soft palate)形成，鼻腔外側壁則由上頜骨、篩骨、腭骨及下鼻甲構成，鼻腔頂部由鼻骨、額骨、篩骨及蝶骨構成，而鼻之前緣則主要為軟骨結構。鼻腔附近有左、右眼內側通到鼻腔的鼻淚管及副鼻竇開口於此。

鼻腔內部被鼻中隔分成左、右兩個腔室，前方有**外鼻孔**(external naris)，由此進入，內部為略呈膨大且具鼻毛之小空腔，即是前庭(vestibule)，後方則經**後鼻孔**(choana)通到鼻咽。每個腔室又為延伸自外側之上，中及下鼻甲捲隔成不完全封閉之**上**、**中及下鼻道**(nasal meatus)，為空氣進出之通道。腔表面覆蓋兩種上皮：

1. **嗅覺上皮**(olfactory epithelium)：集中於鼻腔頂部區域，含嗅神經，當氣味物質溶解於嗅覺上皮黏膜表面時，即刺激嗅神經產生嗅覺。
2. **鼻腔上皮**(nasal cavity epithelium)：為偽複層纖毛柱狀上皮，藉著纖毛擺動，可將黏有灰塵之黏液推向咽而排出體外。區內有杯狀細胞(goblet cells)分泌黏液，保持鼻腔表面濕潤。

(二)副鼻竇 (Paranasal Sinus)

副鼻竇包圍在鼻腔周邊，共有四組，分別為位於額骨的**額竇**、篩骨的**篩竇**、上頜骨的**上頜竇**及蝶骨的**蝶竇**，**上頜竇為最大的副鼻竇**。副鼻竇為與鼻腔相通之氣室，可作為聲音共鳴之用，其內之黏膜亦與鼻腔相連且同屬一物。若鼻腔遭受病原感染，有時會因黏膜腫脹而造成鼻竇炎（圖13-2）。

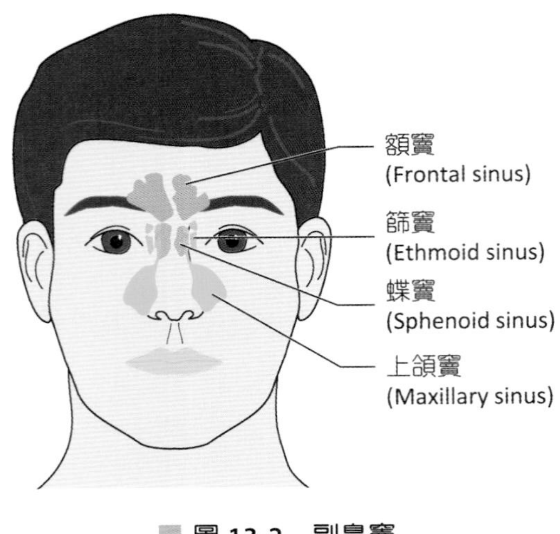

圖 13-2 副鼻竇

鼻竇炎(Sinusitis) Clinical Applications 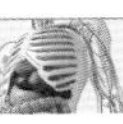

副鼻竇發炎通常是因為病毒、細菌感染所造成。當連接副鼻竇與鼻腔的通道因為發炎腫脹的鼻黏膜而阻塞時，鼻竇腔內的空氣便會被吸收至黏膜內的血管而形成一處潛在性的真空，如果發炎繼續存在，血管滲出液會阻塞鼻竇，因而造成位在發炎區域處的鼻竇疼痛。大部分的鼻竇炎起源於中鼻甲的下外側處，此處乃額竇、篩竇及上頜竇的開口處，若同時阻塞住，治療時必須促進其引流且給予大量抗生素。

(三)神經支配與血液供應

嗅神經負責嗅覺，上頜神經承擔一般感覺，而此區主要血液供應則來自上頜動脈及眼動脈。

二、咽 (Pharynx)

咽位於鼻腔、口腔及喉的後方，為一個起自頭顱基部、上連鼻腔、前抵口腔、下達第4頸椎通喉部及第6頸椎接食道之漏斗狀通道，亦是食物與空氣之通道。根據其結構和功能可分成三區，由上而下依序為鼻咽、口咽及喉咽（圖13-3）。

(一)鼻咽 (Nasopharynx)

鼻咽屬咽部最上段，僅為空氣的通道。往前經由後鼻孔可通鼻腔，下藉軟腭與口腔相隔，後下方則連接口咽，為偽複層纖毛柱狀上皮所覆蓋，有助於清潔吸入之空氣。軟腭後末端形成**懸壅垂**(uvula)，吞嚥時可防止食物誤入鼻區。**咽扁桃體**(pharyngeal tonsil)位於此區後壁；於內鼻孔後方左、右兩側壁上，則有與中耳相通之**耳咽管**(auditory tube)之開口，**可平衡鼓膜兩側的壓力**，使中耳內之壓力與大氣壓力維持平衡。

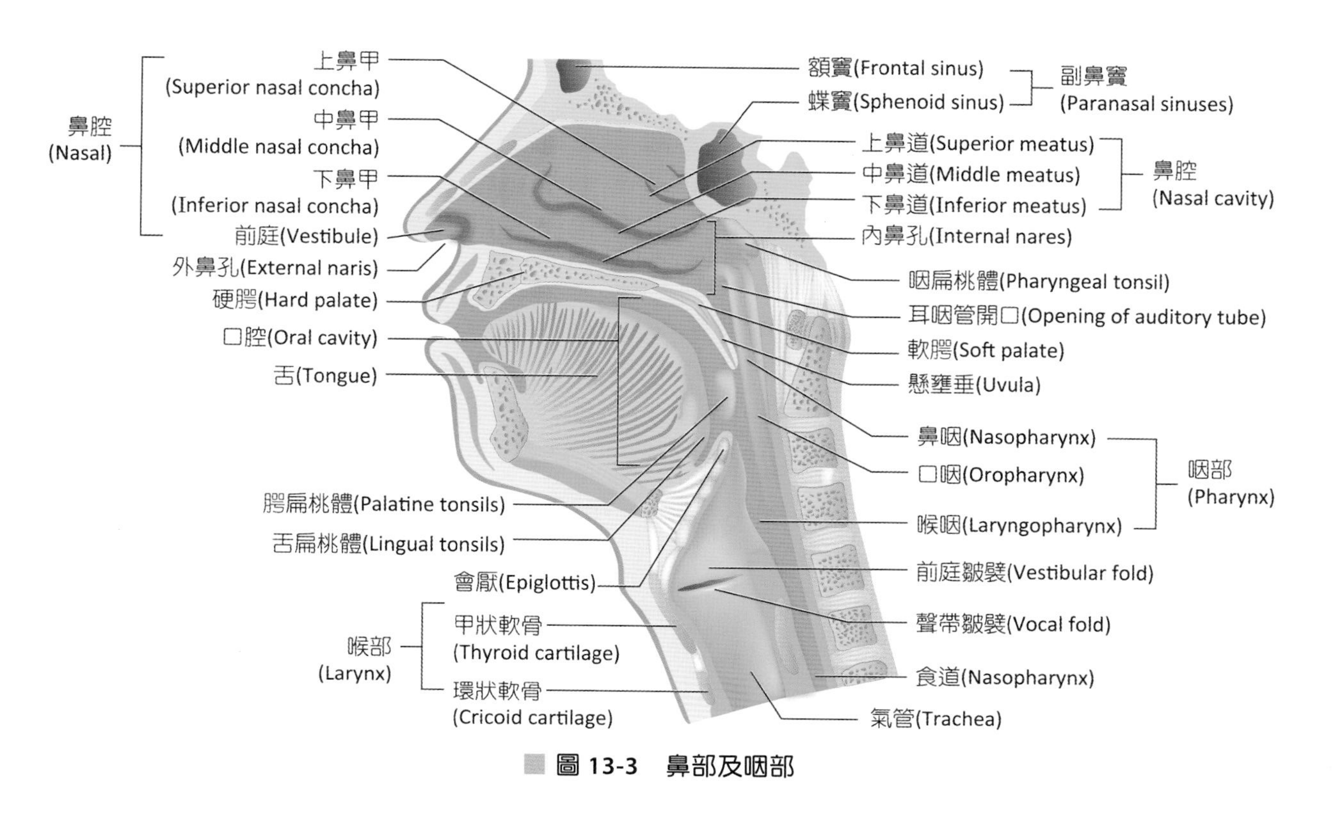

圖 13-3 鼻部及咽部

腺樣增殖切除術(Adenoidectomy) Clinical Applications 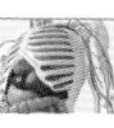

以手術切除受感染的咽扁桃體（腺樣增殖）。在鼻咽後壁較高處具有咽扁桃體或腺樣體(adenoids)，其可破壞空氣中進入鼻咽的病原菌，在孩童時期，腺樣體的感染與發炎很常見，腫脹的腺樣體會阻塞空氣通過鼻咽，因此必須靠張口呼吸。

（二）口咽 (Oropharynx)

口咽位於口腔後方，由軟腭延伸至會厭，為食物與空氣的共同通道，其前臨口腔，上達鼻咽後下方，下接喉咽；在喉咽及口咽交界處，覆蓋複層鱗狀上皮。軟腭末端、懸壅垂兩側各有兩組肌肉組成的咽弓構造，即**腭舌弓**(palatoglossal arch)及**腭咽弓**(palatopharyngeal arch)，中間為**腭扁桃體**(palatine tonsil)，另一組**舌扁桃體**(lingual tonsil)則位於舌基部區域。口咽有一個通往口腔的開口稱為**咽門**(fauces)，當吞嚥或以嘴呼吸時打開，可幫助吸入更多的空氣。

（三）喉咽 (Laryngopharynx)

喉咽自舌骨高度下至食道入口，為一狹窄之消化道及呼吸道交會區域，空氣由前方至氣管，食物則由後方至食道。喉咽為最下段咽部，其緊接於喉部後方，上通口咽，下抵食道。此區覆蓋複層鱗狀上皮，因此對於一些機械性摩擦、化學性侵蝕或致病原之入侵，具較強的抵抗能力（表13-1）。

（四）神經支配與血液供應

參與神經有第IX、X、XI對腦神經，血管部分包含上頷動脈及喉上行動脈。

表13-1 咽的分區

分區	鼻咽	口咽	喉咽
位置	咽部最上段	口腔後方，由軟腭延伸至會厭	自舌骨高度下至食道入
開口	後鼻孔通鼻腔，耳咽管通中耳	咽門通往口腔	前方通氣管，後方通食道
上皮	呼吸上皮	非角質化複層鱗狀上皮	非角質化複層鱗狀上皮
扁桃體	咽扁桃體	腭扁桃體、舌扁桃體	無

下呼吸道

一、喉 (Larynx)

喉之三項功能，一是發聲（故又稱音箱），二為空氣通道，三可防止食物或異物進入呼吸道。喉由肌肉及韌帶連結9塊軟骨形成，位於喉咽之前、第4~6頸椎的高度，上自舌骨，開口通喉咽，下接氣管。喉壁內襯於**聲帶**(vocal fold)以上屬非角質化複層鱗狀上皮，以下則為偽複層纖毛柱狀上皮。

（一）軟骨 (Cartilage)

喉部9塊軟骨可分成3塊不成對之大型軟骨，以及3對的小型軟骨（圖13-4）。

1. **三塊不成對的喉軟骨**
   (1) **會厭軟骨**(epiglottis)：喉部頂端的葉狀之彈性軟骨，其下連接甲狀軟骨，上端呈游離狀，當吞嚥時，喉部上提，會厭軟骨蓋住喉之入口，以防止水或固體食物進入呼吸道。
   (2) **甲狀軟骨**(thyroid cartilage)：喉部最大的軟骨，其構成喉室主體，包圍喉的前部及側部。青春期後之男性甲狀軟骨前上緣前凸明顯，俗稱亞當蘋果(Adam's apple)或喉結(laryngeal prominence)。甲狀軟骨以甲狀舌骨膜(thyrohyoid membrane)連接舌骨，前緣之內壁上部與會厭軟骨相接，內壁下部則藉聲帶連繫杓狀軟骨，往下則甲狀軟骨座落於環狀軟骨上。
   (3) **環狀軟骨**(cricoid cartilage)：喉部唯一完整之環形軟骨，喉軟骨中位置最低者，上有甲狀軟骨，後上為杓狀軟骨基座，下與第一塊氣管C形軟骨環相連。

2. 三對成對的喉軟骨

(1) **杓狀軟骨**(arytenoid cartilages)：位於環狀軟骨後上緣，與環狀軟骨形成關節，向前為聲帶附著處，藉由喉部肌肉調整聲帶振動，與發聲關係密切。

(2) **小角軟骨**(corniculate cartilages)：成對座落於杓狀軟骨上方，參與聲門之開與關。

(3) **楔狀軟骨**(cuneiform cartilages)：成對位於小角軟骨前外側、會厭皺襞上，與杓狀軟骨相連。

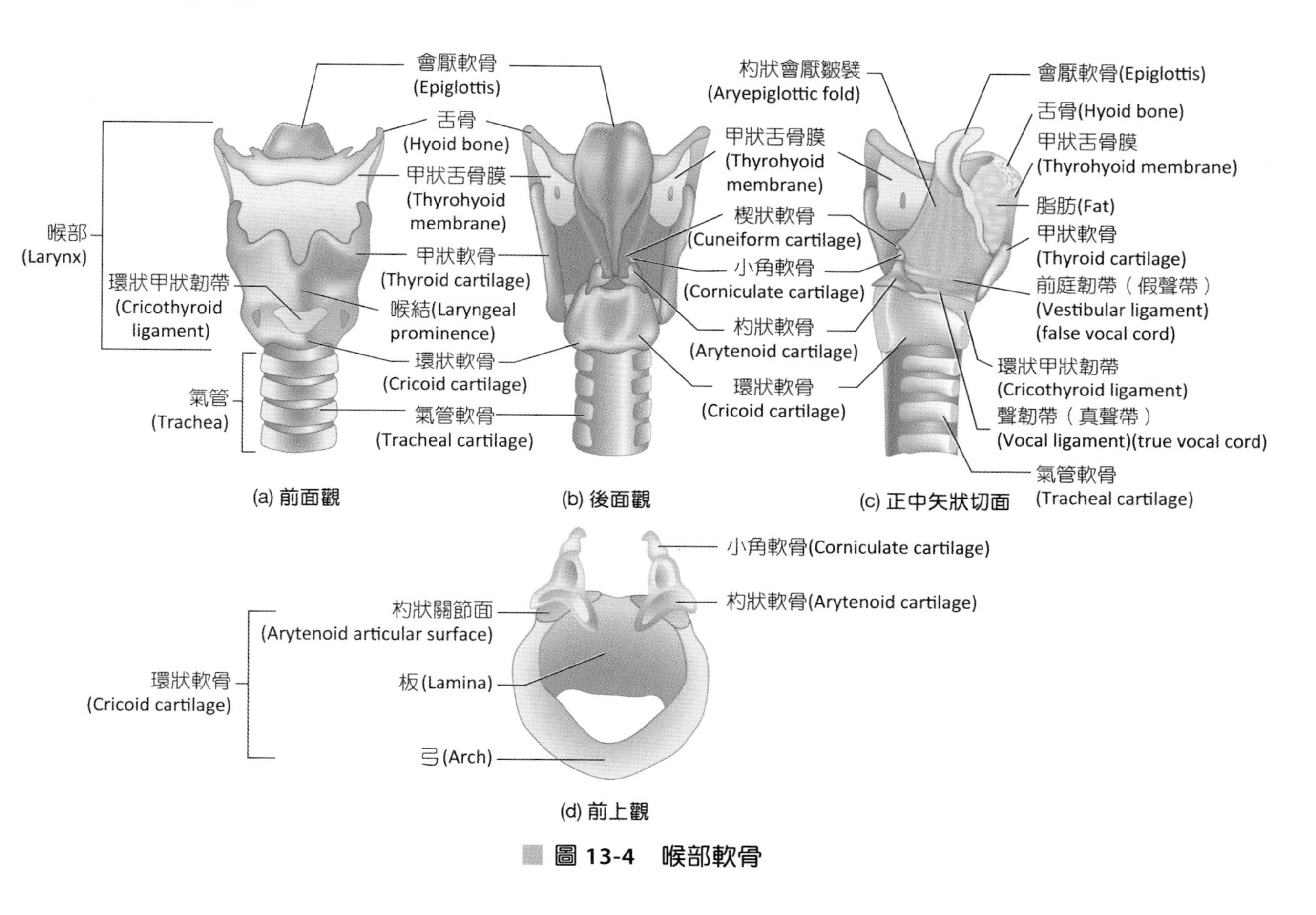

圖 13-4　喉部軟骨

(二) 聲門 (Glottis)

喉內一對彈性纖維構成之聲韌帶，其前、後走向分別與甲狀軟骨及杓狀軟骨相接，由於外表被黏膜包覆而形成聲帶皺襞，又稱真聲帶，為喉基部之成對狹長的複層鱗狀上皮，兩聲帶皺襞之間細裂縫稱為**聲門裂**(rima glottidis)，聲門裂與聲帶皺襞合稱為**聲門**(glottis)。

喉部內在肌群(intrinsic laryngeal muscles)聯繫著喉部軟骨，例如環杓後肌、環杓側肌的收縮或放鬆造成杓狀軟骨位移，影響聲帶張力及聲門開閉，進而左右聲音的高低及大小。吐氣時，空氣通過聲門，引起聲帶皺襞振動，產生基本的發聲，但受聲韌帶厚薄大小、張力強弱、聲門開合及通過空氣推力大小等因素影響，而有不同呈現，例如：女性聲帶比男性更短、更薄，故女性聲音較尖銳、高亢，男性則較粗圓、低沉。此外，聲音也會為其他共鳴結構（如嘴形、舌頭長短等）所修飾，聲帶皺襞振動產生的聲音只是原音，再經過口、舌、軟腭、鼻及副鼻竇共鳴，造就每個人聲音的獨特音質。

位於聲帶皺襞上方兩側有一對黏膜皺摺，稱為**前庭皺襞**(vestibular fold)，附著於小角軟骨，不具發聲功能，又稱**喉室皺襞**(ventricular fold)或假聲帶(false vocal cords)。

(三)神經支配與血液供應

負責支配喉部之神經為迷走神經，血管供應則為喉動脈。

▼ 喉炎(Laryngitis) Clinical Applications

喉部發炎通常是因為呼吸道感染、吸入刺激性化學物質（如：吸菸）、過度喊叫或咳嗽，造成聲帶發炎、腫脹，使聲帶無法正常收縮及振動，造成沙啞或失聲，嚴重時甚至無法發出耳語以外的聲音。過度發聲、聲帶長繭或喉部肌肉麻痺，亦會導致聲音沙啞。

二、氣管 (Trachea)

氣管位於食道之前，上接環狀軟骨，於第5胸椎上方分枝為左右**主支氣管**(primary bronchi)，全長約11公分（4.25英吋），直徑約2.5公分（圖13-5）。**內部覆蓋偽複層纖毛柱狀上皮**；管壁黏膜下層含有黏液腺，分泌黏液至管腔上皮表面，可黏附吸入之灰塵顆粒和微生物，再藉由纖毛擺動送到咽部吞下或咳痰排出。氣管與主支氣管相接處之管壁向內的嵴突，稱為**隆凸**(carina)。

氣管含16~20個C形氣管軟骨環支架，缺口朝後面對食道，缺口處由結締組織及氣管平滑肌填補，使氣管管腔具有不塌陷及可縮小或擴大之優點，而能順利吞嚥食物且兼顧呼吸道之通暢。

▼ 氣管切開術(Tracheotomy) Clinical Applications

當呼吸道阻塞堵住氣流，如急性會厭炎、嚴重喉炎、過敏性水腫或吸入大型異物時，阻塞位置在胸部以上，必須進行氣管切開術，需將頸前環狀軟骨以下的第2和第3氣管環垂直切開，插管作為緊急空氣通道，保持氣體暢通。

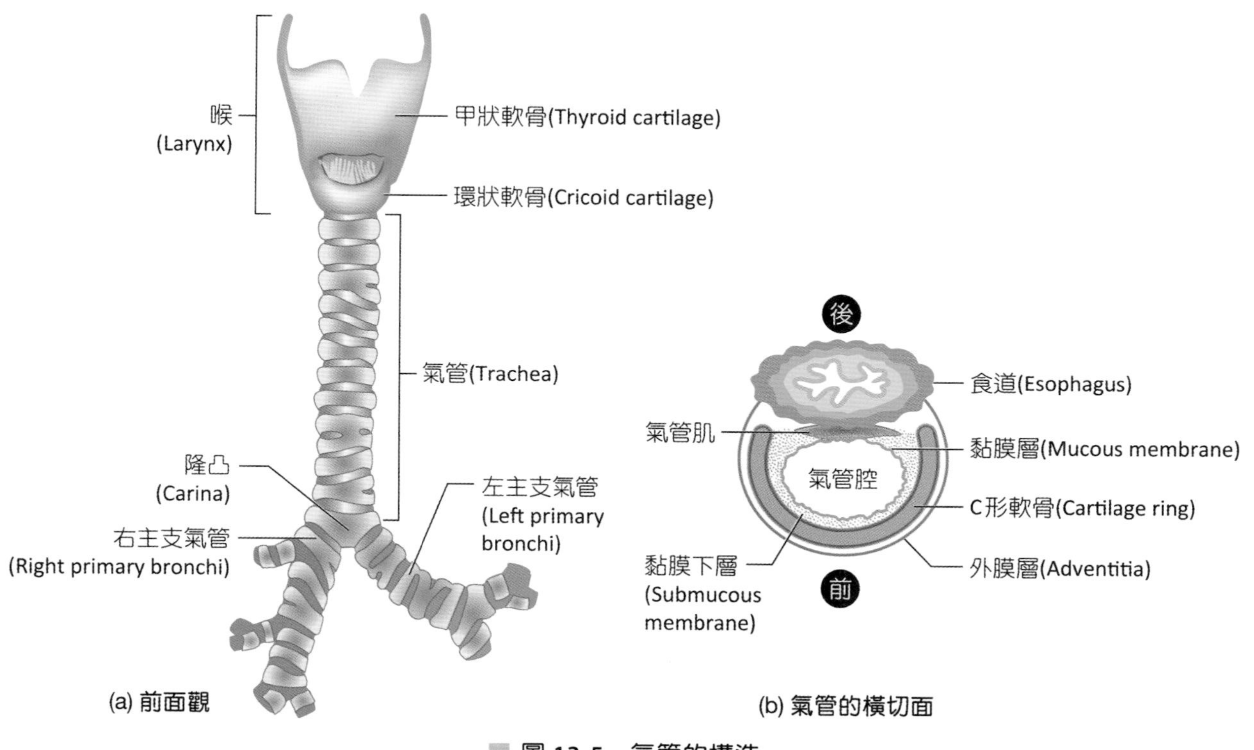

圖 13-5　氣管的構造

三、支氣管 (Bronchi)

氣管於第5胸椎上方分枝為左、右主支氣管，位於肺外部，左主支氣管可將氣體帶入左肺內，右主支氣管則進入右肺。主支氣管管壁組織結構與氣管相同，惟右主支氣管較左主支氣管的長度短、直徑較寬及垂直，故進入呼吸道的異物易塞住右主支氣管。

主支氣管分成**次級支氣管**(secondary bronchi)或稱肺葉支氣管(lobar bronchi)，分別進入左肺上、下葉，及右肺上、中、下葉；次級支氣管續分為**三級支氣管**(tertiary bronchi)或稱肺節支氣管(segmental bronchi)，分別進入每個肺節，再分枝為**細支氣管**(bronchioles)，由此接續分枝，一直到**終末細支氣管**(terminal bronchioles)，皆為傳導區；再往下為**呼吸性細支氣管**(respiratory bronchioles)、**肺泡管**(alveolar ducts)、**肺泡囊**(alveolar sacs)，終至**肺泡**(alveoli)，則為呼吸區，氣體交換即在此進行。

支氣管同樹枝般地不斷分枝，有如一棵倒位的樹，因而有**支氣管樹**(bronchial tree)或呼吸樹之稱；越往下分枝，支氣管管壁越薄，內襯上皮由偽複層纖毛柱狀上皮逐步矮化成單層立方上皮，甚至肺泡的單層鱗狀上皮；軟骨也轉變成不完整的軟骨片，終而消失；平滑肌卻成管壁主流（圖13-6、表13-2）。

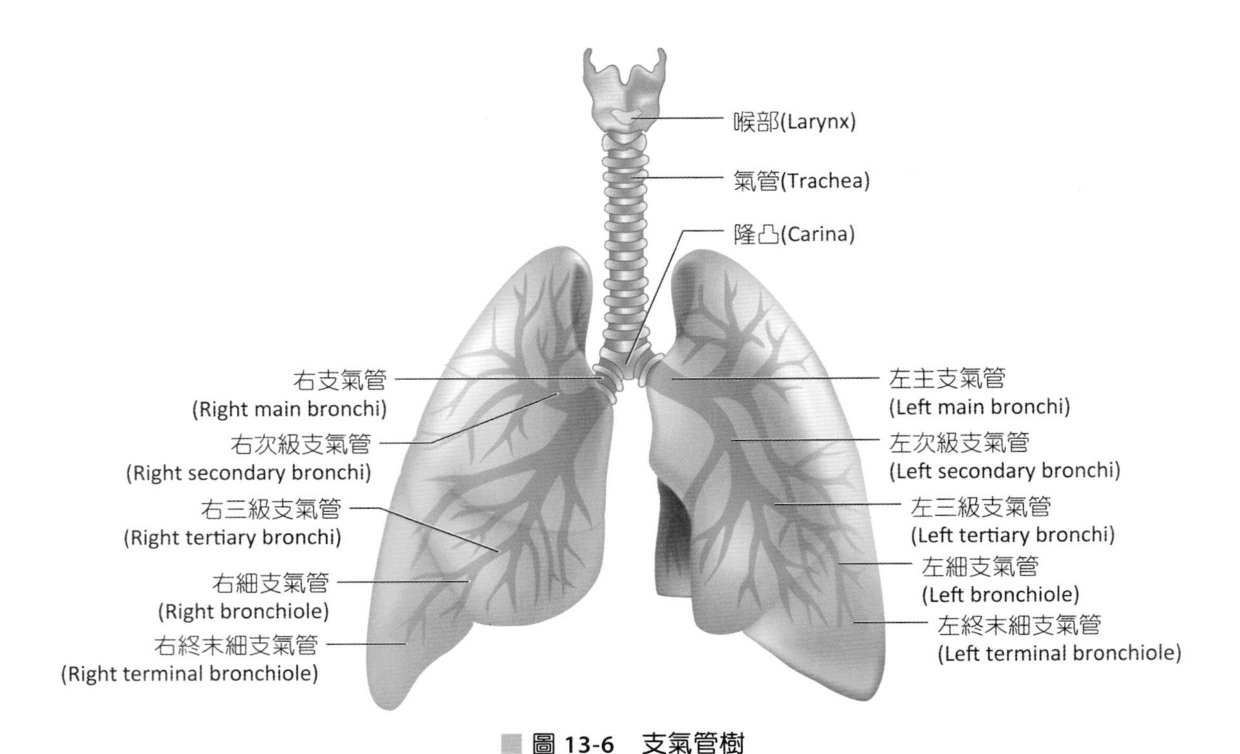

圖 13-6 支氣管樹

表13-2 支氣管的構造

部位	上皮	軟骨	說明
氣管	偽複層纖毛柱狀上皮	軟骨環	黏液黏附異物，藉纖毛擺動排出
主支氣管	偽複層纖毛柱狀上皮	軟骨環	右主支氣管較左主支氣管短、寬及垂直，故異物易塞住右主支氣管
次級支氣管	偽複層纖毛柱狀上皮	漸減	含黏液膜，平滑肌漸增
細支氣管	單層纖毛柱狀上皮	無	由平滑肌組成，較小的細支氣管漸轉為單層立方上皮
終末細支氣管	單層立方上皮	無	直到終末細支氣管皆為傳導區
呼吸性細支氣管	單層立方上皮	無	呼吸區，氣體交換的開始
肺泡管	單層鱗狀上皮	無	圍繞肺泡管的是數個肺泡及肺泡囊

支氣管鏡術(Bronchoscopy)

Clinical Applications 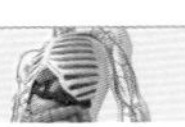

檢驗肺臟的主要支氣管之內部表面。支氣管鏡是一種可通過氣管到達支氣管的照明管狀儀器，將管子由鼻子或嘴巴往下通過喉部和氣管，可將鑷子連到管子的尖端，清除異物、收集活體或黏液標本，以供檢查。

四、肺泡 (Alveoli)

肺泡為肺臟的功能單位，人類左、右肺臟約有3億個以上的肺泡，每個肺泡上圍著許多微血管，提供足夠的表面積以進行氣體交換。其所呈現的總表面積達60~70平方公尺(m^2)，約為皮膚之40倍（圖13-7）。肺泡壁含兩種上皮細胞：

（一）第一型肺泡細胞 (Type I Alveolar Cells)

第一型肺泡細胞由單層鱗狀上皮組成，厚度只有一般紙張的1/15，即0.5微米(μm)。肺泡外表布滿蜘蛛網般的肺泡微血管，氣體交換是藉由擴散作用通過肺泡壁與肺泡微血管血間，不論氣體欲從肺泡腔進入微血管（如氧氣），或由微血管移入肺泡腔（如二氧化碳）都必須穿越由**第I型肺泡細胞、微血管基底膜及微血管內皮細胞所形成的呼吸膜**(respiratory membrane)，或稱為肺泡－微血管膜、氣體－血液障壁(air-blood barrier)（圖13-8）。

（二）第二型肺泡細胞 (Type II Alveolar Cells)

第二型肺泡細胞為散布於第一型肺泡細胞之間的立方上皮細胞，或稱中隔細胞(septal cells)，細胞較小，會分泌**表面張力素**(surfactant)**降低肺泡壁表面張力，以防止肺泡塌陷及皺縮。**

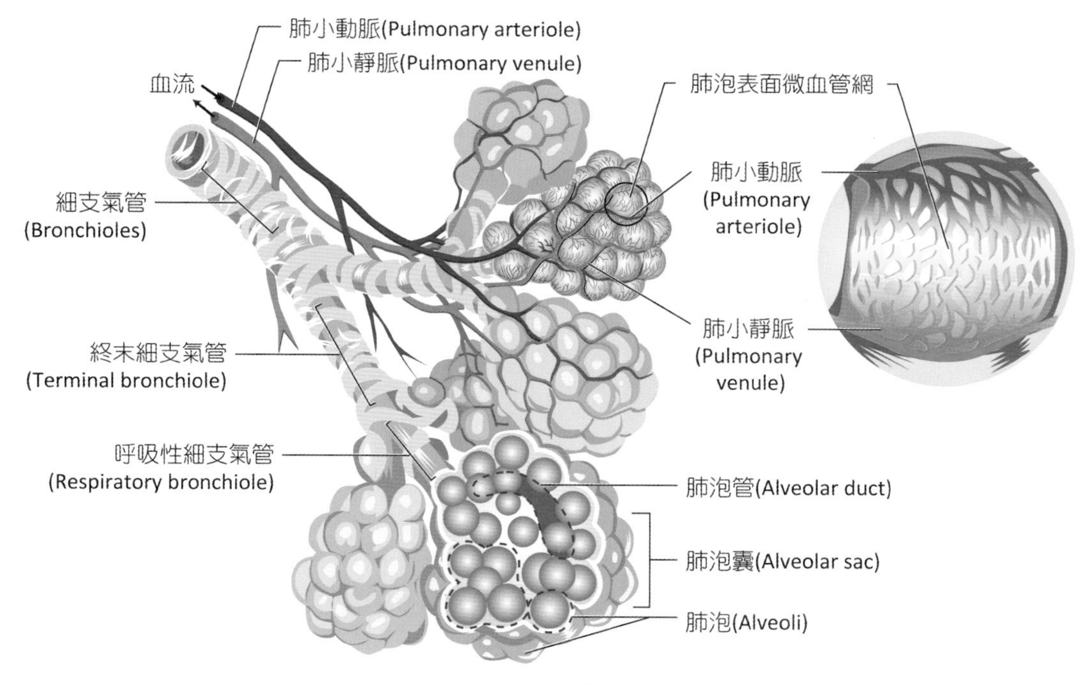

圖 13-7　細支氣管及肺泡

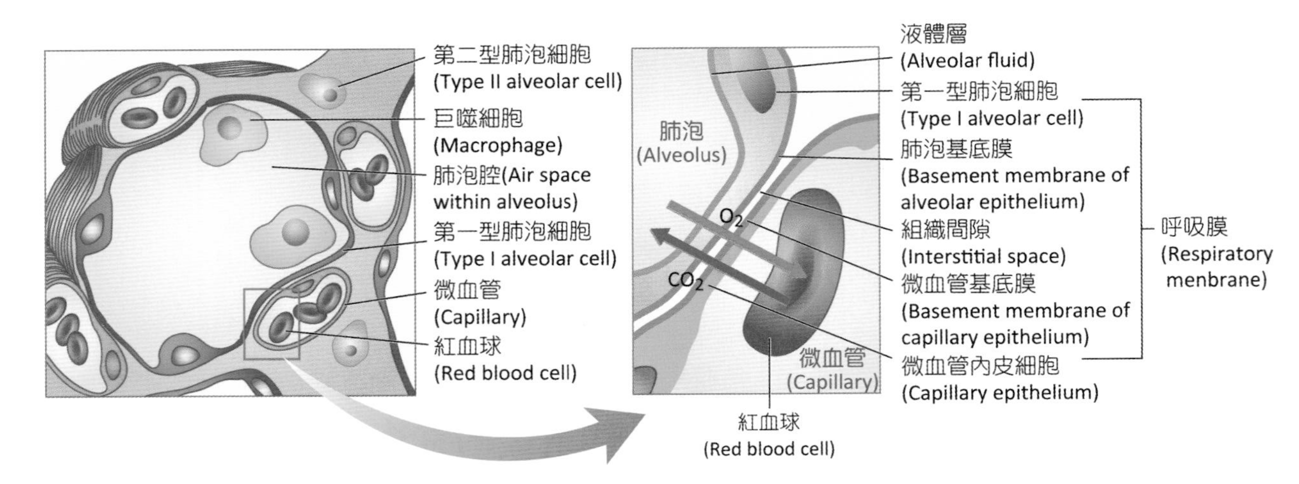

圖 13-8 肺泡和微血管間的關係

各個肺泡間有肺泡孔相通，能保持肺泡通暢，使氣體不論抵達任一區肺泡，均可迅速經由肺泡孔擴散至全區，減低支氣管阻塞所造成的影響。

(三)肺泡巨噬細胞 (Alveolar Macrophage)

又名灰塵細胞(dust cells)，此細胞具游離性，能夠捕捉竄入肺泡內之細小塵粒並移行進入支氣管，再經由管內之纖毛作用將塵埃的巨噬細胞運至咽部吞下(表13-3)。

表13-3 肺泡壁組成

比 較	第一型肺泡細胞	第二型肺泡細胞	肺泡巨噬細胞
位置	構成肺泡壁連續內襯之單層鱗狀上皮	散布於鱗狀肺上皮細胞之間	在肺泡壁上游走，不固定位置
功能	構成肺泡上皮，呼吸膜的一部分	可分泌表面活性素減低肺表面張力，避免肺泡皺縮及塌陷	吞噬

五、肺 (Lung)

(一)胸膜 (Pleura)

肺臟位於胸腔內，不包含在縱膈腔內，由胸膜包覆，緊貼肺表面者為**臟層胸膜**(visceral pleura)，而外層為**壁層胸膜**(parietal pleura)，並內襯於胸腔內壁，臟層及壁層間為**胸膜腔**(pleural cavity)，其內含胸膜所分泌之潤滑液，可減少呼吸時，因肺擴張或縮小時與胸壁所產生之摩擦(圖13-9)。

胸膜具有以下三種功能：

1. 胸膜腔內液體在呼吸時可作為**防止兩層胸膜摩擦之潤滑劑**。
2. 胸膜腔之壓力低於大氣壓力，有助於呼吸機轉，且能使肺保持適度的膨脹。
3. 胸膜分隔開肺臟和縱膈腔，縱膈腔內器官包括心臟、食道、胸管、神經和主要血管。

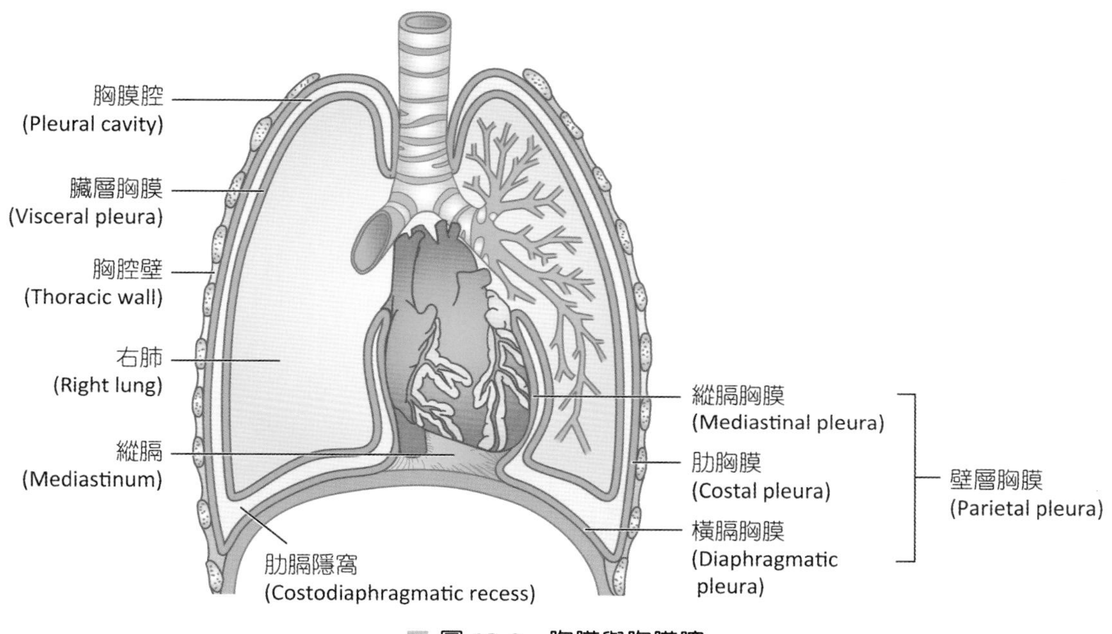

圖 13-9 胸膜與胸膜腔

(二) 肺葉 (Lobes of Lung)

肺為縱膈(mediastinum)及心臟隔開而分左、右葉，肺狹窄頂部為**肺尖**(apex of lung)（圖13-10），約於鎖骨之深部，寬廣的底部為**肺底**(base of lung)，座落於橫膈(diaphragm)上，**肺門**(pulmonary hilum)朝內正對著縱膈，**由初級支氣管、血管、淋巴管、神經等組成**，且被胸膜及結締組織包在一起，合稱**肺根**(root of lung)，進出肺臟的區域。一般而言，左、右肺的縱膈面皆有心臟壓迹(cardiac impression)，為心臟接觸部位，但右肺較小，由於心臟偏左之故，因此左肺較右肺略小且長，且有較明顯深陷的心臟切迹(cardiac notch)及心臟壓迹。同時，在其下緣有舌狀突起構造，稱為小舌(lingula)。

左肺被斜裂(oblique fissure)**分隔成上葉**(upper lobe)**及下葉**(lower lobe)**；右肺則被斜裂及水平裂**(horizontal fissure)**分成上葉、中葉**(middle lobe)**及下葉**，而左、右肺葉內含由結締組織所區隔之結構獨立的**肺節**(segment)（圖13-11），兩肺分別有10個肺節，臨床上，外科切除手術是以肺節為單位，如此可減輕對肺整體之衝擊。自肺節以內，充斥著無數肺小葉(lobule)，每一肺小葉含數百個肺泡，並有細支氣管淋巴管及肺小動脈、肺小靜脈之分枝。

（三）神經支配與血液供應

支配肺臟的神經為自主神經系統的交感及副交感神經，其神經纖維混入肺根，從肺門進入，循著肺內支氣管及血管路徑前進。交感神經負責擴張呼吸道，而副交感神經則使呼吸道收縮而變狹窄。

肺血液供應分別來自肺循環及體循環。肺動脈(pulmonary artery)將缺氧血送達肺泡微血管網，再與肺泡內的氧進行交換，後將交換之充氧血沿肺靜脈(pulmonary vein)運回左心房，再經胸主動脈的**支氣管動脈**(bronchial artery)分枝將充氧血運送至肺臟內。

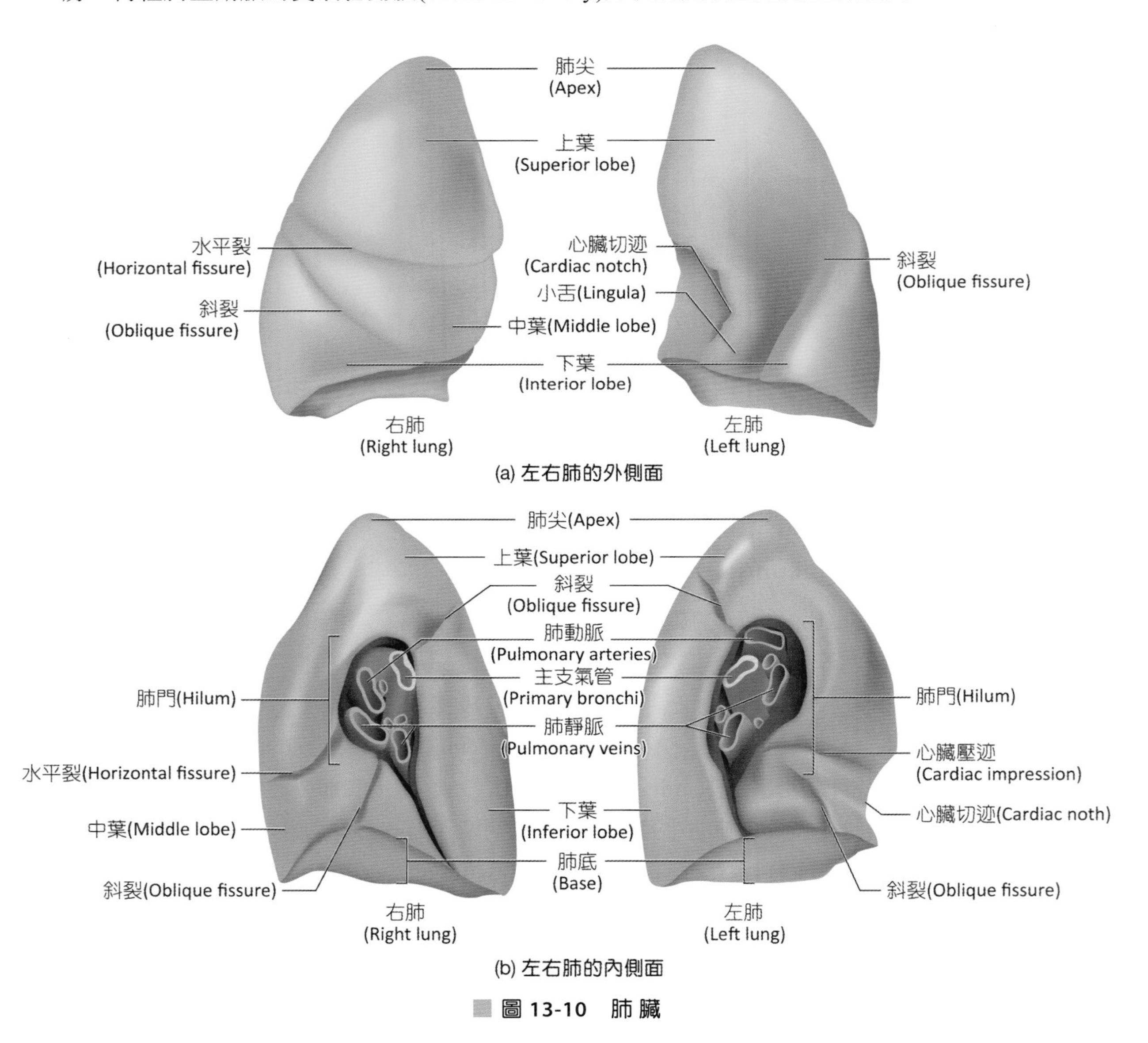

圖 13-10 肺臟

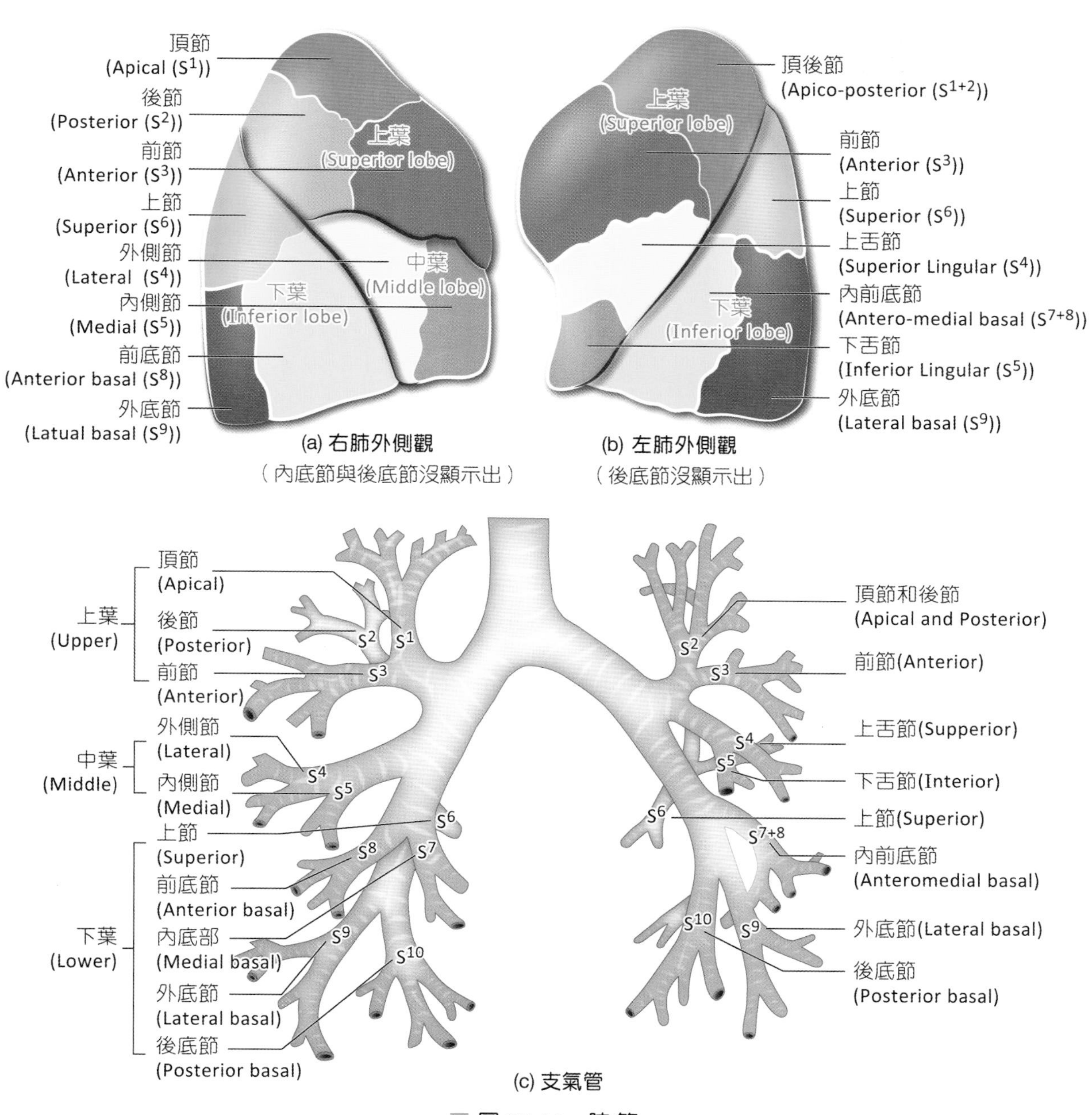
頂節
(Apical (S^1))
後節
(Posterior (S^2))
前節
(Anterior (S^3))
上節
(Superior (S^6))
外側節
(Lateral (S^4))
內側節
(Medial (S^5))
前底節
(Anterior basal (S^8))
外底節
(Latual basal (S^9))
上葉
(Superior lobe)
中葉
(Middle lobe)
下葉
(Inferior lobe)
(a) 右肺外側觀
(內底節與後底節沒顯示出)
頂後節
(Apico-posterior (S^{1+2}))
前節
(Anterior (S^3))
上節
(Superior (S^6))
上舌節
(Superior Lingular (S^4))
內前底節
(Antero-medial basal (S^{7+8}))
下舌節
(Inferior Lingular (S^5))
外底節
(Lateral basal (S^9))
上葉
(Superior lobe)
下葉
(Inferior lobe)
(b) 左肺外側觀
(後底節沒顯示出)
上葉
(Upper)
頂節
(Apical)
後節
(Posterior)
前節
(Anterior)
中葉
(Middle)
外側節
(Lateral)
內側節
(Medial)
下葉
(Lower)
上節
(Superior)
前底節
(Anterior basal)
內底部
(Medial basal)
外底節
(Lateral basal)
後底節
(Posterior basal)
S^1 S^2 S^3 S^4 S^5 S^6 S^7 S^8 S^9 S^{10}
頂節和後節
(Apical and Posterior)
前節(Anterior)
上舌節(Supperior)
下舌節(Interior)
上節(Superior)
內前底節
(Anteromedial basal)
外底節(Lateral basal)
後底節
(Posterior basal)
S^2 S^3 S^4 S^5 S^6 S^{7+8} S^9 S^{10}
(c) 支氣管

圖 13-11 肺節

13-2 呼吸作用(Respiration)

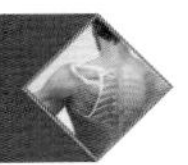

一、呼吸作用的步驟

完整的呼吸作用包含以下四個步驟：

1. **肺換氣作用**(pulmonary ventilation)：外界的空氣以巨流方式(bulk flow)進出肺臟，使肺泡內氧氣和二氧化碳交換。
2. **外呼吸**(external respiration)：肺泡及肺泡微血管間之氣體交換，為一種通過呼吸膜的擴散作用，使二氧化碳從血液進入呼吸道，而氧由呼吸道進入血液，使缺氧血變成充氧血。
3. **呼吸氣體之運輸**(transport of respiratory gases)：因氣體分壓大小之差異，導致氣體藉由循環系統之血液運送O_2至身體各細胞組織，或將CO_2自身體各組織移出。
4. **內呼吸**(internal respiration)：體循環系統之組織微血管與組織細胞間的氣體交換，為一種經組織間液的擴散作用，使O_2移入組織細胞，CO_2則排出至組織微血管，充氧血變成缺氧血。

氣體流動的原理乃依照氣體壓力高低而論，以高氣壓往低氣壓方向移動，依據**波以耳定律**($P_1V_1=P_2V_2$)，壓力與體積成反比，因此人體若欲達成肺換氣，須依此原理而行，而呼吸肌肉之作用，即在營造胸腔體積與氣體壓力與體外大氣壓力之差異，以產生氣流進出人體呼吸道，此謂換氣現象(ventilation)。體內參與呼吸之肌肉者眾多，其中最主要為橫膈(diaphragm)、外肋間肌(external intercostals)及內肋間肌(internal intercostals)、腹肌(abdominal muscles)等（圖13-12）。

二、吸氣 (Inspiration)

吸氣為主動過程，參與吸氣之肌肉最主要是橫膈膜，當橫膈膜收縮時，往下壓可增加胸腔的垂直徑；肋間外肌收縮，上提肋骨可增加胸腔的前後徑，胸腔容積變大，使胸腔內壓力更小於大氣壓，因此氣流往胸腔方向移動，而產生吸氣現象。

三、呼氣 (Expiration)

呼氣可分為一般平靜時之呼氣及深呼氣（用力呼氣）。**平靜時呼氣屬被動過程**，並無任何肌肉參與，只要橫膈膜及肋間外肌放鬆，使胸腔回復原來大小，此時肺內壓變成正壓（大於大氣壓力），即可壓迫肺內部分氣體向體外流動，造成呼氣現象。若平靜吐氣完欲進一步**用力呼氣**，此時肋間內肌收縮，將肋骨骨架更加下拉，同時**腹壁肌肉**如腹直肌、腹外斜肌、腹內斜肌及腹橫肌等收縮，造成腹壓增加，推動腹部內臟壓迫橫膈，使胸腔壓力的上升。雖然肋間內肌造成主動用力呼氣，但主要作用肌是腹部的肌肉（表13-4）。

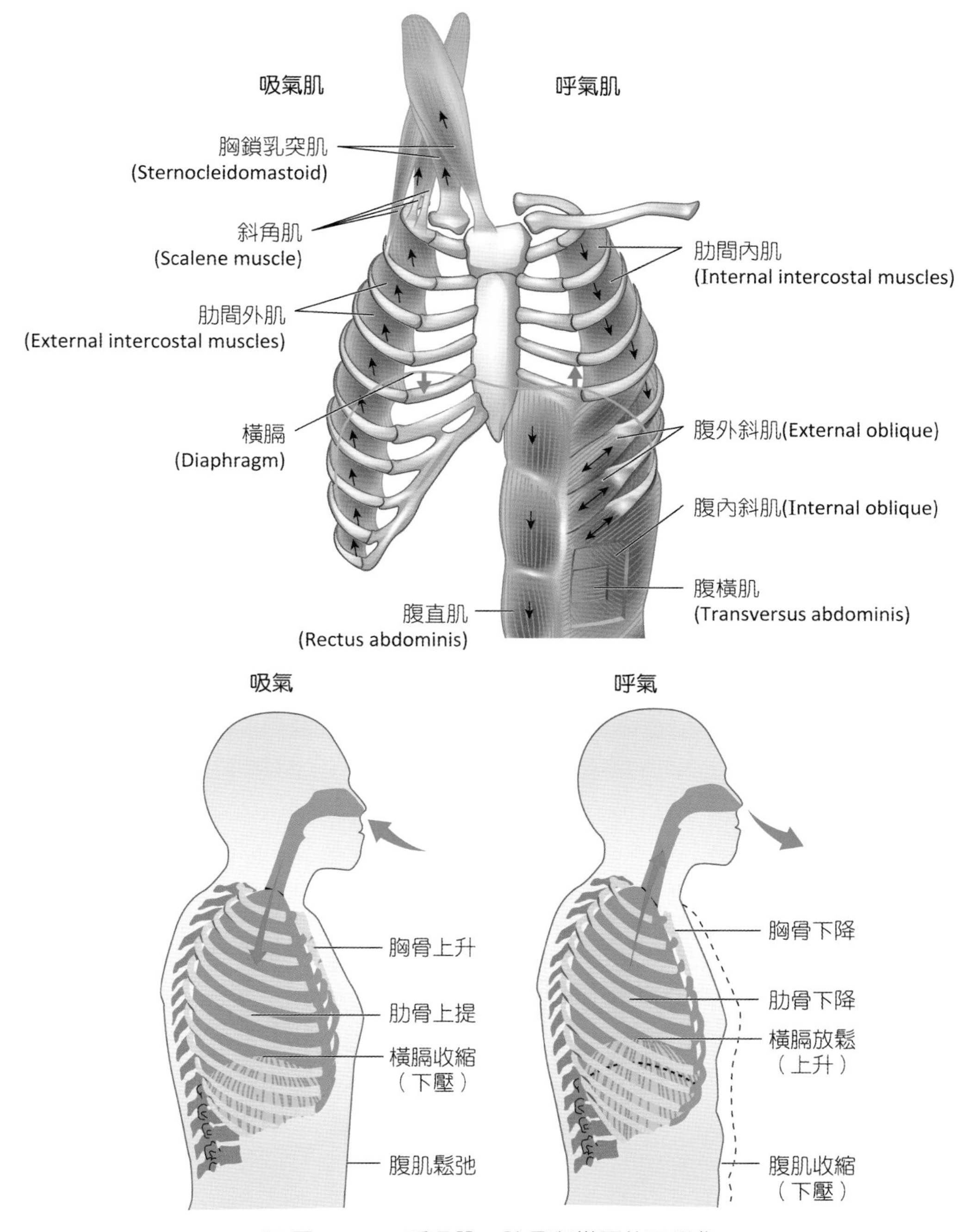

圖 13-12 呼吸肌、肋骨與橫膈位置變化

表13-4 吸氣與呼氣的比較

作用	吸氣	呼氣
變化	主動過程，胸腔容積變大，肺內壓力小於大氣壓，氣流往胸腔	被動過程，胸腔大小回復，肺內壓大於大氣壓，肺內氣體向外流
橫膈膜與胸腔垂直徑	橫膈膜收縮： 胸腔的垂直徑增加	橫膈膜放鬆： 胸腔的垂直徑減小
肋骨及寬度	肋骨上提胸腔的寬度增加	肋骨下壓胸腔的寬度減小

13-3 呼吸氣體的運輸

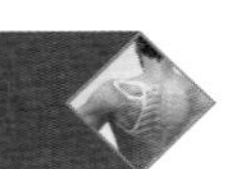

一、氧氣的運送

成人正常耗氧量每分鐘約為250 ml/min；血紅素約占紅血球33%重量，可使血液呈紅色。每一分子血紅素可攜帶4個氧分子。如果PO_2和血紅素濃度正常，每100 ml動脈血液含20 ml的氧。吸入的氧氣中有97%是先與紅血球中的血紅素結合，再由肺臟運送到各組織中；其餘3%的氧氣則是溶解在血漿中運送到各處。

二、二氧化碳的運送

血液中每分鐘呼出的二氧化碳約為200 ml；每100 ml的缺氧血液含4 ml的二氧化碳。二氧化碳以三種形式被血液攜帶：

1. **溶在血漿**：占7%，二氧化碳對水的溶解度大約是氧的20倍，到達肺後再擴散到肺泡。
2. **碳醯胺基血紅素**(carbaminohemoglobin, $HbCO_2$)：血液中的二氧化碳大約有23%是連結在血紅素的胺基酸。而被攜帶的碳醯胺基血紅素不能和一氧化碳血紅素相混淆，一氧化碳血紅素是血紅素和一氧化碳結合。

3. **重碳酸離子**(bicarbonate, HCO_3^-)：70%二氧化碳被血液輸送的形式。CO_2進入血液後，由血漿擴散進入紅血球內，碳酸酐酶會催化CO_2和H_2O結合形成碳酸(H_2CO_3)，碳酸(H_2CO_3)再解離形成H^+與HCO_3^-。

13-4 呼吸的控制

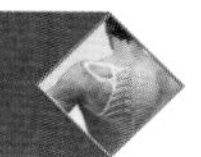

一、不隨意性呼吸控制

呼吸中樞可分為三個區域：延腦呼吸節律中樞（含吸氣區及呼氣區）、橋腦的呼吸調節中樞、橋腦的長吸中樞（圖13-13）。

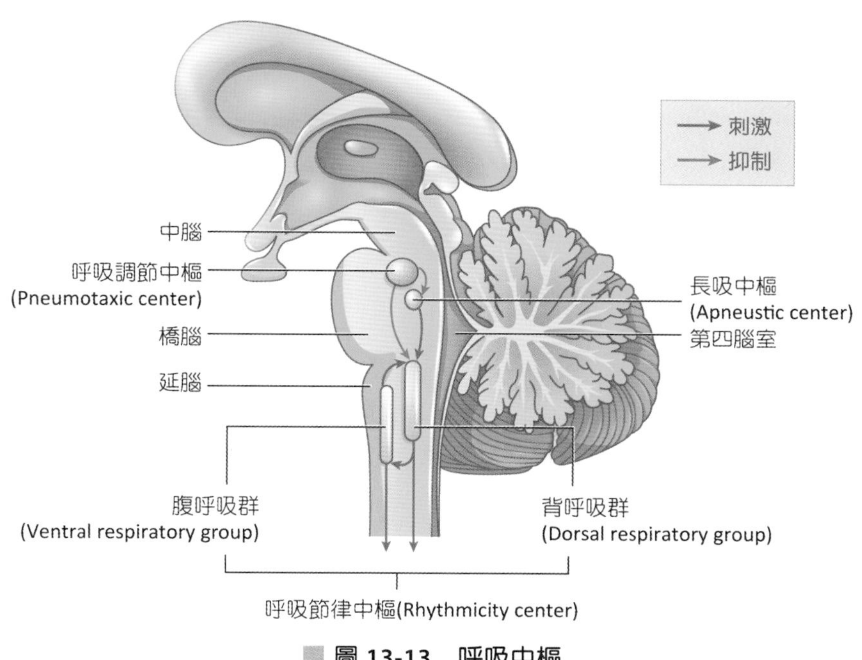

圖 13-13 呼吸中樞

（一）延腦呼吸節律中樞 (Rhythmicity Center)

負責控制呼吸的基本節律，神經核可自發性產生節律。位於延腦背側正中溝的**背呼吸群**(dorsal respiratory group)**又稱吸氣中樞**，主要為促進吸氣，其神經元不斷而自動地有節律發出神經衝動，由膈神經與肋間神經刺激橫膈與外肋間肌收縮，而造成吸氣，亦可引起胸鎖乳突肌或斜角肌收縮，造成用力吸氣。若將延腦後端切斷，神經衝動無法下傳，自發性呼吸因而停止。當吸氣中樞不發出神經衝動，橫膈與外肋間肌鬆弛，造成呼氣。

延腦**腹呼吸群**(ventral respiratory group)**又稱呼氣中樞**，主要為促進呼氣，但只在用力呼氣時會被活化，可引起內肋間肌與前腹壁肌收縮，造成用力呼氣。平靜呼氣為吸氣肌鬆弛及肺彈性自動回縮所產生。休息狀況時，一般吸氣約2秒，呼氣約3秒。因此健康的成年人每分鐘的呼吸次數為60秒÷（2秒＋3秒）＝12次。

（二）橋腦呼吸調節中樞 (Pneumotaxic Center)

又稱為吸氣抑制中樞，位於橋腦上半部，呼吸調節中樞可週期性抑制延腦背呼吸群及橋腦長吸中樞的活動，以抑制吸氣並促進呼氣。

（三）橋腦長吸中樞 (Apneustic Center)

又稱為長吸區，位於橋腦下半部。在橋腦本身的呼吸調節區不活動時，長吸中樞可發出神經衝動來刺激延腦之背呼吸群，以延長吸氣並抑制呼氣。

▼ 嬰兒猝死症(Sudden Infant Death Syndrome, SIDS) Clinical Applications 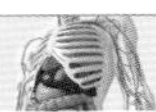

其原因不明，常發生於一歲以下的嬰兒，在睡眠時由於趴睡時造成缺氧或呼吸時所呼出的氣體陷在凹陷的床墊而導致意外死亡，亦可能是因腦部呼吸控制中樞的不成熟。建議讓嬰兒仰睡取代趴睡，可降低發生率。

二、隨意性呼吸控制

大腦皮質與腦幹的呼吸中樞有神經聯繫，可隨意改變呼吸速率，甚至暫停呼吸。但閉氣一段時間後，血中二氧化碳分壓及氫離子濃度升高，延腦背呼吸群受刺激，神經衝動傳到吸氣肌而引發吸氣，因此人不能以意志控制來閉氣自殺。

三、接受器對呼吸的調控

控制呼吸的接受器可分為牽張接受器及化學接受器。

（一）膨脹反射 (Inflation Reflex)

肺過度充氣膨脹時，肺內支氣管壁的牽張感受器會被過度牽張，發出神經衝動經由迷走神經傳至延腦呼吸節律中樞及橋腦之呼吸調節中樞以抑制吸氣並轉為呼氣，防止肺過度膨脹。此保護機制稱膨脹反射(inflation reflex)或**赫鮑二氏反射**(Hering-Breuer reflex)。

（二）化學接受器

控制呼吸的化學接受器依其分布的位置，可分為二種：

1. **周邊化學感受器**(peripheral chemoreceptor)：包含位於主動脈弓附近的**主動脈體**(aortic bodies)和位於內、外頸動脈分枝處的**頸動脈體**(carotid bodies)。當血液中的PO_2下降、PCO_2及H^+的濃度上升或血中乳酸增加時，主動脈體的神經衝動經由迷走神經（第X對腦神經）輸送感覺訊息至延腦的呼吸中樞；頸動脈體的神經衝動則經由舌咽神經（第IX對腦神經）傳入延腦的呼吸中樞，使呼吸增快。
2. **中樞化學接受器**(central chemoreceptor)：延腦腹側（腹面兩側）的化學敏感區(chemosensitive area)含有中樞化學接受器（H^+感受器），可感受血中CO_2的上升。當延腦中CO_2增加或腦脊髓液中H^+增加，會刺激化學敏感區而增加延腦吸氣區活動，使呼吸動作增快。
3. **其他因素**

(1) 體溫上升使呼吸增快。

(2) 突然劇烈疼痛使呼吸暫時停止。

(3) 血壓突然上升時，經血壓感受器（頸動脈竇）作用，反射性使心跳減慢，促使血壓下降及呼吸頻率變慢。

(4) 吞嚥時，呼吸中樞被抑制，呼吸暫停。

(5) 肛門括約肌受牽張會使呼吸加快，有時可以此做急救。

(6) 咽喉受到異物或化學刺激時，呼吸暫停並產生咳嗽反射。

(7) 兩側迷走神經切斷後，因赫鮑二氏反射及主動脈體反射皆消失，因此呼吸變慢，但潮氣容積大增，總通氣量不變。

(8) 麻醉劑可抑制延腦呼吸中樞，若過量可能造成呼吸停止。

(9) 登高山因氧氣稀薄，使呼吸速率增快。

(10) 年齡越大，呼吸速率越慢；女性比男性呼吸速率慢。

摘要・SUMMARY

呼吸器官	1. 副鼻竇：額竇、蝶竇、篩竇、上頷竇，功能為分泌黏液、減輕頭顱的重量及做為聲音的共鳴 2. 喉：甲狀軟骨、會厭軟骨、環狀軟骨、杓狀軟骨 3. 支氣管：主支氣管→次級支氣管→三級支氣管→細支氣管→終末細支氣管→呼吸性細支氣管→肺泡管→肺泡囊→肺泡 4. 胸膜：臟層胸膜覆蓋於肺，壁層胸膜內襯於胸腔壁 5. 肺葉：左肺被斜裂分為上、下葉；右肺被斜裂及水平裂分為上、中、下三葉 6. 呼吸膜：肺泡上皮→肺泡基底膜→微血管基底膜→微血管內皮
呼吸的控制	1. 延腦呼吸節律中樞：負責控制呼吸的基本節律 2. 橋腦呼吸調節中樞：又稱為吸氣抑制中樞，可週期性抑制延腦之吸氣區及橋腦吸氣痙攣區的活動，以抑制吸氣並促進呼氣 3. 橋腦長吸中樞：不活動時可發出神經衝動來刺激延腦之吸氣區，以延長吸氣並抑制呼氣 4. 赫鮑二氏反射：肺過度充氣，牽張感受器會被過度牽張，呼吸節律中樞及呼吸調節中樞抑制吸氣並轉為呼氣，防止肺過度膨脹 5. 中樞化學接受器：感受血中CO_2的上升 6. 周邊化學感受器：頸動脈體與主動脈體，可感受血中氧的減少及二氧化碳的增加

課後習題 · REVIEW ACTIVITIES

1. 肺臟內的哪一構造，只具有傳送氣體的導管功用，但是不具備氣體交換的功能？(A)肺泡囊　(B)肺泡管　(C)終末細支氣管　(D)呼吸性細支氣管
2. 二氧化碳在血液中運送的各種形式，其中比例最高的形式是下列何者？(A)氣態二氧化碳　(B)溶於血漿中之二氧化碳　(C)碳醯胺基血紅素　(D)碳酸氫根離子(HCO3－)
3. 下列何者不通過肺門？(A)胸管　(B)肺動脈　(C)肺靜脈　(D)主支氣管
4. 有關表面作用劑(surfactant)敘述，下列何者錯誤？(A)增加肺順應性(lung compliance)　(B)穩定大肺泡，預防萎縮　(C)減少小肺泡的表面張力　(D)深呼吸可增加表面作用劑分泌
5. 下列有關胸膜的敘述，何者錯誤？(A)為二層結構，屬於漿膜　(B)胸膜腔內有潤滑液　(C)臟層胸膜襯在氣管壁上　(D)壁層胸膜襯在胸腔內壁上
6. 下列有關肺部的敘述，何者正確？(A)斜裂將右肺區分為上下二葉　(B)水平裂將左肺區分為上下二葉　(C)右主支氣管較左主支氣管短、寬且較垂直，因此異物較易掉入右主支氣管　(D)肺門位於肺的肋面，有支氣管、血管、神經通過
7. 負責氣體交換之呼吸道細胞為下列哪一種？(A)嗜中性球　(B)第二型肺泡細胞　(C)巨噬細胞　(D)第一型肺泡細胞
8. 關於氣管的敘述，下列何者正確？(A)上皮是具有纖毛的單層柱狀上皮　(B)軟骨組織是外型呈C形的彈性軟骨　(C)氣管軟骨的後方有屬於骨骼肌的氣管肌(trachealis)連結　(D)氣管的血液供應部分來自支氣管動脈
9. 肺部的哪一種細胞，主要負責分泌表面張力劑，可以降低肺泡內的表面張力，避免肺泡塌陷？(A)微血管內皮細胞　(B)第一型肺泡細胞　(C)第二型肺泡細胞　(D)肺泡內巨噬細胞
10. 下列何者位於環狀軟骨上方，能調節聲帶之緊張度？(A)甲狀軟骨　(B)小角軟骨　(C)楔狀軟骨　(D)杓狀軟骨

答案：1.C　2.D　3.A　4.B　5.C　6.C　7.D　8.D　9.C　10.D

參考資料・REFERENCES

徐國成、韓秋生、舒強、于洪昭(1993)・*局部解剖學彩色圖譜*・新文京。

馬青、王欽文、楊淑娟、徐淑君、鐘久昌、龔朝暉、胡蔭、郭俊明、李菊芬、林育興、邱亦涵、施承典、高婷育、張琪、溫小娟、廖美華、滿庭芳、蔡昀萍、顧雅真…許瑋怡(2022)・於王錫崗總校閱，*人體生理學*（6版）・新文京。

張丙龍、林齊宣(2006)・*解剖學原理與實用*・合記。

許世昌(2019)・*新編解剖學*（4版）・永大。

許家豪、張媛綺、唐善美、巴奈比比、蕭如玲、陳昀佑(2021)・*生理學*（4版）・新文京。

麥麗敏、陳智傑、廖美華、鍾麗琴、陳建瑋、祁業榮、黃玉琪、戴瑄、呂國昀(2015)・於王錫崗總校閱，*解剖生理學*（2版）・華杏。

馮琮涵、黃雍協、柯翠玲、廖智凱、胡明一、林自勇、鍾敦輝、周綉珠、陳瀅(2021)・*人體解剖學*・新文京。

廖美華、溫小娟、高婷玉、顏惠芷、林育興(2020)・於劉中和總校閱，*解剖學*（2版）・華杏。

韓秋生、徐國成、鄒衛東、翟秀岩(2002)・*組織學與胚胎學彩色圖譜*・新文京。

Rohen, J. W., Yokochi, C., & Lutjen-Drecoll, E. (2010). *Color atlas of anatomy: A photographic study of the human body* (7th ed.). Lippincott Williams & Wilkins.

Vander, A., Sherman, J., & Luciano, D. (1998). *Human physiology: The mechanisms of body function* (7th ed.). McGraw-Hill.

Chapter

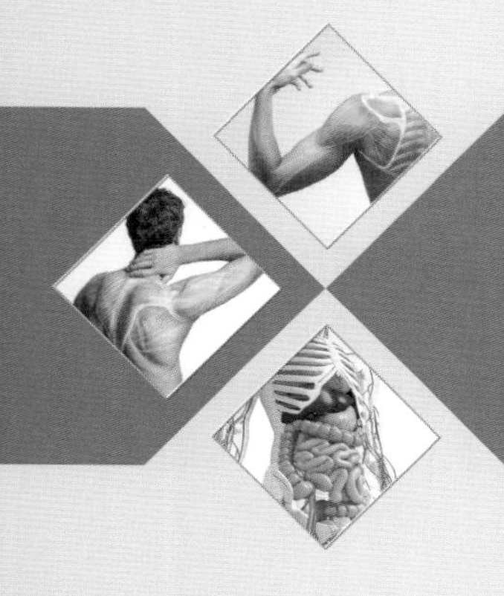

消化系統 14

王耀賢 編著

Digestive System

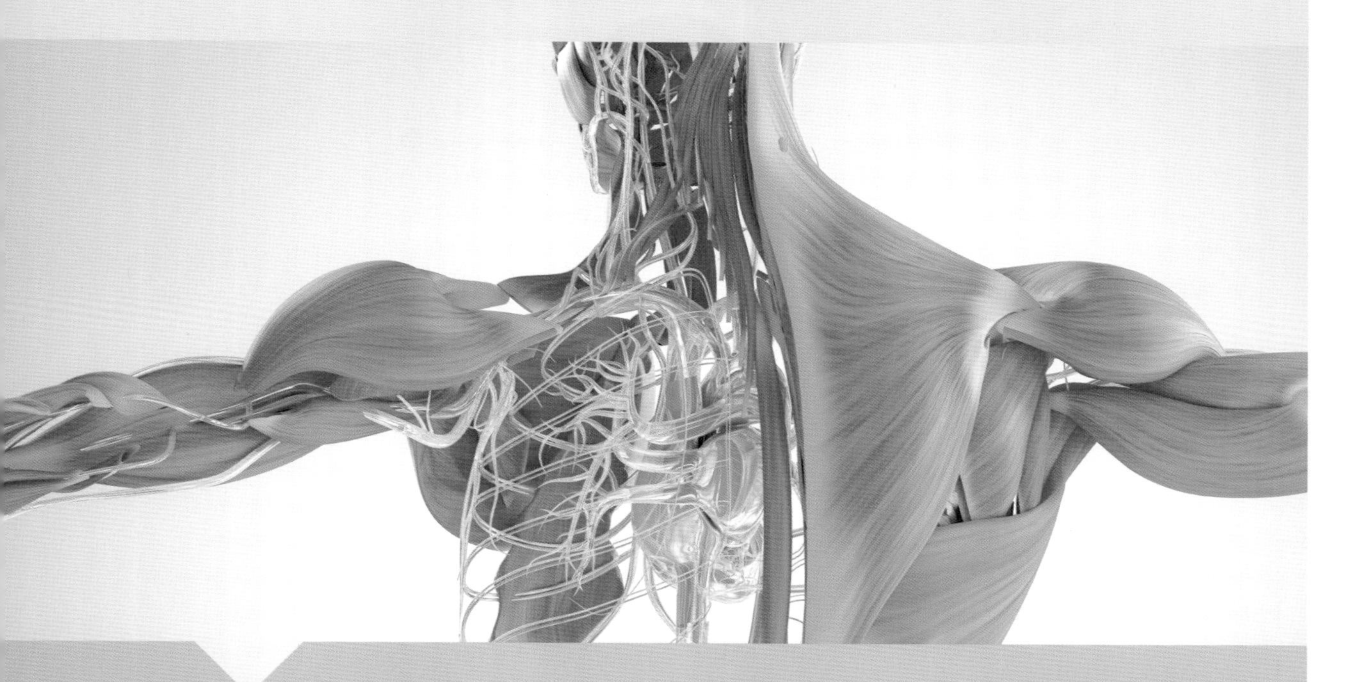

本章大綱

ANATOMY

前言

消化作用(digestion)是將食物轉化成可被吸收而通過細胞膜的過程。胃腸道或稱消化道(gastrointestinal tract, GI tract)總長9公尺，而執行消化功能之器官，統稱消化系統(digestion system)，含有主要及附屬器官。主要器官包括口、咽、食道、胃、小腸及大腸。輔助器官(accessory organs)位於消化道外且與消化道有關之構造，包括牙齒、唾液腺、肝臟、膽囊及胰臟（圖14-1）。

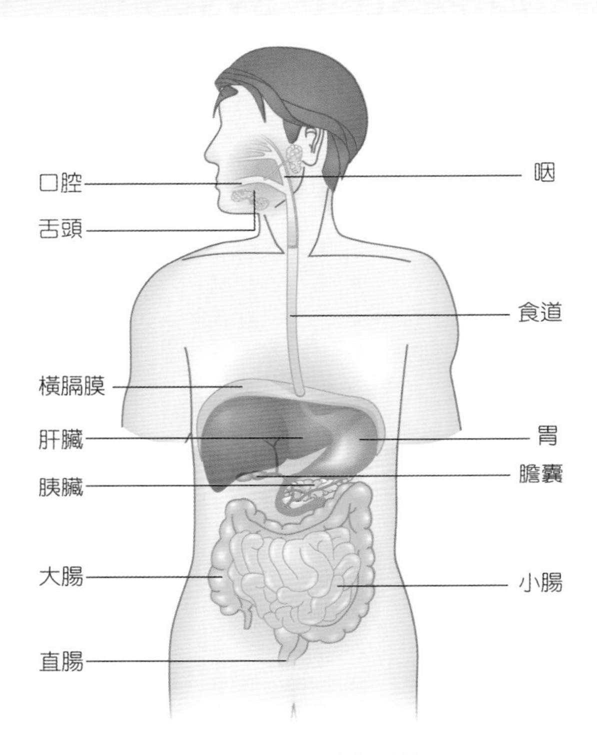

圖 14-1　消化系統

14-1 消化道的構造與功能

消化道的組織學

消化道由內至外可分為四層（圖14-2）：

1. **黏膜層**(mucosa)：為消化道之最內層，富含防禦組織，可分為三層：
   (1) 上皮層(surface epithelium)：與消化道內容物最直接接觸。
   (2) 固有層(lamina propria)：為具連結作用之結締組織，含血管、淋巴管及淋巴組織。
   (3) 黏膜肌層(muscularis mucosae)：少量平滑肌纖維，可使小腸壁產生皺摺，增加吸收面積。

2. **黏膜下層**(submucosa)：為連接黏膜層與肌肉層的結締組織，富含血管、淋巴管、腺體及神經纖維。具**黏膜下神經叢**(submucosal plexus)或稱**麥氏神經叢**(Meissner's plexus)，可管制消化道之分泌作用。
3. **肌肉層**(muscularis)：除口、咽及部分食道（食道的前2/3）為骨骼肌外，其餘皆為平滑肌。內層為環走肌纖維，收縮時使消化道管腔變小。外層為縱走肌纖維，收縮時使消化道縮短。內外層之間具有腸肌神經叢(myenteric plexus)或稱**歐氏神經叢**(Auerbach plexus)，負責管制肌肉運動。
4. **漿膜層**(serosa)：大部分腸胃道之最外層為漿膜層，又稱腹膜臟層，由結締組織及上皮組織所構成。漿膜層的細胞分泌液體可保持腸胃道的濕潤。食道無此層。

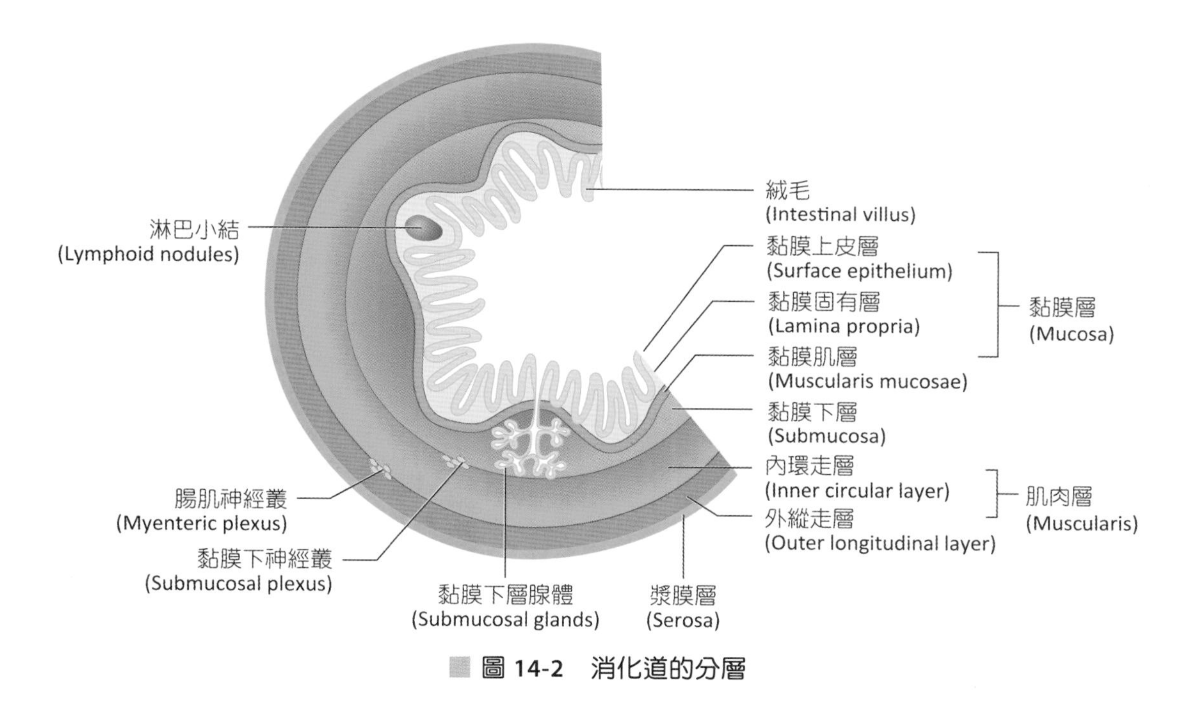

圖 14-2　消化道的分層

腹膜(Peritoneum)

腹膜是體內最大之漿膜，覆蓋著腹部器官、腹壁及骨盆壁（圖14-3）。腹膜包含有二層：臟層附於內臟表面；壁層覆蓋腹壁（表14-1）。二層腹膜間空腔，稱之腹膜腔，內含腹膜液。腹膜腔之主要部分稱為大囊；而位於胃後方，較小的部分叫做小囊。男性之腹膜腔為封閉的構造，而女性卻可藉輸卵管、子宮與陰道和外界相通。腹膜有三種類型：

1. **腸繫膜**(mesentery)：**小腸繫膜**呈扇形、放射狀，將小腸固定於腹壁；**橫結腸繫膜**將橫結腸連到後腹壁；**乙狀結腸繫膜**將乙狀結腸連到後腹壁。

2. **網膜**(omentum)：
   (1) **大網膜**：又稱**脂肪圍裙，附著於胃大彎**，如圍裙般懸吊在小腸與前腹壁之間，最後折返疊，**另一端固定於橫結腸下緣**。
   (2) **小網膜**：將胃小彎、十二指腸前段懸吊於肝臟下方。
   (3) 胃脾網膜（胃脾韌帶）：連接胃與脾。
3. **腹膜韌帶**(peritoneal ligament)：固定活動性小的內臟於腹壁。如鐮狀韌帶將肝臟固定在前腹壁及橫膈下面。

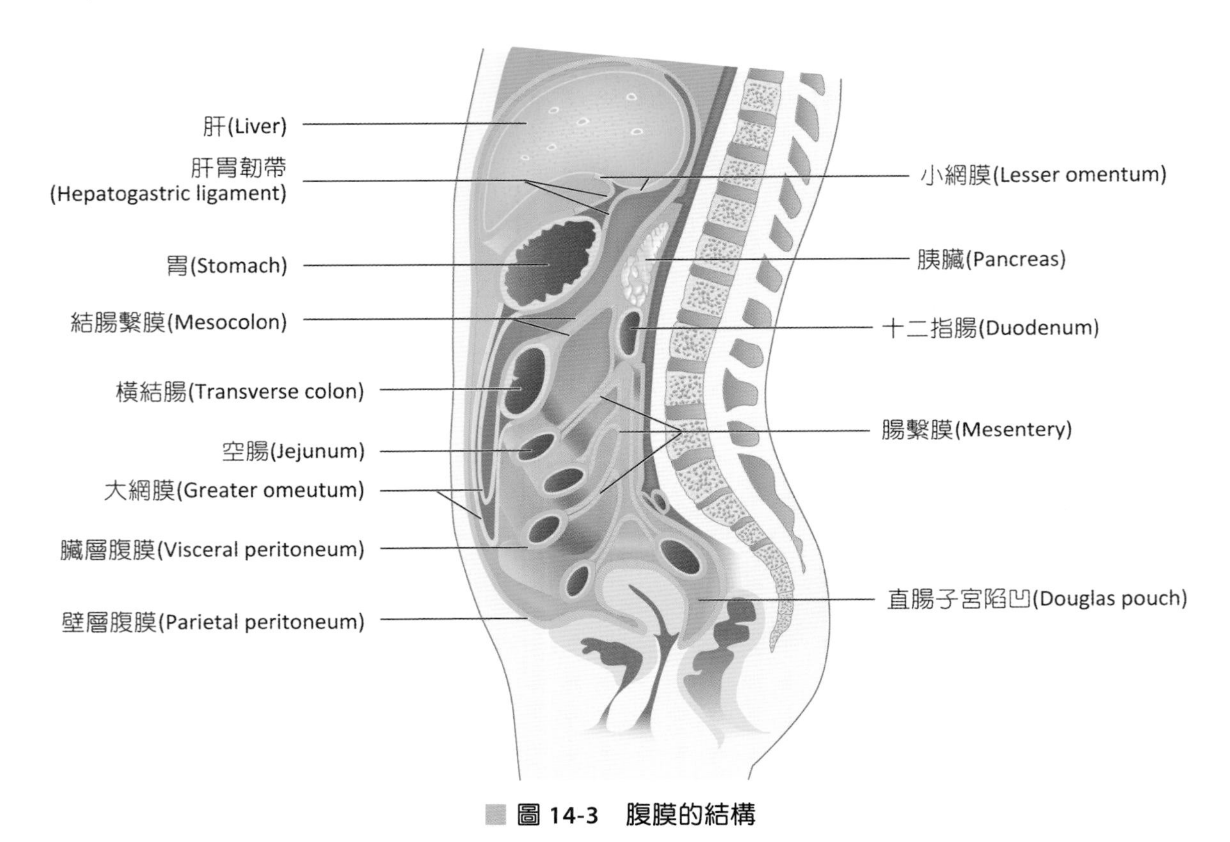

圖 14-3　腹膜的結構

表14-1　內臟器官的分類

名稱	定義	器官
腹膜內器官	由腸繫膜固定於後腹壁上，器官表面為腹膜均勻包覆	胃、肝臟、脾臟、乙狀結腸
腹膜外器官	器官位於腹膜後方，僅只一部分為腹膜所覆蓋	胰臟、腎臟、升結腸、十二指腸下2/3、降結腸、腹主動脈、腎上腺

▼ 腹膜炎(Peritonitis) Clinical Applications 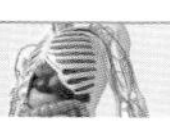

當腹膜腔遭穿孔或破裂，如腹腔腫瘤破裂或闌尾炎併發穿孔，因為腹膜與其他器官都有接觸，會使腸內細菌感染腹腔器官，導致腹膜炎。腹膜炎的症狀主要是急性腹痛和發燒，應優先給予抗生素治療。

消化的過程

一、消化步驟

消化過程經歷以下五個步驟：

1. **攝入**(ingestion)：把食物送入體內。
2. **蠕動**(peristalsis)：食物在消化道內之移動。
3. **消化**(digestion)：食物經化學及機械性消化而轉為細胞可利用之形式。
4. **吸收**(absorption)：消化後之產物經由循環系統輸送來供應全身細胞。
5. **排便**(defecation)：未能被消化物質排除。

二、消化方式

1. **化學性消化**(chemical digestion)：食物之大分子經分解（異化）作用，轉為可吸收之小分子形式。
2. **機械性消化**(mechanical digestion)：有助於化學性消化之各種消化道運動。

三、消化道的運動方式

消化道利用兩種基本運動方式進行食物的運送，即**分節運動**(segmentation)及**推進**(propulsion)。消化道的平滑肌可產生節律性收縮，將食物分成小節並混合消化液，混合分節運動約20秒產生一次收縮。推送運動包括波浪狀運動稱為**蠕動**(peristalsis)，為消化道的環狀肌收縮將食物向前推進，而食物前端消化道的環狀肌則鬆弛讓食物通過。

消化道的神經主要是由自主神經系統控制，分為交感神經及副交感神經。神經纖維最主要是控制消化道的肌肉層藉以維持肌肉張力、收縮力、收縮頻率。副交感是最主要控制消化系統活動的神經，例如由大腦延伸的迷走神經分枝則控制咽喉、胃、胰、膽囊、小腸及部分大腸。另一部分的大腸則由脊椎分枝的副交感神經控制。交感神經則是緩和副交感神經的衝動，能減緩或抑制消化道的活動。

14-2 口腔

為消化道的第一部分，包含唇、頰、腭及舌等構造。其中，牙齒和唇、頰間的較小空間，稱為前庭(vestibule)，而其後至咽門間的範圍便是口腔本體（圖14-4）。主要功能為食物進入消化道的入口，在此食物將進行機械性消化分解成較小的固態分子並與唾液混合。

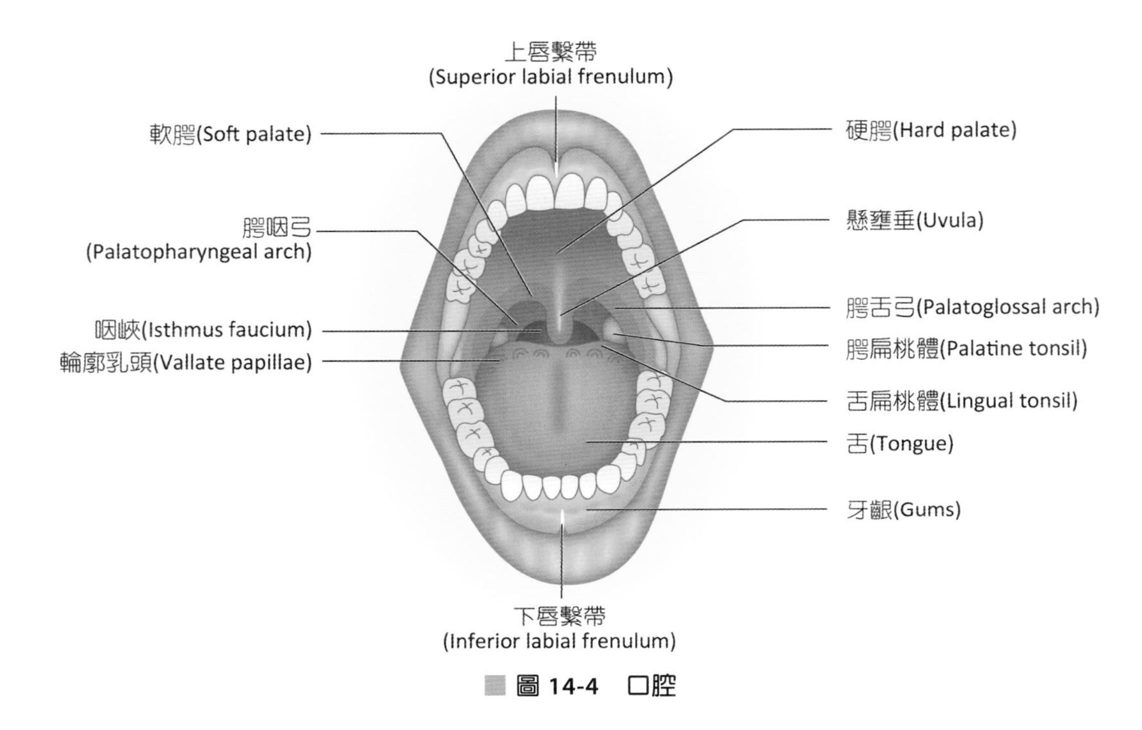

圖 14-4 口腔

唇與頰(Lips and Cheeks)

口腔的門戶為唇，具有高度運動性結構，含有骨骼肌及不同的感覺神經，最主要是對溫度及食物味道的感覺接受器。唇的主體為口輪匝肌，外覆皮膚，內襯黏膜；皮膚與黏膜交界處叫做**紅緣**(vermilionn)，為半透明表皮，其下血色清晰可見。唇含有少量的皮脂腺，但無汗腺，唇對發聲及食物的咀嚼均有貢獻。頰為唇之延續，形成口腔之側壁，其主體為頰肌，另具有頰腺及皮脂腺。

腭(Palate)

腭又分為軟腭、硬腭。口腔頂部前面為上頷骨（口腔與鼻腔的分界；占硬腭3/4）與腭骨（占硬腭1/4）構成之硬腭，外覆黏膜。軟腭位於硬腭後方，為肌肉成分，外亦蓋有黏膜。軟腭為口咽與鼻咽之分隔物，可防止食物進入鼻腔。嘴張開時，可看到咽門及

懸壅垂(uvula)。懸壅垂為圓錐形肌肉，由軟腭後緣向下突出至咽，基部兩邊各有兩個肌肉摺層往軟腭外側，即咽門側壁下行，位於前方、延伸至舌基部旁的是前柱，即**腭舌弓**(palatoglossal arch)，居於後面、突向咽後方的是後柱，即**腭咽弓**(palatopharyngeal arch)。腭扁桃體位於腭舌弓與腭咽弓之間，而舌扁桃體位於舌之基部，咽扁桃體位於鼻咽後壁，亦是鼻咽癌的好發處（圖14-5）。

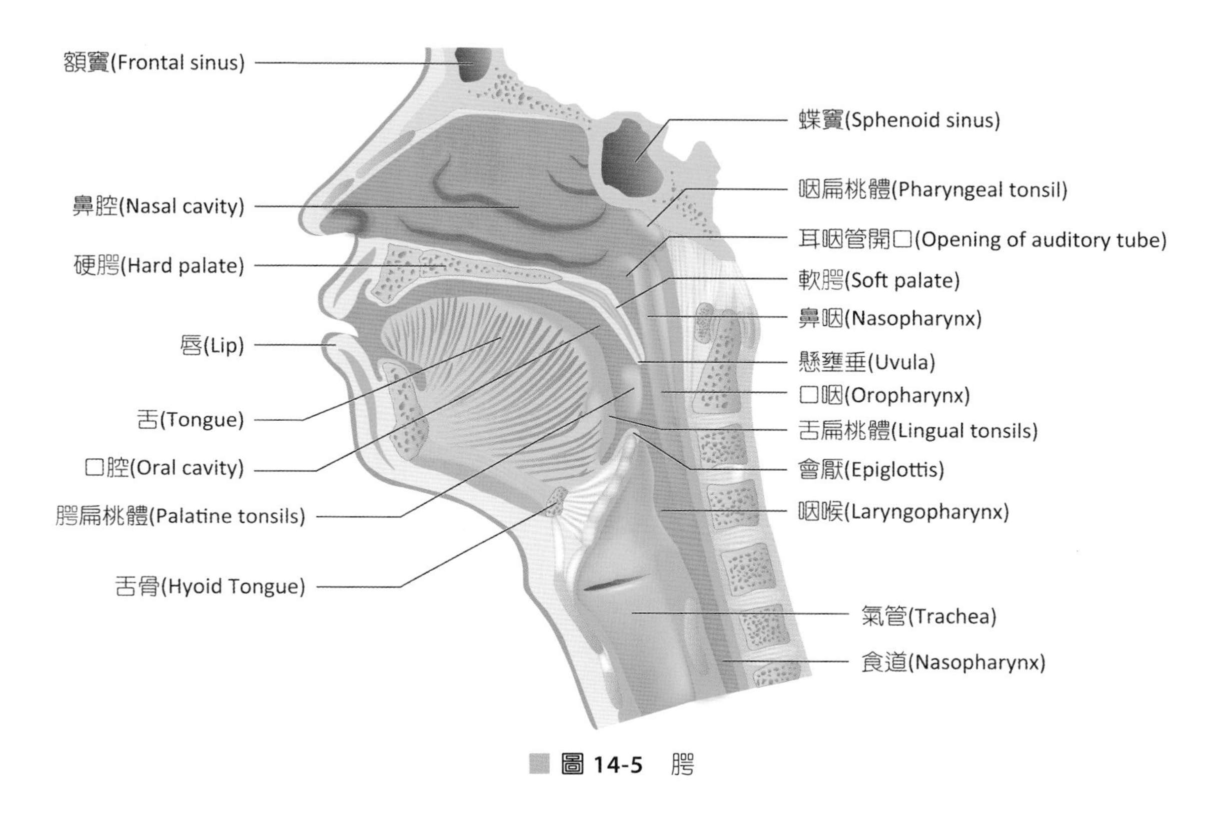

圖 14-5　腭

舌(Tongue)

舌含有大量的骨骼肌、外覆黏膜，舌與其相關肌肉構成口腔底板，舌正中溝將舌分為對稱的兩半。舌可分為舌間、舌本體及舌根三部分（圖14-6）。舌肌有內、外之分：舌內肌包含上、下、縱、橫及直肌，可改變舌的形狀大小以利吞嚥與講話；舌外肌包含舌骨舌肌、頦舌肌、莖舌突肌等，可讓舌頭做側移、伸出、縮入等動作，如此能翻動食物，形成食團而有利吞嚥。舌外肌亦能夠成口腔底板及固定舌頭。

舌下表面中間之黏膜皺摺，稱為**舌繫帶**，其作用為將舌固定於口腔底部並限制舌向後運動。若舌繫帶太短在嬰兒期會造成吸吮困難，稍長會造成口齒不清晰，即舌結或大舌頭(tongue-tied)。

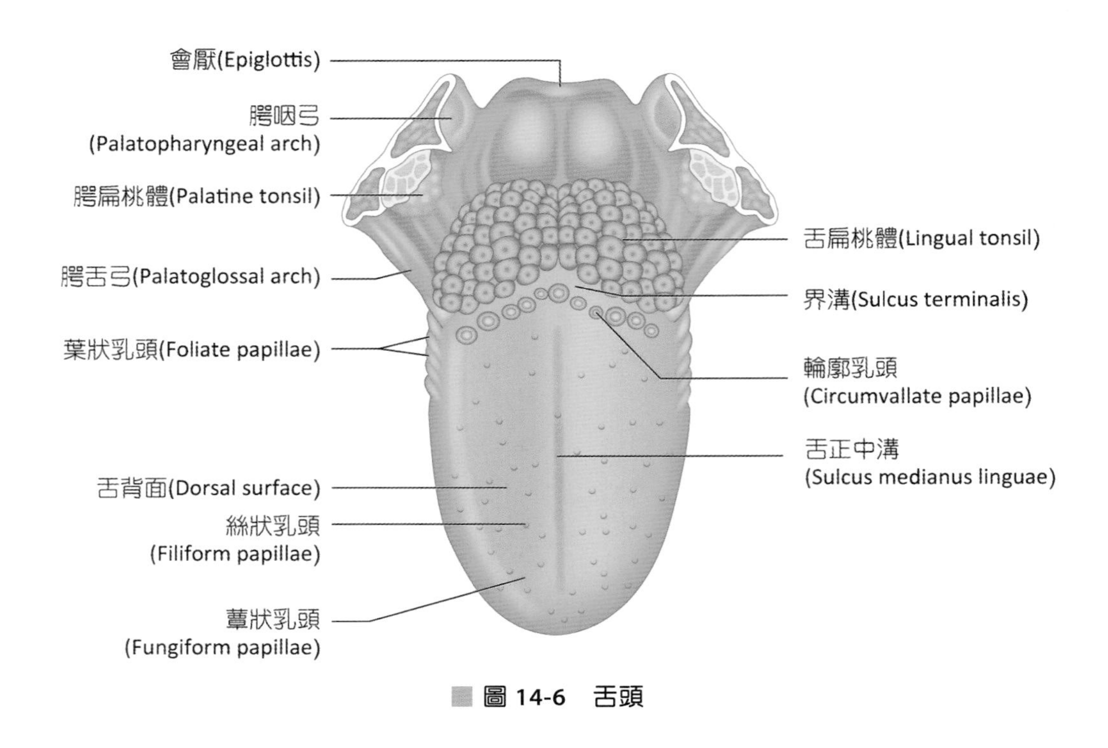

圖 14-6 舌頭

牙齒(Teeth)

一、牙齒的解剖學

典型牙齒可分做牙冠(crown)、牙頸(neck)及牙根(root)三部分（圖14-7）。牙冠為牙齒最上方的部分，具咬合面。牙頸為介於牙冠及牙根間交界線上的狹窄部位，旁有牙齦。牙根為牙齒固定齒槽骨之部分。

牙齦(gums)為口腔黏膜之延伸物，包圍牙齒頸部，反摺至齒槽內與牙周韌帶合併。牙齦有穩固與營養牙齒的作用。若牙齦發炎，如罹患牙周病，會引起牙齦萎縮、牙根暴露而使牙齒極易脫落。**牙周韌帶**(periodental ligament)為緻密纖維性結締組織，由齒槽壁延伸至牙骨質，將齒齦連至齒槽中，有固定與保護作用，亦構成牙齒之骨膜，即牙周膜(periodontium)。

二、牙齒的組織學

牙齒由鈣化物、牙髓及外圍結締組織所組成。

1. **琺瑯質**(enamel)：於齒冠最外圍，是形成牙齒基本形狀和堅硬性的骨頭樣物質，含磷酸鈣和碳酸鈣，堅硬、抗酸卻易碎，無法再生。琺瑯質可延長於牙齦之下，保護牙齒之其餘部分。

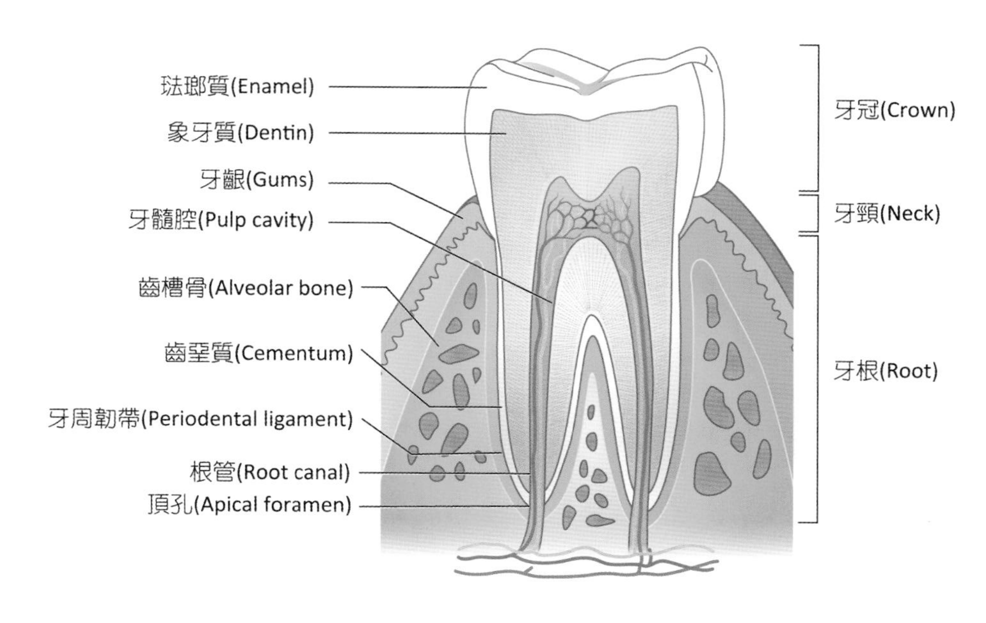

圖 14-7 牙齒的構造

2. **象牙質**(dentin)：或稱齒質，為牙齒之主體，似骨質但較有彈性，為琺瑯質的避震器。象牙質所圍住的空腔，稱為**牙髓腔**(pulp cavity)，內含有神經、血管及淋巴管等組織構成之牙髓(dental pulp)。牙髓腔向齒根處延伸成狹窄的管道，稱為根管(root canal)，根管基部之開口為**頂孔**(apical foramen)，血管神經由此出入牙齒。牙齒的血管、神經與齒槽骨的血管、神經相通，故按摩牙床可促進牙齒的血液循環及新陳代謝。
3. **齒堊質**(cementum)：自牙頸至牙根為齒堊質所覆蓋，齒堊質類似硬骨而無血管，其作用為保護象牙質，並將牙根固定於牙周韌帶上。

三、齒列 (Dentitions)

齒列即牙齒排列，成弓形，上弓（上排牙）範圍大於下弓（下排牙），當上下齒列弓靠在一起時，上排牙齒稍微超出下排牙，如此有利於門齒咬斷食物。人類因食物的精製化，上、下腭有退化變小的趨勢，所以往往使第三大臼齒（智齒或阻生牙）無成長的空間而埋於骨內。人類一生共有兩套牙齒，即乳齒和恆齒（圖14-8）。

（一）乳齒 (Deciduous Teeth)

第一套牙齒為乳齒，於嬰兒約六個月大時長出，以後每月長出一對，到一歲半左右20顆乳齒長畢。乳齒萌發時間及成長順序，個體間略有差異。一般下頷門齒最先長出，隨後再長犬齒，上下腭對側分別有門齒2顆、犬齒1顆及臼齒2顆。門齒(incisor teeth)有咬斷食物的作用；犬齒(canine)成圓錐形可撕裂食物；臼齒(molar)有研磨食物的作用。隨著臉部發育，上、下腭逐漸變大，但乳齒無法跟著長大，終至不符實際需要而淘汰。6~12歲為換牙期，因此有段時間乳、恆齒並存。

（二）恆齒 (Permanent Teeth)

恆齒萌發時間，一般而言下排牙齒較早發育。恆齒共32顆，上、下腭對側分別有門齒2顆、犬齒1顆、前臼齒2顆及大臼齒3顆。

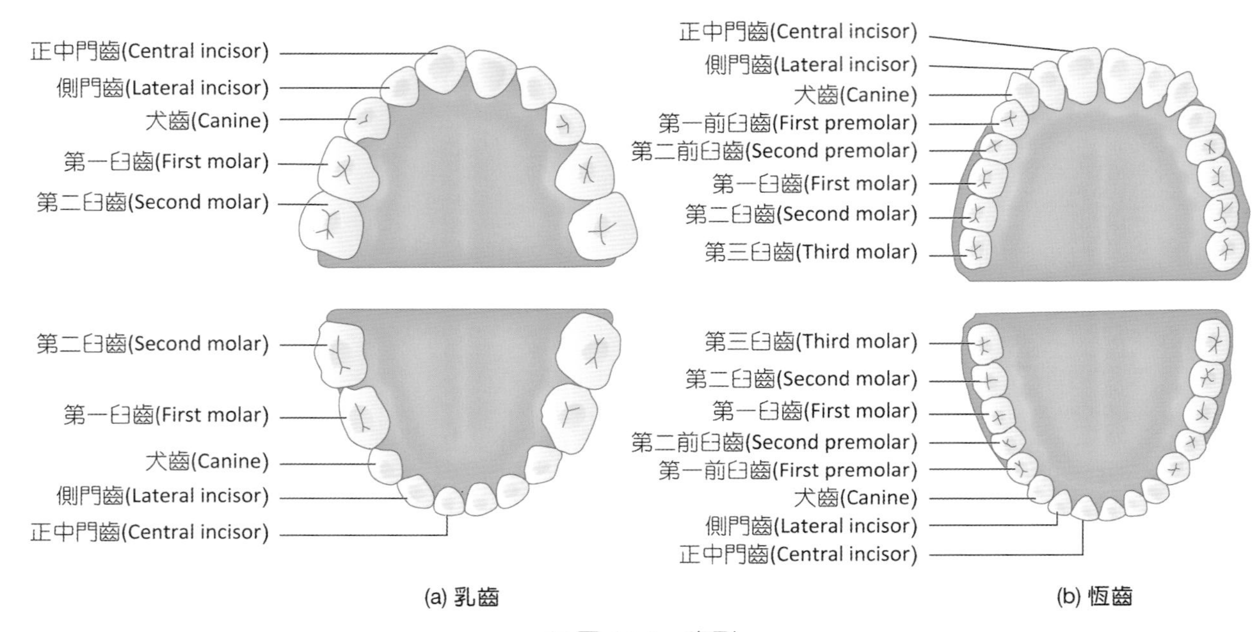

圖 14-8　齒列

牙周病(Periodontal Disease)　Clinical Applications

牙周病是許多狀況的總稱，包括牙齦、齒槽骨、牙周韌帶和齒堊質發炎和退化。初期症狀有柔軟組織腫大、牙齦出血，若不接受治療，柔軟組織會失去原來的架構，齒槽骨被吸收，造成牙齒鬆動，牙齦內收。牙周病常見的原因有不良的口腔衛生，有局部刺激物存在（如細菌、食物塞在牙縫或牙齦縫內、吸菸）或咬合不全(poor bite)，後者可能會給牙周支持牙齒的組織帶來拉傷。其他病因還有過敏、維生素缺乏以及系統性疾病，尤其是與骨骼、結締組織、或血液循環有關的疾病。

唾液腺(Salivary Gland)

唾液腺分泌唾液量一天約1~1.5 L。唾液成分中99.5%為水，其餘為氯化物、重碳酸鹽、磷酸鹽、**黏液素**(mucin)、**唾液澱粉酶**、**溶菌酶**、尿素、尿酸、血清白蛋白、球蛋白等，pH值為6.35~6.85。腺體中主要是由兩大類細胞：漿液細胞(serous cells)及黏液細胞

(mucous cells)，漿液細胞製造消化液，黏液細胞則分泌較黏稠的黏液。與其他消化組織相同，唾液腺受交感與副交感神經控制，交感神經興奮時分泌少量的黏稠唾液，副交感神經興奮時分泌大量的水樣唾液。唾液腺的功能，大致有下列幾項：(1)可助食團(bolus)形成，以利吞嚥；(2)分解澱粉；(3)唾液可中和酸性物質，保護牙齒免於腐蝕；(4)唾液亦和味覺有關；(5)唾液分泌可為排泄管道，排泄尿素、尿酸及重金屬等物質。

唾液主要來源為三對唾液腺，即**耳下腺**(parotid gland)、**下頷下腺**(submandibular gland)及**舌下腺**(sublingual gland)，而頰腺等其他口腔黏膜小腺體只占極小部分（表14-2、圖14-9）。

表14-2 唾液腺

項目	耳下腺	下頷下腺	舌下腺
位置	外耳前下方，覆蓋部分嚼肌	口腔底板之後部	口底之前部、下頷下腺之前
大小	又名腮腺，**為最大之唾液腺**	第二大之唾液腺	最小之唾液腺
腺體種類	複式管泡狀腺體	複式泡狀腺體	複式泡狀腺體
導管開口	導管為腮腺管或稱Stensen氏管，跨過嚼肌開口於上第二臼齒面對之口腔前庭中	下頷下腺管又稱Warton's氏管，開口於舌繫帶兩旁	有8～20之舌下腺管又稱Rivinus氏管，開口於口底舌下皺襞
分泌量	占唾液總量25%，主要為漿液性，另含唾液澱粉酶	占唾液總量之70%，包含漿液、黏液及少許消化液	占唾液之5%，分泌物主要為黏液

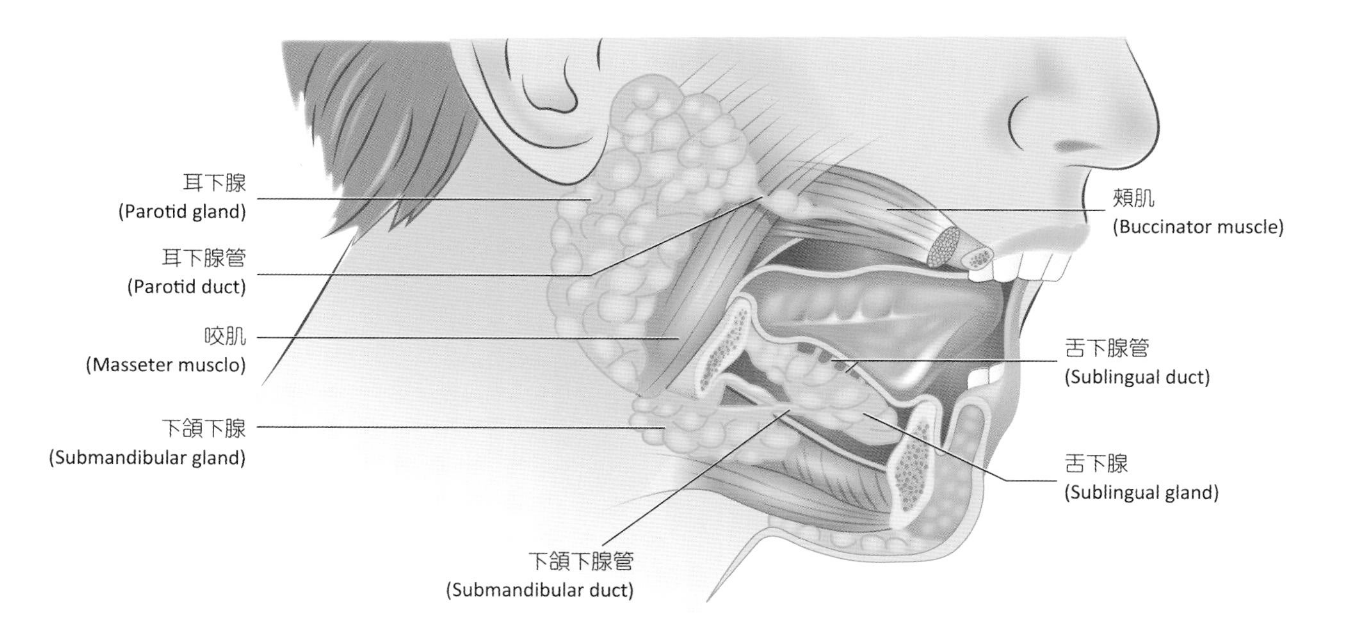

圖 14-9 唾液腺

14-3 食道(Esophagus)

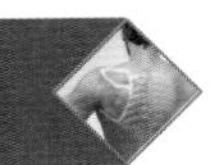

食道位於後縱膈腔，在氣管之後，降主動脈之前。為長約20~25 cm之肉質管狀構造，未進食時似壓扁的管子。食道在第6頸椎的高度與喉咽部相連，通過縱膈，於第10胸椎的高度穿過橫膈的**食道裂孔**(esophageal hiatus)，經約1吋的距離與胃相連。

食道黏膜為保護性複層鱗狀上皮，肌肉層較複雜，上段為骨骼肌；中段為過度混合型，除骨骼肌外，尚摻有平滑肌；至下端則發展為與胃壁相同之平滑肌。最外層則為疏鬆結締組織，與周圍構造相連，在胸部外稱為外膜(adventitia)，於腹部則為腹膜(peritoneum)。

動脈血液供應來自於胸主動脈分枝的食道動脈及腹腔動脈幹分枝的胃左動脈，靜脈回流由食道靜脈注入奇靜脈及半奇靜脈及胃左靜脈注入門靜脈。食道不分泌消化酶，只分泌黏液以利食物通過。上下端均有生理性括約肌，可管制食物之出入，減少空氣進入並防止胃液逆流。食道有3個狹窄處，即易生病變或穿孔所在（圖14-10）：

1. **咽食道狹窄**：食道開端處，環狀軟骨後方，約是第6頸椎處。
2. **主動脈氣管狹窄**：位於食道中部氣管分叉處，約第4胸椎處。
3. **橫膈狹窄**：於食道裂口處，是食道最窄之處，高度約是第10胸椎。

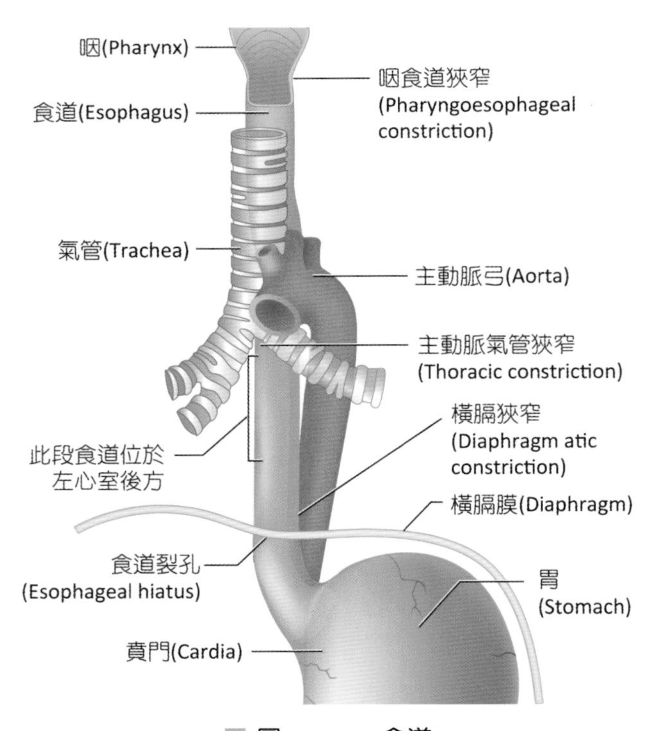

圖 14-10 食道

14-4 胃(Stomach)

胃的解剖學

胃位於腹腔左上部，左季肋區，為J形袋狀的器官。長約25~30公分，其中2/3在身體正中線左側，大部分為肋骨所掩蓋，而右邊被肝覆蓋。胃的位置、形狀及大小會受到一些因素的影響而發生變化，如呼吸會使胃上下移動；體型瘦高者胃呈J形，矮胖者則呈牛角形；飽食後胃會脹大，而飢餓時則呈現香腸狀。胃的右側凹緣稱之胃小彎，左側凸緣稱之胃大彎。胃可區分為（圖14-11）：

1. **賁門區**(cardia)：上接食道，為胃的起始部。
2. **胃底**(fundus)：為賁門左上方的圓形隆起部位。
3. **胃體**(body)：為胃底以下胃的中央部分。
4. **幽門**(pylorus)：為胃的末段，可分為二部分，較寬大部分為幽門竇，較狹窄而與小腸交接部分稱為幽門管(pylorus canal)。可防止小腸中食物逆流回到胃部。

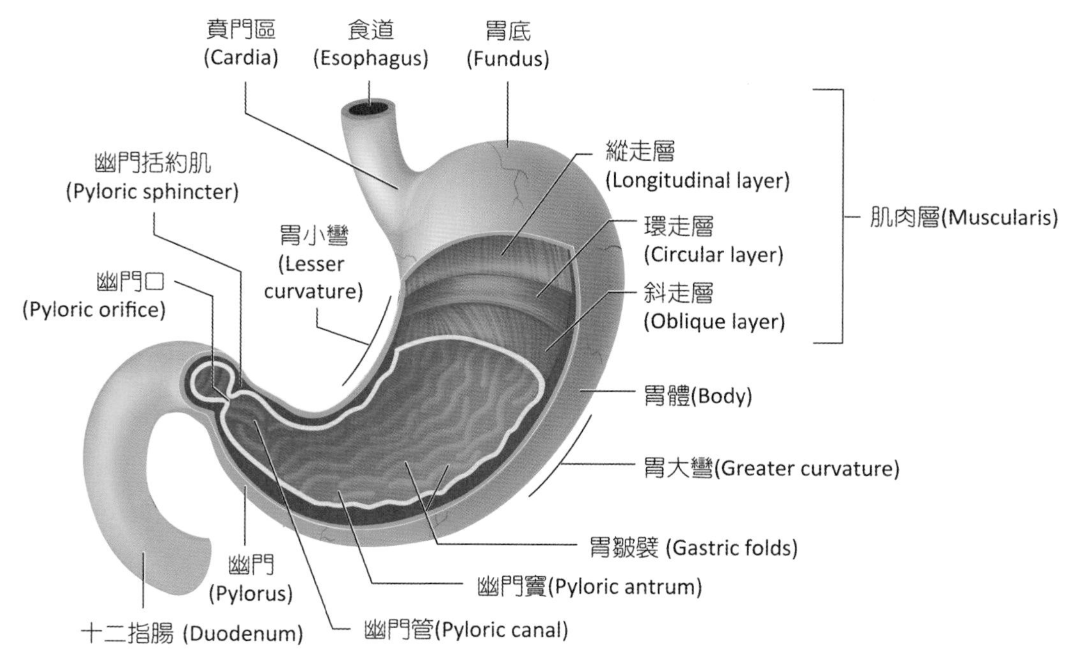

圖 14-11 胃

胃的組織學

胃的肌肉層頗為發達，可分為三層（圖14-11）。

1. **外層：為縱走肌**，與食道外縱走層相連。
2. **中層：為環走肌**，在幽門處變厚，形成幽門括約肌。
3. **內層：為斜走肌**，在幽門及賁門處無此層肌肉。

胃黏膜屬單層柱狀上皮。黏膜凹陷處有**胃小凹**(gastric pits)為胃液湧出孔。胃黏膜及黏膜下層在胃排空時形成暫時性皺襞，稱胃皺襞(rugae)，當飽餐後此皺摺會被扯平。胃有發達之胃腺。胃腺包含三種細胞，三種細胞的混合液便稱為胃液（圖14-12）：

1. **主細胞**(chief cell)：分泌胃蛋白酶原(pepsinogen)。
2. **壁細胞**(parietal cell)：分泌鹽酸及內在因子。
3. **黏液細胞**(mucous cell)：位於腺體的上端接近於胃小凹，分泌黏液。賁門、幽門兩部位含黏液細胞，所分泌的黏液可以幫助食物運行。

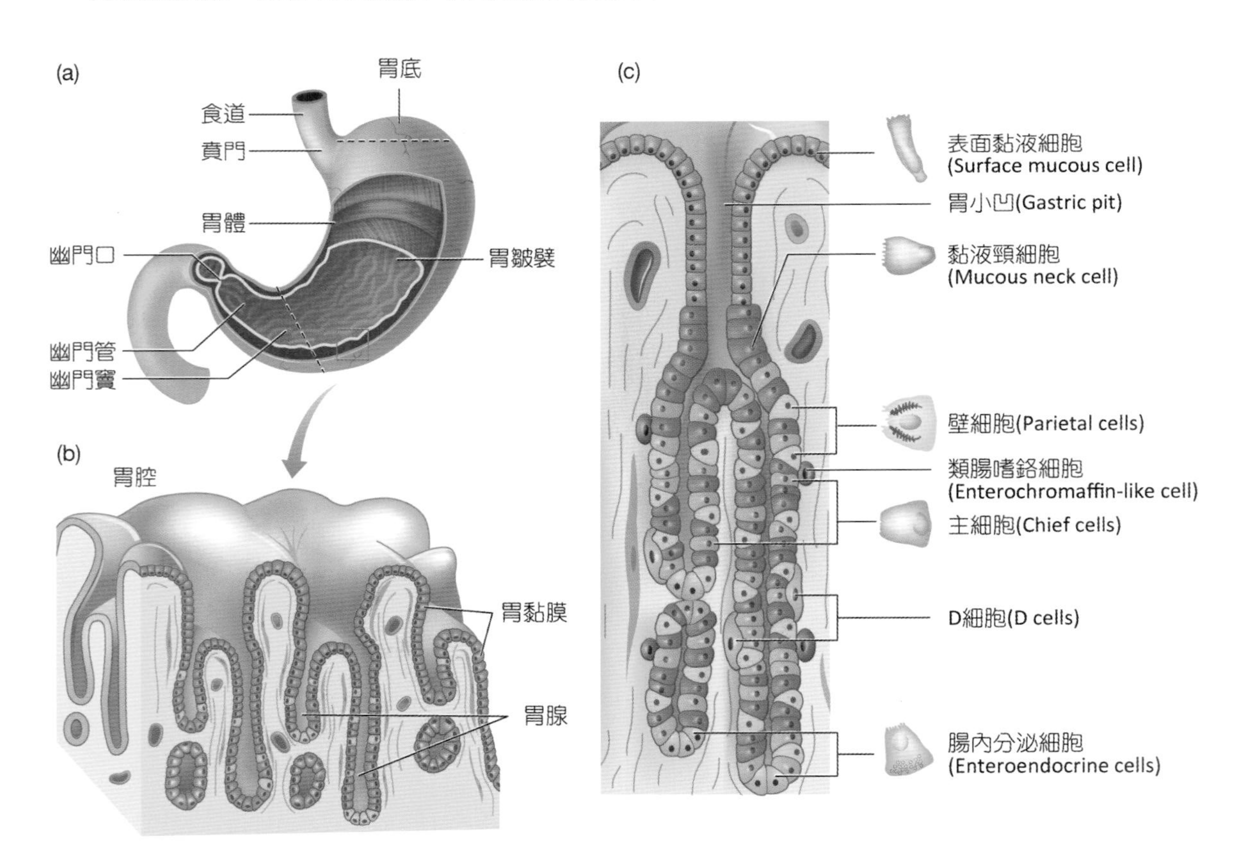

圖 14-12 胃的組織結構

▼ 幽門瓣異常　Clinical Applications

嬰兒出生時發生在幽門瓣的異常現象有兩種。幽門痙攣(pylorospasm)的特徵是圍繞食道出口四周的環狀肌纖維無法像正常嬰兒一樣作舒張反應，可能是因肌肉過度肥大(hypertrophy)或括約肌發生持續性的痙攣，通常發生在出生後第2~12週之間，攝入的食物很難由胃進到小腸中，胃被撐的很大，嬰兒腹部只要稍微受到壓力就會嘔吐，幽門痙攣的治療方法是投予腎上素激性藥物(adrenergic drugs)，使幽門瓣的肌纖維放鬆。幽門狹窄(pyloric stenosis)是指在幽門部長有腫瘤樣肉塊，使口徑變得非常狹窄，這很顯然是環走肌纖維肥大引起的，可作矯正手術治療。

14-5 肝臟、膽囊及胰臟

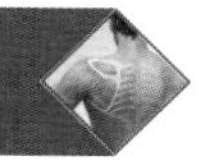

肝臟(Liver)

一、肝臟的解剖學

肝臟為體內最大之腺體，位於腹腔右上方，橫膈膜正下方，整個肝臟幾乎被肋骨包覆。肝上部無腹膜覆蓋處稱之裸區(bare area)，肝之內臟面有被右腎、橫結腸、胃、十二指腸等壓陷的痕跡，內臟面除了與膽囊接觸部分及肝門處外，幾乎全被腹膜覆蓋。

肝臟在外觀上被分成四葉，**右葉**(right lobe)較大，約占肝臟總體積之5/6，**左葉**(left lobe)較小。左右葉之間的**方形葉**(quadrate lobe)及**尾葉**(caudate lobe)以肝門相隔。**肝門**(porta hepatis)為深的橫裂，有肝動脈、肝門靜脈、膽囊管、神經及淋巴管通過。方形葉呈長方形，位於膽囊溝和**肝圓韌帶**(round ligament)之間。尾葉呈四邊形，位於下腔靜脈溝和靜脈韌帶（胎兒靜脈導管退化物）之間。**鐮狀韌帶**(falciform ligament)將肝臟分為左、右兩葉，其為腹膜壁層的翻轉，由橫膈下表面延伸到肝的上表面，其游離緣為**肝圓韌帶**，由肝延伸到臍部，**是胎兒臍靜脈退化所形成之纖維索**（圖14-13）。

二、肝臟的組織學

肝葉由許多六角形之**肝小葉**(hepatic lobule)組成，肝小葉為肝臟腺體之功能性單位，其中心為**中央靜脈**(central vein)，外觀為呈放射狀排列的肝細胞索，索間具襯有內皮的肝靜脈竇(hepatic sinusoids)（竇狀隙）。肝靜脈竇壁上襯有**庫弗氏細胞**(Kupffer's cell)可破壞衰老的血球，並吞噬細菌、清除毒素（圖14-14）。肝小葉周圍包含3個靠近的管道，稱為**門脈三合體**(portal triad)或**格利森氏三連物**(Glisson's triad)，其中最粗的是肝門靜脈分枝，另外有肝動脈分枝及膽管。

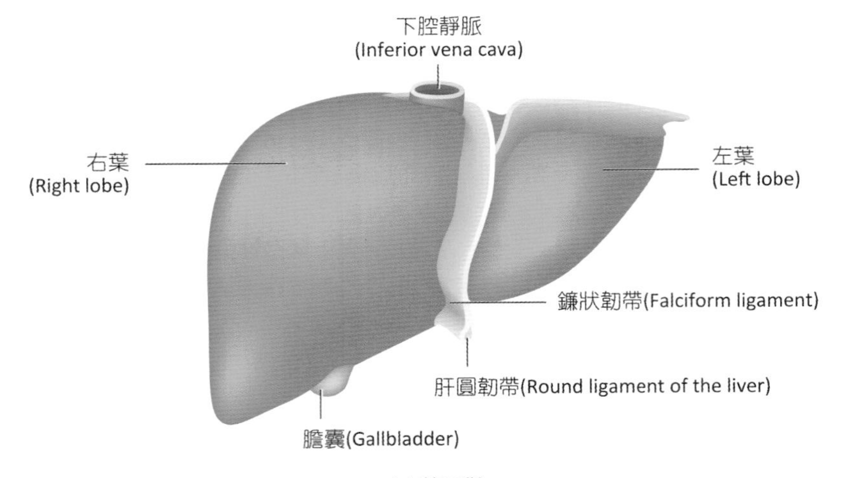

(a) 前面觀

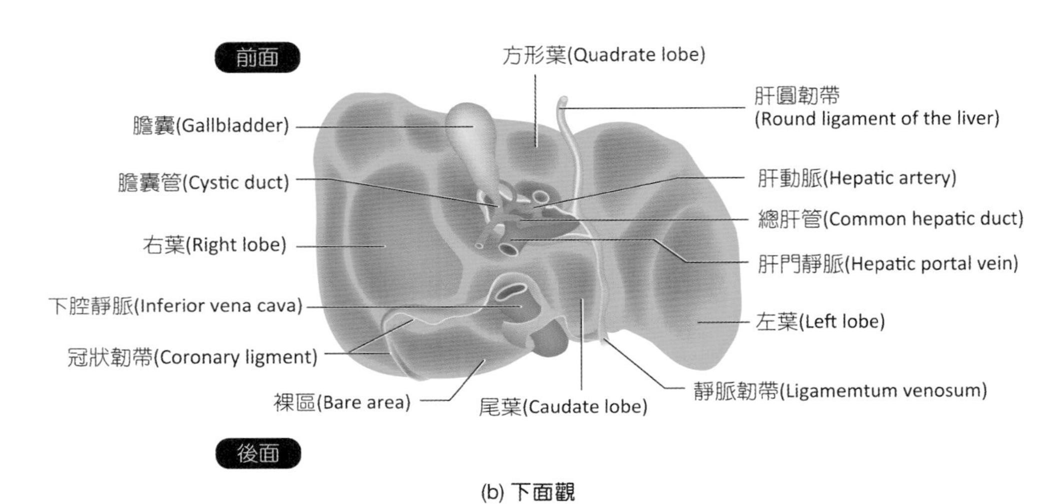

(b) 下面觀

圖 14-13 肝臟

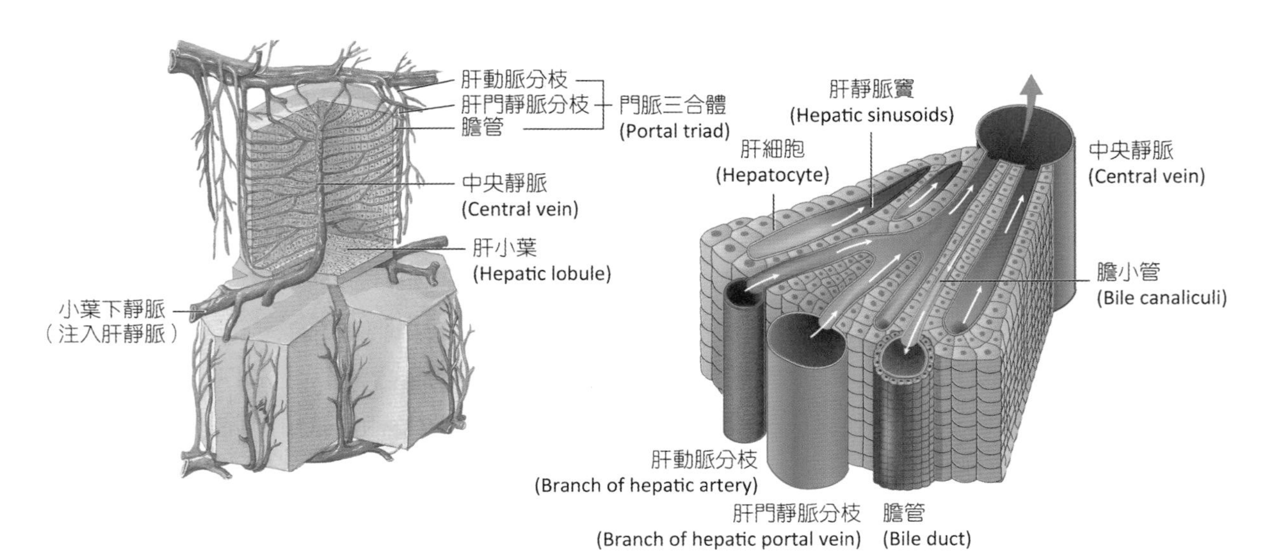

圖 14-14 肝臟的組織

三、血液供應

進入肝臟的血液約有70%由**肝門靜脈**(portal vein)供應，其餘由肝動脈供應。血液流經門脈三合體後即進入肝小葉的靜脈竇，靜脈竇之血液匯集進入中央靜脈，再匯入肝靜脈，最後流入下腔靜脈。肝細胞因呈長索狀排列，又緊鄰靜脈竇，故易獲得血液中的成分，經處理後又可迅速送返血液中。

四、膽汁分泌

肝細胞製造的膽汁由微膽管(bile canals)匯集，經**膽管**(bile duct)分別流入左、右**肝管**(hepatic duct)，兩肝管又匯合成**總肝管**(common hepatic duct)，再與**膽囊管**(cystic duct)合併為**總膽管**(common bile duct)，最後總膽管與主胰管會合注入十二指腸。

肝細胞每天約分泌800~1,000 ml膽汁。剛分泌的膽汁呈黃褐色或橄欖綠，pH值為7.6~8.6，其成分包括水、膽鹽、膽固醇、卵磷質、膽色素及一些離子。膽鹽參與脂肪的消化吸收，約97%膽鹽可於迴腸再吸收後，經肝腸循環重返肝臟。膽紅素(bilirubin)為主要之膽色素，由血紅素之基質(heme)代謝而來。膽紅素在小腸內被轉變為尿膽素原(urobilinogen)，與糞便顏色有關。

▼ 肝硬化(Liver Cirrhosis) Clinical Applications

肝硬化是一種肝臟慢性病，肝臟的實質肝細胞（功能肝細胞）經基質修復(stromal repair)過程被脂肪和纖維結締組織所取代。肝臟實質具有很強的再生能力，基質修復只有在肝細胞死亡或長時間受傷後才會發生。引起肝硬化的原因有肝炎(hepatitis)、肝細胞受到化學物質破壞、寄生蟲感染和酗酒等。

膽囊(Gallbladder)

一、膽囊的構造

膽囊為中空、梨形囊袋，位於肝下面，以蜂窩狀組織附於肝表面（圖14-15）。膽囊長約7~10 cm，最寬處約3 cm，可儲存30~50 ml膽汁。膽汁釋放時，除了膽囊收縮外，**肝胰壺腹括約肌**(hepatopancreatic sphincter)或稱**歐迪氏括約肌**(Oddi's sphincter)也必須鬆弛，**膽汁才會從十二指腸乳頭處流入十二指腸**。而膽結石(gallstones)是因膽鹽或卵磷脂不足，或因膽固醇過多，導致膽固醇型成結晶而沉積於膽內，阻塞膽道引起黃疸(jaundice)。

膽囊壁黏膜層由單層柱狀上皮及固有層組成，壁上有許多皺襞(rugae)，其肌肉有三層，但界線不明顯。膽囊與肝臟間以外膜相連，其餘部分覆漿膜。

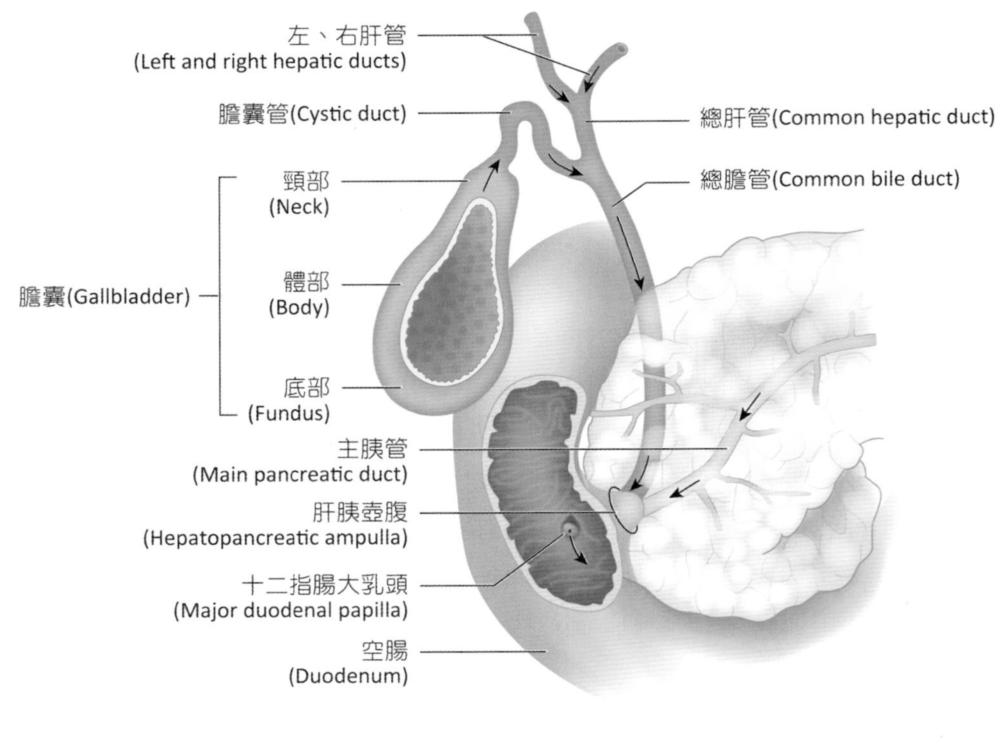

圖 14-15 膽囊

二、膽囊的功能

肝臟所製造的**膽汁匯集儲存於膽囊**，而膽囊可將膽汁進行約十倍的濃縮，直到需要時再經由總膽管釋放進入小腸。總膽管內的歐迪氏括約肌可控制膽汁的釋放。膽汁在膽囊內濃縮過程中，如果與膽固醇達到過飽和狀態，膽固醇結晶的沉澱物將容易誘發膽結石的生成。

胰臟(Pancreas)

胰臟長約12 cm，後約2.5 cm，重約60公克。胰臟位於第一腰椎的高度，胃大彎後方，下腔靜脈及主動脈之前，不為任何腹膜所圍繞。胰臟可分頭、體及尾三部分，頭部在十二指腸的C形彎曲內，體部沿胃的後部斜向上及左方延伸，尾部觸及脾臟，居於左腎之前。胰臟兼具有外分泌腺及內分泌腺的功能（圖14-16）：

1. **外分泌腺**：分泌消化液。
   (1) **胰液是由胰腺細胞**(pancreatic acinar cells)**製造**，屬複式腺泡狀腺體，**占總量之**99%，每天胰液分泌量為1,200~1,500 ml。各分泌小導管將分泌物匯集到主胰管。

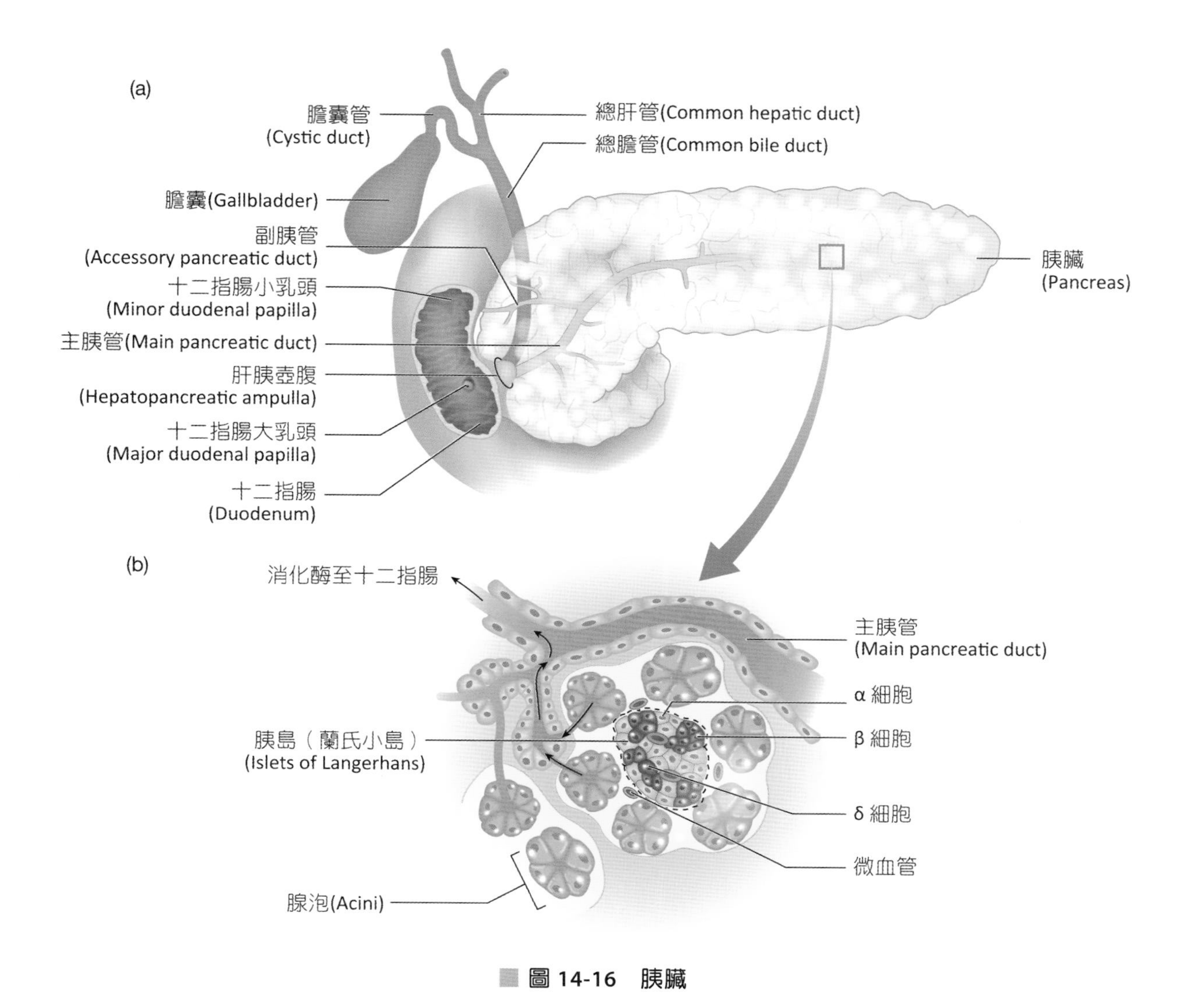

圖 14-16　胰臟

(2) 主胰管與總膽管會合形成之膨大部分稱為**肝胰壺腹**(hepatopancreatic ampulla)，開口於**十二指腸乳頭**(duodenal papilla)，約在幽門下方10 cm處。

(3) **副胰管**(accessory pancreatic duct)為主胰管之另一分枝，開口於十二指腸乳頭上方約2.5 cm處的十二指腸小乳頭(minor duodenal papilla)。

2. **內分泌腺**：胰的內分泌腺部分均與血糖控制有關，又稱**胰島**(pancreatic islets)或**蘭氏小島**(Islets of Langerhans)，約占胰臟總分泌量之1%。胰島有α、β及δ等細胞，**α細胞分泌升糖素**(glucagon)，**β細胞分泌胰島素**(insulin)，**δ細胞分泌體制素**(somatostatin)。

14-6 小腸(Small Intestine)

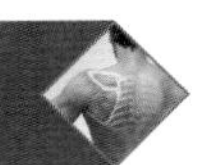

小腸的解剖學

小腸為管狀器官，從胃的幽門延伸至大腸，為消化道中最長的部位，全長約5.5~6 m，平均直徑為2.5 cm。小腸亦接受來自於胰臟及肝臟分泌的消化液，與食糜混合進行消化吸收食糜中的養分。小腸可分為三部分，即十二指腸(duodenum)、空腸(jejunum)及迴腸(ileum)（圖14-17、表14-3）。

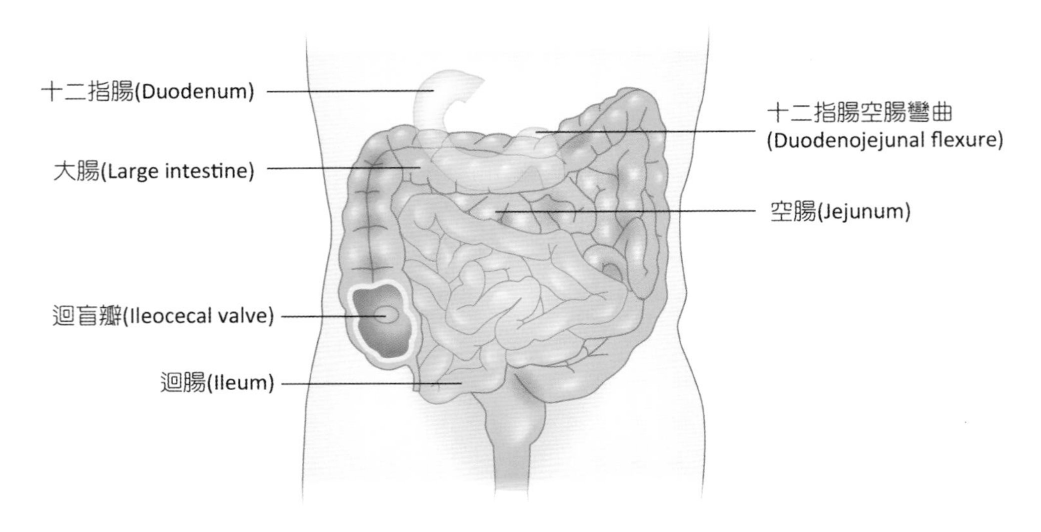

圖 14-17 小腸

表14-3 小腸的分區

項目	十二指腸	空腸	迴腸
長度	長約25公分、直徑約5公分，是小腸中最短的	長約2.5公尺、**管徑較寬**	約3.5公尺長，**為小腸最長之部位**
位置	**起自幽門括約肌**，呈馬蹄形，開口向左	臍部之左髂骨窩	迂迴曲折盤旋於右髂骨窩與小骨盆中
構造	**肝胰壺腹開口**於此，胰液與膽汁共同注入十二指腸	**管壁較厚**，且富含血管。空腸與迴腸間無明顯界線	以**迴盲瓣**與及結腸相接。迴腸具有集合式淋巴結，亦叫做**培氏斑**(Peyer's patches)

小腸壁的構造

一、小腸絨毛 (Intestinal Villi)

雖然小腸長度很長但是小腸內壁卻十分光滑，因為小腸內壁有相當多的小隆起稱為小腸絨毛。絨毛為黏膜表皮細胞及固有層所形成之指狀突起物，高約0.5~1.2 mm，直徑約0.1 mm。其固有層含有小的動靜脈、微血管網及**乳糜管**(lacteal duct)。絨毛的表皮細胞具有**微絨毛**(microvillus)，形成所謂**紋狀緣**(striated border)。小腸絨毛的構造能有效的增加吸收表面積使養分能被充分吸收（圖14-18）。

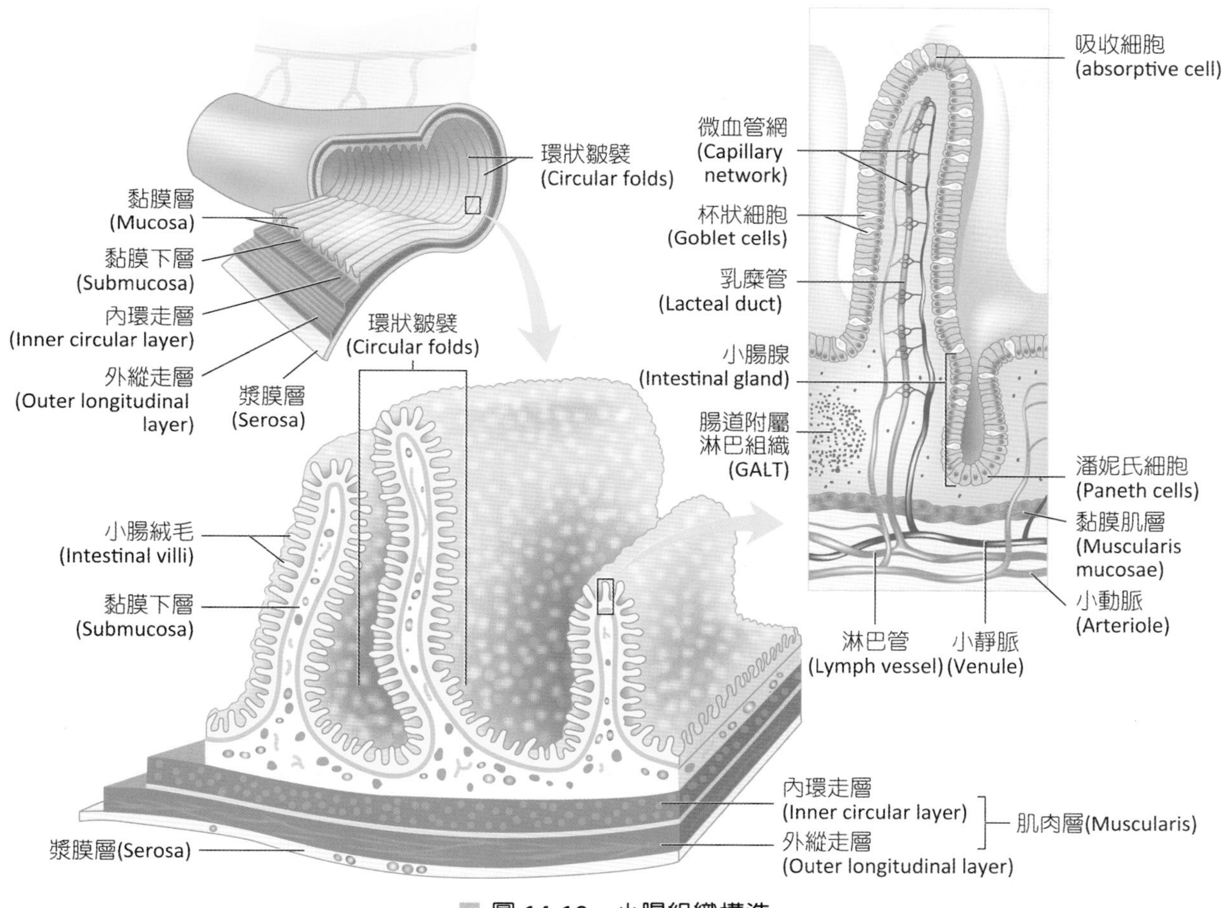

圖 14-18　小腸組織構造

二、環狀皺襞 (Circular Folds)

小腸黏膜因具有環狀皺襞、絨毛與微絨毛等構造而使吸收表面積大增。環狀皺襞由黏膜及黏膜下層所摺成，高約1 cm，可使食物在小腸內螺旋前進以延長停留時間，其深度與數量往大腸方向遞減。

三、腺體

在十二指腸的黏膜下層含有分泌保護性及鹼性黏液的**十二指腸腺**(duodenal glands)又稱**布氏腺**(Brunner's gland)。在絨毛間的凹溝處有分泌小腸液的**利氏腸腺窩**(crypts of Lieberkuhn)及內分泌腺體。絨毛表皮層內則有分泌黏液之杯狀細胞。

小腸的運動

跟胃一樣小腸也會進行混合與排空作用，而小腸的混合作用最主要是靠分節運動(segmentation)將食糜分開並與前後段食糜混合，再利用蠕動將食糜推向大腸。副交感神經衝動將會使上述運動增強，而交感神經則會抑制。

14-7 大腸(Large Intestine)

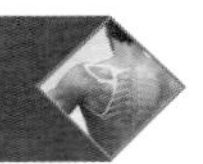

大腸的解剖學

大腸長約1.5公尺，起點在右下腹。小腸走到盡頭後，以**迴盲瓣**(ileocecal valve)與直徑較寬而長度較短之大腸相接。大腸可吸收殘餘在食糜中的水分及電解質，並形成並儲存糞便直到排出。大腸壁的結構與消化道其他部分的管壁結構類似，但也有其特殊之處例如：大腸壁管腔上無絨毛。平滑肌縱向排列形成三條**結腸帶**(teniae coli)，為大腸收縮時張力的來源。可分為盲腸、結腸及直腸等部分（圖14-19）。

一、盲腸 (Cecum)

為大腸的起點及最粗部位，寬約8 cm，長5~8 cm，位於腹部右側下方之右髂骨窩內。在迴盲瓣開口不遠處可見一蚯蚓狀、長約8公分的突出物，即**闌尾**(vermiform appendix)，其盲端游離且能迴旋360度。闌尾不具有消化功能，但富含淋巴組織，能對抗感染，若有食物掉入無法排除時，可能引起闌尾炎。

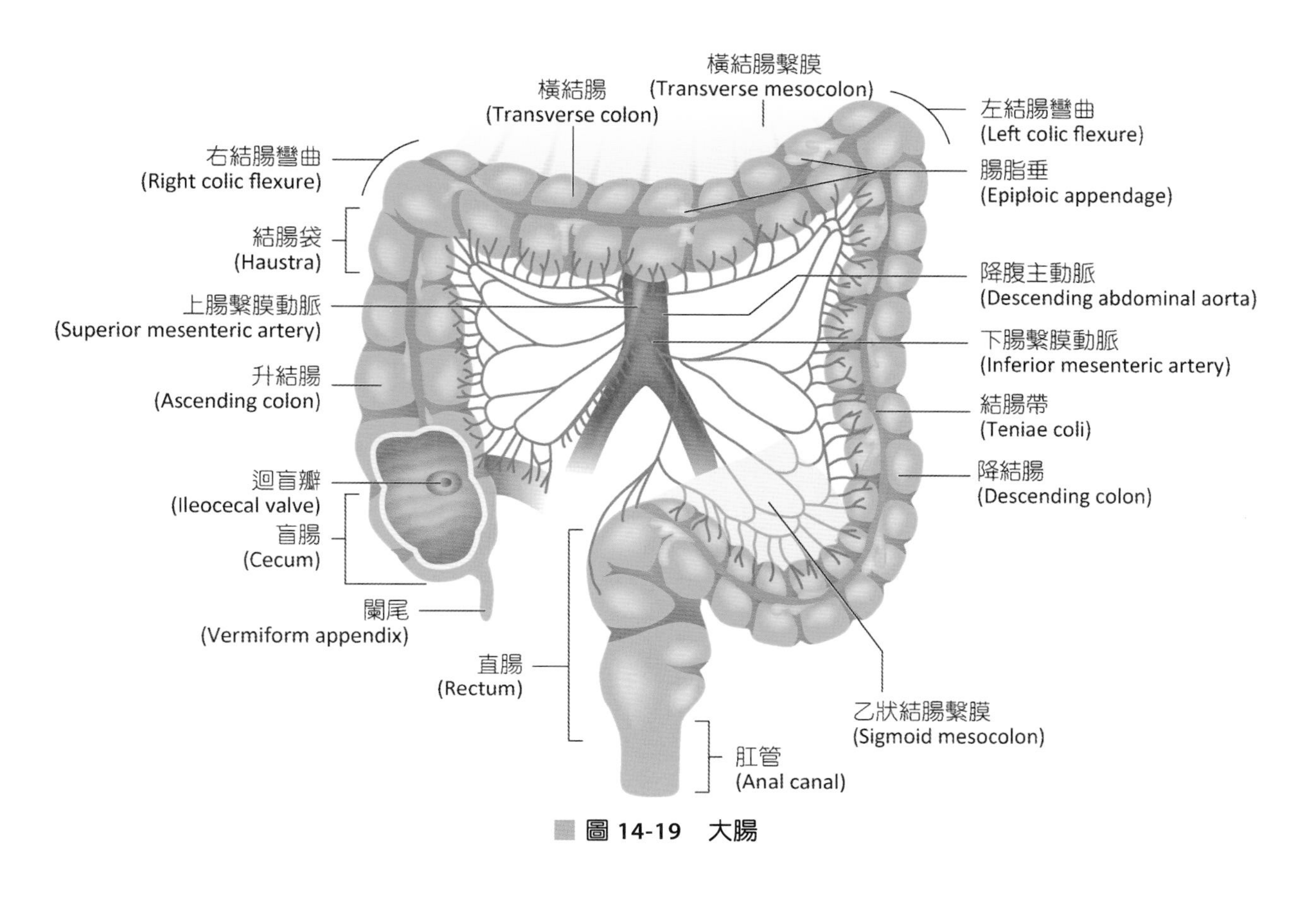

■ 圖 14-19　大腸

▼ 闌尾炎(Appendicitis)　Clinical Applications

闌尾炎大部分是闌尾管腔堵住所引起，其原因包括糞便物質、發炎、異物、盲腸癌(cecum carcinoma)、狹窄(stenosis)或闌尾本身扭曲引起的堵塞。緊接著堵塞而來的感染會引起闌尾各層組織的發炎，產生水腫、局部缺血(ischemia)、壞疽(gangrene)和穿孔等現象。闌尾破裂會造成腹膜炎(peritonitis)，腸環、網膜(omentum)和壁層腹膜會黏連在一起，並在闌尾部位或腹腔其他部位形成膿瘍。

典型的闌尾炎病人首先感到腹部肚臍周圍疼痛，接著有厭食(anorexia)、噁心和嘔吐的現象。幾個小時之後，疼痛部位會轉移到腹部的右下象限，變成持續性的鈍痛，而且咳嗽、打噴嚏或身體移動時，會加重疼痛的程度。懷疑是闌尾炎時，應及早進行闌尾切除術(appendectomy)，此時手術比較安全，不會引起壞疽、破裂或腹膜炎等併發症。

二、結腸 (Colon)

盲腸往上升即為結腸，結腸分**升結腸**(ascending colon)、**橫結腸**(transverse colon)、**降結腸**(descending colon)、**乙狀結腸**(sigmoid colon)四部分（表14-4）。結腸因有乙狀結腸及**結腸帶**(teniae coli)而使外觀呈現節結狀。結腸的縱肌分布不完整，斷裂成三束結腸帶，從闌尾根部延伸至結腸前。結腸帶肌肉的緊張性收縮使結腸出現一系列膨大的袋狀構造，即**結腸袋**(haustra)。在結腸帶表面可見腹膜包住的顆粒狀脂肪小袋，稱之**腸脂垂**(epiploic appendage)。

表14-4 結腸的分類

名稱	位置	別稱
升結腸	自右髂骨窩開始斜後往上升，直到肝臟下緣，再成直角朝左側水平前進	直角轉彎區稱為右結腸彎曲(right colic flexure)或肝曲(hepatic flexure)
橫結腸	緊接升結腸，大腸最長的一段水平走向，橫過腹部在脾下方形成直角往下行	直角區即左結腸彎曲(left colic flexure)或脾曲(splenic flexure)
降結腸	從左季肋區往下行直抵左髂骨嵴，然後轉向內，於骨盆緣和乙狀結腸相連	－
乙狀結腸	始於左髂骨嵴的高度，下行朝左彎在第3薦骨的高度止於直腸	S狀結腸

三、直腸及肛門 (Rectum and Anus)

位於薦、尾骨前方，長約18 cm，其末端2.5 cm長的部分稱為**肛管**(anal canal)。肛管位置朝向身體前方與直腸其餘部分成直角，其對外開口及肛門。直腸無縱走肌且外壁較平滑。肛管約有6~8個縱走黏膜皺摺稱**肛門柱**(anal column)，長約2.4~4.0 cm，肛門柱內有動脈及靜脈叢。

肛門有內外括約肌，內括約肌為平滑肌，乃環狀肌增厚所形成，為非自主性控制。外括約肌則為骨骼肌，可受意識控制。平常未排便時，肛門保持收縮狀態（圖14-20）。

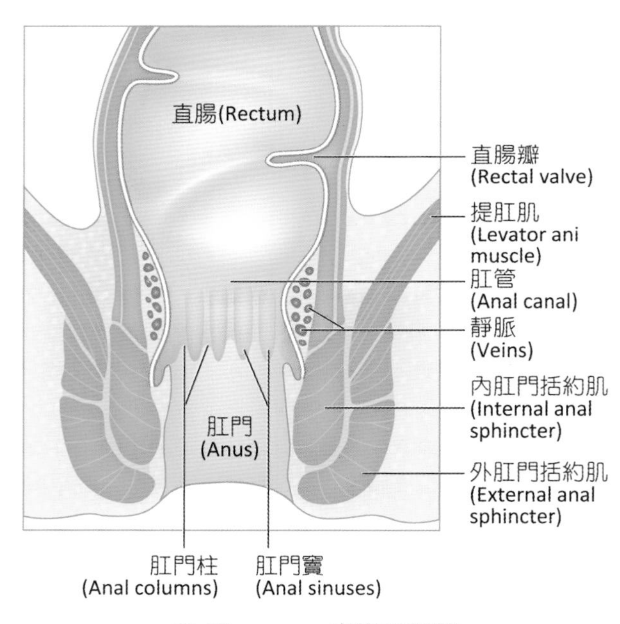

圖 14-20 直腸及肛門

大腸的組織學

大腸與小腸黏膜最大差異在於不具絨毛，且內壁較光滑。大腸有分泌黏液的腸腺，其腺窩很深（約0.5 mm）且相距很近。大腸內壁為單層柱狀上皮，有微絨毛使吸收水分的能力大增，同時也含大量杯狀細胞。

大腸的運動

跟小腸一樣大腸也會進行混合與蠕動作用，相對於小腸，大腸的運動比小腸要慢的多，然而大腸的混合作用可使排泄物充分與黏膜細胞接觸，有助於水分與電解質的吸收。大腸的蠕動也與小腸不同，大腸每一天約只收縮2~3次，最主要是將排泄物推在一起，並在直腸部等待排出，大腸黏膜的不正常刺激會使蠕動加速。

摘要・SUMMARY

消化道構造	1. 消化道組織：黏膜層、黏膜下層、肌肉層、漿膜層 2. 腹膜是體內最大之漿膜，覆蓋著腹部器官、腹壁及骨盆壁
口腔	為消化道的第一部分，包含唇、頰、腭及舌等構造
牙齒	可分做牙冠、牙頸及牙根三部分。牙齒由鈣化物、牙髓及外圍結締組織所組成，由外而內分別是琺瑯質、象牙質、齒堊質
唾液腺	耳下腺（為最大之唾液腺）、下頷下腺（第二大之唾液腺）及舌下腺（最小之唾液腺，為多導管）
胃	1. 肌肉層：外層為縱走肌，中層為環肌，內層為斜走肌 2. 胃腺：主細胞分泌胃蛋白酶原；壁細胞分泌鹽酸及內在因子；黏液細胞位於腺體的上端接近於胃小凹，分泌黏液
肝臟、膽囊及胰臟	1. 肝小葉中心為中央靜脈，靜脈竇壁上襯有庫弗氏細胞。門脈三合體為肝門靜脈分枝、肝動脈分枝及膽管 2. 膽汁：微膽管→膽管→左、右肝管→總肝管→與膽囊管合併→總膽管→與主胰管會合→十二指腸 3. 胰臟α細胞分泌升糖素，β細胞分泌胰島素，δ細胞分泌體制素
小腸	1. 分為三部分，十二指腸、空腸及迴腸 2. 環狀皺襞、絨毛與微絨毛使吸收表面積大增
大腸	分為盲腸、結腸（升結腸、橫結腸、降結腸、乙狀結腸）及直腸等部分

課後習題 · REVIEW ACTIVITIES

1. 下列哪個胃腺細胞，主要產生鹽酸與內在因子？(A)黏液頸細胞(mucous neck cell) (B)壁細胞 (C)主細胞 (D)腸內分泌細胞(enteroendocrine cell)
2. 總膽管與胰管匯聚形成肝胰壺腹，開口於下列何處？(A)胃的幽門部 (B)胃的賁門部 (C)十二指腸 (D)空腸
3. 依照大腸前後排列之順序，下列何者在最前端？(A)升結腸 (B)降結腸 (C)盲腸 (D)迴腸
4. 下列何者不是由腹膜衍生形成的構造？(A)大網膜 (B)小網膜 (C)肝圓韌帶 (D)腸繫膜
5. 有關消化道肌肉層的敘述，下列何者正確？(A)除口腔、咽部外，所有消化道的肌肉層皆由平滑肌構成 (B)除口腔、咽部外，所有消化道的肌肉層皆分為內層環向、外層縱向 (C)咽部主要由骨骼肌所構成 (D)口腔的硬腭是骨骼肌構成，而軟腭是平滑肌所構成
6. 消化道的歐氏神經叢(Auerbach's plexus)，主要位於下列何處？(A)黏膜層 (B)黏膜下層 (C)肌肉層 (D)漿膜層
7. 橫結腸不具下列何種構造？(A)腸脂垂 (B)縱走之肌肉帶 (C)結腸袋 (D)小網膜
8. 下列有關腮腺的敘述，何者錯誤？(A)主要位於嚼肌之內側 (B)為最大的唾液腺 (C)其導管穿過頰肌開口於口腔 (D)分泌液內含唾液澱粉酶
9. 下列有關膽囊的敘述何者正確？(A)黏膜層由單層柱狀上皮組成 (B)位於肝臟方形葉之左側 (C)主要功能為製造及儲存膽汁 (D)胃分泌之膽囊收縮素能夠促使膽囊排空
10. 大網膜附著於下列哪兩個部位？(A)胃小彎與肝臟 (B)胃小彎與橫結腸 (C)胃大彎與肝臟 (D)胃大彎與橫結腸

答案：1.B 2.C 3.C 4.C 5.C 6.C 7.D 8.A 9.A 10.D

參考資料・REFERENCES

徐國成、韓秋生、舒強、于洪昭(1993)・*局部解剖學彩色圖譜*・新文京。

馬青、王欽文、楊淑娟、徐淑君、鐘久昌、龔朝暉、胡蔭、郭俊明、李菊芬、林育興、邱亦涵、施承典、高婷育、張琪、溫小娟、廖美華、滿庭芳、蔡昀萍、顧雅真…許瑋怡(2022)・於王錫崗總校閱，*人體生理學*（6版）・新文京。

張丙龍、林齊宣(2006)・*解剖學原理與實用*・合記。

許世昌(2019)・*新編解剖學*（4版）・永大。

許家豪、張媛綺、唐善美、巴奈比比、蕭如玲、陳昀佑(2021)・*生理學*（4版）・新文京。

麥麗敏、陳智傑、廖美華、鍾麗琴、陳建瑋、祁業榮、黃玉琪、戴瑄、呂國昀(2015)・於王錫崗總校閱，*解剖生理學*（2版）・華杏。

馮琮涵、黃雍協、柯翠玲、廖智凱、胡明一、林自勇、鍾敦輝、周綉珠、陳瀅(2021)・*人體解剖學*・新文京。

廖美華、溫小娟、高婷玉、顏惠芷、林育興(2020)・於劉中和總校閱，*解剖學*（2版）・華杏。

韓秋生、徐國成、鄒衛東、翟秀岩(2002)・*組織學與胚胎學彩色圖譜*・新文京。

Rohen, J. W., Yokochi, C., & Lutjen-Drecoll, E. (2010). *Color atlas of anatomy: A photographic study of the human body* (7th ed.). Lippincott Williams & Wilkins.

Vander, A., Sherman, J., & Luciano, D. (1998). *Human physiology: The mechanisms of body function* (7th ed.). McGraw-Hill.

Chapter

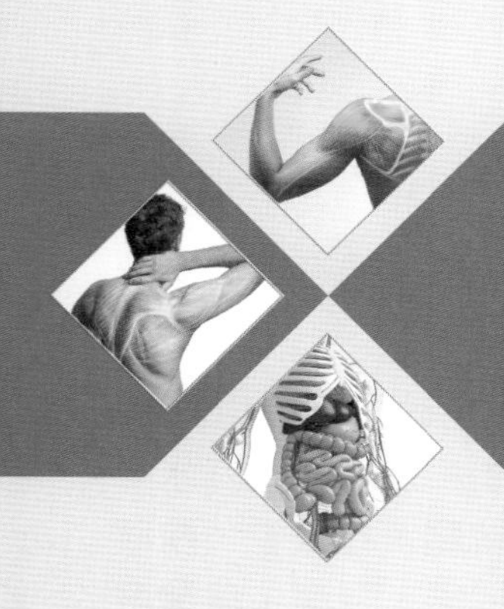

泌尿系統 × 15

李宜倖 編著

Urinary System

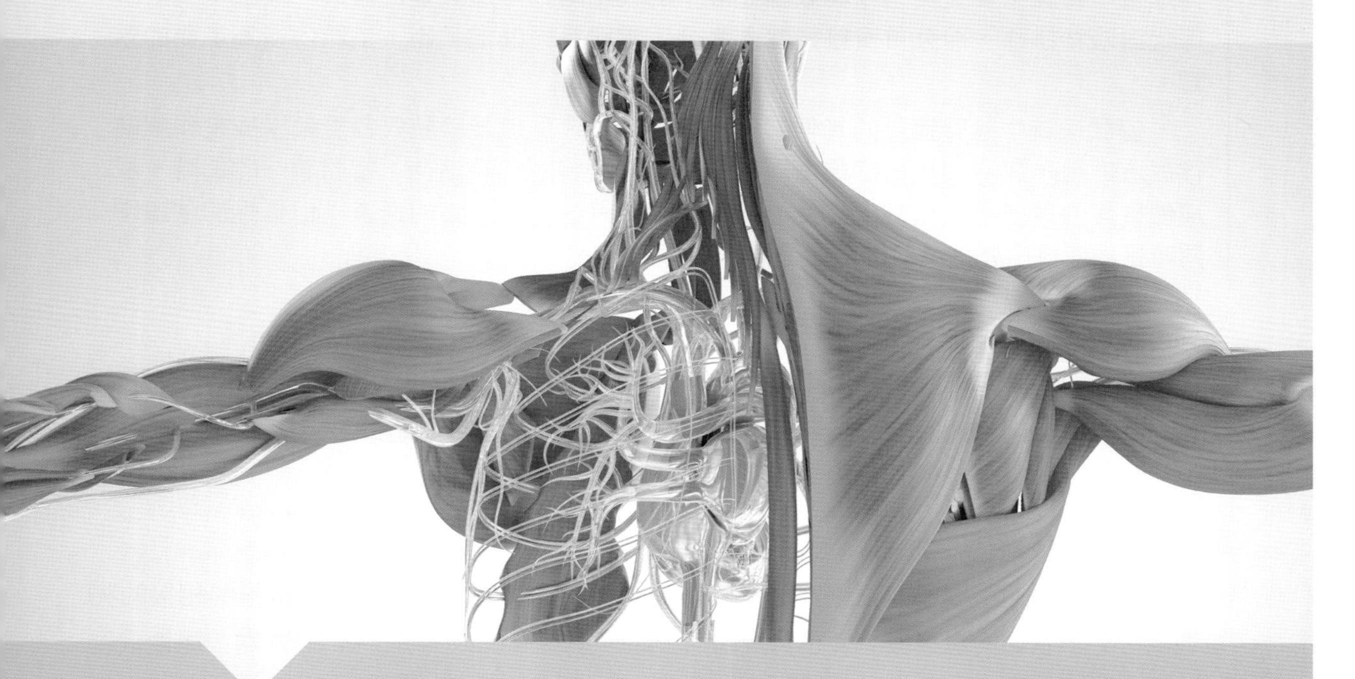

本章大綱

ANATOMY

前言

生物體在新陳代謝的過程中，最終都會產生代謝廢物。另外，攝入過多或不必要的物質，都必須及時排出體外，避免累積在體內造成危害。

物質排出體外的途徑包括：(1)由呼吸系統排出，主要是二氧化碳和水分；(2)由消化系統排出，主要是未被吸收的食物殘渣、水分以及電解質；(3)由皮膚排出汗水，包含水分、電解質與尿素；(4)由泌尿系統中排出。泌尿系統包括腎臟、輸尿管、膀胱與尿道。腎臟主要負責過濾與濃縮血液中的代謝廢物，將大量的尿素、尿酸、肌酸酐等代謝廢物排除，而且負責維持體內水分、電解質與酸鹼平衡，是體內極為重要的器官。

泌尿系統中除腎臟外的其他部位，如輸尿管、尿道及膀胱只負責輸送或是作為儲存尿液之用，尿液的輸送路線由兩側輸尿管送至膀胱暫時儲存。當膀胱一收縮時，尿液便會經由尿道排出體外。而女性的尿道，只單純作為尿路的通道；但男性的尿道卻同時是尿液排出亦是精液排出之通道。

15-1 腎臟(Kidney)

腎臟的外部解剖

腎臟位於人體內的腹腔後壁的脊椎兩側，也就是在第12根肋骨與第3腰椎間相接的夾角地區。外形就如同蠶豆般，大小為長10~12 cm，寬5~6 cm，厚約3~4 cm左右，男性重量約160 g，女性重量約140 g。因肝臟位於右腎上方，故右腎位置較左腎低約1.5 cm。腎臟的最上方各有一個腎上腺(adrenal gland)，屬於內分泌腺體，不論其發育來源或功能皆與腎臟無關。每個腎臟重量只占全身的0.5%，但卻接受了全身20%的血液，故呈現暗紅色的外觀（圖15-1）。

此外，腎臟的表面有三層組織包覆，由內而外分別：

1. **腎被囊**(renal capsule)：位於最內層，是由強韌平滑的透明纖維膜所形成，具有維持腎臟形狀的功能。
2. **脂肪囊**(adipose capsule)：第二層，又名腎周圍脂肪，**可作為緩衝保護之用**，並將腎臟固定於正常位置。若此層之脂肪厚度不足，則容易造成浮腎或稱作游離腎。
3. **腎筋膜**(renal fascia)：最外層，為緻密纖維性組織，由肌肉所延伸出來，能將腎臟固定於正常位置。

4. **腎旁脂肪**(pararenal fat)：圍繞著腎筋膜的脂肪組織，可作為緩衝保護腎臟，並將其固定於正常位置，最後由腹膜(peritoneum)所覆蓋。

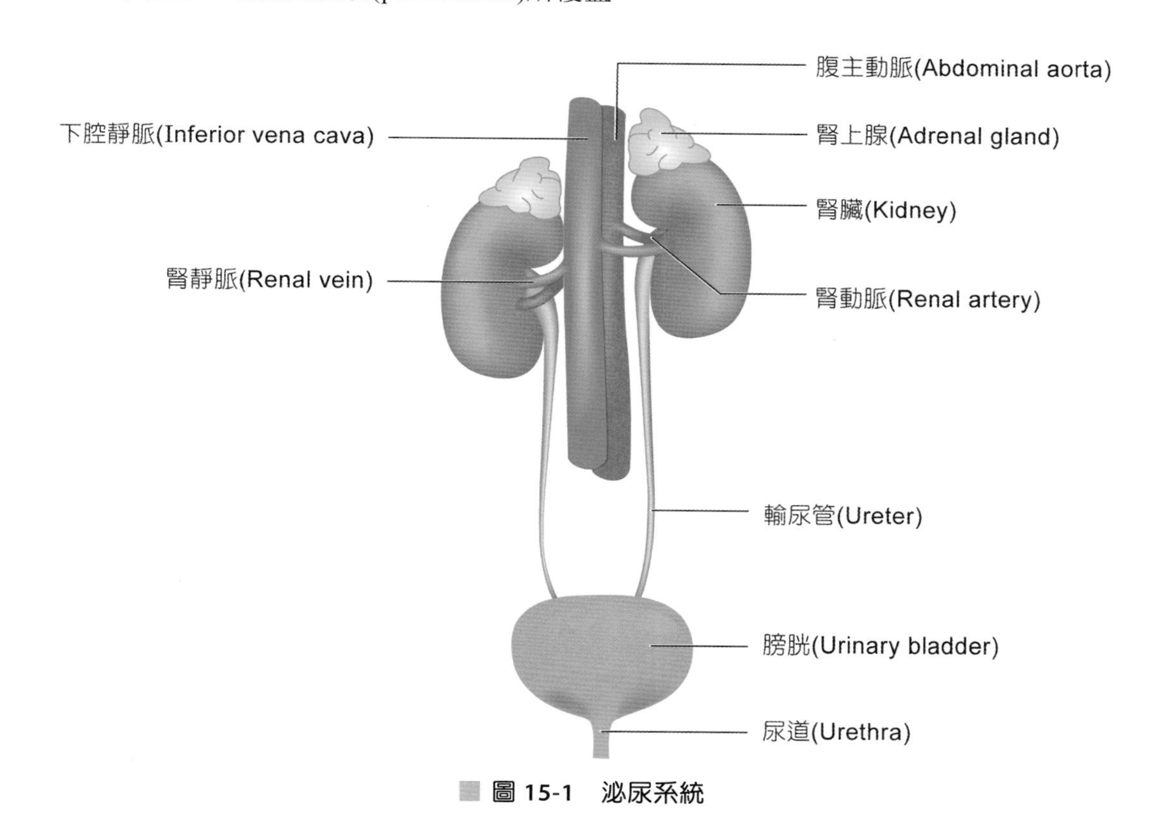

圖 15-1　泌尿系統

腎臟的內部解剖

觀察腎臟的冠狀切面，可以清楚地看到腎臟共分成三部分：皮質(cortex)、髓質(medulla)及**腎盂**(renal pelvis)。同時，由腎臟的內側緣往中央凹陷，產生一個空腔，稱為**腎竇**(renal sinus)。腎竇的入口稱為**腎門**(renal hilum)，此處有腎動脈、腎靜脈、淋巴管、神經與輸尿管通過。輸尿管上端在腎竇部位擴張形成漏斗狀的構造稱為腎盂，用來收集來自腎臟內部製造之尿液。腎盂往腎臟內部分枝形成二或三個**腎大盞**(major calyx)之管狀構造。每個腎大盞又可分枝成數個**腎小盞**(minor calyx)（圖15-2）。

腎臟外圍的皮質部，顏色較深，呈顆粒狀外觀。內部的髓質部，位於深部，顏色較淡。髓質乃是由8~15個三角形的**腎錐體**(medullary pyramids)所組成，呈現放射狀往皮質方向集中，並由**腎柱**(renal columns)所隔開。而腎錐體的尖端稱為**腎乳頭**(papillae)，則朝向腎竇方向投射。腎乳頭上有10~20個小孔洞可與漏斗狀的小腎盞相連結，將尿液流至小腎盞。尿液由腎乳頭流過腎盞通向腎盂，由腎盂出腎門後則緊接著注入輸尿管及膀胱儲存，最後經由尿道排出人體外。

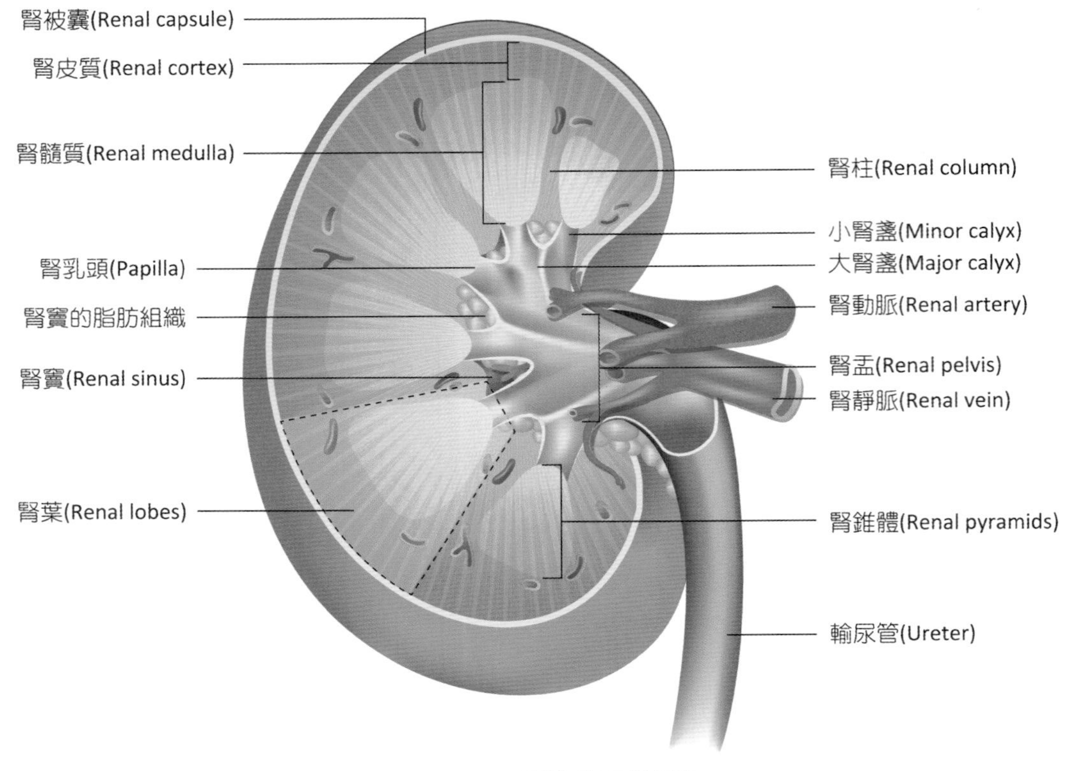

圖 15-2 腎臟的解剖構造

腎臟的顯微解剖構造

腎元(nephron)**由腎小體**(renal corpuscle)**及腎小管**(renal tubule)**所組成，為腎臟的功能單位**。人的每個腎約含130萬個腎元，每個腎元皆獨立行使其功能，就像是一座小型的淨水廠。血液經過腎小體的過濾，形成濾液在腎小管輸送過程中改變成分，離開腎小管的液體即為尿液。

腎元在腎臟皮質的部分包含過濾血液的腎小體、近曲小管、遠曲小管及部分的集尿管。每一放射狀的髓質包含以數百萬計產生尿液的腎小管及和集尿管。

一、腎小體 (Renal Corpuscle)

腎小體是一個直徑為0.2 mm的渾圓形構造，包括**鮑氏囊**(Bowman's capsule)及**腎絲球**(renal glomerulus)（圖15-4），位在腎皮質部，主要負責過濾血液，是尿液形成的第一步驟。**腎絲球是一叢動脈性的窗孔型微血管**(fenestrated capillary)，外觀像是一團毛線般，為人體內通透性最大的微血管，其通透性比一般微血管大100~500倍，並被鮑氏囊所包覆。微血管血液由**入球小動脈**(afferent arteriole)進入腎絲球，而後由半徑較小的**出球小動脈**(efferent arteriole)流出。

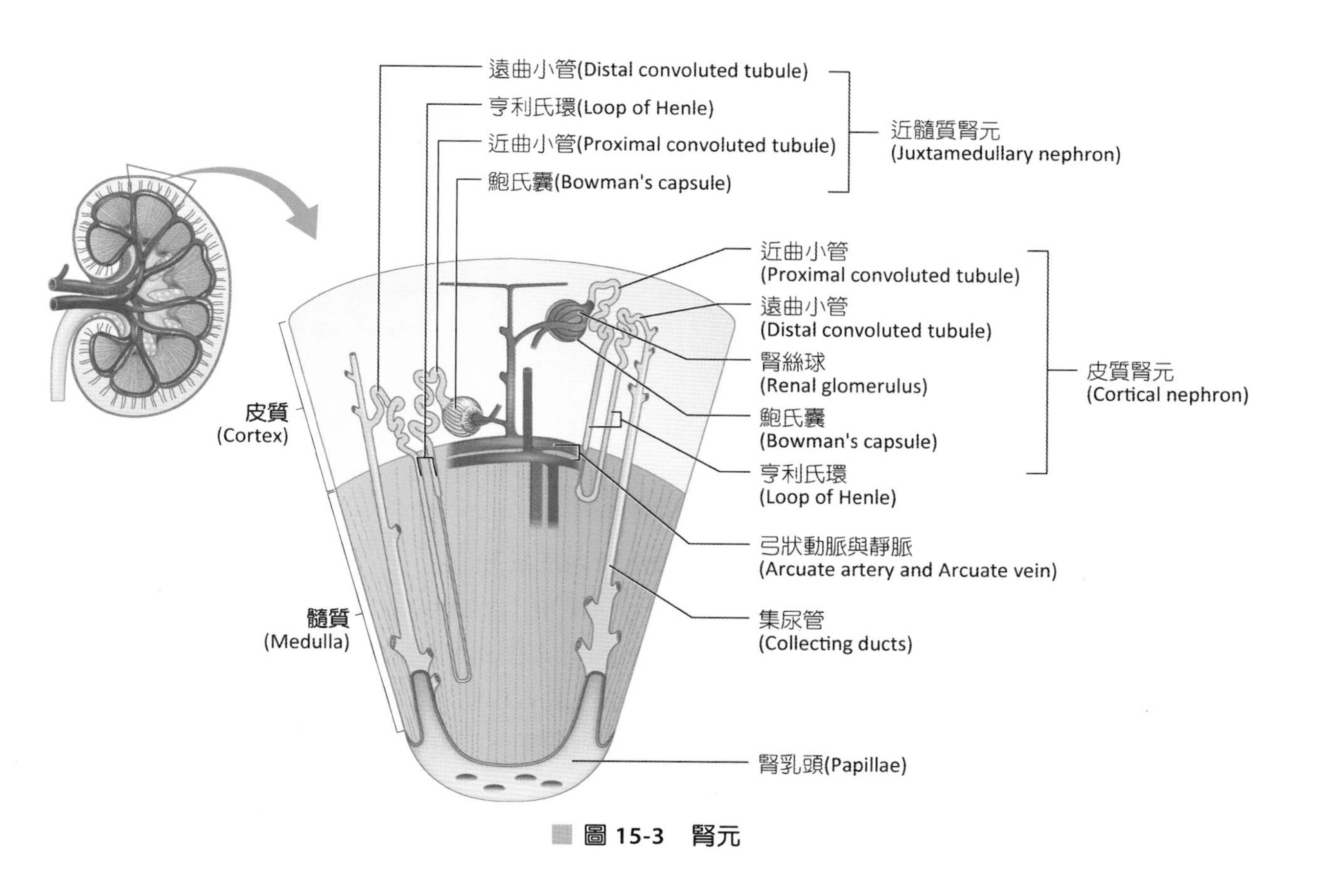

圖 15-3 腎元

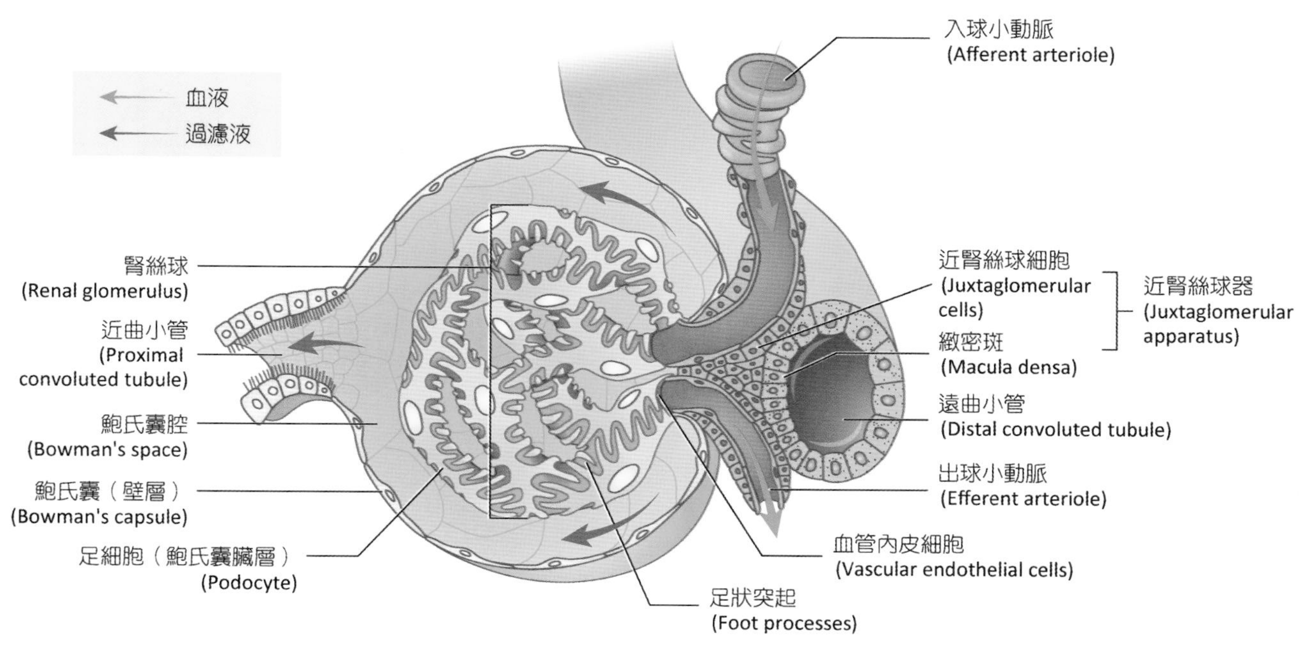

圖 15-4 腎小體

（一）鮑氏囊 (Bowman's Capsule)

鮑氏囊外觀如同杯子般，且具有兩層構造：

1. **壁層**：為外層，是單層鱗狀上皮，主要形成杯狀構造。
2. **臟層**：為內層，是由特化的上皮細胞，圍繞著腎絲球，此稱為**足細胞**(podocyte)。足細胞的細胞質有許多延伸突出的構造，稱為**足狀突起**(foot processes)，這些足突包裹住腎絲球微血管外圍。

鮑氏囊臟層與壁層之間的空腔，稱為鮑氏囊腔。由腎小球濾出到鮑氏囊的液體稱為腎絲球過濾液(glomerular filtrate)。當血液通過腎絲球時，約有20%的液體會被濾出。

（二）腎絲球過濾膜 (Glomerular Membrane)

過濾液需要通過三層構造，分別是：**微血管內皮細胞**(capillary endothelium)、**腎絲球基底膜**(basement menbrane)及**鮑氏囊內層**（即臟層）足狀突起間的**過濾間隙**(filtration slit)。這三層構成了腎絲球過濾膜。而通過濾膜後的濾液由鮑氏囊腔所接受並送入腎小管。腎絲球過濾膜僅允許直徑約4 nm以下的分子通過，如葡萄糖、胺基酸、尿素、肌酸酐等。正常情形下，蛋白質無法通過過濾膜。因此，在腎小管的濾液中是不帶有蛋白質成分的（圖15-5）。

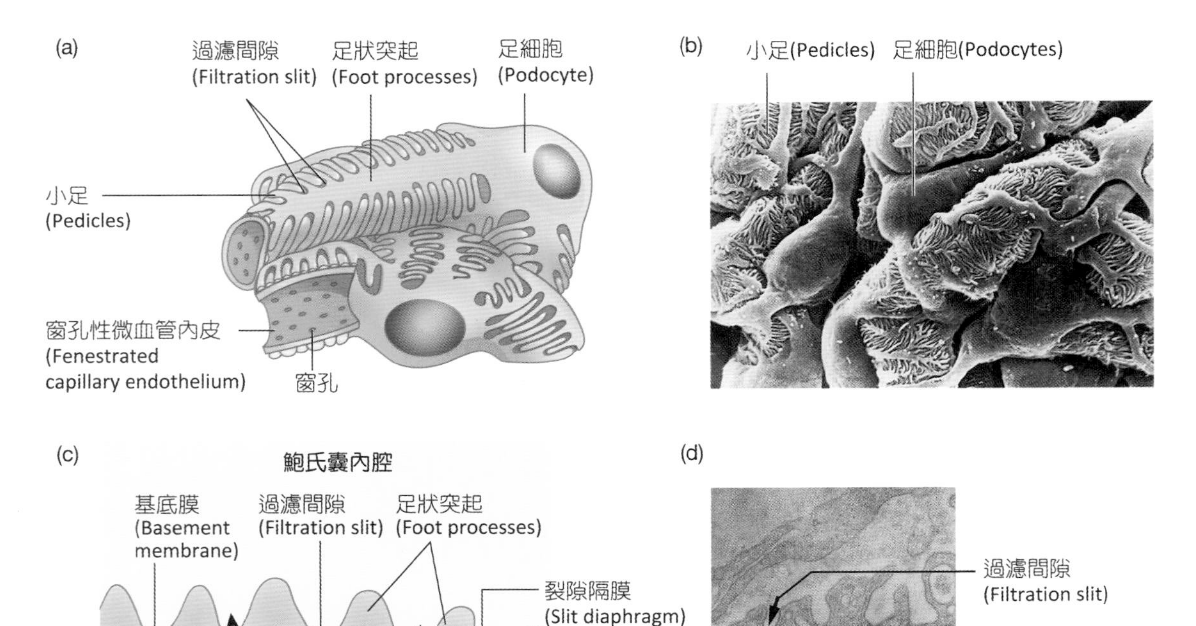

圖 15-5 腎絲球過濾膜

二、腎小管 (Renal Tubule)

腎小管是由近曲小管、亨利氏環、遠曲小管所組成(圖15-6)。

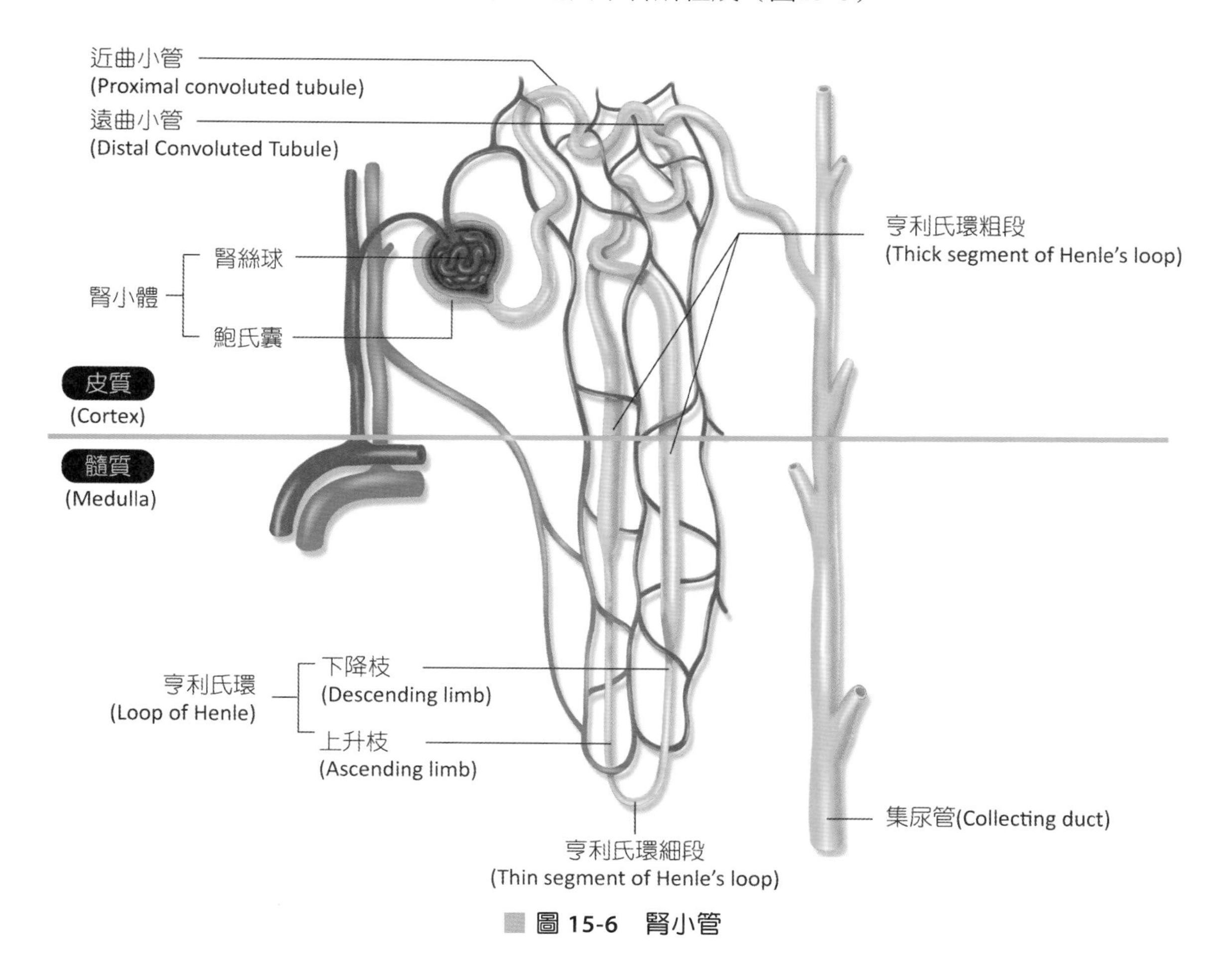

圖 15-6 腎小管

(一) 近曲小管 (Proximal Convoluted Tubule)

位於皮質,長約15 mm,為捲曲狀的管狀構造。其內側管壁由單層立方上皮組成,具有梳狀緣(brush border),也就是含有數百萬個微絨毛(microvilli)的膜,可增加進行再吸收及分泌作用的表面積。近曲小管接受了來自鮑氏囊腔的過濾液,**是再吸收及分泌作用最旺盛的地方**。當近曲小管接近髓質時,腎小管變窄,形成亨利氏環的下降枝。

(二) 亨利氏環 (Loop of Henle)

主要位於髓質,可分為**下降枝**(descending limb)及**上升枝**(ascending limb),下降枝延伸自近曲小管,**管壁由單層鱗狀上皮組成**。上升枝伸入皮質部則變成迴旋狀的遠曲小管。亨利氏環形成了腎元整個U形的外觀部分。

靠近腎臟皮質外部的腎元有著較短的亨利氏環，稱為**皮質腎元**(cortical nephrons)。靠近腎臟皮質與髓質的腎元有著較長的亨利氏環，深入腎臟髓質部，此類的腎元稱為**近髓質腎元**(juxtamedullary nephrons)。在人體，皮質腎元約占85~90% 之多。然而，近髓質腎元有著較佳的濃縮尿液之功能。沙漠中的動物其近髓質腎元占所有腎元的比例較高，且有較長之亨利氏環。

（三）遠曲小管 (Distal Convoluted Tubule)

位於皮質，是近曲小管長度的1/3。由單層立方上皮細胞組成，但沒有微絨毛膜，故其再吸收能力不若近曲小管旺盛。遠曲小管最後終止於集尿管。遠曲小管注入位於腎柱內的集尿管中，經腎乳頭的小孔注入小腎盞。

三、集尿系統 (Collecting Ducts Systems)

集尿系統是由**集尿管**(collecting ducts)及**腎乳頭管**(papillary ducts)所組成，**不屬於腎元構造**。尿液流經腎小管進入集尿管，由腎臟皮質進入髓質，而匯入腎乳頭管後，再進入腎盞及腎盂。集尿管的管壁由單層立方上皮組成，構造與遠曲小管相似，且都受到腦下腺後葉分泌的**抗利尿激素**(antidiuretic hormone, ADH)調控。在ADH的作用下，**可以增加遠曲小管與集尿管對水分再吸收的能力**。

四、近腎絲球器 (Juxtaglomerular Apparatus)

腎臟的功能除了代謝廢物，排放尿液外，尚可控制血壓。位於入球小動脈與遠曲小管間的細胞，特化成近腎絲球器，調控血壓與體液的平衡（圖15-7）。

位於近腎絲球器腎臟內位於**入球小動脈接近腎小體處的血管平滑肌特化成近腎絲球細胞**(juxtaglomerular cells)能感受血壓的變化，並藉著產生**腎素**(renin)調節血壓。當血壓下降時，近腎絲球細胞分泌腎素，催化血液中的血管收縮素原(angiotensinogen)轉變成血管收縮素I (angiotensin I)，血管收縮素I再受到血管收縮素轉換酶(angiotensin converting enzyme, ACE)轉換成血管收縮素II (angiotensin II)，這個過程大部分發生在肺臟，因肺臟內產生大量的血管收縮素轉換酶。血管收縮素II會刺激血管平滑肌的收縮以提高血壓，同時刺激腎上腺皮質球狀帶分泌醛固酮，進而增加遠曲小管對Na^+與水分的再吸收。**腎素－血管收縮素－醛固酮系統**(renin-angiotensin-aldosterone system, RAA)，可彼此相互合作，以調控血壓，水分與Na^+的恆定（圖15-8）。

在遠曲小管與入球小動脈接觸的部位，管壁的細胞特化形成緻密斑(macula densa)。緻密斑是一種化學感應器，用以偵測通過遠曲小管濾液中Na^+含量的變化。當濾液中含較Na^+量值上升，代表濾液中水分量值也是上升的，緻密斑便傳送訊號使入球小動脈收縮，降低腎絲球過濾率。此構造對於調控腎血流量極為重要。

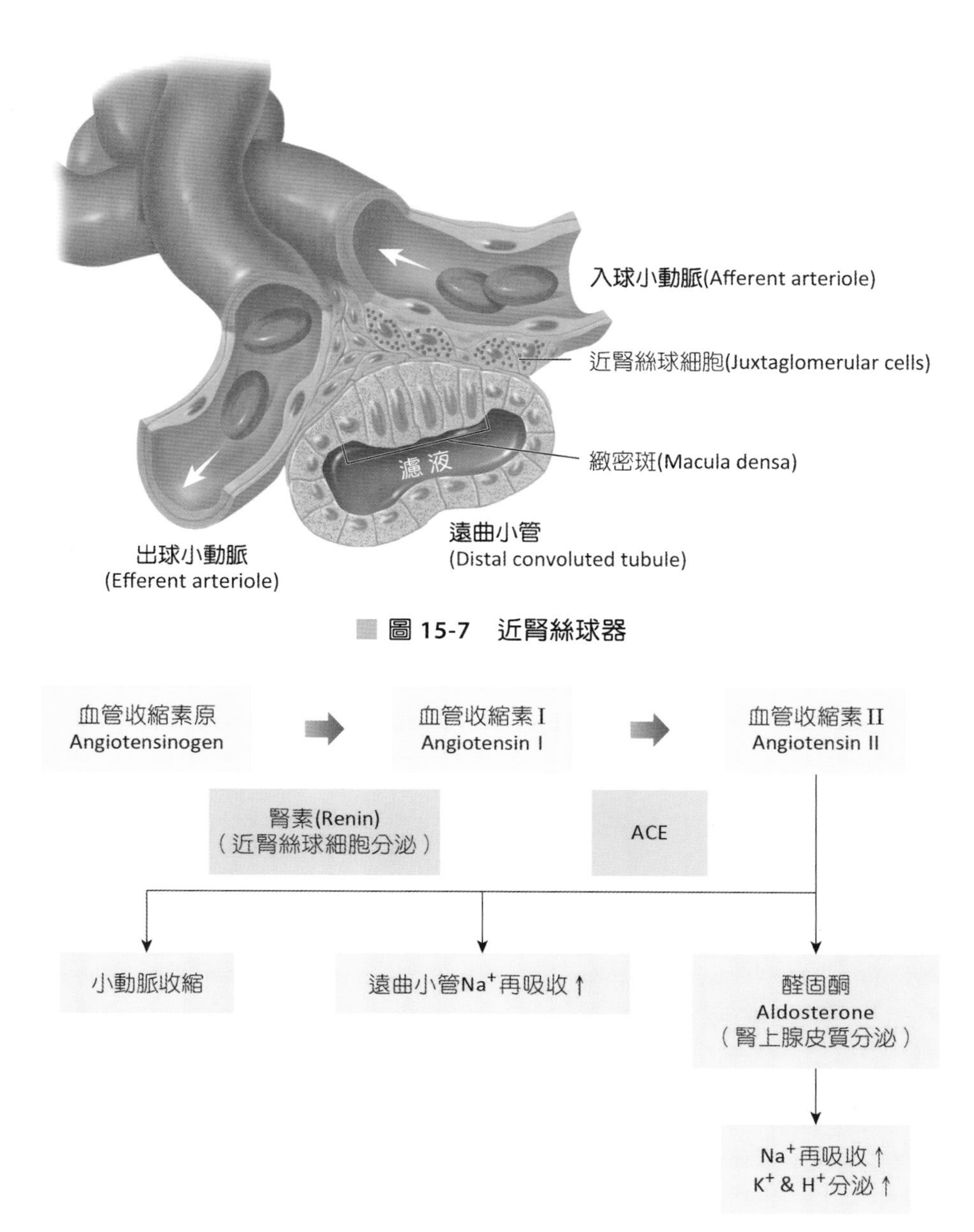

圖 15-7 近腎絲球器

圖 15-8 腎素－血管收縮素－醛固酮系統

五、腎臟的血管系統

腎臟的血液供應量極為豐沛。正常成人**每分鐘約有1,200毫升**的血液流進兩側腎臟，約占心輸出量的25%。腹主動脈的分枝**腎動脈**(renal artery)由腎門進入腎臟，而後分成**葉間動脈**(interlobar artery)，行走於腎柱並進入腎髓質與皮質的交界處分枝成**弓狀動脈**(arcuate artery)。弓狀動脈再細分枝成**小葉間動脈**(interlobular artery)深入腎皮質部，並再度分枝成許多**入球小動脈**(afferent arteriole)，而後進入鮑氏囊成為腎絲球（圖15-9）。

腎絲球本身為網狀的微血管構造，血液在此處經過過濾後，最後匯入**出球小動脈**(efferent arteriole)離開。這種血管排列十分特別，是身體內唯一由微血管床（即腎絲球）經由小動脈再輸送到第二個微血管床（即周圍微血管）的構造。出球小動脈進入腎髓質部後再度分枝成微血管網，圍繞在近曲小管與遠曲小管周圍，稱為**腎小管周邊微血管**(peritubular capillary)。腎小管再吸收水分與鹽分，很容易進入腎小管周圍微血管而後回到體內的循環系統中。

另有一類的微血管滲入腎髓質部，圍繞在亨利氏環周圍，稱為**直血管**(vasa recta)。直血管**可以維持腎髓質部的高滲透壓**，是濃縮尿液的一個重要構造。而後，微血管匯集成靜脈，經由**小葉間靜脈**(interlobular vein)、**弓狀靜脈**(arcuate vein)、**葉間靜脈**(interlobar vein)，最後集結成**腎靜脈**(renal vein)離開腎臟後注入下腔靜脈。

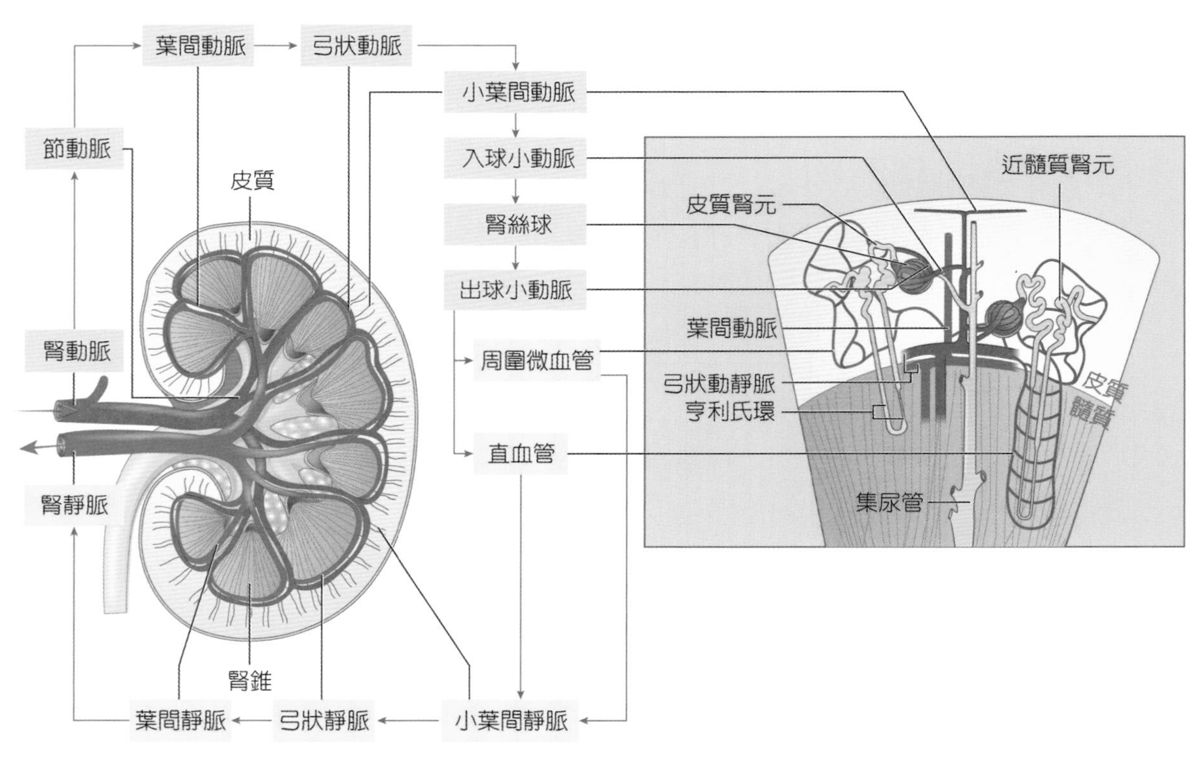

圖 15-9 腎臟的血液供應

尿液的形成

腎元就像是一座過濾淨化血液的淨水廠。血液於腎絲球經過過濾作用後進入腎小管，而後腎小管將大部分可再利用的水分、電解質與營養物質再回收至血管中，同時亦可進行分泌作用，將周圍微血管內的代謝廢物與多餘的電解質分泌進入腎小管中。最後，腎小管中的濾液進入集尿管形成尿液。所以整個尿液形成的過程需經過過濾、再吸收與分泌等三個步驟（圖15-10）。

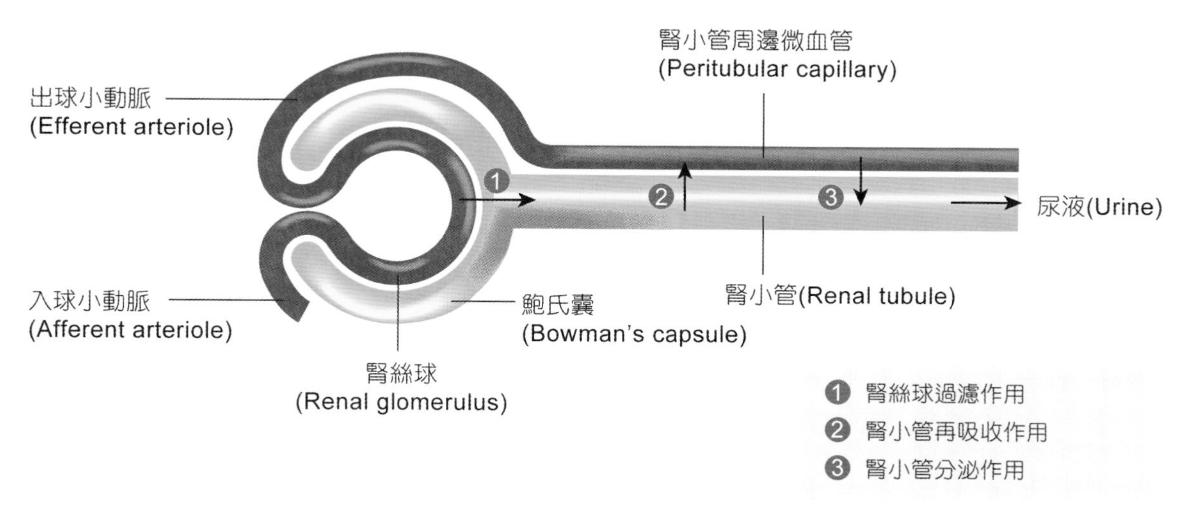

圖 15-10　尿液的形成

一、腎絲球的過濾作用

血液流經腎絲球後經過過濾作用，通過腎絲球過濾膜，形成的過濾液進入鮑氏囊。由於腎絲球微血管的孔洞相當大，可容許水分及小分子物質通過，故過濾液的成分與血漿極為相似，其差別僅在於**血液內含血球與大分子蛋白**，而這類物質是無法通過腎絲球過濾膜。腎臟僅需約花40分鐘即可過濾5.5 L的血液（相當於人體的總血量）。由此可知，過濾液必須很快地再被吸收回體內，否則在1小時內人就會脫水而死。

二、腎小管的再吸收

腎絲球過濾液中99%皆被回收體內。其中腎小管中的近曲小管為最主要進行吸收的部位。約有65%的水分與鹽分在此段被再吸收回體內，在亨利氏環可以進一步再吸收水分及鹽分達20%。在亨利氏環、集尿管與直血管的共同作用下，可濃縮過濾液，產生高滲透壓的尿液。

三、腎小管的分泌作用

腎小管除了進行再吸收，回收水分、鹽分及其他的營養物質外，另外也可以進行分泌作用。分泌作用與再吸收作用相反，腎小管上皮細胞將代謝廢物或是身體不需要的分子，以分泌的方式，送入腎小管腔。

尿液的排除

當血液中的濾液通過腎小管後即形成尿液，會經由輸尿管送至膀胱儲存，再由尿道排出。以下分別依序介紹尿液的排泄構造：輸尿管、膀胱及尿道。

15-2 輸尿管(Ureter)

輸尿管的解剖學

輸尿管左右各有一條，為一細長中空的肌肉管腔，上連接腎盂，下方注入膀胱。輸尿管的上半部屬於後腹腔，下半部跨過骨盆腔的邊緣後，往前方沿著膀胱後壁延伸，最終進入膀胱的後側下方。輸尿管的管徑大約4~5 mm，長度約25~30 cm，並以斜跨方式通過膀胱（圖15-11）。

輸尿管共有三處管徑較狹窄的部位，也較容易造成阻塞。依尿路排出路線由上而下，分別是：(1)輸尿管與腎盂相連處；(2)輸尿管伸入在骨盆上緣的髂總動、靜脈處；及(3)輸尿管與膀胱結合處。腎結石會使得尿液很難通過這些狹窄的通道而無法順暢地排出體外，如果結石很大，甚易導致輸尿管阻塞，致使尿液無法運送至膀胱，滯留於腎臟，形成「水腎」，產生腰痠或由後背往前的疼痛感等症狀。

輸尿管的血液供給主要是由腎動脈、生殖動脈（即睪丸／卵巢動脈）及膀胱下動脈所支配。

輸尿管的組織學

輸尿管管壁共有三層，由內至外分別是：

1. **黏膜層**：屬於複層的**移形上皮**(transitional epithelium)，管腔充滿尿液時細胞會伸展，分泌的黏液可防止黏膜細胞與尿液接觸。

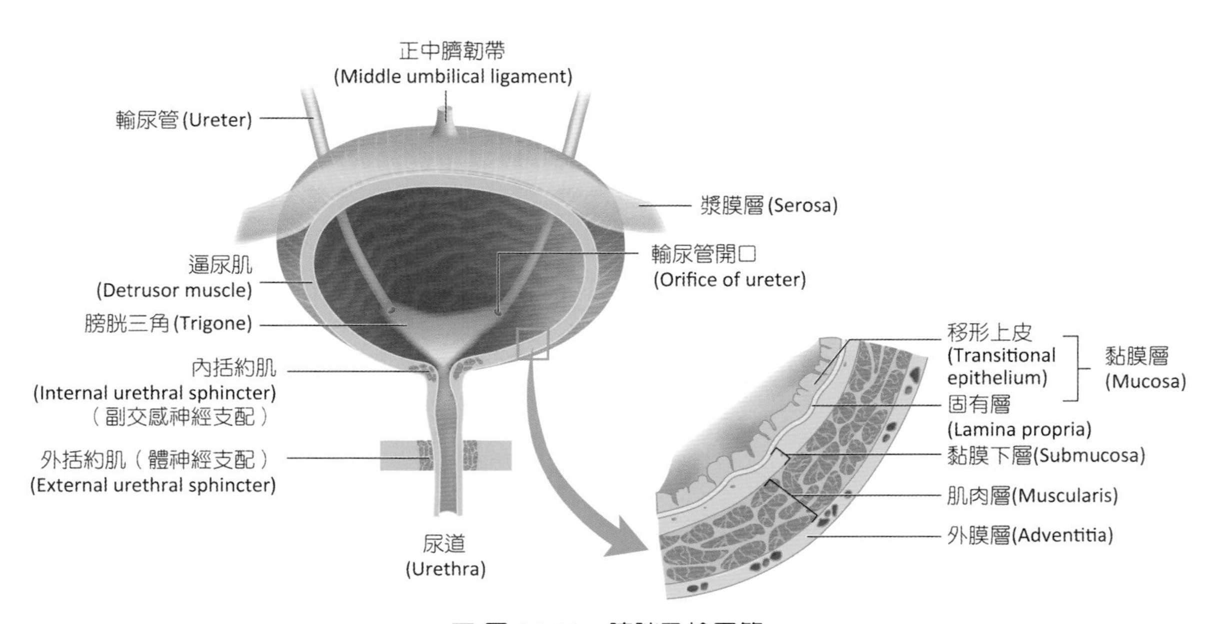

圖 15-11 膀胱及輸尿管

2. **肌肉層**：分為內外兩層，內層為縱走肌，外層為環走肌，利用蠕動收縮的方式來推進尿液的輸送，每分鐘約為1~5次。
3. **外膜層**：由結締組織所組成，可幫助輸尿管維持於固定的位置。

15-3 膀胱(Urinary Bladder)

由腎臟所製造出的尿液，經由腎盂出腎門後注入輸尿管，隨即進入膀胱。膀胱可說是人體尿液通路把關的最後一道關卡，專門負責儲存尿液及排尿動作，和其他機能繁複的器官比起來，看似好像微不足道，但實際上膀胱的存在及功能卻是非常微妙。

膀胱的解剖學

膀胱為一中空且可伸縮的肌肉器官，由平滑肌細胞所構成，其功能為儲存尿液。膀胱之外觀略呈倒金字塔形，脹尿時則呈蛋形。膀胱的形狀、大小、位置和膀胱壁的厚度會隨著尿液脹滿程度而改變。成人膀胱的容量一般約為300~500 ml，最大容量可達800 ml。膀胱位於骨盆腔，恥骨聯合的後方，壁層腹膜的下方。男性膀胱位於恥骨聯合及直腸間；女性膀胱位於恥骨聯合、子宮及陰道之間。

膀胱未脹滿尿液時，其外觀呈倒立的金字塔形，就其位置特徵分為膀胱頂、膀胱底、膀胱體及膀胱頸。膀胱頂(apex)位於膀胱的前上部；膀胱頸(neck)位於膀胱的最下部。膀胱頂與膀胱底之間為膀胱體（圖15-12）。

膀胱底部有一倒三角形的區域，稱為膀胱三角(trigone)。其倒三角的上兩角孔洞為輸尿管注入之開口，其倒三角的下頂角連接漏斗狀的膀胱頸，連接尿道開口。膀胱三角不會

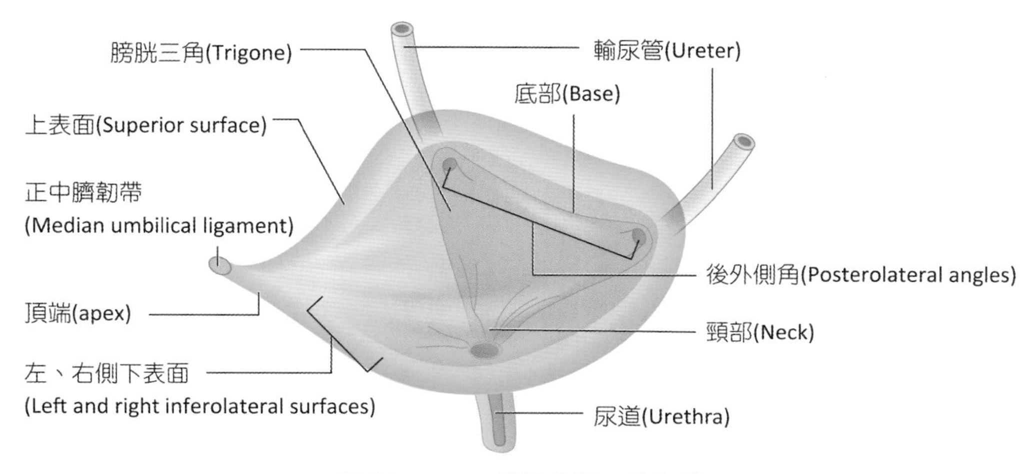

圖 15-12　膀胱的倒三角椎體

因為膀胱的伸縮變化而改變位置，故當膀胱膨脹快充滿時，會把輸尿管在膀胱壁內約1公分的部分壓扁，這樣尿液便不至於返回逆流至輸尿管中。如此一來，可減少膀胱內的細菌感染腎臟，同時尿液也無法再進入膀胱，此可防止尿液逆流回到輸尿管中，並可達到保護功效。

膀胱的組織學

膀胱壁由四層構造所組成，由內層而外層分別是：

1. **黏膜層**：與輸尿管的黏膜層相同，都屬於**移形上皮**(transitional epithelium)，分泌的黏液可防止黏膜細胞與尿液接觸。
2. **黏膜下層**：由結締組織所組成，具有很強的再生能力，創傷後的癒合多透過它的增生而完成。
3. **肌肉層**：由內至外，共分為三層，除中間層為環肌外，其餘內外兩層皆為縱肌。此環肌與縱肌相互交錯走向的肌肉纖維，稱為逼尿肌(detrusor muscle)。位於膀胱頸的肌肉則稱為膀胱頸括約肌或稱為**尿道內括約肌**(internal urethral sphincter)。
4. **外膜層**：僅覆蓋到膀胱的表層。

15-4 尿道(Urethra)

尿道的解剖學

尿道是一管壁薄的管腔，由膀胱伸展至外尿道括約肌的向外開口，是將尿液由膀胱排出體外的最後通道。尿道括約肌共有兩組肌肉群：一組是位於膀胱通向尿道的開口處，由相互交錯的平滑（不隨意）肌纖維所包圍，稱為**尿道內括約肌**(internal urethral sphincter)；另一組是尿道通過會陰部時，**泌尿生殖膈**(urogenital diaphragm)環繞尿道的肌肉，由骨骼肌纖維所形成，故可受意志控制，稱為**尿道外括約肌**(external urethral sphincter)。

尿道的組織學

一、女性尿道 (Female Urethra)

女性的尿道較男性的尿道短，長度為3~5 cm（1.5~2吋），直徑為6 mm，只具有排尿功能，由膀胱順下行至陰蒂及陰道口之間，稱為尿道口(urethral orifice)。尿道壁由三層構造所組成，由內層而外層分別是（圖15-13）：

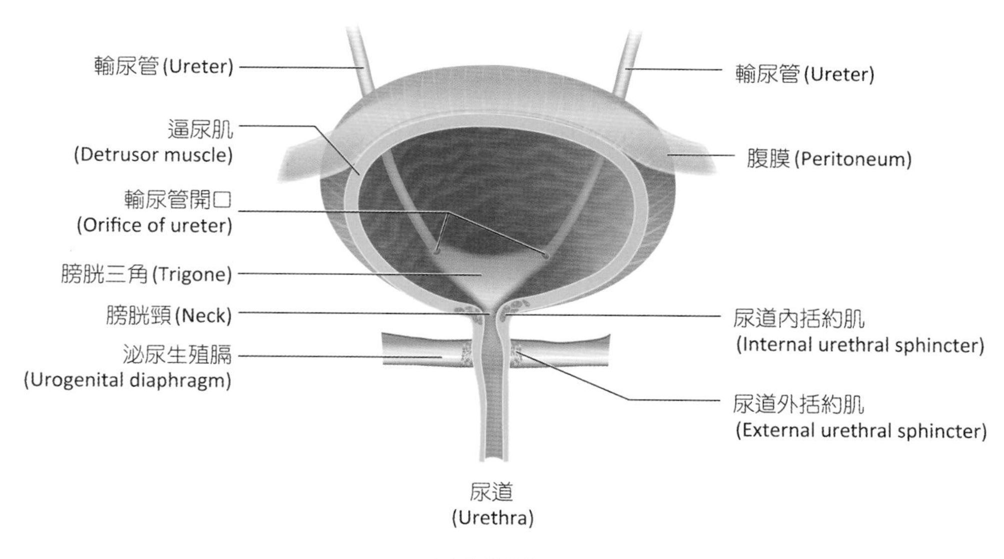

(a) 女性尿道

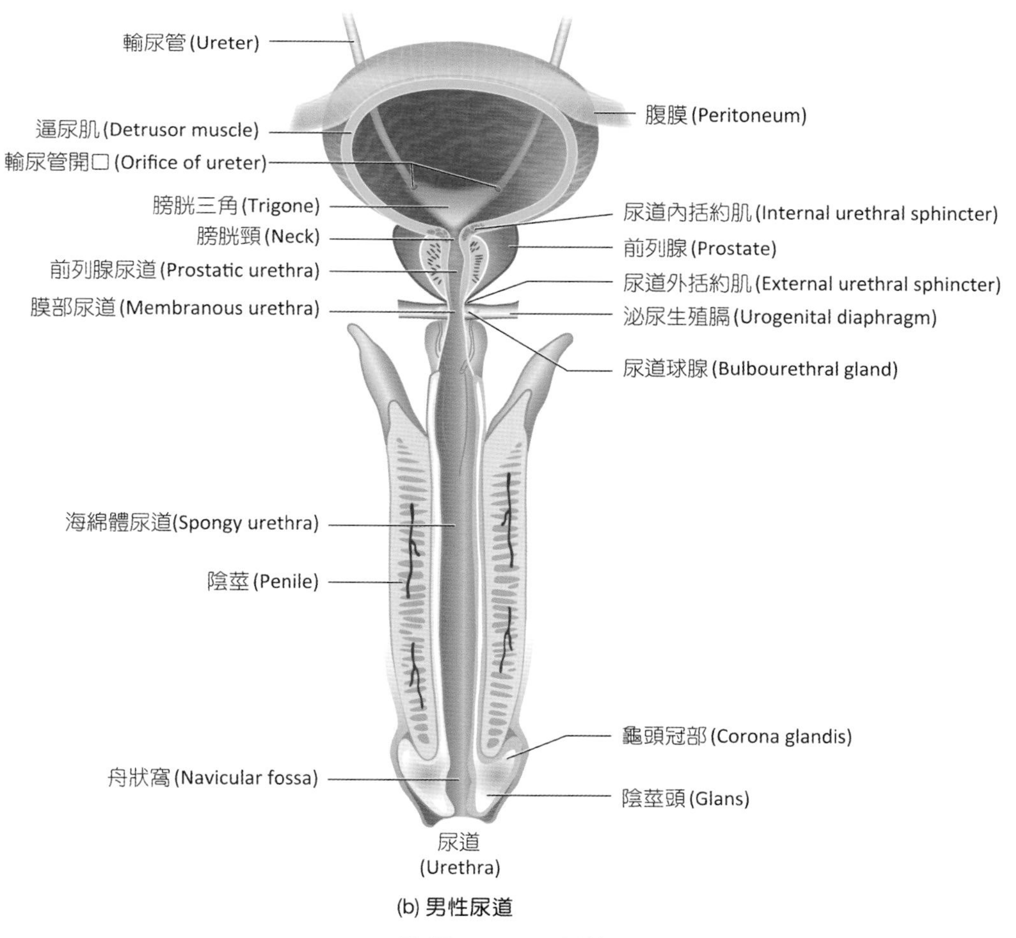

(b) 男性尿道

圖 15-13 尿道

1. **黏膜層**：屬於複層鱗狀上皮(stratified squamous epithelium)，可耐摩擦。
2. **黏膜下層**：可發現有彈性纖維及靜脈竇。
3. **肌肉層**：尿道外括約肌位於尿道的兩側，可調控排尿反應。

二、男性尿道 (Male Urethra)

不同於女性尿道只單一作為尿液排出的通道，男性尿道既是排尿通路，又是排精管道。男性尿道的起點開始於尿道內口，終止於陰莖頭尖端的尿道外口，全長約16~20 cm（7~8吋），並與生殖系統相連繫，可輸送尿液及精液，全程可分為三部分：

1. **前列腺尿道**(prostatic urethra)：長約3 cm，通過前列腺部，射精管一朝向此處開口，為男性尿道的最寬處。
2. **膜部尿道**(membranous urethra)：長約2 cm，通過骨盆進入陰莖，為男性尿道的最短處。
3. **陰莖尿道**(penile urethra)：長約15 cm，通過陰莖的尿道海綿體，尿道球腺導管朝向此處開口，為男性尿道的最長處。

就組織學觀點來說，男性尿道管壁則由內外兩層構造所組成，內層為黏膜層，上皮細胞變化由移形上皮(transitional epithelium)，轉變為複層柱狀上皮(stratified columnar epithelium)，最終至複層鱗狀上皮(stratified squamous epithelium)。另，外層為黏膜下層。

排尿反射

成人膀胱的容量一般約為300~500 ml，最大容量可達800 ml。當膀胱尿液存量達約300 ml以上時，因逼尿肌張力之增強而使得膀胱內壓迅速上升，膀胱壁中的牽張受器會將衝動經位於薦髓S_2~S_4的骨盆神經傳至橋腦的排尿中樞，中樞神經藉由薦部的副交感神經傳遞訊息至膀胱壁與基部的尿道內括約肌，**促使逼尿肌收縮與括約肌放鬆**。另外一方面，負責防止排尿的交感神經，其傳導路徑會被抑制。同時，經由大腦皮質將體神經衝動傳至尿道的外尿道括約肌（由骨骼肌組成）使其舒張，此時才會發生排尿。由上述可知，尿道內括約肌為不隨意肌，尿道外括約肌為隨意肌。排尿一開始是隨意動作，等到膀胱收縮時，就屬於反射動作，不需要大腦參與。因此，整個排尿反應是由隨意與不隨意神經共同控制的（圖15-14）。

尿道內括約肌為副交感神經所支配。尿道外括約肌則由體神經支配。

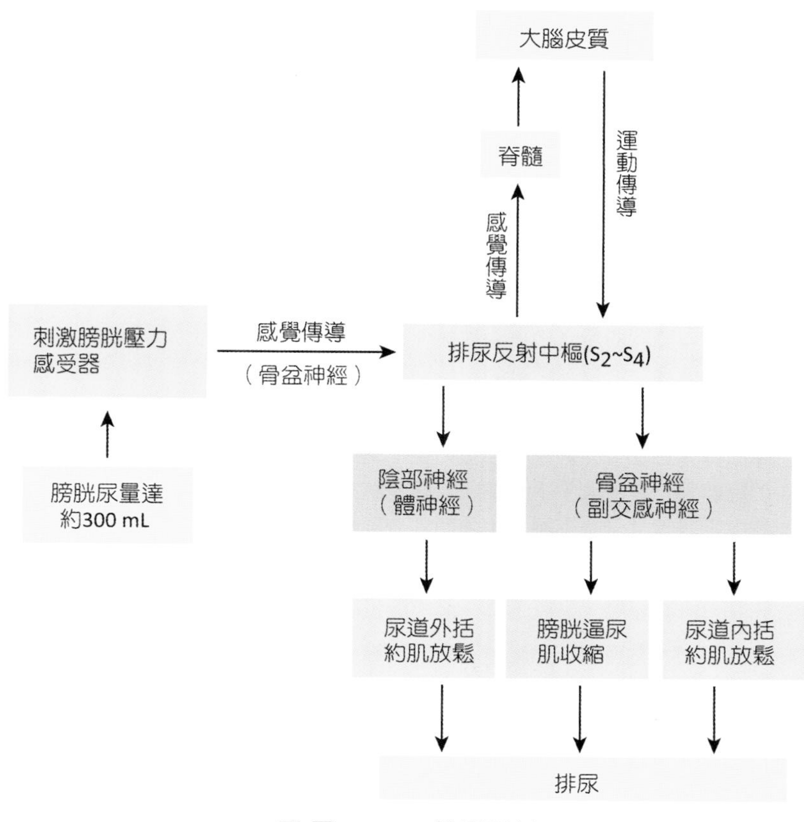

圖 15-14 排尿反射

泌尿道感染

Clinical Applications

女性尿道較男性尿道短，且與陰道及肛門口距離近，加上透過性行為及如廁後非由尿道口往肛門口方向（由前往後）清潔會陰，使女性罹患泌尿道感染的機率較男性來得高的。泌尿道感染多由大腸桿菌所造成，細菌經由尿道逆行向上至膀胱、輸尿管，甚至腎臟，造成發炎。該如何有效預防泌尿道感染呢？以下幾項可作為平時保養：

1. 水分攝取充足，以增加排尿量，能避免細菌在泌尿道內孳生及有效沖刷菌落群。若個案無特殊限水情況下，則建議一天攝水量為2,000~3,000 c.c.。
2. 養成勤排尿的好習慣，而不要有憋尿的壞習慣。
3. 排尿及排便後的清潔方式，應養成由尿道口往肛門口（即由前往後）方向清潔擦拭，以避免病菌的散播，而造成感染。
4. 在性行為前、後皆要多攝取水分，除藉此以增加排尿量外，並能將可能具汙染的病菌沖離出體外。
5. 避免穿著過緊的緊身衣、牛仔褲或束褲，因較容易使身體產生悶熱感和增加病菌孳生的機率。
6. 時常飲用蔓越莓汁，將有助於保護人體免於遭受細菌感染所導致之泌尿道感染症狀。尤其對於婦女常見的尿道感染之預防十分有效及重要。

摘要．SUMMARY

腎臟	1. 圍繞腎臟三層組織：腎被膜、脂肪囊及腎筋膜 2. 腎門有腎動脈、腎靜脈、神經和腎盂出入 3. 腎元：腎臟功能單位，由腎小體及腎小管構成，鮑氏囊及腎絲球組成腎小體 4. 腎小管：近曲小管、亨利氏環及遠曲小管組成 5. 腎動脈→葉間動脈→弓狀動脈→小葉間動脈→入球小動脈→微血管網→出球小動脈→直血管、周圍微血管→小葉間靜脈→弓狀靜脈→葉間靜脈→腎靜脈 6. 近腎絲球器：近腎絲球細胞對低血壓敏感，可分泌腎素。緻密斑對鈉濃度敏感，可調節腎素的分泌
輸尿管	1. 輸尿管有三處管徑較狹窄部位：上：輸尿管與腎盂相接處。中：輸尿管橫跨在骨盆上緣的總髂動、靜脈處。下：輸尿管與膀胱交接處 2. 輸尿管管壁共分為三層，由內而外分別是黏膜層、肌肉層及外膜層
膀胱	1. 膀胱三角：在膀胱的底部由兩條輸尿管開口及尿道入口所形成的一個三角區域 2. 膀胱壁：黏膜層、黏膜下層、肌肉層及漿膜層
尿道	1. 女性尿道：黏膜層、黏膜下層及肌肉層 2. 男性尿道：前列腺尿道、膜部尿道及陰莖尿道。內層為黏膜層，外層為黏膜下層

課後習題 · REVIEW ACTIVITIES

1. 下列哪一種器官主要負責尿液的形成？(A)腎臟 (B)輸尿管 (C)膀胱 (D)尿道
2. 腎小體的過濾膜(filtration membrane)，不含下列哪一構造？(A)腎絲球血管的內皮 (B)腎絲球的基底膜 (C)鮑氏囊的壁層 (D)鮑氏囊的臟層
3. 有關排尿，副交感神經興奮會造成下列何種現象？(A)膀胱逼尿肌與尿道內括約肌皆收縮 (B)膀胱逼尿肌收縮，尿道內括約肌放鬆 (C)膀胱逼尿肌與尿道內括約肌皆放鬆 (D)膀胱逼尿肌放鬆，尿道內括約肌收縮
4. 下列何者是由入球小動脈的管壁平滑肌細胞特化形成，能分泌腎活素調節血壓？(A)緻密斑細胞 (B)近腎絲球細胞 (C)腎小球繫膜細胞(mesangial cells) (D)足細胞
5. 下列哪一段腎小管的管壁細胞最為扁平？(A)近曲小管 (B)亨利氏環 (C)遠曲小管 (D)集尿管
6. 腎臟的何部位具有腎絲球的構造？(A)腎皮質 (B)小腎盞 (C)腎錐體 (D)腎乳頭
7. 腎絲球的微血管屬於下列何種類型？(A)竇狀微血管 (B)孔狀微血管 (C)連續性微血管 (D)不連續性微血管
8. 腎絲球中位於鮑氏囊和基底膜之間的細胞是哪一種？(A)內皮細胞 (B)環間質細胞(mesangial cell) (C)足細胞 (D)血球細胞
9. 下列何者輸送尿液至小腎盞？(A)腎盂 (B)大腎盞 (C)集尿管 (D)遠曲小管
10. 下列有關尿道內、外括約肌的敘述，何者正確？(A)尿道外括約肌位於膜部尿道，屬不隨意肌 (B)尿道外括約肌位於膀胱頸，屬隨意肌 (C)尿道內括約肌位於膀胱頸，屬不隨意肌 (D)尿道內括約肌位於膜部尿道，屬隨意肌

答案：1.A 2.C 3.B 4.B 5.B 6.A 7.B 8.C 9.C 10.C

參考資料・REFERENCES

范少光(2000)・*人體生理學*・北京醫科大學出版社。

馬青、王欽文、楊淑娟、徐淑君、鐘久昌、龔朝暉、胡蔭、郭俊明、李菊芬、林育興、邱亦涵、施承典、高婷育、張琪、溫小娟、廖美華、滿庭芳、蔡昀萍、顧雅真…許瑋怡(2022)・於王錫崗總校閱，*人體生理學*（6版）・新文京。

許世昌(2019)・*新編解剖學*（4版）・永大。

許家豪、張媛綺、唐善美、巴奈比比、蕭如玲、陳昀佑(2021)・*生理學*（4版）・新文京。

麥麗敏、陳智傑、廖美華、鍾麗琴、陳建瑋、祁業榮、黃玉琪、戴瑄、呂國昀(2015)・於王錫崗總校閱，*解剖生理學*（2版）・華杏。

馮琮涵、黃雍協、柯翠玲、廖智凱、胡明一、林自勇、鍾敦輝、周綉珠、陳瀅(2021)・*人體解剖學*・新文京。

廖美華、溫小娟、高婷玉、顏惠芷、林育興(2020)・於劉中和總校閱，*解剖學*（2版）・華杏。

林正健二(2015)・*人体の構造と機能*（4版）・医学書院。

高野　子(2003)・*解剖生理学*・南山堂。

Barrett, K., Barman, S., Yuan, J., & Brooks, H. (2019). *Ganong's review of medical physiology* (26th ed.). Mc Graw Hill.

Fox, S. I. (2015). *Human physiology* (14th ed.). McGraw-Hill.

Chapter

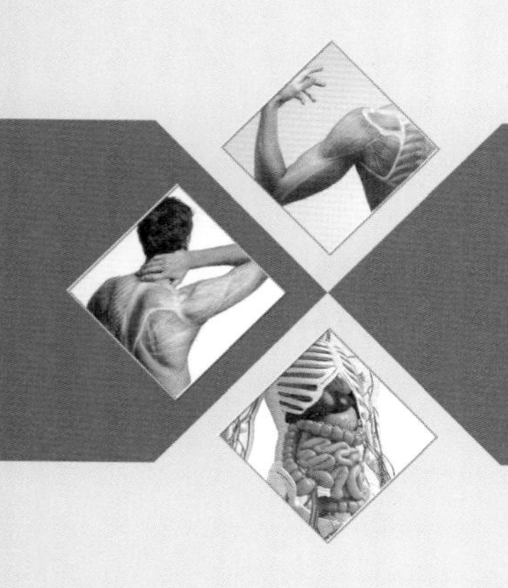

內分泌系統 × 16

賴明德 編著

Endocrine System

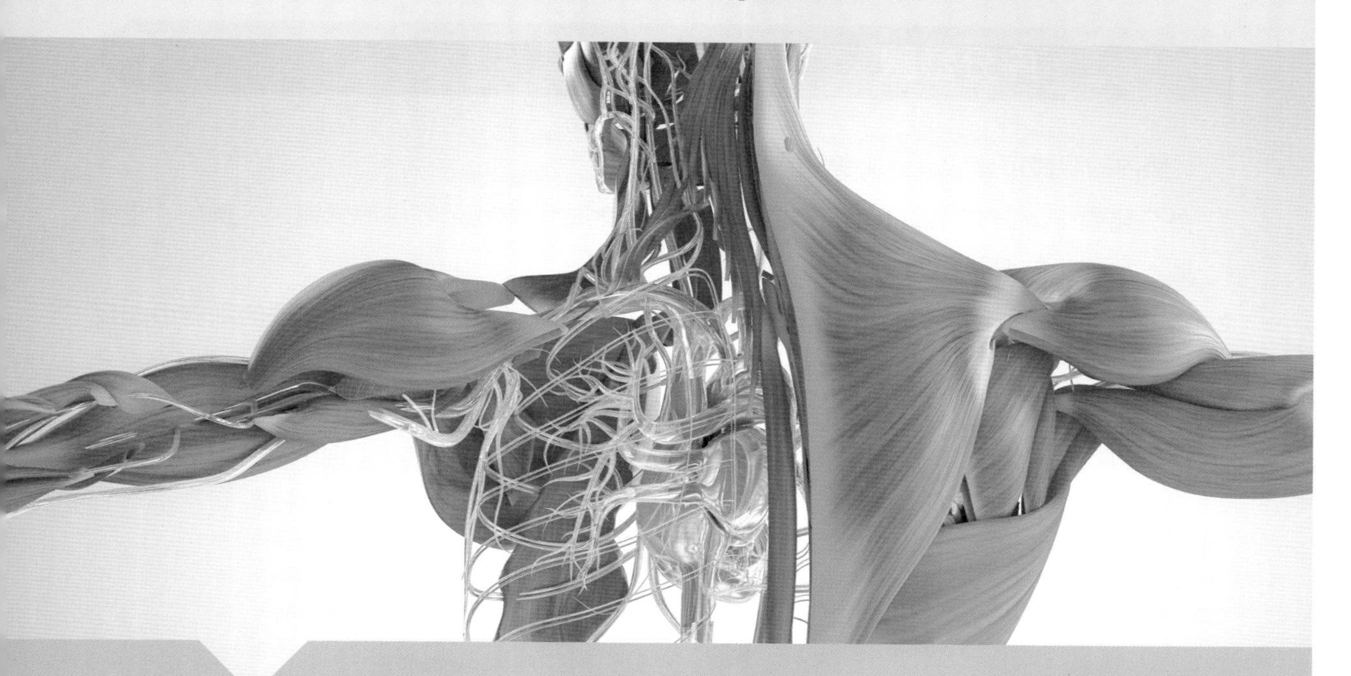

本章大綱

ANATOMY

前言

神經和內分泌系統(endocrine system)共同維持人體的恆定現象。神經系統藉由動作電位傳導及釋放神經傳導物質造成肌肉收縮或腺體分泌來適應身體內外環境的改變。內分泌系統由內分泌腺組成，可釋放激素或稱荷爾蒙(hormone)，藉由血液循環運送到標的細胞，影響體內新陳代謝、生長及生殖等作用。

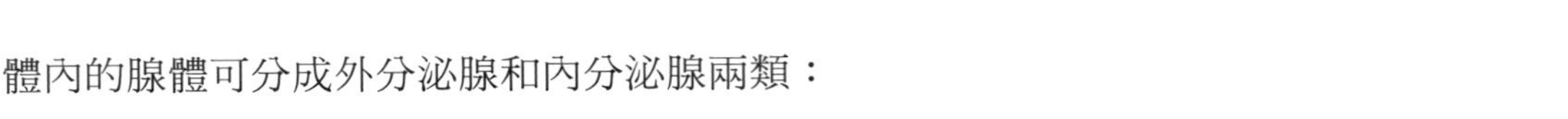

16-1 內分泌腺

體內的腺體可分成外分泌腺和內分泌腺兩類：

1. **外分泌腺**(exocrine gland)：又稱為有管腺，腺體的分泌物可經由導管運送，例如：皮脂腺、汗腺、黏液腺和消化腺。
2. **內分泌腺**(endocrine gland)：又稱為無管腺，可將激素藉由血液運送至標的細胞引起反應，例如：腦下腺(pituitary gland)或稱腦下垂體(hypophysis)、甲狀腺(thyroid gland)、副甲狀腺(parathyriod gland)、松果腺(pineal gland)、腎上腺(adrenal gland)和性腺(gonads)（圖16-1）。內分泌腺由三個不同的胚層發育而來，如表16-1。

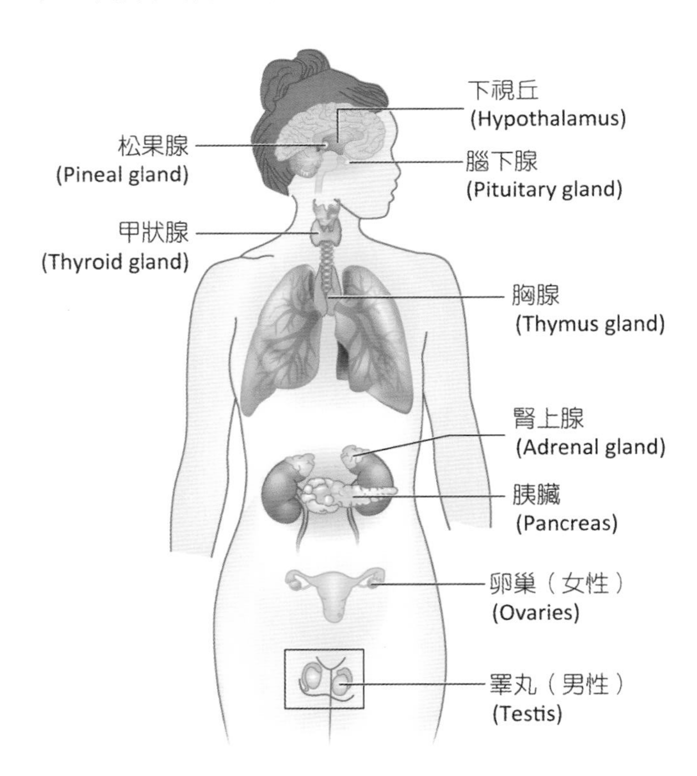

圖 16-1 內分泌腺

表16-1 內分泌腺體的生發胚層

胚層	腺體
外胚層	下視丘、松果腺、腦下腺、腎上腺
中胚層	心臟、性腺(睪丸及卵巢)、腎上腺皮質
內胚層	甲狀腺、副甲狀腺、胸腺、胰臟、胃

16-2 下視丘及腦下腺

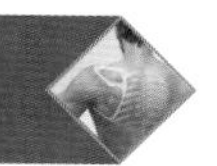

下視丘(Hypothalamus)

可製造及分泌促素(releasing hormone),經由下視丘-垂體徑的血管運送至腦下腺前葉刺激腦下腺前葉激素的分泌。下視丘可分泌**釋放因子**(release factor, RF),包括生長激素釋放因子(GHRF)、促甲狀腺素釋放激素(TRH)、促皮質釋放因子(CRF)、促性腺釋放因子(GnRF)、泌乳激素釋放因子(PRF)、黑色素細胞刺激素釋放因子(MRF)等。**抑制因子**(inhibiting factor, IF),則有生長激素抑制因子(GHIF)、泌乳激素抑制因子(PIF)及黑色素細胞刺激素抑制因子(MIF)等。

腦下腺(Pituitary Gland)

腦下腺又稱為腦下垂體(hypophysis),有主腺之稱。腦下腺的**位置在蝶骨蝶鞍**(sella turcica)**的腦下垂體窩**,前方為**視交叉**(optic chiasma),藉由腦下垂體柄(pituitary stalk),又稱為**漏斗部**(infundibulum)和間腦的**下視丘**(hypothalamus)相連。

腦下腺可分成前葉、中間部和後葉三個部分。

一、腦下腺前葉 (Anterior Pituitary Gland)

腦下腺前葉又稱為**垂體腺體部**(adeno hypophysis),由胚胎期的口腔頂的拉氏陷凹(Rathke's pouch)衍生而來。前葉又分為遠部(pars distalis)、結節部(pars tuberalis)和中間部(pars intermedia)。腦下腺前葉的細胞依據染色(H-E stain)反應可分成:**無顆粒難染細胞**(chromophobes)、**含顆粒嗜染細胞**(chromophils)(表16-2)。

利用免疫細胞化學染色法可將前葉細胞分成五類(圖16-2):

1. **促生長細胞**(somatotropic cell):分泌生長激素,促進生長發育。
2. **促甲狀腺細胞**(thyrotrophic cell):分泌甲狀腺刺激素。

3. **促皮質細胞**(cortico lipotrophic cell)：分泌促腎上腺皮質素及黑色素細胞刺激素(MSH)。

4. **促性腺細胞**(gonadotropic cell)：分泌濾泡刺激素(FSH)、黃體生成素(LH)。

5. **促泌乳細胞**(lactotroph cell)：分泌泌乳激素，促進乳腺的生長和分泌。

表16-2 腦下腺前葉細胞

<table>
<tr><td>無顆粒
難染細胞</td><td colspan="2">・占50%，細胞質內不含色素顆粒
・可分泌，促腎上腺皮質素(ACTH)</td></tr>
<tr><td rowspan="2">含顆粒
嗜染細胞</td><td>嗜酸性細胞(acidophils)</td><td>占40%，可分泌生長激素(GH)、泌乳激素(PRL)</td></tr>
<tr><td>嗜鹼性細胞(basophils)</td><td>占10%，可分泌促甲狀腺素(TSH)、濾泡刺激素(FSH)、促腎上腺皮質素(ACTH)、黃體生成素(LH)</td></tr>
</table>

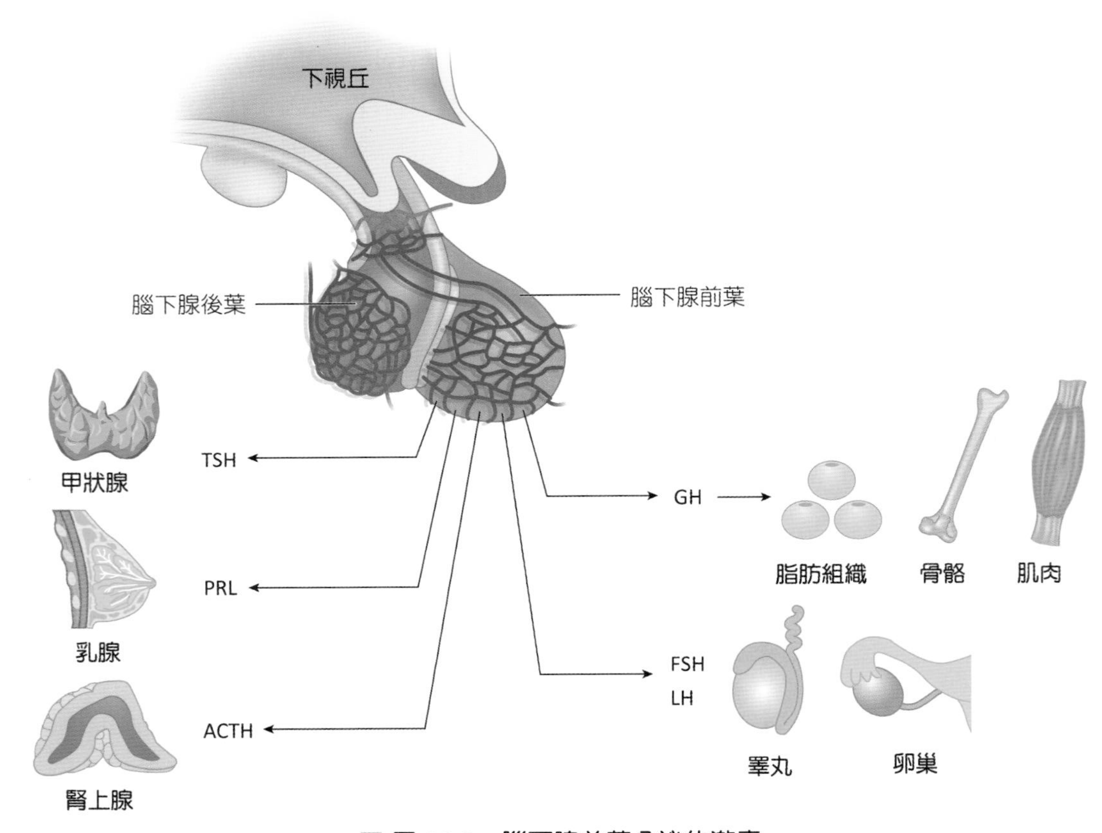

圖 16-2 腦下腺前葉分泌的激素

二、腦下腺中間部 (Pars Intermedia)

中間部位於前葉和後葉之間，可分泌**黑色素細胞刺激素**(melanocyte-stimulating hormone, MSH)，使皮膚黑色素細胞合成黑色素，MSH會受到下視丘分泌的黑色素細胞刺激素釋放因子(MRF)和黑色素細胞刺激素抑制因子(MIF)。

三、腦下腺後葉 (Posterior Pituitary Gland)

腦下腺後葉又稱為**垂體神經部**(neurohypophysis)，占垂體總重量之25%，由下視丘直接衍生出來，後葉源自於神經外胚層，本身不會合成激素，後葉所分泌的激素由**下視丘的視上核**(supraoptic nucleus)**製造抗利尿激素**(antidiuretic hormone, ADH)、**室旁核**(paraventricular nucleus)**製造催產素**(oxytocin, OT)，經由**下視丘－垂體徑**(hypothalamo-hypophyseal tract)運送至後葉儲存（圖16-3）。

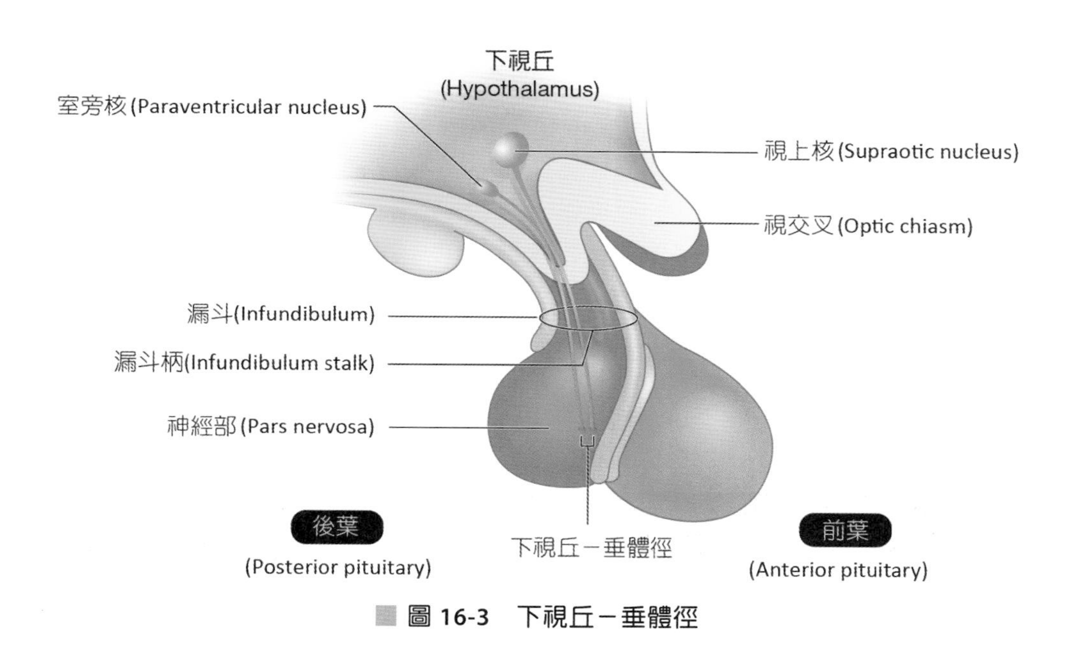

圖 16-3　下視丘－垂體徑

血液供應

腦下腺腺體部和漏斗部的血液主要由垂體上動脈供應（圖16-4）。垂體上動脈來自於內頸動脈，在下視丘底部會形成初級微血管叢(primary plexus)，之後通過漏斗下部的垂體門靜脈(hypophyseal portal vein)，然後於腦下腺腺體部形成次級微血管叢(secondary plexus)，再注入**垂體前靜脈**(anterior hypophyseal vein)。

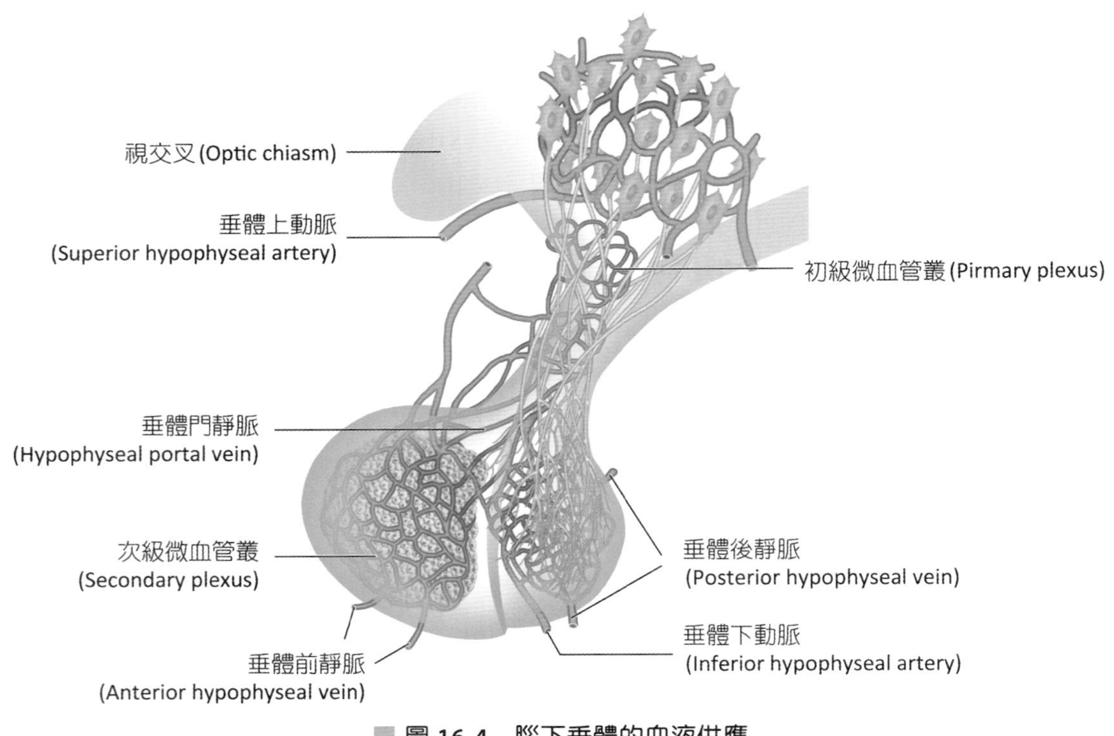

圖 16-4　腦下垂體的血液供應

下視丘所分泌的調節因子經由初級微血管叢至垂體門靜脈，沿著漏斗部(infundibulum)，注入次級微血管叢，來調節腦下腺前葉激素的分泌。而**垂體下動脈**(inferior hypophyseal artery)的血液匯集後，則注入**垂體後靜脈**(posterior hypophyseal vein)。

16-3 甲狀腺(Thyroid Gland)

甲狀腺是體內最大的內分泌腺體，重約30公克，位於第五頸椎至第一胸椎之間，喉的正下方。甲狀腺有左右兩個側葉(lateral lobes)，中間以峽部(isthmus)相連，甲狀腺的側葉上緣到達甲狀軟骨的中間部分，下緣則位於第5~6氣管C形軟骨環的高度。峽部的位置在環狀軟骨下、氣管的第2~4 C形軟骨前，有時會從峽部長出錐形葉(pyramidal lobe)。甲狀腺的血液由三條動脈負責分別為甲狀腺上動脈（來自頸外動脈）、甲狀腺下動脈（來自鎖骨下動脈的分支甲狀頸幹）及甲狀腺最下動脈（來自頭臂動脈幹）。

甲狀腺由**甲狀腺濾泡**(thyroid follicle)所構成（圖16-5）。濾泡壁由單層立方上皮的**濾泡細胞**(follicular cell)所形成，而**濾泡的空腔則充滿膠體**(colloid)。濾泡細胞會製造**甲狀**

腺素(thyroxine, T_4)和**三碘甲狀腺素**(triiodothyronine, T_3)，兩者合稱為甲狀腺激素(thyroid hormone)。濾泡基底膜內有**濾泡旁細胞**(parafollicular cell)，又稱為**C細胞**(C cell)，可分泌**降鈣素**(calcitonin, CT)，降低血液中鈣離子濃度並與血鈣的調節有關。

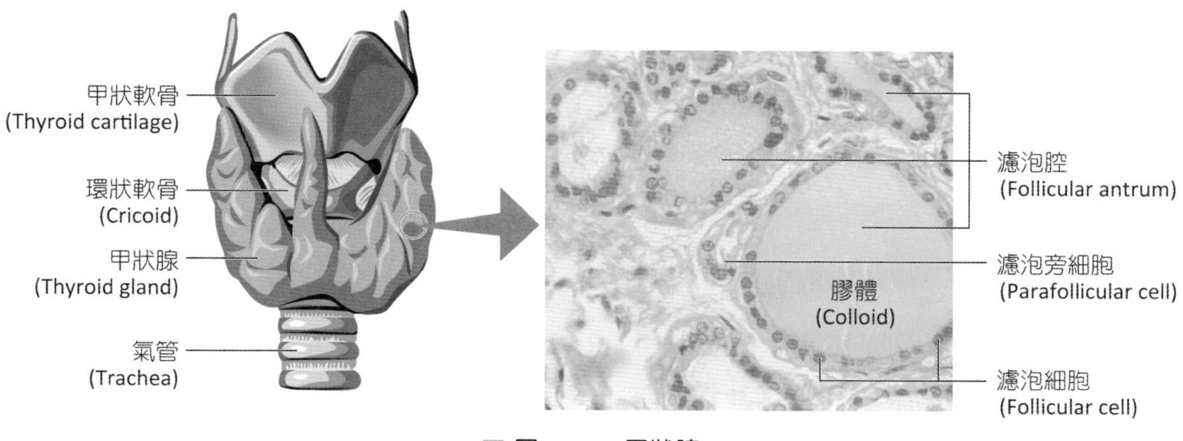

圖 16-5 甲狀腺

16-4 副甲狀腺(Parathyroid Gland)

副甲狀腺位於甲狀腺兩側葉的後面，通常有4個排成上、下兩對，約綠豆般的大小。上面一對約在環狀軟骨的高度，下面一對則在甲狀腺側葉的下端。副甲狀腺含有兩種細胞（圖16-6），**主細胞**(chief cells)可以合成**副甲狀腺激素**(parathyroid hormone, PTH)，增加血液中鈣離子濃度。**嗜酸性細胞**(oxyphil cell)體積較大，但其功能不明顯。

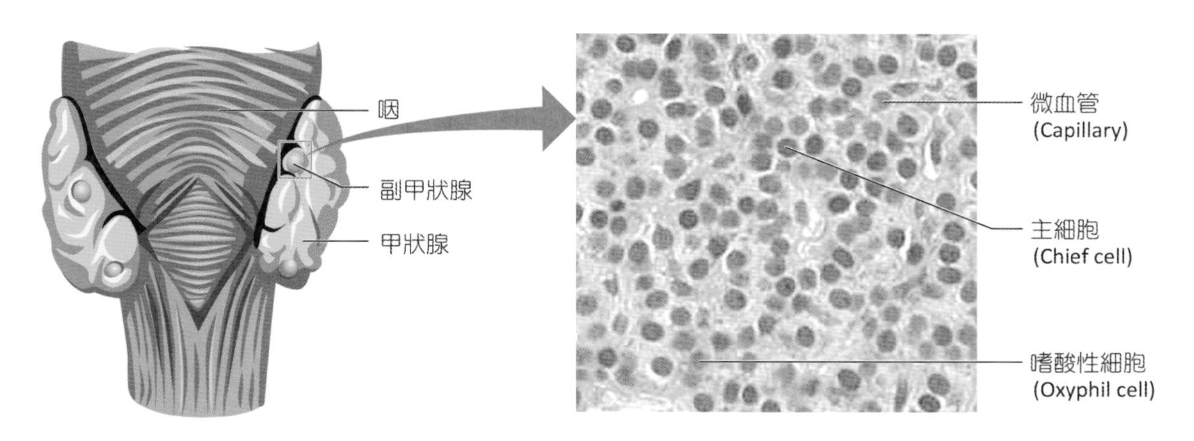

圖 16-6 副甲狀腺

16-5 腎上腺(Adrenal Gland)

腎上腺在左右腎臟頂部各有一個，為腹膜後器官(retroperitoneal organs)，包埋在腎被膜內和腎臟一起被腎筋膜(renal fascia)所包覆。右腎上腺呈錐體狀，較左腎上腺小，前方為肝臟右葉。左腎上腺呈半月形，前方為胃和胰臟。腎上腺的血液供應有三條血管，分別為腎上腺上動脈（來自膈下動脈）、腎上腺中動脈（來自腹主動脈）及腎上腺下動脈（來自於腎動脈的腎上腺枝）。

腎上腺可分成兩部分外層的皮質（源自於中胚層）和內層的髓質（源自於外胚層）。

一、皮質 (Cortex)

皮質占腎上腺主體的大部分，由外至內分別為（圖16-7）：

1. **絲球帶**(zona glomerulosa)：占皮質總量15%，分泌**礦物質皮質酮**(mineralocorticoids)。
2. **束狀帶**(zona fasciculata)：占於皮質總量的70~80%，分泌**糖皮質酮**(glucocorticoids)。
3. **網狀帶**(zona reticularis)：分泌性激素，主要以雄性素(androgen)為主。

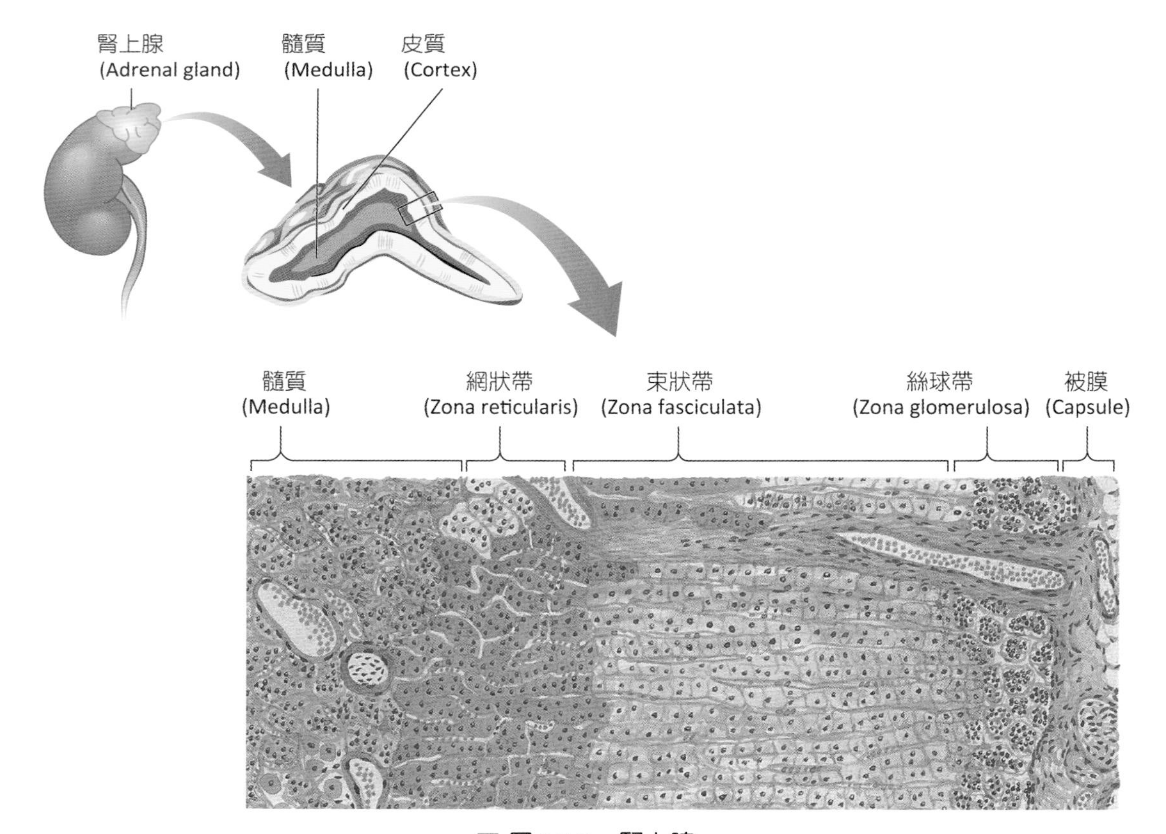

圖 16-7 腎上腺

二、髓質 (Medulla)

髓質起源於外胚層，由**嗜鉻細胞**(chromaffin cells)組成。嗜鉻細胞和交感神經節後神經元同源，可分泌**腎上腺素**(epinephrine, Epi)和**正腎上腺素**(norepinephrine, NE)，可提高應付緊急情形的能力。

16-6 胰臟(Pancreas)

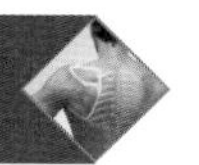

胰臟同時具有外分泌和內分泌的功能，胰臟的外分泌功能詳見消化系統的介紹，本節只討論內分泌的功能。胰臟屬於腹膜後器官可分成頭部、體部及尾部等三個部分。胰臟的內分泌功能由**胰島**(pancreatic islets)，又稱為**蘭氏小島**(islets of Langerhans)來執行，主要有4種細胞（圖16-8）。

1. α **細胞**(alpha cell)：分泌**升糖素**(glucagon)，促使肝糖分解，使血糖上升。
2. β **細胞**(beta cell)：分泌**胰島素**(insulin)，可降低血糖。
3. δ **細胞**(delta cell)：分泌**體制素**(somatostatin)，可抑制升糖素和胰島素的分泌。
4. F**細胞**(F cell)：分泌**胰多肽**(pancreatic polypeptide)，調節胰消化酶的釋放。

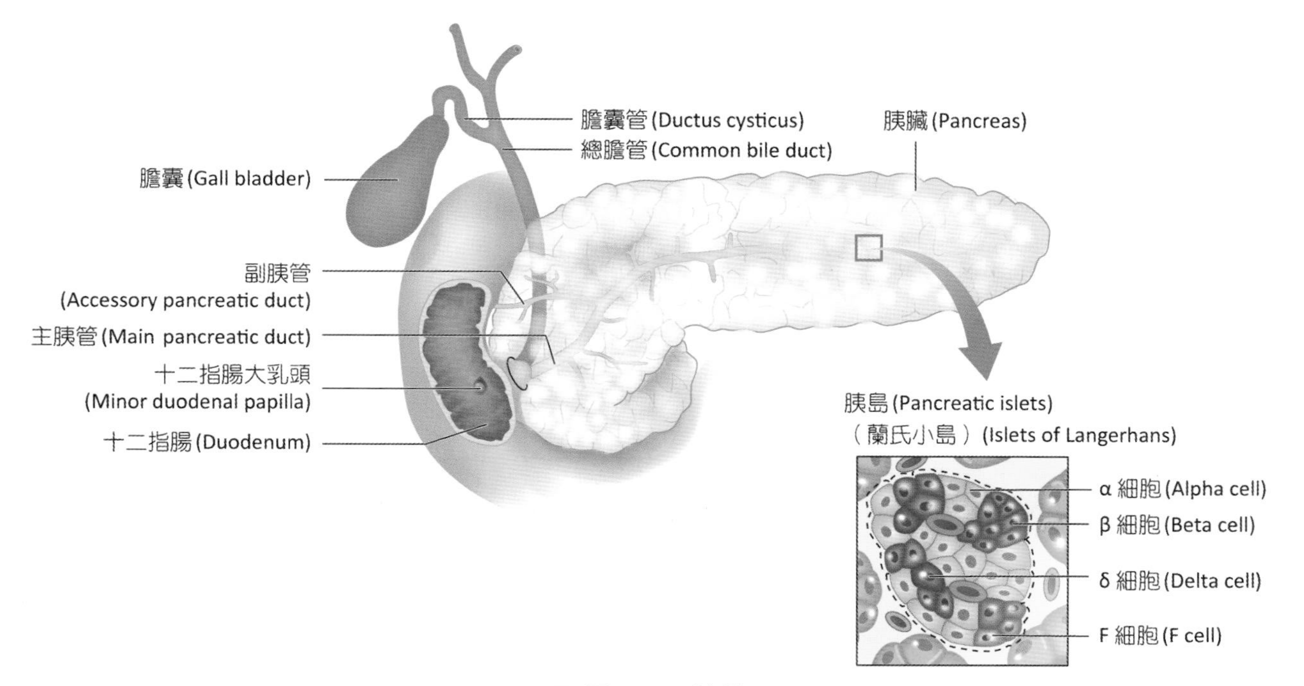

圖 16-8 胰臟

16-7 松果腺(Pineal Gland)

松果腺又稱為腦上腺(epiphysis cerebri)，位於間腦的上後方、近第三腦室的**視丘頂部**。松果腺在進入青春期後便開始鈣化，產生磷酸鈣、碳酸鈣結石堆積形成腦砂(brain sand)。

松果腺主要由神經膠細胞和松果腺細胞組成。松果腺細胞可利用**血清素**(serotonin)，合成**褪黑激素**(melatonin)。褪黑激素的分泌受到光照的影響，在夜晚較高，白天較低（圖16-9）。褪黑激素具有抑制性腺生長與晝夜節律的調節功能，臨床上常用褪黑激素來減輕時差所引起的不適情形。

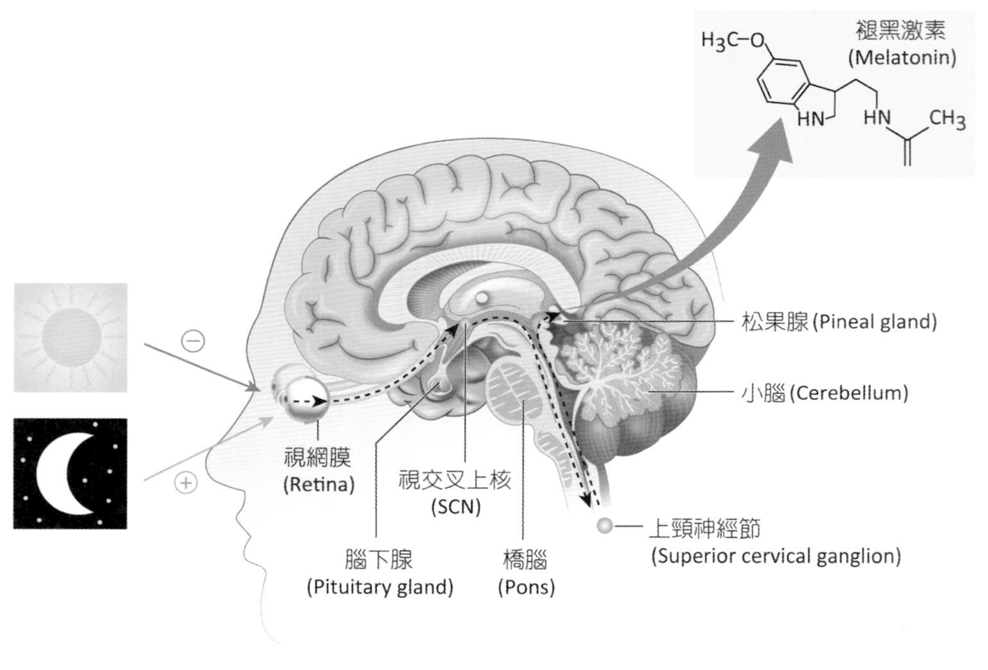

圖 16-9 松果腺

16-8 其他內分泌組織

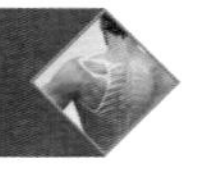

一、性腺 (Gonads)

性腺包括男性的睪丸和女性的卵巢，有關於卵巢和睪丸的構造和功能，請見生殖系統之介紹。

二、胸腺 (Thymus)

胸腺位於胸骨和心包之間的構造，隨著年齡增加到青春期時發育達到最大。青春期之間胸腺開始退化，同時被脂肪組織所取代。胸腺可分泌胸腺素(thymosin)、胸腺因子(thymic factor)、胸腺生成素(thymopoietin)，可促進T細胞的成熟。

三、心臟 (Heart)

當心房肌肉拉長或心房壓力上升，會刺激心房細胞分泌**心房利鈉尿肽**(atrial natriuretic peptide, ANP)，ANP會促使Na^+和水的排泄增加，造成血壓下降的作用。

四、腎臟 (Kidney)

腎臟可分泌**紅血球生成素**(erythropoietin, EPO)和**腎素**(renin)。當缺氧或出血時，腎臟會分泌紅血球生成素刺激紅血球的生成。此外當腎絲球的入球小動脈血壓下降時，會引起近腎絲球細胞分泌腎素來調節血壓。

五、胃及小腸 (Stomach and Small Intestine)

消化道可分泌胃泌素(gastrin)、腸促胰激素(secretin)、膽囊收縮素(cholecystokinin)、血管活性腸胜肽(vasoactive intestinal peptides, VIP)、抑胃胜肽類(gastric inhibiting peptide, GIP)，來調節胃和小腸的消化作用。

六、胎盤 (Placenta)

可製造**人類絨毛膜促性腺激素**(human chorionic gonadotropin, hCG)、**人類絨毛膜促體乳激素**(human chorionic somatomammotropin, hCS)、動情素、黃體素及鬆弛素與妊娠有關的激素。

摘要・SUMMARY

下視丘	1. 釋放因子：生長激素釋放因子、促甲狀腺素釋放激素、促皮質釋放因子、促性腺釋放因子、泌乳激素釋放因子、黑色素細胞刺激素釋放因子 2. 抑制因子：生長激素抑制因子、泌乳激素抑制因子及黑色素細胞刺激素抑制因子
腦下腺	1. 腦下腺前葉可分泌生長激素、甲狀腺刺激素、促腎上腺皮質素、濾泡刺激素、黃體生成素、泌乳激素 2 腦下腺後葉又稱為垂體神經部，本身不會合成激素，後葉所分泌的激素由下視丘的視上核製造抗利尿激素、室旁核製造催產素運送至後葉儲存
甲狀腺	1. 甲狀腺濾泡所構成，濾泡細胞會製造甲狀腺素(T_4)和三碘甲狀腺素(T_3) 2. 濾泡旁細胞分泌降鈣素可降低血液中鈣離子濃度
副甲狀腺	細胞合成副甲狀腺激素，可增加血液中鈣離子濃度
腎上腺	1. 皮質：絲球帶（礦物質皮質酮）、束狀帶（糖皮質酮）、網狀帶（雄性素） 2. 髓質：分泌腎上腺素和正腎上腺素
胰臟	具外分泌和內分泌的功能。胰島4種細胞：α細胞（升糖素）、β細胞（胰島素）、δ細胞（體制素）、F細胞（胰多肽）
松果腺	利用血清素合成褪黑激素
心臟	分泌心房利鈉尿肽會促使Na^+和水的排泄增加，造成血壓下降

課後習題．REVIEW ACTIVITIES

1. 下列關於內分泌細胞的敘述，何者錯誤？(A)松果腺細胞分泌褪黑素　(B)胰臟alpha細胞分泌升糖素　(C)副甲狀腺主細胞分泌副甲狀腺素　(D)腎上腺皮質絲球帶細胞分泌糖皮質激素
2. 有關紅血球生成素的分泌與作用，下列哪些敘述正確？(1)缺氧時會分泌減少　(2)主要在腎臟合成分泌　(3)可促進紅血球之生成　(4)主要標的器官為紅骨髓。(A) (1)(2)(3)　(B) (1)(3)(4)　(C) (2)(3)(4)　(D) (1)(2)(4)
3. 腦下垂體細胞HE染色的特性與其功能的敘述，下列何者錯誤？(A)嗜酸性細胞分泌促腎上腺皮質素　(B)無顆粒難染細胞分泌促腎上腺皮質素　(C)嗜鹼性細胞分泌促甲狀腺素　(D)嗜鹼性細胞分泌濾泡刺激素
4. 褪黑激素主要由腦部哪一區域的腺體所分泌？(A)下視丘　(B)上視丘(epithalamus)　(C)視丘　(D)前額葉皮質(prefrontal cortex)
5. 嗜鉻性細胞(chromaffin cells)主要位於下列何構造中？(A)腎上腺皮質　(B)腎上腺髓質　(C)甲狀腺　(D)松果腺
6. 松果腺位於何處？(A)第三腦室底部　(B)第三腦室頂部　(C)第四腦室底部　(D)第四腦室頂部
7. 下列有關內分泌腺的敘述，何者正確？(A)女性不分泌雄性素　(B)腦下腺前葉分泌濾泡刺激素　(C)腦下腺前葉分泌的激素只作用在內分泌腺上　(D)腦下腺後葉釋出的催產素可刺激乳腺製造乳汁
8. 關於腦下腺前葉分泌物，下列何者錯誤？(A)促甲狀腺素　(B)促腎上腺皮質素　(C)生長激素　(D)催產素
9. 下列何者因分泌持續增加而使骨質密度增加？(A)降鈣素　(B)糖皮質激素　(C)甲狀腺素　(D)副甲狀腺素
10. 下列哪一個腺體之組織學特徵具有膠體(colloid)的構造？(A)松果腺　(B)腎上腺　(C)甲狀腺　(D)副甲狀腺

答案：1.D　2.C　3.A　4.B　5.B　6.B　7.B　8.D　9.A　10.C

參考資料・REFERENCES

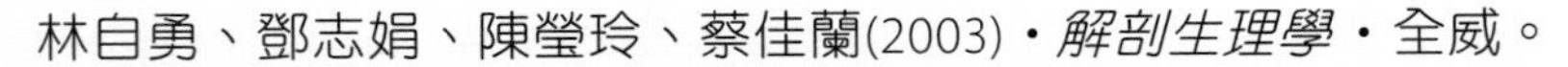

林自勇、鄧志娟、陳瑩玲、蔡佳蘭(2003)・*解剖生理學*・全威。

馬青、王欽文、楊淑娟、徐淑君、鐘久昌、龔朝暉、胡蔭、郭俊明、李菊芬、林育興、邱亦涵、施承典、高婷育、張琪、溫小娟、廖美華、滿庭芳、蔡昀萍、顧雅真…許瑋怡(2022)・於王錫崗總校閱，*人體生理學*（6版）・新文京。

許世昌(2019)・*新編解剖學*（4版）・永大。

許家豪、張媛綺、唐善美、巴奈比比、蕭如玲、陳昀佑(2021)・*生理學*（4版）・新文京。

麥麗敏、陳智傑、廖美華、鍾麗琴、陳建瑋、祁業榮、黃玉琪、戴瑄、呂國昀(2015)・於王錫崗總校閱，*解剖生理學*（2版）・華杏。

馮琮涵、黃雍協、柯翠玲、廖智凱、胡明一、林自勇、鍾敦輝、周綉珠、陳瀅(2021)・*人體解剖學*・新文京。

游祥明、宋晏仁、古宏海、傅毓秀、林光華(2021)・*解剖學*（5版）・華杏。

廖美華、溫小娟、高婷玉、顏惠芷、林育興(2020)・於劉中和總校閱，*解剖學*（2版）・華杏。

盧冠霖、胡明一、蔡宜容、黃慧貞、王玉文、王慈娟、陳昀佑、郭純琦、秦作威、張林松、林淑玟(2015)・*實用人體解剖學*（2版）・華格那。

Chapter

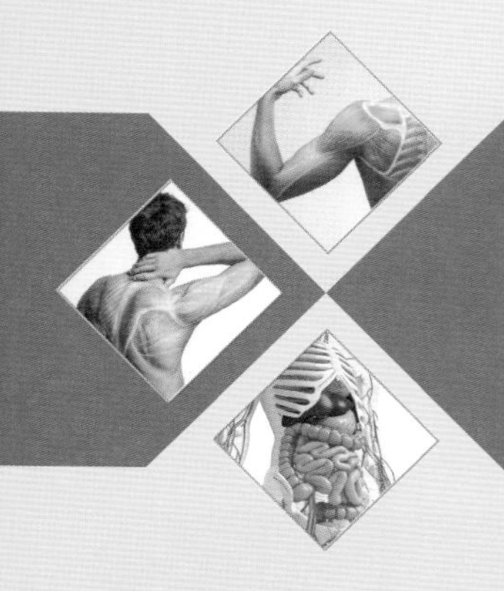

生殖系統 × 17

賴明德 編著

Reproductive System

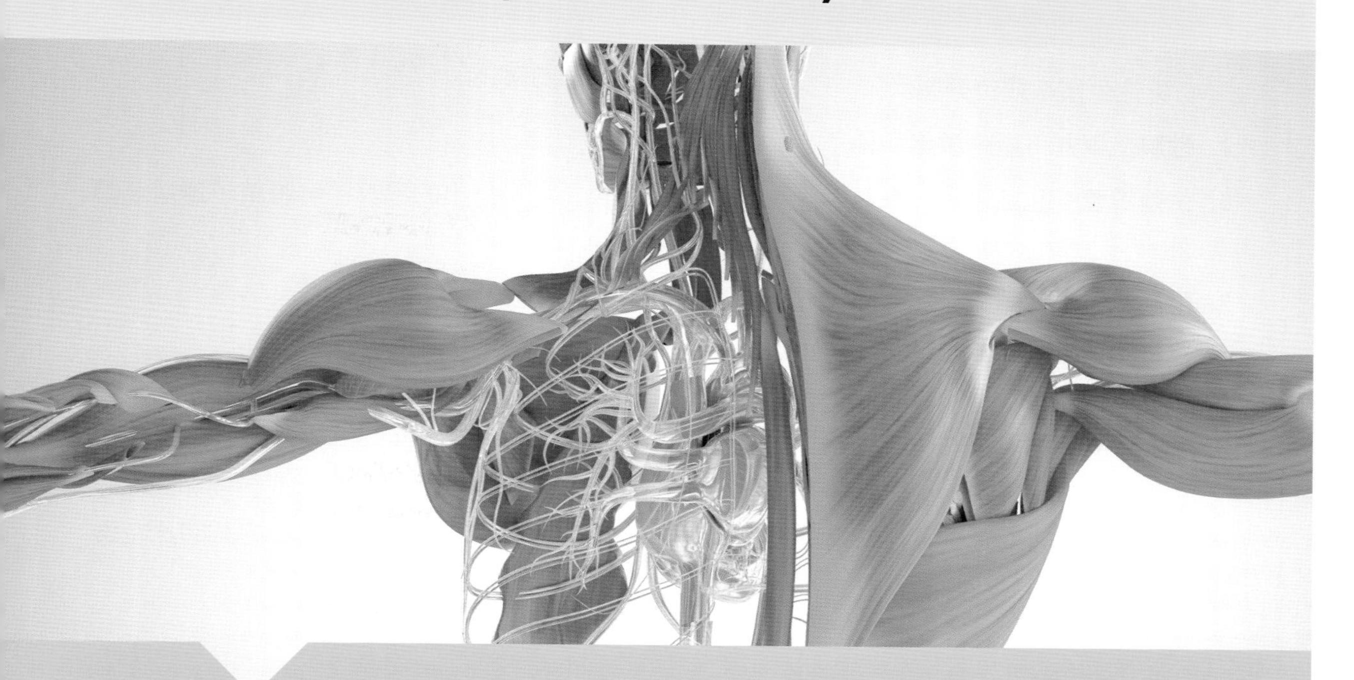

本章大綱

前言

生殖系統(reproductive system)的功能為繁殖下一代，以延續種族。本章節將分別介紹男性生殖系統和女性生殖系統的構造。

17-1 男性生殖系統

男性生殖系統可分為：

1. **性腺**：睪丸可產生激素和精子。
2. **生殖導管**：包括副睪、輸精管、射精管和尿道，為精子排出的導管，可將精子運送至體外。
3. **附屬腺體**：儲精囊、前列腺（或稱攝護腺）和尿道球腺。
4. **支持構造**：陰囊和陰莖可支持和保護性腺的構造（圖17-1）。

睪丸(Testis)

睪丸位於陰囊內，長約4 cm，直徑約2.5 cm，重量大約10~15公克，為成對的卵圓形腺體。通常左邊的睪丸位置比右邊的睪丸低，這是因為右邊的睪丸下降到陰囊的時間比左邊睪丸的時間晚。

一、睪丸的構造

睪丸的外面被**白膜**(tunica albuginea)所包覆，白膜是由纖維組織構成的緻密層。白膜往內延伸可將睪丸分成200~300個睪丸小葉(lobule)。每一個睪丸小葉含有1~3條緊密纏繞的**細精小管**(seminiferous tubule)，是精子製造的場所，為睪丸的功能單位。細精小管之後會合形成睪丸網，再由睪丸網分出數條輸出小管(efferent ductules)連接至副睪（圖17-2）。

▼ 隱睪症(Cryptorchidism) Clinical Applications

睪丸於胚胎發育第7個月後由後腹壁較高位置開始下降進入腹腔下部，並經由腹股溝管降至陰囊內。睪固酮(testosterone)會刺激睪丸的下降，若出生時睪丸沒有下降至陰囊內，則稱為隱睪症。隱睪症容易造成不孕，原因是體腔的溫度高於陰囊內，所以不利於精子的製造（精子的形成需在比體溫低2~3°C下進行）。

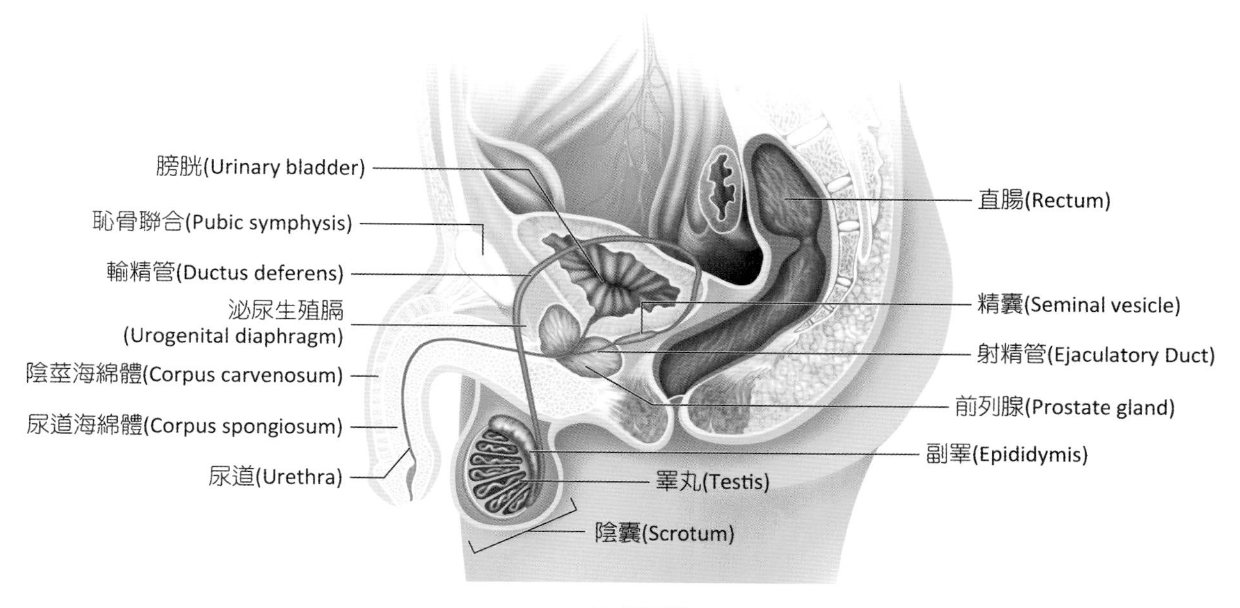

(a) 側面觀

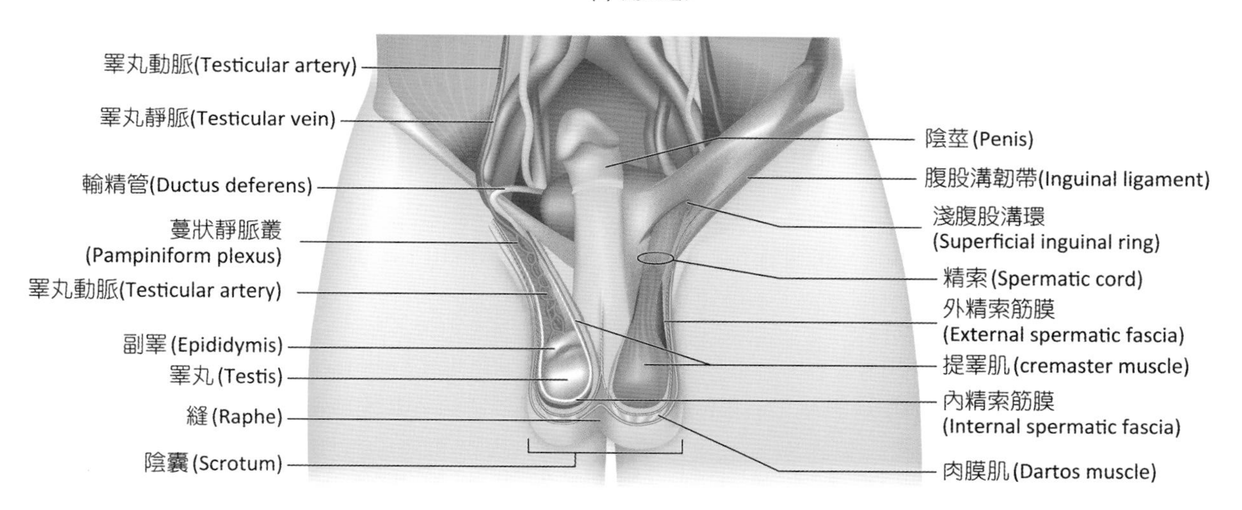

(b) 前面觀

圖 17-1 男性生殖器官

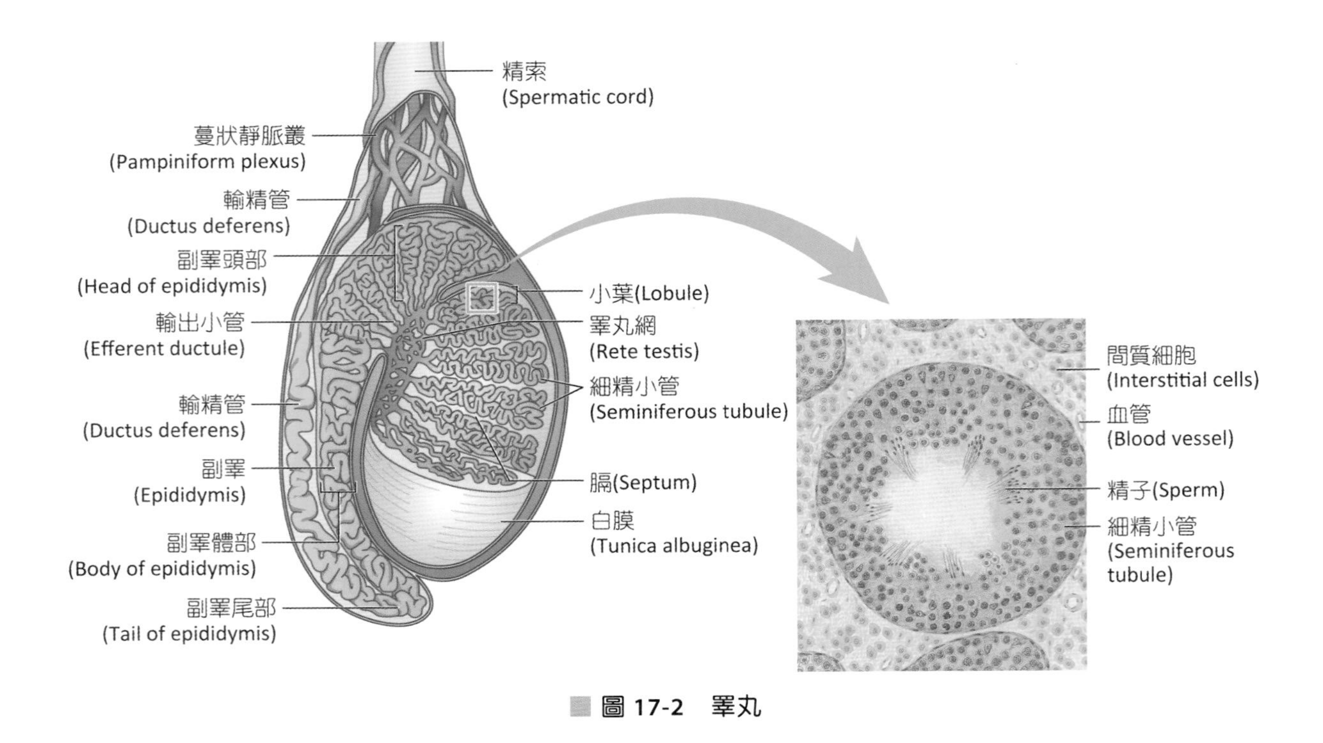

圖 17-2 睪丸

睪丸內有三種細胞：

1. **精細胞**：細精小管中含有各種不同發育的精細胞，越外圍靠近基底膜的細胞越不成熟，越靠近管腔可見到越成熟的細胞。依序為**精原細胞**(spermatogonia)、**初級精母細胞**(primary spermatocyte)、**次級精母細胞**(secondary spermatocyte)及**精細胞**(spermatid)，成熟的**精子**(sperm)則位於管腔。

2. **支持細胞**(sustentacular cell)：又稱為**賽托利細胞**(Sertoli cells)，支持細胞和細精小管外膜的基底膜，藉由緊密接合(tight junction)的方式形成**血液－睪丸障壁**(blood-testis barrier, BTB)，可阻止有害物質進入曲細精管，影響精子形成作用。因為精子和發育中的精細胞具有表面抗原。血液－睪丸障壁可將表面抗原和免疫系統隔離，避免免疫系統對表面抗原產生反應。如果此障壁有缺損將引起自體免疫反應，使精蟲數目不足而導致不孕。支持細胞的重要功能如下所述。
   (1) 形成血液－睪丸障壁。
   (2) 供應精子發育需要的養分。
   (3) 分泌雄性素結合蛋白(androgen-binding protein)，使細精小管內有高濃度的雄性素，有利於精子生成。
   (4) 可分泌抑制素(inhibin)，可負迴饋抑制濾泡刺激素(follicle-stimulating hormone, FSH)分泌。

(5) FSH和睪固酮作用下，可刺激精子增生和分化。

(6) 可吞噬老化和不正常的精子。

3. **間質細胞**(interstitial cells)：又稱為**萊氏細胞**(Leydig's cell)，受到黃體生成素(luteinizing hormone, LH)作用下**可製造分泌睪固酮**。

二、血液供應和神經支配

睪丸的血液供應由腹主動脈分枝出的左右睪丸動脈負責，感覺和運動神經來自於第10胸椎，主要為交感神經分布，副交感神經分布很少。

三、精子生成

(一) 精子的生成 (Spermatogenesis)

精子的生成從青春期開始，睪丸藉由減數分裂產生精子的過程稱為精子生成，整個過程約需2~3週。

精子的生成由雙套染色體的精原細胞開始，在睪固酮和FSH作用下進行有絲分裂，之後發育成雙套染色體的初級精母細胞，初級精母細胞在高濃度睪固酮的作用下進行第一次減數分裂，形成2個次級精母細胞（含有單套23條染色體，具有2個染色質絲），接著進行第二次減數分裂形成4個精細胞（含有單套染色體，具單個染色質絲），精細胞在FSH作用下其型態會轉變成蝌蚪狀的**精子**(sperm; spermatozoon)，此時期的精子頭部仍埋入支持細胞內，當頭部可游離出支持細胞時稱為精蟲化(spermiation)，精子進入細精小管管腔後再到副睪丸，經過18小時~10天才能完全成熟具有使卵子受精的能力。

(二) 精子的構造 (Structure of Sperm)

精子的構造可分成頭部、頸部、中節和尾部等4個部分（圖17-3）。

1. **頭部**(head)：細胞核存在的位置，含有遺傳物質DNA及尖體(acrosome)。尖體又稱為穿孔體，是由高基氏體特化而形成。尖體內富含蛋白酶(proteinases)和玻尿酸酶(hyaluronidase)在受精時能分解卵子外圍的構造和卵膜，使精子順利進入卵子。
2. **頸部**(neck)：含有近側和遠側中心粒，其中遠側中心粒會沿著精子的長軸而排列，其微小管會延伸至精子的尾部形成鞭毛。
3. **中節**(midpiece)：含有許多粒線體，可提供精子運動時的能量來源。
4. **尾部**(tail)：由一條鞭毛組成，可以推動精子前進。

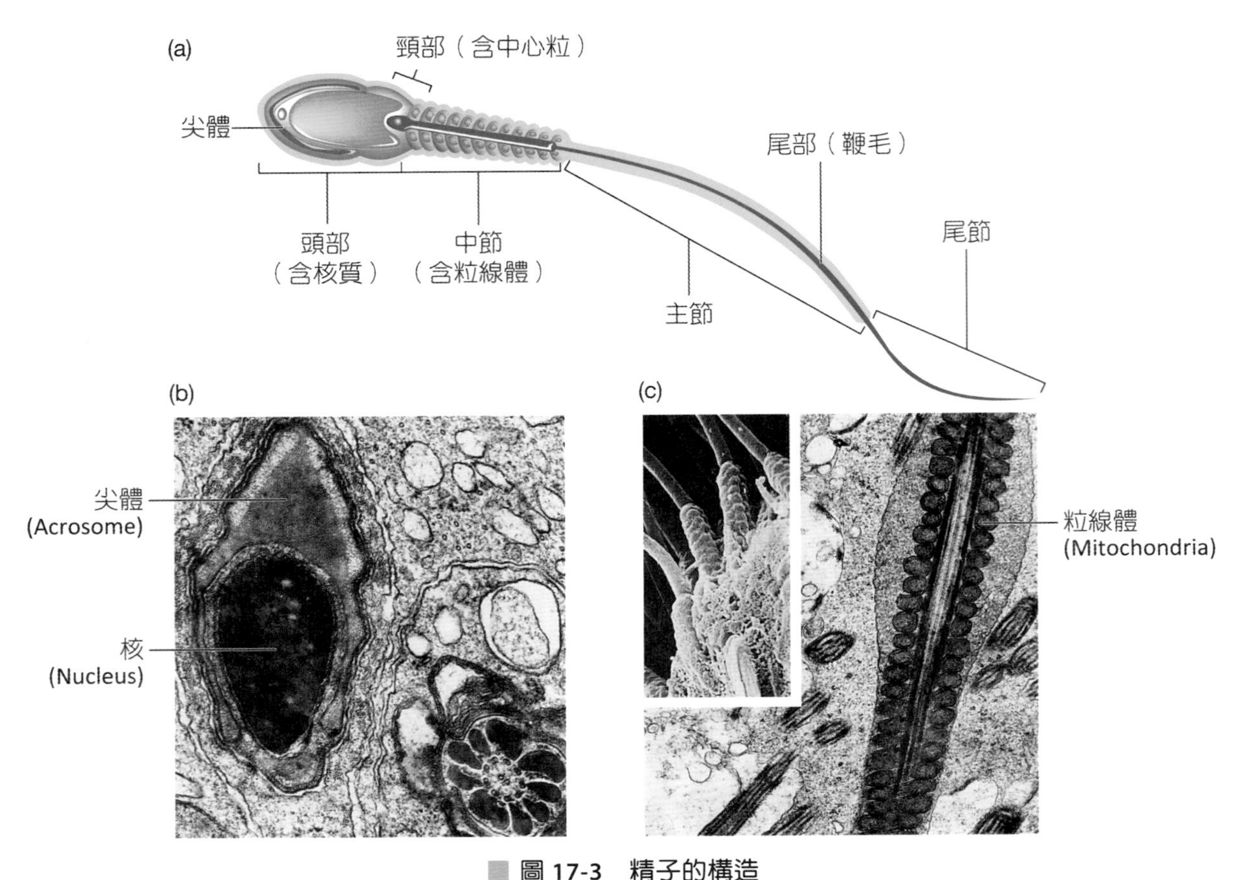

圖 17-3 精子的構造

四、分泌激素

1. **睪固酮**(testosterone)：
   (1) 促進男性生殖器官的發育，生長和維持作用。
   (2) 刺激骨骼的生長和蛋白質的同化作用。
   (3) 男性第二性徵的發育與精子的成熟。
   (4) 使胎兒睪丸下降到陰囊內。
2. **抑制素**(inhibin)：作用於腦下腺前葉，抑制FSH的分泌。

生殖管道(Reproductive Ducts)

生殖導管指精子運輸的通道，精子產生後依序為細精小管→直小管→睪丸網→副睪→輸精管→射精管→尿道（圖17-4）。

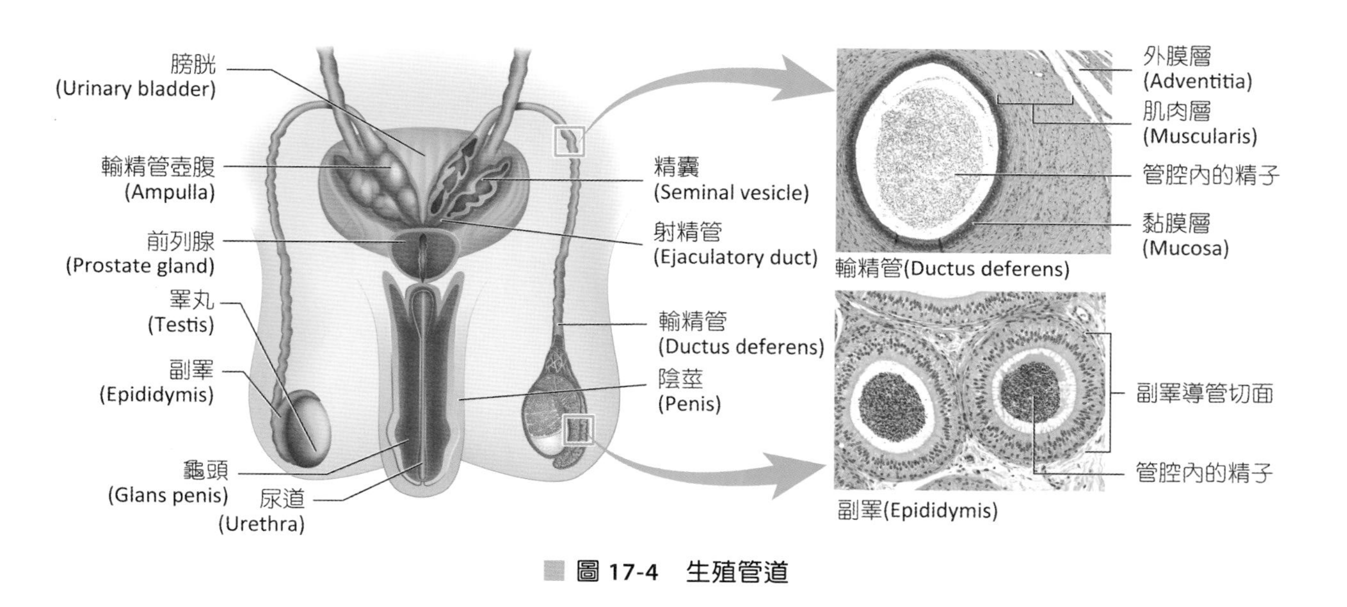

圖 17-4 生殖管道

一、副睪 (Epididymis)

副睪位於睪丸的頂部及後緣，由睪丸內12~15條的輸出小管聚集而成，可分成頭部、體部和尾部。副睪的功能為：精子成熟、**儲存精子**之處、射精時平滑肌收縮可將精子送到尿道、分泌部分精液。

二、輸精管 (Vas Deferens)

輸精管位於副睪至射精管之間，長度約45 cm，由副睪的最末端沿著睪丸的後緣上升，穿越腹股溝管進入骨盆腔。輸精管末端膨大的部分稱為壺腹(ampulla)與精囊導管會合形成射精管。射精管外圍被精索(spermatic cord)包圍住，精索內含有睪丸動脈、靜脈、淋巴管、自主神經和結締組織等構造。

輸精管的管壁有三層平滑肌，藉由平滑肌的蠕動收縮可將精子運送至前列腺尿道(prostatic urethra)，輸精管為精子的主要儲存位置，可將精子儲存達數個月之久。

▼ 輸精管結紮 Clinical Applications

輸精管結紮又稱為輸精管裁除術(vasectomy)為男性避孕方式之一，手術是在陰囊內進行兩側輸精管結紮，使睪丸製造的精子無法隨射精排出體外並退化，達到避孕的目的，手術結果並不會影響男性的性慾和性行為。

三、射精管 (Ejaculatory Duct)

射精管是由輸精管和精囊導管會合而形成，長度大約2 cm，射精管會穿過前列腺，**開口於前列腺尿道**（圖17-5）。

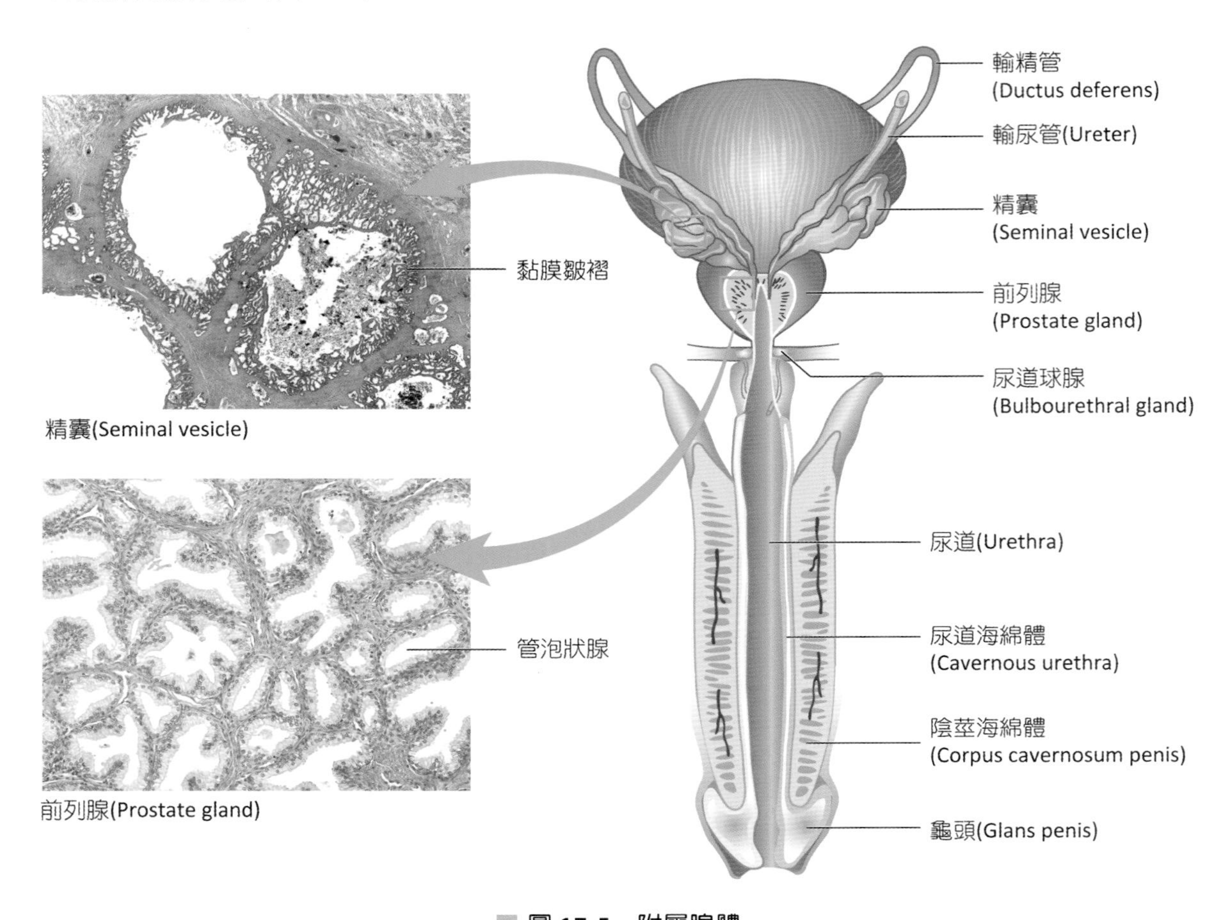

圖 17-5 附屬腺體

四、尿道 (Urethra)

男性的尿道為生殖管道的最後部分，與泌尿系統共同開口於尿道，尿道是尿液和精液的共同通道，因此在射精時交感神經興奮會抑制排尿，使尿液不致於流入，有關尿道的構造詳見本書第15章泌尿系統。

附屬腺體(Accessory Guards)

男性生殖系統的附屬腺體主要功能為分泌精液(semen)，指供精子所需的養分和環境，包括精囊、前列腺和尿道球腺。

一、精囊 (Seminal Vesicle)

精囊長度約4~5 cm，位於膀胱後下方和直腸的前方，為成對呈U字形排列的彎曲囊狀構造。**精囊分泌60%的精液**，為弱鹼性(pH 7.5)，分泌物富含果糖、前列腺素、檸檬酸及凝固蛋白果糖，可提供精子運動的能量來源。當交感神經興奮引起射精，精囊平滑肌收縮，使精囊內容物由精囊管排入射精管。

二、前列腺 (Prostate Gland)

前列腺又稱為攝護腺，為單一腺體，外形像栗子，位於膀胱的下方，長約3 cm，寬約4 cm。前列腺分泌約33%的精液，分泌物呈酸性(pH 6.5)，**會排入前列腺尿道**。老年人會因前列腺肥大壓迫尿道，使排尿困難。

三、尿道球腺 (Bulbourethral Gland)

尿道球腺又稱為考伯氏腺(Comper's gland)，為成對，大小約豌豆般大，位於前列腺道下方，膜部尿道兩側。尿道球腺分泌少量弱鹼性精液(5~10%)，具有潤滑作用和中和尿道的酸性環境，**尿道球腺導管開口於陰莖尿道的近端**。

四、精液 (Semen)

精液為精子和精囊、前列腺、尿道球腺及副睪丸分泌物之混合體。男性每次射精的精液量約2~6 ml，每ml含右5千萬至1億5千萬個精子。若每ml精液所含的精子數目少於2千萬，則容易造成不孕。

精液呈弱鹼性（pH值7.2~7.6之間），能中和男性尿道和女性陰道的酸性環境，精液可提供精子運輸的物質和營養，含有酶於射精後可活化精子。精液中的精液漿素(seminal plasmin)，可調控精液和陰道內的細菌，確保受精作用的進行。

支持構造(Supporting Structures)

一、陰囊 (Scrotum)

陰囊為皮膚延伸形成的囊袋(mediastinum testis)，是睪丸的支持和保護構造。陰囊由睪丸中隔分成左右兩個囊，每個囊各含有一個睪丸。陰囊的皮下組織由平滑肌纖維構成之**肉膜**(dartos)，使其陰囊表面形成皺摺，皺摺程度因外界溫度而變化，溫度高皺摺減少配合提睪肌放鬆，使睪丸遠離體腔，達到降溫作用。天氣冷提睪肌收縮使睪丸接近體腔。

陰囊位於體腔外，提供比體溫低（大於低3°C）的環境，有利於睪丸內精子的產生及生存。

二、陰莖 (Penis)

陰莖為圓柱狀的構造，包含體部、根部及龜頭（圖17-6）。

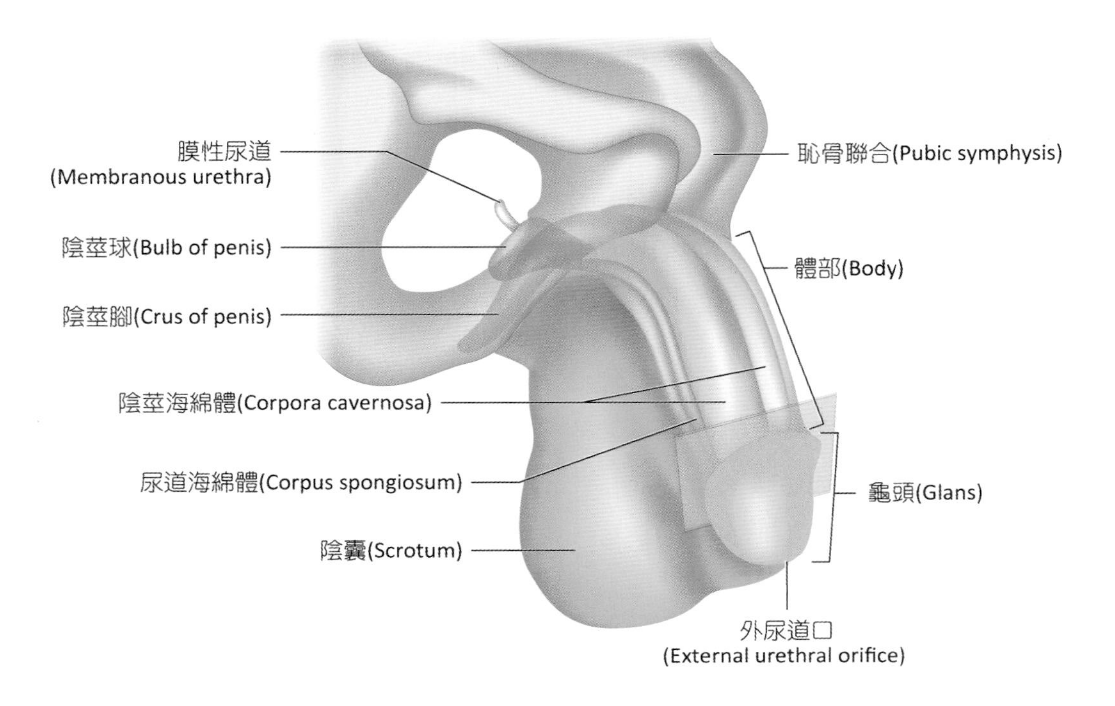

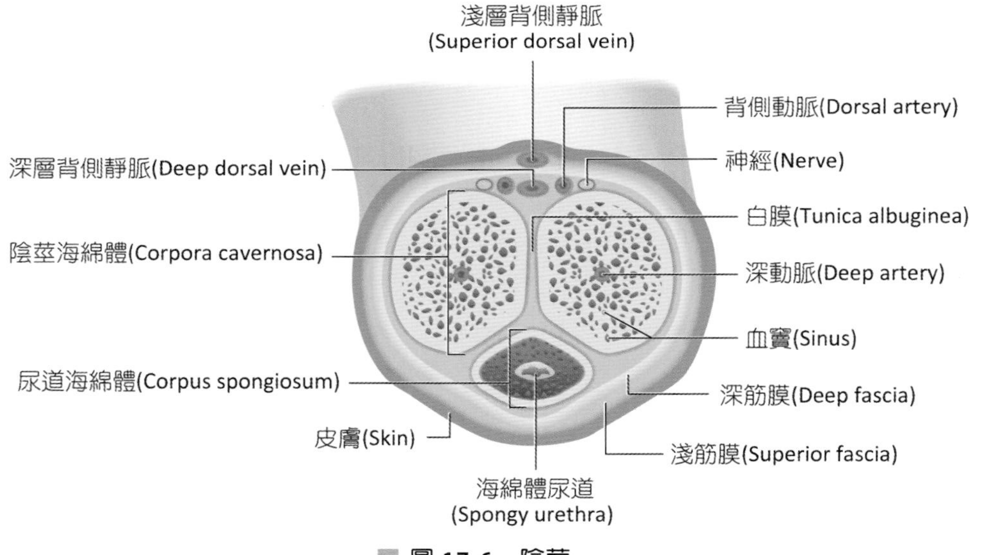

圖 17-6 陰莖

(一) 體部 (Body)

由三個圓柱狀的海綿體形成，被纖維組織之**白膜**(tunica albuginea)所分隔。海綿體含有血竇(sinus)，為勃起組織(erectile urethra)。位於背外側成對的海綿體稱為陰莖海綿體(corpora cavernosa)；另有單一的**尿道海綿體**(corpus spongiosum)位於腹側中央，含有陰莖尿道。

(二) 根部 (Root)

由**陰莖球**(bulb of penis)或稱為尿道球(bulb of urethra)和**陰莖腳**(crus of penis)所形成。尿道海綿體基部膨大的部分為陰莖球。陰莖腳則為陰莖海綿體近側端互相分離的部分。

(三) 龜頭 (Glans)

尿道海綿體末端膨大處為龜頭，龜頭外覆著一層寬鬆的皮膚皺摺稱為**包皮**(prepuce)，若包皮過長容易藏汙納垢而引起女性生殖道的感染，建議進行切除包皮的手術，稱為包皮環切術(circumcision)。

三、精索 (Spermatic Cord)

精索由睪丸動脈、靜脈、自主神經、淋巴管及提睪肌等構造所組成。精索會伴隨著內輸精管上升，由陰囊延伸經腹股溝管進入骨盆腔內。精索靜脈曲張容易發生在左側精索。腹股溝管為前腹壁較弱的位置，體內部分內臟器官容易由此突出造成腹股溝疝氣。

勃起與射精

當受到性刺激時，**副交感神經興奮**使陰莖的動脈擴張，使大量血液流入勃起組織血竇內，血竇充血造成陰莖變大、變硬，此現象稱為**勃起**(erection)。當性刺激到達最高潮時，引起**交感神經興奮**，促使生殖管道和附屬腺體產生規律性收縮，將精子和精液排入尿道中，再經由陰莖根部球海綿體肌的收縮，由尿道排出，稱為**射精**(ejaculation)作用。

射精時會促使尿道海綿體充血，進而壓迫到海綿體尿道而使壓力上升，使膀胱括約肌收縮，因此射精時並不會造成尿液排出，精液也不會流入膀胱內。

17-2 女性生殖系統

女性生殖系統可分為（圖17-7）：

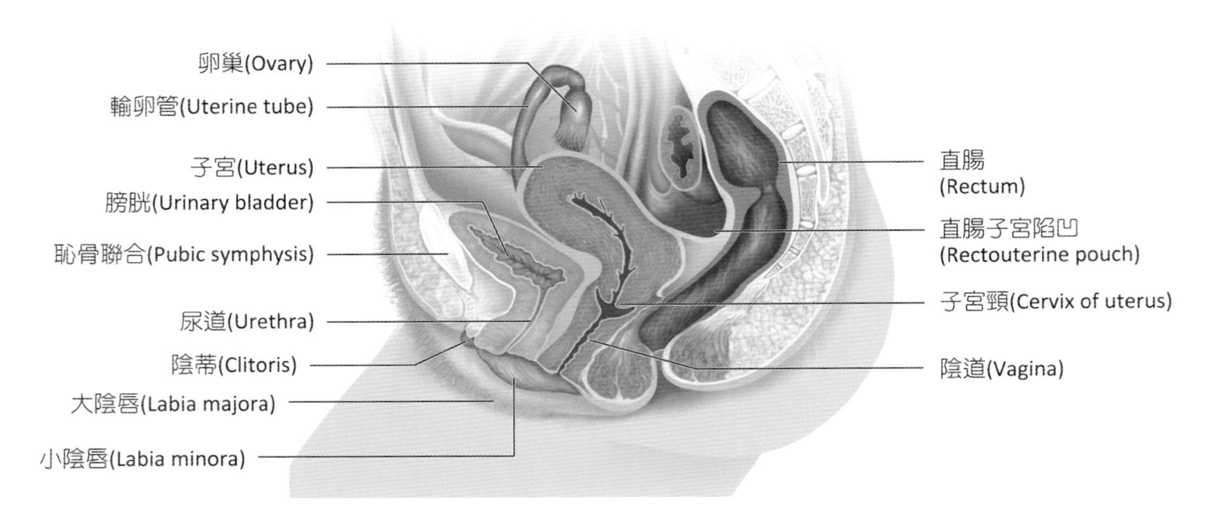

(a) 側面觀

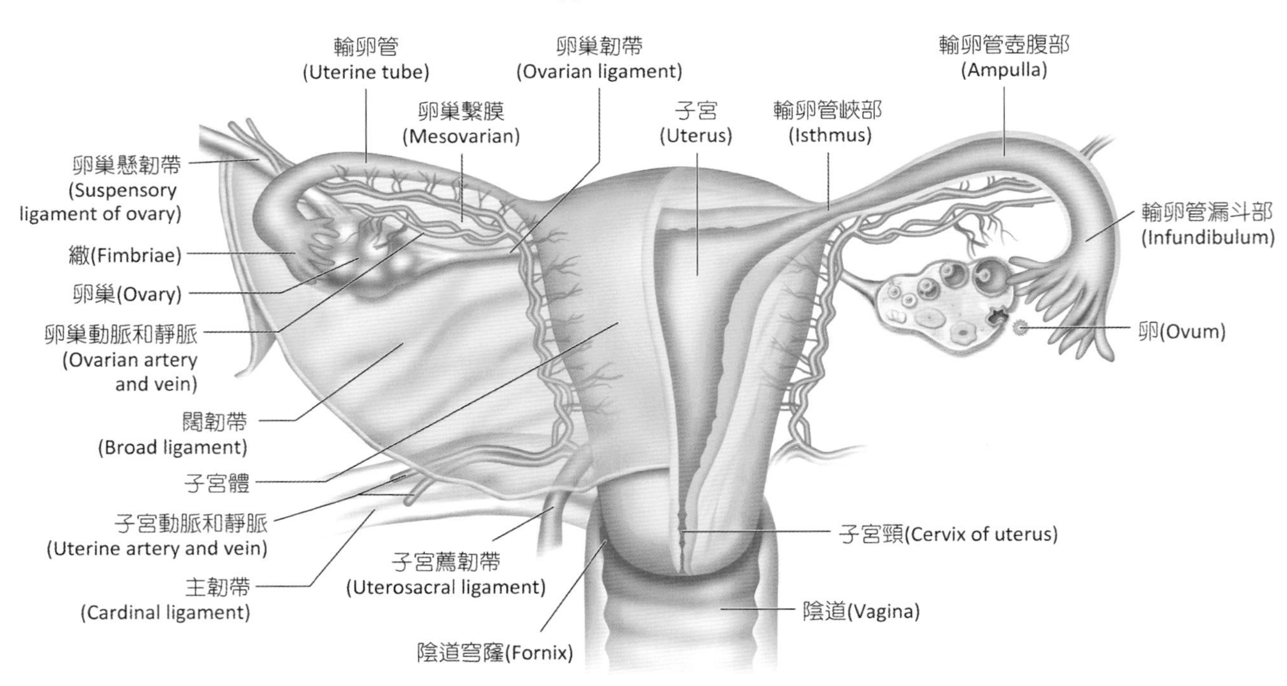

(b) 內生殖器前面觀

圖 17-7 女性生殖系統

1. **性腺**：卵巢。
2. **內生殖器**：輸卵管、子宮及陰道。
3. **外生殖器**：陰阜、大陰唇、小陰唇、陰蒂、前庭和各種腺體。
4. **附屬構造**：乳房。

卵巢(Ovary)

卵巢為成對的腺體，長、寬及厚度約為4、2及1 cm，位於子宮的兩側。

一、卵巢韌帶

有多種韌帶將卵巢固定於正常的位置：

1. **卵巢繫膜**(mesovarium)：連接上子宮之**闊韌帶**(broad ligament)。
2. **懸韌帶**(suspensory ligament)：連接於骨盆壁。
3. **卵巢韌帶**(ovarian ligament)：固定於子宮之上側。

二、卵巢的構造

每一個卵巢都有一個卵巢門(hilus)為神經和血管進出的位置。卵巢的構造主要由皮質和髓質所構成，皮質在外側，含有濾泡；髓質在中心部分，由疏鬆的結締組織組成。包含有血管、淋巴管和神經纖維。卵巢由外往內可分成4層：

1. **生發上皮**(germinal epithelium)：位於最外層，又稱為生殖上皮，覆蓋在卵巢的表面的單層立方上皮，為卵濾泡的來源，但無法產生卵子。
2. **白膜**(tunica albuginea)：為生發上皮下面的緻密結締組織被膜。
3. **基質**(stroma)：位於白膜內的結締組織，由緻密的皮質和疏鬆的髓質所形成。
4. **卵巢濾泡**(ovarian follicle)：包含卵和其他周圍的組織。

三、卵巢濾泡 (Ovarian Follicle)

卵巢的功能單位為卵巢濾泡，濾泡壁由兩種主要細胞構成，分別為外圍的壁細胞(theca cells)和內層的顆粒細胞(granulosa cell)。皮質中，有不同發育時期之濾泡（圖17-8）：

1. **原發濾泡**(primordial follicle)：胚胎時期即有單層扁平的濾泡細胞包圍住一個初級卵母細胞(primary oocyte)。
2. **初級濾泡**(primary follicle)：於青春期由原發濾泡發育成，構造變成立方及柱狀之濾泡細胞。

3. **發育濾泡**(growing follicle)：濾泡細胞由單層發育成為複層，可分泌動情素(estrogen)。
4. **次級濾泡**(secondary follicle)：濾泡發育成含有液體之濾泡腔(follicle cavity)。
5. **葛氏濾泡**(Graafian follicle)：為成熟的濾泡，充滿液體，含有一個不成熟的卵子，排卵後，卵子與精子結合產生受精作用，卵子才能完成第二次減數分裂而成熟。
6. **黃體**(corpus luteum)：葛氏濾泡排完卵後所形成，可分泌黃體素、動情素及鬆弛素。
7. **白體**(corpus albican)：若卵子無受精作用產生，則黃體會退化成白體，最後消失不見。

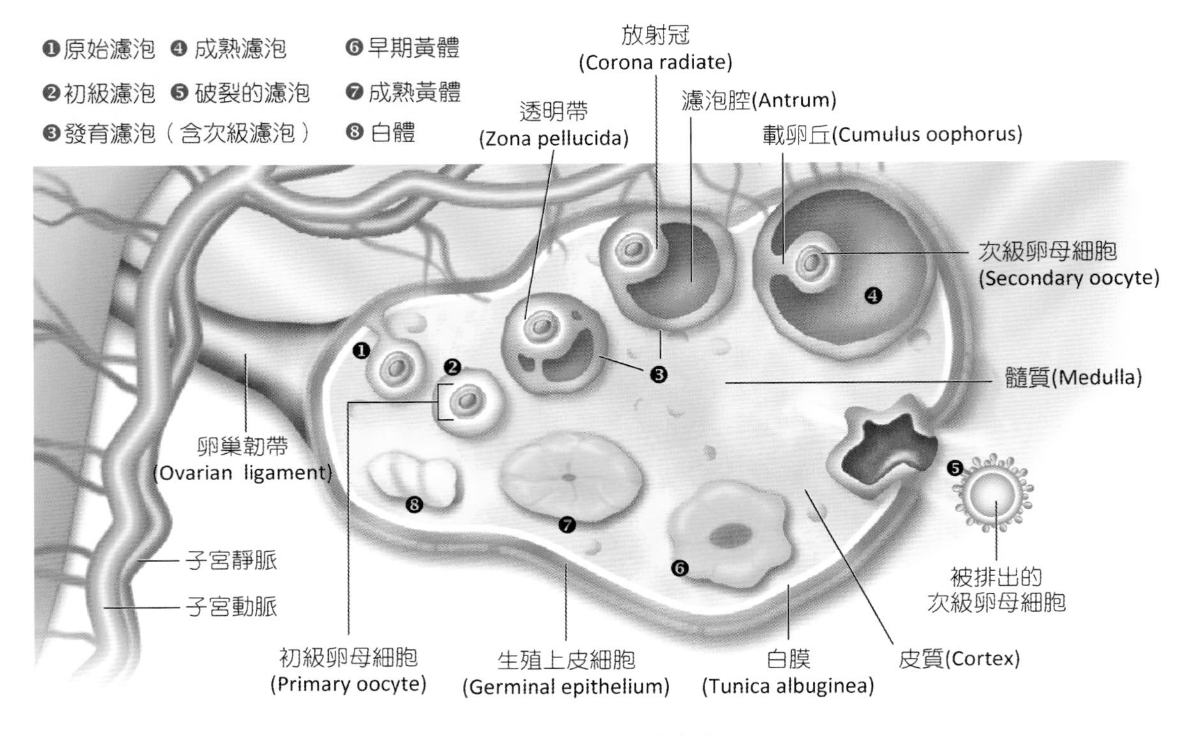

■ **圖 17-8 卵巢濾泡**

四、卵子生成 (Oogenesis)

卵子的生成從胚胎時期開始進行，直到卵子與精子發生受精作用後，才完全成熟。卵子的生成需經過二次減數分裂，且第二次減數分裂需在受精作用後才能完成（圖17-9）。

(一) 胚胎期

胚胎早期，卵巢內雙套染色體的**卵原細胞**(oogonium)先進行有絲分裂而增生。於胚胎發育約3個月時，卵原細胞發育成初級卵母細胞。出生時，每個卵巢含有20萬個初級卵母細胞，之後逐漸退化，至青春期只剩下3~4萬個，初經至停經間約只有400個接近成熟的階段，於排卵期時排出。

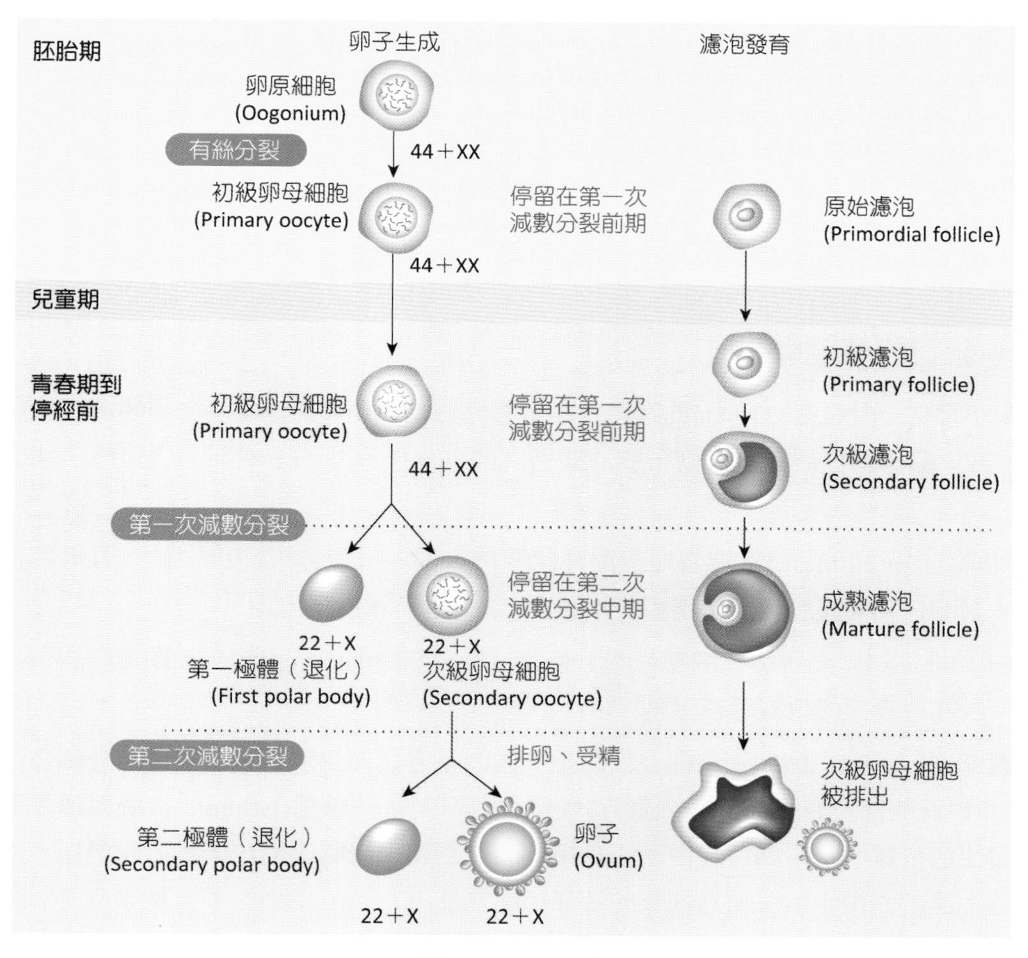

圖 17-9　卵子生成

（二）青春期到停經前

初級卵母細胞於出生前，已進行第一次減數分裂，並停留在前期I (prophase I)，青春期受到下視丘的促進腺激素(GnRH)和腦下腺前葉分泌的**濾泡刺激素作用下**，才能完成第一次減數分裂，產生兩個大小不同的細胞，較大的細胞為**次級卵母細胞**(secondary oocyte)，較小的細胞稱為**第一極體**(first polar body)，可進行另一次分裂，產生2個第二極體。

排卵時，次級卵母細胞被排出進入輸卵管，此時次級卵母細胞已進行第二次減數分裂，並停留在中期(metaphase)，若有受精作用發生，第二次減數分裂才能完成，而發育出成熟的**卵子**(ovum)。次級卵母細胞分裂可產生2個大小不一的細胞，較大的細胞為卵細胞(ootid)，可發育為成熟的卵，較小的細胞為**第二極體**(second polar body)。

一個初級卵母細胞經過2次減數分裂後，可產生一個單套染色體成熟的卵子和三個極體，極體細胞最後都退化分解掉。一個精原細胞可形成4個精子，而一個卵原細胞只能形成一個卵子。

卵巢所分泌的激素主要有動情素(estrogen)、黃體素(progesterone)和鬆弛素(relaxin)。

輸卵管(Uterine Tubes)

一、輸卵管的解剖學

輸卵管為一對長度約10 cm的管子，由子宮兩側延伸至靠近卵巢處，可將卵子由卵巢運送至子宮。輸卵管位於子宮闊韌帶雙層皺襞之間，分成漏斗部、繖部、壺腹部、峽部及間質部。

1. **漏斗部**(infundibulum)：遠側端一漏斗狀開口，漏斗部很靠近卵巢，並沒有附著在卵巢上，其開口朝向腹腔，開口邊緣有指狀突出的構造，稱為繖部。
2. **繖部**(fimbriae)：指狀突起擺動可產生吸力，將成熟濾泡所排出的次級卵母細胞引入輸卵管，並在壺腹部的位置等待受精。
3. **壺腹部**(ampulla)：輸卵管由漏斗部開始，向內下方延伸並附著在子宮之上外側角，其外側2/3較寬的部位為壺腹部、內側1/3較窄、較厚，稱為**峽部**(isthmus)。**壺腹部是受精最常發生的位置**，受精卵可藉由輸卵管纖毛的擺動和平滑肌收縮往子宮方向運送。受精卵若運送速度太慢，無法通過狹窄的峽部和間質部(interstitial)到達子宮著床發育，將造成子宮外孕或稱異位妊娠(ectopic pregnancy)，可發生在輸卵管、骨盆腔、子宮頸和子宮闊韌帶等部位。

二、輸卵管的組織學

輸卵管管壁由內到外分成：

1. **黏膜層**：含有纖毛柱狀上皮及分泌細胞，可協助卵子的運動和提供營養。
2. **肌肉層**：由平滑肌構成，內層為環走肌層，外層為縱走肌層，藉由肌肉層的收縮和纖毛的擺動可將卵子送往子宮。
3. **漿膜層**：為最外層的構造。

子宮(Uterus)

一、子宮的解剖學

子宮位於膀胱與直腸之間，是形成月經(menstruation)、提供受精卵著床及胎兒發育的場所。子宮的形狀像倒立的梨子，子宮可分成以下4個部分（圖17-10）：

1. **子宮底**(fundus)：指輸卵管水平以上圓頂狀的部位。
2. **子宮體**(body)：為子宮中央的主要部分，其內的空間稱為子宮腔(uterine cavity)。
3. **子宮頸**(cervix)：為子宮下方狹窄，並開口於陰道的部位，其內的空間為子宮頸管(cervical canal)。長度為2.5 cm，子宮頸管利用內口(internal os)通往子宮腔，外口(extunal os)則通往陰道。
4. **峽部**(isthmus)：位於子宮體和子宮頸狹窄的部分，長度約1 cm。

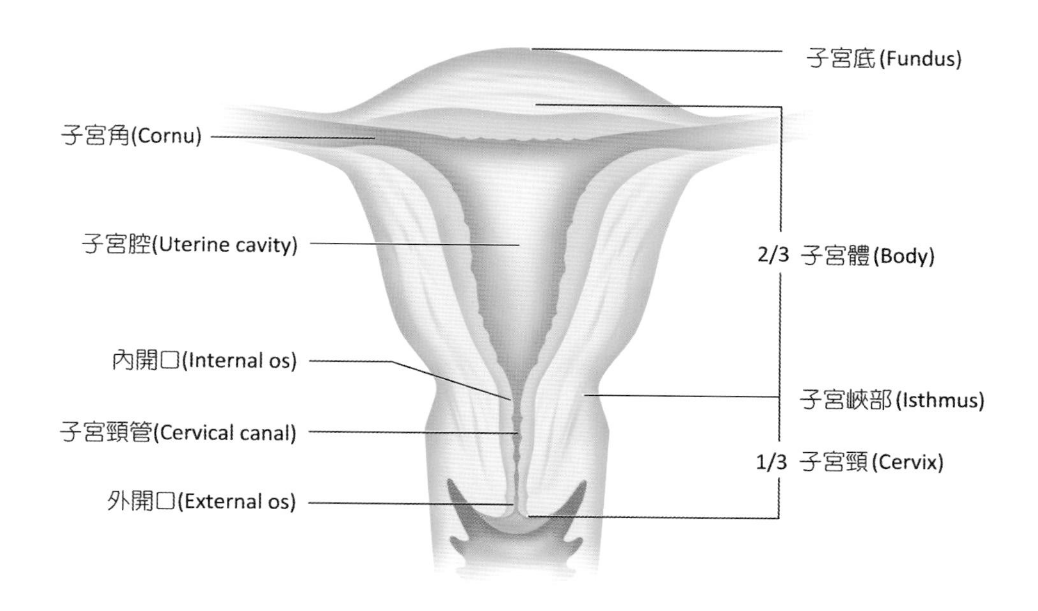

圖 17-10 子宮

二、子宮的韌帶

正常狀況下，子宮體略微向前傾(anteversion)，覆蓋在膀胱的上方，子宮頸往下後方以幾乎90度的角度進入陰道前壁的上方，子宮的正常位置和姿勢是由數條韌帶所維持，如表17-1所列。

表17-1 子宮韌帶

種類	數目	來源	走向	功能
子宮闊韌帶 (brood ligament)	2	腹膜	橫向 左右走向	1. 將子宮兩向側骨盆壁固定 2. 使子宮和輸卵管固定在骨盆腔的中央位置 3. 輸卵管在上緣，卵巢在後方，子宮圓韌帶在其前下方
子宮薦韌帶 (uterosacral ligament)	2	腹膜	前後走向	1. 由子宮頸兩側連接至薦骨中段，可使子宮呈前傾姿勢 2. 直腸檢查可以觸摸到 3. 具有感覺神經經過，和痛經、分娩時產痛有關
子宮圓韌帶 (round ligament)	2	子宮底 發出	橫向	1. 為纖維結締組織帶 2. 由子宮上外側角輸卵管正下方，經由闊韌帶的雙層腹膜間，經腹股溝管終止於大陰唇皮下 3. 可防止子宮後傾，維持子宮的前傾、前屈 4. 子宮圓韌帶由不隨意縱肌構成，和子宮的縱走肌相連接，懷孕時子宮變大，被牽扯時會造成懷孕期間鼠蹊部位疼痛
樞紐韌帶 (uterosacral ligament) 或稱子宮頸側韌帶 (lateral cervical ligament)	2	腹膜	前後走向	1. 位於子宮頸、陰道與骨盆壁之間 2. 內含有血管、神經、平滑肌 3. 由闊韌帶基底部增厚形成，為骨盆底最結實的韌帶 4. 可維持子宮正常位置和防止子宮下垂進入陰道內
恥骨子宮頸韌帶 (pubocerrical ligament)	1	腹膜	前後走向	圍繞於子宮頸前後，可連接至恥骨背面的韌帶，經尿道時可分開

三、子宮壁

子宮壁由內而外可分成內膜層、肌肉層及漿膜層等三層構造：

1. **子宮內膜**(endometrium)：可分成**功能層**（靠近管腔側）和**基底層**(basal layer)（靠近肌肉層），功能層隨著月經週期會有增生、剝落，並隨著月經來潮而脫落排出體外。基底層不隨月經剝落，於月經後會產生新的功能層。
2. **子宮肌層**(myometrium)：為子宮壁最厚的一層，肌肉纖維由外而內分別是縱走肌、斜走肌和環走肌，子宮肌層在子宮底最厚、子宮頸最薄，生產時在催產素(oxytocin)作用下，產生收縮，使胎兒往陰道方向移動而分娩（圖17-11）。
3. **子宮外膜**(perimetrium)：為腹膜延伸而形成的漿膜層，並未完全覆蓋住整個子宮，往前延伸至膀胱可形成**膀胱子宮陷凹**(vesicouterine pouch)；往後延伸至直腸可形成**直腸子宮**

陷凹(rectouterine pouch)，又稱為道格拉氏陷凹(Douglas' pouch)，為骨盆腔最低處。臨床上可利用此部位抽取腹膜腔液體檢查。

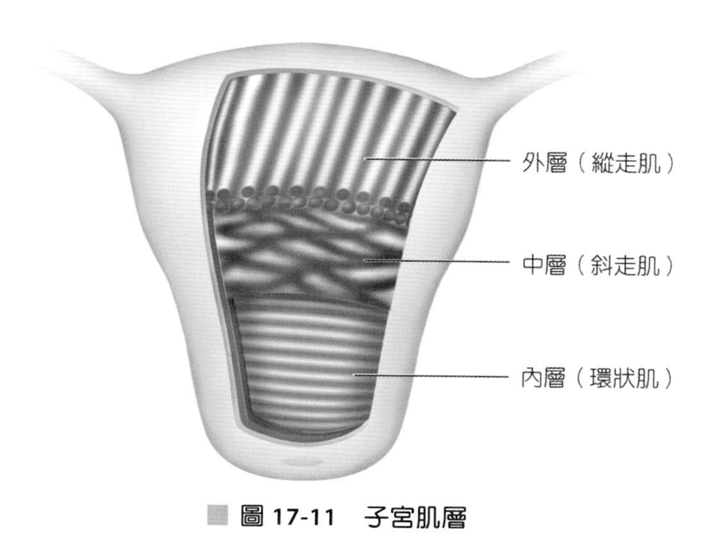

圖 17-11 子宮肌層

四、子宮的血液供應及神經支配

子宮的血液由子宮動脈(uterine artery)供應，為髂內動脈的分枝。子宮靜脈回收缺氧血注入髂內靜脈。子宮受自主神經支配（起源自下腹下神經叢）(inferior hypogastric plexus)。

子宮動脈 → 方動脈(arcuate artery) → 放射狀動脈(radial artery) →
直小動脈(straight arteriole)（終止基底層）→ 螺旋小動脈(spiral arteriole)（終止功能層）

陰道(Vagina)

陰道位於膀胱和直腸之間，為子宮頸延伸至外陰前庭的肉質管狀構造，為女性生殖道最末一段。前壁長度約6~8 cm，後壁長度約7~10 cm，陰道和子宮頸接合位置形成陷凹稱為**穹窿**(fornix)，背側的後穹窿比腹側的前穹窿和兩側的側穹窿要深，可作為精液暫時儲存的位置，穹窿的特殊構造可放置避孕膈膜(contraceptive diaphragm)，陰道壁由黏膜層、平滑肌層和外膜層構成，黏膜層為非角質化複層鱗狀上皮和結締組織組成，具有許多的皺襞(fold)，有利於生產時陰道的擴張。陰道的肌肉層由縱走的平滑肌的形成，具有伸展性，可容納勃起的陰莖和生產時胎兒通過。

陰道管壁無腺體存在，其潤滑液來自於上皮所分泌的黏液。陰道上皮富含肝醣，經由乳酸桿菌(*Lacto bacillus*)分解產生乳酸，使陰道呈酸性環境(pH 4~5)，可抑制微生物生長，防止陰道感染。酸性環境對精子有害，精液能中和陰道的酸性，確保精子存活。陰道下端最後開口為**陰道口**(vaginal orifice)，周圍有一層薄血管性黏膜皺襞，稱為**處女膜**(hymen)。處女膜由彈性和膠原結締組織構成，不含肌肉和腺體，處女膜並非完全密閉。

女陰(Vulva)

外生殖器又稱為女陰或外陰，包括陰阜、大陰唇、小陰唇、陰蒂、前庭和各種腺體（圖17-12）。

1. **陰阜**(mons pubis)：由外覆皮膚之脂肪墊所形成，位於恥骨聯合上方，青春期開始會長出陰毛(pubic hair)，為第二性徵之一。隨著年紀變大，脂肪量和陰毛會逐漸減少。
2. **大陰唇**(labia majora)：由兩片富含脂肪組織的皮膚皺摺，陰阜往下後方延伸，和男性陰囊為同源構造，大陰唇富含脂肪組織、汗腺、皮脂腺、緻密結締組織、彈性纖維等，但缺乏肌肉組織，外側面覆有陰毛。此處含有許多靜脈叢，受傷時容易造成血腫。
3. **小陰唇**(labia minora)：位於大陰唇內側的兩片皮膚皺摺，不含脂肪、陰毛，有少量的汗腺和大量的皮脂腺。

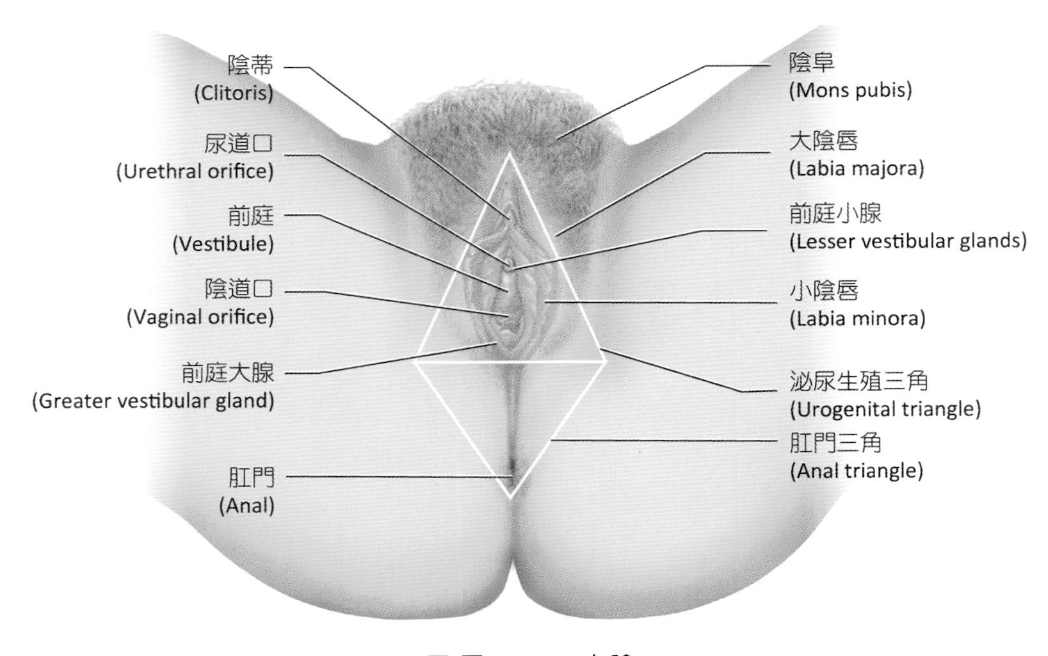

圖 17-12 女陰

4. **陰蒂**(clitoris)：和男性陰莖為同源構造，包含三個部分：陰蒂頭(glans)、體部及2條陰蒂腳(crura)，陰蒂頭富含神經末梢因此十分敏感。陰蒂腳由陰蒂海綿體(corpora cavernosa)構成，為女性主要勃起組織，於性交時可充血產生勃起現象，是女性接受性刺激的構造。
5. **前庭**(vestibule)：位於小陰唇之間的裂縫，包含有陰蒂、陰道口、尿道口、處女膜和腺體導管開口。
   (1) **陰道口**(vaginal orifice)：位於尿道口的後方，其邊緣有處女膜，陰道口占據前庭的大部分。
   (2) **尿道口**(urethral orifice)：位於陰道口和陰蒂之間。
   (3) **前庭大腺**(greater vestibular gland)：又稱為**巴氏腺**(Bartholin's glands)和男性尿道球腺為同源構造，前庭大腺成對位於會陰淺層、陰道口兩側，開口於小陰唇和處女膜之間，此腺體於性交時分泌黏液潤滑生殖道可幫助性交時的潤滑作用，容易受淋病雙球菌感染而腫大。
   (4) **前庭小腺**(lesser vestibular glands)：又稱為Skene氏腺(Skene's glands)，導管開口於尿道口兩側，性交時分泌黏液作為潤滑功能，功能類似於男性前列腺。
   (5) **尿球旁腺**(paraurethral gland)：導管開口於尿道之兩旁。

會陰(Perineum)

會陰是指兩大腿之間的菱形區域，位於兩邊的臀部和大腿之間，前面為恥骨聯合、兩側為坐骨粗隆、後面以尾骨為界。於兩坐骨粗隆之間畫一橫線，可以將會陰分成前面的**泌尿生殖三角**(urogenital triangle)（含外部生殖器）和後面含肛門的**肛門三角**(anal triangle)。

介於陰道和肛門之間的部分稱為臨床會陰(clinical perineum)或稱為產科會陰，分娩時可進行女陰切開術(episiotomy)，避免陰道太小時胎兒頭部通過時，造成會陰皮膚、陰道上皮、皮下脂肪和會陰淺橫肌的撕裂傷害。

乳房(Breast)

乳房由**乳腺**(mammary gland)、脂肪和結締組織所形成（圖17-13）。乳房以結締組織筋膜附著在胸大肌上，相對高度約在第2~6根肋骨，結締組織連接皮膚和深筋膜形成**乳房懸韌帶**(suspensory ligament)，可以支撐乳房，乳房的大小和腺體周圍脂肪量的多寡而決定，乳房大小和泌乳量無關。

乳房藉由結締組織被分隔成15~20乳腺葉(lobes)，每一葉再分成許多乳腺小葉(lobules)，乳腺小葉充滿脂肪和乳腺，乳腺為汗腺的變形，屬於分枝的管狀腺體。乳腺小葉的分泌細胞排列形成腺泡(alveoli)，負責製造乳汁。腺泡將乳汁經由次級小管(secondary tubule)送至乳管(mammary duct)。乳管呈放射狀排列並聚集到乳頭，乳管靠近乳頭處會膨大成壺腹(ampulla)，又稱為**輸乳竇**(lactiferous sinus)，可儲存乳汁，經由**輸乳管**(lactiferous duct)，開口於**乳頭**(nipple)。乳頭周圍有一圈色素沉著處稱為**乳暈**(areola)，含有特化的皮脂腺，於懷孕時會變大，顏色更深。

乳房富含淋巴組織，癌症會經由淋巴組織進行轉移，乳房的血液主要來自於胸內動脈和肋間動脈，神經支配來自於第4~6胸神經的感覺枝。青春期之前男女乳房大小差異不大，青春期之後女性受性激素作用，腺體組織加快發育和脂肪大量囤積，促使乳房大小有明顯變化。動情素(estrogen)刺激乳腺導管細胞的發育，而黃體素(progesterone)則增加腺泡細胞的發育。

乳腺的功能為泌乳(lactation)，乳汁的排出需要泌乳激素(prolactin)，作用在腺泡細胞製造乳汁，催產素(oxytocin)則促使乳汁排射。

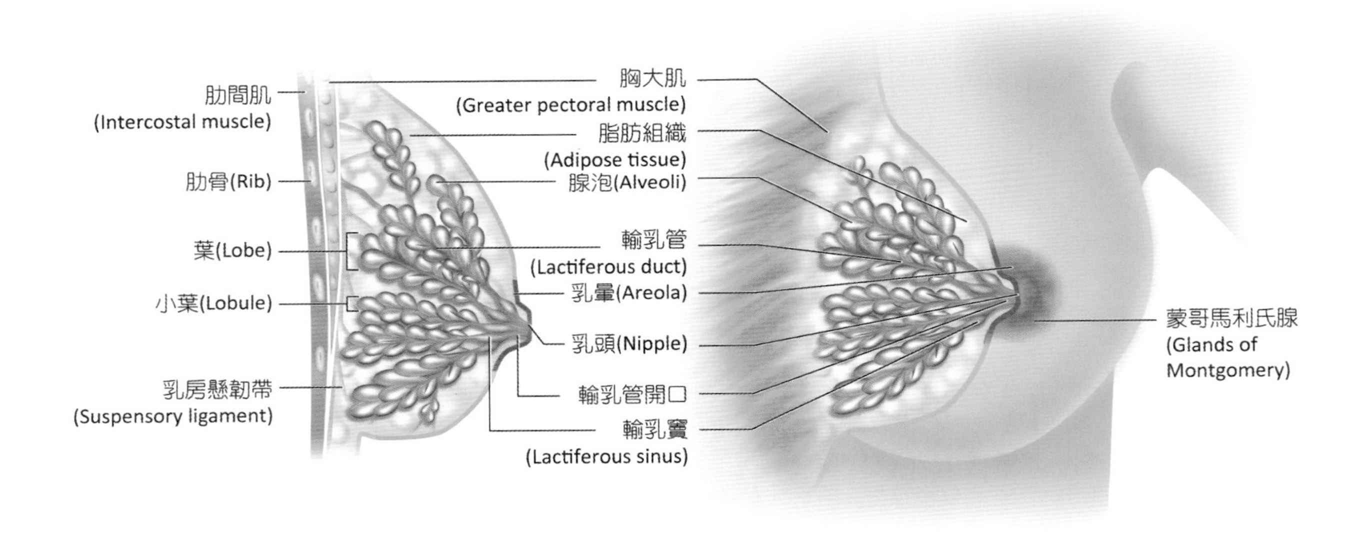

圖 17-13 乳房

摘 要 · SUMMARY

男性生殖系統	1. 睪丸內細胞：精細胞、支持細胞（賽托利細胞）、間質細胞（萊氏細胞） 2. 精子的生成從青春期開始，睪丸藉由減數分裂產生精子 3. 精子產生後依序為曲細精管→直小管→睪丸網→副睪→輸精管→射精管→尿道 4. 副交感神經興奮使陰莖勃起；交感神經興奮使射精
女性生殖系統	1. 卵子生成從胚胎期開始，直到卵子與精子發生受精作用後，才完全成熟 2. 子宮壁由內而外可分成子宮內膜、子宮肌層及子宮外膜三層構造 3. 乳汁的排出需要泌乳激素，作用在腺泡細胞製造乳汁催產素作用產生收縮以排射乳汁

課後習題 · REVIEW ACTIVITIES

1. 下列男性生殖系統，何者具有靜纖毛(stereocilia)構造，以及儲存精子的功能？(A)睪丸 (B)副睪 (C)精囊 (D)前列腺
2. 下列何者包覆陰蒂，形成陰蒂的包皮？(A)陰阜 (B)大陰唇 (C)小陰唇 (D)陰道前庭
3. 何時次級卵母細胞會完成第二次減數分裂？(A)胚胎時期 (B)出生時 (C)排卵時 (D)受精時
4. 睪丸主要負責產生精子，是下列哪一構造？(A)睪丸網(rete testis) (B)直管(straight tubule) (C)輸出小管(efferent ductule) (D)細精小管
5. 女性會陰部的三個構造，由前往後的排序為何？(1)陰蒂 (2)外尿道口 (3)陰道口。(A)(1)(2)(3) (B)(1)(3)(2) (C)(2)(1)(3) (D)(2)(3)(1)
6. 下列何者是由數層濾泡細胞及有液體之濾泡腔組成，其內並包含一個初級卵母細胞？(A)原始濾泡 (B)葛氏濾泡 (C)初級濾泡 (D)次級濾泡
7. 進入青春期，由下列何種激素刺激卵巢濾泡發育，使初級卵母細胞完成第一次減數分裂？(A)濾泡刺激素(FSH) (B)黃體生成素(LH) (C)雌激素 (D)黃體素
8. 男性生殖構造中何者具有肉膜肌(dartos muscle)？(A)陰莖 (B)陰囊 (C)副睪 (D)精索
9. 精子產生後在下列何處成熟，而獲得運動能力？(A)睪丸 (B)副睪 (C)儲精囊 (D)輸精管
10. 下列何者直接與副睪相連？(A)睪丸網 (B)輸精管 (C)射精管 (D)直小管

答案：1.B 2.C 3.D 4.D 5.A 6.D 7.A 8.B 9.B 10.B

參考資料 · REFERENCES

林自勇、鄧志娟、陳瑩玲、蔡佳蘭(2003)．*解剖生理學*．全威。

馬青、王欽文、楊淑娟、徐淑君、鐘久昌、龔朝暉、胡蔭、郭俊明、李菊芬、林育興、邱亦涵、施承典、高婷育、張琪、溫小娟、廖美華、滿庭芳、蔡昀萍、顧雅真…許瑋怡(2022)．於王錫崗總校閱，*人體生理學*（6版）．新文京。

許世昌(2019)．*新編解剖學*（4版）．永大。

許家豪、張媛綺、唐善美、巴奈比比、蕭如玲、陳昀佑(2021)．*生理學*（4版）．新文京。

麥麗敏、陳智傑、廖美華、鍾麗琴、陳建瑋、祁業榮、黃玉琪、戴瑄、呂國昀(2015)．於王錫崗總校閱，*解剖生理學*（2版）．華杏。

馮琮涵、黃雍協、柯翠玲、廖智凱、胡明一、林自勇、鍾敦輝、周綉珠、陳瀅(2021)．*人體解剖學*．新文京。

游祥明、宋晏仁、古宏海、傅毓秀、林光華(2021)．*解剖學*（5版）．華杏。

廖美華、溫小娟、高婷玉、顏惠芷、林育興(2020)．於劉中和總校閱，*解剖學*（2版）．華杏。

盧冠霖、胡明一、蔡宜容、黃慧貞、王玉文、王慈娟、陳昀佑、郭純琦、秦作威、張林松、林淑玟(2015)．*實用人體解剖學*（2版）．華格那。

Chapter

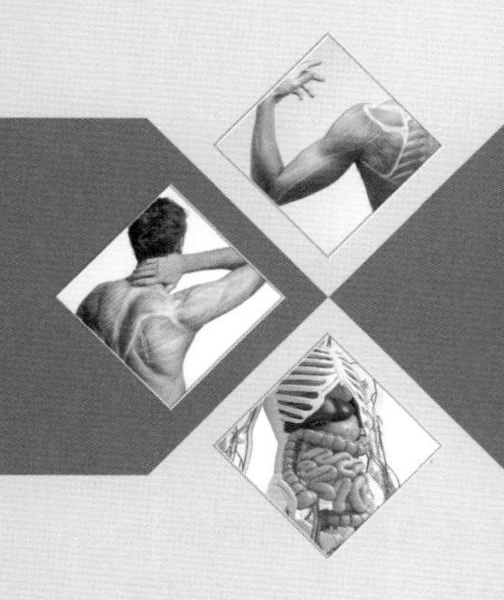

發育解剖學 × 18

王耀賢 編著

Developmental Anatomy

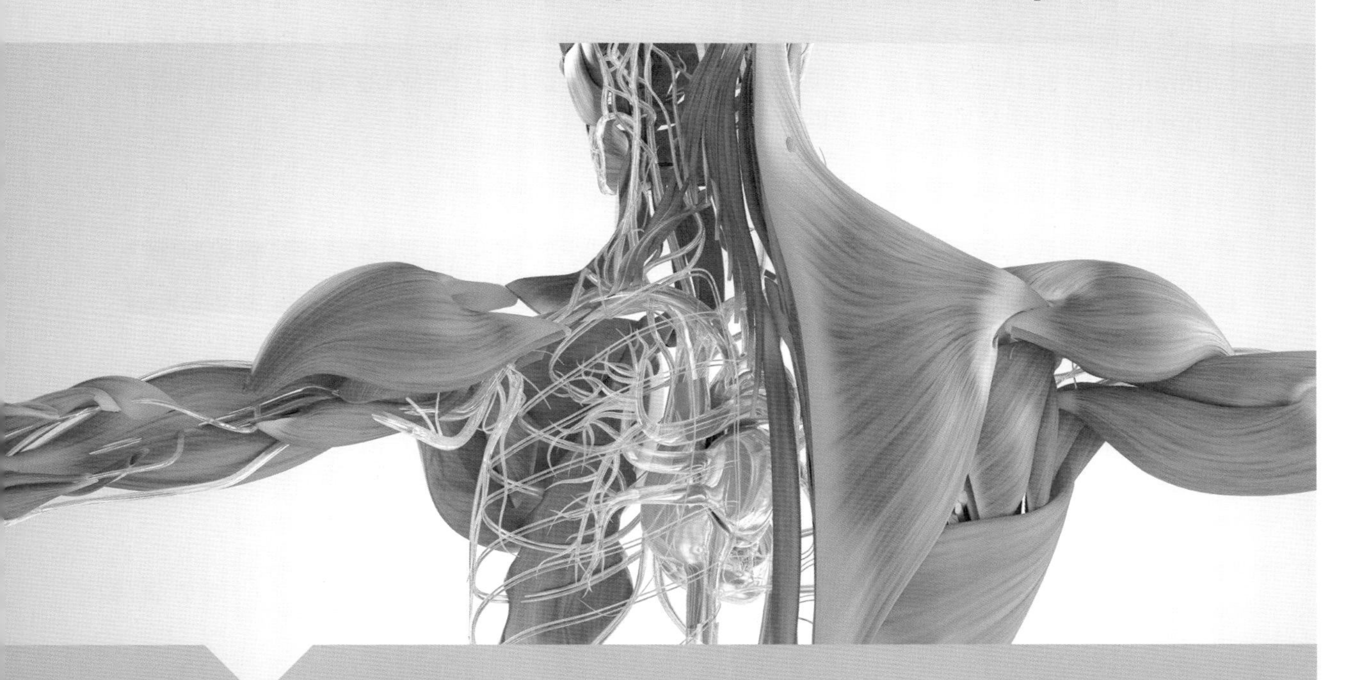

本章大綱

ANATOMY

前言

發育解剖學是一門研究卵子受精時起至新的個體形成過程的學問，其內容包括卵子受精過程、胚胎發育、器官形成與分娩。人類的妊娠期通常是從孕婦上一次月經到胎兒出生為止，所經歷的時間約280天。若改從受精作用開始計算，人類的懷孕期則為266天。

精子與卵子發育成熟後結合稱為受精作用，人體的發育就是從這時候開始的。精卵結合後，稱為受精卵或合子(zygote)；此後，受精卵不斷地分裂、發育至八週內稱為胚(embryo)，從第九週一直到出生前則稱為胎兒(fetus)，而出生以後就是嬰兒(infant)了。從精卵結合起，到成熟的胎兒出生時，這段在子宮內發育的過程叫做懷孕(pregnancy)，懷孕期又稱妊娠期(gestation period)。

18-1 胚胎期(Embryonic Period)

懷孕(Pregnancy)

受精卵的生成需要靠性交來完成，男性藉著性交將帶有精子的精液射入女性靠近子宮頸的陰道中。為了要到達卵子，精子靠尾部的擺動及女性體內子宮壁與輸卵管平滑肌的收縮幫助。

雖然男性一次射精約有上億顆精子留在女性體內，實際到達輸卵管的精子數約只有數百到數千顆，但真正能讓卵子受精的只有一顆。

一、受精與著床 (Fertilization and Implantation)

受精作用始於精卵細胞膜的接觸，完成於雙方細胞核的融合，是指精子接觸卵、穿入卵內，然後兩個細胞核發生結合的一連串過程。剛從卵巢排出的卵，外圍有許多稱為**放射冠**(corona radiata)的濾泡細胞保護，藉由精子尖體(acrosome)產生尖體素(acrosin)並釋出玻尿酸酶(hyaluronidase)等的作用，精子才能到達輸卵管的壺腹(ampulla)與卵結合（圖18-1）。

當一個精子接觸到卵外圍的**透明帶**(zona pellucida)時，尖體釋出的酶能化出一通道，使精卵得以結合。接下來，由於兩者細胞膜的接觸融合，卵表面立即產生電位變化，同時膜內發生質反應(cortical reaction)，釋出一些物質，使得膜上的精子受體(sperm receptor)構型改變，卵子形成受精膜(fertilization membrane)阻斷其他精子的附著或進入，避免**多精受**

精(polyspermy)的發生。精子進入卵子後，尾部會脫落，核融合形成**合子**(zygote)（圖18-2）。

受精作用通常是在排卵後的24~48小時完成的。受精卵結合了來自父母雙方的染色體，人類的精子及卵子原先各自帶有單套（23個）染色體，合子中恢復為雙套（46個）。基因經過交換重組及分配，合子內來自父母雙方各半的遺傳物質，因此受精卵具有與雙親遺傳特質相異的組合。同時亦決定了未來新個體的性別，卵子與帶Y染色體的精子結合，可發育成男嬰；與帶X染色體的精子受精，則發育為女嬰。合子形成後約36小時後進行第一次**卵裂**(cleavage)，所產生的細胞稱為分裂球(blastomeres)。卵裂後所形成的小細胞團在不斷分裂的同時會由輸卵管移動繼續往子宮腔的方向移動。

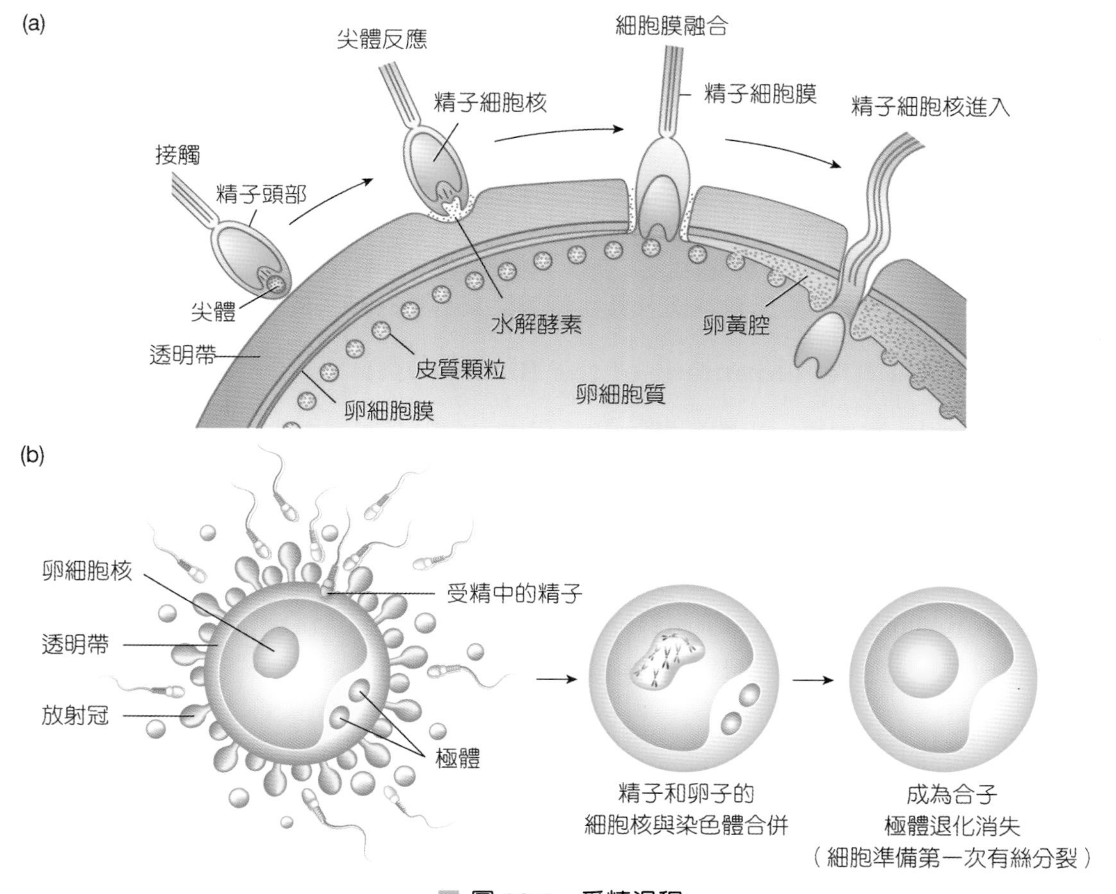

圖 18-1 受精過程

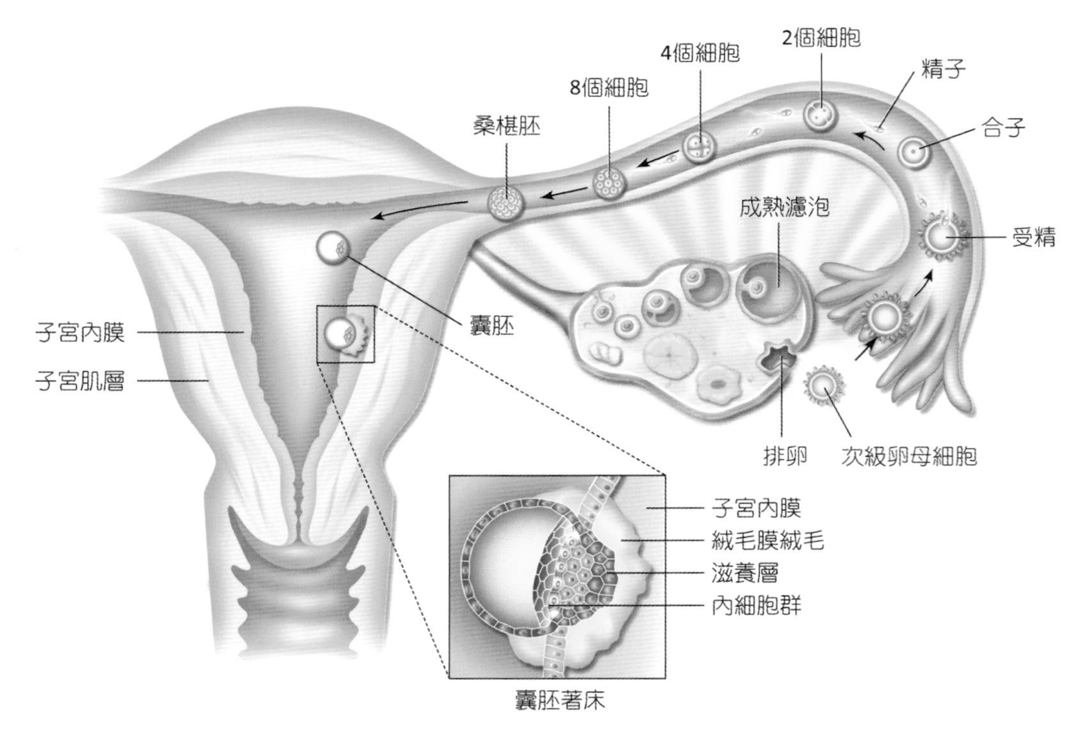

■ 圖 18-2 受精、卵裂與著床過程

二、囊胚的發育 (Development of the Blastocyst)

由輸卵管到子宮約需三天的時間，受精卵由一分為二、二分為四，如此快速分裂的結果，到了第三天時，形成具有16個細胞的實心球，稱為**桑椹體**(morula)。桑椹體在子宮腔內並不會與子宮壁貼合，但受精後第四天，桑椹體逐漸發展成中空的**囊胚**(blastocyst)。此時，透明帶逐漸退化崩解，液體充滿了**囊胚腔**(blastocyst cavity)，把囊胚分隔成兩部分：**滋養層**(trophoblasts)以及**內細胞群**(inner cell mass)。滋養層將來形成胎兒部分的胎盤(placenta)，而內細胞群（即胚母細胞）則發育成為**胚胎**(embryo)。

三、著床 (Implantation)

大約在受精作用6天後，囊胚會以靠近內細胞團的一端附著於子宮內膜，這就稱為著床。由於排卵後荷爾蒙的變化以及黃體(corpus luteum)的形成，子宮內膜持續處於準備著床的狀態。著床時，滋養層細胞快速增生，形成位於內細胞團的**細胞滋養層**(cytotrophoblast)及外圍指狀的**融合滋養層**(syncytiotrophoblast)（圖18-3）。滋養層的細胞會分泌酵素使囊胚能穿透子宮內膜，融合滋養層細胞深入子宮壁內膜及結締組織，並把它們轉化成為胚胎發育所需的養分。

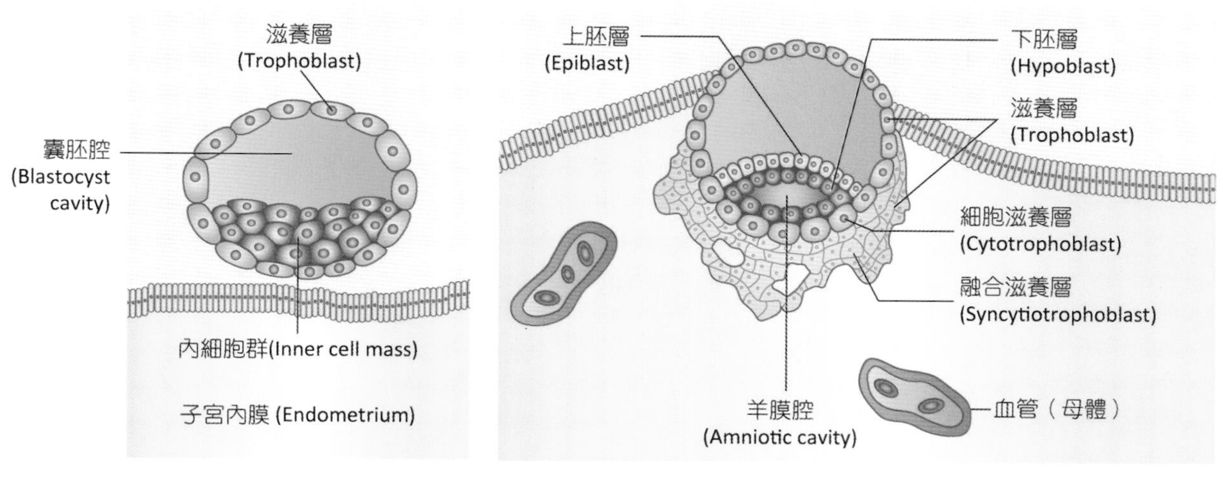

圖 18-3 雙層胚盤

胚胎發育(Embryonic Development)

一、胚胎期 (Embryonic Stage)

胚胎期是指受精卵前兩個月的發育而言。在此階段最重要的變化為胎盤的形成、內部器官的成形及外部身體結構的形成。著床後的囊胚，內細胞團開始形成兩層扁盤狀的**胚盤**(embryonic disc)，後續分化成三層原始胚層(primary germ layers)。其中，在上的一層為**上胚層**(epiblast)或稱原始外胚層(primary ectoderm)，下層的稱為**下胚層**(hypoblast)或稱原始內胚層(primary endoderm)（圖18-3）。此時，滋養層與上胚層之間已出現空隙，逐漸形成**羊膜腔**(amniotic cavity)。所以這時期的囊胚具有羊膜腔和**囊胚腔**(blastocyst cavity)兩個空腔。

在第二週的發育期間，下胚層細胞分布於囊胚腔，形成**初級卵黃囊**(primary yolk sac)；不久，第二波由下胚層衍生的內胚層細胞再進入，初級卵黃囊受擠逐漸退化，然後才由內胚層圍成後來的次級卵黃囊。在細胞滋養層與羊膜、卵黃囊之間，有一新生的**胚外中胚層**(extraembryonic mesoderm)，**絨毛膜腔**(chorionic cavity)就是由此胚外中胚層中間的空隙連成的。

到了第三週，兩層結構的胚盤靠近尾端的上胚層細胞出現一條淡色的中線，稱為**原條**(primitive streak)。原條前端的凹陷稱為**原窩**(primitive pit)，其外圍有一圈稍微隆起的上胚層細胞，稱為**原結**(primitive node)。這時候的上胚層細胞開始沿著原條向腹面、兩側及頭端遷移，這些細胞游移於上、下胚層細胞之間，形成**胚體中胚層**(intraembryonic mesoderm)，有的則取代下胚層形成內胚層。此一過程稱為**原腸胚形成**(gastrulation)（圖18-4）。

在發育中的第四週，扁平的胚盤會變成圓柱狀的結構，藉連接柄(connecting stalk)或體柄(body stalk)附著在發育中的胎盤。此時已有頭脟、心跳、血流及未來形成四肢的肢芽的結構。

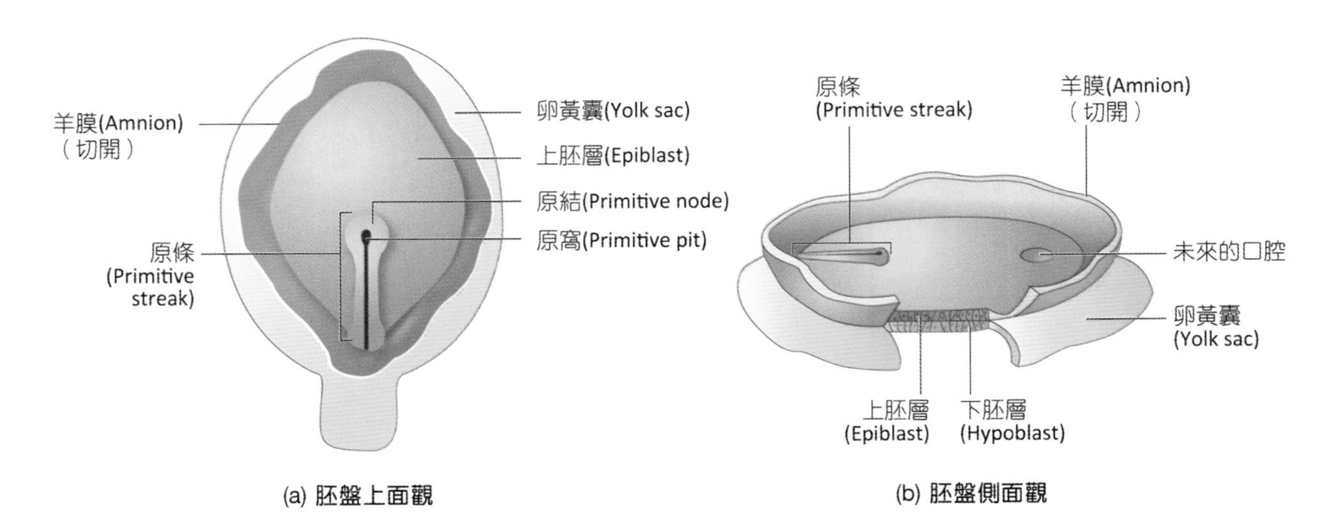

(a) 胚盤上面觀

(b) 胚盤側面觀

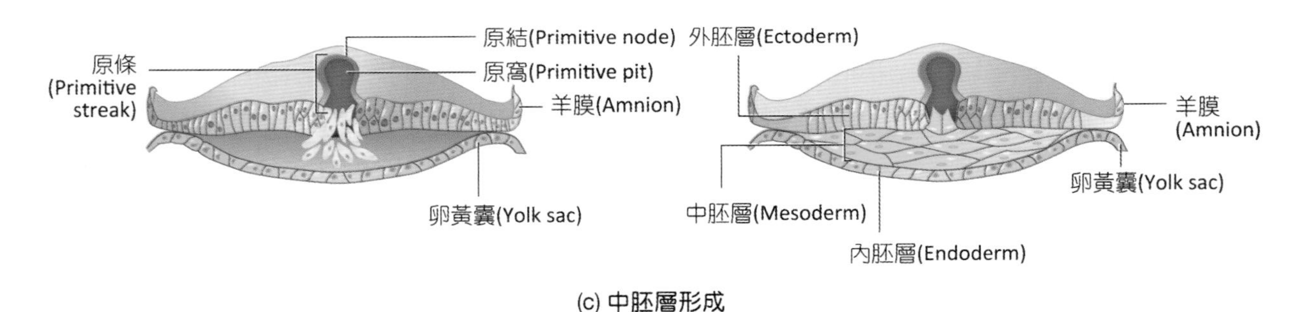

(c) 中胚層形成

圖 18-4 三層胚盤形成

二、三胚層及其衍生的構造和器官

在原腸胚形成時期，原來的兩層胚盤已演變成三胚層結構，而胚體的頭尾、左右以及背腹面也成定局。由於細胞間相互作用的結果，各種細胞有其特定的命運（表18-1）。

由原結生成的間葉細胞(mesenchymal cell)在內胚層(endoderm)、外胚層(ectoderm)間形成脊索突起(notochordal process)，最後演變成**脊索**(notochord)。在脊索上方的外胚層，則被誘導成神經性外胚層(neuroectoderm)，後將形成神經系統。至於其他系統像血管、呼吸、消化、泌尿、生殖等系統，也是在4~8週期間逐漸發育形成的。

表18-1 三胚層衍生構造

外胚層	中胚層	內胚層
表皮、神經系統、部分特殊感覺器官、頭髮、皮膚腺體及口腔與肛管的內襯	肌肉、骨骼、腎臟、結締組織和循環系統	消化系統、呼吸系統的上皮內襯及肝、胰

三、胚胎外膜 (Extraembryonic Membranes)

胚胎外膜在胚胎期發育形成，位於胚胎外，具有保護、滋養胚胎及胎兒的功能。受精後的兩週內，胚體尚無循環系統。在著床時，滋養細胞層破壞一些子宮壁內膜，使胚體能暫時從母體獲得養分。到了第三週，有四種胚胎外膜形成，包括（圖18-5）：

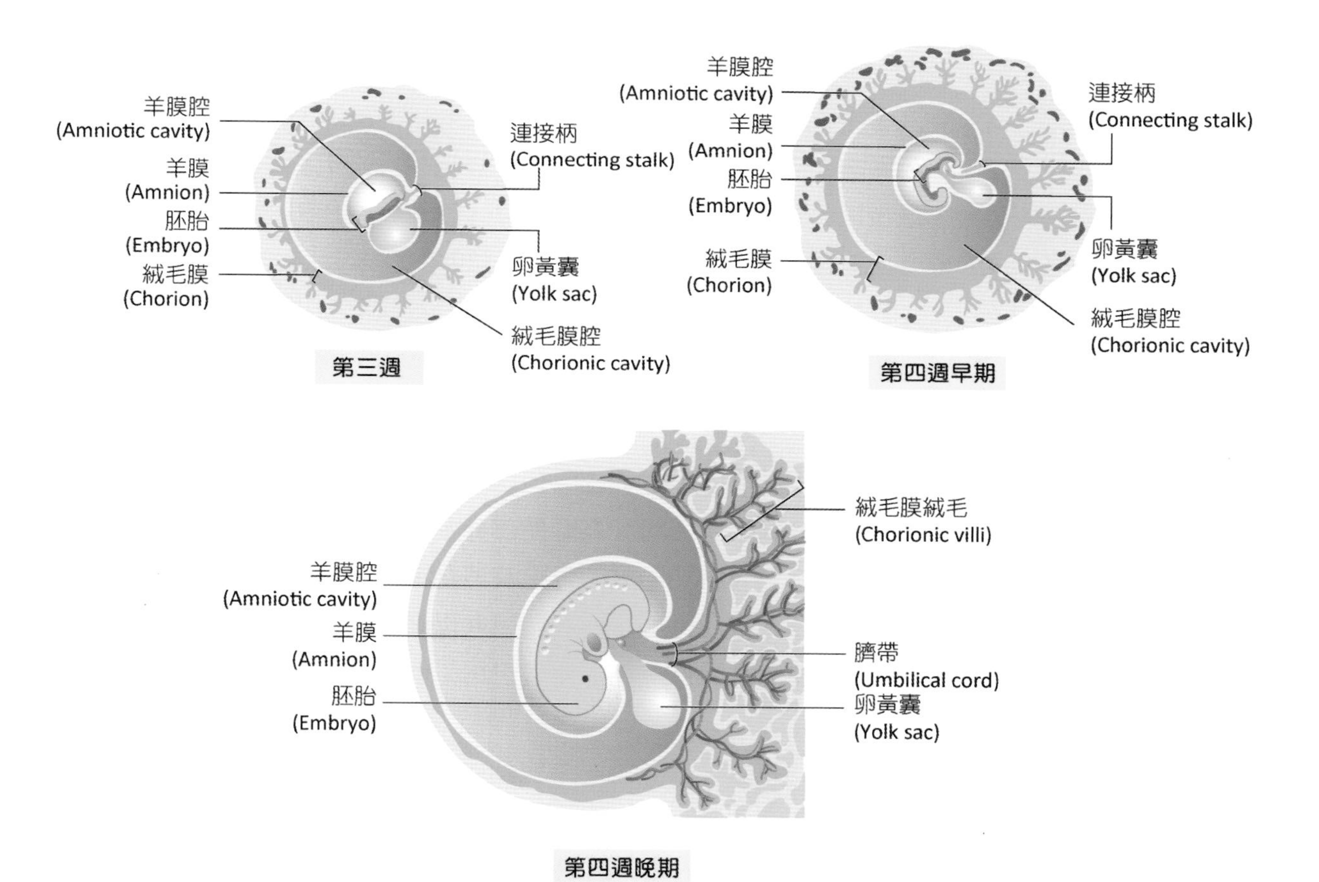

圖 18-5 胚胎外膜的形成

1. **卵黃囊**(yolk sac)：內襯內胚層細胞的薄膜，它是唯一供應胚胎養分的結構。在第二、三週發育期間，胎盤尚未形成，這時的卵黃囊與養分的輸送有關。而血球的形成以及原始生殖細胞(primitive germ cells)也是在此發生的。直到第六週，卵黃囊才退化成為臍帶內無功能的細條狀結構。
2. **羊膜**(amnion)：一層薄的保護膜，大約在受精後第八天由胚胎形成。最初見於二層胚盤的上方，隨著胚體的長大，羊膜腔也不斷地加大，包圍整個胚體，最後包於臍帶外圍。腔內充滿液體，成分含有水、上皮細胞、蛋白質、醣類、酶、荷爾蒙等物質，可以防止胎兒受到振動傷害，並維持穩定的溫度，並提供胎兒相當的活動空間以利發育。分娩前羊膜會先行破裂，流出的羊水更有助於生產。
3. **尿囊**(allantois)：小的血管化薄膜，通常出現於第三週，它是卵黃囊尾端外突的指狀結構。尿囊除了與膀胱形成有關外，囊壁上的血管更能衍生成為臍動脈和臍靜脈。尿囊最後退化成為**正中臍韌帶**(median umbilical ligament)，連接膀胱與肚臍之間。
4. **絨毛膜**(chorion)：來自囊胚的細胞滋養層，以及上面附帶的中胚層細胞，是包圍於胚胎最外層的保護膜。在囊胚時期，其外圍的細胞滋養層不斷增生，產生許多絨毛，與母體子宮內膜密切結合。最後絨毛膜會變成胎盤的主要部分，除有保護作用外，也是胎兒與母體間物質交換的場所。羊膜也包圍胎兒，最後與絨毛膜的內層融合。

四、胎盤與臍帶 (Placenta and Umbilical Cord)

(一) 胎盤 (Placenta)

胚胎期的另一個重要活動是胎盤的形成。胎盤大約於懷孕後3個月發育完成。一個發育完成的胎盤，外型扁平盤狀，在構造上，可分為胎兒部分及母體部分，由胎兒的絨毛膜和母體的部分子宮內膜所組成（圖18-6）。胎兒的腎臟及消化道不具功能，必須經由母體血液獲得氧氣及營養物質，並排出二氧化碳與廢物，胎兒與母體間的物質交換就是在胎盤進行，胎盤同時能合成肝醣和脂質，作為胚胎早期發育之用；所分泌的荷爾蒙，更是維持懷孕、胚胎生長不可或缺的要素。

一旦囊胚著床，子宮內膜的細胞及血管均發生重要的變化。部分子宮內膜會特化成為**蛻膜**(decidua)，蛻膜名稱以它和受精卵的關係位置命名。**壁蛻膜**(decidua parietalis)指除胎盤以外部分內襯於整個子宮腔的特化子宮內膜，**囊蛻膜**(decidua capsularis)指介於胚胎與子宮腔間的子宮內膜，**基蛻膜**(deciduas basalis)指介於胚體與子宮基底層之間的部分，將來會發育成為母體部分的胎盤。此處絨毛膜不只深入子宮內膜，同時一再分枝，加強與子宮壁的接觸面，與基蛻膜相互嵌合，共同構成胎盤（圖18-7）。

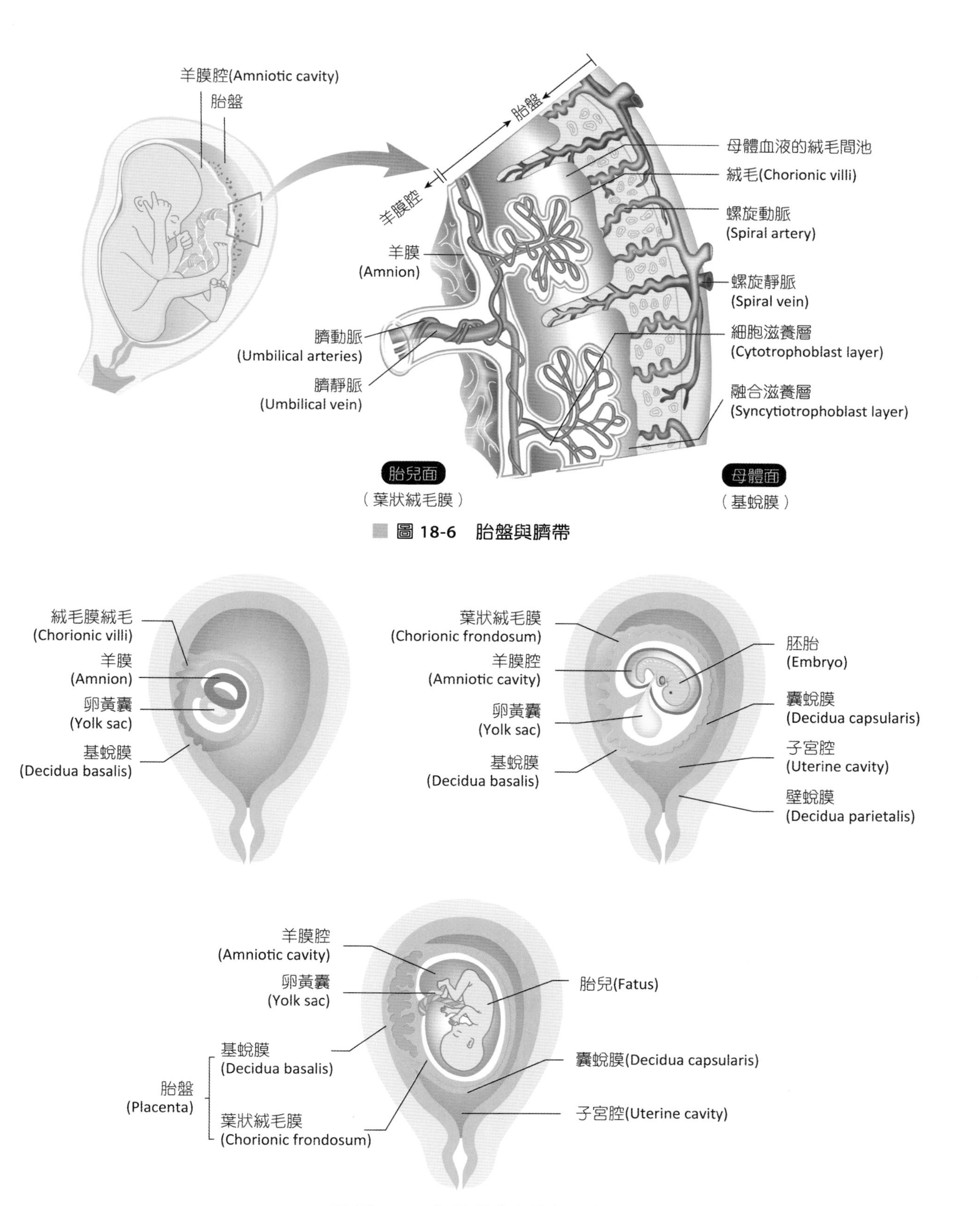

圖 18-6　胎盤與臍帶

圖 18-7　胚胎發育與胎盤形成

胚胎發育時期，絨毛膜會長出指狀突起稱為**絨毛膜絨毛**(chorionic villi)，並深入子宮內膜的基蛻膜，直到絨毛浸潤於母體血竇中，這些血竇稱為絨毛間腔(intervillous space)。母體與胎兒之間的血流並不直接相通，兩者物質的交換是在絨毛及絨毛之間達成的。母體血液中的氧及養分，在絨毛間隙擴散到達絨毛內微血管，由臍靜脈進入胎兒。胎兒產生的廢物則由臍動脈送至絨毛的微血管，經擴散到絨毛間隙而送回母體血內。

（二）臍帶 (Umbilical Cord)

胎盤上面布滿絨毛以及血管，這些血管穿進臍帶內，並與胎兒的血管系統相連，附著在胎兒的肚臍。臍帶含有血管，在胎盤內分枝成微血管；正常情況下，母體與胎兒的血液並不相混，而物質交換均經由微血管。胎兒的廢物經擴散出微血管，進入胎盤的絨毛間隙，最後到達母體子宮的血管。營養物質則走相反路線，即由母體血液進到絨毛間隙，再擴散至胎兒的微血管。

胚胎發育到第5週時，臍帶內的構造包括胚胎的**連接柄**(connecting stalk)、卵黃柄(yolk stalk)，還含有**兩條臍動脈**(umbilical arteries)和**一條臍靜脈**(umbilical vein)，以及一些來自於尿囊的黏性組織(mucous tissue)支持著，這些黏液結締組織稱為**華通氏膠質**(Wharton's jelly)。通常臍帶的直徑約為1~2 cm，長度則約有50 cm，太長或過短的情況偶會發生。太長的臍帶容易發生纏繞或是受到擠壓，造成缺氧，影響胎兒正常的發育。

肚臍(Umbilicus or Navel) Clinical Applications 

生產時，胎盤隨著胎兒脫離子宮避而排出體外，稱為胞衣(after-birth)，這時候臍帶被切斷使嬰兒獨立，長大後，當年臍帶進入腹部的部位留下一個疤痕，這就是肚臍。

18-2 胎兒期(Fetal Period)

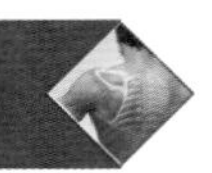

1. **第9~12週**：胎兒期始於發育的第九週至分娩止，到了第二個月以後發育的個體稱為**胎兒**(fetus)。胚胎內的器官系統已形成並持續發育。一般而言，在第22天時，胚胎的心跳即已開始；第八週末，胚胎的主要外觀構造如：眼、耳、口、上下肢、指及趾等大致已經形成。從第九週開始，各器官系統才更趨成熟，只有一小部分是新生的（圖18-8）。
2. **第三個月**：身高生長加速，但頭部生長則最慢。臉部變得更像人的模樣，原在兩側的眼睛，移向前方；耳也到達定位。雖然下肢發育稍慢，但四肢的長度已達相當的比例。外生殖器已發育到能區分出男性或女性。原先突出於臍帶內的腸管漸漸退回腹腔。大部分骨骼中出現骨化中心。

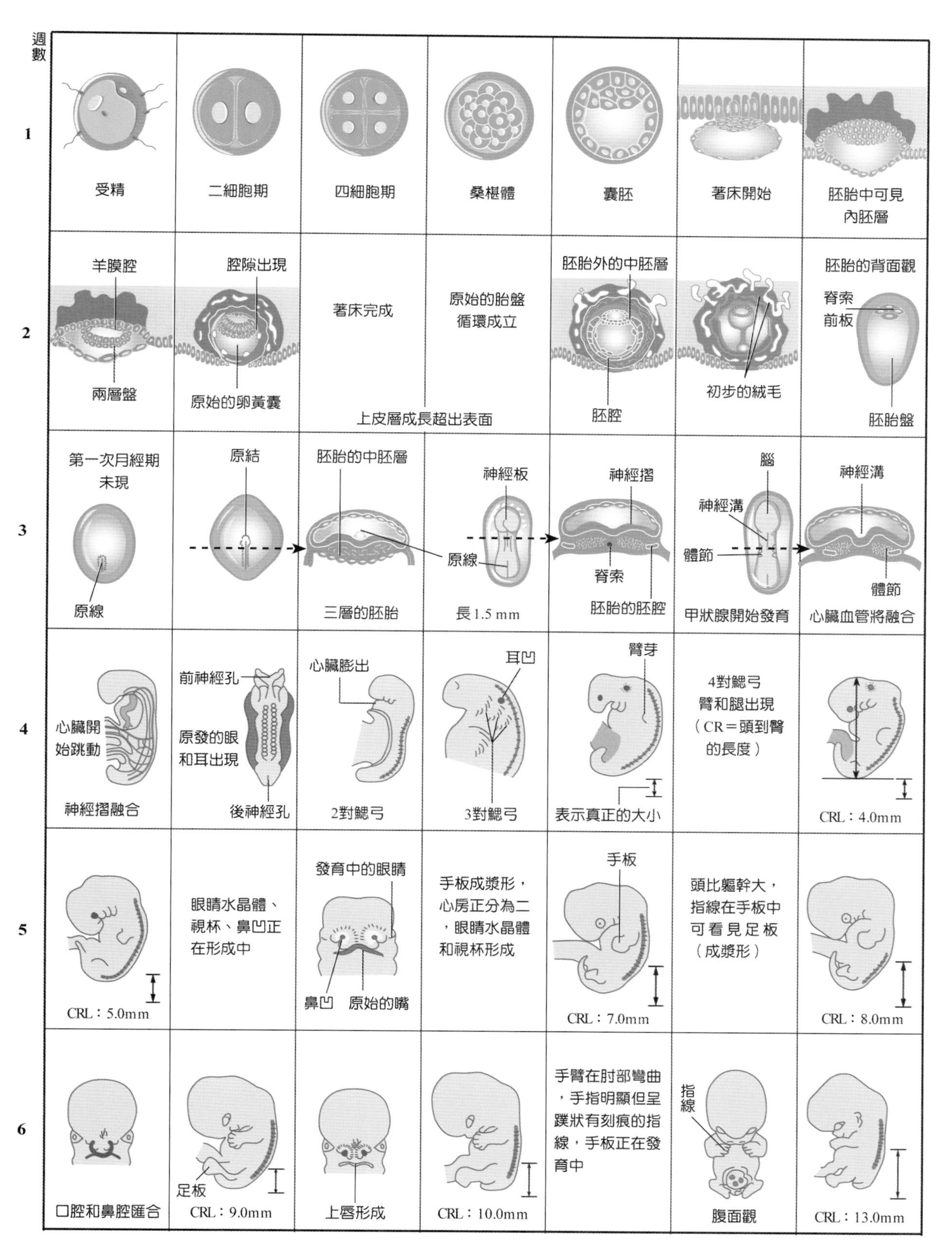

圖 18-8　胚胎至胎兒期的發育

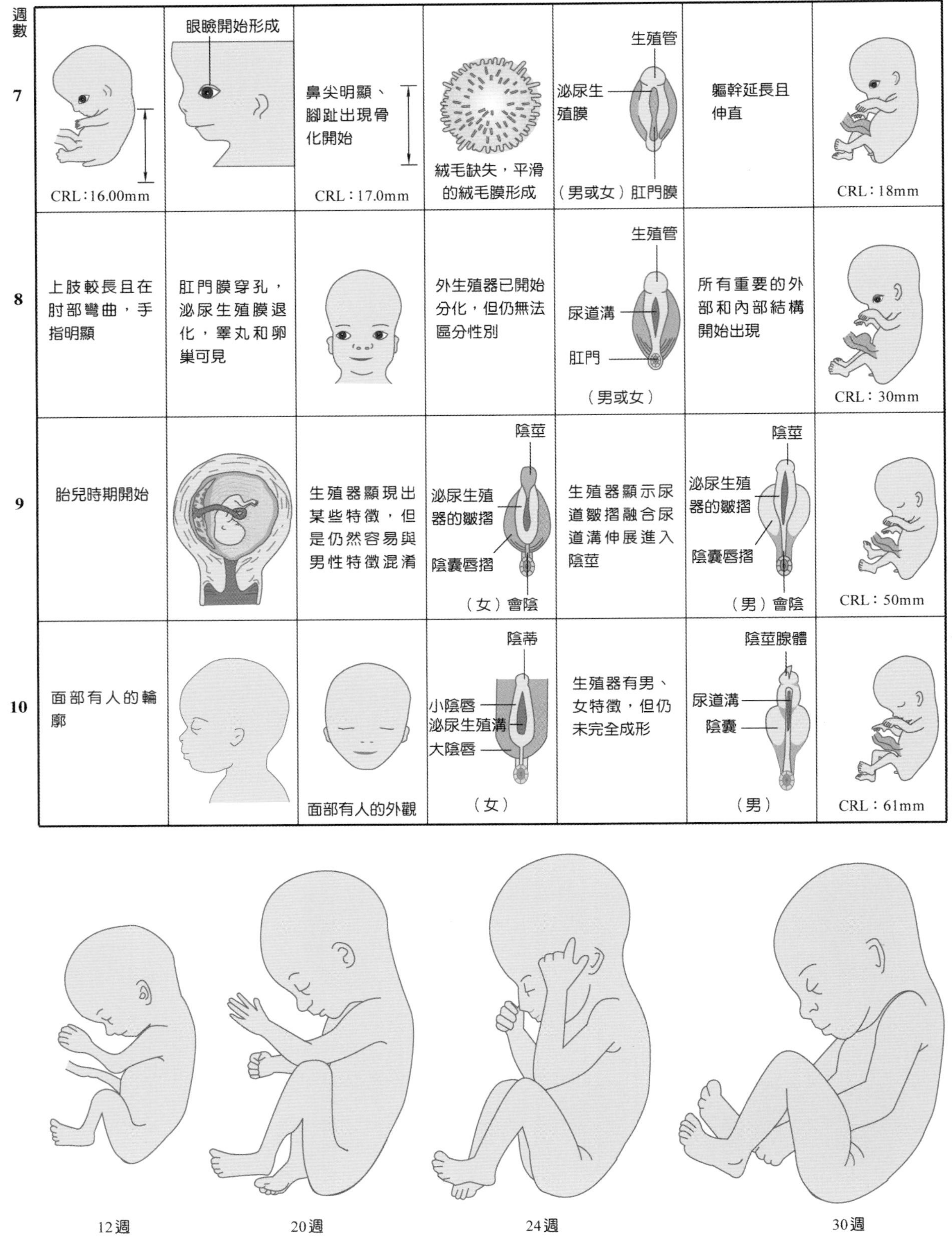

圖 18-8 胚胎至胎兒期的發育（續）

3. **第四個月**：身體生長快速，骨骼持續骨化，肌肉已有反射動作發生。
4. **第五個月**：胎兒迅速長大，此時約為出生兒身長的2/3，而體重則只有500公克左右。胎毛(lanugo)覆於全身，頭髮、眉毛也清晰可見。骨骼肌開始活動，使母體可感受明顯胎動(quickening)情形。頭上有毛髮出現，皮膚上有胎毛(lanugo)且覆蓋一層由皮脂腺與死亡表皮細胞分泌的脂肪混合物即胎兒皮脂(vernix caseosa)。
5. **第六個月**：因為皮下結締組織缺乏，皮膚呈紅色有皺紋。由於呼吸系統和中樞神經系統分化尚未完全，加上協調作用尚未完善的關係，此時生出的胎兒通常不易存活。此後，胎兒體重快速增加，尤其在子宮裡最後的兩個半月內，就增加了初生兒一半的體重。
6. **第七個月**：由於皮下脂肪的逐漸堆積，皮膚變的平滑且胎兒的身體變的比較圓潤。
7. **第八個月**：胎兒皮膚仍為紅色有皺摺，男性的睪丸從靠近發育中腎臟的位置經腹股溝管，下降至陰囊。
8. **第九個月末**：頭顱是全身最大的部位，這對順利生產相當重要。
9. **第十個月末**：胎兒發育完全，皮膚上的胎毛開始脫落，但仍然覆蓋胎兒皮脂。頭蓋骨也大部分骨化，手指及腳趾也有發育好的指甲與趾甲。胎兒的位置是倒立的，頭部朝向子宮頸口。但是，有些器官並不是在出生時就達到完全成熟的情況，像生殖系統及第二性徵的表現就是很明顯的例子。

18-3 分娩(Labor or Parturition)

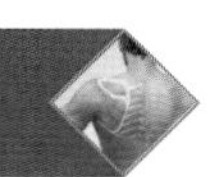

分娩是指胎兒、胎盤以及胎膜經由母體產道產出的整個過程。從卵子受精時算起，經過266天的發育，妊娠期將結束。此時，子宮壁肌肉層對**催產素**(oxytocin)的感應特別強，促使子宮開始節律性收縮，強迫子宮內的物體往子宮頸移動，開始分娩作用。一般認為與好幾種荷爾蒙有關。首先，腦下腺後葉釋出的催產素能促進子宮收縮。在臨床上，催產素可用以催生，也能促使肌肉細胞分泌**前列腺素**(prostaglandin)，進而提高肌肉對催產素的感應性而增強收縮力。此外，**動情素**(estrogens)也能增加子宮肌肉的活力並刺激催產素和前列腺素的分泌。

至於引發分娩的訊息，有人認為可能來自胎兒的腦部和胎盤。胎兒所分泌的皮質固醇釋放激素(CRH)，如果達到一定量時，可使動情素增加準備分娩。營養不良、長期的壓力則會造成皮質固醇釋放激素的升高，引發早產。子宮的收縮波類似蠕動，是由頂側向下推動而將胎兒往外擠出；陣痛就是由於子宮收縮而引起。開始陣痛後，其間隔會越來越有規律，越來越短，而且收縮力越強。分娩時，子宮頸擴大；同時，積聚在子宮頸附近的含血黏液則會排出，以減少阻力。

分娩過程通常分為下列幾個階段（圖18-9）：

1. **擴張期**：始於規則的陣痛，直到子宮頸開到最大為止。通常初產婦所需時間較久，約需12小時，第二胎則只需約前一胎減為一半的時間（約7小時）。由於子宮壁不斷地收縮，此時期會伴有羊膜破裂、羊水流出的情形。
2. **排出期**：胎兒被迫下降，經由產道產出。腹壁肌肉被刺激而收縮，以幫助胎兒經子宮頸及陰道而排出母體外。
3. **胎盤期**：嬰兒出生後，子宮壁肌肉繼續收縮，在胎盤與子宮間形成的血腫(hematoma)，能促使兩者之分離。於是胎盤、胎膜及臍帶（含稱為胎衣）隨後排出，此時約需20分鐘完成。

生產後恢復期約長達2小時。子宮肌肉仍在收縮，使血管受壓迫以減少流血。在產後的幾星期，子宮因退化過程會變小，子宮內膜脫落且由陰道排出。

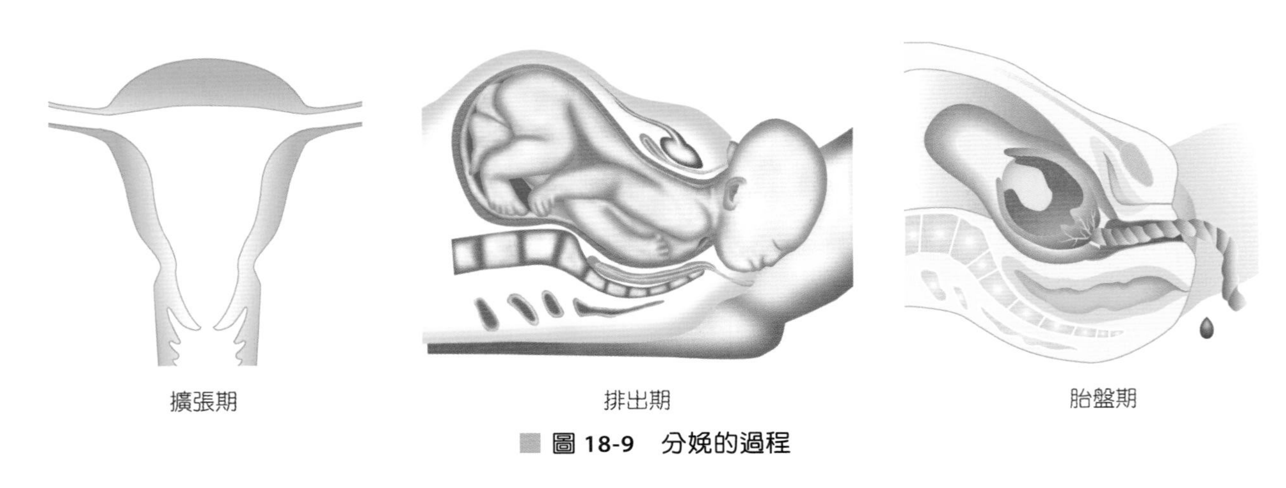

圖 18-9　分娩的過程

18-4 新生兒期(Neonatal Period)

從胎兒生產時算起的4個星期稱為新生兒期。新生兒必須很快做生理上的調適，因為在懷孕期間，胚胎或胎兒養分和氧氣的供應、廢物和二氧化碳的排除，都得依賴與母體間交換才能維持生存發育。出生前的胎兒體內各系統大多已發育完成，準備於出生後立刻進行運作。

呼吸系統的調適

雖然由原先依賴子宮生存而驟然改為獨立運作的情況，初生而仍能順利地適應新的變化。其中最重要的一項便是呼吸，原先依賴胎盤的胎兒循環，要改成以肺做氣體交換的循環；其實，胎兒的呼吸系統早在出生前2個月即已部分發育完成。出生前的肺內充滿羊水，在生產時由於受到擠壓可經口或鼻排出，或由肺部吸收掉。胎兒產出後，血液循環繼續進行，而來自母體的血液中斷，氧氣含量漸低，當二氧化碳濃度上升時，便會刺激延腦的呼吸中樞，引發嬰兒吸進第一口氣。而原先沒有空氣的肺臟，第一次的吸氣顯的特別深，吐氣也特別有力。整個胎兒的肺不斷的分泌表面張力素(surfactant)，減少將肺臟撐開時的表面張力。

心臟血管系統的調適

至於心臟血管系統方面，在新生兒作第一次吸氣之後，也進行了相當的調整。這些變化是從胎兒到新生兒的血液循環來了解（圖18-10）。胎兒循環與成人循環不同，胎兒血液乃經兩條臍動脈(umbilical arteries)到條達胎盤，**臍動脈含缺氧血**，屬於髂內動脈分枝，而**充氧血**是經胎盤的一條**臍靜脈**(umbilical vein)送回胎兒。臍靜脈在胎兒體腔內上行至肝臟底下，再形成兩條分枝；一分枝與肝門靜脈接合，少部分血液由此進入肝臟；胎兒的肝臟並不具消化功能，因此大部分血流進入另一分枝及**靜脈導管**(ductus venosus)，直接進入下腔靜脈而不經肝臟。由靜脈導管來的充氧血與身體下部返回的缺氧血會在下腔靜脈處混合，才進入右心房。

出生前，胎兒的充氧血與缺氧血混合處有：肝、下腔靜脈、右心房、左心房以及動脈導管進入主動脈處，血液在主動脈經由動脈分枝送到身體各部分，一部分血流經髂內動脈、臍動脈而回胎盤，以進行另一次物質交換。因此，在胎兒循環中，只有臍靜脈含有純淨的充氧血。

胎兒心房中隔間有一相通的**卵圓孔**(oval foramen)，右心房的血液有1/3經卵圓孔流至左心房，進入體循環，其餘血液則進入右心室，經肺動脈幹入肺臟（極少部分），缺氧血因而由右心房進入右心室再由肺動脈導入肺部。由於出生後左心房壓力增加以及右心房壓力降低，致使卵圓孔被隔膜關閉，此時改稱**卵圓窩**(fossa ovalis)。

同時，因為胎兒的肺臟是凹陷的，並不具功能，故由右心室而來的血液不流到肺臟，而是送往動脈導管，原先連接肺動脈至主動脈的**動脈導管**(ductus arteriosus)，也由於上述兩大動脈血壓相近而使管壁肌肉萎縮退化、管腔變小；通常在嬰兒出生後的1~3個月內，管腔逐漸閉鎖，最後退化成**動脈韌帶**(ligamentum arteriosum)。

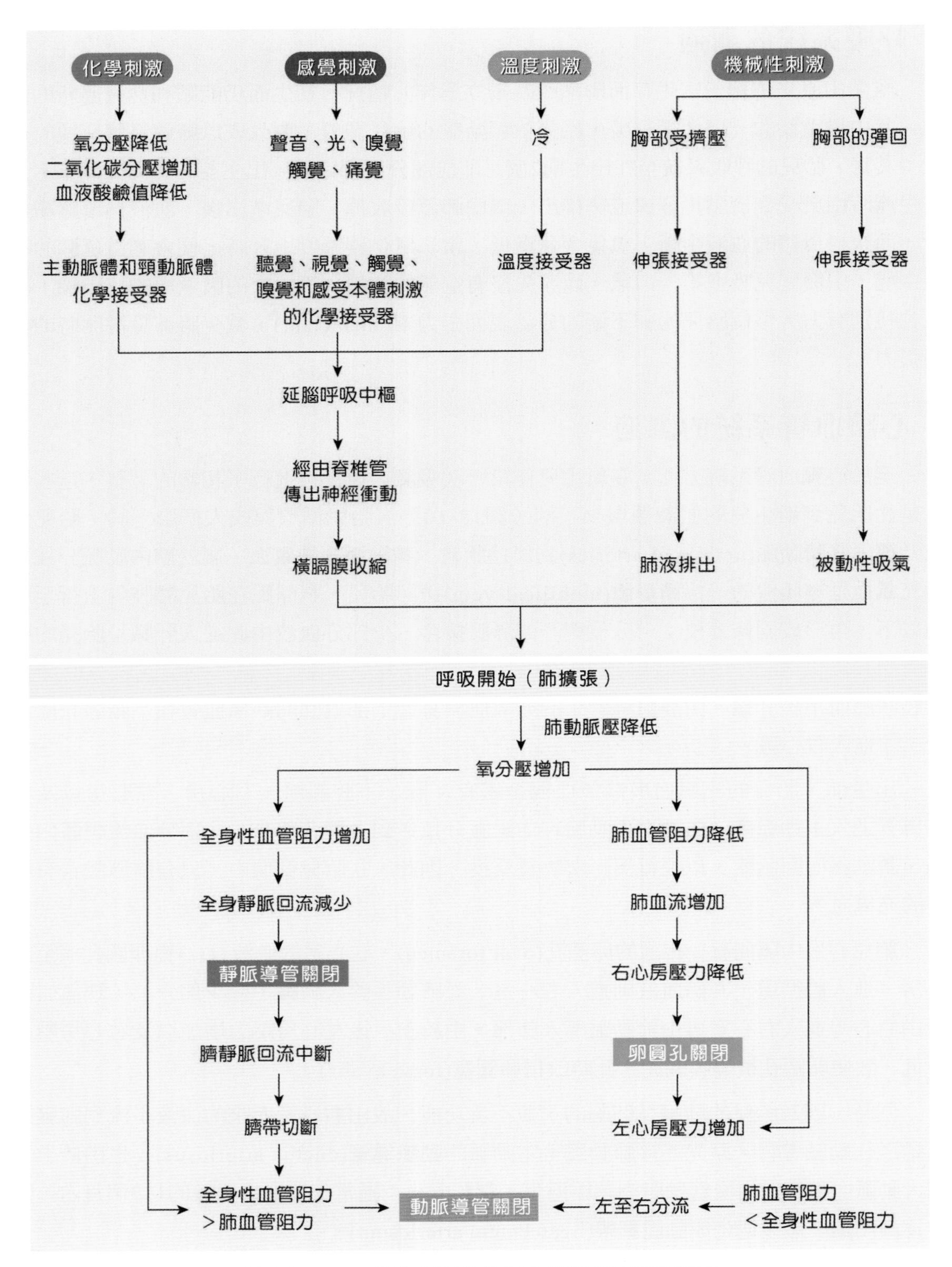

■ 圖 18-10 新生兒出生後呼吸與循環系統的調適

在胎兒出生時，肝臟、腎臟、肺臟及消化器官立即建立功能，則胎兒循環中的特殊構造不再需要，而產生以下的變化：

1. 臍動脈萎縮而變成臍外韌帶(later umbilical ligaments)。
2. 臍靜脈變成肝圓韌帶(round ligaments of the liver)。
3. 胎盤以胎衣(after-birth)排出母體。
4. 靜脈導管變成靜脈韌帶(ligamentum venosum)，為肝靜脈韌帶裂的纖維索。
5. 卵圓孔於出生後不久關閉變成卵圓窩(fossa ovalis)，為心房中隔的一個凹陷。
6. 動脈導管關閉、萎縮而變成動脈韌帶(ligamentum arteriosum)。

出生後，新生兒將以獨立的個體繼續生長發育，開始新的生命旅程。

摘要．SUMMARY

胚胎期	1. 受精作用：精子穿入卵內，兩個細胞核發生結合。通常是在排卵後的24~48小時完成 2. 囊胚內細胞團形成兩層扁盤狀的胚盤，分化成三層原始胚層。在上的一層為上胚層，下層稱為下胚層。滋養層與上胚層之間已出現空隙，逐漸形成羊膜腔 3. 胚胎外膜：卵黃囊、羊膜、尿囊、絨毛膜 4. 母體與胎兒間的血流不直接相通，兩者物質交換是在絨毛及絨毛之間達成 5. 臍帶裡含有兩條臍動脈和一條臍靜脈
分娩	1. 分娩是指胎兒、胎盤以及胎膜經由母體產道產出的整個過程 2. 分娩過程：擴張期、排出期、胎盤期
新生兒期	1. 胎兒產出後來自母體的血液中斷，二氧化碳濃度上升，刺激呼吸中樞，引發嬰兒吸進第一口氣 2. 臍動脈萎縮而變成臍外韌帶、臍靜脈變成肝圓韌帶、靜脈導管變成靜脈、卵圓孔變成卵圓窩、動脈導管變成動脈韌帶

課後習題 · REVIEW ACTIVITIES

1. 受精(fertilization)主要發生於何處？(A)卵巢 (B)輸卵管 (C)子宮 (D)子宮頸
2. 由胎盤分泌的人類絨毛膜促性腺激素(hCG)作用與何種腦下腺激素相似？(A)黃體生成素(LH) (B)生長激素 (C)胰島素 (D)甲狀腺素
3. 懷孕婦女的子宮血液循環量會隨胎兒的增大而有何變化？(A)減慢 (B)加快 (C)兩者並無關聯 (D)不變
4. 於雌性生殖細胞中，何者具單套23條成對之染色體？(A)卵原細胞 (B)初級卵母細胞 (C)次級卵母細胞 (D)卵細胞
5. 妊娠幾週時，可區分胎兒的性別？(A) 6週 (B) 8週 (C) 12週 (D) 16週
6. 孕婦超音波檢查結果：胎兒的頭臀徑(crown-rump length)約為6.5公分，外生殖器明顯分化，有吞嚥羊水的動作，預估懷孕 週數為：(A) 9週 (B) 10週 (C) 12週 (D) 14週
7. 孕期中最容易出現器官發育異常的時期為：(A)胚胎前期 (B)胚胎期 (C)胎兒期 (D)減數分裂期
8. 下列哪個構造不是由中胚層發育出來？(A)腎臟 (B)皮膚的真皮組織 (C)血液、淋巴組織 (D)腎上腺髓質
9. 當受精卵著床後的子宮內膜成為蛻膜，下列敘述何者錯誤？(A)當發生子宮外孕時，若受精卵著床於輸卵管上，輸卵管內膜也會有蛻膜變化 (B)蛻膜由三部分所組成：囊蛻膜、基蛻膜及壁蛻膜 (C)基蛻膜位於胚胎正下方，會發展成胎盤的母體部分 (D)當胎兒逐漸長大，妊娠囊慢慢往外擴大，最後基蛻膜和壁蛻膜會融合在一起
10. 胚胎期是指什麼期間？(A)受精後6週內 (B)著床後6週內 (C)受精後第3~8週 (D)懷孕期的第11~12週

答案：1.B 2.A 3.B 4.C 5.C 6.C 7.B 8.D 9.D 10.C

參考資料・REFERENCES

徐國成、韓秋生、舒強、于洪昭(1993)・*局部解剖學彩色圖譜*・新文京。

馬青、王欽文、楊淑娟、徐淑君、鐘久昌、龔朝暉、胡蔭、郭俊明、李菊芬、林育興、邱亦涵、施承典、高婷育、張琪、溫小娟、廖美華、滿庭芳、蔡昀萍、顧雅真…許瑋怡(2022)・於王錫崗總校閱，*人體生理學*（6版）・新文京。

張丙龍、林齊宣(2006)・解剖學原理與實用・合記。

許世昌(2019)・*新編解剖學*（4版）・永大。

許家豪、張媛綺、唐善美、巴奈比比、蕭如玲、陳昀佑(2021)・*生理學*（4版）・新文京。

麥麗敏、陳智傑、廖美華、鍾麗琴、陳建瑋、祁業榮、黃玉琪、戴瑄、呂國昀(2015)・於王錫崗總校閱，*解剖生理學*（2版）・華杏。

馮琮涵、黃雍協、柯翠玲、廖智凱、胡明一、林自勇、鍾敦輝、周綉珠、陳瀅(2021)・*人體解剖學*・新文京。

廖美華、溫小娟、高婷玉、顏惠芷、林育興(2020)・於劉中和總校閱，*解剖學*（2版）・華杏。

韓秋生、徐國成、鄒衛東、翟秀岩(2002)・*組織學與胚胎學彩色圖譜*・新文京。

索 引・INDEX

A

B

C

D

D

F

G

H

I

J

K

L

M

N

O

P

Q

R

S

T

U

V

W

X

Y

Z

國家圖書館出版品預行編目資料

解剖學／賴明德、王耀賢、鄧志娟、吳惠敏、李建興、許淑芬、陳晴彤、李宜倖編著. －二版. －新北市：新文京開發出版股份有限公司，2022.06
面；公分

ISBN 978-986-430-831-6（平裝）

1. CST：人體解剖學

394 111005891

解剖學（第二版） （書號：**B339e2**）

作　　者	賴明德　王耀賢　鄧志娟　吳惠敏 李建興　許淑芬　陳晴彤　李宜倖
出 版 者	新文京開發出版股份有限公司
地　　址	新北市中和區中山路二段 362 號 9 樓
電　　話	(02) 2244-8188（代表號）
F　A　X	(02) 2244-8189
郵　　撥	1958730-2
初　　版	西元 2016 年 1 月 1 日
二　　版	西元 2022 年 6 月 15 日

　　建議售價：720 元

法律顧問：蕭雄淋律師
ISBN 978-986-430-831-6

新文京開發出版股份有限公司

新世紀·新視野·新文京—精選教科書·考試用書·專業參考書